U0254104

"十三五"国家重点图书出版规划项目

中国水稻品种志

万建民　总主编

广东海南卷

潘大建　王效宁　主　编

中 国 农 业 出 版 社
北 京

内容简介

广东省水稻品种改良历史悠久，最早可追溯到20世纪20年代，至今已育成了大批水稻优良品种，在广东省乃至我国南方稻区广泛推广种植。尤其开创了水稻矮化育种先河，为我国南方水稻增产作出了重大贡献。海南是我国著名的作物南繁育种基地，原隶属广东省管辖，于1988年撤区建省，其有准确记录的水稻育成品种始于1990年，此后育成的水稻新品种不断增加。本书分别概述了广东省、海南省稻作区划及品种改良历程，详细介绍了广东、海南水稻品种共535个，其中广东省选录品种442个，包括1978—2010年通过广东省农作物品种审定委员会审定的水稻品种420个，以及50年代至70年代中期广东育成的种植面积较大或在水稻育种中有重要影响的骨干亲本22个，这些品种分别按照常规籼稻、杂交籼稻分类加以详细介绍，其中193个品种附上成熟期植株、稻穗及谷粒米粒的照片；海南选录品种93个，分别按照常规籼稻、杂交籼稻、老品种分类加以详细介绍，其中55个品种附有照片。本书还介绍了11位在广东省乃至全国水稻育种中做出突出贡献的专家。

为便于读者查阅，各类品种均按汉语拼音顺序排列。同时为便于读者了解品种选育年代，书后还附有品种检索表，包括类型、审定编号和品种权号。

Abstract

Guangdong Province began rice variety improvement from 1920s and a large number of excellent rice varieties widely planted in Guangdong Province and even in southern China. More importantly, Guangdong Province broke a new ground of rice dwarfing breeding in China and contributed to increasing rice production in southern China. Hainan is a famous island as the base of off-season crop breeding in China. It was originally an administrative district of Guangdong Province and became a new province in 1988. There was record of rice varieties in Hainan Province from 1990. Since then, more and more new rice varieties were improved continuously. This book outlined rice cultivation regionalization and variety improvement processes in Guangdong and Hainan Provinces respectively. A total of 442 rice varieties in Guangdong and 93 rice varieties in Hainan were described in this book. Among the varieties in Guangdong Province, 22 were bred from 1950s to mid-1970s with large planting areas or playing important roles in rice breeding as the backbone parents, 420 varieties were approved by the Crop Variety Approval Committee of Guangdong Province from 1978 to 2010. All varieties from Guangdong were described in detail according to the order of conventional *indica* rice and hybrid *indica* rice groups. And the varieties from Hainan were described in detail according to the order of conventional *indica* rice, hybrid *indica* rice and old variety groups. Among of them, 193 varieties from Guangdong and 55 varieties from Hainan had photos of plants, spikes and grains individually, but for the other varieties there was no photos because of no seeds available or lack of information. Moreover, this book also introduced 11 famous rice breeders who made outstanding contributions to rice breeding in Guangdong Province and even in the whole country.

For the convenience of readers' reference, all varieties were arranged according to the order of Chinese phonetic alphabet. At the same time, in order to facilitate readers to access simplified variety information, a variety index was attached at the end of the book, including category, approval number and variety right number etc.

《中国水稻品种志》
编辑委员会

广东海南卷编委会

主　编　潘大建　王效宁

副主编　范芝兰　陈健晓

编著者（以姓氏笔画为序）

王效宁　王新华　朱　程　齐　兰　江立群

孙炳蕊　李　晨　张　静　张吉贞　陈　雨

陈文丰　陈健晓　范芝兰　徐　靖　高焕东

唐力琼　韩义胜　潘大建

审　校　潘大建　王效宁　范芝兰　杨庆文　汤圣祥

摄　影　范芝兰　刘振文　高焕东

前 言

水稻是中国和世界大部分地区栽培的最主要粮食作物，水稻的产量增加、品质改良和抗性提高对解决全球粮食问题、提高人们生活质量、减轻环境污染具有举足轻重的作用。历史证明，中国水稻生产的两次大突破均是品种选育的功劳，第一次是20世纪50年代末至60年代初开始的矮化育种，第二次是70年代中期开始的杂交稻育种。90年代中期，先后育成了超级稻两优培九、沈农265等一批超高产新品种，单产达到11～12t/hm^2。单产潜力超过16t/hm^2的超级稻品种目前正在选育过程中。水稻育种虽然取得了很大成绩，但面临的任务也越来越艰巨，对骨干亲本及其育种技术的要求也越来越高，因此，有必要编撰《中国水稻品种志》，以系统地总结65年来我国水稻育种的成绩和育种经验，提高我国新形势下的水稻育种水平，向第三次新的突破前进，进而为促进我国民族种业发展、保障我国和世界粮食安全做出新贡献。

《中国水稻品种志》主要内容分三部分：第一部分阐述了1949—2014年中国水稻品种的遗传改良成就，包括全国水稻生产情况、品种改良历程、育种技术和方法、新品种推广成就和效益分析，以及水稻育种的未来发展方向。第二部分展示中国不同时期育成的新品种（新组合）及其骨干亲本，包括常规籼稻、常规粳稻、杂交籼稻、杂交粳稻和陆稻的品种，并附有品种检索表，供进一步参考。第三部分介绍中国不同时期著名水稻育种专家的成就。全书分十八卷，分别为广东海南卷、广西卷、福建台湾卷、江西卷、安徽卷、湖北卷、四川重庆卷、云南卷、贵州卷、黑龙江卷、辽宁卷、吉林卷、浙江上海卷、江苏卷，以及湖南常规稻卷、湖南杂交稻卷、华北西北卷和旱稻卷。

《中国水稻品种志》根据行政区划和实际生产情况，把中国水稻生产区域分为华南、华中华东、西南、华北、东北及西北六大稻区，统计并重点介绍了自1978年以来我国育成年种植面积大于40万hm^2的常规水稻品种如湘矮早9号、原丰早、浙辐802、桂朝2号、珍珠矮11等共23个，杂交稻品种如D优63、冈优22、南优2号、汕优2号、汕优6号等32个，以及2005—2014年育成的超级稻品种如龙粳31、武运粳27、松粳15、中早39、合美占、中嘉早17、两优培九、准两优527、辽优1052和甬优12、徽两优6号等111个。

《中国水稻品种志》追溯了65年来中国育成的8 500余份水稻、陆稻和杂交水稻现代品种的亲源，发现一批极其重要的育种骨干亲本，它们对水稻品种的遗传改良贡献巨大。据不完全统计，常规籼稻最重要的核心育种骨干亲本有矮仔占、南特号、珍汕97、矮脚南特、珍珠矮、低脚乌尖等22个，它们衍生的品种数超过2 700个；常规粳稻最重要的核心育种骨干亲本有旭、笹锦、坊主、爱国、农垦57、农垦58、农虎6号、测21等20个，衍生的品种数超过2 400个。尤其是携带*sd1*矮秆基因的矮仔占质源自早期从南洋引进后就成为广西容县一带优良农家地方品种，利用该骨干亲本先后育成了11代超过405个品种，其中种植面积较大的育成品种有广场矮、珍珠矮、广陆矮4号、二九青、先锋1号、特青、桂朝2号、双桂1号、湘早籼7号、嘉育948等。

《中国水稻品种志》还总结了我国培育杂交稻的历程，至今最重要的杂交稻核心不育系有珍汕97A、Ⅱ-32A、V20A、协青早A、金23A、冈46A、谷丰A、农垦58S、安农S-1、培矮64S、Y58S、株1S等21个，衍生的不育系超过160个，配组的大面积种植品种数超过1 300个；已广泛应用的核心恢复系有17个，它们衍生的恢复系超过510个，配组的杂交品种数超过1 200个。20世纪70～90年代大部分强恢复系引自国外，包括IR24、IR26、IR30、密阳46等，它们均含有我国台湾地方品种低脚乌尖的血缘（*sd1*矮秆基因）。随着明恢63（IR30/圭630）的育成，我国杂交稻恢复系选育走上了自主创新的道路，育成的恢复系其遗传背景呈现多元化。

《中国水稻品种志》由中国农业科学院作物科学研究所主持编著，邀请国内著名水稻专家和育种家分卷主撰，凝聚了全国水稻育种者的心血和汗水。同时，在本志编著过程中，得到全国各水稻研究教学单位领导和相关专家的大力支持和帮助，在此一并表示诚挚的谢意。

《中国水稻品种志》集科学性、系统性、实用性、资料性于一体，是作物品种志方面的专著，内容丰富，图文并茂，可供从事作物育种和遗传资源研究者、高等院校师生参考。由于我国水稻品种的多样性和复杂性，育种者众多，资料难以收全，尽管在编著和统稿过程中注意了数据的补充、核实和编撰体例的一致性，但限于编著者水平，书中疏漏之处难免，敬请广大读者不吝指正。

编 者

2018年4月

目　录

前言

第一章　中国稻作区划与水稻品种遗传改良概述 …… 1

第一节　中国栽培稻区的划分 …… 3
第二节　中国栽培稻的分类 …… 6
第三节　水稻遗传资源 …… 9
第四节　栽培稻品种的遗传改良 …… 13
第五节　核心育种骨干亲本 …… 19

第二章　广东省稻作区划与品种改良概述 …… 33

第一节　广东省稻作区划 …… 35
第二节　广东省水稻品种改良历程 …… 38

第三章　广东省品种介绍 …… 45

第一节　常规籼稻 …… 47

IR837糯（IR 837 Nuo） …… 47
矮黑糯（Aiheinuo） …… 48
矮脚南特（Aijiaonante） …… 49
矮梅早3号（Aimeizao 3） …… 50
矮三芦占（Aisanluzhan） …… 51
矮籼占（Aixianzhan） …… 52
矮秀占（Aixiuzhan） …… 53
澳青占（Aoqingzhan） …… 54
巴太香占（Bataixiangzhan） …… 55
白香占（Baixiangzhan） …… 56
禅穗占（Chansuizhan） …… 57
朝阳早18（Chaoyangzao 18） …… 58
丛桂314（Conggui 314） …… 59
二白矮（Erbai'ai） …… 60
二九矮（Erjiu'ai） …… 61
飞来占（Feilaizhan） …… 62
丰矮占1号（Feng'aizhan 1） …… 63
丰矮占5号（Feng'aizhan 5） …… 64
丰澳占（Feng'aozhan） …… 65
丰八占（Fengbazhan） …… 66
丰二占（Feng'erzhan） …… 67
丰富占（Fengfuzhan） …… 68
丰华占（Fenghuazhan） …… 69
丰晶软占（Fengjingruanzhan） …… 70
丰美占（Fengmeizhan） …… 71
丰丝占（Fengsizhan） …… 72
丰泰占（Fengtaizhan） …… 73
丰新占（Fengxinzhan） …… 74

丰秀丝苗（Fengxiusimiao）…… 75
丰秀占（Fengxiuzhan）…… 76
丰粤占（Fengyuezhan）…… 77
丰中占（Fengzhongzhan）…… 78
封丰占（Fengfengzhan）…… 79
佛山油占（Foshanyouzhan）…… 80
钢白矮1号（Gangbai'ai 1）…… 81
粳丝粘1号（Gengsizhan 1）…… 82
粳籼89（Gengxian 89）…… 83
粳珍占4号（Gengzhenzhan 4）…… 84
固广占（Guguangzhan）…… 85
固银占（Guyinzhan）…… 86
广场13（Guangchang 13）…… 87
广场矮（Guangchang'ai）…… 88
广二104（Guang'er 104）…… 89
广二矮5号（Guang'er'ai 5）…… 90
广二石（Guang'ershi）…… 91
广二选二（Guang'erxuan'er）…… 92
广丰香8号（Guangfengxiang 8）…… 93
广解9号（Guangjie 9）…… 94
广九6号（Guangjiu 6）…… 95
广科36（Guangke 36）…… 96
广陆矮4号（Guanglu'ai 4）…… 97
广农矮1号（Guangnong'ai 1）…… 98
广秋矮（Guangqiu'ai）…… 99
广胜软占（Guangshengruanzhan）…… 100
广籼粘3号（Guangxianzhan 3）…… 101
广银软占（Guangyinruanzhan）…… 102
广银占（Guangyinzhan）…… 103
广源占5号（Guangyuanzhan 5）…… 104
桂朝13（Guichao 13）…… 105
桂朝2号（Guichao 2）…… 106
桂农占（Guinongzhan）…… 107
桂山矮（Guishan'ai）…… 108
桂阳矮121（Guiyang'ai 121）…… 109
航香糯（Hangxiangnuo）…… 110
合丰占（Hefengzhan）…… 111
合美占（Hemeizhan）…… 112
合丝占（Hesizhan）…… 113
红荔丝苗（Honglisimiao）…… 114
红梅早（Hongmeizao）…… 115
红阳矮4号（Hongyang'ai 4）…… 116
华标1号（Huabiao 1）…… 117
华粳籼74（Huagengxian 74）…… 118
华航1号（Huahang 1）…… 119
华航31（Huahang 31）…… 120
华航丝苗（Huahangsimiao）…… 121
华南15（Huanan 15）…… 122
华籼占（Huaxianzhan）…… 123
华小黑1号（Huaxiaohei 1）…… 124
华新占（Huaxinzhan）…… 125
化感稻3号（Huagandao 3）…… 126
黄粳占（Huanggengzhan）…… 127
黄广占（Huangguangzhan）…… 128
黄华占（Huanghuazhan）…… 129
黄莉占（Huanglizhan）…… 130
黄丝占（Huangsizhan）…… 131
黄籼占（Huangxianzhan）…… 132
黄秀占（Huangxiuzhan）…… 133
黄粤占（Huangyuezhan）…… 134
惠优占（Huiyouzhan）…… 135
金航丝苗（Jinhangsimiao）…… 136
金花占（Jinhuazhan）…… 137
金华软占（Jinhuaruanzhan）…… 138
金科1号（Jinke 1）…… 139
金农丝苗（Jinnongsimiao）…… 140
金丝软占（Jinsiruanzhan）…… 141
紧粒新四占（Jinlixinsizhan）…… 142

科广10号（Keguang 10）…………………… 143
科揭选17（Kejiexuan 17） ………………… 143
科揭选2号（Kejiexuan 2） ………………… 144
陆青早1号（Luqingzao 1） ………………… 145
绿黄占（Lühuangzhan） …………………… 146
绿源占1号（Lüyuanzhan 1） ……………… 147
梅红早5号（Meihongzao 5） ……………… 148
梅连早（Meilianzao） ……………………… 149
梅三五2号（Meisanwu 2） ………………… 150
美丝占（Meisizhan）……………………… 151
美香占2号（Meixiangzhan 2）…………… 152
美雅占（Meiyazhan） ……………………… 153
民华占（Minhuazhan）……………………… 154
民科占（Minkezhan） ……………………… 155
茉莉软占（Moliruanzhan） ………………… 156
茉莉丝苗（Molisimiao） …………………… 157
茉莉新占（Molixinzhan）………………… 158
木泉种（Muquanzhong）…………………… 159
木新选（Muxinxuan） ……………………… 160
南丰糯（Nanfengnuo）……………………… 161
南科早（Nankezao）……………………… 162
南早33（Nanzao 33） ……………………… 163
平广2号（Pingguang 2）…………………… 164
七袋占1号（Qidaizhan 1） ………………… 165
七番占（Qifanzhan）……………………… 166
七桂早25（Qiguizao 25）………………… 167
七花占（Qihuazhan） ……………………… 168
七加占14（Qijiazhan 14）………………… 169
七山占（Qishanzhan） ……………………… 170
七秀占3号（Qixiuzhan 3） ………………… 171
齐丰占（Qifengzhan） ……………………… 172
齐粒丝苗（Qilisimiao）…………………… 173
齐新占（Qixinzhan）……………………… 174
青二矮（Qing'er'ai）……………………… 175
青华矮6号（Qinghua'ai 6）……………… 176
青六矮（Qingliu'ai）……………………… 177
青小金早（Qingxiaojinzao）……………… 178
秋白早3号（Qiubaizao 3） ………………… 179
秋二矮（Qiu'er'ai） ……………………… 180
秋桂矮11（Qiugui'ai 11）………………… 181
饶平矮（Raoping'ai） ……………………… 182
软红米（Ruanhongmi）…………………… 183
三二矮（San'er'ai） ……………………… 184
三五糯（Sanwunuo）……………………… 185
三阳矮1号（Sanyang'ai 1）……………… 186
三源921（Sanyuan 921） ………………… 187
三源93（Sanyuan 93） …………………… 188
山溪占11（Shanxizhan 11）……………… 189
胜巴丝苗（Shengbasimiao）……………… 190
胜泰1号（Shengtai 1）…………………… 191
胜优2号（Shengyou 2） ………………… 192
十石歉（Shidanqian） ……………………… 193
双朝25（Shuangchao 25）………………… 194
双丛169-1（Shuangcong 169-1） ………… 195
双二占（Shuang'erzhan）………………… 196
双桂1号（Shuanggui 1） ………………… 197
双桂36（Shuanggui 36） ………………… 198
双银占（Shuangyinzhan）………………… 199
双竹占（Shuangzhuzhan） ………………… 200
台珍92（Taizhen 92） …………………… 201
泰澳丝苗（Tai'aosimiao）………………… 202
泰四占（Taisizhan） ……………………… 203
泰源占7号（Taiyuanzhan 7） …………… 204
塘埔矮（Tangpu'ai）……………………… 205
特青2号（Teqing 2）……………………… 206
特三矮2号（Tesan'ai 2） ………………… 207
特籼占13（Texianzhan 13）……………… 208
特籼占25（Texianzhan 25）……………… 209
铁大糯（Tiedanuo） ……………………… 210
晚华矮1号（Wanhua'ai 1） ……………… 211
五山化稻（Wushanhuadao）……………… 212
五山丝苗（Wushansimiao）……………… 213
五山油占（Wushanyouzhan） …………… 214
溪野占10号（Xiyezhan 10） …………… 215

籼小占（Xianxiaozhan） …………………… 216
籼油占（Xianyouzhan） …………………… 217
象牙香占（Xiangyaxiangzhan） ………… 218
小粒香占（Xiaolixiangzhan） …………… 219
协作69（Xiezuo 69）……………………… 220
新丰占（Xinfengzhan）…………………… 221
新青矮（Xinqing'ai） …………………… 222
新山软占（Xinshanruanzhan）…………… 223
新铁大（Xintieda） ……………………… 224
野丰占（Yefengzhan） …………………… 225
野黄占（Yehuangzhan） ………………… 226
野丝占（Yesizhan） ……………………… 227
野籼占6号（Yexianzhan 6）……………… 228
野籼占8号（Yexianzhan 8）……………… 229
银花占2号（Yinhuazhan 2）……………… 230
银晶软占（Yinjingruanzhan） …………… 231
玉香油占（Yuxiangyouzhan） …………… 232
源丰占（Yuanfengzhan） ………………… 233
粤二占（Yue'erzhan） …………………… 234
粤丰占（Yuefengzhan）…………………… 235
粤广丝苗（Yueguangsimiao） …………… 236
粤桂146（Yuegui 146）…………………… 237
粤航1号（Yuehang 1）…………………… 238
粤合占（Yuehezhan） …………………… 239
粤华丝苗（Yuehuasimiao） ……………… 240
粤惠占（Yuehuizhan）…………………… 241
粤晶丝苗（Yuejingsimiao）……………… 242
粤晶丝苗2号（Yuejingsimiao 2）………… 243
粤农占（Yue'nongzhan）………………… 244
粤奇丝苗（Yueqisimiao）………………… 245
粤泰丝苗（Yuetaisimiao）………………… 246
粤籼18（Yuexian 18） …………………… 247
粤香占（Yuexiangzhan）………………… 248
粤秀占（Yuexiuzhan）…………………… 249
粤野占26（Yueyezhan 26） ……………… 250
粤综占（Yuezongzhan） ………………… 251
早广二（Zaoguang'er）…………………… 252
早花占（Zaohuazhan）…………………… 253
早金风5号（Zaojinfeng 5）……………… 254
窄叶青8号（Zhaiyeqing 8）……………… 255
珍桂矮1号（Zhengui'ai 1）……………… 256
珍珠矮11（Zhenzhu'ai 11）……………… 257
中二软占（Zhong'erruanzhan） ………… 258

第二节 杂交籼稻

第二节 杂交籼稻 …………………………………………………………………… 259

Ⅱ优128（Ⅱ You 128）…………………… 259
Ⅱ优290（Ⅱ You 290）…………………… 260
Ⅱ优3550（Ⅱ You 3550）………………… 261
Ⅱ优368（Ⅱ You 368）…………………… 262
T78优2155（T 78 You 2155） …………… 263
Y两优101（Y liangyou 101） …………… 264
Y两优602（Y liangyou 602） …………… 265
Y两优农占（Y liangyounongzhan）……… 266
博Ⅱ优15（Bo Ⅱ you 15）………………… 267
博Ⅱ优815（Bo Ⅱ you 815） …………… 268
博Ⅲ优273（Bo Ⅲ you 273） …………… 269
博优122（Boyou 122）…………………… 270
博优210（Boyou 210）…………………… 271
博优2155（Boyou 2155）………………… 272
博优263（Boyou 263）…………………… 273
博优283（Boyou 283）…………………… 274
博优3550（Boyou 3550）………………… 275
博优368（Boyou 368）…………………… 276
博优6636（Boyou 6636）………………… 277
博优691（Boyou 691）…………………… 278
博优7160（Boyou 7160）………………… 279
博优8540（Boyou 8540）………………… 280
博优96（Boyou 96）……………………… 281
博优998（Boyou 998）…………………… 282
博优双青（Boyoushuangqing）…………… 283
博优晚3号（Boyouwan 3）……………… 284

博优云三（Boyouyunsan） 285
博优早特（Boyouzaote） 286
丰优128（Fengyou 128） 287
丰优428（Fengyou 428） 288
丰优88（Fengyou 88） 289
丰优丝苗（Fengyousimiao） 290
钢化二白（Ganghua'erbai） 291
广优159（Guangyou 159） 292
广优4号（Guangyou 4） 293
广优青（Guangyouqing） 294
国稻1号（Guodao 1） 295
宏优381（Hongyou 381） 296
宏优387（Hongyou 387） 297
宏优619（Hongyou 619） 298
华优008（Huayou 008） 299
华优128（Huayou 128） 300
华优153（Huayou 153） 301
华优16（Huayou 16） 302
华优229（Huayou 229） 303
华优238（Huayou 238） 304
华优336（Huayou 336） 305
华优42（Huayou 42） 306
华优625（Huayou 625） 307
华优63（Huayou 63） 308
华优638（Huayou 638） 309
华优651（Huayou 651） 310
华优665（Huayou 665） 311
华优8305（Huayou 8305） 312
华优86（Huayou 86） 313
华优868（Huayou 868） 314
华优8813（Huayou 8813） 315
华优8830（Huayou 8830） 316
华优998（Huayou 998） 317
华优桂99（Huayougui 99） 318
华优香占（Huayouxiangzhan） 319
建优115（Jianyou 115） 320
建优381（Jianyou 381） 321
建优795（Jianyou 795） 322
建优G2（Jianyou G2） 323
今优223（Jinyou 223） 324
金稻优122（Jindaoyou 122） 325
金稻优368（Jindaoyou 368） 326
金稻优998（Jindaoyou 998） 327
金两优油占（Jinliangyouyouzhan） 328
荆楚优8648（Jingchuyou 8648） 329
聚两优746（Juliangyou 746） 330
聚两优751（Juliangyou 751） 331
兰优7号（Lanyou 7） 332
龙优665（Longyou 665） 333
龙优673（Longyou 673） 334
茂杂29（Maoza 29） 335
茂杂云三（Maozayunsan） 336
梅优524（Meiyou 524） 337
内香8518（Neixiang 8518） 338
内香优3号（Neixiangyou 3） 339
内香优3618（Neixiangyou 3618） 340
农两优62（Nongliangyou 62） 341
农两优云三（Nongliangyouyunsan） 342
培两优3309（Peiliangyou 3309） 343
培杂130（Peiza 130） 344
培杂163（Peiza 163） 345
培杂180（Peiza 180） 346
培杂268（Peiza 268） 347
培杂28（Peiza 28） 348
培杂35（Peiza 35） 349
培杂620（Peiza 620） 350
培杂67（Peiza 67） 351
培杂88（Peiza 88） 352
培杂丰2号（Peizafeng 2） 353
培杂丰占（Peizafengzhan） 354
培杂航七（Peizahangqi） 355
培杂航香（Peizahangxiang） 356
培杂茂三（Peizamaosan） 357
培杂茂选（Peizamaoxuan） 358

培杂南胜（Peizanansheng）………………… 359
培杂青珍（Peizaqingzhen）………………… 360
培杂软香（Peizaruanxiang）………………… 361
培杂软占（Peizaruanzhan）………………… 362
培杂山青（Peizashanqing）………………… 363
培杂双七（Peizashuangqi）………………… 364
培杂泰丰（Peizataifeng）………………… 365
培杂粤马（Peizayuema）………………… 366
七桂优306（Qiguiyou 306）………………… 367
青优辐桂（Qingyoufugui）………………… 368
青优早（Qingyouzao）………………… 369
秋优3008（Qiuyou 3008）………………… 370
秋优452（Qiuyou 452）………………… 371
秋优998（Qiuyou 998）………………… 372
荣优368（Rongyou 368）………………… 373
荣优390（Rongyou 390）………………… 374
汕优122（Shanyou 122）………………… 375
汕优3550（Shanyou 3550）………………… 376
汕优4480（Shanyou 4480）………………… 377
汕优96（Shanyou 96）………………… 378
汕优998（Shanyou 998）………………… 379
汕优科30（Shanyouke 30）………………… 380
汕优直龙（Shanyouzhilong）………………… 381
深两优5814（Shenliangyou 5814）………… 382
深两优58油占（Shenliangyou 58 youzhan）383
深优152（Shenyou 152）………………… 384
深优9516（Shenyou 9516）………………… 385
深优97125（Shenyou 97125）………………… 386
深优9725（Shenyou 9725）………………… 387
深优9734（Shenyou 9734）………………… 388
深优9736（Shenyou 9736）………………… 389
深优9786（Shenyou 9786）………………… 390
深优9798（Shenyou 9798）………………… 391
双优2009（Shuangyou 2009）………………… 392
双优8802（Shuangyou 8802）………………… 393
泰丰优128（Taifengyou 128）………………… 394
特优161（Teyou 161）………………… 395
特优524（Teyou 524）………………… 396
特优721（Teyou 721）………………… 397
特优808（Teyou 808）………………… 398
特优816（Teyou 816）………………… 399
特优航1号（Teyouhang 1）………………… 400
天丰优316（Tianfengyou 316）………………… 401
天丰优3550（Tianfengyou 3550）………… 402
天丰优518（Tianfengyou 518）………………… 403
天丰优628（Tianfengyou 628）………………… 404
天优103（Tianyou 103）………………… 405
天优116（Tianyou 116）………………… 406
天优122（Tianyou 122）………………… 407
天优128（Tianyou 128）………………… 408
天优196（Tianyou 196）………………… 409
天优199（Tianyou 199）………………… 410
天优208（Tianyou 208）………………… 411
天优2118（Tianyou 2118）………………… 412
天优2168（Tianyou 2168）………………… 413
天优2352（Tianyou 2352）………………… 414
天优290（Tianyou 290）………………… 415
天优308（Tianyou 308）………………… 416
天优312（Tianyou 312）………………… 417
天优3618（Tianyou 3618）………………… 418
天优363（Tianyou 363）………………… 419
天优368（Tianyou 368）………………… 420
天优382（Tianyou 382）………………… 421
天优390（Tianyou 390）………………… 422
天优4118（Tianyou 4118）………………… 423
天优4133（Tianyou 4133）………………… 424
天优428（Tianyou 428）………………… 425
天优450（Tianyou 450）………………… 426
天优528（Tianyou 528）………………… 427
天优55（Tianyou 55）………………… 428
天优578（Tianyou 578）………………… 429
天优6号（Tianyou 6）………………… 430
天优615（Tianyou 615）………………… 431
天优652（Tianyou 652）………………… 432

天优688（Tianyou 688） 433
天优697（Tianyou 697） 434
天优806（Tianyou 806） 435
天优838（Tianyou 838） 436
天优9918（Tianyou 9918） 437
天优998（Tianyou 998） 438
天优航七（Tianyouhangqi） 439
万金优133（Wanjinyou 133） 440
万金优2008（Wanjinyou 2008） 441
万金优322（Wanjinyou 322） 442
五丰优128（Wufengyou 128） 443
五丰优189（Wufengyou 189） 444
五丰优2168（Wufengyou 2168） 445
五丰优316（Wufengyou 316） 446
五丰优998（Wufengyou 998） 447
五优308（Wuyou 308） 448
协优3550（Xieyou 3550） 449
宜香3003（Yixiang 3003） 450
宜优673（Yiyou 673） 451
优优122（Youyou 122） 452
优优128（Youyou 128） 453
优优308（Youyou 308） 454
优优316（Youyou 316） 455
优优3550（Youyou 3550） 456
优优4480（Youyou 4480） 457
优优998（Youyou 998） 458
优优晚3（Youyouwan 3） 459
玉两优16（Yuliangyou 16） 460
玉两优28（Yuliangyou 28） 461
粤两优26（Yueliangyou 26） 462
粤优239（Yueyou 239） 463
粤优8号（Yueyou 8） 464
粤杂122（Yueza 122） 465
粤杂2004（Yueza 2004） 466
粤杂510（Yueza 510） 467
粤杂583（Yueza 583） 468
粤杂763（Yueza 763） 469
粤杂8763（Yueza 8763） 470
粤杂889（Yueza 889） 471
早两优336（Zaoliangyou 336） 472
湛优226（Zhanyou 226） 473
振优1993（Zhenyou 1993） 474
振优290（Zhenyou 290） 475
振优368（Zhenyou 368） 476
振优998（Zhenyou 998） 477
正优283（Zhengyou 283） 478
中9优115（Zhong 9 you 115） 479
中9优207（Zhong 9 you 207） 480
中9优601（Zhong 9 you 601） 481
中优117（Zhongyou 117） 482
中优223（Zhongyou 223） 483
中优229（Zhongyou 229） 484
中优238（Zhongyou 238） 485
中优523（Zhongyou 523） 486
竹优61（Zhuyou 61） 487

第四章　海南省稻作区划与品种改良概述 489

第一节　海南省稻作区划 491
第二节　海南省水稻品种改良历程 492
第三节　海南省品种介绍 496

一、常规籼稻 496

丰桂6号（Fenggui 6） 496
广超521（Guangchao 521） 497
广超丝苗（Guangchaosimiao） 498
海丰糯1号（Haifengnuo 1） 499

海秀占9号（Haixiuzhan 9）………………… 500
湖海537 (Huhai 537) ……………………… 501
科选13 (Kexuan 13)………………………… 502
秀丰占5号（Xiufengzhan 5） ……………… 503
玉晶占（Yujingzhan） ……………………… 504
珍桂占（Zhenguizhan）……………………… 505
中海香1号（Zhonghaixiang 1） ………… 506
中科黑糯1号（Zhongkeheinuo 1） ……… 507

二、杂交籼稻 …………………………………………………………………… 508

Ⅱ优1259（Ⅱ you 1259）…………………… 508
Ⅱ优1288（Ⅱ you 1288）…………………… 509
Ⅱ优2008（Ⅱ you 2008）…………………… 510
Ⅱ优202（Ⅱ you 202）……………………… 511
Ⅱ优21（Ⅱ you 21）………………………… 512
Ⅱ优328（Ⅱ you 328）……………………… 513
Ⅱ优588（Ⅱ you 588）……………………… 514
Ⅱ优629（Ⅱ you 629）……………………… 515
Ⅱ优798（Ⅱ you 798）……………………… 516
D奇宝优1688（D Qibaoyou 1688）……… 517
T优108（T you 108） …………………… 518
Y两优865（Y Liangyou 865）…………… 519
博Ⅱ优128（Bo Ⅱ you 128）……………… 520
博Ⅱ优134（Bo Ⅱ you 134）……………… 521
博Ⅱ优138（Bo Ⅱ you 138）……………… 522
博Ⅱ优1586（Bo Ⅱ you 1586）…………… 523
博Ⅱ优177（Bo Ⅱ you 177）……………… 524
博Ⅱ优235（Bo Ⅱ you 235）……………… 525
博Ⅱ优26（Bo Ⅱ you 26）………………… 526
博Ⅱ优290（Bo Ⅱ you 290）……………… 527
博Ⅱ优312（Bo Ⅱ you 312）……………… 528
博Ⅱ优316（Bo Ⅱ you 316）……………… 529
博Ⅱ优328（Bo Ⅱ you 328）……………… 530
博Ⅱ优329（Bo Ⅱ you 329）……………… 531
博Ⅱ优359（Bo Ⅱ you 359）……………… 532
博Ⅱ优3618（Bo Ⅱ you 3618）…………… 533
博Ⅱ优4671（Bo Ⅱ you 4671）…………… 534
博Ⅱ优568（Bo Ⅱ you 568）……………… 535
博Ⅱ优588（Bo Ⅱ you 588）……………… 536
博Ⅱ优629（Bo Ⅱ you 629）……………… 537
博Ⅱ优6410（Bo Ⅱ you 6410）…………… 538
博Ⅱ优6636（Bo Ⅱ you 6636）…………… 539
博Ⅱ优668（Bo Ⅱ you 668）……………… 540
博Ⅱ优8166（Bo Ⅱ you 8166）…………… 541
博Ⅱ优938（Bo Ⅱ you 938）……………… 542
博优125（Boyou 125）……………………… 543
博优225（Boyou 225）……………………… 544
博优506（Boyou 506）……………………… 545
博优729（Boyou 729）……………………… 546
川优6621（Chuanyou 6621） …………… 547
丛优9919（Congyou 9919）……………… 548
丰优6323（Fengyou 6323）……………… 549
赣优明占（Ganyoumingzhan）…………… 550
谷优629（Guyou 629）……………………… 551
广优18 (Guangyou 18)…………………… 552
红泰优996 (Hongtaiyou 996) …………… 553
华优329 (Huayou 329)…………………… 554
嘉晚优1号（Jiawanyou 1） ……………… 555
金博优168 (Jinboyou 168) ……………… 556
金稻138 (Jindao 138) …………………… 557
金山优196 (Jinshanyou 196) …………… 558
京福1优128 (Jingfu 1 you 128) ………… 559
科优527 (Keyou 527) …………………… 560
两优389（Liangyou 389）………………… 561
明香1027 (Mingxiang 1027) …………… 562
培杂1303 (Peiza 1303)…………………… 563
培杂629 (Peiza 629)……………………… 564
琼香两优08 (Qiongxiangliangyou 08) … 565
琼香两优1号（Qiongxiangliangyou 1）… 566
瑞丰优616 (Ruifengyou 616) …………… 567
双青优2008 (Shuangqingyou 2008) …… 568
丝优0848 (Siyou 0848) ………………… 569

特优209（Teyou 209） …… 570
特优248（Teyou 248） …… 571
特优328（Teyou 328） …… 572
特优458（Teyou 458） …… 573
特优5735（Teyou 5735） …… 574
特优716（Teyou 716） …… 575
特优863（Teyou 863） …… 576
天优10号（Tianyou 10） …… 577
天优826（Tianyou 826） …… 578
万金优15（Wanjinyou 15） …… 579
万金优802（Wanjinyou 802） …… 580
粤优589（Yue you 589） …… 581

三、老品种 …… 582

黑丝糯（Heisinuo） …… 582
红丝糯（Hongsinuo） …… 582
里丝糯（Lisinuo） …… 583
山兰排蜂糯（Shanlanpaifengnuo） …… 583

第五章　著名育种专家 …… 585

第六章　品种检索表 …… 599

第一章
中国稻作区划与水稻品种遗传改良概述

水稻是中国最主要的粮食作物之一，稻米是中国一半以上人口的主粮。2014年，中国水稻种植面积3 031万hm^2，总产20 651万t，分别占中国粮食作物种植面积和总产量的26.89%和34.02%。毫无疑问，水稻在保障国家粮食安全、振兴乡村经济、提高人民生活质量方面，具有举足轻重的地位。

中国栽培稻属于亚洲栽培稻种（*Oryza sativa* L.），有两个亚种，即籼亚种（*O. sativa* L. subsp. *indica*）和粳亚种（*O. sativa* L. subsp. *japonica*）。中国不仅稻作栽培历史悠久，稻作环境多样，稻种资源丰富，而且育种技术先进，为高产、多抗、优质、广适、高效水稻新品种的选育和推广提供了丰富的物质基础和强大的技术支撑。

中华人民共和国成立以来，通过育种技术的不断改进，从常规育种（系统选择、杂交育种、诱变育种、航天育种）到杂种优势利用，再到生物技术育种（细胞工程育种、分子标记辅助选择育种、遗传转化育种等），至2014年先后育成8 500余份常规水稻、陆稻和杂交水稻现代品种，其中通过各级农作物品种审定委员会审（认）定的水稻品种有8 117份，包括常规水稻品种3 392份，三系杂交稻品种3 675份，两系杂交稻品种794份，不育系256份。在此基础上，实现了水稻优良品种的多次更新换代。水稻品种的遗传改良和优良新品种的推广，栽培技术的优化和病虫害的综合防治等一系列技术革新，使我国的水稻单产从1949年的1 892kg/hm^2提高到2014年的6 813.2kg/hm^2，增长了260.1%；总产从4 865万t提高到20 651万t，增长了324.5%；稻作面积从2 571万hm^2增加到3 031万hm^2，仅增加了17.9%。研究表明，新品种的不断育成和推广是水稻单产和总产不断提高的最重要贡献因子。

第一节　中国栽培稻区的划分

水稻是喜温喜水、适应性强、生育期较短的谷类作物，凡温度适宜、有水源的地方，均可种植水稻。中国稻作分布广泛，最北的稻作区位于黑龙江省的漠河（北纬53° 27′），为世界稻作区的北限；最高海拔的稻作区在云南省宁蒗县山区，海拔高度2 965m。在南方的山区、坡地以及北方缺水少雨的旱地，种植有较耐干旱的陆稻。从总体看，由于纬度、温度、季风、降水量、海拔高度、地形等的影响，中国水稻种植面积存在南方多北方少，东南集中西北分散的状况。

本书以我国行政区划（省、自治区、直辖市）为基础，结合全国水稻生产的光温生态、季节变化、耕作制度、品种演变等，参考《中国水稻种植区划》(1988) 和《中国水稻生产发展问题研究》(2010)，将全国分为华南、华中华东、西南、华北、东北和西北六大稻区。

一、华南稻区

本区位于中国南部，包括广东、广西、福建、海南等大陆4省（自治区）和台湾省。本区水热资源丰富，稻作生长季260 ~ 365d，≥10℃的积温5 800 ~ 9 300℃；稻作生长季日照时数1 000 ~ 1 800h，降水量700 ~ 2 000mm。稻作土壤多为红壤和黄壤。本区的籼稻面积占95%以上，其中杂交籼稻占65%左右，耕作制度以双季稻和中稻为主，也有部分单季晚稻，部分地区实行与甘蔗、花生、薯类、豆类等作物当年或隔年水旱轮作。

2014年本区稻作面积503.6万hm^2（不包括台湾），占全国稻作总面积的16.61%。稻谷单产5 778.7kg/hm^2，低于全国平均产量（6 813.2kg/hm^2）。

二、华中华东稻区

本区为中国水稻的主产区，包括江苏、上海、浙江、安徽、江西、湖南、湖北7省（直辖市），也称长江中下游稻作区。本区属亚热带温暖湿润季风气候，稻作生长季210～260d，≥10℃的积温4 500～6 500℃；稻作生长季日照时数700～1 500h，降水量700～1 600mm。本区平原地区稻作土壤多为冲积土、沉积土和鳝血土，丘陵山地多为红壤、黄壤和棕壤。本区双、单季稻并存，籼稻、粳稻均有。20世纪60～80年代，本区双季稻面积占全国双季稻面积的50%以上，其中，浙江、江西、湖南的双季稻面积占该三省稻作面积的80%～90%。20世纪80年代中期以来，由于种植结构和耕作制度的变革，杂交稻的兴起，以及双季早稻米质不佳等原因，双季早稻面积锐减，使本区的稻作面积从80年代初占全国稻作面积的54%下降到目前的49%左右。尽管如此，本区稻米生产的丰歉，对全国粮食形势仍然具有重要影响。太湖平原、里下河平原、皖中平原、鄱阳湖平原、洞庭湖平原、江汉平原历来都是中国著名的稻米产区。

2014年本区稻作面积1 501.6万hm^2，占全国稻作总面积的49.54%。稻谷单产6 905.6kg/hm^2，高于全国平均产量。

三、西南稻区

本区位于云贵高原和青藏高原，属亚热带高原型湿热季风气候，包括云南、贵州、四川、重庆、青海、西藏6省（自治区、直辖市）。本区具有地势高低悬殊、温度垂直差异明显、昼夜温差大的高原特点，稻作生长季180～260d，≥10℃的积温2 900～8 000℃；稻作生长季日照时数800～1 500h，降水量500～1 400mm。稻作土壤多为红壤、红棕壤、黄壤和黄棕壤等。本区籼稻、粳稻并存，以单季中稻为主，成都平原是我国著名的单季中稻区。云贵高原稻作垂直分布明显，低海拔（<1 400m）稻区多为籼稻，湿热坝区可种植双季籼稻，高海拔（>1 800m）稻区多为粳稻，中海拔（1 400～1 800m）稻区籼稻、粳稻并存。部分山区种植陆稻，部分低海拔又无灌溉水源的坡地筑有田埂，种植雨水稻。

2014年本区稻作面积450.9万hm^2，占全国稻作总面积的14.88%。稻谷单产6 873.4kg/hm^2，高于全国平均产量。

四、华北稻区

本区位于秦岭—淮河以北，长城以南，关中平原以东地区，包括北京、天津、山东、河北、河南、山西、内蒙古7省（自治区、直辖市）。本区属暖温带半湿润季风气候，夏季温度较高，但春、秋季温度较低，稻作生长季较短，无霜期170～200d，年≥10℃的积温4 000～5 000℃；年日照时数2 000～3 000h，年降水量580～1 000mm，但季节间分布不均。稻作土壤多为黄潮土、盐碱土、棕壤和黑黏土。本区以单季早、中粳稻为主，水源主要来自渠井和地下水。

2014年本区稻作面积95.3万hm^2，占全国稻作总面积的3.14%。稻谷单产7 863.9kg/hm^2，高于全国平均产量。

五、东北稻区

本区是我国纬度最高的稻作区，包括黑龙江、吉林和辽宁3省，属中温带—寒温带，年平均气温2 ~ 10℃，无霜期90 ~ 200d，年≥10℃的积温2 000 ~ 3 700℃；年日照时数2 200 ~ 3 100h，年降水量350 ~ 1 100mm。本区光照充足，但昼夜温差大，稻作生长期短，土壤多为肥沃、深厚的黑泥土、草甸土、棕壤以及盐碱土。稻作以早熟的单季粳稻为主，冷害和稻瘟病是本区稻作的主要问题。最北部的黑龙江省稻区，粳稻品质十分优良，近35年来由于大力发展灌溉设施，稻作面积不断扩大，从1979年的84.2万hm^2发展到2014年的320.5万hm^2，成为中国粳稻的主产省之一。

2014年本区稻作面积451.5万hm^2，占全国稻作总面积的14.90%。稻谷单产7 863.9kg/hm^2，高于全国平均产量。

六、西北稻区

本区包括陕西、甘肃、宁夏和新疆4省（自治区），幅员广阔，光热资源丰富，但干燥少雨，季节和昼夜气温变化大，无霜期150 ~ 200d，年≥10℃的积温3 450 ~ 3 700℃；年日照时数2 600 ~ 3 300h，年降水量150 ~ 200mm。稻田土壤较瘠薄，多为灰漠土、草甸土、粉沙土、灌淤土及盐碱土。稻作以单季粳稻为主，分布于河流两岸及有灌溉水源的地区。干燥少雨是本区发展水稻的制约因素。

2014年本区稻作面积28.2万hm^2，占全国稻作总面积的0.93%。稻谷单产8 251.4kg/hm^2，高于全国平均产量。

中华人民共和国成立65年来，六大稻区的水稻种植面积及占全国稻作面积的比例发生了一定变化。华南稻区的稻作面积波动较大，从1949年的811.7万hm^2，增加到1979年的875.3万hm^2，但2014年下降到503.6万hm^2。华中华东稻区是我国的主产稻区，基本维持在全国稻区面积的50%左右，其种植面积的高峰在20世纪的70 ~ 80年代，达到全国稻区面积的53% ~ 54%。西南和西北稻区稻作面积基本保持稳定，近35年来分别占全国稻区面积的14.9%和0.9%左右。华北和东北稻区种植面积和占比均有提高，特别是东北稻区，其稻作面积和占比近35年来提高较快，2014年达到了451.5万hm^2，全国占比达到14.9%，与1979年的84.2万hm^2相比，种植面积增加了367.3万hm^2。我国六大稻区2014年的稻作面积和占比见图1-1。

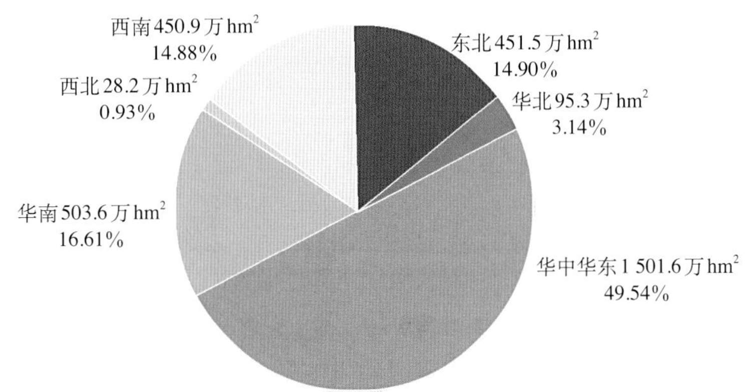

图1-1　中国六大稻区2014年的稻作面积和占比

第二节 中国栽培稻的分类

中国栽培稻的分类比较复杂，丁颖教授将其系统分为四大类：籼亚种和粳亚种，早稻、中稻和晚稻，水稻和陆稻，粘稻和糯稻。随着杂种优势的利用，又增加了一类，为常规稻和杂交稻。本节将根据这五大类分别进行介绍。

一、籼稻和粳稻

中国栽培稻籼亚种（*O. sativa* L. subsp. *indica*）和粳亚种（*O. sativa* L. subsp. *japonica*）的染色体数同为24（$2n=24$），但由于起源演化的差异和人为选择的结果，这两个亚种存在一定的形态和生理特性差异，并有一定程度的生殖隔离。据《辞海》（1989年版）记载，籼稻与粳稻比较：籼稻分蘖力较强；叶幅宽，叶色淡绿，叶面多毛；小穗多数短芒或无芒，易脱粒，颖果狭长扁圆；米质黏性较弱，膨性大；比较耐热和耐强光，主要分布于华南热带和淮河以南亚热带的低地。

按照现代分类学的观点，粳稻又可分为温带粳稻和热带粳稻（爪哇稻）。中国传统（农家/地方）粳稻品种均属温带粳稻类型。近年有的育种家为扩大遗传背景，在育种亲本中加入了热带粳稻材料，因而育成的水稻品种含有部分热带粳稻（爪哇稻）的血缘。

籼稻、粳稻的分布，主要受温度的制约，还受到种植季节、日照条件和病虫害的影响。目前，中国的籼稻品种主要分布在华南和长江流域各省份，以及西南的低海拔地区和北方的河南、陕西南部。湖南、贵州、广东、广西、海南、福建、江西、四川、重庆的籼稻面积占各省稻作面积的90%以上，湖北、安徽占80%～90%，浙江、云南在50%左右，江苏在25%左右。粳稻主要分布在东北、华北、长江下游太湖地区和西北，以及华南、西南的高海拔山区。东北的黑龙江、吉林、辽宁三省是全国著名的北方粳稻产区，江苏、浙江、安徽、湖北是南方粳稻主产区，云南的高海拔地区则以粳稻为主。

2014年，中国籼稻种植面积2 130.8万hm^2，约占稻作面积的70.3%；粳稻面积900.2万hm^2，占稻作面积的29.7%。据统计，2014年中国种植面积大于6 667hm^2的常规水稻品种有298个，其中籼稻品种104个，占34.9%；粳稻品种194个，占65.1%；2014年种植面积最大的前5位常规粳稻品种是：龙粳31（92.2万hm^2）、宁粳4号（35.8万hm^2）、绥粳14（29.1万hm^2）、龙粳26（28.1万hm^2）和连粳7号（22.0万hm^2）；种植面积最大的前5位常规籼稻品种是：中嘉早17（61.1万hm^2）、黄华占（30.6万hm^2）、湘早籼45（17.8万hm^2）、中早39（16.3万hm^2）和玉针香（11.2万hm^2）。

二、常规稻和杂交稻

常规稻是遗传纯合、可自交结实、性状稳定的水稻品种类型，杂交稻是利用杂种一代优势、目前必须年年制种的杂交水稻类型。中国是世界上第一个大面积、商品化应用杂交稻的国家，20世纪70年代后期开始大规模推广三系杂交稻，90年代初成功选育出两系杂交稻并应用于生产。目前，常规稻种植面积占全国稻作面积的46%左右，杂交稻占54%左右。

1991年我国年种植面积大于6 667hm^{2}的常规稻品种有193个，2014年增加到298个（图1-2）；杂交稻品种数从1991年的62个增加到2014年的571个。1991年以来，年种植面积大于6 667hm^{2}的常规稻品种数每年较为稳定，基本为200 ~ 300个品种，但杂交稻品种数增加较快，增加了8倍多。

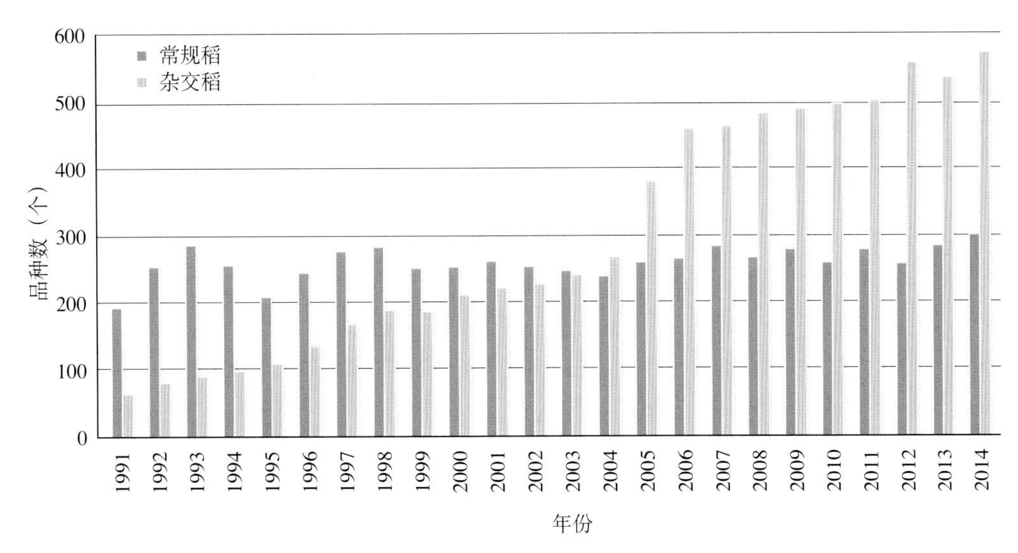

图1-2　1991—2014年年种植面积大于6 667hm^{2}的常规稻和杂交稻品种数

三、早稻、中稻和晚稻

在稻种向不同纬度、不同海拔高度传播的过程中，在日照和温度的强烈影响下，在自然选择和人为选择的综合作用下，栽培稻发生了一系列感光性和感温性的变异，出现了早稻、中稻和晚稻栽培类型。一般而言，早稻基本营养生长期短，感温性强，不感光或感光性极弱；中稻基本营养生长期较长，感温性中等，感光性弱；晚稻基本营养生长期短，感光性强，感温性中等或较强，但通常晚籼稻的感光性强于晚粳稻。

籼稻和粳稻、杂交稻和常规稻都有早、中、晚类型，每一类型根据生育期的长短有早熟、中熟和迟熟之分，从而形成了大量适应不同栽培季节、耕作制度和生育期要求的品种。在华南、华中的双季稻区，早籼和早粳品种对日长反应不敏感，生育期较短，一般3 ~ 4月播种，7 ~ 8月收获。在海南和广东南部，由于温度较高，早籼稻通常2月中、下旬播种，6月下旬收获。中稻一般作单季稻种植，生育期稳定，产量较高，华南稻区部分迟熟早籼稻品种在华中和华东地区可作中稻种植。晚籼稻和晚粳稻均可作双季晚稻和单季晚稻种植，以保证在秋季气温下降前抽穗授粉。

20世纪70年代后期以来，由于杂交水稻的兴起，种植结构的变化，中国早稻和晚稻的种植面积逐年减少，单季中稻的种植面积大幅增加。早、中、晚稻种植面积占全国稻作面积的比重，分别从1979年的33.7%、32.0%和34.3%，转变为1999年的24.2%、48.9%和26.9%，2014年进一步变化为19.1%、59.9%和21.0%（图1-3）。

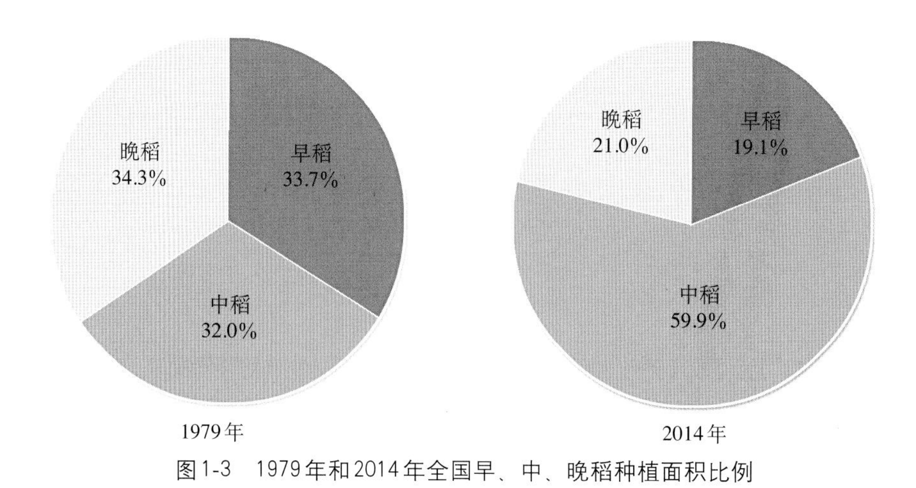

图1-3　1979年和2014年全国早、中、晚稻种植面积比例

四、水稻和陆稻

中国的栽培稻极大部分是水稻，占中国稻作面积的98%。陆稻（Upland rice）亦称旱稻，古代称棱稻，是适应较少水分环境（坡地、旱地）的一类稻作生态品种。陆稻的显著特点是耐干旱，表现为种子吸水力强，发芽快，幼苗对土壤中氯酸钾的耐毒力较强；根系发达，根粗而长；维管束和导管较粗，叶表皮较厚，气孔少，叶较光滑有蜡质；根细胞的渗透压和茎叶组织的汁液浓度也较高。与水稻比较，陆稻吸水力较强而蒸腾量较小，故有较强的耐旱能力。通常陆稻依靠雨水或地下水获得水分，稻田无田埂。虽然陆稻的生长发育对光、温要求与水稻相似，但一生需水量约是水稻的2/3或1/2。因而，陆稻适于水源不足或水源不均衡的稻区、多雨的山区和丘陵区的坡地或台田种植，还可与多种旱作物间作或套种。从目前的地理环境和种植水平看，陆稻的单产低于水稻。

陆稻也有籼稻、粳稻之别和生育期长短之分。全国陆稻面积约57万hm^2，仅占全国稻作总面积的2%左右，主要分布于云贵高原的西南山区、长江中游丘陵地区和华北平原区。云南西双版纳和思茅等地每年陆稻种植面积稳定在10万hm^2左右。近年，华北地区正在发展一种旱作稻（Aerobic rice），耐旱性较强，在整个生育期灌溉几次即可，产量较高。此外，广东、广西、海南等地的低洼地区，在20世纪50年代前曾有少量深水稻品种，中华人民共和国成立后，随着水利排灌设施的完善，现已绝迹。目前，种植面积较大的陆稻品种有中旱209、旱稻277、巴西陆稻、中旱3号、陆引46、丹旱稻1号、冀粳12、IRAT104等。

五、粘稻和糯稻

稻谷胚乳均有糯性与非糯性之分。糯稻和非糯稻的主要区别在于饭粒黏性的强弱，相对而言，粘稻（非糯稻）黏性弱，糯稻黏性强，其中粳糯稻的黏性大于籼糯稻。化学成分的分析指出，胚乳直链淀粉含量的多少是区别粘稻和糯稻的化学基础。通常，粳粘稻的直链淀粉含量占淀粉总量的8%～20%，籼粘稻为10%～30%，而糯稻胚乳基本为支链淀粉，不含或仅含极少量直链淀粉（≤2%）。从化学反应看，由于糯稻胚乳和花粉中的淀粉基本或完全为支链淀粉，因此吸碘量少，遇1%的碘-碘化钾溶液呈红褐色反应，而粘稻直链淀粉含量高，吸碘量大，呈蓝紫色反应，这是区分糯稻与非糯稻品种的主要方法之一。从外观看，糯稻胚乳在刚收获时因含水量较高而呈半透明，经充分干燥后呈乳白色，这是因为胚乳细胞快速失水，产生许多大小不一的空隙，导致光散射而引起的乳白色视觉。

云南、贵州、广西等省（自治区）的高海拔地区，人们喜食糯米，籼型糯稻品种丰富，而长江中下游地区以粳型糯稻品种居多，东北和华北地区则全部是粳型糯稻。从用途看，糯米通常用于酿制米酒，制作糕点。在云南的低海拔稻区，有一种低直链淀粉含量的籼粘稻，称为软米，其黏性介于籼粘稻和糯稻之间，适于制作饵块、米线。

第三节　水稻遗传资源

水稻育种的发展历程证明，品种改良每一阶段的重大突破均与水稻优异种质的发现和利用相关。20世纪50年代末，矮仔占、矮脚南特、台中本地1号（TN1，亦称台中在来1号）和广场矮等矮秆种质的发掘与利用，实现了60年代我国水稻品种的矮秆化；70～80年代野败型、矮败型、冈型、印水型、红莲型等不育资源的发现及二九南1号A、珍汕97A等水稻野败型不育系育成，实现了籼型杂交稻的“三系”配套和大面积推广利用；80年代农垦58S、安农S-1等光温敏核不育材料的发掘与利用，实现了“两系”杂交水稻的突破；90年代02428、培矮64、轮回422等广亲和种质的发掘与利用，基本克服了籼粳稻杂交的瓶颈；80～90年代沈农89366、沈农159、辽粳5号等新株型优异种质的创新与利用，实现了北方粳稻直立穗型与高产的结合，使北方粳稻产量有了较大的提高；90年代以来光温敏不育系培矮64S、Y58S、株1S以及中9A、甬粳2号A和恢复系9311、蜀恢527等的创新与利用，选育出一系列高产、优质的超级杂交稻品种。可见，水稻优异种质资源的收集、评价、创新和利用是水稻品种遗传改良的重要环节和基础。

一、栽培稻种质资源

中国具有丰富的多样化的水稻遗传资源。清代的《授时通考》（1742）记载了全国16省的3 429个水稻品种，它们是长期自然突变、人工选择和留种栽培的结果。中华人民共和国成立以来，全国进行了4次大规模的稻种资源考察和收集。20世纪50年代后期到60年代在广东、湖南、湖北、江苏、浙江、四川等14省（自治区、直辖市）进行了第一次全国性的水稻种质资源的考察，征集到各类水稻种质5.7万余份。70年代末至80年代初，进行了全国水稻种质资源的补充考察和征集，获得各类水稻种质万余份。国家“七五”（1986—1990）、“八五”（1991—1995）和“九五”（1996—2000）科技攻关期间，分别对神农架和三峡地区以及海南、湖北、四川、陕西、贵州、广西、云南、江西和广东等省（自治区）的部分地区再度进行了补充考察和收集，获得稻种3 500余份。“十五”（2001—2005）和“十一五”（2006—2010）期间，又收集到水稻种质6 996份。

通过对收集到的水稻种质进行整理、核对与编目，截至2010年，中国共编目水稻种质82 386份，其中70 669份是从中国国内收集的种质，占编目总数的85.8%（表1-1）。在此基础上，编辑和出版了《中国稻种资源目录》（8册）、《中国优异稻种资源》，编目内容包括基本信息、形态特征、生物学特性、品质特性、抗逆性、抗病虫性等。

截至2010年，在国家作物种质库［简称国家长期库（北京）］繁种保存的水稻种质资源共73 924份，其中各类型种质所占百分比大小顺序为：地方稻种（68.1%）＞国外引进稻种（13.9%）＞野生稻种（8.0%）＞选育稻种（7.8%）＞杂交稻“三系”资源（1.9%）＞遗传材料（0.3%）（表1-1）。在所保存的水稻地方品种中，保存数量较多的省份包括广西（8 537份）、云南（5 882份）、贵州（5 657份）、广东（5 512份）、湖南（4 789份）、四川（3 964份）、江西（2 974份）、江苏（2 801份）、浙江（2 079份）、福建（1 890份）、湖北（1 467份）和台湾（1 303份）。此外，在中国水稻研究所的国家水稻中期库（杭州）保存了稻属及近缘属种质资源7万余份，是我国单项作物保存规模最大的中期种质库，也是世界上最大的单项国家级水稻种质基因库之一。在入国家长期库（北京）的66 408份地方稻种、选育稻种、国外引进稻种等水稻种质中，籼稻和粳稻种质分别占63.3%和36.7%，水稻和陆稻种质分别占93.4%和6.6%，粘稻和糯稻种质分别占83.4%和16.6%。显然，籼稻、水稻和粘稻的种质数量分别显著多于粳稻、陆稻和糯稻。

表1-1　中国稻种资源的编目数和入库数

种质类型	编　目		繁殖入库	
	份数	占比（%）	份数	占比（%）
地方稻种	54 282	65.9	50 371	68.1
选育稻种	6 660	8.1	5 783	7.8
国外引进稻种	11 717	14.2	10 254	13.9
杂交稻“三系”资源	1 938	2.3	1 374	1.9
野生稻种	7 663	9.3	5 938	8.0
遗传材料	126	0.2	204	0.3
合计	82 386	100	73 924	100

截至2010年，完成了29 948份水稻种质资源的抗逆性鉴定，占入库种质的40.5%；完成了61 462份水稻种质资源的抗病虫性鉴定，占入库种质的83.1%；完成了34 652份水稻种质资源的品质特性鉴定，占入库种质的46.9%。种质评价表明：中国水稻种质资源中蕴藏着丰富的抗旱、耐盐、耐冷、抗白叶枯病、抗稻瘟病、抗纹枯病、抗褐飞虱、抗白背飞虱等优异种质（表1-2）。

表1-2　中国稻种资源中鉴定出的抗逆性和抗病虫性优异的种质份数

种质类型	抗旱		耐盐		耐冷		抗白叶枯病	
	极强	强	极强	强	极强	强	高抗	抗
地方稻种	132	493	17	40	142	—	12	165
国外引进稻种	3	152	22	11	7	30	3	39
选育稻种	2	65	2	11	—	50	6	67

（续）

种质类型	抗稻瘟病			抗纹枯病		抗褐飞虱			抗白背飞虱		
	免疫	高抗	抗	高抗	抗	免疫	高抗	抗	免疫	高抗	抗
地方稻种	—	816	1 380	0	11	—	111	324	—	122	329
国外引进稻种	—	5	148	5	14	—	0	218	—	1	127
选育稻种	—	63	145	3	7	—	24	205	—	13	32

注：数据来自2005年国家种质数据库。

2001—2010年，结合水稻优异种质资源的繁殖更新、精准鉴定与田间展示、网上公布等途径，国家粮食作物种质中期库［简称国家中期库（北京）］和国家水稻种质中期库（杭州）共向全国从事水稻育种、遗传及生理生化、基因定位、遗传多样性和水稻进化等研究的300余个科研及教学单位提供水稻种质资源47 849份次，其中国家中期库（北京）提供26 608份次，国家水稻种质中期库（杭州）提供21 241份次，平均每年提供4 785份次。稻种资源在全国范围的交换、评价和利用，大大促进了水稻育种及其相关基础理论研究的发展。

二、野生稻种质资源

野生稻是重要的水稻种质资源，在中国的水稻遗传改良中发挥了极其重要的作用。从海南岛普通野生稻中发现的细胞质雄性不育株，奠定了我国杂交水稻大面积推广应用的基础。从江西发现的矮败野生稻不育株中选育而成的协青早A和从海南发现的红芒野生稻不育株育成的红莲早A，是我国两个重要的不育系类型，先后转育了一大批杂交水稻品种。利用从广西普通野生稻中发现的高抗白叶枯病基因*Xa23*，转育成功了一系列高产、抗白叶枯病的栽培品种。从江西东乡野生稻中发现的耐冷材料，已经并继续在耐冷育种中发挥重要作用。

据1978—1982年全国野生稻资源普查、考察和收集的结果，参考1963年中国农业科学院原生态研究室的考察记录，以及历史上台湾发现野生稻的记载，现已明确，中国有3种野生稻：普通野生稻（*O. rufipogon* Griff.）、疣粒野生稻（*O. meyeriana* Baill.）和药用野生稻（*O. officinalis* Wall. ex Watt），分布于广东、海南、广西、云南、江西、福建、湖南、台湾等8个省（自治区）的143个县（市），其中广东53个县（市）、广西47个县（市）、云南19个县（市）、海南18个县（市）、湖南和台湾各2个县、江西和福建各1个县。

普通野生稻自然分布于广东、广西、海南、云南、江西、湖南、福建、台湾等8个省（自治区）的113个县（市），是我国野生稻分布最广、面积最大、资源最丰富的一种。普通野生稻大致可分为5个自然分布区：①海南岛区。该区气候炎热，雨量充沛，无霜期长，极有利于普通野生稻的生长与繁衍。海南省18个县（市）中就有14个县（市）分布有普通野生稻，而且密度较大。②两广大陆区。包括广东、广西和湖南的江永县及福建的漳浦县，为普通野生稻的主要分布区，主要集中分布于珠江水系的西江、北江和东江流域，特别是北回归线以南及广东、广西沿海地区分布最多。③云南区。据考察，在西双版纳傣族自治州的景洪镇、勐罕坝、大勐龙坝等地共发现26个分布点，后又在景洪和元江发现2个普通野生稻分布点，这两个县普通野生稻呈零星分布，覆盖面积小。历年发现的分布点都集中在流沙河和澜沧江流域，这两条河向南流入东南亚，注入南海。④湘赣区。包括湖南茶陵县及江西东乡县的普通野生稻。东乡县的普通野生稻分布于北纬28°14′，是目前中国乃至全球普通野生稻分布的最北限。⑤台湾区。20世纪50年代在桃园 、新竹两县发现过普通野生稻，但目前已消失。

药用野生稻分布于广东、海南、广西、云南4省（自治区）的38个县（市），可分为3个自然分布区：①海南岛区。主要分布在黎母山一带，集中分布在三亚市及陵水、保亭、乐东、白沙、屯昌5县。②两广大陆区。为主要分布区，共包括27个县（市），集中于桂东中南部，包括梧州、苍梧、岑溪、玉林、容县、贵港、武宣、横县、邕宁、灵山等县（市），以及广东省的封开、郁南、德庆、罗定、英德等县（市）。③云南区。主要分布于临沧地区的耿马、永德县及普洱市。

疣粒野生稻主要分布于海南、云南与台湾三省（台湾的疣粒野生稻于1978年消失）的27个县（市），海南省仅分布于中南部的9个县（市），尖峰岭至雅加大山、鹦哥岭至黎母山、大本山至五指山、吊罗山至七指岭的许多分支山脉均有分布，常常生长在背北向南的山坡上。云南省有18个县（市）存在疣粒野生稻，集中分布于哀牢山脉以西的滇西南，东至绿春、元江，而以澜沧江、怒江、红河、李仙江、南汀河等河流下游地区为主要分布区。台湾在历史上曾发现新竹县有疣粒野生稻分布，目前情况不明。

自2002年开始，中国农业科学院作物科学研究所组织江西、湖南、云南、海南、福建、广东和广西等省（自治区）的相关单位对我国野生稻资源状况进行再次全面调查和收集，至2013年底，已完成除广东省以外的所有已记载野生稻分布点的调查和部分生态环境相似地区的调查。调查结果表明，与1980年相比，江西、湖南、福建的野生稻分布点没有变化，但分布面积有所减少；海南发现现存的野生稻居群总数达154个，其中普通野生稻136个，疣粒野生稻11个，药用野生稻7个；广西原有的1 342个分布点中还有325个存在野生稻，且新发现野生稻分布点29个，其中普通野生稻13个，药用野生稻16个；云南在调查的98个野生稻分布点中，26个普通野生稻分布点仅剩1个，11个药用野生稻分布点仅剩2个，61个疣粒野生稻分布点还剩25个。除了已记载的分布点，还发现了1个普通野生稻和10个疣粒野生稻新分布点。值得注意的是，从目前对现存野生稻的调查情况看，与1980年相比，我国70%以上的普通野生稻分布点、50%以上的药用野生稻分布点和30%疣粒野生稻分布点已经消失，濒危状况十分严重。

2010年，国家长期库（北京）保存野生稻种质资源5 896份，其中国内普通野生稻种质资源4 602份，药用野生稻880份，疣粒野生稻29份，国外野生稻385份；进入国家中期库（北京）保存的野生稻种质资源3 200份。考虑到种茎保存能较好地保持野生稻原有的种性，为了保持野生稻的遗传稳定性，现已在广东省农业科学院水稻研究所（广州）和广西农业科学院作物品种资源研究所（南宁）建立了2个国家野生稻种质资源圃，收集野生稻种茎入圃保存，至2013年已入圃保存的野生稻种茎10 747份，其中广州圃保存5 037份，南宁圃保存5 710份。此外，新收集的12 800份野生稻种质资源尚未入编国家长期库（北京）或国家野生稻种质圃长期保存，临时保存于各省（自治区）临时圃或大田中。

近年来，对中国收集保存的野生稻种质资源开展了较为系统的抗病虫鉴定，至2013年底，共鉴定出抗白叶枯病种质资源130多份，抗稻瘟病种质资源200余份，抗纹枯病种质资源10份，抗褐飞虱种质资源200多份，抗白背飞虱种质资源180多份。但受试验条件限制，目前野生稻种质资源抗旱、耐寒、抗盐碱等的鉴定较少。

第四节　栽培稻品种的遗传改良

中华人民共和国成立以来，水稻品种的遗传改良获得了巨大成就，纯系选择育种、杂交育种、诱变育种、杂种优势利用、组织培养（花粉、花药、细胞）育种、分子标记辅助育种等先后成为卓有成效的育种方法。65年来，全国共育成并通过国家、省（自治区、直辖市）、地区（市）农作物品种审定委员会审定（认定）的常规和杂交水稻品种共8 117份，其中1991—2014年，每年种植面积大于6 667hm^{2}的品种已从1991年的255个增加到2014年的869个（图1-4）。20世纪50年代后期至70年代的矮化育种、70 ～ 90年代的杂交水稻育种，以及近20年的超级稻育种，在我国乃至世界水稻育种史上具有里程碑意义。

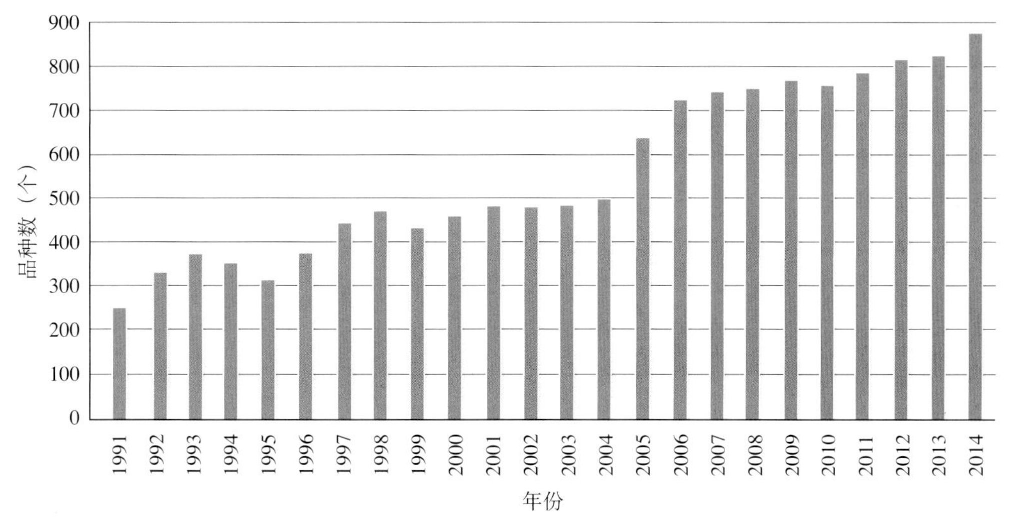

图1-4　1991—2014年年种植面积在6 667hm^{2}以上的品种数

一、常规品种的遗传改良

（一）地方农家品种改良（20世纪50年代）

20世纪50年代初期，全国以种植数以万计的高秆农家品种为主，以高秆（>150cm）、易倒伏为品种主要特征，主要品种有夏至白、马房籼、红脚早、湖北早、黑谷子、竹桠谷、油占子、西瓜红、老来青、霜降青、有芒早粳等。50年代中期，主要采用系统选择法对地方农家品种的某些农艺性状进行改良以提高防倒伏能力，增加产量，育成了一批改良农家品种。在全国范围内，早籼确定38个、中籼确定20个、晚粳确定41个改良农家品种予以大面积推广，连续多年种植面积较大的品种有早籼：南特号、雷火占；中籼：胜利籼、乌嘴川、长粒籼、万利籼；晚籼：红米冬占、浙场9号、粤油占、黄禾子；早粳：有芒早粳；中粳：桂花球、洋早十日、石稻；晚粳：新太湖青、猪毛簇、红须粳、四上裕等。与此同时，通过简单杂交和系统选育，育成了一批高秆改良品种。改良农家品种和新育成的高秆改良品种的产量一般为2 500 ～ 3 000kg/hm^2，比地方高秆农家品种的产量高5%～ 15%。

（二）矮化育种（20世纪50年代后期至70年代）

20世纪50年代后期，育种家先后发现籼稻品种矮仔占、矮脚南特和低脚乌尖，以及粳稻品种农垦58等，具有优良的矮秆特性：秆矮（<100cm），分蘖强，耐肥，抗倒伏，产量高。研究发现，这4个品种都具有半矮秆基因*Sd1*。矮仔占来自南洋，20世纪前期引入广西，是我国20世纪50年代后期至60年代前期种植的最主要的矮秆品种之一，也是60 ～ 90年代矮化育种最重要的矮源亲本之一。矮脚南特是广东农民由高秆品种南特16的矮秆变异株选得。低脚乌尖是我国台湾省的农家品种，是国内外矮化育种最重要的矮源亲本之一。农垦58则是50年代后期从日本引进的粳稻品种。

可利用的*Sd1*矮源发现后，立即开始了大规模的水稻矮化育种。如华南农业科学研究所从矮仔占中选育出矮仔占4号，随后以矮仔占4号与高秆品种广场13杂交育成矮秆品种广场矮。台湾台中农业改良场用矮秆的低脚乌尖与高秆地方品种菜园种杂交育成矮秆的台中本地1号（TN1）。南特号是双季早籼品种极其重要的育种亲源，以南特号为基础，衍生了大量品种，包括矮脚南特（南特号→南特16→矮脚南特）、广场13、莲塘早和陆财号等4个重要骨干品种。农垦58则迅速成为长江中下游地区中粳、晚粳稻的育种骨干亲本。广场矮、矮脚南特、台中本地1号和农垦58这4个具有划时代意义的矮秆品种的育成、引进和推广，标志中国步入了大规模的卓有成效的籼、粳稻矮化育种，成为水稻矮化育种的里程碑。

从20世纪60年代初期开始，全国主要稻区的农家地方品种均被新育成的矮秆、半矮秆品种所替代。这些品种以矮秆（80 ～ 85cm）、半矮秆（86 ～ 105cm）、强分蘖、耐肥、抗倒伏为基本特征，产量比当地主要高秆农家品种提高15%～ 30%。著名的籼稻矮秆品种有矮脚南特、珍珠矮、珍珠矮11、广场矮、广场13、莲塘早、陆财号等；著名的粳稻矮秆品种有农垦58、农垦57（从日本引进）、桂花黄（Balilla，从意大利引进）。60年代后期至70年代中期，年种植面积曾经超过30万hm^{2}的籼稻品种有广陆矮4号、广选3号、二九青、广二104、原丰早、湘矮早9号、先锋1号、矮南早1号、圭陆矮8号、桂朝2号、桂朝13、南京1号、窄叶青8号、红410、成都矮8号、泸双1011、包选2号、包胎矮、团结1号、广二选二、广秋矮、二白矮1号、竹系26、青二矮等；年种植面积超过20万hm^{2}的粳稻矮秆品种有农垦58、农垦57、农虎6号、吉粳60、武农早、沪选19、嘉湖4号、桂花糯、双糯4号等。

（三）优质多抗育种（20世纪80年代中期至90年代）

1978—1984年，由于杂交水稻的兴起和农村种植结构的变化，常规水稻的种植面积大大压缩，特别是常规早稻面积逐年减少，部分常规双季稻被杂交中籼稻和杂交晚籼稻取代。因此，常规品种的选育多以提高稻米产量和品质为主，主要的籼稻品种有广陆矮4号、二九青、先锋1号、原丰早、湘矮早9号、湘早籼13、红410、二九丰、浙733、浙辐802、湘早籼7号、嘉育948、舟903、广二104、桂朝2号、珍珠矮11、包选2号、国际稻8号（IR8）、南京11、754、团结1号、二白矮1号、窄叶青8号、粳籼89、湘晚籼11、双桂1号、桂朝13、七桂早25、鄂早6号、73-07、青秆黄、包选2号、754、汕二59、三二矮等；主要的粳稻品种有秋光、合江19、桂花黄、鄂晚5号、农虎6号、嘉湖4号、鄂宜105、秀水04、武育粳2号、秀水48、秀水11等。

自矮化育种以来，由于密植程度增加，病虫害逐渐加重。因此，90年代常规品种的选育重点在提高产量的同时，还须兼顾提高病虫抗性和改良品质，提高对非生物压力的耐性，因而育成的品种多数遗传背景较为复杂。突出的籼稻品种有早籼31、鄂早18、粤晶丝苗2号、嘉育948、籼小占、粤香占、特籼占25、中鉴100、赣晚籼30、湘晚籼13等；重要的粳稻品种有空育131、辽粳294、龙粳14、龙粳20、吉粳88、垦稻12、松粳6号、宁粳16、垦稻8号、合江19、武育粳3号、武育粳5号、早丰9号、武运粳7号、秀水63、秀水110、秀水128、嘉花1号、甬粳18、豫粳6号、徐稻3号、徐稻4号、武香粳14等。

1978—2014年，最大年种植面积超过40万hm^2的常规稻品种共23个，这些都是高产品种，产量高，适应性广，抗病虫力强（表1-3）。

表1-3　1978—2014年最大年种植面积超过40万hm^2的常规水稻品种

品种名称	品种类型	亲本/血缘	最大年种植面积（万hm^2）	累计种植面积（万hm^2）
广陆矮4号	早籼	广场矮3784/陆财号	495.3（1978）	1 879.2（1978—1992）
二九青	早籼	二九矮7号/青小金早	96.9（1978）	542.0（1978—1995）
先锋1号	早籼	广场矮6号/陆财号	97.1（1978）	492.5（1978—1990）
原丰早	早籼	IR8种子^{60}Co辐照	105.0（1980）	436.7（1980—1990）
湘矮早9号	早籼	IR8/湘矮早4号	121.3（1980）	431.8（1980—1989）
余赤231-8	晚籼	余晚6号/赤块矮3号	41.1（1982）	277.7（1981—1999）
桂朝13	早籼	桂阳矮49/朝阳早18，桂朝2号的姐妹系	68.1（1983）	241.8（1983—1990）
红410	早籼	珍龙410系选	55.7（1983）	209.3（1982—1990）
双桂1号	早籼	桂阳矮C17/桂朝2号	81.2（1985）	277.5（1982—1989）
二九丰	早籼	IR29/原丰早	66.5（1987）	256.5（1985—1994）
73-07	早籼	红梅早/7055	47.5（1988）	157.7（1985—1994）
浙辐802	早籼	四梅2号种子辐照	130.1（1990）	973.1（1983—2004）
中嘉早17	早籼	中选181/育嘉253	61.1（2014）	171.4（2010—2014）
珍珠矮11	中籼	矮仔占4号/惠阳珍珠早	204.9（1978）	568.2（1978—1996）
包选2号	中籼	包胎白系选	72.3（1979）	371.7（1979—1993）
桂朝2号	中籼	桂阳矮49/朝阳早18	208.8（1982）	721.2（1982—1995）
二白矮1号	晚籼	秋二矮/秋白矮	68.1（1979）	89.0（1979—1982）
龙粳25	早粳	佳禾早占/龙花97058	41.1（2011）	119.7（2010—2014）
空育131	早粳	道黄金/北明	86.7（2004）	938.5（1997—2014）
龙粳31	早粳	龙花96-1513/垦稻8号的F_1花药培养	112.8（2013）	256.9（2011—2014）
武育粳3号	中粳	中丹1号/79-51//中丹1号/扬粳1号	52.7（1997）	560.7（1992—2012）
秀水04	晚粳	C21///辐农709//辐农709/单209	41.4（1988）	166.9（1985—1993）
武运粳7号	晚粳	嘉40/香糯9121//丙815	61.4（1999）	332.3（1998—2014）

二、杂交水稻的兴起和遗传改良

20世纪70年代初，袁隆平等在海南三亚发现了含有胞质雄性不育基因*cms*的普通野生稻，这一发现对水稻杂种优势利用具有里程碑的意义。通过全国协作攻关，1973年实现不育系、保持系、恢复系三系配套，1976年中国开始大面积推广“三系”杂交水稻。1980年全国杂交水稻种植面积479万hm^2，1990年达到1 665万hm^2。70年代初期，中国最重要的不育系二九南1号A和珍汕97A,是来自携带*cms*基因的海南普通野生稻与中国矮秆品种二九南1号和珍汕97的连续回交后代；最重要的恢复系来自国际水稻研究所的IR24、IR661和IR26，它们配组的南优2号、南优3号和汕优6号成为20世纪70年代后期到80年代初期最重要的籼型杂交水稻品种。南优2号最大年（1978）种植面积298万hm^2，1976—1986年累计种植面积666.7万hm^2；汕优6号最大年（1984）种植面积173.9万hm^2，1981—1994年累计种植面积超过1 000万hm^2。

1973年10月，石明松在晚粳农垦58田间发现光敏雄性不育株，经过10多年的选育研究，1987年光敏核不育系农垦58S选育成功并正式命名，两系杂交水稻正式进入攻关阶段，两系杂交水稻优良品种两优培九通过江苏省（1999）和国家（2001）农作物品种审定委员会审定并大面积推广，2002年该品种年种植面积达到82.5万hm^2。

20世纪80 ～ 90年代，针对第一代中国杂交水稻稻瘟病抗性差的突出问题，开展抗稻瘟病育种，育成明恢63、测64、桂33等抗稻瘟病性较强的恢复系，形成第二代杂交水稻汕优63、汕优64、汕优桂33等一批新品种，从而中国杂交水稻又蓬勃发展，80年代湖北出现6 666.67hm^2汕优63产量超9 000kg/hm^2的记录。著名的杂交水稻品种包括：汕优46、汕优63、汕优64、汕优桂99、威优6号、威优64、协优46、D优63、冈优22、Ⅱ优501、金优207、四优6号、博优64、秀优57等。中国三系杂交水稻最重要的强恢复系为IR24、IR26、明恢63、密阳46（Miyang 46）、桂99、CDR22、辐恢838、扬稻6号等。

1978—2014年，最大年种植面积超过40万hm^2的杂交稻品种共32个，这些杂交稻品种产量高，抗病虫力强，适应性广，种植年限长，制种产量也高（表1-4）。

表1-4　1978—2014年最大年种植面积超过40万hm^2的杂交稻品种

杂交稻品种	类型	配组亲本	恢复系中的国外亲本	最大年种植面积（万hm^2）	累计种植面积（万hm^2）
南优2号	三系，籼	二九南1号A/IR24	IR24	298.0（1978）	＞666.7（1976—1986）
威优2号	三系，籼	V20A/IR24	IR24	74.7（1981）	203.8（1981—1992）
汕优2号	三系，籼	珍汕97A/IR24	IR24	278.3（1984）	1 264.8（1981—1988）
汕优6号	三系，籼	珍汕97A/IR26	IR26	173.9（1984）	999.9（1981—1994）
威优6号	三系，籼	V20A/IR26	IR26	155.3（1986）	821.7（1981—1992）
汕优桂34	三系，籼	珍汕97A/桂34	IR24、IR30	44.5（1988）	155.6（1986—1993）
威优49	三系，籼	V20A/测64-49	IR9761-19	45.4（1988）	163.8（1986—1995）
D优63	三系，籼	D汕A/明恢63	IR30	111.4（1990）	637.2（1986—2001）

（续）

杂交稻品种	类型	配组亲本	恢复系中的国外亲本	最大年种植面积（万 hm²）	累计种植面积（万 hm²）
博优64	三系，籼	博A/测64-7	IR9761-19-1	67.1（1990）	334.7（1989—2002）
汕优63	三系，籼	珍汕97A/明恢63	IR30	681.3（1990）	6 288.7（1983—2009）
汕优64	三系，籼	珍汕97A/测64-7	IR9761-19-1	190.5（1990）	1 271.5（1984—2006）
威优64	三系，籼	V20A/测64-7	IR9761-19-1	135.1（1990）	1 175.1（1984—2006）
汕优桂33	三系，籼	珍汕97A/桂33	IR24、IR36	76.7（1990）	466.9（1984—2001）
汕优桂99	三系，籼	珍汕97A/桂99	IR661、IR2061	57.5（1992）	384.0（1990—2008）
冈优12	三系，籼	冈46A/明恢63	IR30	54.4（1994）	187.7（1993—2008）
威优46	三系，籼	V20A/密阳46	密阳46	51.7（1995）	411.4（1990—2008）
汕优46*	三系，籼	珍汕97A/密阳46	密阳46	45.5（1996）	340.3（1991—2007）
汕优多系1号	三系，籼	珍汕97A/多系1号	IR30、Tetep	68.7（1996）	301.7（1995—2004）
汕优77	三系，籼	珍汕97A/明恢77	IR30	43.1（1997）	256.1（1992—2007）
特优63	三系，籼	龙特甫A/明恢63	IR30	43.1（1997）	439.3（1984—2009）
冈优22	三系，籼	冈46A/CDR22	IR30、IR50	161.3（1998）	922.7（1994—2011）
协优63	三系，籼	协青早A/明恢63	IR30	43.2（1998）	362.8（1989—2008）
Ⅱ优501	三系，籼	Ⅱ-32A/明恢501	泰引1号、IR26、IR30	63.5（1999）	244.9（1995—2007）
Ⅱ优838	三系，籼	Ⅱ-32A/辐恢838	泰引1号、IR30	79.1（2000）	663.0（1995—2014）
金优桂99	三系，籼	金23A/桂99	IR661、IR2061	40.4（2001）	236.2（1994—2009）
冈优527	三系，籼	冈46A/蜀恢527	古154、IR24、IR1544-28-2-3	44.6（2002）	246.4（1999—2013）
冈优725	三系，籼	冈46A/绵恢725	泰引1号、IR30、IR26	64.2（2002）	469.4（1998—2014）
金优207	三系，籼	金23A/先恢207	IR56、IR9761-19-1	71.9（2004）	508.7（2000—2014）
金优402	三系，籼	金23A/R402	古154、IR24、IR30、IR1544-28-2-3	53.5（2006）	428.6（1996—2014）
培两优288	两系，籼	培矮64S/288	IR30、IR36、IR2588	39.9（2001）	101.4（1996—2006）
两优培九	两系，籼	培矮64S/扬稻6号	IR30、IR36、IR2588、BG90-2	82.5（2002）	634.9（1999—2014）
丰两优1号	两系，籼	广占63S/扬稻6号	IR30、R36、IR2588、BG90-2	40.0（2006）	270.1（2002—2014）

* 汕优10号与汕优46的父、母本和育种方法相同，前期称为汕优10号，后期统称汕优46。

三、超级稻育种

国际水稻研究所从1989年起开始实施理想株型（Ideal plant type，俗称超级稻）育种计划，试图利用热带粳稻新种质和理想株型作为突破口，通过杂交和系统选育及分子育种方法育成新株型品种［New plant type（NPT），超级稻］供南亚和东南亚稻区应用，设计产量希望比当地品种增产20%～30%。但由于产量、抗病虫力和稻米品质不理想等原因，迄今还无突出的品种在亚洲各国大面积应用。

为实现在矮化育种和杂交育种基础上的产量再次突破，农业部于1996年启动中国超级稻研究项目，要求育成高产、优质、多抗的常规和杂交水稻新品种。广义要求，超级稻的主要性状如产量、米质、抗性等均应显著超过现有主栽品种的水平；狭义要求，应育成在抗性和米质与对照品种相仿的基础上，产量有大幅度提高的新品种。在育种技术路线上，超级稻品种采用理想株型塑造与杂种优势利用相结合的途径，核心是种质资源的有效利用或有利多基因的聚合，育成单产大幅提高、品质优良、抗性较强的新型水稻品种（表1-5）。

表1-5　超级稻品种的主要指标

项　目	长江流域早熟早稻	长江流域中迟熟早稻	长江流域中熟晚稻、华南感光性晚稻	华南早晚兼用稻、长江流域迟熟晚稻、东北早熟粳稻	长江流域一季稻、东北中熟粳稻	长江上游迟熟一季稻、东北迟熟粳稻
生育期（d）	≤105	≤115	≤125	≤132	≤158	≤170
产量（kg/hm^2）	≥8 250	≥9 000	≥9 900	≥10 800	≥11 700	≥12 750
品　质	北方粳稻达到部颁二级米以上（含）标准，南方晚籼稻达到部颁三级米以上（含）标准，南方早籼稻和一季稻达到部颁四级米以上（含）标准					
抗　性	抗当地1～2种主要病虫害					
生产应用面积	品种审定后2年内生产应用面积达到每年3 125hm^{2}以上					

近年有的育种家提出“绿色超级稻”或“广义超级稻”的概念，其基本思路是将品种资源研究、基因组研究和分子技术育种紧密结合，加强水稻重要性状的生物学基础研究和基因发掘，全面提高水稻的综合性状，培育出抗病、抗虫、抗逆、营养高效、高产、优质的新品种。2000年超级杂交稻第一期攻关目标大面积如期实现产量10.5t/hm^2，2004年第二期攻关目标大面积实现产量12.0t/hm^2。

2006年，农业部进一步启动推进超级稻发展的“6236工程”，要求用6年的时间，培育并形成20个超级稻主导品种，年推广面积占全国水稻总面积的30%，即900万hm^2，单产比目前主栽品种平均增产900kg/hm^2，以全面带动我国水稻的生产水平。2011年，湖南隆回县种植的超级杂交水稻品种Y两优2号在7.5hm^{2}的面积上平均产量13 899kg/hm^2；2011年宁波农业科学院选育的籼粳型超级杂交晚稻品种甬优12单产14 147kg/hm^2；2013年，湖南隆回县种植的超级杂交水稻Y两优900获得14 821kg/hm^{2}的产量，宣告超级杂交水稻第三期攻关目标大面积产量13.5t/hm^{2}的实现。据报道，2015年云南个旧市的“超级杂交水稻示范基地”百亩连片水稻攻关田，种植的超级稻品种超优千号，百亩片平均单产16 010kg/hm^2；2016年山东临沂市莒南县大店镇的百亩片攻关基地种植的超级杂交稻超优千号，实测单产15 200kg/hm^2，创造了杂交水稻高纬度单产的世界纪录，表明已稳定实现了超级杂交水稻第四期大面积产量潜力达到15t/hm^{2}的攻关目标。

截至2014年，农业部确认了111个超级稻品种，分别是：

常规超级籼稻7个：中早39、中早35、金农丝苗、中嘉早17、合美占、玉香油占、桂农占。

常规超级粳稻28个：武运粳27、南粳44、南粳45、南粳49、南粳5055、淮稻9号、长白25、莲稻1号、龙粳39、龙粳31、松粳15、镇稻11、扬粳4227、宁粳4号、楚粳28、连粳7号、沈农265、沈农9816、武运粳24、扬粳4038、宁粳3号、龙粳21、千重浪、辽星1号、楚粳27、松粳9号、吉粳83、吉粳88。

籼型三系超级杂交稻46个：F优498、荣优225、内5优8015、盛泰优722、五丰优615、天优3618、天优华占、中9优8012、H优518、金优785、德香4103、Q优8号、宜优673、深优9516、03优66、特优582、五优308、五丰优T025、天优3301、珞优8号、荣优3号、金优458、国稻6号、赣鑫688、Ⅱ优航2号、天优122、一丰8号、金优527、D优202、Q优6号、国稻1号、国稻3号、中浙优1号、丰优299、金优299、Ⅱ优明86、Ⅱ优航1号、特优航1号、D优527、协优527、Ⅱ优162、Ⅱ优7号、Ⅱ优602、天优998、Ⅱ优084、Ⅱ优7954。

粳型三系超级杂交稻1个：辽优1052。

籼型两系超级杂交稻26个：两优616、两优6号、广两优272、C两优华占、两优038、Y两优5867、Y两优2号、Y两优087、准两优608、深两优5814、广两优香66、陵两优268、徽两优6号、桂两优2号、扬两优6号、陆两优819、丰两优香1号、新两优6380、丰两优4号、Y优1号、株两优819、两优287、培杂泰丰、新两优6号、两优培九、准两优527。

籼粳交超级杂交稻3个：甬优15、甬优12、甬优6号。

超级杂交水稻育种正在继续推进，面临的挑战还有很多。从遗传角度看，目前真正能用于超级稻育种的有利基因及连锁分子标记还不多，水稻基因研究成果还不足以全面支撑超级稻分子育种，目前的超级稻育种仍以常规杂交技术和资源的综合利用为主。因此，需要进一步发掘高产、优质、抗病虫、抗逆基因，改进育种方法，将常规育种技术与分子育种技术相结合起来，培育出广适性的可大幅度减少农用化学品（无机肥料、杀虫剂、杀菌剂、除草剂）而又高产优质的超级稻品种。

第五节　核心育种骨干亲本

分析65年来我国育成并通过国家或省级农作物品种审定委员会审（认）定的8 117份水稻、陆稻和杂交水稻现代品种，追溯这些品种的亲源，可以发现一批极其重要的核心育种骨干亲本，它们对水稻品种的遗传改良贡献巨大。但是由于种质资源的不断创新与交流，尤其是育种材料的交流和国外种质的引进，育种技术的多样化，有的品种含有多个亲本的血缘，使得现代育成品种的亲缘关系十分复杂。特别是有些品种的亲缘关系没有文字记录，或者仅以代号留存，难以查考。另外，籼、粳稻品种的杂交和选择，出现了大量含有籼、粳血缘的中间品种，难以绝对划分它们的籼、粳类别。毫无疑问，品种遗传背景的多样性对于克服品种遗传脆弱性，保障粮食生产安全性极为重要。

考虑到这些相互交错的情况，本节品种的亲源一般按不同亲本在品种中所占的重要性和比率确定，可能会出现前后交叉和上下代均含数个重要骨干亲本的情况。

一、常规籼稻

据不完全统计，我国常规籼稻最重要的核心育种骨干亲本有22个，衍生的大面积种植（年种植面积>6 667hm^2）的品种数超过2 700个（表1-6）。其中，全国种植面积较大的常规籼稻品种是：浙辐802、桂朝2号、双桂1号、广陆矮4号、湘早籼45、中嘉早17等。

表1-6　籼稻核心育种骨干亲本及其主要衍生品种

品种名称	类型	衍生的品种数	主要衍生品种
矮仔占	早籼	>402	矮仔占4号、珍珠矮、浙辐802、广陆矮4号、桂朝2号、广场矮、二九青、特青、嘉育948、红410、泸红早1号、双桂36、湘早籼7号、广二104、珍汕97、七桂早25、特籼占13
南特号	早籼	>323	矮脚南特、广场13、莲塘早、陆财号、广场矮、广选3号、矮南早1号、广陆矮4号、先锋1号、青小金早、湘早籼3号、湘矮早3号、湘矮早7号、嘉育293、赣早籼26
珍汕97	早籼	>267	珍竹19、庆元2号、闽科早、珍汕97A、Ⅱ-32A、D汕A、博A、中A、29A、天丰A、枝A不育系及汕优63等大量杂交稻品种
矮脚南特	早籼	>184	矮南早1号、湘矮早7号、青小金早、广选3号、温选青
珍珠矮	早籼	>150	珍龙13、珍汕97、红梅早、红410、红突31、珍珠矮6号、珍珠矮11、7055、6044、赣早籼9号
湘早籼3号	早籼	>66	嘉育948、嘉育293、湘早籼10号、湘早籼13、湘早籼7号、中优早81、中86-44、赣早籼26
广场13	早籼	>59	湘早籼3号、中优早81、中86-44、嘉育293、嘉育948、早籼31、嘉兴香米、赣早籼26
红410	早籼	>43	红突31、8004、京红1号、赣早籼9号、湘早籼5号、舟优903、中优早3号、泸红早1号、辐8-1、佳禾早占、鄂早16、余红1号、湘晚籼9号、湘晚籼14
嘉育293	早籼	>25	嘉育948、中98-15、嘉兴香米、嘉早43、越糯2号、嘉育143、嘉早41、嘉早935、中嘉早17
浙辐802	早籼	>21	香早籼11、中516、浙9248、中组3号、皖稻45、鄂早10号、赣早籼50、金早47、赣早籼56、浙852、中选181
低脚乌尖	中籼	>251	台中本地1号（TN1）、IR8、IR24、IR26、IR29、IR30、IR36、IR661、原丰早、洞庭晚籼、二九丰、滇瑞306、中选8号
广场矮	中籼	>151	桂朝2号、双桂36、二九矮、广场矮5号、广场矮3784、湘矮早3号、先锋1号、泸南早1号
IR8	中籼	>120	IR24、IR26、原丰早、滇瑞306、洞庭晚籼、滇陇201、成矮597、科六早、滇屯502、滇瑞408
IR36	中籼	>108	赣早籼15、赣早籼37、赣早籼39、湘早籼3号
IR24	中籼	>79	四梅2号、浙辐802、浙852、中156，以及一批杂交稻恢复系和杂交稻品种南优2号、汕优2号
胜利籼	中籼	>76	广场13、南京1号、南京11、泸胜2号、广场矮系列品种
台中本地1号（TN1）	中籼	>38	IR8、IR26、IR30、BG90-2、原丰早、湘晚籼1号、滇瑞412、扬稻1号、扬稻3号、金陵57

（续）

品种名称	类型	衍生的品种数	主要衍生品种
特青	中晚籼	>107	特籼占13、特籼占25、盐稻5号、特三矮2号、鄂中4号、胜优2号、丰青矮、黄华占、茉莉新占、丰矮占1号、丰澳占，以及一批杂交稻恢复系镇恢084、蓉恢906、浙恢9516、广恢998
秋播了	晚籼	>60	516、澄秋5号、秋长3号、东秋播、白花
桂朝2号	中晚籼	>43	豫籼3号、镇籼96、扬稻5号、湘晚籼8号、七山占、七桂早25、双朝25、双桂36、早桂1号、陆青早1号、湘晚籼32
中山1号	晚籼	>30	包胎红、包胎白、包选2号、包胎矮、大灵矮、钢枝占
粳籼89	晚籼	>13	赣晚籼29、特籼占13、特籼占25、粤野软占、野黄占、粤野占26

矮仔占源自早期的南洋引进品种，后成为广西容县一带农家地方品种，携带*sd1*矮秆基因，全生育期约140d，株高82cm左右，节密，耐肥，有效穗多，千粒重26g左右，单产4 500 ～ 6 000kg/hm^2，比一般高秆品种增产20%～ 30%。1955年，华南农业科学研究所发现并引进矮仔占，经系选，于1956年育成矮仔占4号。采用矮仔占4号/广场13，1959年育成矮秆品种广场矮；采用矮仔占4号/惠阳珍珠早，1959年育成矮秆品种珍珠矮。广场矮和珍珠矮是矮仔占最重要的衍生品种，这2个品种不但推广面积大，而且衍生品种多，随后成为水稻矮化育种的重要骨干亲本，广场矮至少衍生了151个品种，珍珠矮至少衍生了150个品种。因此，矮仔占是我国20世纪50年代后期至60年代最重要的矮秆推广品种，也是60 ～ 80年代矮化育种最重要的矮源。至今，矮仔占至少衍生了402个品种，其中种植面积较大的衍生品种有广场矮、珍珠矮、广陆矮4号、二九青、先锋1号、特青、桂朝2号、双桂1号、湘早籼7号、嘉育948等。

南特号是20世纪40年代从江西农家品种鄱阳早的变异株中选得，50年代在我国南方稻区广泛作早稻种植。该品种株高100 ～ 130cm，根系发达，适应性广，全生育期105 ～ 115d，较耐肥，每穗约80粒，千粒重26 ～ 28g，单产3 750 ～ 4 500kg/hm^2，比一般高秆品种增产13%～ 34%。南特号1956年种植面积达333.3万hm^2，1958—1962年，年种植面积达到400万hm^{2}以上。南特号直接系选衍生出南特16、江南1224和陆财号。1956年，广东潮阳县农民从南特号发现矮秆变异株，经系选育成矮脚南特，具有早熟、秆矮、高产等优点，可比高秆品种增产20%～ 30%。经分析，矮脚南特也含有矮秆基因*sd1*，随后被迅速大面积推广并广泛用作矮化育种亲本。南特号是双季早籼品种极其重要的育种亲源，至少衍生了323个品种，其中种植面积较大的衍生品种有广场矮、广场13、矮南早1号、莲塘早、陆财号、广陆矮4号、先锋1号、青小金早、湘矮早2号、湘矮早7号、红410等。

低脚乌尖是我国台湾省的农家品种，携带*sd1*矮秆基因，20世纪50年代后期因用低脚乌尖为亲本（低脚乌尖/菜园种）在台湾育成台中本地1号（TN1）。国际水稻研究所利用Peta/低脚乌尖育成著名的IR8品种并向东南亚各国推广，引发了亚洲水稻的绿色革命。祖国大陆育种家利用含有低脚乌尖血缘的台中本地1号、IR8、IR24和IR30作为杂交亲本，至少衍生了251个常规水稻品种，其中IR8（又称科六或691）衍生了120个品种，台中本地1号衍生了38个品种。利用IR8和台中本地1号而衍生的、种植面积较大的品种有原丰早、科梅、双科1号、湘矮早9号、二九丰、扬稻2号、泸红早1号等。利用含有低脚乌尖血缘的IR24、IR26、IR30等，又育成了大量杂交水稻恢复系，有的恢复系可直接作为常规品种种植。

早籼品种珍汕97对推动杂交水稻的发展作用特殊、贡献巨大。该品种是浙江省温州农业科学研究所用珍珠矮11/汕矮选4号于1968年育成，含有矮仔占血缘，株高83cm，全生育期约120d，分蘖力强，千粒重27g左右，单产约5 500kg/hm^2。珍汕97除衍生了一批常规品种外，还被用于杂交稻不育系的选育。1973年，江西省萍乡市农业科学研究所以海南普通野生稻的野败材料为母本，用珍汕97为父本进行杂交并连续回交育成珍汕97A。该不育系早熟、配合力强，是我国使用范围最广、应用面积最大、时间最长、衍生品种最多的不育系。珍汕97A与不同恢复系配组，育成多种熟期类型的杂交水稻品种，如汕优6号、汕优46、汕优63、汕优64等供华南、长江流域作双季晚稻和单季中、晚稻大面积种植。以珍汕97A为母本直接配组的年种植面积超过6 667hm^{2}的杂交水稻品种有92个，36年来（1978—2014年）累计推广面积超过14 450万hm^2。

特青是广东省农业科学院用特矮/叶青伦于1984年育成的早、晚兼用的籼稻品种，茎秆粗壮，叶挺色浓，株叶形态好，耐肥，抗倒伏，抗白叶枯病，产量高，大田产量6 750 ~ 9 000kg/hm^2。特青被广泛用于南方稻区早、中、晚籼稻的育种亲本，主要衍生品种有特籼占13、特籼占25、盐稻5号、特三矮2号、鄂中4号、胜优2号、黄华占、丰矮占1号、丰澳占等。

嘉育293（浙辐802/科庆47//二九丰///早丰6号/水原287////HA79317-7）是浙江省嘉兴市农业科学研究所育成的常规早籼品种。全生育期约112d，株高76.8cm，苗期抗寒性强，株型紧凑，叶片长而挺，茎秆粗壮，生长旺盛，耐肥，抗倒伏，后期青秆黄熟，产量高，适于浙江、江西、安徽（皖南）等省作早稻种植，1993—2012年累计种植面积超过110万hm^2。嘉育293被广泛用于长江中下游稻区的早籼稻育种亲本，主要衍生品种有嘉育948、中98-15、嘉兴香米、嘉早43、越糯2号、嘉育143、嘉早41、嘉早935、中嘉早17等。

二、常规粳稻

我国常规粳稻最重要的核心育种骨干亲本有20个，衍生的种植面积较大（年种植面积＞6 667hm^2）的品种数超过2 400个（表1-7）。其中，全国种植面积较大的常规粳稻品种有：空育131、武育粳2号、武育粳3号、武运粳7号、鄂宜105、合江19、宁粳4号、龙粳31、农虎6号、鄂晚5号、秀水11、秀水04等。

旭是日本品种，从日本早期品种日之出选出。对旭进行系统选育，育成了京都旭以及关东43、金南风、下北、十和田、日本晴等日本品种。至20世纪末，我国由旭衍生的粳稻品种超过149个。如利用旭及其衍生品种进行早粳育种，育成了辽丰2号、松辽4号、合江20、合江21、早丰、吉粳53、吉粳88、冀粳1号、五优稻1号、龙粳3号、东农416等；利用京都旭及其衍生品种农垦57（原名金南风）进行中、晚粳育种，育成了金垦18、南粳11、徐稻2号、镇稻4号、盐粳4号、扬粳186、盐粳6号、镇稻6号、淮稻6号、南粳37、阳光200、远杂101、鲁香粳2号等。

表1-7　常规粳稻最重要核心育种骨干亲本及其主要衍生品种

品种名称	类型	衍生的品种数	主要衍生品种
旭	早粳	>149	农垦57、辽丰2号、松辽4号、合江20、合江21、早丰、吉粳53、吉粳88、冀粳1号、五优稻1号、龙粳3号、东农416、吉粳60、东农416
笹锦	早粳	>147	丰锦、辽粳5号、龙粳1号、秋光、吉粳69、龙粳1号、龙粳4号、龙粳14、垦稻8号、藤系138、京稻2号、辽盐2号、长白8号、吉粳83、青系96、秋丰、吉粳66
坊主	早粳	>105	石狩白毛、合江3号、合江11、合江22、龙粳2号、龙粳14、垦稻3号、垦稻8号、长白5号
爱国	早粳	>101	丰锦、宁粳6号、宁粳7号、辽粳5号、中花8号、临稻3号、冀粳6号、砦1号、辽盐2号、沈农265、松粳10号、沈农189
龟之尾	早粳	>95	宁粳4号、九稻1号、东农4号、松辽5号、虾夷、松辽5号、九稻1号、辽粳152
石狩白毛	早粳	>88	大雪、滇榆1号、合江12、合江22、龙粳1号、龙粳2号、龙粳14、垦稻8号、垦稻10号
辽粳5号	早粳	>61	辽粳68、辽粳288、辽粳326、沈农159、沈农189、沈农265、沈农604、松粳3号、松粳10号、辽星1号、中辽9052
合江20	早粳	>41	合江23、吉粳62、松粳3号、松粳9号、五优稻1号、五优稻3号、松粳21、龙粳3号、龙粳13、绥粳1号
吉粳53	早粳	>27	长白9号、九稻11、双丰8号、吉粳60、新稻2号、东农416、吉粳70、九稻44、丰选2号
红旗12	早粳	>26	宁粳9号、宁粳11、宁粳19、宁粳23、宁粳28、宁稻216
农垦57	中粳	>116	金垦18、双丰4号、南粳11、南粳23、徐稻2号、镇稻4号、盐粳4号、扬粳201、扬粳186、盐粳6号、南粳36、镇稻6号、淮稻6号、扬粳9538、南粳37、阳光200、远杂101、鲁香粳2号
桂花黄	中粳	>97	南粳32、矮粳23、秀水115、徐稻2号、浙粳66、双糯4号、临稻10号、宁粳9号、宁粳23、镇稻2号
西南175	中粳	>42	云粳3号、云粳7号、云粳9号、云粳134、靖粳10号、靖粳16、京黄126、新城糯、楚粳5号、楚粳22、合系41、滇靖8号
武育粳3号	中粳	>22	淮稻5号、淮稻6号、镇稻99、盐稻8号、武运粳11、华粳2号、广陵香粳、武育粳5号、武香粳9号
滇榆1号	中粳	>13	合系34、楚粳7号、楚粳8号、楚粳24、凤稻14、楚粳14、靖粳8号、靖粳优2号、靖粳优3号、云粳优1号
农垦58	晚粳	>506	沪选19、鄂宜105、农虎6号、辐农709、秀水48、农红73、矮粳23、秀水04、秀水11、秀水63、宁67、武运粳7号、武育粳3号、宁粳1号、甬粳18、徐稻3号、武香粳9号、鄂晚5号、嘉991、镇稻99、太湖糯
农虎6号	晚粳	>332	秀水664、嘉湖4号、祥湖47、秀水04、秀水11、秀水48、秀水63、桐青晚、宁67、太湖糯、武香粳9号、甬粳44、香血糯335、辐农709、武运粳7号
测21	晚粳	>254	秀水04、武香粳14、秀水11、宁粳1号、秀水664、武粳15、武运粳8号、秀水63、甬粳18、祥湖84、武香粳9号、武运粳21、宁67、嘉991、矮糯21、常农粳2号、春江026
秀水04	晚粳	>130	武香粳14、秀水122、武运粳23、秀水1067、武粳13、甬优6号、秀水17、太湖粳2号、甬优1号、宁粳3号、皖稻26、运9707、甬优9号、秀水59、秀水620
矮宁黄	晚粳	>31	老来青、沪晚23、八五三、矮粳23、农红73、苏粳7号、安庆晚2号、浙粳66、秀水115、苏稻1号、镇稻1号、航育1号、祥湖25

辽粳5号(丰锦////越路早生/矮脚南特//藤坂5号/BaDa///沈苏6号)是沈阳市浑河农场采用籼、粳稻杂交，后代用粳稻多次复交，于1981年育成的早粳矮秆高产品种。辽粳5号集中了籼、粳稻特点，株高80 ~ 90cm，叶片宽、厚、短、直立上举，色浓绿，分蘖力强，株型紧凑，受光姿态好，光能利用率高，适应性广，较抗稻瘟病，中抗白叶枯病，产量高。适宜在东北作早粳种植，1992年最大种植面积达到9.8万hm^2。用辽粳5号作亲本共衍生了61个品种，如辽粳326、沈农159、沈农189、松粳10号、辽星1号等。

合江20（早丰/合江16）是黑龙江省农业科学院水稻研究所于20世纪70年代育成的优良广适型早粳品种。合江20全生育期133 ~ 138d，叶色浓绿，直立上举，分蘖力较强，抗稻瘟病性较强，耐寒性较强，耐肥，抗倒伏，感光性较弱，感温性中等，株高90cm左右，千粒重23 ~ 24g。70年代末至80年代中期在黑龙江省大面积推广种植，特别是推广水稻旱育稀植以后，该品种成为黑龙江省的主栽品种。作为骨干亲本合江20衍生的品种包括松粳3号、合江21、合江23、黑粳5号、吉粳62等。

桂花黄是我国中、晚粳稻育种的一个主要亲源品种，原名Balilla(译名巴利拉、伯利拉、倍粒稻)，1960年从意大利引进。桂花黄为1964年江苏省苏州地区农业科学研究所从Balilla变异单株中选育而成，亦名苏粳1号。桂花黄株高90cm左右，全生育期120 ~ 130d，对短日照反应中等偏弱，分蘖力弱，穗大，着粒紧密，半直立，千粒重26 ~ 27g，一般单产5 000 ~ 6 000kg/hm^2。桂花黄的显著特点是配合力好，能较好地与各类粳稻配组。据统计，40年来（1965—2004年）桂花黄共衍生了97个品种，种植面积较大的品种有南粳32、矮粳23、秀水115、徐稻2号、浙粳66、双糯4号、临稻10号等。

农垦58是我国最重要的晚粳稻骨干亲本之一。农垦58又名世界一（经考证应该为Sekai系列中的1个品系），1957年农垦部引自日本，全生育期单季晚稻160 ~ 165d，连作晚稻135d，株高约110cm，分蘖早而多，株型紧凑，感光，对短日照反应敏感，后期耐寒，抗稻瘟病，适应性广，千粒重26 ~ 27g，米质优，作单季晚稻单产一般6 000 ~ 6 750kg/hm^2。该品种20世纪60 ~ 80年代在长江流域稻区广泛种植，1975年种植面积达到345万hm^2，1960—1987年累计种植面积超过1 100万hm^2。50年来（1960—2010年）以农垦58为亲本衍生的品种超过506个，其中直接经系统选育而成的品种59个。具有农垦58血缘并大面积种植的品种有：鄂宜105、农虎6号、辐农709、农红73、秀水04、秀水11、秀水63、宁67、武运粳7号、武育粳3号、宁粳1号、甬粳18、徐稻3号等。从农垦58田间发现并命名的农垦58S，成为我国两系杂交稻光温敏核不育系的主要亲本之一，并衍生了多个光温敏核不育系如培矮64S等，配组了大量两系杂交稻如两优培九、两优培特、培两优288、培两优986、培两优特青、培杂山青、培杂双七、培杂泰丰、培杂茂三等。

农虎6号是我国著名的晚粳品种和育种骨干亲本，由浙江省嘉兴市农业科学研究所于1965年用农垦58与老虎稻杂交育成，具有高产、耐肥、抗倒伏、感光性较强的特点，仅1974年在浙江、江苏、上海的种植面积就达到72.2万hm^2。以农虎6号为亲本衍生的品种超过332个，包括大面积种植的秀水04、秀水63、祥湖84、武香粳14、辐农709、武运粳7号、宁粳1号、甬粳18等。

武育粳3号是江苏省武进稻麦育种场以中丹1号分别与79-51和扬粳1号的杂交后代经复交育成。全生育期150d左右，株高95cm，株型紧凑，叶片挺拔，分蘖力较强，抗倒伏性中等，单产大约8 700kg/hm^2，适宜沿江和沿海南部、丘陵稻区中等或中等偏上肥力条件下种植。1992—2008年累计推广面积549万hm^2，1997年最大推广面积达到52.7万hm^2。以武育粳3号为亲本，衍生了一批中粳新品种，如淮稻5号、镇稻99、香粳111、淮稻8号、盐稻8号、盐稻9号、扬粳9538、淮稻6号、南粳40、武运粳11、扬粳687、扬粳糯1号、广陵香粳、华粳2号、阳光200等。

测21是浙江省嘉兴市农业科学研究所用日本种质灵峰（丰沃/绫锦）为母本，与本地晚粳中间材料虎蕾选（金蕾440/农虎6号）为父本杂交育成。测21半矮生，叶姿挺拔，分蘖中等，株型挺，生育后期根系活力旺盛，成熟时穗弯于剑叶之下，米质优，配合力好。测21在浙江、江苏、上海、安徽、广西、湖北、河北、河南、贵州、天津、吉林、辽宁、新疆等省（自治区、直辖市）衍生并通过审定的常规粳稻新品种254个，包括秀水04、武香粳14、秀水11、宁粳1号、秀水664、武粳15、武运粳8号、秀水63、甬粳18、祥湖84、武香粳9号、武运粳21、宁67、嘉991、矮糯21等。1985—2012年以上衍生品种累计推广种植达2 300万hm^2。

秀水04是浙江省嘉兴市农业科学研究所以测21为母本，与辐农70-92/单209为父本杂交于1985年选育而成的中熟晚粳型常规水稻品种。秀水04茎秆矮而硬，耐寒性较强，连晚栽培株高80cm，单季稻95 ~ 100cm，叶片短而挺，分蘖力强，成穗率高，有效穗多。穗颈粗硬，着粒密，结实率高，千粒重26g，米质优，产量高，适宜在浙江北部、上海、江苏南部种植，1985—1994年累计推广面积180万hm^2。以秀水04为亲本衍生的品种超过130个，包括武香粳14、秀水122、祥湖84、武香粳9号、武运粳21、宁67、武粳13、甬优6号、秀水17、太湖粳2号、宁粳3号、皖稻26等。

西南175是西南农业科学研究所从台湾粳稻农家品种中经系统选择于1955年育成的中粳品种，产量较高，耐逆性强，在云贵高原持续种植了50多年。西南175不但是云贵地区的主要当家品种，而且是西南稻区中粳育种的主要亲本之一。

三、杂交水稻不育系

杂交水稻的不育系均由我国创新育成，包括野败型、矮败型、冈型、印水型、红莲型等三系不育系，以及两系杂交水稻的光敏和温敏不育系。最重要的杂交稻核心不育系有21个，衍生的不育系超过160个，配组的大面积种植（年种植面积＞6 667hm^2）的品种数超过1 300个。配组杂交稻品种最多的不育系是：珍汕97A、Ⅱ-32A、V20A、冈46A、龙特甫A、博A、协青早A、金23A、中9A、天丰A、谷丰A、农垦58S、培矮64S和Y58S等（表1-8）。

表1-8 杂交水稻核心不育系及其衍生的品种（截至2014年）

不育系	类 型	衍生的不育系数	配组的品种数	代表品种
珍汕97A	野败籼型	＞36	＞231	汕优2号、汕优22、汕优3号、汕优36、汕优36辐、汕优4480、汕优46、汕优559、汕优63、汕优64、汕优647、汕优6号、汕优70、汕优72、汕优77、汕优78、汕优8号、汕优多系1号、汕优桂30、汕优桂32、汕优桂33、汕优桂34、汕优桂99、汕优晚3、汕优直龙

（续）

不育系	类 型	衍生的不育系数	配组的品种数	代 表 品 种
Ⅱ-32A	印水籼型	＞5	＞237	Ⅱ优084、Ⅱ优128、Ⅱ优162、Ⅱ优46、Ⅱ优501、Ⅱ优58、Ⅱ优602、Ⅱ优63、Ⅱ优718、Ⅱ优725、Ⅱ优7号、Ⅱ优802、Ⅱ优838、Ⅱ优87、Ⅱ优多系1号、Ⅱ优辐819、优航1号、Ⅱ优明86
V20A	野败籼型	＞8	＞158	威优2号、威优35、威优402、威优46、威优48、威优49、威优6号、威优63、威优64、威优647、威优77、威优98、威优华联2号
冈46A	冈籼型	＞1	＞85	冈矮1号、冈优12、冈优188、冈优22、冈优151、冈优188、冈优527、冈优725、冈优827、冈优881、冈优多系1号
龙特甫A	野败籼型	＞2	＞45	特优175、特优18、特优524、特优559、特优63、特优70、特优838、特优898、特优桂99、特优多系1号
博A	野败籼型	＞2	＞107	博Ⅲ优273、博Ⅱ优15、博优175、博优210、博优253、博优258、博优3550、博优49、博优64、博优803、博优998、博优桂44、博优桂99、博优香1号、博优湛19
协青早A	矮败籼型	＞2	＞44	协优084、协优10号、协优46、协优49、协优57、协优63、协优64、协优华联2号
金23A	野败籼型	＞3	＞66	金优117、金优207、金优253、金优402、金优458、金优191、金优63、金优725、金优77、金优928、金优桂99、金优晚3
K17A	K籼型	＞2	＞39	K优047、K优402、K优5号、K优926、K优1号、K优3号、K优40、K优52、K优817、K优818、K优877、K优88、K优绿36
中9A	印水籼型	＞2	＞127	中9优288、中优207、中优402、中优974、中优桂99、国稻1号、国丰1号、先农20
D汕A	D籼型	＞2	＞17	D优49、D优78、D优162、D优361、D优1号、D优64、D汕 优63、D优63
天丰A	野败籼型	＞2	＞18	天优116、天优122、天优1251、天优368、天优372、天优4118、天优428、天优8号、天优998、天优华占
谷丰A	野败籼型	＞2	＞32	谷优527、谷优航1号、谷优964、谷优航148、谷优明占、谷优3301
丛广41A	红莲籼型	＞3	＞12	广优4号、广优青、粤优8号、粤优938、红莲优6号
黎明A	滇粳型	＞11	＞16	黎优57、滇杂32、滇杂34
甬粳2A	滇粳型	＞1	＞11	甬优2号、甬优3号、甬优4号、甬优5号、甬优6号
农垦58S	光温敏	＞34	＞58	培矮64S、广占63S、广占63-4S、新安S、GD-1S、华201S、SE21S、7001S、261S、N5088S、4008S、HS-3、两优培九、培两优288、培两优特青、丰两优1号、扬两优6号、新两优6号、粤杂122、华两优103
培矮64S	光温敏	＞3	＞69	培两优210、两优培九、两优培特、培两优288、培两优3076、培两优981、培两优986、培两优特青、培杂山青、培杂双七、培杂桂99、培杂67、培杂泰丰、培杂茂三
安农S-1	光温敏	＞18	＞47	安两优25、安两优318、安两优402、安两优青占、八两优100、八两优96、田两优402、田两优4号、田两优66、田两优9号
Y58S	光温敏	＞7	＞120	Y两优1号、Y两优2号、Y两优6号、Y两优9981、Y两优7号、Y两优900、深两优5814
株1S	光温敏	＞20	＞60	株两优02、株两优08、株两优09、株两优176、株两优30、株两优58、株两优81、株两优839、株两优99

珍汕97A属野败胞质不育系，是江西省萍乡市农业科学研究所以海南普通野生稻的野败材料为母本，以迟熟早籼品种珍汕97为父本杂交并连续回交于1973年育成。该不育系配合力强，是我国使用范围最广、应用面积最大、时间最长、衍生品种最多的不育系。与不同恢复系配组，育成多种熟期类型的杂交水稻供华南早稻、华南晚稻、长江流域的双季早稻和双季晚稻及一季中稻利用。以珍汕97A为母本直接配组的年种植面积超过6 667hm^{2}的杂交水稻品种有92个，30年来（1978—2007年）累计推广面积13 372万hm^2。

V20A属野败胞质不育系，是湖南省贺家山原种场以野败/6044//71-72后代的不育株为母本，以早籼品种V20为父本杂交并连续回交于1973年育成。V20A一般配合力强，异交结实率高，配组的品种主要作双季晚稻使用，也可用作双季早稻。V20A是全国主要的不育系之一，配组的威优6号、威优63、威优64等系列品种在20世纪80 ～ 90年代曾经大面积种植，其中威优6号在1981—1992年的累计种植面积达到822万hm^2。

Ⅱ-32A属印水胞质不育系。为湖南杂交水稻研究中心从印尼水田谷6号中发现的不育株，其恢保关系与野败相同，遗传特性也属于孢子体不育。Ⅱ-32A是用珍汕97B与IR665杂交育成定型株系后，再与印水珍鼎（糯）A杂交、回交转育而成。全生育期130d，开花习性好，异交结实率高，一般制种产量可达3 000 ～ 4 500kg/hm^2，是我国主要三系不育系之一。Ⅱ-32A衍生了优ⅠA、振丰A、中9A、45A、渝5A等不育系，与多个恢复系配组的品种，包括Ⅱ优084、Ⅱ优46、Ⅱ优501、Ⅱ优63、Ⅱ优838、Ⅱ优多系1号、Ⅱ优辐819、Ⅱ优明86等，在我国南方稻区大面积种植。

冈型不育系是四川农学院水稻研究室以西非晚籼冈比亚卡（Gambiaka Kokum）为母本，与矮脚南特杂交，利用其后代分离的不育株杂交转育的一批不育系，其恢保关系、雄性不育的遗传特性与野败基本相似，但可恢复性比野败好，从而发现并命名为冈型细胞质不育系。冈46A是四川农业大学水稻研究所以冈二九矮7号A为母本，用“二九矮7号/V41//V20/雅矮早”的后代为父本杂交、回交转育成的冈型早籼不育系。冈46A在成都地区春播，播种至抽穗历期75d左右，株高75 ～ 80cm，叶片宽大，叶色淡绿，分蘖力中等偏弱，株型紧凑，生长繁茂。冈46A配合力强，与多个恢复系配组的74个品种在我国南方稻区大面积种植，其中冈优22、冈优12、冈优527、冈优151、冈优多系1号、冈优725、冈优188等曾是我国南方稻区的主推品种。

中9A是中国水稻研究所1992年以优ⅠA为母本，优ⅠB/L301B//菲改B的后代作父本，杂交、回交转育成的早籼不育系，属印尼水田谷6号质源型，2000年5月获得农业部新品种权保护。中9A株高约65cm，播种至抽穗60d左右，育性稳定，不育株率100%，感温，异交结实率高，配合力好，可配组早籼、中籼及晚籼3种栽培型杂交水稻，适用于所有籼型杂交稻种植区。以中9A配组的杂交品种产量高，米质好，抗白叶枯病，是我国当前较抗白叶枯病的不育系，与抗稻瘟病的恢复系配组，可育成双抗的杂交稻品种。配组的国稻1号、国丰1号、中优177、中优448、中优208等49个品种广泛应用于生产。

谷丰A是福建省农业科学院水稻研究所以地谷A为母本，以[龙特甫B/宙伊B（V41B/汕优菲一//IRs48B）]F_4作回交父本，经连续多代回交于2000年转育而成的野败型三系不育系。谷丰A株高85cm左右，不育性稳定，不育株率100%，花粉败育以典败为主，异交特性好，较抗稻瘟病，适宜配组中、晚籼类型杂交品种。谷优系列品种已在中国南方稻区大面积推广应用，成为稻瘟病重发区杂交水稻安全生产的重要支撑。利用谷丰A配组育成了谷优527、谷优964、谷优5138等32个品种通过省级以上农作物品种审定委员会审（认）定，其中4个品种通过国家农作物品种审定委员会审定。

甬粳2A是滇粳型不育系，是浙江省宁波市农业科学院以宁67A为母本，以甬粳2号为父本进行杂交，以甬粳2号为父本进行连续回交转育而成。甬粳2A株高90cm左右，感光性强，株型下紧上松，须根发达，分蘖力强，茎韧秆壮，剑叶挺直，中抗白叶枯病、稻瘟病、细菌性条纹病，耐肥，抗倒伏性好。采用粳不/籼恢三系法途径，甬粳2A配组育成了甬优2号、甬优4号、甬优6号等优质高产籼粳杂交稻。其中，甬优6号（甬粳2A/K4806）2006年在浙江省鄞州取得单季稻12 510kg/hm^{2}的高产，甬优12（甬粳2A/F5032）在2011年洞桥“单季百亩示范方”取得13 825kg/hm^{2}的高产。

培矮64S是籼型温敏核不育系，由湖南杂交水稻研究中心以农垦58S为母本，籼爪型品种培矮64（培迪/矮黄米//测64）为父本，通过杂交和回交选育而成。培矮64S株高65～70cm，分蘖力强，亲和谱广，配合力强，不育起点温度在13h光照条件下为23.5℃左右，海南短日照（12h）条件下不育起点温度超过24℃。目前已配组两优培九、两优培特、培两优288等30多个通过省级以上农作物品种审定委员会审定并大面积推广的两系杂交稻品种，是我国应用面积最大的两系核不育系。

安农S-1是湖南省安江农业学校从早籼品系超40/H285//6209-3群体中选育的温敏型两用核不育系。由于控制育性的遗传相对简单，用该不育系作不育基因供体，选育了一批实用的两用核不育系如香125S、安湘S、田丰S、田丰S-2、安农810S、准S360S等，配组的安两优25、安两优318、安两优402、安两优青占等品种在南方稻区广泛种植。

Y58S(安农S-1/常菲22B//安农S-1/Lemont///培矮64S)是光温敏不育系，实现了有利多基因累加，具有优质、高光效、抗病、抗逆、优良株叶形态和高配合力等优良性状。Y58S目前已选配Y两优系列强优势品种120多个，其中已通过国家、省级农作物品种审定委员会审（认）定的有45个。这些品种以广适性、优质、多抗、超高产等显著特性迅速在生产上大面积推广，代表性品种有Y两优1号、Y两优2号、Y两优9981等，2007—2014年累计推广面积已超过300万hm^2。2013年，在湖南隆回县，超级杂交水稻Y两优900获得14 821kg/hm^{2}的高产。

四、杂交水稻恢复系

我国极大部分强恢复系或强恢复源来自国外，包括IR24、IR26、IR30、密阳46等，它们均含有我国台湾省地方品种低脚乌尖的血缘（*sd1*矮秆基因）。20世纪70～80年代，IR24、IR26、IR30、IR36、IR58直接作恢复系利用，随着明恢63（IR30/圭630）的育成，我国的杂交稻恢复系走上了自主创新的道路，育成的恢复系其遗传背景呈现多元化。目前，主要的已广泛应用的核心恢复系17个，它们衍生的恢复系超过510个，配组的种植面积较大（年种植面积＞6 667hm^2）的杂交品种数超过1 200个（表1-9）。配组品种较多的恢复系有：明恢63、明恢86、IR24、IR26、多系1号、测64-7、蜀恢527、辐恢838、桂99、CDR22、密阳46、广恢3550、C57等。

表1-9　我国主要的骨干恢复系及配组的杂交稻品种（截至2014年）

骨干亲本名称	类型	衍生的恢复系数	配组的杂交品种数	代表品种
明恢63	籼型	>127	>325	D优63、Ⅱ优63、博优63、冈优12、金优63、马协优63、全优63、汕优63、特优63、威优63、协优63、优Ⅰ63、新香优63、八两优63
IR24	籼型	>31	>85	矮优2号、南优2号、汕优2号、四优2号、威优2号
多系1号	籼型	>56	>78	D优68、D优多系1号、Ⅱ优多系1号、K优5号、冈优多系1号、汕优多系1号、特优多系1号、优Ⅰ多系1号
辐恢838	籼型	>50	>69	辐优803、B优838、Ⅱ优838、长优838、川香838、辐优838、绵5优838、特优838、中优838、绵两优838、天优838
蜀恢527	籼型	>21	>45	D奇宝优527、D优13、D优527、Ⅱ优527、辐优527、冈优527、红优527、金优527、绵5优527、协优527
测64-7	籼型	>31	>43	博优49、威优49、协优49、汕优49、D优64、汕优64、威优64、博优64、常优64、协优64、优Ⅰ64、枝优64
密阳46	籼型	>23	>29	汕优46、D优46、Ⅱ优46、Ⅰ优46、金优46、汕优10、威优46、协优46、优I46
明恢86	籼型	>44	>76	Ⅱ优明86、华优86、两优2186、汕优明86、特优明86、福优86、D297优86、T优8086、Y两优86
明恢77	籼型	>24	>48	汕优77、威优77、金优77、优Ⅰ77、协优77、特优77、福优77、新香优77、K优877、K优77
CDR22	籼型	24	34	汕优22、冈优22、冈优3551、冈优363、绵5优3551、宜香3551、冈优1313、D优363、Ⅱ优936
桂99	籼型	>20	>17	汕优桂99、金优桂99、中优桂99、特优桂99、博优桂99（博优903）、华优桂99、秋优桂99、枝优桂99、美优桂99、优Ⅰ桂99、培两优桂99
广恢3550	籼型	>8	>21	Ⅱ优3550、博优3550、汕优3550、汕优桂3550、特优3550、天丰优3550、威优3550、协优3550、优优3550、枝优3550
IR26	籼型	>3	>17	南优6号、汕优6号、四优6号、威优6号、威优辐26
扬稻6号	籼型	>1	>11	红莲优6号、两优培九、扬两优6号、粤优938
C57	粳型	>20	>39	黎优57、丹粳1号、辽优3225、9优418、辽优5218、辽优5号、辽优3418、辽优4418、辽优1518、辽优3015、辽优1052、泗优422、皖稻22、皖稻70
皖恢9号	粳型	>1	>11	70优9号、培两优1025、双优3402、80优98、Ⅲ优98、80优9号、80优121、六优121

明恢63是我国最重要的育成恢复系，由福建省三明市农业科学研究所以IR30/圭630于1980年育成。圭630是从圭亚那引进的常规水稻品种，IR30来自国际水稻研究所，含有IR24、IR8的血缘。明恢63衍生了大量恢复系，其衍生的恢复系占我国选育恢复系的65%～70%，衍生的主要恢复系有CDR22、辐恢838、明恢77、多系1号、广恢128、恩恢58、明恢86、绵恢725、盐恢559、镇恢084、晚3等。明恢63配组育成了大量优良的杂交稻品种，包括汕优63、D优63、协优63、冈优12、特优63、金优63、汕优桂33、汕优多系1号等，这些杂交稻品种在我国稻区广泛种植，对水稻生产贡献巨大。直接以明恢63为恢复系配组的年种植面积超过6 667hm^{2}的杂交水稻品种29个，其中，汕优63（珍汕97A/

明恢63）1990年种植面积681万hm^2，累计推广面积（1983—2009年）6 289万hm^2；D优63（D珍汕97A/明恢63）1990年种植面积111万hm^2，累计推广面积（1983—2001年）637万hm^2。

密阳46（Miyang 46）原产韩国，20世纪80年代引自国际水稻研究所，其亲本为统一/IR24//IR1317/IR24，含有台中本地1号、IR8、IR24、IR1317（振兴/IR262//IR262/IR24）及韩国品种统一（IR8//蛱/台中本地1号）的血缘。全生育期110d左右，株高80cm左右，株型紧凑，茎秆细韧、挺直，结实率85%～90%，千粒重24g，抗稻瘟病力强，配合力强，是我国主要的恢复系之一。密阳46衍生的主要恢复系有蜀恢6326、蜀恢881、蜀恢202、蜀恢162、恩恢58、恩恢325、恩恢995、恩恢69、浙恢7954、浙恢203、Y111、R644、凯恢608、浙恢208等；配组的杂交品种汕优46(原名汕优10号)、协优46、威优46等是我国南方稻区中、晚稻的主栽品种。

IR24，其姐妹系为IR661，均引自国际水稻研究所（IRRI），其亲本为IR8/IR127。IR24是我国第一代恢复系，衍生的重要恢复系有广恢3550、广恢4480、广恢290、广恢128、广恢998、广恢372、广恢122、广恢308等；配组的矮优2号、南优2号、汕优2号、四优2号、威优2号等是我国20世纪70～80年代杂交中晚稻的主栽品种，IR24还是人工制恢的骨干亲本之一。

测64是湖南省安江农业学校从IR9761-19中系选测交选出。测64衍生出的恢复系有测64-49、测64-8、广恢4480（广恢3550/测64）、广恢128（七桂早25/测64）、广恢96（测64/518）、广恢452（七桂早25/测64//早特青）、广恢368（台中籼育10号/广恢452）、明恢77（明恢63/测64）、明恢07（泰宁本地/圭630//测64///777/CY85-43）、冈恢12（测64-7/明恢63）、冈恢152（测64-7/测64-48）等。与多个不育系配组的D优64、汕优64、威优64、博优64、常优64、协优64、优I64、枝优64等是我国20世纪80～90年代杂交稻的主栽品种。

CDR22（IR50/明恢63）系四川省农业科学院作物研究所育成的中籼迟熟恢复系。CDR22株高100cm左右，在四川成都春播，播种至抽穗历期110d左右，主茎总叶片数16～17叶，穗大粒多，千粒重29.8g，抗稻瘟病，且配合力高，花粉量大，花期长，制种产量高。CDR22衍生出了宜恢3551、宜恢1313、福恢936、蜀恢363等恢复系24个；配组的汕优22和冈优22强优势品种在生产中大面积推广。

辐恢838是四川省原子能应用技术研究所以226（糯）/明恢63辐射诱变株系r552育成的中籼中熟恢复系。辐恢838株高100～110cm，全生育期127～132d，茎秆粗壮，叶色青绿，剑叶硬立，叶鞘、节间和稃尖无色，配合力高，恢复力强。由辐恢838衍生出了辐恢838选、成恢157、冈恢38、绵恢3724等新恢复系50多个；用辐恢838配组的Ⅱ优838、辐优838、川香9838、天优838等20余个杂交品种在我国南方稻区广泛应用，其中Ⅱ优838是我国南方稻区中稻的主栽品种之一。

多系1号是四川省内江市农业科学研究所以明恢63为母本，Tetep为父本杂交，并用明恢63连续回交育成，同时育成的还有内恢99-14和内恢99-4。多系1号在四川内江春播，播种至抽穗历期110d左右，株高100cm左右，穗大粒多，千粒重28g，高抗稻瘟病，且配合力高，花粉量大，花期长，利于制种。由多系1号衍生出内恢182、绵恢2009、绵恢2040、明恢1273、明恢2155、联合2号、常恢117、泉恢131、亚恢671、亚恢627、航148、晚R-1、中恢8006、宜恢2308、宜恢2292等56个恢复系。多系1号先后配组育成了汕优多系1号、Ⅱ优多系1号、冈优多系1号、D优多系1号、D优68、K优5号、特优多系1号等品种，在我国南方稻区广泛作中稻栽培。

明恢77是福建省三明市农业科学研究所以明恢63为母本，测64作父本杂交，经多代选择于1988年育成的籼型早熟恢复系。到2010年，全国以明恢77为父本配组育成了11个组合通过省级以上农作物品种审定委员会审定，其中3个品种通过国家农作物品种审定委员会审定，从1991—2010年，用明恢77直接配组的品种累计推广面积达744.67万hm^2。到2010年，全国各育种单位利用明恢77作为骨干亲本选育的新恢复系有R2067、先恢9898、早恢9059、R7、蜀恢361等24个，这些新恢复系配组了34个品种通过省级以上农作物品种审定委员会审定。

明恢86是福建省三明市农业科学研究所以P18（IR54/明恢63//IR60/圭630）为母本，明恢75（粳187/IR30//明恢63）作父本杂交，经多代选择于1993年育成的中籼迟熟恢复系。到2010年，全国以明恢86为父本配组育成了11个品种通过省级以上农作物品种审定委员会品种审定，其中3个品种通过国家农作物品种审定委员会审定。从1997—2010年，用明恢86配组的所有品种累计推广面积达221.13万hm^2。到2011年止，全国各育种单位以明恢86为亲本选育的新恢复系有航1号、航2号、明恢1273、福恢673、明恢1259等44个，这些新恢复系配组了65个品种通过省级以上农作物品种审定委员会审定。

C57是辽宁省农业科学院利用“籼粳架桥”技术，通过籼（国际水稻研究所具有恢复基因的品种IR8）/籼粳中间材料（福建省具有籼稻血统的粳稻科情3号）//粳（从日本引进的粳稻品种京引35），从中筛选出的具有1/4籼核成分的粳稻恢复系。C57及其衍生恢复系的育成和应用推动了我国杂交粳稻的发展，据不完全统计，约有60%以上的粳稻恢复系具有C57的血缘，如皖恢9号、轮回422、C52、C418、C4115、徐恢201、MR19、陆恢3号等。C57是我国第一个大面积应用的杂交粳稻品种黎优57的父本。

参考文献

陈温福,徐正进,张龙步,等,2002.水稻超高产育种研究进展与前景[J].中国工程科学,4(1):31-35.
程式华,曹立勇,庄杰云,等,2009.关于超级稻品种培育的资源和基因利用问题[J].中国水稻科学,23(3):223-228.
程式华,2010.中国超级稻育种[M].北京:科学出版社:493.
方福平,2009.中国水稻生产发展问题研究[M].北京:中国农业出版社:19-41.
韩龙植,曹桂兰,2005.中国稻种资源收集、保存和更新现状[J].植物遗传资源学报,6(3):359-364.
林世成,闵绍楷,1991.中国水稻品种及其系谱[M].上海:上海科学技术出版社:411.
马良勇,李西民,2007.常规水稻育种[M]//程式华,李健.现代中国水稻.北京:金盾出版社:179-202.
闵捷,朱智伟,章林平,等,2014.中国超级杂交稻组合的稻米品质分析[J].中国水稻科学,28(2):212-216.
庞汉华,2000.中国野生稻资源考察、鉴定和保存概况[J].植物遗传资源科学,1(4):52-56.
汤圣祥,王秀东,刘旭,2012.中国常规水稻品种的更替趋势和核心骨干亲本研究[J].中国农业科学,5(8):1455-1464.
万建民,2010.中国水稻遗传育种与品种系谱[M].北京:中国农业出版社:742.

魏兴华，汤圣祥，余汉勇，等，2010. 中国水稻国外引种概况及效益分析[J]. 中国水稻科学，24(1): 5-11.

魏兴华，汤圣祥，2011. 中国常规稻品种图志[M]. 杭州：浙江科学技术出版社：418.

谢华安，2005. 汕优63选育理论与实践[M]. 北京：中国农业出版社：386.

杨庆文，陈大洲，2004. 中国野生稻研究与利用[M]. 北京：气象出版社.

杨庆文，黄娟，2013. 中国普通野生稻遗传多样性研究进展[J]. 作物学报，39(4): 580-588.

袁隆平，2008. 超级杂交水稻育种进展[J]. 中国稻米(1): 1-3.

Khush G S, Virk P S, 2005. IR varieties and their impact[M]. Malina, Philippines: IRRI: 163.

Tang S X, Ding L, Bonjean A P A, 2010. Rice production and genetic improvement in China[M]//Zhong H, Bonjean Alain A P A. Cereals in China. Mexico: CIMMYT.

Yuan L P, 2014. Development of hybrid rice to ensure food security[J]. Rice Science, 21(1): 1-2.

第二章

广东省稻作区划与品种改良概述

广东省是中国大陆南端沿海的一个省份，位于南岭以南，南海之滨，与香港、澳门、广西、湖南、江西和福建接壤，与海南省隔海相望，全境位于北纬20° 09′ ~ 25° 31′和东经109° 45′ ~ 117° 20′之间。可划分为珠三角、粤东、粤西和粤北四个区域，下辖21个地级市(其中副省级城市2个)，119个县级行政区（60个市辖区、20个县级市、36个县、3个自治县）。广东省在秦以前，作为中华民族先民的南越族人民已从事农业活动，是中国历史上商品性农业最早发展的地区之一。

广东属季风热带、亚热带气候，年平均气温高，日照时数多，雨量充沛，全省各地极端最高气温为36.2 ~ 39.6℃，极端最低气温为-1.7 ~ 5.4℃，年平均气温在20.4 ~ 23.3℃之间，年日照时数1 613.6 ~ 1 997.5h，年降水量1 164.9 ~ 2 234.0mm（2014年数据，广东农村统计年鉴2015），非常适宜水稻的生长。水稻是广东省第一大农作物和粮食作物，2014年播种面积189.3万hm^2，占全省粮食播种面积的75.5%，产量109.16亿kg，占全省粮食产量的80.4%（广东统计年鉴2015）。

第一节　广东省稻作区划

广东省稻作区辽阔，从平海面的潮田到海拔千米的山区梯田都有水稻种植。广东水稻安全生育期长，多在220 ~ 280d之间，但省内不同地区差异较大。广东灾害性天气多，如台风、寒露风、清明风、干热风、龙舟水、秋分水，早春低温阴雨、春旱、秋旱等天气频发，尤以台风和寒露风的危害大；病虫害发生严重，主要有稻瘟病、白叶枯病、纹枯病、三化螟、稻飞虱、稻纵卷叶螟等病虫危害。因此，广东省不同地区对水稻品种有不同要求。根据水稻安全生育期、主要气候因素、病虫害、水利、地貌、田类、单产、人均稻田面积等多种因素综合考虑，可把广东省稻作区域划分为4个稻作区，10个稻亚区。

一、粤北稻作区

位于北纬24° 20′以北的广东省北部地区。分西北单季稻亚区和粤北双季稻亚区两个亚区。包括乐昌、仁化、南雄、浈江、武江、始兴、连州、连山、连南、阳山、曲江、乳源、翁源、新丰、和平、平远等16个县（市、区，下同），和连平、蕉岭等县的绝大部分，龙川、兴宁、大埔、梅县、英德、怀集等县的北部，以及龙门、从化等县的个别乡镇。稻作区水田面积约23.13万hm^2，占全省水田面积的11.0%。

本稻作区水稻安全生育期短，春暖迟，秋冷早，属重寒露风区。早籼露地秧安全播种期始于3月19日至4月20日，晚籼安全齐穗期终于8月30日至9月30日，全年籼稻安全生育期为168 ~ 231d，是本区水稻生产的主要限制因素。年平均气温17 ~ 20℃，夏季一些山间盆地极端高温达40℃左右，对早稻灌浆不利；秋季日夜温差大，有利于晚稻结实；冬季有雪。6级及6级以上大风、台风<0.4次/年，台风危害很微，属微台风区。年日照少，一般为1450 ~ 1 750h，是全省日照最少的稻作区，尤其早季前期阴天多。年降水量

1 450 ～ 1 690mm，易秋旱。

稻田一般位于海拔100 ～ 500m范围，分布稀疏，田貌属坑、垌田，主要土种是沙泥田、红黄泥田和沙质田，低产田的比重较大，水利条件较差。品种早稻以中熟品种为主，晚稻以早熟感温型杂交稻占多数。除西北部分地方以单季稻为主外，一般均种植双季稻。稻作季节短，春播迟，秋收早，夏收、夏种农事很紧。病害早稻主要是稻瘟病，属广东省重稻瘟病区，其次是纹枯病。虫害早稻主要是稻纵卷叶螟，其次是稻飞虱；晚稻主要是三化螟，其次是稻飞虱和黏虫。

二、中北稻作区

位于英德沙口（北纬24° 20′）以南至广州以北的中北部丘陵区，南界线大致沿北回归线附近通过。分韩江丘陵亚区、东江北江丘陵亚区和西江丘陵亚区3个亚区。包括梅江、丰顺、五华、源城、东源、紫金、花都、佛冈、清城、清新、四会、端州、鼎湖、高要、广宁、封开、德庆、郁南、云城、云安、新兴、罗定等22个县，和大埔、梅县、兴宁、揭西、龙川、龙门、从化、英德、怀集、信宜等县的大部分，以及饶平、潮安、陆丰、惠东、博罗、增城、白云、黄埔、三水等县的一部分，还有海丰、惠阳、南海、阳春、高州等县的个别乡镇。稻作区水田面积约65.27万hm^2，占全省水田面积的31.0%。

本稻作区水稻安全生育期较短，春暖较迟，早籼露地安全播种期始于3月9 ～ 18日。秋冷较早，晚籼安全齐穗期终于10月1 ～ 10日，全年籼稻安全生育期为232 ～ 251d。属广东省较重寒露风区。年平均气温20 ～ 21.5℃，冬季有重霜，霜日为5 ～ 10d。台风灾害较轻，6级及6级以上大风、台风＜1次/年，属轻台风区。日照东部较多，中部少，年日照一般为1 750 ～ 2 000h。年降水量1 500 ～ 2 100mm，其中东部较少，中部最多。

稻田一般海拔30 ～ 120m，田貌属垌田区，主要土种有黄泥沙质田、黄泥沙泥田、黄泥泥田、沙泥田、沙质田和黄泥田。其中缺钾、少磷的田占70%左右。耕作层小于13cm的田占60%左右，偏酸的田占50%左右。水利条件好，旱涝保收稻田约69%。北江和西江的下游地区易受洪涝危害，韩江和北江水土流失较严重，常侵袭稻田。本稻作区水稻面积较大，总产量较高，单产水平中等。以双季稻为主，低洼田、塘田种一季晚稻。稻作季节较短，春播较迟，秋收较早，夏收夏种农事时间紧。品种早稻以中熟品种为主，其次是迟熟品种，早熟种较少。晚稻以中熟品种为主，其次是感温型杂交稻和常规稻翻秋，迟熟种较少。病害早稻主要是稻瘟病，是广东省内较重的稻瘟病区，其次是纹枯病；晚稻主要是白叶枯病，是广东省内较重的白叶枯病区，其次是纹枯病。虫害早稻有三化螟、稻纵卷叶螟和稻蓟马；晚稻主要是三化螟、稻飞虱和稻纵卷叶螟。

三、中南稻作区

位于广州以南的中南部沿海平原和丘陵区。分潮汕平原亚区、惠海陆丘陵亚区、珠江三角洲亚区和阳平台丘陵亚区4个亚区，包括南澳、澄海、湘桥、金平、龙湖、濠江、潮南、潮阳、揭阳、惠来、普宁、惠城、宝安、东莞、番禺、香洲、金湾、中山、顺德、斗门、蓬江、江海、新会、高明、鹤山、开平、台山、恩平、禅城、江城、阳东、阳西、等32个县，和潮安、陆丰、海丰、惠东、惠阳、南海、阳春等县的绝大部分，饶平、揭西、博罗、增城、白云、黄埔和三水等县的南部。全区稻田面积90.53万hm^2，约占全省的43.0%。

本稻作区水稻安全生育期较长，春暖较早，早籼露地安全播种期始于2月27日至3月8日。秋冷较迟，晚籼安全齐穗期终于10月11～19日，全年籼稻安全生育期为252～270d，是本区水稻生产的显著优势之一。年平均气温21.2～23.0℃，冬季有霜，但霜日较少，年平均霜日≤5d。台风灾害重，6级及6级以上大风、台风≥1次/年，属台风区。日照较多，年日照一般为1 900～2 100h。雨量较多，年降水量一般为1 600～2 100mm，其中海丰至普宁，阳春至斗门是两个多雨区，年降水量达2 200mm以上。

本稻作区稻田密集，海拔一般1～30m。田貌平原亚区以沙围田为主，丘陵区以垌田为主。主要土种有沙泥田、泥肉田、油格田、河沙泥田、泥田和沙质田。稻田土壤的主要问题是缺钾少磷，速效钾含量≤100mg/kg的田块占70 %以上。部分田偏酸，pH＜5.5的田占20%左右。丘陵亚区地力较低，耕作层较浅，土质偏沙；平原亚区地力较高，耕作层较深厚，土质偏黏，地下水位较高。水利条件好或较好，水稻种植面积大，单产高，总产量多，是广东省稻谷的主产区。本稻作区以双季稻为主，春播较早，秋收迟，稻作季节较长。种植品种早稻以迟熟种为主，晚稻有感温型杂交稻和常规稻翻秋种等早熟种，亦有感光型中熟种、迟熟种。病害早稻是稻瘟病和纹枯病，但属轻稻瘟病区，晚稻是白叶枯病，是广东省重白叶枯病区。虫害主要有三化螟、稻飞虱和稻纵卷叶螟。

四、西南稻作区

位于广东省西南部，从高州以南至雷州半岛南端。包括电白、茂南、化州、吴川、廉江、麻章、坡头、赤坎、霞山、雷州、遂溪、徐闻等12个县，高州的绝大部分和信宜的南部，分鉴江丘陵亚区和雷州台地亚区2个亚区。据1983年统计，全区稻田面积31.53万hm^2，约占全省的15.0%。本稻作区春暖早，水稻安全生育期长，早籼露地安全播种期始于2月20日至3月8日，是全省播种最早的稻区。晚籼安全齐穗期终于10月17～20日，全年籼稻安全生育期为268～278d。台风多，6级及6级以上大风、台风≥1～4次/年，属广东省的重台风区。日照较多，年日照一般为1 950～2 160h。雨量少，年降水量1 360～1 800mm，易春旱。

本稻作区稻田海拔一般1～80m。田貌以垌田和坡田为主。主要土种有黄赤沙泥田、黄赤沙质田。水利条件，鉴江丘陵亚区较好，旱涝保收稻田比例达62%，易旱稻田占24%；雷州台地亚区差，旱涝保收稻田比例仅有45%左右，易春旱稻田达39%。本稻区以双季稻为主。早、晚季轮种的旱作物主要有甘薯和花生。冬种甘薯和蔬菜面积大，已成为冬季北运蔬菜的生产基地。早稻品种以迟熟种为主，晚稻以早、中熟品种为主。病害早稻以稻瘟病和纹枯病为主，晚稻白叶枯病和细菌性条斑病易流行。虫害以三化螟、稻飞虱和稻纵卷叶螟为主。

第二节 广东省水稻品种改良历程

广东省水稻品种改良历史最早可追溯到新中国成立前的1926年，当年丁颖在广东省主持设立中山大学稻作试验场，从此拉开广东省水稻品种改良工作的序幕。1930年，丁颖利用广州市郊犀牛尾的普通野生稻自然杂种材料，首次育成晚籼新品种中山1号，并在广东省西南部地区最先进行种植推广，然后逐步扩大种植范围，并传到广西。此后由该品种衍生的后代在两广地区晚籼品种的育种和生产上应用长达半个多世纪，为水稻育种史上所罕见。新中国成立以后，广东省水稻品种改良经历了地方品种评审、改良，矮秆化育种，高产抗病常规稻育种，杂交稻育种，优质常规稻育种，超级稻育种，优质杂交稻育种等发展过程。水稻的株高、熟期、产量、抗性、品质等农艺性状不断得到改良，品种与时进行更新换代，一代代优良新品种陆续涌现。自1978年实行品种审定制度开始至2014年，全省育成通过广东省农作物品种审定委员会审定的水稻新品种586个，其中32个品种通过国家农作物品种审定委员会审定。为广东省乃至全国水稻生产、粮食安全及现代农业发展提供了丰富的物质基础。

一、常规稻品种改良

（一）地方品种评审及高秆品种改良

20世纪50年代前中期，在全省范围开展了大规模地方品种普查、收集和评选工作，广泛发动农业技术人员和农民群众参加，收集整理出水稻品种6 717个。同时评选、鉴定出早、晚稻良种169个，供生产上种植推广。另外，通过系统选择，培育出一批优良品种推广应用，其中种植面积较大、增产显著的有：早籼品种江南1224、石七954、矮脚南特；晚籼品种溪南矮、澄秋5号、木泉种、秋长3号、华南15等。早籼品种矮脚南特是1956年从高秆品种南特16的大田中选出矮秆变异株培育而成，具有矮秆、早熟、高产等特点，曾在我国南方稻区推广。晚籼品种木泉种60年代在广东最大种植面积达66.7万hm^2。华南15曾是广东种植面积较大的出口优质米品种。同期还开展杂交育种工作，华南农业科学研究所（广东省农业科学院前身）先后育成早籼广场13、4105、4233、3193和晚籼塘竹7号、矮竹等新品种。其中用胜利籼与南特号杂交育成的广场13 ，高秆中熟较高产，种植面积曾达到33.3万hm^2。

50年代中后期，随着水稻栽培条件改善和施肥量增加，水稻产量逐步提高，高秆品种高产与倒伏矛盾日显突出。为解决这一矛盾，华南农业科学研究所在总结已有育种经验基础上，开展矮化育种研究，于1956年首先选用矮秆品种矮仔占4号分别与早籼高秆品种广场13、江南1224、夏至白18进行杂交，1959年育成广场矮、江南矮、夏至矮等矮秆新品种推广应用，其中广场矮累计种植面积达66.7万hm^2以上，标志着我国水稻矮化育种取得突破性成功。

（二）以降低株高为目标，全面推进矮化育种

进入60年代，广东省各地迅速掀起选育、推广矮秆品种的高潮，先后育成一批不同熟期的早籼品种，如早熟种广解9号、江矮早、青小金早、铁骨矮、广陆矮4号、南早1号等；

中早熟种红梅早；中熟种珍珠矮、二九矮等。其中珍珠矮是1962年由广东省农业科学院育成的高产、稳产、适应性广的良种，在广东省年推广最大面积（1975年）达113.7万hm^2。从60年代初直至70年代中期，珍珠矮一直是广东省最主要的早稻当家品种，也是我国水稻当家时间最长、推广范围最广、累计推广面积最大的矮秆品种之一。1965年早季，广东全省矮秆品种推广面积已达153.3万hm^2，占全省早稻面积的72%。基本实现早稻矮秆良种化，从而大幅度提高了早稻产量，实现了早稻生产的一次飞跃。

晚稻矮化育种也相继展开，先后育成广秋矮、赤快矮、广塘矮等一批晚籼品种和广二矮、双竹占等早晚兼用型品种，在生产上应用推广。双竹占的米质优良，曾列为广东省主要出口优质米品种。

60年代中期起，南方稻区陆续引种广东早籼矮秆品种，种植面积不断扩大。据1983年度南方稻区育种及区域试验年会统计资料，1973—1982年10年间，在南方稻区累计推广面积超1 000万hm^2的广东省育成的矮秆优良品种有两个，即广陆矮4号（1 306.7万hm^2）和珍珠矮（1 113.3万hm^2）。其中广陆矮4号在长江流域双季早稻区表型中熟至迟熟、适应性广、高产稳产，至1986年累计种植面积达1 653.8万hm^2。该品种适应范围之广，种植面积之大，生产利用时间之长，为我国矮秆常规品种之冠。

（三）以改良株型、增强抗性为突破口，培育高产稳产品种

70年代开始，以改良品种株型，增强品种抗性，提高品种产量为目标，开展抗病育种和高产株型育种，先后育成了抗稻瘟病的窄叶青8号、朝阳早18、新青矮等，早熟高产的南早33，以及丰产性、适应性较好的青二矮、广二104、科揭选17、桂朝2号、双桂1号、特青2号、胜优2号等早籼品种；抗白叶枯病的秋二矮、秋谷矮、秋二早、桂阳矮121、青华矮6号以及高产的二白矮等晚籼品种并通过广东省农作物品种审定委员会审定。其中青二矮、桂朝2号、二白矮、双桂1号、青华矮6号、晚华矮1号等品种在1990—1991年还通过了国家农作物品种审定委员会审定。截至2005年统计数据，上述品种中在广东省累计种植面积较大的有：桂朝2号1 200万hm^2，二白矮140.7万hm^2，窄叶青8号112.8万hm^2，特青2号81.1万hm^2。早中晚造兼用丛生快长类型籼稻新品种双桂1号的育成及其种性研究于1984年分别获得农业部和国家科学技术进步二等奖；特高产水稻新品种特青2号的育成及其种性研究于1990年获得农业部科学技术进步二等奖。胜优2号双抗稻瘟病和白叶枯病，适应性强，米质较好，比特青2号的衍生品系对照品种特三矮明显优胜。据全国水稻育种攻关1992年的米质分析研究报告，其直链淀粉含量为24.7%，属中等软性稻米，糙米率为83.22%，整精率高达75.35%，加工品质优越。因其饭味足，饭性香滑，宜饭宜粥，根据外观定级标准，虽未达优质米级别(属三级米，而特三矮为四级米)，但仍受不少地区人们喜爱，1993年在南方稻区的种植面积达4万hm^2。水稻半矮秆“早长”超高产株型模式和第三代超高产品种“胜优”的育成于1997年获得国家发明二等奖。

（四）以改良米质为重点，选育优质高产品种

从80年代中期起，广东省以优质、高产为目标，在国内率先开展常规稻优质高产育种攻关，拉开了我国优质稻育种的序幕。至90年代末，先后育成了一批优质、高产、多抗的优良品种，主要有七桂早25、七山占、珍桂矮1号、粳籼89、籼小占、粤香占、胜泰1号等。不少品种(组合)年种植面积在6.7万hm^2以上，有些还在省外大面积种植。例如，七

桂早25于1986年通过广东省农作物品种审定委员会审定，种植面积5.73万hm^2，1987年早稻发展到100万hm^2，曾获广东省科学技术进步二等奖，水稻优质高产多抗品种七桂早25号于1992年获得国家星火奖三等奖；七山占是广东省农业科学院水稻研究所利用早籼七桂早25与晚籼桂山早杂交育成的早晚稻兼用的籼稻品种，先后通过广东省（1991）和海南省（1993）农作物品种审定委员会审定，1989—1994年省内外累计种植90万hm^2，优质、高产、多抗早晚稻兼用水稻新品种七山占分别获得广东省（1993）科学技术进步二等奖和国家（1995）科学技术进步三等奖；珍桂矮1号的外观米质为早稻二级，先后通过广东省（1990）和国家（1994）农作物品种审定委员会审定，早晚稻兼用中熟优质抗病高产水稻新品种珍桂矮1号于1990年获得广东省科学技术进步二等奖；胜泰1号于1999年分别通过广东省和陕西省农作物品种审定委员会审定，并获国家首届优质品种育种后补助，在广东、陕西、湖北、安徽等省均有大面积种植，深受当地农民欢迎，成为这些地方加工高档米的首选品种之一；粤香占分别通过广东省（1998）和国家（2000）农作物品种审定委员会审定，高收获指数型优质高产水稻新品种粤香占的选育应用及特性研究于2001年获得广东省科学技术进步一等奖，在华南稻区种植面积53万hm^2以上。2000年以后，一大批米质优良的品种陆续育成，截至2014年，共有166个品种通过广东省农作物品种审定委员会审定，其中有108个品种的米质达到国标或广东省标优质米标准，如金航丝苗、华航丝苗、黄丝占、黄粤占、齐丰占、粳丝粘1号、粤油丝苗及三澳占等8个品种达到国标和省标一级优质米标准；粤齐新占达到国标一级和省标二级；粤秀占、矮籼占达到国标一级、外观品质特二级；美香占2号、茉莉软占、象牙香占、粤晶丝苗、美丝占等47个品种达到国标和省标二级优质米标准；籼油占达到国标二级、省标三级、外观品质特二级；粤二占达到国标二级、外观品质特二级；泰澳丝苗、丰秀占、红荔丝苗等10品种达到国标三级、省标二级优质米标准；齐新占、广胜软占、广源占5号等17个品种达到国标和省标三级优质米标准；粤航1号、粤惠占、齐粒丝苗等12个品种达到国标三级优质米标准；合美占、丰晶软占、美雅占等9个品种达到省标三级优质米标准。此外，美香占2号、象牙香占及粤晶丝苗等品种晚稻米食味品质达到81 ～ 82分，成为广东省大部分稻米加工企业生产高档商品包装米的首选品种。优质籼稻品种丰八占稻米外观品质为晚稻特二级，2001年通过广东省农作物品种审定委员会审定，是后续优质稻品种选育的主要亲本之一，优质稻丰八占及其衍生系列品种的选育与应用于2007年获得广东省科学技术进步一等奖。

二、杂交稻品种选育

广东省杂交稻品种选育开始于20世纪70年代。1973年，广东省肇庆农业学校开展三系杂交稻选育，育成了野栽型不育系六二。1979年，广东省农业科学院水稻研究所利用化学杀雄配组方法，选配出青优辐桂、钢化青兰等杂交稻品种，在部分地区应用，增产效果明显。进入80年代，省级高校、科研机构及地（市）、县农业科学研究所等单位纷纷开展不育系、恢复系、杂交稻品种的选育，先后育成钢化二白（化杀）、汕优科30、青优辐桂（化杀）、汕优直龙等杂交稻组合通过广东省农作物品种审定委员会审定，并育成从广41A（简称广A）、R3550等不育系和恢复系。广A为红莲型不育系，用其组配的首个杂交稻品种广优青于1991年通过广东省农作物品种审定委员会审定。R3550为广谱性强恢复系，用其组配的第一个杂交稻品种汕优3550于1990年通过广东省农作物品种审定委员会审定。广谱性恢复系3550的选育及其晚型杂交稻组合的利用于1991年获得广东省科学技术进步二等奖。

进入20世纪90年代，以省地两级育种单位为主，育成了一批不育系、恢复系、杂交稻品种（包括三系品种和两系品种）。其中不育系有协青早A、梅青早A、竹籼A等；恢复系有R159、R524、R4480、广恢128、广恢122、R96、R210、61、晚3等；其中优质抗病耐储藏恢复系广恢122及其高产杂交稻的选育与应用于2006年获得广东省科学技术进步一等奖。品种协优3550、广优4号、广优159、梅优524、汕优96、博优210、汕优4480、特优524、博优3550、II优3550、优优4480、II优128、优优122、博优96、培杂双七、优优128、博优晚3、优优晚3、优优3550、培杂67、培杂茂三、培杂茂选、博优122、培杂粤马等，先后通过广东省农作物品种审定委员会审定。其中华南早中熟杂交稻汕优96与汕优4480等组合的选育及应用于1999年获得广东省科学技术进步二等奖。

进入2000年以后，科研机构、种业公司成为杂交稻品种选育的主力军，而且优质化成为杂交稻育种的主攻方向。截至2014年，一大批优质不育系、恢复系、杂交稻品种相继育成。其中不育系有：中A、粤丰A、Y华农A、粤泰A、五丰A、振丰A、天丰A、龙A、双青A、湛A、万金A、金稻13A、万金A、荣丰A、建A、七桂A、盛世A、广8A、泰华A等三系不育系；GD-1S、N39S、GD-5S、228S、GD-7S、玉S、Y58S、农1S、元丰9828S等两系不育系。其中红莲型优质籼稻不育系粤泰A的选育、研究与应用、华南光温敏核不育水稻系GD-1S的选育技术及其应用分别于2008年、2009年获得广东省科学技术进步二等奖。恢复系有：广恢998、广恢308、广恢368、T180、金恢189、茂恢26、茂恢62等110多个。杂交稻品种有：中优223、粤杂122、丰优128、华优桂99、天优998等308个品种通过了广东省农作物品种审定委员会审定，其中有101个品种的米质达到国标或广东省标优质米标准：华优998、宁优1179达到国标一级优质米标准；天优998、培杂163达到国标二级、外观品质一级优质米标准；秋优3008、五丰优2168、荣优390等9个品种达到国标和省标二级优质米标准；深优9521、博优2318达到国标二级、省标三级优质米标准；深两优5814、天优9918、天优615等11个品种达到国标三级、省标二级优质米标准；天优2168、粤杂763、天优688等35个品种达到国标和省标三级优质米标准；培杂泰丰、华优868、秋优452等10个品种达到国标三级优质米标准；华优638、天优806、金两优油占等30个品种达到省标三级优质米标准。两系杂交稻品种培杂双七稻米外观品质为晚稻特二级，通过广东省（1998）和国家（2001）农作物品种审定委员会审定，优质、丰产、抗病两系杂交稻培杂双七的选育与应用于2002年获得广东省科学技术进步一等奖。

三、航天诱变育种

进入20世纪80年代中后期，以航天诱变为代表的作物育种新方法被应用于我国水稻育种。1987年8月我国第9颗返回式卫星开展了我国第一批水稻、青椒等作物种子的空间搭载试验，拉开了我国空间生命科学试验研究序幕。广东省水稻航天诱变育种开始于

1996年，经过18年的研究，截至2014年，先后育成了华航1号、粤航1号、培杂航七、金航丝苗、华航丝苗、培杂航香、培杂130、航香糯、华航31、天优航七、华优213、天优173、华航32、华航33、金航油占、宁优1179、Y两优191等水稻新品种。华航1号是第一个通过国家农作物品种审定委员会审定的航天诱变新品种。1996年将特籼占13套袋单株种子搭载我国返回式卫星于空间运行15天后，经地面种植，从两百多株突变单株中，经多代筛选，于1998年晚季将其中一个株型、丰产性、粒型等综合性状稳定、表现优良且产量比对照品种(粳籼89和特籼占13)显著增产的株系定名为华航1号。1999年和2000年早季参加广东省优质稻组区域试验，产量表现突出，名列第一和第四；2002年参加国家南方稻区区域试验和生产试验。2001年和2003年先后通过广东省和国家农作物品种审定委员会审定。该品种穗大、粒多、结实率高，抗病性和抗逆性强，后期转色好，米粒透明无垩白，属一级米，一般产量可达7 800kg/hm^{2}以上，已在南方稻区累计推广达20万hm^2。航天育种优质稻新品种华航1号推广应用2004年获得广东省农业科技推广一等奖。实践证明，航天诱变技术对创造水稻优异新种质、诱导新的基因资源突变和培育新品种具有独特的优势和作用，是高产优质多抗水稻新品种选育的重要途径之一。水稻空间诱变育种技术研究与新品种选育应用于2008年获得广东省科学技术进步一等奖。

四、超级稻品种选育

1996年我国启动了超级稻研究项目，广东省农业科学院作为该项目的发起和承担单位之一，主要承担项目中的华南稻区超级稻选育研究工作。截至2014年，先后育成了天优998、天优122、培杂泰丰、桂农占、玉香油占、荣优3号、五优308、天优3301、合美占、金农丝苗、天优3618、天优华占、荣优225、五丰优615等14个品种通过广东省农作物品种审定委员会审定，并经农业部认定为籼稻超级稻品种。其中桂农占、玉香油占、合美占及金农丝苗为常规稻品种，除桂农占外均获得国家品种权授权，而且合美占的米质达到广东省标三级优质米标准，金农丝苗的米质达到国标和广东省标二级优质米标准，均属于优质超级稻；其他10个品种为杂交稻品种，其中天优998、天优122、培杂泰丰、五优308及天优华占还通过了国家农作物品种审定委员会审定，且天优998的晚稻米质达到国标二级优质米标准，外观品质鉴定为一级，天优华占的米质达到广东省标三级优质米标准，同样属于优质超级稻。优质超级杂交稻天优998的选育与示范推广于2010年获得广东省科学技术进步一等奖。

参考文献

蔡善信，何泽华，黄羿铭，等，2001. 华南优质杂交早籼华优桂99[J]. 杂交水稻，16(6): 57-58.
陈志强，郭涛，刘永柱，等，2009. 水稻航天育种研究进展与展望[J]. 华南农业大学学报，30(1): 1-5.
广东省农业局，1978. 广东省农作物品种志(上).
广东水稻区划研究协作组，1985. 广东水稻区划研究[M]. 广州：广东科技出版社.
黄超武，1982. 三十年来我国籼稻育种工作的回顾与前瞻[J]. 华南农学院学报，3(3): 129-137.

黄耀祥，林青山，1994. 水稻超高产、特优质株型模式的构想和育种实践[J]. 广东农业科学(4): 1-6.
江奕君，林青山，2009. 华南超级常规籼稻育种体系的构建与实践[J]. 广东农业科学(3): 3-7.
李传国，陈坤朝，符福鸿，等，2002. 广东省杂交水稻育种的现状与展望[J]. 杂交水稻，17(5): 1-4.
廖耀平，陈钊明，陈顺佳，等，1999. 高产高收获指数型水稻新品种粤香占的主要特征及其讨论[J]. 中国稻米(2): 11-12.
林世成，闵绍楷，1991. 中国水稻品种及其系谱[M]. 上海：上海科学技术出版社.
彭惠普，李维明，伍应运，等，1993. 广谱恢复系3550及其系列杂交稻的选育和应用[J]. 杂交水稻(6): 1-3.
王丰，彭惠普，廖亦龙，等，1999. 高产优质两系杂交稻培杂双七的选育及应用[J]. 杂交水稻，14(3): 6-8.
熊振民，蔡洪法，1992. 中国水稻[M]. 北京：农业出版社.
杨明汉，1987. 优质高产多抗水稻新品种七桂早25号的育成[J]. 广东农业科学(4): 8-10.
周少川，王家生，李宏，等，2001. 试论华南早籼稻的品质育种策略[J]. 杂交水稻，16(3): 4-8.

第三章

广东省品种介绍

第一节　常规籼稻

IR837糯（IR 837 Nuo）

品种来源：广东省原番禺县（现广州市番禺区）农业科学研究所从IR837品种中通过系统选育方法选育而成，1983年通过广东省农作物品种审定委员会审定。

形态特征和生物学特性：属感光型晚稻常规糯稻品种。全生育期晚稻种植136d，一般秧龄40d，比二白矮和包选2号早熟6d。株高100cm，株型中集，茎秆较粗壮。叶片较宽长，叶色淡绿，前期叶片弯垂，中后期叶片较厚直。分蘖力中等，有效穗318万穗/hm^2，每穗总粒数85.8粒，结实率83.7%，充实度好，谷粒较长大，千粒重26.7g。

品质特性：糯性好，米质硬不易碎。

抗性：中感白叶枯病，高感纹枯病，抗倒伏性不强。

产量及适宜地区：1982年晚稻参加广东省区域试验，平均单产3 873kg/hm^2，比对照品种二白矮减产1.1%，比对照品种包选2号减产5.0%。但大田生产表现产量较高，糯性好，有一定的经济价值，一般单产4 500kg/hm^2。适宜广东省中南部地区晚稻种植。

矮黑糯（Aiheinuo）

品种来源：广东省肇庆市农业科学研究所以晚六矮/黑糯杂交选育而成，1982年通过广东省农作物品种审定委员会审定。

形态特征和生物学特性：属晚稻中迟熟常规黑糯稻品种。全生育期149d，比包选2号早熟2 ~ 3d。株高64 ~ 85cm，株型集散适中，叶姿直生，生长势壮旺，抽穗成熟整齐一致，茎粗中等，剑叶长30.5cm，宽1.23cm，直生，有效穗357万穗/hm^2，穗长20.1cm，每穗总粒数79.9粒，结实率73.6%，谷形长，谷壳和米皮颜色均为黑色，千粒重22.6g。

抗性：中抗白叶枯病，耐肥，抗倒伏性弱。

产量及适宜地区：一般单产3 003.0 ~ 4 587.0kg/hm^2。适宜于丘陵及平原地区种植。

矮脚南特（Aijiaonante）

品种来源：广东省原潮阳县灶浦公社东仑大队原党支部书记洪春利于1956年在南特16中选出一个变异单株，由技术员洪群英同志培育而成。

形态特征和生物学特性：属感温型早熟常规稻品种。全生育期115 ~ 120d，本田期80 ~ 85d。株高70 ~ 80cm。茎秆粗壮，根群多而发达，茎态中散、叶直、叶鞘紫红色，叶短而大，一般长25 ~ 27cm，叶浓绿，穗型中弯，叶下禾，穗长16 ~ 18cm，每穗总粒数65 ~ 80粒，千粒重25.0g左右，稃端呈紫红色、无芒、出米率75.0%，分蘖力强，但出穗成熟不够整齐，易落粒。

品质特性：腹白大、米质差。

抗性：易感稻瘟病、纹枯病；易受浮尘子、稻飞虱为害；耐肥力特强，不易倒伏；抗逆性不强，耐寒性弱。

产量及适宜地区：一般单产4 500 ~ 5 250kg/hm^2，高产超7 500kg/hm^2。在水肥充足地区栽培，一般比当地品种增产20% ~ 30%。1965年统计，广东省栽培面积5.33万hm^2。由于栽培历史长久，种性下降，已被新品种代替，1975年全省面积只剩下1.6万hm^2。分布于韶关、佛山等地。该品种适应性广，凡具有中等肥力以上，排水方便的田类均可种植，最适于平原地区肥沃的沙壤土种植。

栽培技术要点：①播前种子消毒，培育嫩壮秧，秧苗期35d。②不宜插植过密。③施足基肥、早施追肥，提高充实率和增加粒重，切忌重施偏施氮肥。④适时露田，但不宜落干晒田。⑤及时防治病虫害。

矮梅早3号（Aimeizao 3）

品种来源：广东省农业科学院水稻研究所通过矮青569/红梅选//桂朝2号杂交选育而成，1986年通过广东省农作物品种审定委员会审定。

形态特征和生物学特性：属感温型中熟常规稻品种。全生育期早稻125d。矮秆，株高82cm，株型清秀，叶直，根系发达，生长势好。分蘖力强，抽穗整齐，成穗率高。有效穗375万穗/hm^2，穗长17.5cm，着粒密，每穗总粒数78粒，结实率84.7%，千粒重26.3g。

品质特性：米质较差。

抗性：高抗稻瘟病，感白叶枯病，纹枯病轻，中抗白背飞虱，耐肥，抗倒伏。

产量及适宜地区：1983年和1984年两年早稻参加广东省区域试验，平均单产分别为5 817.0kg/hm^{2}和5 944.5kg/hm^2，分别比对照品种青二矮减产1.6%和增产2.5%，增减产均未达显著值，但熟期比青二矮早熟3d。在广东省中南部地区作早稻种植，收割后大田可作晚稻秧地，北部地区可作早稻中熟种使用。

矮三芦占（Aisanluzhan）

品种来源：广东省农业科学院水稻研究所用丛芦549/三黄占杂交选育而成，1994年通过广东省农作物品种审定委员会审定。

形态特征和生物学特性：属感温型常规稻品种。全生育期早稻130d，晚稻105 ~ 110d。株高95 ~ 110cm，分蘖力较强，有效穗337.5万～345.0万穗/hm^2，每穗总粒数120粒，结实率90.0%，千粒重17.5g。

品质特性：稻米外观品质为晚稻特二级。

抗性：高抗稻瘟病和白叶枯病。

产量及适宜地区：1991年、1992年两年晚稻参加广东省区域试验，其中1991年平均单产为5 395.8kg/hm^2，与对照品种七山占产量相当；1992年平均单产为5 111.1kg/hm^2，比对照品种粳籼89减产15.8%，减产极显著。适宜广东省中等肥力地区作早稻、晚稻种植。

栽培技术要点：①适时播种，培育壮秧，早稻秧龄30d，晚稻秧龄15 ~ 20d，秧田播种量375kg/hm^{2}左右。②施足基肥，早施分蘖肥，早控苗，创造条件施中期肥，采取穗多穗大夺高产。③注意防治纹枯病和稻飞虱。

矮籼占（Aixianzhan）

品种来源：广东省佛山市农业科学研究所用粤野占21/源籼占杂交选育而成，2006年通过广东省农作物品种审定委员会审定。

形态特征和生物学特性：感温型常规稻品种。晚稻全生育期105 ~ 113d，比粳籼89早熟5 ~ 7d。植株矮，分蘖力较强，叶色淡，剑叶长、宽，抽穗不够整齐，穗中等大，株高93 ~ 95cm，穗长20.1 ~ 21.1cm，有效穗298.5万穗/hm^2，每穗总粒数117.0粒，结实率84.5% ~ 85.7%，千粒重21.3g。

品质特性：晚稻米质达国标一级优质米标准，外观品质为特二级，整精米率59.5% ~ 63.6%，垩白粒率4% ~ 7%，垩白度0.4% ~ 0.7%，直链淀粉含量17.3% ~ 19.6%，胶稠度72 ~ 79mm，理化分69 ~ 70分。

抗性：中感稻瘟病，中B群、中C群和全群抗性频率分别为74.3%、59.1%、69.1%，病圃鉴定叶瘟为5级，穗瘟为5级；中抗白叶枯病（3级）；后期耐寒性中弱，抗倒伏能力中强。

产量及适宜地区：2002年晚稻参加广东省区域试验，平均单产5 749.5kg/hm^2，比对照品种粳籼89增产3.5%，增产不显著；2003年晚稻复试，平均单产5 856.0kg/hm^2，比对照品种粳籼89减产6.2%，减产显著。2003年晚稻生产试验，平均单产6 184.5kg/hm^2，比对照品种粳籼89减产0.8%，减产不显著。日产量51.0 ~ 55.5kg/hm^2。适宜广东省各稻作区早稻、晚稻种植。

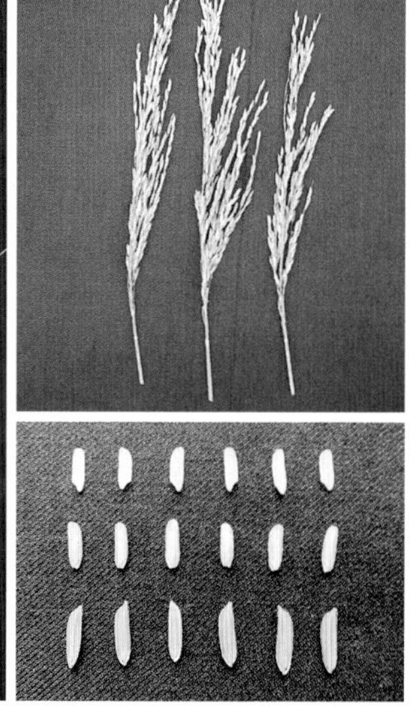

栽培技术要点：①秧龄不宜过长，早稻20 ~ 25d，晚稻不超过15d，大田用种量30kg/hm^2。②插植基本苗120万 ~ 150万苗/hm^2，有效穗控制在330万穗/hm^{2}左右。③注意防治稻瘟病。

矮秀占（Aixiuzhan）

品种来源：广东省农业科学院水稻研究所以丰矮占1号//新麻占/七秀占杂交选育而成，2003年通过广东省农作物品种审定委员会审定。

形态特征和生物学特性：属感温型常规稻品种。晚稻全生育期113d左右，比粳籼89早熟3d。株型好，株高98cm，剑叶短、阔、厚、直，分蘖力中等，抽穗整齐，穗大粒多，穗长21.6cm，有效穗270万穗/hm^2，每穗总粒数147.1粒，结实率80.2%，千粒重22.2g，熟色好，地区适应性较强。

品质特性：稻米外观品质为晚稻一级至特二级。

抗性：高抗稻瘟病，抗性频率中B群、中C群和全群均为100%，病圃穗颈瘟为1级；中抗白叶枯病（3级）；纹枯病较重；抗倒伏性和耐寒性强。

产量及适宜地区：2000年、2001年两年晚稻参加广东省区域试验，平均单产分别为6 528.0kg/hm^2和6 543.0kg/hm^2，比对照品种粳籼89分别增产6.9%和2.6%，2000年增产极显著，2001年增产不显著。日产量57.0 ～ 60.0kg/hm^2。适宜广东省各地晚稻种植和粤北以外地区早稻种植。

栽培技术要点：①适时疏播，培育壮秧。②本田插植基本苗120万苗/hm^2，争取有效穗330万穗/hm^2。③施足基肥，重施、早施分蘖肥，早稻慎施中期肥，晚稻可酌情重施中期肥，注意氮、磷、钾配合，宜多施钾肥。④浅水分蘖，够苗晒田，浅水抽穗扬花，后期田土保持湿润。⑤注意防治纹枯病。

澳青占（Aoqingzhan）

品种来源：广东省农业科学院水稻研究所用青六矮/澳洲袋鼠丝苗杂交选育而成，1995年通过广东省农作物品种审定委员会审定。

形态特征和生物学特性：属感温型常规稻品种。全生育期127～129d，比七山占早熟2～4d。株高97cm，株型好，前期生长快，分蘖力中等，有效穗300万穗/hm^2左右，每穗总粒数120.0粒左右，结实率76.3%～75.2%，千粒重21.2g。

品质特性：稻米外观品质为早稻一级。

抗性：中抗稻瘟病，中感白叶枯病。

产量及适宜地区：1992年、1993年两年早稻参加广东省区域试验，平均单产分别为5 672.0kg/hm^2、5 386.7kg/hm^2，比对照品种七山占增产9.2%和4.2%，增产均未达显著水平。适宜广东省各地作早稻、晚稻种植。

栽培技术要点：①疏播培育壮秧，秧田播种量300～450kg/hm^2为宜，早稻秧龄28～30d，晚稻秧龄16～18d。②肥田注意不要封行过早，以致后期叶片过大。③施足基肥，多施磷、钾肥。④注意防治稻瘟病。

巴太香占（Bataixiangzhan）

品种来源：广东省广州市原增城市（现增城区）农业科学研究所用Basmati370通过物理诱变后系统选育而成，2005年通过广东省农作物品种审定委员会审定。

形态特征和生物学特性：属感温型常规稻品种。晚稻全生育期108 ～ 113d，比粳籼89早熟4 ～ 5d。株型紧凑，剑叶较长，分蘖力较强，整齐度好，粒形小。株高100 ～ 102cm，穗长20.4 ～ 21.4cm，有效穗321万穗/hm^2，每穗总粒数129.4 ～ 138.0粒，结实率78.6%～95.1%，千粒重16.8g。

品质特性：晚稻米质达国标三级优质米标准，外观品质为特一级至特二级，整精米率69.2%～ 69.3%，垩白粒率2%～ 6%，垩白度0.1%～ 0.6%，直链淀粉含量13.4%～15.0%，胶稠度80 ～ 86mm。

抗性：高抗稻瘟病，感白叶枯病（7级），耐寒性弱。

产量及适宜地区：2002年、2003年两年晚稻参加广东省区域试验，平均单产分别为4 912.5kg/hm^{2}和5 251.5kg/hm^2，比对照品种粳籼89分别减产11.5%、15.8%，减产均达极显著水平。2003年晚稻生产试验，平均单产5 446.5kg/hm^2，比对照品种粳籼89减产12.7%。日产量43.5 ～ 48.0kg/hm^2。适宜广东省除白叶枯病常发区外的各地晚稻种植。

栽培技术要点：①已发过芽的种子一般浸种2 ～ 3h即可捞起催芽，未发芽种子则浸种8h催芽。②适时播抛，增城地区7月10 ～ 20日播种，立秋前抛秧。③注意防治稻纵卷叶螟及稻飞虱，阴雨连绵或连续浓雾天气注意防治跗线螨，台风过后要特别注意防治白叶枯病，后期注意防寒。

白香占（Baixiangzhan）

品种来源：广东省农业科学院植物保护研究所、广州市番禺区农业科学研究所通过抗白占1号/七丝早21号//九七香占杂交选育而成，2008年通过广东省农作物品种审定委员会审定。

形态特征和生物学特性：属感温型常规稻品种。晚稻平均全生育期108～110d，比野丝占迟熟2d，比优优122迟熟3d。抽穗整齐度中等，株型适中，叶色淡，叶姿挺直，长势繁茂，有效穗多，着粒密，熟色中。株高93～96cm，穗长19.5～20.4cm，有效穗325.5万～342.0万穗/hm^2，每穗总粒数140.4～147.0粒，结实率80.1%～81.6%，千粒重16.5g。

品质特性：晚稻米质达国标、广东省标三级优质米标准，整精米率72%，垩白粒率13%，垩白度2.1%，直链淀粉含量15%，胶稠度70mm，食味品质分86分，有芋香味。

抗性：抗稻瘟病，中B群、中C群和全群抗性频率分别为85.7%、85.7%、86.8%，病圃鉴定穗瘟1.7级，叶瘟1级；高抗白叶枯病（Ⅳ型0级，Ⅴ型1级）；抗寒性模拟鉴定孕穗期、开花期均为中强。

产量及适宜地区：2006年晚稻初试，平均单产6 003.0kg/hm^2，比对照品种野丝占减产2.1%，2007年晚稻复试，平均单产6 049.5kg/hm^2，比对照品种优优122减产4.6%，两年减产均不显著。2007年晚稻生产试验，平均单产6 439.5kg/hm^2，比对照品种优优122减产6.5%。日产量55.5kg/hm^2。适宜广东省各地早稻、晚稻种植。

栽培技术要点：插足基本苗，早施分蘖肥。

禅穗占（Chansuizhan）

品种来源：广东省佛山市农业科学研究所用佛山油占/中二软占杂交选育而成，2008年通过广东省农作物品种审定委员会审定。

形态特征和生物学特性：属感温型常规稻品种。晚稻平均全生育期111 ～ 113d，比粳籼89早熟2 ～ 3d。分蘖力中弱，抽穗整齐，株型适中，叶色浓，叶姿中等，长势繁茂，着粒密，熟色好。株高95 ～ 102cm，穗长19.7 ～ 21.9cm，有效穗277.5万～ 283.5万穗/hm^2，每穗总粒数139.6 ～ 163.9粒，结实率75.3%～ 77.2%，千粒重20.3 ～ 21.7g。

品质特性：晚稻米质达国标、省标二级优质米标准。整精米率72%，垩白粒率8%，垩白度2.4%，直链淀粉含量17.3%，胶稠度73mm，食味品质分80分。

抗性：中感稻瘟病，中B群、中C群和全群抗性频率分别为55.9%、81.5%、69.2%，病圃鉴定穗瘟5.7级，叶瘟6.3级；中感白叶枯病（Ⅳ型5级，Ⅴ型7级）；抗寒性模拟鉴定孕穗期为中弱，开花期为中。

产量及适宜地区：2006年晚稻初试，平均单产6 280.5kg/hm^2，比对照品种粳籼89减产2.7%，2007年晚稻复试，平均单产6 309.0kg/hm^2，比对照品种粳籼89减产0.5%，两年减产均不显著。2007年晚稻生产试验，平均单产6 621.0kg/hm^2，比对照品种粳籼89增产1.9%。日产量55.5 ～ 57.0kg/hm^2。适宜广东省中南和西南稻作区的平原地区早稻、晚稻种植。

栽培技术要点：注意防治稻瘟病和白叶枯病，并加强中后期肥水管理以提高结实率。

朝阳早18（Chaoyangzao 18）

品种来源：广东省农业科学院水稻研究所从园籼早［台山糯（系统选）—开平糯（系统选）—园籼早］的变异单株中系统选育而成，1978年通过广东省农作物品种审定委员会审定。

形态特征和生物学特性：属早稻中熟常规稻品种。全生育期120d左右，比珍珠矮11早熟3d。株高86cm，生长势强，分蘖力稍弱，株型中集，叶片窄、直、青秀，叶色青绿，剑叶长24.3cm，宽1.5cm，有效穗339万穗/hm^2，穗长18.2cm，每穗总粒数77.3粒，结实率85.5%，千粒重25.9g。

抗性：易感纹枯病；抗倒伏性稍弱。

产量及适宜地区：一般单产6 000.0kg/hm^2，高产可达7 500.0kg/hm^{2}以上。适宜广东省中等和下等田类种植。

丛桂314（Conggui 314）

品种来源：广东省农业科学院水稻研究所用丛3/桂朝2号杂交选育而成，1985年通过广东省农作物品种审定委员会审定。

形态特征和生物学特性：属感温型常规稻品种。全生育期早稻130～136d，与桂朝2号同熟期，属迟熟品种。株高96～100cm，植株形态、生长势与桂朝2号相似。叶片稍长，分蘖中上，穗大粒多，穗数和穗粒重结合较好，有效穗319.5万穗/hm^2，穗长19.0～20.0cm，每穗总粒数105～109粒，结实率83.4%～84.8%，千粒重25.7g。

品质特性：饭味中等。

抗性：抗稻瘟病较强，中感纹枯病，苗期较耐寒，高肥易倒伏。

产量及适宜地区：1983年、1984年两年参加广东省区域试验，平均单产分别为6 742.5kg/hm^2、6 744.0kg/hm^2，比对照品种桂朝2号增产4.4%和5.1%，均达极显著值。在广东省地力中上的垌田、围田较易获得高产，坑田、黄泥田、沙田也宜种植，并取得好收成。

二白矮（Erbai'ai）

品种来源：广东省农业科学院水稻研究所用秋二矮/秋白矮杂交选育而成，分别通过广东省（1978）和国家（1984）农作物品种审定委员会审定。

形态特征和生物学特性：属晚稻迟熟常规稻品种。全生育期140 ~ 148d，比包选2号迟熟2 ~ 3d。株高90cm左右。穗大粒多，每穗总粒数100.0粒，结实率80.0%左右。生长势强，茎秆粗壮，株型紧凑，叶色青翠，不浓不淡，叶片稍为宽长，分蘖力中强，根系发达，千粒重23.0g左右。

抗性：对稻瘟病、纹枯病和小球菌核病（死秆）抗性较弱；耐肥，抗倒伏，耐寒性较强。

产量及适宜地区：一般单产5 250 ~ 6 000kg/hm^2。适宜于除粤北地区外的中等以上肥田种植。

二九矮（Erjiu'ai）

品种来源：广东省农业科学院1963年用广矮5号/四沱2830杂交选育而成。

形态特征和生物学特性：属感温型中熟常规稻品种。全生育期110 ~ 136d。株高90cm，株型适中，茎秆粗壮，叶大，叶半弯，分蘖中等，穗大粒多，结实率高，熟色好，有效穗285万穗/hm^2，每穗总粒数92.0粒，结实率90.0%，千粒重23.0g。

品质特性：米质中等。

抗性：易感稻瘟病，耐肥，抗倒伏。

产量及适宜地区：一般单产为3 750 ~ 5 250kg/hm^2，高产达6 000kg/hm^2。1965年种植推广6 666.7hm^2。1975年广东省佛山地区栽培20hm^2，分布于新会、恩平等县。适宜沙壤土种植。

栽培技术要点：①施足基肥，多施面层肥，适施壮尾肥。②排灌上采取前浅、中晒、后湿润。

飞来占（Feilaizhan）

品种来源：广东省原清远县源潭公社（现清远市清城区源潭镇）老农冯炳从英德农家种一粒赤经系统选育，于1957年育成。

形态特征和生物学特性：属感光型中熟常规稻品种。全生育期135～138d，本田期100d。株高100～110cm。根群发达，生长势旺盛，分蘖力强，茎秆粗壮，叶片窄长，叶色青绿，剑叶直生，角度小。穗大粒多，着粒密，结实率高。穗长22～25cm，每穗总粒数100～130粒，穗颈较短，谷粒细长、色淡黄，千粒重24.3g。

品质特性：米色赤，米质中上。

抗性：耐旱力强。

产量及适宜地区：一般单产3 750kg/hm^2，比原种一粒赤增产5.8%。1957年在清远县种植281.3hm^2，1963年扩大到广东省始兴、连县、连山、阳山等地，种植面积达3 600hm^2，1964年又扩大到7 000hm^2，1965年再扩大到14 466.7hm^2。以后逐步被新育成的品种所代替。该品种适应性广，一般沙壤土的平原、山区、梯田、垌田、山坑田都可种植，亦可作陆稻种植。

栽培技术要点：每穴插植苗数不宜多，可小穴密植，宜早施追肥，够苗后需控肥、控水。假植秧采用早播培育短龄壮秧，进行寄插，延长营养生长期。陆稻栽种要施足基肥，勤除草，天气过于干旱要适当灌水。

丰矮占1号（Feng'aizhan 1）

品种来源：广东省农业科学院水稻研究所用长丝占/丰青矮杂交选育而成，1997年通过广东省农作物品种审定委员会审定。

形态特征和生物学特性：属感温型优质常规稻品种。全育期早稻133～136d，与七山占接近。株型紧凑，分蘖力中等，株高95～103cm，穗长22.0cm，有效穗345万穗/hm^2，每穗总粒数116～136粒，结实率70%～74%，千粒重20.0g。

品质特性：米质优，稻米外观品质为早稻特二级。

抗性：稻瘟病全群抗性频率78.1%，中抗白叶枯病（3级），耐肥，抗倒伏能力强。

产量及适宜地区：1995年、1996年两年早稻参加广东省区域试验，平均单产分别为6 025.5kg/hm^2、6 120.0kg/hm^2，比对照品种七山占增产5.9%和6.0%，增产均未达显著。适宜粤北以外生产条件和栽培技术较高的地区作早稻、晚稻种植。

栽培技术要点：①加强后期肥水管理，氮、磷、钾合理搭配，调整叶色变化，提高结实率。②成熟时间较长，适时收获。③注意防治稻瘟病。

丰矮占5号（Feng'aizhan 5）

品种来源：广东省农业科学院水稻研究所用长丝占//青六矮/特青杂交选育而成，1998年通过广东省农作物品种审定委员会审定。

形态特征和生物学特性：属常规优质稻品种。晚稻种植全生育期121 ~ 114d，比粳籼89早熟1 ~ 3d。株高95cm，生长势强，茎秆粗壮，株型好，粗生粗长，穗大粒多，分蘖力中等偏强，有效穗270万穗/hm^2，穗长21.0cm，每穗总粒数148.0粒，结实率74% ~ 82%，千粒重21.0g。

品质特性：稻米外观品质鉴定为晚稻一级。

抗性：稻瘟病中B群、中C群、全群抗性频率分别为50.0%、29.4%、47.4%；中抗白叶枯病（3级）；耐肥，抗倒伏。

产量及适宜地区：1995年、1996年两年晚稻参加广东省区域试验，平均单产分别为5 937.0kg/hm^2和6 067.5kg/hm^2，比对照品种粳籼89增产3.4%和2.3%，增产均不显著。适宜广东省中南部非稻瘟病肥田地区种植。

栽培技术要点：①属于大穗型品种，适宜抛秧栽培，促进早生快发，提高有效穗，播种期早稻宜3月上旬，晚稻宜7月中旬。②按时施回青肥、分蘖肥，适时施分化肥，以提高该品种有效穗数和增大每穗粒数，增施磷、钾肥以提高结实率。③适时收获，大穗品种，需比一般品种延长5d收获，以达充分成熟。④特别注意防治稻瘟病。

丰澳占（Feng'aozhan）

品种来源：广东省农业科学院水稻研究所用澳青占/丰青矮杂交选育而成，1999年通过广东省农作物品种审定委员会审定。

形态特征和生物学特性：属感温型常规稻品种。早稻种植全生育期126～124d，比七山占早熟2d，与粤香占相当。株高98cm，有效穗300万穗/hm^2，每穗总粒数120～118粒，结实率81.0%，千粒重22.0g。

品质特性：稻米外观品质为早稻一级。

抗性：稻瘟病全群、中B群、中C群抗性频率分别为63.6%、51.6%、82.4%；中抗白叶枯病（3级）。

产量及适宜地区：1997年早稻参加广东省区域试验，平均单产6 331.5kg/hm^2，比对照品种七山占增产8.9%，增产不显著；1998年早稻复试，平均单产5 788.5kg/hm^2，比对照品种粤香占减产4.6%，减产不显著。适宜粤北以外中等肥力非稻瘟病区早稻种植。

栽培技术要点：①疏播培育壮秧，秧田播量300～450kg/hm^2，秧龄28～30d，插足基本苗，抛秧栽培更能发挥其种性。②施足基肥，早施追肥，促其早生快发，适施中期肥，注意氮、磷、钾肥搭配。③适时晒田以防徒长，中后期应注意干湿排灌，不宜过早断水。④注意防治稻瘟病。

丰八占（Fengbazhan）

品种来源：广东省农业科学院水稻研究所用丰矮占1号/28占杂交选育而成，2001年通过广东省农作物品种审定委员会审定。

形态特征和生物学特性：属感温型常规稻品种。全生育期早稻约126d，晚稻112d。株高93cm，株型好，叶色淡，前期叶姿较弯，中后期叶直，剑叶偏长，分蘖力较强，着粒疏。有效穗300万穗/hm^2，穗长20.0cm，每穗总粒数115.0粒，结实率80.0%，千粒重21.0g。有弱休眠期，不易穗上发芽。

品质特性：稻米外观品质为晚稻特二级。

抗性：抗稻瘟病（3级），全群、中B群、中C群抗性频率分别为67.2%、72.5%、100%；中抗白叶枯病（3级）；抗倒伏性强。

产量及适宜地区：1999年、2000年两年晚稻参加广东省常规稻优质组区域试验，平均单产分别为5 649.0kg/hm^{2}和6 013.5kg/hm^2，比对照品种粳籼89减产5.4%和1.6%，两年减产均不显著。日产量51.0kg/hm^2。除粤北地区早稻不宜种植外，适宜广东省其他地区早稻、晚稻种植。

栽培技术要点：①有弱休眠期，早稻种子当年晚稻使用时，晒干后每2kg种子用三氯异氰尿酸2.5g对3kg水浸种5h，以打破休眠，使出苗整齐。②适时播种，培育壮秧，早稻秧龄25 ~ 30d，晚稻秧龄16 ~ 20d。③施足基肥，早施分蘖肥，以复合肥施中期肥、促大穗。

丰二占（Feng'erzhan）

品种来源：广东省农业科学院水稻研究所通过七丰占/中二软占//丰丝占杂交选育而成。2006年通过广东省农作物品种审定委员会审定。

形态特征和生物学特性：属感温型常规稻品种。早稻平均全生育期128 ~ 130d，比粤香占迟熟3d。株型适中，叶色浓绿，分蘖力较强，后期熟色好，着粒密，株高98 ~ 104cm，穗长21.3 ~ 21.4cm，有效穗312万 ~ 330万穗/hm^2，每穗总粒数130 ~ 135粒，结实率77.7% ~ 81.6%，千粒重20.0 ~ 20.8g。

品质特性：早稻米质未达国标、广东省标优质米标准，外观品质为早稻特二级，整精米率43.6% ~ 47.3%，垩白粒率16% ~ 18%，垩白度3.2% ~ 6.4%，直链淀粉含量13.3% ~ 15.8%，胶稠度78 ~ 85mm，理化分40分，食味品质分81分。

抗性：抗稻瘟病，中B群、中C群和全群抗性频率分别为85.2% ~ 100%、82.4% ~ 100%、83.9% ~ 100%，病圃鉴定穗瘟1 ~ 2.3级，叶瘟1 ~ 2.3级；中抗白叶枯病（3.5级）；抗倒伏性中强。

产量及适宜地区：2004年、2005年两年早稻参加广东省区域试验，平均单产分别为7 224.0kg/hm^{2}和5 826.0kg/hm^2，比对照品种粤香占增产0.2%和减产2.2%，增、减产均不显著。2005年早稻生产试验，平均单产5 931.0kg/hm^2，比对照品种减产4.0%。日产量45.0 ~ 55.5kg/hm^2。适宜粤北以外稻作区早稻、晚稻种植。

栽培技术要点：①早施分蘖肥，早稻用复合肥轻施中期肥，晚稻重施中期肥，注意氮、磷、钾配合施用。②控制有效穗330万穗/hm^2。

丰富占（Fengfuzhan）

品种来源：广东省农业科学院水稻研究所通过丰八占1号/珍丝占1号//富清占4号杂交选育而成，分别通过广东省（2004）和国家（2006）农作物品种审定委员会审定。

形态特征和生物学特性：属感温型常规稻品种。晚稻平均全生育期110～115d，比粳籼89早熟3～4d。株型集散适中，分蘖力较强，后期熟色尚好，株高96cm，穗长19.6～21.0cm，有效穗318.0万～322.5万穗/hm^2，每穗总粒数118～123粒，结实率74.3%～79.6%，千粒重21.8～22.2g。

品质特性：稻米外观品质为晚稻特二级，整精米率65.7%，垩白粒率19%，垩白度2.9%，直链淀粉含量23.3%，胶稠度30mm，理化分54分。

抗性：高抗稻瘟病，中B群、中C群抗性频率均达100%，中A群抗性频率为50.0%，全群抗性频率为98.0%，病圃鉴定穗瘟为1级；中抗白叶枯病（3级）；耐寒性弱，高温较敏感；抗倒伏性较强。

产量及适宜地区：2001年晚稻参加广东省区域试验，平均单产6 339.0kg/hm^2，比对照品种粳籼89减产0.7%，减产不显著；2002年晚稻复试，平均单产5 721.0kg/hm^2，比对照品种增产4.9%，增产不显著。2002年生产试验，平均单产5 452.5kg/hm^2，比对照品种减产2.6%。日产量49.5kg/hm^2。适宜广东省各地早稻、晚稻及海南、广西南部的双季稻区早稻种植。

栽培技术要点：①疏播培育壮秧，早稻秧龄28～30d，晚稻秧龄16～20d。②施足基肥，早施分蘖肥，早稻用复合肥轻施中期肥，晚稻重施中期肥，注意氮、磷、钾配合施用。③浅水回青促分蘖，够苗露晒田，控制有效穗330万穗/hm^{2}左右，孕穗至抽穗期保持浅水层，灌浆期至成熟期田土保持湿润。

丰华占（Fenghuazhan）

品种来源：广东省农业科学院水稻研究所用丰八占1号/华丝占杂交选育而成，分别通过广东省（2002）、国家（2003）、江西省（2005）和湖南省（2007）农作物品种审定委员会审定。

形态特征和生物学特性：属感温型常规稻品种。早稻平均全生育期128d，与粤香占相当。株型好，株高97cm，分蘖力中等，成穗率较高，穗长21.0cm，有效穗330万穗/hm^2，每穗总粒数124粒，结实率78.7%～85.1%，千粒重21.0g，后期熟色好，地区适应性较广。

品质特性：稻米外观品质为早稻一级至特二级，整精米率64.8%，糙米长宽比3.5，垩白粒率8%，垩白度0.6%，直链淀粉含量15.4%，胶稠度68mm，饭软硬较适中。

抗性：稻瘟病中B群、中C群和全群抗性频率分别为92.8%、80.0%、90.0%，中A群抗性频率为50.0%，病圃穗颈瘟抗性3级，综合评价为中抗稻瘟病；抗白叶枯病（2级）；抗倒伏性和苗期耐寒性较强。

产量及适宜地区：2000年、2001年两年早稻参加广东省区域试验，表现中产稳产，平均单产分别为6 987.0kg/hm^2和5 823.0kg/hm^2，比对照品种粤香占分别减产2.5%和2.3%，减产均不显著。日产量45.0～54.0kg/hm^2。除粤北地区早稻不宜种植外，适宜广东省其他地区早稻、晚稻种植，以及江西省各地区种植，湖南省稻瘟病轻发区作双季晚稻种植，海南省、广西中南部、福建省南部双季稻区早稻种植。

栽培技术要点：①疏播培育壮秧，早稻秧龄28～30d，晚稻秧龄16～20d。②施足基肥，早施分蘖肥，早稻用复合肥轻施中期肥，晚稻重施中期肥，注意氮、磷、钾配合施用。③浅水回青促分蘖，够苗露晒田，控制有效穗330万穗/hm^2左右，孕穗至抽穗期保持浅水层，灌浆期至成熟期田土保持湿润。④稻瘟病重病区种植，注意防病。

丰晶软占（Fengjingruanzhan）

品种来源：广东省农业科学院水稻研究所用丰美占/银晶软占杂交选育而成，2008年通过广东省农作物品种审定委员会审定。

形态特征和生物学特性：属感温型常规稻品种。晚稻平均全生育期112d，比粳籼89早熟2～3d。抽穗整齐，株型适中，叶色中，叶姿挺直，长势繁茂，熟色好。株高88～94cm，穗长19.2～20.9cm，有效穗298.5万～315.0万穗/hm^2，每穗总粒数123.9～143.9粒，结实率82.7%～86.5%，千粒重19.8～20.9g。

品质特性：晚稻米质达广东省标三级优质米标准，整精米率67.3%～72.8%，垩白粒率15%～22%，垩白度5.2%～7.4%，直链淀粉含量21.6%～24.1%，胶稠度40～48mm，食味品质分77～80分。

抗性：中感稻瘟病，中B群、中C群和全群抗性频率分别为70.6%、92.6%、80.0%，病圃鉴定穗瘟6.3级，叶瘟5.3级；中抗白叶枯病（Ⅳ型3级，Ⅴ型7级）；抗寒性模拟鉴定孕穗期、开花期均为中。

产量及适宜地区：2006年晚稻初试，平均单产6 738.0kg/hm^2，比对照品种粳籼89增产4.3%；2007年晚稻复试，平均单产6 577.5kg/hm^2，比对照品种粳籼89增产3.7%，两年增产均不显著。2007年晚稻生产试验，平均单产6 604.5kg/hm^2，比对照品种粳籼89增产2.6%。日产量58.5～60.0kg/hm^2。适宜广东省各地早稻、晚稻种植。

栽培技术要点：注意防治稻瘟病。

丰美占（Fengmeizhan）

品种来源：广东省农业科学院水稻研究所用新广美/中二占杂交选育而成，分别通过广东省（2005）、海南省（2005）和国家（2006）农作物品种审定委员会审定，2005—2012年入选广东省主导品种。

形态特征和生物学特性：属感温型常规稻品种。晚稻全生育期108 ～ 116d，比粳籼89早熟2 ～ 4d。株型好，植株矮，长势繁茂，穗较短，粒多，着粒密，后期转色好。株高93 ～ 94cm，穗长19.9 ～ 21.0cm，有效穗312.0万穗/hm^2，每穗总粒数123.7 ～ 127粒，结实率80.3%～ 84.5%，千粒重20.3g。

品质特性：晚稻米质达国标三级优质米标准，外观品质为特二级至一级，整精米率63.2％～ 64.3％，垩白粒率8％～ 23％，垩白度0.8％～ 2.3％，直链淀粉含量15.3%～ 17.3%，胶稠度74 ～ 86mm。

抗性：感稻瘟病中B群、中C群和全群抗性频率分别为51.3%、95.4%、66.2%，病圃鉴定叶瘟为5级，穗瘟为6.3级；中抗白叶枯病（3级）；耐寒性弱。

产量及适宜地区：2002年、2003年两年晚稻参加广东省区域试验，平均单产分别为6 009.0kg/hm^{2}和6 372.0kg/hm^2，比对照品种粳籼89分别增产9.2%、4.2%，2002年增产显著，2003年增产不显著。2003年晚稻生产试验，平均单产6 000.0kg/hm^2，比对照品种粳籼89减产3.8%。日产量52.5 ～ 58.5kg/hm^2。适宜广东省各地晚稻种植和粤北以外地区早稻种植，以及海南省各市县早晚稻种植，稻瘟病重发区要注意防治稻瘟病，沿海地区晚稻种植要注意防治白叶枯病。

栽培技术要点：①适时播植，培育壮秧。②合理密植。③耐肥，抗倒伏性强，选择中等或中等肥力以上的地区种植，早施重施促蘖肥。④做好病虫防治，特别注意防治稻瘟病。

丰丝占（Fengsizhan）

品种来源：广东省农业科学院水稻研究所用丰八占1号/珍丝占1号杂交选育而成，2004年通过广东省农作物品种审定委员会审定。

形态特征和生物学特性：属感温型常规稻品种。早稻平均全生育期124 ~ 127d，比粤香占迟熟2d。株型好，分蘖力较强，有效穗较多，抽穗整齐，穗中等大，着粒较疏，后期转色顺调。株高100 ~ 103cm，穗长20.0 ~ 20.8cm，有效穗345.0万~ 352.5万穗/hm^2，每穗总粒数113.7 ~ 116.2粒，结实率77.4%~ 80.2%，千粒重21.2 ~ 21.6g。

品质特性：稻米外观品质为早稻一级，整精米率57.0%~ 57.8%，垩白粒率13%~ 20%，垩白度3.9%~ 7.0%，直链淀粉含量13.77%~ 14.46%，胶稠度55 ~ 80mm，理化分47 ~ 52分。

抗性：高抗稻瘟病，中B群、中C群和全群抗性频率均为100%，病圃鉴定穗瘟、叶瘟均为1级；中抗白叶枯病（3级）；苗期耐寒性较强。

产量及适宜地区：2002年、2003年两年早稻参加广东省区域试验，平均单产分别为6 780.0kg/hm^2和6 319.5kg/hm^2，比对照品种粤香占分别减产5.2%和2.5%，减产均不显著。2003年早稻生产试验，平均单产6 243.0kg/hm^2，比对照品种粤香占减产4.2%。日产量49.5 ~ 55.5kg/hm^2。适宜广东省各地早稻、晚稻种植，但粤北稻作区早稻根据生育期布局慎重选择使用。

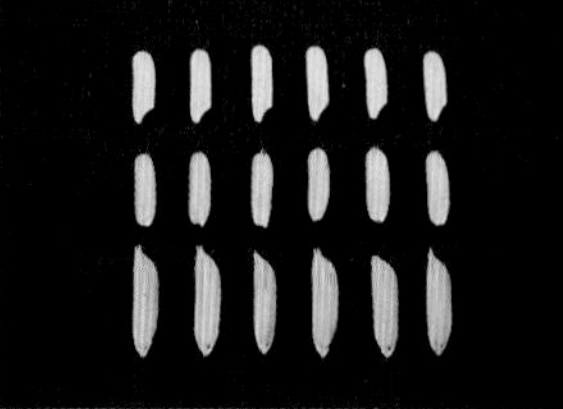

栽培技术要点：①疏播培育壮秧，早稻秧龄28 ~ 30d，晚稻秧龄16 ~ 20d。②施足基肥，早施分蘖肥，早稻用复合肥轻施中期肥，晚稻重施中期肥，注意氮、磷、钾配合施用。③浅水回青促分蘖，够苗露晒田，控制有效穗330万穗/hm^2左右，孕穗至抽穗期保持浅水层，灌浆期至成熟期田土保持湿润。

丰泰占（Fengtaizhan）

品种来源：广东省农业科学院水稻研究所用泰澳丝苗/丰粤占杂交选育而成，2009年通过广东省农作物品种审定委员会审定。

形态特征和生物学特性：属感温型常规稻品种。早稻平均全生育期128～129d，比粤香占迟熟2d。株型适中，叶色浓绿，叶姿直，后期熟色好，缺点是分蘖力较弱。株高103～104cm，穗长21.4～21.8cm，有效穗268.5万～288万穗/hm^2，每穗总粒数123～128粒，结实率82.9%～85.3%，千粒重22.6～22.7g。

品质特性：米质达国标、广东省标二级优质米标准，整精米率60.8%，垩白粒率4%，垩白度1.6%，直链淀粉含量21.6%，胶稠度66mm，食味品质分82分。

抗性：高抗稻瘟病，中B群、中C群和全群抗性频率分别为88.2%～96.4%、100%、98.1%～94.4%，病圃鉴定穗瘟1～1.7级，叶瘟1～2级；中抗白叶枯病（3级）；抗倒伏能力强；耐寒性模拟鉴定孕穗期和开花期均为中。

产量及适宜地区：2007年早稻初试，平均单产6 303.0kg/hm^2，比对照品种粤香占增产8.6%，增产极显著；2008年早稻复试，平均单产6 073.5kg/hm^2，比对照品种粤香占增产2.7%，增产不显著。2008年早稻生产试验，平均单产6 433.5kg/hm^2，比对照品种粤香占增产6.1%。日产量48.0～49.5kg/hm^2。适宜粤北以外稻作区早稻、晚稻种植。

栽培技术要点：施足基肥，早施重施分蘖肥。

丰新占（Fengxinzhan）

品种来源：广东省农业科学院水稻研究所通过特青/28占//矮新占杂交选育而成，2006年通过广东省农作物品种审定委员会审定。

形态特征和生物学特性：属感温型常规稻品种。晚稻平均全生育期110 ~ 113d，比粳籼89早熟2d。株型中集，分蘖力较强，叶色浓绿，剑叶短小，穗形中等，着粒疏，株高89 ~ 97cm，穗长20.7 ~ 21.1cm，有效穗328.5万~ 330.0万穗/hm^2，每穗总粒数108 ~ 116粒，结实率81.1%~ 81.6%，千粒重21.5 ~ 22.3g。

品质特性：晚稻米质达国标、广东省标二级优质米标准，外观品质为晚稻一级，整精米率64.8%~ 72.4%，垩白粒率13%~ 18%，垩白度3%~ 5.4%，直链淀粉含量13.7%~ 17.0%，胶稠度76 ~ 80mm，食味品质分90分。

抗性：高抗稻瘟病，中B群、中C群和全群抗性频率分别为95.0%~ 95.2%、100%、97.1%~ 97.9%，病圃鉴定穗瘟1.3 ~ 2.7级，叶瘟1 ~ 2.3级；中抗白叶枯病（3级）；后期耐寒力中弱。

产量及适宜地区：2003年、2004年两年晚稻参加广东省区域试验，平均单产分别为6 369.5kg/hm^{2}和6 394.5kg/hm^2，比对照品种粳籼89减产2.4%和增产0.1%，增、减产均不显著。2004年晚稻生产试验，平均单产5 826.0kg/hm^2，比对照品种粳籼89增产0.2%。日产量54.0 ~ 57.0kg/hm^2。适宜广东省各稻作区早稻、晚稻种植，但粤北稻作区根据生育期慎重选择使用。

栽培技术要点：①施足基肥，早施分蘖肥，早稻用复合肥轻施中期肥，晚稻重施中期肥，注意氮、磷、钾配合施用。②控制有效穗330万穗/hm^{2}左右。

丰秀丝苗（Fengxiusimiao）

品种来源：广东省农业科学院水稻研究所用五山丝苗/丰秀占杂交选育而成，2010年通过广东省农作物品种审定委员会审定。

形态特征和生物学特性：属感温型常规稻品种。早稻平均全生育期128 ~ 133d，与优优128相当。分蘖力中弱，株型适中，叶色绿，叶姿直，着粒较密，后期熟色好。株高104 ~ 105cm，穗长19.8 ~ 22.0cm，有效穗262.5万 ~ 277.5万穗/hm^2，每穗总粒数139 ~ 143粒，结实率79.2% ~ 79.9%，千粒重21.3 ~ 23.0g。

品质特性：米质达到国标和广东省标三级优质米标准，整精米率57.9%，垩白粒率20%，垩白度5.0%，直链淀粉含量15.1%，胶稠度70mm，食味品质分74分。

抗性：高抗稻瘟病，中B群、中C群和全群抗性频率均为100%，病圃鉴定穗瘟1.7 ~ 2级，叶瘟1 ~ 2.8级；中抗白叶枯病；耐寒性中；抗倒伏能力强。

产量及适宜地区：2008年早稻参加广东省区域试验，平均单产6 075.0kg/hm^2，比对照品种优优128减产3.2%，减产不显著；2009年早稻复试，平均单产6 421.5kg/hm^2，比对照品种优优128减产10.7%，减产极显著。生产试验平均单产7 039.5kg/hm^2，比对照品种优优128减产2.4%。日产量46.5 ~ 48.0kg/hm^2。适宜粤北以外稻作区早稻、晚稻种植。

栽培技术要点：①插（抛）足基本苗。②早施重施分蘖肥，增加有效分蘖数。

丰秀占（Fengxiuzhan）

品种来源：广东省农业科学院水稻研究所用丰丝占/矮秀占杂交选育而成，2006年通过广东省农作物品种审定委员会审定。

形态特征和生物学特性：属感温型常规稻品种。早稻平均全生育期127 ~ 130d，比粤香占迟熟2d。株型适中，叶色浓绿，分蘖力中等，抽穗整齐，着粒密，后期熟色好，株高97 ~ 101cm，穗长20.2 ~ 20.8cm，有效穗306.0万 ~ 307.5万穗/hm^2，每穗总粒数131.2 ~ 132.6粒，结实率77.2% ~ 78.0%，千粒重20.3 ~ 20.5g。

品质特性：早稻米质达国标三级、广东省标二级优质米标准，整精米率62.3%，垩白粒率14%，垩白度3.3%，直链淀粉含量16.3%，胶稠度82mm，糙米长宽比3.3。

抗性：抗稻瘟病，中B群、中C群和全群抗性频率分别为55.6%、94.1%、71.4%，病圃鉴定穗瘟3.7级，叶瘟1.7级；中抗白叶枯病（3级）；抗倒伏性、苗期耐寒性中等。

产量及适宜地区：2005年、2006年两年早稻参加广东省区域试验，平均单产分别为6 178.5kg/hm^2和5 911.5kg/hm^2，比对照品种粤香占增产3.7%、4.1%，增产均不显著。2006年早稻生产试验，平均单产5 686.5kg/hm^2，比对照品种粤香占增产2.2%。日产量45.0 ~ 48.0kg/hm^2。适宜广东省各地早稻、晚稻种植，但粤北稻作区根据生育期布局慎重选择使用。

栽培技术要点：参照其他常规优质稻品种栽培。

丰粤占（Fengyuezhan）

品种来源：广东省农业科学院水稻研究所用丰丝占/粤农占杂交选育而成，2008年通过广东省农作物品种审定委员会审定。

形态特征和生物学特性：属感温型常规稻品种。晚稻平均全生育期110～112d，比粳籼89早熟2～3d。株型适中，分蘖力中等，叶色中绿，穗长中等，后期熟色中。株高94～99cm，穗长20.0～21.5cm，有效穗285.0万～292.5万穗/hm^2，每穗总粒数136.7～137.3粒，结实率79.4%～81.4%，千粒重20.5～21.0g。

品质特性：晚稻米质达国标、广东省标二级优质米标准，整精米率71.6%，垩白粒率12%，垩白度1.7%，直链淀粉含量16.6%，胶稠度72mm，食味品质分83分。

抗性：中抗稻瘟病，中B群、中C群和全群抗性频率分别为55.0%、81.8%、64.7%，病圃鉴定穗瘟3.7级，叶瘟3级；白叶枯病中抗（3级）；抗寒性模拟鉴定孕穗期为中强，开花期为中弱，田间耐寒性鉴定为中。

产量及适宜地区：2005年、2006年两年晚稻区域试验，平均单产分别为6 129.0kg/hm^2和6 543.0kg/hm^2，与对照品种粳籼89相当。2006年晚稻生产试验，平均单产6 481.5kg/hm^2，比对照品种粳籼89减产2.6%。日产量55.5～58.5kg/hm^2。适宜广东省中南和西南稻作区的平原地区早稻、晚稻种植。

栽培技术要点：注意防治稻瘟病和白叶枯病。

丰中占（Fengzhongzhan）

品种来源：广东省农业科学院水稻研究所用中二软占/丰华占杂交选育而成，2006年通过广东省农作物品种审定委员会审定。

形态特征和生物学特性：属感温型常规稻品种。早稻平均全生育期128～130d，比粤香占迟熟2～3d。株型适中，叶色中绿，抽穗整齐，剑叶短直，着粒密，后期熟色好，株高100～102cm，穗长20.9～21.7cm，有效穗310.5万～312.0万穗/hm^2，每穗总粒数137.0～137.1粒，结实率75.6%～78.3%，千粒重18.9～19.7g。

品质特性：米质未达国标、广东省标优质米标准，整精米率49.7%～59.4%，垩白粒率15%～28%，垩白度4.8%～8.9%，直链淀粉含量16.1%～16.9%，胶稠度64～78mm，糙米长宽比3.1～3.2。

抗性：中抗稻瘟病，中B群、中C群和全群抗性频率分别为84.2%、95.8%、89.9%，病圃鉴定穗瘟5.7级，叶瘟3.7级；中抗白叶枯病（3级）；抗倒伏性、苗期耐寒性中等。

产量及适宜地区：2005年、2006年两年早稻参加广东省区域试验，平均单产分别为5 925.5kg/hm^{2}和5 911.5kg/hm^2，比对照品种粤香占增产1.0%、4.1%，增产均不显著。2006年早稻生产试验，平均单产5 470.5kg/hm^2，比对照品种粤香占减产1.2%。日产量45.0～46.5kg/hm^2。适宜广东省各稻作区早稻、晚稻种植，但粤北稻作区根据生育期慎重选择使用。

栽培技术要点：注意防治稻瘟病和白叶枯病。

封丰占（Fengfengzhan）

品种来源：广东省封开县农业科学研究所用封山矮/秋长35号//科六杂交选育，于1975年育成，1978年通过广东省农作物品种审定委员会审定。

形态特征和生物学特性：属感温型常规稻品种。全生育期125～130d，比平广2号迟5d左右。矮秆，株高75～85cm。叶色稍浓，叶姿直，茎态中集，茎秆细硬，前期生长慢，抽穗整齐。成穗率一般，一般有效穗450万穗/hm^2左右。剑叶较长，较耐肥，穗型细长，每穗总粒数60～70粒，后期熟色好，结实率85%～90%，千粒重19.0～20.0g。

品质特性：米质优，透明，无腹白，特二级，饭性稍硬，味较淡。

抗性：抗白叶枯病和稻瘟病能力均较强；不易倒伏。

产量及适宜地区：一般单产3 000～3 750kg/hm^2，高产在4 500kg/hm^2以上。适宜于中等垌田种植。

佛山油占（Foshanyouzhan）

品种来源：广东省佛山市农业科学研究所用特籼占25///三源93//小直12/三源649杂交选育而成，2004年通过广东省农作物品种审定委员会审定。

形态特征和生物学特性：属感温型常规稻品种。晚稻平均全生育期111～117d，比粳籼89早熟2～3d。株型好，茎态集，剑叶窄直，分蘖力强，后期熟色好，株高96cm，穗长20.0cm，有效穗328.5万穗/hm^2，每穗总粒数130.0粒，结实率77.6%～84.3%，千粒重19.6g。

品质特性：稻米外观品质为晚稻特一级，米饭偏软，整精米率67.1%，垩白粒率8%，垩白度0.8%，直链淀粉含量14.42%，胶稠度98mm。

抗性：抗稻瘟病，中抗白叶枯病；耐寒性中等，不耐高温。

产量及适宜地区：2001年、2002年两年晚稻参加广东省区域试验，平均单产分别为6 510.0kg/hm^2和5 725.5kg/hm^2，比对照品种粳籼89分别增产2.0%和5.0%，增产均不显著。2002年生产试验，平均单产5 631.5kg/hm^2，比对照品种粳籼89增产0.6%。日产量54.0kg/hm^2。适宜广东省各地早稻、晚稻种植，但粤北稻作区早稻根据生育期布局慎重选择使用。

栽培技术要点：①一般本田用种量18～22.5kg/hm^2，早稻秧龄30d，晚稻秧龄15～20d为宜，插植穴数24万～27万穴/hm^2，每穴栽插2～3苗。②施足基肥，早施追肥，要求插后15d内施完分蘖肥，适时施幼穗分化肥，注重氮、磷、钾的调配。③浅水插田，浅水促分蘖，中期露田轻晒，促进根系深扎，提高抗倒伏能力，后期保持湿润，不要过早断水，以免影响谷粒的充实度。④注意病虫害的防治。

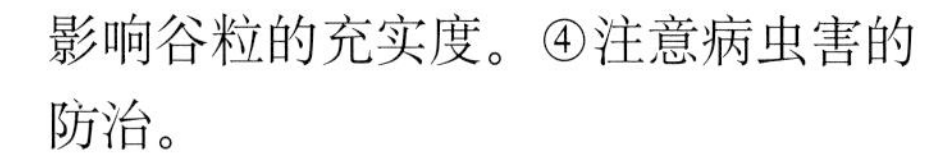

钢白矮1号（Gangbai'ai 1）

品种来源：广东省农业科学院水稻研究所从化杀杂交稻组合（钢枝占/二白矮）的后代选育而成，1983年通过广东省农作物品种审定委员会审定。

形态特征和生物学特性：属感光型常规稻品种，只适宜晚稻种植。全生育期142d，比二白矮、包选2号早熟8 ~ 9d。秧龄和苗期有较大的弹性。株高93cm左右，叶片细窄而直，分蘖力中上。有效穗360万穗/hm^2，抽穗整齐，后期熟色好。穗长18.0cm，每穗总粒数95.0粒，结实率78.5%，千粒重22.0g。

品质特性：米质比二白矮好。

抗性：对白叶枯病、菌核病和稻飞虱抗性比二白矮强；易感纹枯病；高肥田易倒伏；耐寒性较强。

产量及适宜地区：1981年晚稻参加广东省区域试验，平均单产4 441.5kg/hm^2，比对照品种包选2号增产17.5%，比二白矮增产6.1%。适宜广东省中南部地区晚稻种植。

粳丝粘1号（Gengsizhan 1）

品种来源：广东省广州市农业科学研究所通过矮秀占/粳稻253//野丝占杂交选育而成，2009年通过广东省农作物品种审定委员会审定。

形态特征和生物学特性：属感温型常规稻品种。晚稻平均全生育期106 ~ 108d，比优优122迟熟4d。株型中集，叶姿挺直，长势繁茂，抽穗整齐，结实率较高，熟色好，株高94 ~ 100cm，穗长20.2 ~ 21.0cm，有效穗319.5万 ~ 343.5万穗/hm^2，每穗总粒数119.7 ~ 122.0粒，结实率80.0%~ 87.1%，千粒重20.5g。

品质特性：米质达国标、广东省标一级优质米标准，整精米率71.7%，垩白粒率3%，垩白度0.3%，直链淀粉含量17.6%，胶稠度75mm，食味品质分90分。

抗性：感稻瘟病，中B群、中C群和全群抗性频率分别为66.7%、64.7%、66.7%，病圃鉴定穗瘟7级，叶瘟6.3级；抗白叶枯病（1级）；抗倒伏能力中强；耐寒性模拟鉴定孕穗期、开花期均为中弱。

产量及适宜地区：2007年晚稻参加广东省区域试验，平均单产6 559.5kg/hm^2，比对照品种优优122增产3.4%，增产不显著；2008年晚稻复试，平均单产5 904.0kg/hm^2，比对照品种优优122减产3.0%，减产不显著。2008年晚稻生产试验，平均单产6 199.5kg/hm^2，比对照品种优优122增产4.9%。日产量55.5 ~ 61.5kg/hm^2。适宜广东省中南和西南稻作区的平原地区早稻、晚稻种植。

栽培技术要点：特别注意防治稻瘟病，稻瘟病历史病区不宜种植。

粳籼89（Gengxian 89）

品种来源：广东省佛山市农业科学研究所通过677（冬播粳/科揭选17//包选大穗///冬播粳/科揭选17）/IR36杂交选育而成，1992年通过广东省农作物品种审定委员会审定。

形态特征和生物学特性：属感温型常规稻品种。早稻全生育期132d，株型好，剑叶较阔，分蘖力中等，穗大粒多，幼苗生长期长，抽穗成熟期短，后期熟色好，粗生易种，高产稳产，适应性广，株高97～99cm，有效穗330万穗/hm^2，每穗总粒数137粒，结实率80%，千粒重19.5g。

品质特性：稻米外观品质为早稻特二级。

抗性：抗稻瘟病、白叶枯病和褐稻飞虱。

产量及适宜地区：1990年晚稻参加广东省区域试验，平均单产6 123.0kg/hm^2，比对照品种七山占增产9.2%；1991年复试平均单产6 243.0kg/hm^2，比对照品种七山占增产16.6%，两年增产均达极显著。适宜广东省各地作早稻、晚稻种植，粤北地区早稻不宜种植。

栽培技术要点：①施肥应前重后补，适量施用幼穗分化肥。②深水护苗，浅水分蘖，后期注意保持湿润，不宜过早断水。

粳珍占4号（Gengzhenzhan 4）

品种来源：广东省惠州市农业科学研究所用粳籼89/珍桂矮1号杂交选育而成，2001年通过广东省农作物品种审定委员会审定。

形态特征和生物学特性：属感温型常规稻品种。全生育期早稻约130d，晚稻113 ~ 119d。株高94 ~ 100cm，株型紧凑、叶片窄直，剑叶角度小、叶色中浓，穗较长，但着粒偏疏，结实率高，充实率好，熟色好。有效穗315万穗/hm^2，穗长21.0cm，每穗总粒122 ~ 129粒，结实率82% ~ 88%，千粒重约19.0g。

品质特性：稻米外观品质为晚稻特二级。

抗性：中抗稻瘟病，中抗白叶枯病（3.5级）；后期耐寒性强，

产量及适宜地区：1997年、1998年两年晚稻参加广东省常规稻优质组区域试验，平均单产分别为5 529.0kg/hm^{2}和6 168.0kg/hm^2，比对照品种粳籼89增产1.0%和减产4.2%，增减产均未达显著水平；日产量46.5 ~ 54.0kg/hm^2。适宜粤北地区以外其他地区早稻、晚稻种植。

栽培技术要点：①秧田播种量300 ~ 375kg/hm^2，早稻秧龄30d左右，晚稻秧龄18 ~ 20d，抛秧大田用种量25.5kg/hm^2，抛植叶龄3 ~ 4叶。②施足基肥，早追肥、早管理，促进有效分蘖，要求施纯氮135 ~ 165kg/hm^2，前期施肥量占80%，中期10%，后期10%，氮、磷、钾比例以1 ：0.6 ：0.65为宜。③实行浅水分蘖，够苗后露晒田，后期以湿润灌溉为主，保持田土湿润直至成熟。

固广占（Guguangzhan）

品种来源：广东省农业科学院水稻研究所用固优占/广胜软占杂交选育而成，2010年通过广东省农作物品种审定委员会审定。

形态特征和生物学特性：属感温型常规稻品种。晚稻平均全生育期110 ~ 113d，与对照种粳籼89相当。分蘖力中弱，株型紧凑，叶色浓绿，叶姿直，穗大粒密，后期熟色好。株高104 ~ 105cm，穗长22.7 ~ 23.3cm，有效穗268.5万 ~ 270.0万穗/hm^2，每穗总粒数171.0 ~ 177.4粒，结实率78.7% ~ 81.3%，千粒重19.0 ~ 19.9g。

品质特性：米质达到国标和广东省标二级优质米标准，整精米率70.5% ~ 72.3%，垩白粒率8% ~ 24%，垩白度2.6% ~ 7.6%，直链淀粉含量15.0% ~ 16.1%，胶稠度73 ~ 84mm，食味品质分80分。

抗性：抗稻瘟病，中B群、中C群和全群抗性频率分别为84.4%、91.7%、88.5%，病圃鉴定穗瘟2 ~ 3级，叶瘟1 ~ 1.7级；中抗白叶枯病；抗倒伏能力强；耐寒性中。

产量及适宜地区：2008年、2009年两年晚稻参加广东省区域试验，平均单产分别为6 459.0kg/hm^2和6 514.5kg/hm^2，比对照品种粳籼89分别增产7.7%和6.7%，增产均达显著水平。2009年晚稻生产试验，平均单产6 208.5kg/hm^2，比对照品种粳籼89增产4.4%。日产量57.0 ~ 58.5kg/hm^2。适宜粤北以外稻作区早稻、晚稻种植。

栽培技术要点：插（抛）足基本苗，早施重施分蘖肥，增加有效分蘖数。

固银占（Guyinzhan）

品种来源：广东省农业科学院水稻研究所用固优占/银晶软占杂交选育而成，2009年通过广东省农作物品种审定委员会审定。

形态特征和生物学特性：属感温型常规稻品种。早稻平均全生育期125～129d，比中9优207迟熟1～2d。植株矮壮，株型中集，分蘖力中，后期熟色好。株高93～94cm，穗长20.5～22.0cm，每穗总粒数138～144粒，结实率80.1%～81.4%，千粒重19.1～20.4g。

品质特性：米质未达国标、广东省标优质米标准，整精米率48.6%～67.1%，垩白粒率16%～30%，垩白度6.9%～10.7%，直链淀粉含量14.1%～17.5%，胶稠度78～80mm，糙米长宽比3.1，食味品质分72～75分。

抗性：高抗叶瘟、中抗穗瘟；中感白叶枯病；抗倒伏能力强；耐寒性模拟鉴定孕穗期、开花期均为中强。

产量及适宜地区：2007年、2008年两年早稻参加广东省区域试验，平均单产分别为6 783.0kg/hm^{2}和6 457.5kg/hm^2，分别比对照品种中9优207增产5.0%和减产0.2%，增、减产均不显著；2008年早稻参加广东省生产试验，平均单产6 525.0kg/hm^2，比对照品种中9优207减产1.6%。适宜广东省北部稻作区和中北部稻作区早稻、晚稻种植。

栽培技术要点：注意防治稻瘟病。

广场13（Guangchang 13）

品种来源：又名13027，是原华南农业科学研究所用胜利秈/南特16号杂交选育，于1953年育成。

形态特征和生物学特性：属感温型中熟常规稻品种。全生育期115 ~ 120d。株高128 ~ 140cm，株型集生，秆高粗壮，较耐肥，生长势强，分蘖力中等，叶片大，叶色淡绿，抽穗成熟整齐，叶中禾，穗长23 ~ 25cm，每穗总粒数80 ~ 100粒，结实率85.0%，充实饱满，千粒重24.0 ~ 26.0g，谷壳薄，谷色黄白。

品质特性：腹白小，米质中等。出米率70.0%~ 73.0%，

抗性：抗逆性及耐旱力均中等，耐碱性较强，不易倒伏。

产量及适宜地区：佛山地区1954年开始引进表证试验，1956年起大面积推广种植，表现良好，为群众所欢迎。1960年广东省栽培面积达26.7万hm^2左右，成为早稻中熟的当家种。1961年推广矮秆良种后，该品种面积大为减少，被广场矮等良种所代替。1975年广东全省仅有66.7hm^2左右，分布于海南的琼山、儋县、陵水及佛山等地。该品种苗期生长慢，中后期生长快，适应性广，各类田均可种植。一般单产3 750kg/hm^2左右，高产达5 250kg/hm^2。

栽培技术要点：施足基肥，注意排水晒田，防止倒伏，及时收获，有九成熟时即可收割，以防落粒损失。

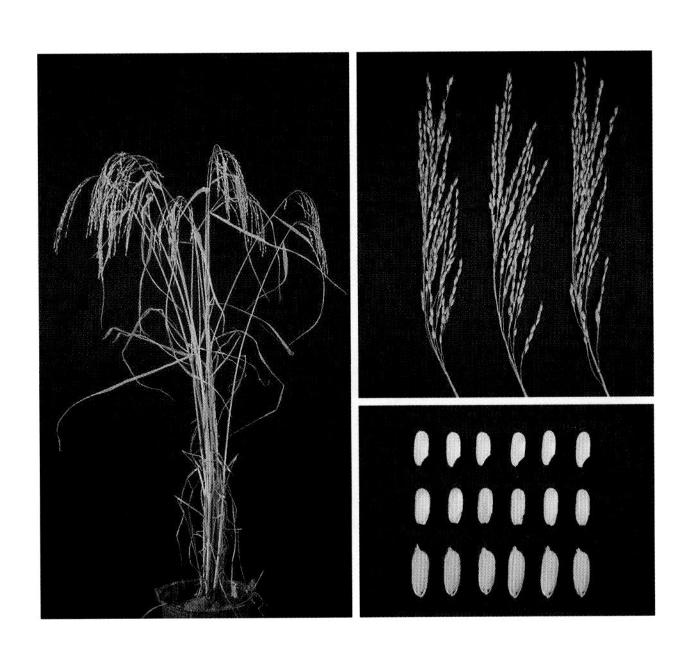

广场矮（Guangchang'ai）

品种来源：广东省农业科学院1956年用矮仔占4号/广场13杂交选育，于1959年育成，有广场矮6号、广场矮3784、广场矮4128和广场矮4287等优良品系。

形态特征和生物学特性：属感温型中迟熟常规稻品种。全生育期140 ~ 145d，本田期110 ~ 115d。矮秆，株高70 ~ 80cm。分蘖力强，根系发达，分蘖早。茎态集生，茎秆粗壮坚韧，节间短，叶片短宽挺直，叶色深绿，叶下禾，穗头齐整，穗长17 ~ 20cm，每穗总粒数70 ~ 80粒，结实率80.0%左右，千粒重25.0g，谷粒有短芒。

品质特性：米质中等。

抗性：抗白枯病力较弱；耐肥，抗倒伏，较耐咸，但不耐酸，不耐寒。

产量及适宜地区：一般单产5 250 ~ 6 000kg/hm^2，高产7 500kg/hm^{2}以上，在较高肥力水平下，比同熟期的广场13增产20% ~ 60%。1960年试种推广，各地普遍获得增产，种植面积逐年增加，1962年栽培仅4.2万hm^2，1965年扩大到53.3万hm^2，成为当家品种之一。该品种适应性广，不论是平原、丘陵，凡是肥力条件较好的田类，均适宜种植。由于新品种的育成和推广，到70年代，该品种种植面积已减少，广东省约有2 333.3hm^2，主要分布在原汕头和海南地区，1975年汕头地区早稻种植广场3784面积733.3hm^2，分布于惠来、普宁，揭西等县。

栽培技术要点：培育壮秧，适时播种，秧苗期30d左右为宜。施足基肥，早施追肥，中期湿度露田晒田（不宜重晒），适当节肥制水，后期巧施壮粒肥、宜于中等以上和排灌水条件较好的田类种植。

广二104（Guang'er 104）

品种来源：广东省广州市农业科学研究所1973年晚稻从广二5-3种植大田里的变异单株中，经过3年6代的系谱选育而成，1978年通过广东省农作物品种审定委员会审定。

形态特征和生物学特性：属早稻中熟常规稻品种。全生长期120～130d，比原品种早熟10～12d，比珍珠矮11迟3～5d。株高90cm左右。生长前期叶稍弯，后期叶直上举，叶较原品种略短稍宽。穗大，穗长19.0cm，每穗总粒数80.0粒左右，着粒均匀，结实好，灌浆快，充实饱满，千粒重24.1g，较原品种增加1～1.5g。后期转色好，青枝蜡秆。

品质特性：米质中等。

抗性：比桂朝2号较抗白叶枯病、纹枯病，穗颈瘟少，对稻飞虱有一定的抗性；秆韧不易倒伏；秧苗耐寒性强，与广二5-3相似。

产量及适宜地区：1977年、1978年两年参加广东省水稻品种区域试验，在全省33个试验点中，平均单产分别为6 379.5kg/hm^{2}和6 225.0kg/hm^2。比对照品种珍珠矮11分别增产10.3%和13.8%。适宜于中肥田种植。

广二矮5号（Guang'er'ai 5）

品种来源：广东省农业科学院1961年用早稻中熟种广场矮3784与晚稻中迟熟种2150杂交，于1963年育成。

形态特征和生物学特性：属早稻迟熟常规稻品种。感温性较强，感光性较弱。全生育期早稻145～160d，比科字6号早熟几天，晚稻全生育期125d左右，属中熟品种。株高85～90cm，茎秆粗壮，晚稻栽培的叶片较大，早稻较细，剑叶直，叶色青翠，分蘖力中等；在中上肥田栽培，生长势好，后期转色顺调，抽穗整齐，穗大粒多，谷粒饱满，结实率高，每穗总粒数90～100粒，结实率80%～86%，千粒重22.0g左右。

品质特性：米质中等。

抗性：抗病力较弱，尤其易感染纹枯病、白叶枯病。

产量及适宜地区：一般单产5 250～6 000kg/hm^2，高产达7 500kg/hm^{2}以上。如原梅县地区农业科学研究所1971年晚稻种植1.7hm^2，平均单产7 672.5kg/hm^2。1973年早稻种植0.17hm^2，平均单产8 025.0kg/hm^2。原梅县陈桥示范队1972年晚稻种植3.77hm^2，平均单产8 527.5kg/hm^2。原潮安县东风公社内畔大队1973年晚稻种植35.6hm^2，平均单产7 650kg/hm^2。原东莞县石碣公社唐洪大队1974年早稻种植6.0hm^2，其中4.67hm^{2}单产超7 500kg/hm^2。1975年广东省早稻、晚稻推广面积约8万hm^2。主要分布在原佛山、汕头、梅县、惠阳等地区和广州市的花县。

栽培技术要点：①一般早稻立春至雨水播种，秧龄30～40d，春分前插秧，小暑至大暑收获，晚稻秧龄不能过长，插植过早，容易发生早穗现象；由于抗寒力弱，如插植过迟，易受寒露风为害。一般认为，晚稻大秧不宜超过30d，小苗带土15d左右，小暑前播种，大暑至立秋前插植。②选择中上肥田种植。③施足基肥，早施重施分蘖肥，适当施用壮尾肥，以减少包颈现象。注意氮、磷、钾配合，以增强抗病能力。④注意排灌，插后30～40d，要排水晒田，促使禾苗转赤；后期不宜过早干田，应保持土壤湿润，以利谷粒充实，防止后期叶片早枯。⑤插植密度，视土壤肥瘦情况，以插300万～330万苗/hm^{2}为宜。⑥要注意防治白叶枯病、纹枯病、稻瘟病和稻飞虱等病虫害。

广二石（Guang'ershi）

品种来源：广东省广州市农业科学研究所用广二109/打爆石杂交选育而成，1982年通过广东省农作物品种审定委员会审定。

形态特征和生物学特性：属感温型常规稻品种。全生育期早稻132d，晚稻118d。株型集散适中，株高90cm。生长势强，根系发达，穗大粒多，灌浆快，谷粒充实饱满。局部有白叶枯病和稻瘟病发生，但发病程度一般比广二104低。产量较高，适应性广，粗种易管。

品质特性：米质一般。

抗性：纹枯病发病少，但不抗白叶枯病；苗期抗寒力较强。

产量及适宜地区：1980年、1981年两年早稻参加广东省区域试验，平均单产分别为6 250.5kg/hm^{2}和5 766.0kg/hm^2，1980年比对照品种珍珠矮增产18.5%，1981年比对照品种青二矮增产8.8%，比桂朝2号减产8.4%。适宜于中肥的丘陵山区种植，可作为中熟种搭配使用。

广二选二（Guang'erxuan'er）

品种来源：广东省原惠阳地区（现惠州市）农业科学研究所于1964年从广二矮5号品种的变异株中经系统选育而成。

形态特征和生物学特性：属早稻迟熟常规稻品种。全生育期150d左右，本田期约110d，与包选2号同熟。株高100cm左右，株型紧凑，茎秆坚韧，叶色翠绿，叶片窄直，青秆黄熟；耐肥性中等，粗生，适应性广。分蘖力强，抽穗成熟整齐，成穗率70%左右，有效穗300万穗/hm^2以上，穗长18.0cm左右，每穗总粒数80 ~ 90粒，结实率90.0%，千粒重21.0g左右。

品质特性：腹白小，米质好，出米率高。

抗性：抗病虫力、抗风力较强；耐酸、耐瘦。

产量及适宜地区：一般单产4 500 ~ 5 250kg/hm^2，高产达7 500kg/hm^2以上。1971年原惠阳县沥林公社都心大队黄村生产队种植0.67hm^2，平均单产7 800kg/hm^2。1975年广东省推广面积20万hm^2，主要分布在惠阳、广州地区各县。

栽培技术要点：①提早播种，培育壮秧，适当密植，插植规格20.0cm × 13.3cm或16.7cm × 13.3cm，插足基本苗300万苗/hm^2左右。②中期注意晒田，防止倒伏。③后期适当追施壮尾肥，使穗多粒饱。

广丰香8号（Guangfengxiang 8）

品种来源：广东省广州市农业科学研究所用粤香占/九七香杂交选育而成，2009年通过广东省农作物品种审定委员会审定。

形态特征和生物学特性：属感温型常规稻品种。晚稻平均全生育期111 ~ 112d，比粳籼89早熟3d。植株较高，抽穗整齐，株型适中，叶色中，叶姿披垂，长势繁茂，熟色好，株高105 ~ 108cm，穗长20.4 ~ 21.3cm，有效穗297.0万 ~ 315.0万穗/hm^2，每穗总粒数131.8 ~ 149.7粒，结实率83.5% ~ 86.6%，千粒重18.4 ~ 18.7g。

品质特性：米质达国标、广东省标二级优质米标准，整精米率73.5%，垩白粒率5%，垩白度2.6%，直链淀粉含量18.1%，胶稠度70mm，食味品质分80分。

抗性：中感稻瘟病，中B群、中C群和全群抗性频率分别为52.4%、52.4%、52.9%，病圃鉴定穗瘟、叶瘟均为5级；中感白叶枯病（5级）；抗倒伏能力弱；耐寒性模拟鉴定孕穗期为中，开花期为强。

产量及适宜地区：2006年晚稻参加广东省区域试验，平均单产6 393.0kg/hm^2，比对照品种粳籼89减产1.1%，2007年晚稻复试，平均单产6 183.0kg/hm^2，比对照品种粳籼89减产2.5%，两年减产均不显著。2007年晚稻生产试验，平均单产6 322.5kg/hm^2，比对照品种粳籼89减产1.8%。日产量55.5 ~ 57.0kg/hm^2。适宜粤北以外稻作区早稻、晚稻种植。

栽培技术要点：注意防治稻瘟病和白叶枯病。

广解9号（Guangjie 9）

品种来源：广东省农业科学院1960年用广场矮98/解放种杂交，于1964年选育成。

形态特征和生物学特性：属早稻早熟常规稻品种。全生育期约105d，本田期75～80d。矮秆、株高约85cm，茎态中集、秆细叶窄，叶角小，叶色青翠，分蘖力强，有效穗多，有效穗数可达450万穗/hm^2。穗较小，每穗总粒数60.0粒，千粒重约24.0g，谷粒饱满，后期青枝蜡秆，成熟时易落粒。

品质特性：米质中等。

抗性：抗白叶枯病和叶瘟能力比矮脚南特强，但不抗穗（枝）颈瘟；较耐瘦瘠。

产量及适宜地区：一般单产4 500kg/hm^2，高产可达6 000～6 750kg/hm^2，比相同条件下的矮脚南特增产5.0%左右。广东省各地均有种植，1975年全省面积约1.18万hm^2。其中以韶关、梅县、佛山地区较多。该品种比较省肥稳产，适宜肥力水平较低的地区种植。

栽培技术要点：①应育嫩壮秧，秧龄30d为宜。②施足基肥，注意攻前期肥，中期适当晒田，后期不宜施氮肥。③及时收获，减少落粒损失。

广九6号（Guangjiu 6）

品种来源：广东省丰顺县农业科学研究所用广二矮选4号/二九矮杂交选育而成，1978年通过广东省农作物品种审定委员会审定。

形态特征和生物学特性：属早稻中熟常规稻品种。全生育期124d，比珍珠矮11迟2d。株高90 ~ 95cm，属中矮秆。茎态集生，分蘖力中等，叶色稍绿而较直生，后期秆色好，特别是翻秋栽培能青枝蜡秆。穗较大，略长，每穗总粒数118.0粒，结实率80.0%，千粒重25.0g左右。根系比较发达，有较强的适应性，各类田上均可种植，但在施肥较多时仍会有倒伏，所以最适宜中等和下等田类推广种植。

品质特性：米质中上。

抗性：抗稻瘟病、白叶枯病能力比珍珠矮11稍强。

产量及适宜地区：一般单产6 000 ~ 6 750kg/hm^2，高产达7 500kg/hm^{2}以上。适宜于广东省东部和南部的中等和下等田类种植。

广科36（Guangke 36）

品种来源：广东省佛山市农业科学研究所用广朝12/IR36杂交选育而成，1988年通过广东省农作物品种审定委员会审定。

形态特征和生物学特性：属感温型中熟常规稻品种。早稻种植全生育期123d左右，本田期90d，与青二矮相同。株高95～98cm，秧苗粗壮，前期早生快发，叶片较窄直，青秀，茎态适中，剑叶较短，通风透光好，适应性较广，丰产性较好且稳定，分蘖力中等，抽穗整齐，成穗率较高。有效穗328.5万穗/hm^2，穗长总粒数18.4cm，每穗总粒数90.0粒左右，结实率86.6%，千粒重27.3g。

品质特性：晚稻米质达国标、广东省标二级优质米标准。整精米率72%，垩白粒率8%，垩白度2.4%，直链淀粉含量17.3%，胶稠度73mm，食味品质分80分。

抗性：稻瘟病全群抗性频率46.8%，中B群抗性频率14.3%，稻瘟病田间自然发病较少；感白叶枯病；不抗褐飞虱和白背飞虱；耐阴耐寒力较强；抗倒伏能力中等。

产量及适宜地区：1986年、1987年两年早稻参加广东省区域试验，平均单产分别为6 505.5kg/hm^{2}和6 321.0kg/hm^2，比对照品种青二矮增产13.1%和9.5%，达极显著值。广东省内各稻作区可因地制宜推广。

广陆矮4号（Guanglu'ai 4）

品种来源：广东省农业科学院1962年用广场矮3784/陆财号杂交选育，于1967年育成。

形态特征和生物学特性：属早稻早熟常规稻品种。全生育期110d左右，株高80～85cm。植株生长旺盛。叶片厚直，剑叶短，角度较小，但叶片较宽，叶色较浓绿；株型集生，分蘖力中等，生长整齐，有效分蘖率高，主、蘖穗差异小，适宜密植，穗型较大，着粒较密，结实率高，每穗总粒数65～80粒，结实率90%，谷粒圆大饱满，千粒重26～27g。根系较发达，茎秆粗壮，茎基节间短。在沙质土壤栽培，后期转色好；在土壤黏重，地下水位较高的沙、围田种植，往往会出现贪青，后期干枯。

品质特性：米质中等，出米率高，出米率73%～75%。

抗性：中抗稻瘟病，不抗白叶枯病，抗旱力较强，耐肥，抗倒伏，但施肥过量或偏施氮肥，易出现徒长和结实率低，并招致纹枯病、白叶枯病的发生。

产量及适宜地区：一般单产4 500～6 000kg/hm^2，高产达7 500kg/hm^2。如1971年早稻五华县良种场种植0.08hm^2，平均单产9 412.5kg/hm^2，1972年五华县城镇公社双凤生产队种植0.57hm^2，平均单产7 650kg/hm^2。当年曾推广三季稻，不少地方除作早稻外，还用作中稻，产量也不错。例如1975年兴宁县宁新公社辛山生产队中稻种植1.4hm^2，平均单产6 030kg/hm^2。1977年广东省约有7.13万hm^2，是当时早稻、中稻推广品种之一。70年代后期至80年代前期，在南方稻区的年推广种植面积均在120万～133.3万hm^2。

栽培技术要点：①一般在雨水前播种，春分前插秧，秧期30d左右。禾坪秧应在惊蛰前播种，春分左右插秧，秧期20d左右为宜。作为三季稻的早稻还要酌量的提早，中稻则需在5月下旬播种，6月中旬插秧，秧龄15～20d为宜。②适当密植。行株距16.7cm×13.3cm、20.0cm×13.3cm，基本苗插足360万～450万苗/hm^2。③施足基肥，早施重施前期肥。基肥一般占60%～70%，并要配合磷、钾肥，以促进早生快发。④在水分管理上，除注意浅水分蘖外，特别要注意中期晒田。第一次中耕施肥后，随即露田一次，然后灌田面水，到禾够苗时晒田，至田面微裂，脚踏不下陷，不粘泥，即灌回浅水，以后保持田间湿润，抽穗时保持薄水层。⑤注意防治纹枯病、稻瘟病和三化螟、浮尘子为害。

广农矮1号（Guangnong'ai 1）

品种来源：广东省农业科学院于1966年用广场矮6号/农家种杂交选育，于1969年育成。

形态特征和生物学特性：属早稻中熟常规稻品种。全生育期125～136d，本田期95d左右。株高95cm左右，株型直集，茎秆坚硬，叶片稍阔长，较厚直，分蘖力较弱，有效穗数较少，成熟一致，但着粒较疏，穗长20cm左右，每穗总粒数80～90粒，结实率90%，千粒重26.0g，米质较好，碎米少，后期熟色较好。

品质特性：米质中等。

抗性：抗病虫力中等；耐肥性中等。

产量及适宜地区：1970年广东省试种40多hm^2，一般单产5 250～6 000kg/hm^2，比珍珠矮11增产5%～8%。1971年广东省推广种植面积约0.2万hm^2。1975年面积达1.27万hm^2。主要分布梅县、汕头、湛江、广州等地区。不适宜山坑黄泥田、锈水田、湖洋田种植。

栽培技术要点：①培育老壮秧，插植规格16.7cm×20cm或16.7cm×13.3cm，每穴栽插8～10苗为宜。②在较高栽培条件下，中期要控制肥水，适当晒田，促使禾苗转色协调。

广秋矮（Guangqiu'ai）

品种来源：广东省农业科学院用早稻品种广场矮4182/晚稻品种东秋播杂交选育而成。

形态特征和生物学特性：属晚稻中熟常规稻品种。全生育期约130d，矮秆，株高约85cm。株型稍散，茎粗节密，剑叶稍阔而厚直。分蘖力中强，成穗率较低，有效穗较少。抽穗整齐，穗中大，每穗总粒数70粒，千粒重约23.0g，结实率中等，后期熟色好。

品质特性：米质中等。

抗性：不抗白叶枯病，易发生赤枯病和秆腐病，耐肥，抗倒伏能力强，耐热性较弱，在低洼积水田种植，易发生黄化病。

产量及适宜地区：一般单产4 500 ~ 5 250kg/hm^2，高产超7 500kg/hm^2。如郁南县东坝公社江屋队1965年种植广秋矮0.1hm^2，平均单产达8 007.0kg/hm^2。但其产量不够稳定，1975年广东省只有66.67 ~ 133.33hm^2，主要分布于郁南、罗定、台山、新会等县。

栽培技术要点：早晚杂交种，应培育适龄壮秧，秧龄30 ~ 40d为宜，晒田不宜过重，后期不宜过早断水，在前期高温情况下，应稍灌深水。

广胜软占（Guangshengruanzhan）

品种来源：广东省农业科学院水稻研究所通过胜优/奇妙香//银花占杂交选育而成，2006年通过广东省农作物品种审定委员会审定。

形态特征和生物学特性：属感温型常规稻品种。早稻平均全生育期127 ~ 129d，比粤香占迟熟1 ~ 2d。植株较高，株型适中，后期熟色好，分蘖力中等。株高104 ~ 107cm，穗长20.5 ~ 21.5cm，有效穗307.5万~ 315.0万穗/hm^2，每穗总粒数127.1 ~ 137.3粒，结实率75.5%~ 78.4%，千粒重18.9 ~ 19.1g。

品质特性：早稻米质达国标、广东省标三级优质米标准，整精米率58.7%，垩白粒率14%，垩白度3.6%，直链淀粉含量17.8%，胶稠度63mm，糙米长宽比3.3。

抗性：中抗稻瘟病，中B群、中C群和全群抗性频率分别为73.7%、83.3%、79.7%，病圃鉴定穗瘟4.3级，叶瘟3.7级；中抗白叶枯病（3级）；抗倒伏性差；苗期耐寒性中等。

产量及适宜地区：2005年、2006年两年早稻参加广东省区域试验，平均单产分别为5 674.5kg/hm^{2}和5 656.0kg/hm^2，比对照品种粤香占减产3.3%、0.4%，减产均不显著。2006年早稻生产试验，平均单产5 497.5kg/hm^2，比对照品种增产0.1%。日产量43.5 ~ 45.0kg/hm^2。适宜广东省各稻作区早稻、晚稻种植，但粤北稻作区根据生育期慎重选择使用。

栽培技术要点：注意防治稻瘟病、白叶枯病和防倒。

广籼粘3号（Guangxianzhan 3）

品种来源：广东省广州市农业科学研究院用中0203/九七香//五山油粘杂交选育而成，2010年通过广东省农作物品种审定委员会审定。

形态特征和生物学特性：属感温型常规稻品种。早稻平均全生育期130～135d，比优优128长1～2d。株型适中，叶色绿，叶姿直，后期熟色中。株高100～106cm，穗长19.2～21cm，有效穗300.0万～316.5万穗/hm^2，每穗总粒数119～136粒，结实率77.6%～89.8%，千粒重19.5～20.4g。

品质特性：米质未达国标、广东省标优质米标准，整精米率63.6%，垩白粒率46%，垩白度19.0%，直链淀粉含量16.1%，胶稠度70mm，食味品质分75分。

抗性：高抗稻瘟病，全群、中B群、中C群抗性频率分别为97.2%～100%、94.1%～100%、100%，病圃鉴定穗瘟1.5～2.3级，叶瘟1～2.5级；抗白叶枯病；抗倒伏能力中强；耐寒性中。

产量及适宜地区：2008年、2009年两年早稻参加广东省区域试验，平均单产分别为5 982.0kg/hm^2和7 051.5kg/hm^2，比对照品种优优128分别减产4.7%和2.0%，减产均不显著。生产试验平均单产7 149.0kg/hm^2，比对照品种优优128减产0.8%。日产量46.5～52.5kg/hm^2。适宜粤北以外稻作区早稻、中南和西南稻作区晚稻种植。

栽培技术要点：适当增施花肥和穗肥，促大穗和提高结实率。

广银软占（Guangyinruanzhan）

品种来源：广东省农业科学院水稻研究所用小银软占经辐射诱变后系统选育而成，2008年通过广东省农作物品种审定委员会审定。

形态特征和生物学特性：属感温型常规稻品种。晚稻平均全生育期111 ~ 115d，与粳籼89相当。株型适中，分蘖力较强，叶色浓绿，叶姿挺直，抽穗整齐，穗大粒多，后期熟色好。株高97 ~ 101cm，穗长19.6 ~ 20.9cm，有效穗286.5万~ 291.0万穗/hm^2，每穗总粒数139.4 ~ 147.4粒，结实率80.3%~ 81.4%，千粒重19.9 ~ 20.7g。

品质特性：晚稻米质达国标、广东省标二级优质米标准，整精米率71.1%，垩白粒率16%，垩白度1.6%，直链淀粉含量16.3%，胶稠度74mm，食味品质分80分。

抗性：中抗稻瘟病，中B群、中C群和全群抗性频率分别为78.6%、95.2%、83.8%，病圃鉴定穗瘟5.7级，叶瘟3.3级；中抗白叶枯病（3级）；抗寒性模拟鉴定孕穗期为中弱，开花期为弱，田间耐寒性鉴定为中。

产量及适宜地区：2005年晚稻参加广东省区域试验，平均单产6 177.0kg/hm^2，比对照品种粳籼89减产1.3%，减产不显著；2006年晚稻复试，平均单产6 666.0kg/hm^2，比对照品种粳籼89增产3.2%，增产不显著。2006年晚稻生产试验，平均单产6 918.0kg/hm^2，比对照品种增产0.3%。日产量55.5 ~ 58.5kg/hm^2。适宜广东省中南和西南稻作区的平原地区早稻、晚稻种植。

栽培技术要点：注意防治稻瘟病和白叶枯病。

广银占（Guangyinzhan）

品种来源：广东省农业科学院水稻研究所用常规稻中间材料杂交稻1号/特籼占//银花占杂交选育而成，2009年通过广东省农作物品种审定委员会审定。

形态特征和生物学特性：属感温型常规稻品种。早稻平均全生育期126～127d，与粤香占相当。株型适中，叶姿中，叶色中绿，分蘖力较强，后期熟色好。株高104cm，穗长20.2～20.7cm，有效穗340.5万～352.5万穗/hm^2，每穗总粒数114～124粒，结实率84.3%～84.6%，千粒重18.4～18.8g。

品质特性：米质达到国标、广东省标二级优质米标准，整精米率66.1%，垩白粒率11%，垩白度2.4%，直链淀粉含量17.2%，胶稠度72mm，食味品质分82分。

抗性：高抗稻瘟病，中B群、中C群和全群抗性频率分别为94.1%～100%、100%、97.2%～100%，病圃鉴定穗瘟1.3～1.7级，叶瘟1级；中抗白叶枯病（3级）；抗倒伏能力中等；耐寒性模拟鉴定孕穗期为强，开花期为中强。

产量及适宜地区：2007年早稻初试，平均单产5 740.5kg/hm^2，比对照品种粤香占减产1.1%，减产不显著；2008年早稻复试，平均单产5 791.5kg/hm^2，比对照品种粤香占减产2.1%，减产不显著。2008年早稻生产试验，平均单产6 237.0kg/hm^2，比对照品种粤香占增产3.2%。日产量45.0kg/hm^2。适宜粤北以外稻作区早稻、晚稻种植。

栽培技术要点：①秧田注意疏播，培育壮秧。②本田期要早促早控，减少无效分蘖，提高成穗率。

广源占5号（Guangyuanzhan 5）

品种来源：广东省广州市农业科学研究所用金科占121选/矮秀占杂交选育而成，2008年通过广东省农作物品种审定委员会审定。

形态特征和生物学特性：属感温型常规稻品种。早稻平均全生育期128 ~ 132d，比粤香占迟熟3 ~ 4d。株型适中，叶色浓绿，分蘖力较弱，抽穗整齐，穗大粒多，后期熟色好，株高101 ~ 104cm，穗长22.2 ~ 23.8cm，有效穗264.0万~ 274.5万穗/hm^2，每穗总粒数134 ~ 155.5粒，结实率73.1%~ 81.8%，千粒重22.0 ~ 22.4g。

品质特性：早稻米质达国标、广东省标三级优质米标准，整精米率54.8%，垩白粒率12%，垩白度2.2%，直链淀粉含量16.7%，胶稠度75mm，食味品质分75分。

抗性：中抗稻瘟病，中B群、中C群和全群抗性频率分别为63.2%、87.5%、73.9%，病圃鉴定穗瘟4.3级，叶瘟3.7级；中感白叶枯病（5级）；抗倒伏性中等；苗期耐寒性较弱，抗寒性模拟鉴定孕穗期、开花期均为弱。

产量及适宜地区：2005年、2006年两年早稻参加广东省区域试验，平均单产分别为6 129.0kg/hm^{2}和5 929.5kg/hm^2，比对照品种粤香占增产2.9%、4.4%，增产均不显著。2006年早稻生产试验，平均单产5 431.5kg/hm^2，比对照品种粤香占减产1.1%。日产量45.0 ~ 48.0kg/hm^2。适宜广东省中南和西南稻作区的平原地区早稻、晚稻种植。

栽培技术要点：注意防治稻瘟病和白叶枯病。

桂朝13（Guichao 13）

品种来源：广东省农业科学院粮食作物研究所用桂阳矮49/朝阳早18杂交选育，于1977年育成，是桂朝2号的姐妹系。

形态特征和生物学特性：属弱感光型早晚兼用型中迟熟常规稻品种。早稻全生育期130d左右，比珍珠矮11迟熟5～7d；晚稻如在7月上旬播种，全生育期约117d。株高100～110cm左右。其特点是植株集生，株型较好，抽穗整齐，熟色较好，有效穗较多，稻穗着粒较密，每穗有实粒100粒左右，谷粒饱满，结实率较高，一般为80.0%～85.0%，千粒重25.0～26.0g左右。

品质特性：米质、食味较差。

抗性：抗病性一般，较耐肥。

产量及适宜地区：平均单产6 342.0kg/hm^2。早稻适宜广东省中、南部中等以上肥田种植，晚稻宜于中、北部中等以上肥田翻秋作早熟种栽培。1983年推广面积68.13万hm^2。

栽培技术要点：①早稻秧龄30d左右，晚稻秧龄伸缩期较长，15～31d左右均可以。②插植规格20cm×13.3cm、16.7cm×16.7cm，每穴栽插3～4苗（瘦田5～6苗）。③不能偏施氮肥，中期适当露田晒田，以防倒伏。

桂朝2号（Guichao 2）

品种来源：广东省农业科学院水稻研究所用桂阳矮49/朝阳早18杂交选育，于1976年育成，分别通过广东省（1978）和国家（1989）农作物品种审定委员会审定。

形态特征和生物学特性：属弱感光型早晚兼用型中迟熟常规稻品种，除早稻种植外，晚稻也可以翻秋栽培。早稻全生育期130d左右，比珍珠矮11迟熟5 ~ 7d；晚稻如在7月上旬播种，全生育期约117d。株高100cm左右。其特点是植株集生，株型较好，抽穗整齐，熟色较好，有效穗较多，稻穗着粒较密，每穗有实粒80 ~ 100粒，谷粒饱满，结实率较高，一般为80.0% ~ 85.0%，千粒重25.0g左右。早稻有穗上发芽的现象，后期如遇台风雨容易倒伏和出现穗上发芽。

品质特性：米质、食味较差。

抗性：较抗纹枯病，中抗白叶枯病（3级），耐热性差。

产量及适宜地区：平均单产6 342.0kg/hm^2。早稻适宜广东省中、南部中等以上肥田种植；晚稻宜于中、北部中等以上肥田翻秋作早熟种栽培。1980年广东省推广面积84.47万hm^2。1982年全国各稻区共推广271万hm^2。

栽培技术要点：①早稻秧龄30d左右，晚稻秧龄伸缩期较长，15 ~ 31d左右均可以。②插植规格20cm × 13.3cm、16.7cm × 16.7cm，每穴栽插3 ~ 4苗（瘦田5 ~ 6苗）。③不能偏施氮肥，中期适当露田晒田，以防倒伏。

桂农占（Guinongzhan）

品种来源：广东省农业科学院水稻研究所通过广农占/新澳占//金桂占杂交选育而成，2005年分别通过广东省和海南省农作物品种审定委员会审定，2006年被农业部认定为超级稻品种，2005—2012年入选广东省主导品种。

形态特征和生物学特性：属感温型常规稻品种。晚稻全生育期111～118d，与粳籼89相当。植株矮壮，叶色中浓，叶片呈倒三角形，穗短，着粒密，前期生长旺，后期熟色好，株高91～95cm，穗长19.5～20.4cm，有效穗309.0万～318.0万穗/hm^2，每穗总粒数121粒，结实率79.7%～86%，千粒重22.3g。

品质特性：稻米外观品质鉴定为晚稻二级，整精米率61.4%～63.4%，垩白粒率10%～37%，垩白度1.5%～3.7%，直链淀粉含量25.5%～26.1%，胶稠度30mm，理化分38～48分。

抗性：中感稻瘟病，中B群、中C群和全群抗性频率分别为53.8%、81.8%、60.6%，病圃鉴定叶瘟为5.5级，穗瘟为5级；中抗白叶枯病（3级）；抗倒伏能力强；耐寒性弱。

产量及适宜地区：2002年、2003年两年晚稻参加广东省区域试验，平均单产分别为6 361.5kg/hm^{2}和6 695.5kg/hm^2，比对照品种粳籼89分别增产15.6%和7.3%，增产均达极显著水平。2003年晚稻生产试验，平均单产6 673.5kg/hm^2，比对照品种粳籼89增产7.1%。日产量54.0～60.0kg/hm^2。适宜广东省各地晚稻种植和粤北以外地区早稻以及海南省各市县早晚稻种植，稻瘟病重发区要注意防治稻瘟病，沿海地区晚稻种植要注意防治白叶枯病。

栽培技术要点：①适时播植，培育壮秧。②合理密植，插足基本苗120万～150万苗/hm^2。③高度耐肥，抗倒伏，选择中等或中等肥力以上的地区种植，施足基肥，早施重施促蘖肥。④重视防治稻瘟病和防寒。

桂山矮（Guishan'ai）

品种来源：广东省农业科学院水稻研究所用桂阳矮/早中山杂交选育而成，1988年通过广东省农作物品种审定委员会审定。

形态特征和生物学特性：属感光型晚籼中迟熟常规稻品种。全生育期134 ~ 138d，株高100 ~ 105cm，茎秆粗壮。叶片窄直刚健，叶色青翠，剑叶较短直，株型好，稳生稳长，分蘖力较强。有效穗345万穗/hm^2，穗长18cm，每穗总粒数90.9粒，结实率84.6%，抽穗整齐，后期熟色好。谷色麻褐色，充实饱满，千粒重21.4g。

品质特性：腹白少，外观米质三级。

抗性：中抗稻瘟病，不抗白叶枯病，较耐寒、耐涝、耐咸酸，抗倒伏能力不强。

产量及适宜地区：1986年、1987年两年晚稻参加广东省区域试验，平均单产分别为5 577.0kg/hm^2和5 629.5kg/hm^2，1986年比对照品种二白矮增产7.9%，达极显著。1987年比对照品种晚华1号增产2.4%，比秋桂矮11号减产3.6%，增减产均未达显著值。适宜广东省中南部稻作区晚稻种植。

桂阳矮121（Guiyang'ai 121）

品种来源：广东省农业科学院水稻研究所用龙阳接/宋甲早杂交选育而成，1982年通过广东省农作物品种审定委员会审定。

形态特征和生物学特性：属晚籼中早熟常规稻品种。株高95cm，株型、叶型较好，叶色翠绿，稳生稳长，成穗率和结实率较高。存在分蘖迟、穗顶颖花有败育和小枝梗干枯现象。

品质特性：出米率高，米质较佳。

抗性：较抗稻瘟病、白叶枯病和纹枯病，易感染小球菌核病。

产量及适宜地区：1978年10个点品比，平均单产5 319.0kg/hm^2，比广塘矮增产13.3%；1978年19个点品比，平均单产6 210.0kg/hm^2，比广塘矮增产21%；1979年广东省区域试验38个点，平均单产5 862.0kg/hm^2，比广塘矮增产19.0%；1980年广东省区域试验27个点，平均单产5 487.0kg/hm^2，比广塘矮增产15.0%。适宜中肥和咸酸田种植。

航香糯（Hangxiangnuo）

品种来源：广东省农业科学院水稻研究所用南丰糯经太空诱变处理后系统选育而成，2009年通过广东省农作物品种审定委员会审定。

形态特征和生物学特性：属感温型常规糯稻品种。早稻平均全生育期129d，与优优128相当。后期熟色好。株高106～107cm，穗长19.6～20.0cm，有效穗276万～309万穗/hm^2，每穗总粒数121～136粒，结实率81.0%～83.8%，千粒重21.0～21.2g。

品质特性：米质未达国标、广东省标优质米标准，整精米率43.2%～50.1%，直链淀粉含量5.7%～6.6%，胶稠度96～97mm，食味品质分70～78分。

抗性：抗稻瘟病，中B群、中C群和全群抗性频率均为100%，病圃鉴定穗瘟3级，叶瘟1级；中抗白叶枯病（3级）；抗倒伏能力中等；耐寒性模拟鉴定孕穗期和开花期均为中。

产量及适宜地区：2007年早稻初试，平均单产6 187.5kg/hm^2，比对照品种优优128减产4.5%，减产不显著；2008年早稻复试，平均单产5 799.0kg/hm^2，比对照品种优优128减产7.6%，减产不显著。2008年早稻生产试验，平均单产5 908.5kg/hm^2，比对照品种优优128减产0.1%。日产量45.0～48.0kg/hm^2。适宜粤北以外稻作区早稻、晚稻种植。

栽培技术要点：施足基肥，早施分蘖肥。

合丰占（Hefengzhan）

品种来源：广东省农业科学院水稻研究所用丰美占/广合占杂交选育而成，2009年通过广东省农作物品种审定委员会审定，2011—2012年入选广东省主导品种。

形态特征和生物学特性：属感温型常规稻品种。早稻平均全生育期128 ~ 130d，比粤香占迟熟2d。植株较高，株型紧凑，叶色浓绿，穗大粒多，后期熟色好，缺点是分蘖力较弱，有效穗偏少。株高108 ~ 109cm，穗长21.8 ~ 22.0cm，有效穗256.5万~ 291万穗/hm^2，每穗总粒数142 ~ 153粒，结实率80.4%~ 80.7%，千粒重20.0 ~ 20.4g。

品质特性：米质达国标、广东省标三级优质米标准，整精米率69.4%，垩白粒率10%，垩白度3.8%，直链淀粉含量15.4%，胶稠度76mm，食味品质分74分。

抗性：抗稻瘟病，中B群、中C群和全群抗性频率分别为85.7%~ 88.2%、77.8%~ 87.5%、83.3%~ 88.9%，病圃鉴定穗瘟1.7 ~ 3.7级，叶瘟1 ~ 2.3级；中感白叶枯病（5级）；抗倒伏能力中等；耐寒性模拟鉴定孕穗期和开花期均为中。

产量及适宜地区：2007年早稻初试，平均单产5 872.5kg/hm^2，比对照品种粤香占增产1.2%，增产不显著；2008年早稻复试，平均单产6 001.5kg/hm^2，比对照品种粤香占增产1.5%，增产不显著。2008年早稻生产试验平均单产6 450.0kg/hm^2，比对照品种粤香占增产5.8%。日产量45.0 ~ 46.5kg/hm^2。适宜粤北以外稻作区早稻、晚稻种植。

栽培技术要点：重穗型，穗大粒多，在中等以上地力田类种植，更能充分发挥其高产潜力。

合美占（Hemeizhan）

品种来源：广东省农业科学院水稻研究所用丰美占/合丝占杂交选育而成，2008年通过广东省农作物品种审定委员会审定，2010年被农业部认定为超级稻品种，2009—2012年入选广东省主导品种。

形态特征和生物学特性：属感温型常规稻品种。早稻平均全生育期129～130d，比粤香占迟熟2d。株型适中，叶色浓绿，抽穗整齐，结实率高，后期熟色好，株高98～100cm，穗长20.7～21.5cm，有效穗339.0万～348.0万穗/hm^2，每穗总粒数117.2～117.8粒，结实率85.0%～86.1%，千粒重18.8～19.6g。

品质特性：早稻米质达广东省标三级优质米标准，整精米率61.3%，垩白粒率24%，垩白度6.1%，直链淀粉含量16.8%，胶稠度70mm，食味品质分90分。

抗性：中感稻瘟病，中B群、中C群和全群抗性频率分别为57.1%、72.2%、68.5%，病圃鉴定穗瘟5.7级，叶瘟3级，中抗白叶枯病（3级），中感白叶枯病，抗倒伏性、苗期耐寒性中等；抗寒性模拟鉴定孕穗期、开花期均为中弱。

产量及适宜地区：2006年早稻参加广东省区域试验，平均单产6 306.0kg/hm^2，比对照品种粤香占增产9.1%，增产极显著；2007年早稻复试，平均单产6 369.0kg/hm^2，比对照品种粤香占增产9.4%，增产极显著。2007年早稻生产试验，平均单产6 675.0kg/hm^2，比对照品种粤香占增产4.2%。日产量48.0～49.5kg/hm^2。适宜广东省中南和西南稻作区的平原地区早稻、晚稻种植。

栽培技术要点：注意防治稻瘟病和白叶枯病。

合丝占（Hesizhan）

品种来源：广东省农业科学院水稻研究所通过七山占/三合占//国丝早杂交选育而成，2006年通过广东省农作物品种审定委员会审定。

形态特征和生物学特性：属感温型常规稻品种。晚稻平均全生育期110 ~ 113d，比粳籼89早熟2d。株型好，植株较矮，叶色青绿，穗形中等，粒较小，分蘖力较强，株高87 ~ 94cm，穗长21.7 ~ 22.1cm，有效穗330万 ~ 331.5万穗/hm^2，每穗总粒数130 ~ 138粒，结实率83.5% ~ 84.2%，千粒重17.7 ~ 18.5g。

品质特性：晚稻米质达国标三级优质米标准，外观品质为晚稻二级，整精米率56.9% ~ 68.2%，垩白粒率15%，垩白度1.5% ~ 1.8%，直链淀粉含量23.41% ~ 27.9%，胶稠度40 ~ 50mm，食味品质分76分。

抗性：感稻瘟病，中B群、中C群和全群抗性频率分别为64.3% ~ 93.3%、68.0% ~ 84.4%、63.8% ~ 86.8%，病圃鉴定穗瘟5 ~ 6.3级，叶瘟4级；中抗白叶枯病（3级）；后期耐寒力中弱。

产量及适宜地区：2003年、2004年两年晚稻参加广东省区域试验，平均单产分别为6 217.5kg/hm^2和6 588.0kg/hm^2，比对照品种粳籼89增产1.6%、3.1%，增产均不显著。2004年晚稻生产试验，平均单产5 977.5kg/hm^2，比对照品种粳籼89增产2.8%。日产量57.0 ~ 58.5kg/hm^2。适宜粤北以外稻作区早稻、晚稻种植。

栽培技术要点：①中等以上肥力田类种植易获高产。②早施重施促蘖肥，提高有效穗数。③注意防治稻瘟病。

红荔丝苗（Honglisimiao）

品种来源：华南农业大学植物航天育种研究中心通过华籼占选/胜泰1号//泰湖占/澳山丝苗杂交选育而成，2008年通过广东省农作物品种审定委员会审定。

形态特征和生物学特性：属感温型常规稻品种。晚稻平均全生育期112～113d，比粳籼89早熟2d。植株较高，抽穗整齐，株型适中，叶色中，叶姿披垂，长势繁茂，穗长，但着粒疏，熟色中，株高104.3～109.4cm，穗长22.6～24.4cm，有效穗303万～321万穗/hm^2，每穗总粒数127.9～151.4粒，结实率79.3%～82.3%，千粒重17.3～17.9g。

品质特性：该品种为红米品种，精米米质达国标三级、广东省标二级优质米标准，整精米率73.4%，垩白粒率12%，垩白度3.7%，直链淀粉含量17.3%，胶稠度70mm，食味品质分80分。

抗性：抗稻瘟病，中B群、中C群和全群抗性频率分别为100%、95.2%、97.1%，病圃鉴定穗瘟3级，叶瘟1级；中感白叶枯病（Ⅳ型5级，Ⅴ型9级）；易倒伏；抗寒性模拟鉴定孕穗期、开花期均为中。

产量及适宜地区：2006年晚稻参加广东省区域试验，13个试点平均单产5 637.0kg/hm^2，比对照品种粳籼89减产13.9%；2007年晚稻复试，平均单产5 932.5kg/hm^2，比对照品种粳籼89减产6.5%，减产不显著。2007年晚稻生产试验平均单产6 029.4kg/hm^2，比对照品种粳籼89减产5.4%。日产量49.5～52.5kg/hm^2。适宜广东省各地早稻、晚稻种植。

栽培技术要点：Ⅴ型白叶枯病常发区不宜种植。

红梅早（Hongmeizao）

品种来源：广东省新会市环城公社农业科学站农民育种家邓炎棠用珍珠矮/梅峰7号杂交选育而成，1978年通过广东省农作物品种审定委员会审定。

形态特征和生物学特性：属早稻早熟偏迟常规稻品种。全生育期早稻110～120d，比广陆矮4号迟熟5d左右；中稻82～85d，比广陆矮4号迟3～5d。株高85～95cm。茎秆粗壮，根群不易老化，再生力强。叶短、直、厚，剑叶较大，叶环、叶耳、稃端均呈紫红色。分蘖力弱，一般有效穗330万～375万穗/hm^2。穗大粒大，着粒较疏，每穗总粒数85～90粒，结实率90%～95%，千粒重27.0～30.0g。

品质特性：米质中等。

抗性：抗穗颈瘟较强，抗寒力较差。

产量及适宜地区：一般单产4 500～5 250kg/hm^2，高产可达7 500kg/hm^2。适宜于广东省山区、平原、丘陵中等以上肥田种植。

红阳矮4号（Hongyang'ai 4）

品种来源：华南农学院农学系用红珍早1号/IR24杂交选育而成，1983年通过广东省农作物品种审定委员会审定。

形态特征和生物学特性：属感温型早籼中熟常规稻品种。全生育期早稻125 ~ 130d，株高85cm左右，茎态集散适中，早生快发，分蘖力较强。叶片偏长、较窄直，叶色较浓，后期熟色好，青枝蜡秆，结实率较高，有效穗330万穗/hm^2，每穗总粒数96.0粒，结实率85.0%，千粒重25.0g。

品质特性：米质中等。

抗性：高抗稻瘟病和秆腐病，中抗纹枯病，不抗白叶枯病。

产量及适宜地区：1981年、1982年两年早稻参加广东省区域试验，平均单产分别为6 018.0kg/hm^2和5 898.0kg/hm^2，比对照品种青二矮增产13.6%和1.0%，1981年增产达极显著值。适宜广东省山区、丘陵中上肥力田地区种植。

华标1号（Huabiao 1）

品种来源：广东省植物分子育种重点实验室用华粳籼74的双片段聚合系选育而成。2009年通过广东省农作物品种审定委员会审定。

形态特征和生物学特性：属感温型常规稻品种。晚稻平均全生育期113～114d，与粳籼89相当。株型中集，叶姿挺直，长势繁茂，抽穗整齐，谷粒有芒，熟色好，株高99～103cm，穗长20.3～20.5cm，有效穗277.5万穗/hm^2，每穗总粒数130.7～138.7粒，结实率81.2%～82.0%，千粒重22.4～22.5g。

品质特性：米质达国标、广东省标二级优质米标准，整精米率70.5%，垩白粒率12%，垩白度3%，直链淀粉含量17.3%，胶稠度65mm，食味品质分82分。

抗性：中感稻瘟病，中B群、中C群和全群抗性频率分别为87.0%、76.5%、84.0%，病圃鉴定穗瘟7.7级，叶瘟3.3级；抗白叶枯病（1级）；抗倒伏能力中强；耐寒性模拟鉴定孕穗期为中强，开花期为中。

产量及适宜地区：2007年晚稻参加广东省区域试验，平均单产6 114.0kg/hm^2，比对照品种粳籼89减产3.6%，减产不显著；2008年晚稻复试，平均单产6 033.0kg/hm^2，比对照品种粳籼89增产0.6%，增产不显著。2008年晚稻生产试验平均单产6 265.5kg/hm^2，比对照品种粳籼89增产5.0%。日产量54.0kg/hm^2。适宜粤北以外稻作区早稻、晚稻种植。

栽培技术要点：注意防治稻瘟病。

华粳籼74（Huagengxian 74）

品种来源：华南农业大学农学院用CPSLO17/毫格劳//新秀299杂交选育而成，2000年通过广东省农作物品种审定委员会审定。

形态特征和生物学特性：属感温型常规稻品种，晚稻全生育期为114～119d，与粳籼89相当。分蘖力较弱，但成穗率较高，株高94～99cm，穗长20cm，有效穗285万穗/hm^2，每穗总粒数131～134粒，结实率79%～85%，千粒重21.0g。

品质特性：稻米外观品质为晚稻一级，米粒较短，有少量腹白。

抗性：稻瘟病抗性频率中B群61.9%，中C群50.6%，全群52.6%；高抗白叶枯病(1.5级)；抗倒伏性强；耐寒性中等。

产量及适宜地区：1997年、1998年两年晚稻参加广东省常规稻优质组区域试验，平均单产分别为5 682.0kg/hm^{2}和6 349.5kg/hm^2，比对照品种粳籼89增产3.7%和减产1.3%，增减产均不显著。适宜粤北以外生产条件较好的地区晚稻种植。

栽培技术要点：适合高产栽培，适当密植，宜采取前重后轻的施肥方法。注意防治稻瘟病。

华航1号（Huahang 1）

品种来源：华南农业大学农学院用常规籼稻品种特籼占13经空间诱变后系统选育而成，分别通过广东省（2001）和国家（2003）农作物品种审定委员会审定。

形态特征和生物学特性：属感温型常规稻品种。全生育期早稻129d，晚稻约105d。株高约100cm，株型好，集散适中，叶片厚直上举，茎秆粗壮，分蘖力中等，抽穗整齐，穗较大，着粒密，结实率较高，后期熟色好。有效穗315万穗/hm^2，穗长约20.0cm，每穗总粒数130 ~ 134粒，结实率86.0%，千粒重20.0g。

品质特性：稻米外观品质为早稻一级。

抗性：中感稻瘟病，抗性频率中B群、中C和全群分别为69.4%、55.0%、60.3%；感白叶枯病（7级）。

产量及适宜地区：1999年早稻参加广东省常规稻优质组区域试验，平均单产7 153.5kg/hm^2，比对照品种粤香占增产4.8%，增产不显著；2000年早稻复试平均单产7 168.5kg/hm^2，与对照品种粤香占平产；日产量55.5kg/hm^2。除粤北地区早稻不宜种植外，适宜广东省其他非稻瘟病区早稻、晚稻种植以及海南省、广西中南部、福建省南部双季稻白叶枯病轻发区早稻种植。

栽培技术要点：①插植秧龄早稻25 ~ 30d、晚稻15 ~ 18d，插植穴数19.5万 ~ 22.5万穴/hm^2，每穴栽插3 ~ 4苗；抛秧秧龄应尽量小，早稻约15d，晚稻7 ~ 10d，抛450盘/hm^2左右。②施足基肥，早施和重施追肥，注意不要偏施氮肥，中后期促花壮粒肥以复合肥和钾肥混合施为宜。③中期注意排水晒田。④重视防治稻瘟病。

华航31（Huahang 31）

品种来源：华南农业大学植物航天育种研究中心用特华占空间诱变材料H-31/华航131杂交选育而成，2010年通过广东省农作物品种审定委员会审定。

形态特征和生物学特性：属感温型常规稻品种。晚稻平均全生育期110～111d，比对照种粳籼89短2d。植株较高，分蘖力中等，叶色绿，穗长，后期熟色好。株高110～111cm，穗长24.3～24.9cm，有效穗273.0万～279.0万穗/hm^2，每穗总粒数132.1～132.5粒，结实率83.5%～85.8%，千粒重22.0～22.3g。

品质特性：米质达到国标和广东省标二级优质米标准，整精米率70.4%～72.5%，垩白粒率4%～18%，垩白度0.8%～6.9%，直链淀粉含量16.2%～16.5%，胶稠度71～86mm，食味品质分78～80分。

抗性：抗稻瘟病，中B群、中C群和全群抗性频率均为100%，病圃鉴定穗瘟1.5～3.7级，叶瘟1级；中感白叶枯病，抗倒伏能力中强，耐寒性强。

产量及适宜地区：2008年晚稻参加广东省区域试验，平均单产6 307.5kg/hm^2，比对照品种粳籼89增产5.2%，增产不显著；2009年晚稻复试，平均单产6 639.0kg/hm^2，比对照品种粳籼89增产8.7%，增产极显著。2009年晚稻生产试验，平均单产6 399.0kg/hm^2，比对照品种粳籼89增产7.6%。日产量57.0～60.0kg/hm^2。适宜粤北以外稻作区早稻、晚稻种植。

栽培技术要点：插（抛）足基本苗，早施重施分蘖肥，增加有效分蘖数。

华航丝苗（Huahangsimiao）

品种来源：华南农业大学植物航天育种研究中心用空间诱变材料H-61/胜巴丝苗系列中间材料杂交选育而成，2006年通过广东省农作物品种审定委员会审定。

形态特征和生物学特性：属感温型常规稻品种。晚稻平均全生育期109 ~ 113d，比粳籼89早熟2 ~ 3d。植株较高，剑叶长、宽、披，有效穗多，成穗率高，穗型中等，粒小，弯月型，后期熟色好，株高99 ~ 106cm，穗长21.9 ~ 23.8cm，有效穗286.5万~ 319.5万穗/hm^2，每穗总粒数129.6 ~ 146.5粒，结实率83.9%~ 85.7%，千粒重16.5 ~ 17.6g。

品质特性：晚稻米质达国标、广东省标一级优质米标准，整精米率69.8%~ 74.1%，垩白粒率1%~ 8%，垩白度0.4%~ 0.9%，糙米长宽比3.4，直链淀粉含量15.3%~ 17.8%，胶稠度78 ~ 84mm，食味品质分80 ~ 91分。

抗性：抗稻瘟病，中B群、中C群和全群抗性频率分别为70.0%、90.9%、79.4%，病圃鉴定穗瘟1级，叶瘟1级；高感白叶枯病（9级）；抗倒伏性中等；耐寒性中弱。

产量及适宜地区：2004年、2005年两年晚稻参加广东省区域试验，平均单产分别为5 758.5kg/hm^2和5 476.5kg/hm^2，比对照品种粳籼89减产10.2%、10.5%，减产均达极显著水平。2005年晚稻生产试验平均单产5 733.0kg/hm^2，比对照品种减产9.6%。日产量51.0kg/hm^2。适宜广东省各稻作区早稻、晚稻种植，但粤北稻作区早稻根据生育期慎重选择使用。

栽培技术要点：特别注意防治白叶枯病。

华南15（Huanan 15）

品种来源：又名广场15，华南农学院1952年从英德县农家品种“一粒种”中系统选育而成。

形态特征和生物学特性：属晚稻中熟常规稻品种。全生育期130 ~ 135d。株高约120cm，茎态集生，秆较细，叶片长，分蘖力中等，穗型大，而弯散，每穗总粒数70.0粒，谷粒细长，千粒重约22.0g，谷色金黄，但产量不够稳定。

品质特性：米质优。

抗性：易感染稻瘟病，抗倒伏能力较弱。

产量及适宜地区：一般单产3 750kg/hm^{2}左右。1975年广东省种植3 866.7hm^2，分布在阳江、阳春、开平、高要、英德、曲江、清远等县。其中高要县种植466.7hm^2。

栽培技术要点：应选排灌方便的中等田种植，秧龄30d左右，播种前应做好种子消毒，插后早追肥，多施磷钾肥，中期排水露田，但不宜重晒。

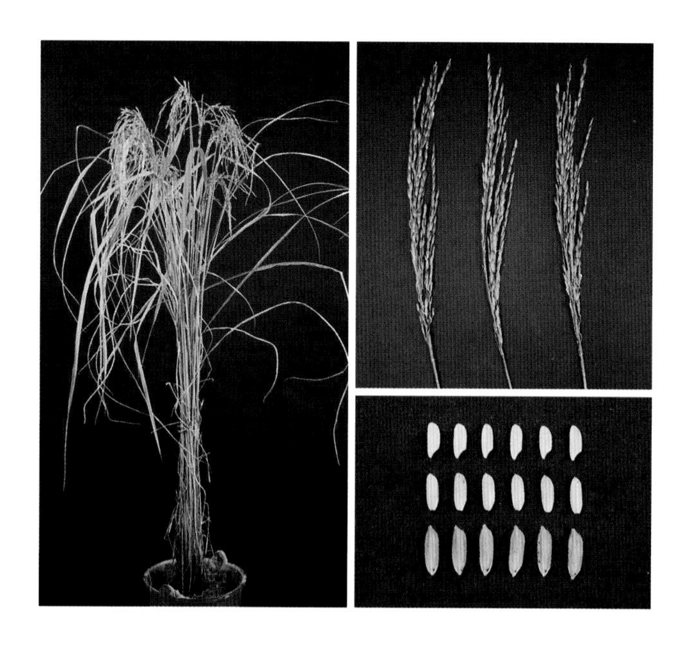

华籼占（Huaxianzhan）

品种来源：华南农业大学农学院用粳籼89/袋鼠占杂交选育而成，1996年通过广东省农作物品种审定委员会审定。

形态特征和生物学特性：属感温型优质常规稻品种。全生育期早稻125～130d，比七山占短3d，晚稻110d。株高103～106cm，植株清秀，株型直立，叶片上举，茎秆粗壮，抽穗整齐，穗长21cm，有效穗300万～345万穗/hm^2，每穗总粒数120～127粒，结实率78%～80%，千粒重19.0g，后期熟色好，适应性和稳产性较强。

品质特性：稻米外观品质为早稻一级。

抗性：稻瘟病高抗，全群抗性频率84.4%，感白叶枯病（7级），抗倒性较强。

产量及适宜地区：1994年、1995年两年早稻参加广东省区域试验，平均单产分别为5 316.0kg/hm^2和6 013.5kg/hm^2，比对照品种七山占分别增产3.4%和5.7%，增产均未达显著水平。适宜中等肥力田种植。

栽培技术要点：①大田用种量约30kg/hm^2，秧龄早稻30d、晚稻15～18d。②插足基本苗。③施足基肥，早施和施足追肥，中期晒田后注意及时补施花肥。

华小黑1号（Huaxiaohei 1）

品种来源：华南农业大学农学院用华粳籼74/联鉴33(黑米品种)//华粳籼74，通过杂交、回交和分子标记辅助选择相结合的方法选育而成，2005年通过广东省农作物品种审定委员会审定。

形态特征和生物学特性：种皮紫黑色，其他农艺性状与华粳籼74基本相似。

产量及适宜地区：2004年晚稻华南农业大学水稻品种比较试验，平均单产5 286.0kg/hm^2，比对照品种华粳籼74减产4.3%，减产不显著。适宜广东省各地晚稻和粤北以外地区早稻种植。

栽培技术要点：①适合移栽、抛秧和直播。②可适当密植。③施肥宜前重后轻，适合高产栽培。

华新占（Huaxinzhan）

品种来源：广东省农业科学院水稻研究所用粤丰占/丰华占杂交选育而成，2006年通过广东省农作物品种审定委员会审定。

形态特征和生物学特性：属感温型常规稻品种。早稻平均全生育期128～130d，比粤香占迟熟3d。前期生长势强，叶色浓绿，茎态散，抽穗整齐，有效穗多，穗大粒多，后期熟色好，株高97.3～104cm，穗长22.1～22.4cm，有效穗313.5万～340.5万穗/hm^2，每穗总粒数133～137粒，结实率78.7%～84.1%，千粒重20.7～21.3g。

品质特性：早稻米质未达国标、广东省标优质米标准，外观品质为早稻特二级，整精米率39.8%～41.8%，垩白粒率19%～27%，垩白度3.8%～12.5%，直链淀粉含量13.3%～16.2%，胶稠度75～80mm，理化分38分，食味品质分81分。

抗性：抗稻瘟病，中B群、中C群和全群抗性频率分别为74.1%～89.5%、94.1%～100%、80.4%～94.3%，病圃鉴定穗瘟2.3～3.7级，叶瘟1.7级；中感白叶枯病（5级）；抗倒伏性强。

产量及适宜地区：2004年、2005年两年早稻参加广东省区域试验，平均单产分别为7 686.0kg/hm^{2}和6 588.0kg/hm^2，比对照品种粤香占增产6.6%和10.6%，2004年增产不显著，2005年增产极显著。2005年早稻生产试验，平均单产6 577.5kg/hm^2，比对照品种增产6.5%。日产量51.0～58.5kg/hm^2。适宜粤北以外稻作区早稻、晚稻种植。

栽培技术要点：①施足基肥，早施分蘖肥，早稻用复合肥轻施中期肥，晚稻重施中期肥，注意氮、磷、钾配合施用。②控制有效穗330万穗/hm^{2}左右。③注意防治白叶枯病。

化感稻3号（Huagandao 3）

品种来源：华南农业大学农学院通过美A/PI312777//华恢354杂交选育而成，2009年通过广东省农作物品种审定委员会审定。

形态特征和生物学特性：属感温型常规稻品种。晚稻平均全生育期108 ～ 110d，比粳籼89早熟4d。株型中集，叶姿挺直，长势繁茂，分蘖力中等，有效穗较少，抽穗整齐，穗大粒多，熟色中，具有抑制稗草的特性。株高103 ～ 106cm，穗长23.9 ～ 25.3cm，有效穗253.5万～ 255万穗/hm^2，每穗总粒数179.7 ～ 184.6粒，结实率76.4%～ 81.5%，千粒重17.6 ～ 18.0g。

品质特性：米质未达国标、广东省标优质米标准。整精米率70.4%～ 71.5%，垩白粒率30%～ 34%，垩白度6.8%～ 14.6%，直链淀粉含量24.6%～ 27%，胶稠度40 ～ 47mm，食味品质分70 ～ 72分。

抗性：中抗稻瘟病，中B群、中C群和全群抗性频率分别为88.9%、88.2%、88.0%，病圃鉴定穗瘟5级，叶瘟2.7级；中抗白叶枯病（3级）；抗倒伏能力中强；耐寒性模拟鉴定孕穗期、开花期均为中。

产量及适宜地区：2007年、2008年两年晚稻参加广东省区域试验，平均单产分别为6 229.5kg/hm^2和5 796.0kg/hm^2，比对照品种粳籼89分别减产3.2%和3.4%，减产均不显著。2008年晚稻生产试验，平均单产5 947.5kg/hm^2，与对照品种粳籼89持平。日产量54.0 ～ 57.0kg/hm^2。适宜粤北以外稻作区早稻、晚稻种植。

栽培技术要点：①注意施足前期肥，够苗后多露轻晒，控好高峰苗数，创造条件适施中期肥，以发挥其大穗优势。②注意防治稻瘟病。

黄粳占（Huanggengzhan）

品种来源：广东省农业科学院水稻研究所用茉莉新占///绿黄占/台粳6//粤航1////黄华占杂交选育而成，2008年通过广东省农作物品种审定委员会审定。

形态特征和生物学特性：属感温型常规稻品种。早稻平均全生育期128～129d，与粤香占相当。株型适中，分蘖力较强，剑叶短，抽穗整齐，后期熟色好，株高94～96cm，穗长18.8～20.3cm，有效穗343.5万～352.5万穗/hm^2，每穗总粒数116.6～119.0粒，结实率79.9%～83.2%，千粒重20.9～21.4g。

品质特性：早稻米质达国标、广东省标二级优质米标准，整精米率58.2%，垩白粒率17%，垩白度1.6%，直链淀粉含量16.1%，胶稠度79mm，食味品质分80分。

抗性：感稻瘟病，中B群、中C群和全群抗性频率分别为57.9%、70.8%、65.2%，病圃鉴定穗瘟7级，叶瘟6.3级；中抗白叶枯病（3级）；抗倒伏性、苗期耐寒性中等，抗寒性模拟鉴定孕穗期、开花期均为弱。

产量及适宜地区：2006年早稻参加广东省区域试验，平均单产6 252.0kg/hm^2，比对照品种粤香占增产8.2%，增产极显著；2007年早稻复试，平均单产6 409.5kg/hm^2，比对照品种粤香占增产10.1%，增产极显著。2007年早稻生产试验，平均单产6 856.5kg/hm^2，比对照品种粤香占增产6.1%。日产量48.0～49.5kg/hm^2。适宜广东省中南和西南稻作区的平原地区早稻、晚稻种植。

栽培技术要点：特别注意防治稻瘟病和白叶枯病，稻瘟病历史病区不宜种植。

黄广占（Huangguangzhan）

品种来源：广东省农业科学院水稻研究所用黄莉占/粤广丝苗杂交选育而成，2010年通过广东省农作物品种审定委员会审定。

形态特征和生物学特性：属感温型常规稻品种。早稻平均全生育期130 ~ 136d，比优优128长1 ~ 3d。株型适中，叶色浓绿，叶姿直，后期熟色好。株高104 ~ 105cm，穗长19.3 ~ 21.5cm，有效穗286.5万 ~ 295.5万穗/hm^2，每穗总粒数122 ~ 145粒，结实率81.8% ~ 87.4%，千粒重21.9 ~ 22.8g。

品质特性：米质未达国标、广东省标优质米标准，整精米率62.4%，垩白粒率58%，垩白度19.8%，直链淀粉含量15.9%，胶稠度70mm，食味品质分75分。

抗性：抗稻瘟病，中B群、中C群和全群抗性频率分别为94.1% ~ 100%、87.5% ~ 100%、88.9% ~ 100%，病圃鉴定穗瘟1.5 ~ 1.7级，叶瘟1 ~ 2级；抗白叶枯病；抗倒伏能力、耐寒性均为中强，

产量及适宜地区：2008年、2009年两年早稻参加广东省区域试验，平均单产分别为6 415.5kg/hm^2和7 306.5kg/hm^2，比对照品种优优128分别增产2.2%和1.6%，增产均不显著。生产试验平均单产7 999.5kg/hm^2，比对照品种优优128增产11.0%。日产量49.5 ~ 54.0kg/hm^2。适宜粤北以外稻作区早稻、中南和西南稻作区晚稻种植。

栽培技术要点：①插（抛）足基本苗。②早施重施分蘖肥，增加有效分蘖数。

黄华占（Huanghuazhan）

品种来源：广东省农业科学院水稻研究所用黄新占/丰华占杂交选育而成，分别通过广东省（2005）、湖南省（2007）、湖北省（2007）、广西壮族自治区（2008）、海南省（2008）、浙江省（2010）和重庆市（2011）农作物品种审定委员会审定，2005—2012年入选广东省主导品种。

形态特征和生物学特性：属感温型常规稻品种。早稻全生育期129 ~ 131d，比粤香占迟熟4d。株型较好，植株较高，叶片长、直，转色顺调，结实率较高。株高94 ~ 103cm，穗长21.0 ~ 21.8cm，有效穗321万穗/hm^2，每穗总粒数118.3 ~ 123粒，结实率80.5% ~ 86.8%，千粒重22.2 ~ 23.1g。

品质特性：稻米外观品质鉴定为早稻特二级，整精米率40.0% ~ 55.2%，垩白粒率4% ~ 6%，垩白度0.6% ~ 3.2%，直链淀粉含量13.8% ~ 14.0%，胶稠度67 ~ 88mm。

抗性：抗稻瘟病，中B群、中C群和全群抗性频率分别为80.0%、100%、83.9%，病圃穗颈瘟为3.5级，叶瘟为3.3级；抗白叶枯病（2级）。

产量及适宜地区：2003年、2004年两年早稻参加广东省区域试验，平均单产分别为6 514.5kg/hm^{2}和7 537.5kg/hm^2，比对照品种粤香占分别增产0.5%、3.7%，增产均不显著，两年增产的试点有梅州、佛山、雷州。2004年早稻生产试验，平均单产7 197.0kg/hm^2，比对照品种粤香占增产0.7%。日产量54.0 ~ 57.0kg/hm^2。适宜广东省各地晚稻种植和粤北以外地区早稻种植；并适宜海南省和广西区桂南、桂中稻作区作早稻、晚稻，湖南省稻瘟病轻发的山丘区作中稻及湖北省稻瘟病无病区或轻病区作一季晚稻，浙江省稻瘟病轻发地区作单季籼稻，重庆市海拔600m以下地区作一季中稻种植。

栽培技术要点：①疏播培育壮秧，秧期早稻28 ~ 30d，翻秋16 ~ 20d。②控制有效穗330万穗/hm^{2}左右。

黄莉占（Huanglizhan）

品种来源：广东省农业科学院水稻研究所用茉莉丝苗/黄华占杂交选育而成，2008年通过广东省农作物品种审定委员会审定。

形态特征和生物学特性：属感温型常规稻品种。晚稻平均全生育期109 ~ 114d，比粳籼89早熟1 ~ 2d。株型适中，分蘖力中等，叶色中绿，穗长中等，着粒较密，后期熟色好，株高100 ~ 104cm，穗长20.4 ~ 21.4cm，有效穗279万~ 286.5万穗/hm^2，每穗总粒数135.3 ~ 140.0粒，结实率81.2%~ 84.1%，千粒重21.7 ~ 22.1g。

品质特性：晚稻米质达国标、广东省标二级优质米标准，整精米率70.7%，垩白粒率8%，垩白度1%，直链淀粉含量16.5%，胶稠度76mm，食味品质分81分。

抗性：高抗稻瘟病，中B群、中C群和全群抗性频率分别为95.0%、100%、97.1%，病圃鉴定穗瘟1.7级，叶瘟1级；中抗白叶枯病（3级）；抗倒伏性中等；抗寒性模拟鉴定孕穗期、开花期均为中，田间耐寒性鉴定为中弱。

产量及适宜地区：2005年晚稻参加广东省区域试验，平均单产6 585.0kg/hm^2，比对照品种粳籼89增产5.3%，增产不显著；2006年晚稻复试，平均单产6 861.0kg/hm^2，增产6.3%，增产显著。2006年晚稻生产试验，平均单产6 958.5kg/hm^2，比对照品种粳籼89增产3.0%。日产量60.0kg/hm^2。适宜广东省各稻作区晚稻、粤北以外稻作区早稻种植。

栽培技术要点：①秧龄：插秧早稻28 ~ 30d，翻秋16 ~ 20d；抛秧早稻20 ~ 25d，翻秋10 ~ 12d。②施足基肥，早施分蘖肥，早稻用复合肥轻施中期肥，晚稻重施中期肥，注意氮、磷、钾配合施用。③浅水回青促分蘖，够苗露晒田，孕穗至抽穗期保持浅水层，灌浆期至成熟期田土保持湿润。

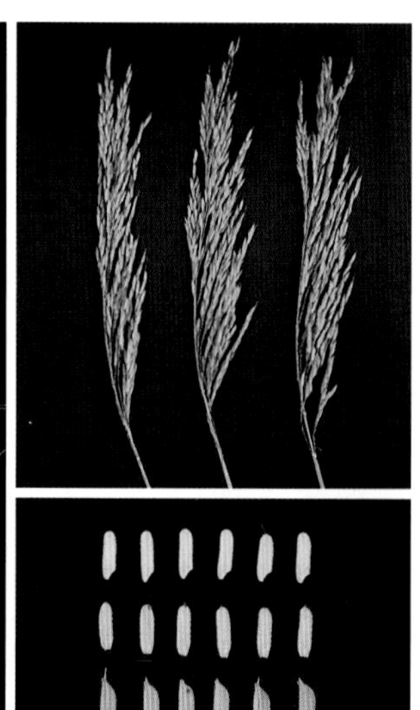

黄丝占（Huangsizhan）

品种来源：广东省农业科学院水稻研究所用黄华占/茉莉丝苗杂交选育而成，2008年通过广东省农作物品种审定委员会审定。

形态特征和生物学特性：属感温型常规稻品种。早稻平均全生育期129d，与粤香占相当。株型适中，叶色浓绿，剑叶挺直，抽穗整齐，穗大粒多，后期熟色中，株高93～98cm，穗长21.0～21.4cm，有效穗319.5万～321万穗/hm^2，每穗总粒数135.1～138.3粒，结实率78.6%～80.1%，千粒重19.8～19.9g。

品质特性：早稻米质达国标、广东省标一级优质米标准，整精米率61.2%，垩白粒率10%，垩白度0.9%，直链淀粉含量17.1%，胶稠度80mm，食味品质分90分。

抗性：中抗稻瘟病，中B群、中C群和全群抗性频率分别为46.4%～57.9%、66.7%～72.2%、63.0%～63.8%，病圃鉴定穗瘟3～3.7级，叶瘟2～4.3级；中感白叶枯病（5级）；高感纹枯病；抗倒伏性、苗期耐寒性中等，抗寒性模拟鉴定孕穗期为中弱，开花期为弱。

产量及适宜地区：2006年早稻参加广东省区域试验，平均单产6 078.0kg/hm^2，比对照品种粤香占增产5.2%，增产不显著；2007年早稻复试，平均单产6 534.0kg/hm^2，比对照品种粤香占增产12.3%，增产极显著。2007年早稻生产试验，平均单产7 057.5kg/hm^2，比对照品种粤香占增产13.1%。日产量46.5～54.0kg/hm^2。适宜广东省中南和西南稻作区的平原地区早稻、晚稻种植。

栽培技术要点：注意防治稻瘟病和白叶枯病。

黄籼占（Huangxianzhan）

品种来源：广东省农业科学院水稻研究所用丰丝占/特籼占25//黄华占杂交选育而成，2009年通过广东省农作物品种审定委员会审定。

形态特征和生物学特性：属感温型常规稻品种。早稻平均全生育期128～129d，与优优128相当。株型适中，叶姿中，分蘖力中等，穗大但着粒疏，后期熟色好。株高105～107cm，穗长21.6～21.9cm，有效穗286.5万～310.5万穗/hm^2，每穗总粒数114～126粒，结实率85.4%～85.6%，千粒重23.5～23.6g。

品质特性：米质未达国标、广东省标优质米标准，整精米率37.6%～40.0%，垩白粒率14%～39%，垩白度6.6%～17.6%，直链淀粉含量16.7%～18.4%，胶稠度78～81mm，食味品质分73～77分。

抗性：中抗稻瘟病，中B群、中C群和全群抗性频率分别为76.5%、75.0%、75.0%，病圃鉴定穗瘟5.7级，叶瘟4.7级；中抗白叶枯病（3级）；抗倒伏能力中等；耐寒性模拟鉴定孕穗期和开花期均为中。

产量及适宜地区：2007年早稻参加广东省区域试验，平均单产6 324.0kg/hm^2，比对照品种优优128减产2.4%，减产不显著；2008年早稻复试，平均单产6 435.0kg/hm^2，比对照品种优优128增产2.6%，增产不显著。2008年早稻生产试验，平均单产6 702.0kg/hm^2，比对照品种优优128增产11.6%。日产量49.5～51.0kg/hm^2。适宜粤北以外稻作区早稻、晚稻种植。

栽培技术要点：注意防治稻瘟病。

黄秀占（Huangxiuzhan）

品种来源：广东省农业科学院水稻研究所用丰秀占/黄莉占杂交选育而成，2010年通过广东省农作物品种审定委员会审定。

形态特征和生物学特性：属感温型常规稻品种。晚稻平均全生育期110～111d，比对照种粳籼89短2d。株型中集，叶色浓，叶姿直，后期熟色好。株高106cm，穗长21.1～22.4cm，有效穗289.5万～294.0万穗/hm^2，每穗总粒数127.8～144.3粒，结实率82.1%～85.2%，千粒重21.4～22.2g。

品质特性：米质达到国标和广东省标二级优质米标准，整精米率72.0%，垩白粒率6%～21%，垩白度1.2%～7.5%，直链淀粉含量15.0%～16.5%，胶稠度58～70mm，食味品质分78～81分。

抗性：高抗稻瘟病，中B群、中C群和全群抗性频率分别为96.9%、87.5%、93.4%，病圃鉴定穗瘟1.7～2级，叶瘟1.3～1.3级；中抗白叶枯病；抗倒伏能力中强；耐寒性中。

产量及适宜地区：2008年、2009年两年晚稻参加广东省区域试验，平均单产分别为6 579.0kg/hm^2和6 588.0kg/hm^2，比对照品种粳籼89分别增产9.7%和7.9%，增产均达极显著水平。2009年晚稻生产试验，平均单产5 940.0kg/hm^2，比对照品种粳籼89减产0.1%。日产量60.0kg/hm^2。适宜粤北以外稻作区早稻、晚稻种植。

栽培技术要点：插（抛）足基本苗，早施重施分蘖肥，增加有效分蘖数。

黄粤占（Huangyuezhan）

品种来源：广东省农业科学院水稻研究所用丰粤占/黄华占杂交选育而成，2008年通过广东省农作物品种审定委员会审定。

形态特征和生物学特性：属感温型常规稻品种。晚稻平均全生育期109 ~ 111d，比粳籼89早熟4 ~ 5d。分蘖力中弱，抽穗整齐，株型适中，叶色中，叶姿挺直，长势繁茂，着粒密，熟色好。株高94 ~ 100cm，穗长19.5 ~ 20.8cm，有效穗273万~ 288万穗/hm^2，每穗总粒数147.4 ~ 162.6粒，结实率78.2%~ 82.5%，千粒重19.2 ~ 20.4g。

品质特性：晚稻米质达国标、广东省标一级优质米标准，整精米率70.1%，垩白粒率4%，垩白度0.6%，直链淀粉含量17.3%，胶稠度77mm，食味品质分91分。

抗性：感稻瘟病，中B群、中C群和全群抗性频率分别为59.5 % ~ 64.7 %、85.7%~ 88.9%、69.1%~ 76.9%，病圃鉴定穗瘟7级，叶瘟2.7 ~ 6级；抗白叶枯病（Ⅳ型1级，Ⅴ型7级）；抗寒性模拟鉴定孕穗期、开花期均为中弱。

产量及适宜地区：2006年晚稻参加广东省区域试验，平均单产6 747.0kg/hm^2，比对照品种粳籼89增产4.4%，2007年晚稻复试，平均单产6 219.0kg/hm^2，比对照品种粳籼89减产2.0%，两年增、减产均不显著。2007年晚稻生产试验，平均单产6 811.5kg/hm^2，比对照品种粳籼89增产6.9%。日产量57.0 ~ 61.5kg/hm^2。适宜广东省中南和西南稻作区的平原地区早稻、晚稻种植。

栽培技术要点：特别注意防治稻瘟病，稻瘟病历史病区不宜种植。

惠优占（Huiyouzhan）

品种来源：广东省原惠阳地区（现惠州市）农业科学研究所用穗郊占/惠科选杂交选育而成，1983年通过广东省农作物品种审定委员会审定。

形态特征和生物学特性：属感温型中迟熟常规稻品种。全生育期早稻130d，晚稻120d左右。株高95cm左右，分蘖力强，株型紧凑，叶窄直浓绿色。有效穗多，结实率高，有效穗343.5万穗/hm^2，结实率84.8%，每穗总粒数77粒，千粒重16.0 ~ 17.0g。

品质特性：米质优，早稻为优质中等，晚稻为优质上等。

抗性：抗白叶枯病，易感稻瘟病；耐肥，不易倒伏；不易落粒；耐寒性一般。

产量及适宜地区：1981年、1982年两年晚稻参加广东省区域试验，平均单产分别为3 559.5kg/hm^{2}和4 083.0kg/hm^2，比对照品种紧粒新四占增产2.9%和减产4.4%，增减产均未达显著值。适宜广东省中部和南部非稻瘟病优质粮地区晚稻种植。

金航丝苗（Jinhangsimiao）

品种来源：华南农业大学植物航天育种研究中心通过H-86///金华占/胜泰1号//泰湖占/澳山丝苗杂交选育而成，2006年通过广东省农作物品种审定委员会审定。

形态特征和生物学特性：属感温型常规稻品种。晚稻平均全生育期111～114d，与粳籼89相当。生长势好，植株较高，叶片长、软，叶色淡绿，剑叶长，整齐度好，着粒疏，枝梗疏，熟色好，株高113～120cm，穗长24.3～24.7cm，有效穗280.5万～294万穗/hm^2，每穗总粒数127～138粒，结实率82.1%～85.1%，千粒重18.4～19.2g。

品质特性：晚稻米质达国标、广东省标一级优质米标准，外观品质为晚稻特二级，整精米率69.5%～70.7%，垩白粒率4%～8%，垩白度0.8%～2.4%，直链淀粉含量15%～17.5%，胶稠度76～80mm，食味品质分90分。

抗性：高抗稻瘟病，中B群、中C群和全群抗性频率分别为96.4%～100%、96.7%～100%、96.9%～98.6%，病圃鉴定穗瘟1级，叶瘟0.7～1级；高感白叶枯病（9级）；后期耐寒力中强。

产量及适宜地区：2003年、2004年两年晚稻参加广东省区域试验，平均单产分别为5 797.5kg/hm^2和6 021.0kg/hm^2，比对照品种粳籼89减产6.3%和5.8%，2003年减产显著，2004年减产不显著。2004年晚稻生产试验，平均单产5 814.0kg/hm^2，比对照品种粳籼89减产3.1%。日产量52.5kg/hm^2。适宜广东省各稻作区晚稻种植和粤北以外稻作区早稻种植。

栽培技术要点：①插够基本苗，插植穴数22.5万～27万穴/hm^2，每穴栽插3～4苗，抛秧525～600盘/hm^2左右为好。②施足基肥，早施重施追肥，适时排水晒田，适施促花肥和保花肥，发挥穗大粒多的特点。③特别注意防治白叶枯病，白叶枯病常发区不宜种植。

金花占（Jinhuazhan）

品种来源：广东省农业科学院水稻研究所用金华软占/银花占2号杂交选育而成，2008年通过广东省农作物品种审定委员会审定。

形态特征和生物学特性：属感温型常规稻品种。晚稻平均全生育期112d，比粳籼89早熟2～3d。抽穗整齐，株型适中，叶色中，叶姿挺直，长势繁茂，结实率高，熟色好。株高91～96cm，穗长20.3～21.9cm，有效穗295.5万～322.5万穗/hm^2，每穗总粒数128.4～157.3粒，结实率86.2%～88.5%，千粒重18.5～18.8g。

品质特性：晚稻米质达国标、广东省标二级优质米标准，整精米率69.2%～72.5%，垩白粒率9%～10%，垩白度2.3%～2.5%，直链淀粉含量17.8%～18.6%，胶稠度61～74mm，食味品质分82～85分。

抗性：中抗稻瘟病，中B群、中C群和全群抗性频率分别为61.8%～66.7%、74.1%～90.5%、69.2%～76.5%，病圃鉴定穗瘟3.7～5级，叶瘟2.3～4.3级；中抗白叶枯病（Ⅳ型3级，Ⅴ型7级）；抗寒性模拟鉴定孕穗期为中强、开花期为强。

产量及适宜地区：2006年晚稻参加广东省区域试验，平均单产6 693.0kg/hm^2，比对照品种粳籼89增产3.6%，2007年晚稻复试，平均单产6 729.0kg/hm^2，比对照品种粳籼89增产6.1%，两年增产均不显著。2007年晚稻生产试验，平均单产6 658.5kg/hm^2，比对照品种粳籼89增产4.5%。日产量60.0kg/hm^2。适宜广东省各地早稻、晚稻种植。

栽培技术要点：注意防治稻瘟病。

金华软占（Jinhuaruanzhan）

品种来源：广东省农业科学院水稻研究所通过杂交稻1号/特籼占//丰华占杂交选育而成，2006年通过广东省农作物品种审定委员会审定。

形态特征和生物学特性：属感温型常规稻品种。晚稻平均全生育期108～110d，比粳籼89早熟4～5d。株型较好，剑叶短小，分蘖力中等，穗形中等，熟色好，株高94～100cm，穗长21.0～21.2cm，有效穗309万～313.5万穗/hm^2，每穗总粒数126～132粒，结实率84.3%～85.2%，千粒重19.2～19.6g。

品质特性：晚稻米质达国标、广东省标二级优质米标准，外观品质为晚稻二级，整精米率64.4%～71.3%，垩白粒率10%～18%，垩白度1%～2.4%，直链淀粉含量16.8%～19.1%，胶稠度68～72mm，食味品质分81分。

抗性：中抗稻瘟病，中B群、中C群和全群抗性频率分别为45.2%～89.5%、80.0%～100%、59.4%～94.9%，病圃鉴定穗瘟3.7～5.7级，叶瘟2.3～4.7级；中感白叶枯病（5级）；后期耐寒力中强。

产量及适宜地区：2003年、2004年两年晚稻参加广东省区域试验，平均单产分别为5 940.0kg/hm^2、6 390.0kg/hm^2，比对照品种粳籼89减产4.0%和0.02%，减产均不显著。2004年晚稻生产试验，平均单产6 096.0kg/hm^2，比对照品种粳籼89增产4.5%。日产量55.5～58.5kg/hm^2。适宜广东省各稻作区早稻、晚稻种植。

栽培技术要点：①该品种更适合中等地力田类种植。②早施重施促蘖肥，提高有效穗数。③注意防治稻瘟病和白叶枯病。

金科1号（Jinke 1）

品种来源：广东省农业科学院水稻研究所用K17A/广超4号杂交选育而成，2006年通过广东省农作物品种审定委员会审定。

形态特征和生物学特性：属感温型常规稻品种。早稻平均全生育期130 ~ 132d，比粤香占迟熟5d。植株较高，株型适中，叶色浓绿，分蘖力较弱，抽穗整齐，穗大粒多，后期熟色中等，株高99 ~ 106cm，穗长21.0 ~ 22.6cm，有效穗268.5万～277.5万穗/hm^2，每穗总粒数132.6 ~ 150.1粒，结实率74.8%～82.3%，千粒重21.3 ~ 22.3g。

品质特性：早稻米质未达国标、广东省标优质米标准，整精米率52.3%～59.4%，垩白粒率28%～30%，垩白度11.2%～17.1%，直链淀粉含量27.7%～28%，胶稠度42 ~ 50mm，糙米长宽比3.2。

抗性：中抗稻瘟病，中B群、中C群和全群抗性频率分别为73.7%、100%、82.6%，病圃鉴定穗瘟5.7级，叶瘟3级；中感白叶枯病（5级）；抗倒伏性中等；苗期耐寒性较弱。

产量及适宜地区：2005年、2006年两年早稻参加广东省区域试验，平均单产分别为5 953.5kg/hm^{2}和5 916.0kg/hm^2，比对照品种粤香占增产1.4%、4.1%，增产均不显著。2006年早稻生产试验，平均单产5 176.5kg/hm^2，比对照品种粤香占减产5.4%。日产量45.0 ~ 46.5kg/hm^2。适宜广东省中南、西南稻作区早稻、晚稻种植。

栽培技术要点：①选择中上肥力田块种植。②注意防治稻瘟病和白叶枯病。

金农丝苗（Jinnongsimiao）

品种来源：广东省农业科学院水稻研究所用金华软占/桂农占杂交选育而成，2010年通过广东省农作物品种审定委员会审定。2012年经农业部认定为超级稻品种，2012年入选广东省主导品种。

形态特征和生物学特性：属感温型常规稻品种。晚稻平均全生育期108d，比对照种优优122长4 ~ 6d。分蘖力中强，株型中集，叶色浓绿，叶姿直，后期熟色好。株高96 ~ 97cm，穗长21.8 ~ 22.3cm，有效穗342.0万~ 369.0万穗/hm^2，每穗总粒数138.4 ~ 140.8粒，结实率82.7%~ 83.6%，千粒重17.7 ~ 18.3g。

品质特性：米质达到国标和广东省标二级优质米标准，整精米率73.6% ~ 75.3%，垩白粒率4% ~ 20%，垩白度1.5% ~ 7.6%，直链淀粉含量16.1% ~ 18.5%，胶稠度70 ~ 73mm，食味品质分81 ~ 82分。

抗性：中感稻瘟病，中B群、中C群和全群抗性频率分别为77.8%、82.4%、80%，病圃鉴定穗瘟6 ~ 7级，叶瘟2.3 ~ 3级；中抗白叶枯病；抗倒伏能力、耐寒性均为中强。

产量及适宜地区：2008年晚稻参加广东省区域试验，平均单产6 642.0kg/hm^2，比对照品种优优122增产9.1%，增产显著；2009年晚稻复试，平均单产6 625.5kg/hm^2，比对照品种优优122增产7.8%，增产极显著。2009年晚稻生产试验，平均单产6 409.5kg/hm^2，比对照品种优优122增产4.2%。日产量61.5kg/hm^2。适宜广东省各稻作区晚稻、粤北以外稻作区早稻种植。

栽培技术要点：注意防治稻瘟病。

金丝软占（Jinsiruanzhan）

品种来源：广东省农业科学院水稻研究所用丰美占/广丝占杂交选育而成，2008年通过广东省农作物品种审定委员会审定。

形态特征和生物学特性：属感温型常规稻品种。晚稻平均全生育期112～113d，比粳籼89早熟1～3d。抽穗整齐，株型紧束，叶色浓，叶姿中等，长势繁茂，熟色好。株高92～97cm，穗长20.5～21.8cm，有效穗298.5万～303万穗/hm^2，每穗总粒数140.9～148.8粒，结实率82.4%～85.7%，千粒重18.3～18.8g。

品质特性：晚稻米质达国标、广东省标二级优质米标准。整精米率69.1%，垩白粒率10%～14%，垩白度1.3%～2.2%，直链淀粉含量19.4%～20.7%，胶稠度74～80mm，食味品质分82～89分。

抗性：中抗稻瘟病，中B群、中C群和全群抗性频率分别为67.6%～88.1%、77.8%～90.5%、73.8%～89.7%，病圃鉴定穗瘟3.7～5级，叶瘟1～4.3级；中抗白叶枯病（Ⅳ型3级，Ⅴ型7级）；抗寒性模拟鉴定孕穗期为中强、开花期为中。

产量及适宜地区：2006年晚稻参加广东省区域试验，平均单产6 609.0kg/hm^2，比对照品种粳籼89增产2.4%，2007年晚稻复试，平均单产6 634.5kg/hm^2，比对照品种粳籼89增产4.6%，两年增产均不显著。2007年晚稻生产试验，平均单产6 712.5kg/hm^2，比对照品种粳籼89增产5.2%。日产量58.5kg/hm^2。适宜广东省各地早稻、晚稻种植。

栽培技术要点：注意防治稻瘟病。

紧粒新四占（Jinlixinsizhan）

品种来源：广东省台山市端芬镇农业科学站从晚稻品种新四占中采用系选方法选育而成，1982年通过广东省农作物品种审定委员会审定。

形态特征和生物学特性：属晚籼早熟优质常规稻品种。全生育期132d。株高75 ～ 87cm，矮秆茎粗，根群发达，生长势旺盛，分蘖力强，叶色翠绿，前期叶片稍宽带披，后期叶片上举，株型紧凑，中后期转色协调，青枝蜡秆。有效穗391.5万穗/hm^2、穗长18.1cm，每穗总粒数81.8粒，结实率88.9%，千粒重16.7g。

品质特性：米质优。

抗性：耐寒力和抗病性中等，抗倒伏能力较强。

产量及适宜地区：1979年参加广东省区域试验，10个点平均单产4 864.5kg/hm^2，比对照品种双竹占增产10.7%，1980年参加广东省区域试验平均单产5 586.0kg/hm^2，比对照品种双竹占增产35.7%。适宜于各地有优质米出口的地方推广。

科广10号（Keguang 10）

品种来源：广东省新会市农业科学研究所用科六/广二矮5号杂交选育而成，1978年通过广东省农作物品种审定委员会审定。

形态特征和生物学特性：全生育期130 ~ 140d，比科揭选17早熟1周左右。株高90 ~ 95cm，根系发达，茎秆粗壮，株型集散适中。叶色中浓，叶微弯，剑叶较长。分蘖力中等，成穗率中等，有效穗360万 ~ 390万穗/hm^2。穗大，着粒较疏，平均穗长20.0cm，每穗总粒数80.0粒左右，谷粒饱满，结实率80.0%以上，千粒重25.5g。抽穗整齐，后期熟色好，青秆黄熟。易穗上发芽。

抗性：有轻微纹枯病、白叶枯病、稻瘟病发生，苗期抗寒性中等，较耐肥，但抗倒伏力偏弱。

产量及适宜地区：一般单产5 250 ~ 6 000kg/hm^2。适宜于中等以上肥田种植。

科揭选17（Kejiexuan 17）

品种来源：广东省揭阳市农业科学研究所从科字6号中经系统选择育成，1978年通过广东省农作物品种审定委员会审定。

形态特征和生物学特性：属早稻迟熟种。全生育期165 ~ 170d，与科字6号相当。中矮秆，株高90 ~ 100cm。根群发达，生命力强，后期转色好。茎秆较坚实，秆壁较厚，茎态较集，叶片直生且较厚实，剑叶短、直、厚、硬，其横切面是指甲形。穗头较大，每穗总粒数90 ~ 100粒，谷型长大，结实率90.0%左右，千粒重30.0 ~ 32.0g。

品质特性：米质中等。

抗性：抗稻瘟病和白叶枯病，不抗纹枯病，耐浸、耐肥，抗倒伏，较难落粒，抗寒力较差。

产量及适宜地区：一般单产5 250 ~ 6 000kg/hm^2，高产可达到9 750.0kg/hm^2以上。适宜于广东省中、南部沿海平原或山区垌田的肥田种植。

科揭选2号（Kejiexuan 2）

品种来源：广东省揭阳市农业科学研究所从科字6号中选择变异植株经单株系统选育而成，1978年通过广东省农作物品种审定委员会审定。

形态特征和生物学特性：属早稻早熟种。全生育期110d左右，与广陆矮4号同熟。株高80 ~ 85cm。叶片短直，分蘖力一般。株型集生，茎秆坚韧，根系发达，生命力强，抽穗整齐，后期转色好。穗型弯集。穗长18.4cm，每穗总粒数44.5粒，结实率87.4%，千粒重28.2g。

品质特性：谷粒短圆，米腹白小，米质好。

抗性：不抗纹枯病，耐肥，抗倒伏。

产量及适宜地区：一般单产4 500 ~ 5 250kg/hm^2，高产可达到7 500kg/hm^{2}左右。翻秋表现也很高产。适宜于广东省中、北部中等肥田种植。

陆青早1号（Luqingzao 1）

品种来源：广东省农业科学院水稻研究所用陆桂早2号/青谷矮3号杂交选育而成，1992年通过广东省农作物品种审定委员会审定。

形态特征和生物学特性：属早籼早熟常规稻品种。早稻全生育期108d，株型好，前期早生快发，后期长相清秀转色好，穗粒重协调，易种易管，适应性广，稳产性好，株高88cm，有效穗405万穗/hm^2，每穗总粒数82.0粒，结实率79.0%，千粒重26.5g。

品质特性：稻米外观品质为早稻三级，精米率71.1%，整精米率53.2%，碱消值5.8级，胶稠度30mm，直链淀粉含量25.4%，糙米蛋白质含量10.2%。

抗性：抗稻瘟病，耐寒性较弱。

产量及适宜地区：1989年早稻参加韶关市区域试验，平均单产5 655.0kg/hm^2，比对照品种二九丰增产37.1%，增产极显著；1989年参加国家南方区域试验，平均单产6 082.5kg/hm^2，比沪江红早减产3.5%，减产不显著，比对照品种广陆矮4号增产10.6%，增产达极显著。适宜广东省各地早稻种植。

栽培技术要点：①疏播培育壮秧，早稻秧期25d，注意秧苗防寒。②施足基肥，早施追肥，促早生快发。③注意稻瘟病、白叶枯病和鼠、雀害防治。

绿黄占（Lühuangzhan）

品种来源：广东省农业科学院水稻研究所用七袋占/绿珍占8号杂交选育而成，1999年通过广东省农作物品种审定委员会审定。

形态特征和生物学特性：属感温型常规稻品种。早稻种植全生育期124 ~ 129d，比七山占早熟4 ~ 6d。适应性较强，后期熟色好。株高108cm，有效穗330万穗/hm^2，每穗总粒数122.0粒，结实率83.0%，千粒重20.0g。

品质特性：稻米外观品质为早稻特二级。

抗性：稻瘟病抗性频率全群81.4%，中B群82.8%，中C群100%；中感白叶枯病（5级）。

产量及适宜地区：1996年、1997年两年早稻参加广东省区域试验，平均产量分别为6 042.0kg/hm^2和6 118.5kg/hm^2，比对照品种七山占增产4.7%和5.1%，两年增产均不显著。适宜粤北地区以及其他中等肥力地区种植。

栽培技术要点：①施足基肥，重施早施分蘖肥，酌情施中期肥和壮尾肥。②浅水分蘖，够苗露、晒田，浅水抽穗扬花，成熟期干湿交替。③注意防治稻瘟病和白叶枯病。

绿源占1号（Lüyuanzhan 1）

品种来源：广东省农业科学院水稻研究所用绿珍占8号/三源92杂交选育而成，2000年通过广东省农作物品种审定委员会审定。

形态特征和生物学特性：属感温型常规稻品种。晚稻全生育期116 ~ 120d，与粳籼89相当。茎秆粗壮，适应性和稳定性均较好，熟色好。株高93 ~ 101cm，穗长21.0cm，有效穗300万穗/hm^2，每穗总粒数131 ~ 134粒，结实率76%~ 84%，千粒重22.0g。

品质特性：稻米外观品质为晚稻一级，整精米率68%，糙米长宽比3.3，垩白度1.6%，透明度2级，胶稠度46mm，直链淀粉含量24.6%。

抗性：稻瘟病抗性频率中B群88.1%，中C群100%，全群75.4%；中感白叶枯病（4级）；后期耐寒性强；抗倒伏性强。

产量及适宜地区：1997年、1998年两年晚稻参加广东省常规稻优质组区域试验，平均单产分别为5 638.5kg/hm^2和6 606.0kg/hm^2，比对照品种粳籼89增产2.9%和2.7%，增产均未达显著水平。适宜广东省粤北以外地区作晚稻种植，中南部地区也可作早稻种植。

栽培技术要点：①疏播育壮秧，早稻2月底至3月上旬播种，秧龄30d左右，晚稻7月上中旬播种，秧龄18 ~ 20d。②插植规格16.7cm × 20cm，每穴栽插3 ~ 4苗，有效穗285万~ 360万穗/hm^2为宜。③施足基肥，早追肥促早生快发，酌情重施中期肥，发挥穗大粒多的特点。④注意防治病虫害。⑤在生产上使用该品种要注意除杂保纯。

梅红早5号（Meihongzao 5）

品种来源：华南农学院农学系用梅江早3号/红珍早1号杂交选育而成，1982年通过广东省农作物品种审定委员会审定。

形态特征和生物学特性：属感温型早熟偏迟，中熟偏早常规稻品种。全生育期早稻110d左右，比广陆矮迟熟2～3d。主要特点是矮秆，株高73cm，较早熟、俭肥、较高产，适应性较广。株型好，茎态集散适中，茎秆较坚实，叶色较好，穗大粒多，结实率较高，熟色好，每穗总粒数78粒，结实率80%～84%。

抗性：较抗稻瘟病，抗逆性较强，抗倒伏能力强，苗期和生育后期较耐寒。

产量及适宜地区：1980年参加广东省区域试验34个点，平均单产5 365.5kg/hm^2，比对照品种广陆矮4号增产20.7%，日产量48.0kg/hm^2，名列首位。1981年继续区域试验，30个点平均单产4 918.5kg/hm^2，比对照品种广陆矮4号增产18.8%，两年增产均达极显著。适宜中产、低产田地区种植。

梅连早（Meilianzao）

品种来源：广东省韶关市农业科学研究所用梅陆矮21/连县早杂交选育而成，1987年通过广东省农作物品种审定委员会审定。

形态特征和生物学特性：属感温型早熟常规稻品种。全生育期早稻100～114d，比广陆矮迟熟2～3d。株高78cm，叶姿中直，分蘖力中等，有效穗330万～360万穗/hm^2，穗长18.2cm，每穗总粒数79.6～93.2粒，结实率82.1%～83.2%，千粒重24.0g，抽穗整齐，后期转色顺调，熟色好。

抗性：较抗稻瘟病、三化螟和稻飞虱，中感纹枯病，不抗白叶枯病；耐肥、抗倒伏，苗期较耐寒。

产量及适宜地区：1983年、1984年两年早稻参加广东省区域试验，平均单产分别为5 269.5kg/hm^2和5 067.0kg/hm^2，比对照品种广陆矮4号增产9.8%和10.7%。适宜广东省北部山区和各稻作区作早熟稻种植。

梅三五2号（Meisanwu 2）

品种来源：广东省农业科学院生物研究所用钴 ^{60}Co-γ 射线15kr辐射处理（矮梅早3号/外选35）F_0材料后选育而成，1990年通过广东省农作物品种审定委员会审定。

形态特征和生物学特性：属早籼中早熟常规稻品种。全生育期125d，比广科36早熟5d左右，株高90～95cm，有效穗367.5万穗/hm^2，穗长19.3cm，每穗实粒数83.8粒，结实率86.0%，千粒重22.5g，抽穗整齐，中产稳产，易种易管，缺点是着粒疏，有短芒。

品质特性：外观米质早稻二级，食味差。

抗性：高抗稻瘟病、白叶枯病和褐飞虱，稻瘟病全群抗性频率93.6%、中B群抗性频率91.3%，白叶枯病1级，耐寒性中等。

产量及适宜地区：1988年、1989年两年早稻参加广东省区域试验，平均单产分别为6 528.0kg/hm^2和6 543.5kg/hm^2，1988年比对照品种青二矮增产5.2%，未达显著值，1989年比对照品种广科36减产11.8%，但早熟5d。适宜广东省稻瘟病、白叶枯病区作中早熟稻种植。

栽培技术要点：①注意适时播种，疏播育壮秧。②秧田播种量225～300kg/hm^2。③及时移栽，合理密植，每穴栽插3～4苗。④施足基肥，采用“前攻、中控、后补”的施肥原则。⑤及时防治病虫害。

美丝占（Meisizhan）

品种来源：广东省农业科学院水稻研究所用美香占2号/丰丝占杂交选育而成，2006年通过广东省农作物品种审定委员会审定。

形态特征和生物学特性：属感温型常规稻品种。晚稻平均全生育期109～112d，比粳籼89早熟3d。株型适中，叶色中浓，分蘖力较强，穗型中等，后期熟色好，株高96～104cm，穗长20.5～21.4cm，有效穗309万～325.5万穗/hm^2，每穗总粒数126.2～135.0粒，结实率83.4%～83.6%，千粒重17.7～18.9g。

品质特性：晚稻米质达国标、广东省标二级优质米标准，整精米率68.2%～70.8%，垩白粒率20%，垩白度2.8%～2.9%，糙米长宽比3.4～3.6，直链淀粉含量16.4%～16.8%，胶稠度86～89mm，食味品质分80～83分。

抗性：抗稻瘟病，中B群、中C群和全群抗性频率分别为100%、81.8%、94.1%，病圃鉴定穗瘟3级，叶瘟2.7级；中抗白叶枯病（3级）；抗倒伏性中等，耐寒性中弱。

产量及适宜地区：2004年、2005年两年晚稻参加广东省区域试验，平均单产分别为6 055.5kg/hm^2和5 574.0kg/hm^2，比对照品种粳籼89分别减产5.6%、8.9%，2004年减产不显著，2005年减产极显著。2005年晚稻生产试验，平均单产5 931.0kg/hm^2，比对照品种粳籼89减产8.8%。日产量51.0～54.0kg/hm^2。适宜广东省各稻作区早稻、晚稻种植，但粤北稻作区早稻根据生育期慎重选择使用。

栽培技术要点：①早稻轻施中期肥，晚稻适施中期肥。②控制有效穗345万穗/hm^2左右。

美香占2号（Meixiangzhan 2）

品种来源：广东省农业科学院水稻研究所用美国稻品种Lemont/丰澳占杂交、三次回交选育而成，2006年通过广东省农作物品种审定委员会审定。

形态特征和生物学特性：属感温型常规稻品种。晚稻平均全生育期112 ~ 113d，与粳籼89相当。株型好，生长势强，谷粒较小，分蘖力较强，结实率较高，熟色好，株高91 ~ 97cm，穗长20.6 ~ 21.2cm，有效穗327万~ 331.5万穗/hm^2，每穗总粒数108 ~ 120粒，结实率83.9%~ 87.7%，千粒重18.1 ~ 18.5g。

品质特性：晚稻米质达国标、广东省标二级优质米标准，外观品质为晚稻特一级，有香味，整精米率63.7%~ 67%，垩白粒率8%~ 20%，垩白度0.8%~ 1.4%，直链淀粉含量15%~ 17.6%，胶稠度72 ~ 77mm，食味品质分82分。

抗性：中感稻瘟病，中B群、中C群和全群抗性频率分别为76.5%、77.8%、75.7%，病圃鉴定穗瘟6级，叶瘟4.7级；中感白叶枯病（5级）；后期耐寒力中弱。

产量及适宜地区：2003年、2004年两年晚稻参加广东省区域试验，平均单产分别为5 308.5kg/hm^2和5 643.0kg/hm^2，比对照品种粳籼89减产14.2%和11.7%，减产均达极显著水平。2004年晚稻生产试验平均单产5 377.5kg/hm^2，比对照品种粳籼89减产8.2%。日产量48.0 ~ 49.5kg/hm^2。适宜广东省各稻作区早稻、晚稻种植，但粤北稻作区根据生育期慎重选择使用。

栽培技术要点：①施足基肥，早施分蘖肥，早稻用复合肥轻施中期肥，晚稻重施中期肥，注意氮、磷、钾配合施用。②控制有效穗330万穗/hm^2左右。③注意防治稻瘟病和白叶枯病。

美雅占（Meiyazhan）

品种来源：广东省农业科学院水稻研究所用美丝占///OR-11/富清占//丰丝占杂交选育而成，2009年通过广东省农作物品种审定委员会审定。

形态特征和生物学特性：属感温型常规稻品种。晚稻平均全生育期108～110d，比优优122迟熟3～6d。株型中集，茎秆粗壮，叶色淡，长势繁茂，抽穗整齐，着粒密，熟色好，株高103～107cm，穗长20.4cm，有效穗300万～315万穗/hm^2，每穗总粒数137.4～142.0粒，结实率71.6%～76.2%，千粒重20.7～20.9g。

品质特性：米质达广东省标三级优质米标准。整精米率70.9%，垩白粒率24%，垩白度6.2%，直链淀粉含量16.9%，胶稠度55mm，食味品质分80分。

抗性：抗稻瘟病，中B群、中C群和全群抗性频率分别为90.7%、82.4%、89.3%，病圃鉴定穗瘟2.3级，叶瘟3.3级；中抗白叶枯病（3级）；抗倒伏能力中弱；耐寒性模拟鉴定孕穗期为中强、开花期为中。

产量及适宜地区：2007年晚稻参加广东省区域试验，平均单产6 334.5kg/hm^2，比对照品种优优122减产0.1%，减产不显著；2008年晚稻复试，平均单产6 181.5kg/hm^2，比对照品种优优122增产1.6%，增产不显著。2008年晚稻生产试验平均单产6 033.0kg/hm^2，比对照品种优优122增产2.1%。日产量57.0kg/hm^2。适宜广东省各地晚稻和粤北以外稻作区早稻种植。

栽培技术要点：注意防倒伏。

民华占（Minhuazhan）

品种来源：广东省广州市农业科学研究所用民科占/华南15杂交选育而成，1983年通过广东省农作物品种审定委员会审定。

形态特征和生物学特性：属感光型晚籼中熟常规稻品种，只适宜晚稻种植。全生育期130d，比紧粒新四占迟熟2～4d。前期早生快发，生长势壮旺，叶长微弯，后期叶上举。分蘖力较强，茎态集散适中，株高95cm，抽穗整齐，后期熟色好，穗大粒多，结实率高，千粒重15.5g。

品质特性：中等优质米。

抗性：中抗纹枯病，不抗白叶枯病，茎秆坚韧抗倒伏，后期较耐寒。

产量及适宜地区：1981年、1982年两年晚稻参加广东省区域试验，平均单产分别为3 994.5kg/hm^{2}和4 857.0kg/hm^2，比对照品种紧粒新四占增产15.4%和13.7%，增产达极显著。适宜广东省中南部非白叶枯病地区种植。

民科占（Minkezhan）

品种来源：广东省中山市民众镇农科站从科六的变异单株经系统选育而成，1978年通过广东省农作物品种审定委员会审定。

形态特征和生物学特性：属早稻早中熟优质常规稻品种。全生育期120d左右，比珍珠矮11号早熟5 ~ 7d。株高90 ~ 95cm。茎秆粗壮，株型直立，叶色青翠，后期转色顺调，青枝蜡秆。分蘖力较强，但成穗率不高，一般为60% ~ 65%，有效穗300万 ~ 375万穗/hm^2，穗较大，每穗总粒数70 ~ 80粒，结实率85% ~ 90%，千粒重19.0 ~ 20.0g。

品质特性：粒型细长，米无腹白，属一级谷。

抗性：抗病力、抗寒能力中等，耐肥，抗倒伏。

产量及适宜地区：一般单产4 500 ~ 5 250kg/hm^2。1976年参加广东省优质谷区域化试验，12个点平均单产5 098.5kg/hm^2，比对照品种双竹占增产25.6%，名列首位。适宜中肥田种植。

茉莉软占（Moliruanzhan）

品种来源：广东省农业科学院水稻研究所用茉莉新占/粤丰占//丰丝占杂交选育而成，2006年通过广东省农作物品种审定委员会审定。

形态特征和生物学特性：属感温型常规稻品种。晚稻平均全生育期111 ~ 112d，比粳籼89早熟2 ~ 3d。株型中散，生长势一般，叶色浓绿，叶姿挺直，熟色好，株高89 ~ 98cm，穗长19.9cm，有效穗331.5万穗/hm^2，每穗总粒数124 ~ 130粒，结实率83% ~ 84.7%，千粒重18.8 ~ 19.1g。

品质特性：晚稻米质达国标、广东省标二级优质米标准，外观品质为晚稻特一级，整精米率65% ~ 70.4%，垩白粒率12% ~ 19%，垩白度1.2% ~ 1.7%，直链淀粉含量15% ~ 16.2%，胶稠度68 ~ 78mm，食味品质分81分。

抗性：高抗稻瘟病，中B群、中C群和全群抗性频率分别为92.9% ~ 100%、100%、95.7% ~ 100%，病圃鉴定穗瘟0.7 ~ 2级，叶瘟1级；中感白叶枯病（5级）；后期耐寒力中弱。

产量及适宜地区：2003年、2004年两年晚稻参加广东省区域试验，平均单产分别为6 211.5kg/hm^2和6 501.0kg/hm^2，比对照品种粳籼89增产0.4%和1.7%，增产均不显著。2004年晚稻生产试验，平均单产 5 977.5kg/hm^2，比对照品种增产2.5%。日产量55.5 ~ 58.5kg/hm^2。适宜广东省各稻作区早稻、晚稻种植，但粤北稻作区根据生育期慎重选择使用。

栽培技术要点：①施足基肥，早施分蘖肥，早稻用复合肥轻施中期肥，晚稻重施中期肥，注意氮、磷、钾配合施用。②控制有效穗330万穗/hm^2左右。③注意防治白叶枯病。

茉莉丝苗（Molisimiao）

品种来源：广东省农业科学院水稻研究所用茉莉新占/丰丝占杂交选育而成，2005年通过广东省农作物品种审定委员会审定。

形态特征和生物学特性：属感温型常规稻品种。早稻全生育期130d，比粤香占迟熟3～4d。植株较高，生长势强，穗较大，粒长，熟色好。株高106～109cm，穗长22.2～22.6cm，有效穗307.5万～315.0万穗/hm^2，每穗总粒数121.7～131粒，结实率77.1%～82.4%，千粒重22.7～23.0g

品质特性：稻米外观品质鉴定为早稻特二级至一级，整精米率41.6%～54.2%，垩白粒率4%～6%，垩白度0.8%～1.2%，直链淀粉含量14.1%～15.0%，胶稠度80～83mm，理化分49～54分。

抗性：高抗稻瘟病，中B群、中C群抗性频率均为100%、全群抗性频率96.8%，病圃穗颈瘟、叶瘟均为2级；中感白叶枯病（5级）。

产量及适宜地区：2003年早稻参加广东省区域试验，平均单产6 360.0kg/hm^2，比对照品种粤香占减产1.9%，减产不显著；2004年早稻复试，平均单产7 335.0kg/hm^2，比对照品种粤香占增产0.9%，增产不显著，两年增产的试点有梅州、惠来。2004年早稻生产试验平均单产7 198.5kg/hm^2，比对照品种粤香占增产0.7%。日产量49.5～57.0kg/hm^2。适宜广东省各地晚稻种植和粤北以外地区早稻种植。

栽培技术要点：①疏播培育壮秧。②施足基肥，早施分蘖肥，早稻用复合肥轻施中期肥，晚稻重施中期肥，注意氮、磷、钾配合施用。③控制有效穗330万穗/hm^{2}左右。④注意防治白叶枯病和防杂保纯。

茉莉新占（Molixinzhan）

品种来源：广东省农业科学院水稻研究所用茉莉占/丰矮占5号杂交选育而成，2001年通过广东省农作物品种审定委员会审定。

形态特征和生物学特性：属感温型常规稻品种。全生育期早稻约126d，晚稻112d。生长势强，株高约97cm，株型好，分蘖力中等，成穗率较高，穗大粒多，谷粒细长，有效穗285万穗/hm^2，每穗总粒数约140粒，结实率约82.0%，千粒重约20.0g。

品质特性：稻米外观品质为晚稻特二级。

抗性：中感稻瘟病（5级），中B群、中C群、全群抗性频率分别为60.0%、55.6%、55.7%；中抗白叶枯病（3级）；抗倒伏性强，不耐高温。

产量及适宜地区：1999年、2000年两年晚稻参加广东省常规稻优质组区域试验，平均单产分别为6 153.0kg/hm^{2}和6 355.5kg/hm^2，比对照品种粳籼89增产3.0%和4.0%，增产均不显著。日产量约54.0kg/hm^2。除粤北地区早稻不宜种植外，适宜广东省其他地区早稻、晚稻种植。

栽培技术要点：①适时疏播，培育壮秧，基本苗120万苗/hm^2。②施足基肥，重施、早施分蘖肥，早稻慎施中期肥，晚稻可酌情重施中期肥，注意氮、磷、钾配合，宜多施钾肥。③浅水分蘖，够苗晒田，浅水抽穗扬花，后期保持湿润。④注意防治稻瘟病。

木泉种（Muquanzhong）

品种来源：广东省原揭阳县渔湖公社渔江大队农民林木泉同志1954年从溪南矮品种中经单株系统选育而成。

形态特征和生物学特性：属晚稻迟熟常规稻品种。全生育期150 ~ 160d，本田期120 ~ 130d。中秆，株高110cm，茎秆坚硬，剑叶小而硬直，叶窄而直，叶色浅绿，穗长18 ~ 21cm，每穗总粒数70粒，无芒，千粒重23.0g，出米率70.0%左右，米白色，成穗率高，肥料不足有包颈现象，易穗上发芽。

品质特性：腹白中，米质中等。

抗性：抗病力、抗寒力较强，耐肥，抗倒伏。

产量及适宜地区：一般单产4 875kg/hm^2，高产6 000kg/hm^{2}以上。1958年揭阳县渔湖公社江夏大队种植0.1hm^2，平均单产7 500kg/hm^2。1957年开始在广东省大面积推广，60年代最大面积达66.67万hm^2，70年代由于新品种的育成和推广，该品种已逐步被更换。1975年全省面积7 933.3hm^2，其中惠阳、佛山、广州等地区较多，揭阳、潮安、海丰、饶平、南澳、普宁等县也有少量分布。适应性广，对土壤要求不很严格，瘦、肥田均可种植。

栽培技术要点：①培育适龄壮秧，适时插植。②施足基肥，早施追肥，适施壮尾肥，以防肥料不足包颈，影响结实率。③中期适度晒田炼苗，防止倒伏。④及时收获，防止落粒和发芽。

木新选（Muxinxuan）

品种来源：广东省新会市大泽镇从台山市都斛公社农科站的木新矮（木泉与新四杂交后代）的未定型小区选出的单株，于1972年育成，1978年通过广东省农作物品种审定委员会审定。

形态特征和生物学特性：属感温型常规稻品种。全生育期晚稻115d左右。矮秆，株高70 ~ 80cm。茎秆幼细坚韧，分蘖力偏弱，株型集生，叶窄直。穗较大，每穗总粒数70 ~ 90粒，结实率90%以上，谷粒饱满，千粒重20.0g左右。根群发达，根粗深生，活力强，不早衰。适应性广，肥田、瘦田、咸酸田均可种植。本品种作早稻种植产量虽然较高，米质却达不到出口优质米的标准。

品质特性：粒细长，米质好，无腹白，属特二级。

抗性：抗徒长病、纹枯病和白叶枯病力较弱；抗落粒性较强。

产量及适宜地区：一般单产3 000 ~ 3 750kg/hm^2。适宜广东省珠江三角洲一带的中等肥田种植。

南丰糯（Nanfengnuo）

品种来源：广东省农业科学院水稻研究所用南丛3/三五糯杂交选育而成，1998年通过广东省农作物品种审定委员会审定。

形态特征和生物学特性：属感温型糯稻常规稻品种。全生育期早稻129 ~ 133d，晚稻约110d，株高118 ~ 105cm，茎叶形态好，株型集散适中，茎秆粗壮，叶厚直，色较深，分蘖力较强，后期熟色好，穗大粒多，结实率85.0%，千粒重26.5g。

品质特性：小糯，直链淀粉含量0.5%，胶稠度100mm，米饭延伸率100%，饭软而黏性好，有光泽。

抗性：稻瘟病抗性频率中B群100%，中C群88.9%；感白叶枯病（5级）。

产量及适宜地区：1994年、1995年两年早稻参加广东省区域试验，平均单产分别为5 629.5kg/hm^2、6 055.5kg/hm^2，比对照品种三二矮增产0.8%和4.6%，增产均不显著。适宜粤北地区以外生产条件较好的地区作早稻、晚稻种植。

栽培技术要点：①适时播种，稀播育秧，秧田播种量375 ~ 450kg/hm^2，稀播匀播，秧龄早稻30d左右、晚稻18 ~ 20d。②合理密植，插植规格16.7cm × 20cm，每穴栽插3 ~ 4苗，浅插。③施足基肥，早施追肥，促快回青、早分蘖，全期施10 ~ 12kg纯氮，氮：磷：钾为1 ：0.8 ：1，后期勿偏氮。④前期浅水分蘖，中期适时露晒田，后期保持湿润。⑤全生育期间，注意抓好螟虫、稻纵卷叶虫、飞虱、纹枯病和白叶枯病的防治工作，确保高产丰收。

南科早（Nankezao）

品种来源：广东省惠来县农业科学研究所用竹南/科六杂交选育而成，1982年通过广东省农作物品种审定委员会审定。

形态特征和生物学特性：属晚稻早熟常规稻品种。全生育期126 ~ 129d。感温性明显，早稻种植较迟熟，不宜利用。株高85 ~ 90cm，株型集散适中，本田前期生长迅速，生长量大；抽穗整齐，有效穗396万穗/hm^2，穗长19.5cm，每穗总粒数85.4粒，结实率80.6%，千粒重24.6g。

抗性：抗稻瘟病、黄化病，适应性广，耐热性和抗落粒性能良好，但叶较薄，过氮易感纹枯病和白叶枯病。

产量及适宜地区：1977—1979年连续三年在汕头做区域试验，产量一直居首位。1979年广东省区域试验38个点平均单产6 045.0kg/hm^2，比对照品种广塘矮增产22.8%，名列首位。1980年广东省区域试验平均单产5 431.5kg/hm^2，比对照品种广塘矮增产13.9%。适于中上肥田种植。

南早33（Nanzao 33）

品种来源：广东省新会市农业科学研究所从南早1号自然杂交后代，经几代定向选育，先育成南早32，然后在南早32基础上进行系统选育，1972年育成。1978年通过广东省农作物品种审定委员会审定。

形态特征和生物学特性：属早稻早熟常规稻品种。全生育期110 ~ 114d，比广陆矮4号迟熟5 ~ 6d。株高80 ~ 83cm。生长势强，茎秆粗壮，株型集散适中，前期发棵好，分蘖力中等。叶片稍大，叶色浓绿。前期叶姿稍弯，后期叶厚、叶直，剑叶长短适中，角度小，叶下禾。后期熟色好，青枝蜡秆。有效穗345万穗/hm^2左右，穗长20.0cm左右，每穗总粒数65 ~ 70粒，结实率高，达91.0%，谷粒饱满，稃端微紫，千粒重25.5 ~ 26.5g。

抗性：对稻瘟病和白叶枯病有较好的抗性，纹枯病感染较轻，耐肥，耐寒性一般。

产量及适宜地区：1974年参加广东省区域试验，据22个点统计，平均单产5 967.0kg/hm^2，比对照品种广陆矮4号增产4.6%，名列第二。适宜广东省中部、北部中等肥田和中部沙、围田地区种植。

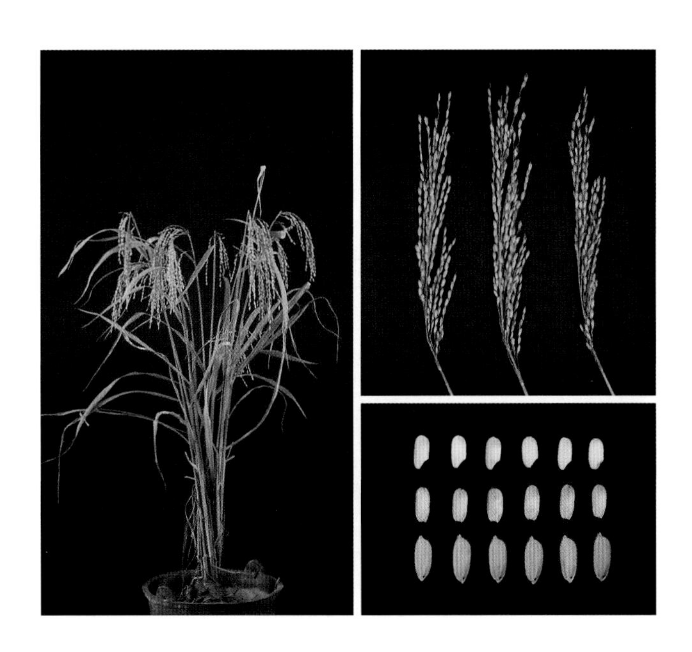

平广2号（Pingguang 2）

品种来源：广东省开平县农业科学研究所1971年从广塘矮中经单株系统选育而成。

形态特征和生物学特性：属晚稻早熟常规稻品种。全生育期123d，本田期95d左右，与广塘矮同熟，株高85cm左右。茎态集散适中，叶姿中直，叶肉厚，叶色淡绿，分蘖力强，抽穗整齐一致，有效穗多，在375万穗/hm^{2}以上。穗长20cm，每穗有70粒左右，结实率85.0%以上，千粒重24.0～25.0g。适应性较广，需肥量中等，后期熟色好。后期如遇风雨侵袭，容易落粒和引起穗枝梗生理干枯，出现假熟现象。

抗性：对白叶枯、稻瘟病和稻飞虱有一定的抵抗能力；易感染纹枯病；较耐肥抗倒伏。

产量及适宜地区：一般单产3 750～4 500kg/hm^2，高产达6 750kg/hm^{2}左右。1974年晚稻参加广东省区域试验，在29个点平均单产4 489.5kg/hm^2。新兴县农业科学研究所单产6 145.5kg/hm^2。1975年全省推广面积6 666.7hm^2，主要分布在原海南、肇庆、湛江等地区。各种田类都可以种植。

栽培技术要点：①培育适龄壮秧，秧龄25～30d。②宜小苗密植，插足基本苗以上（300万苗/hm^2）。③施足基肥，早施追肥，看禾看田适施壮尾肥。④适当提早晒田，后期保持湿润，不宜过早断水。⑤对酸性土反应敏感，不能在湖洋田、铁锈田和黄泥田种植。

七袋占1号（Qidaizhan 1）

品种来源：广东省农业科学院水稻研究所用袋鼠占2号/七黄占3号杂交选育而成，1996年通过广东省农作物品种审定委员会审定。

形态特征和生物学特性：属感温型优质常规稻品种。早稻全生育期125d，比七山占早熟4～5d，晚稻110d，植株较高，株高约105cm，植后早生快发，茎秆粗壮，株型集散适中，分蘖力中等，成穗率高，有效穗270万～285万穗/hm^2，抽穗整齐，熟色好，结实率高。穗大粒密，每穗总粒数可达180.0粒以上，千粒重17.0g。

品质特性：稻米外观品质为早稻一级。

抗性：高抗稻瘟病；中抗白叶枯病（3级）；抗倒伏能力不强；苗期耐寒性较好。

产量及适宜地区：1993年、1994年两年早稻参加广东省区域试验，平均单产分别为5 254.5kg/hm^2和5 365.5kg/hm^2，比对照品种七山占增产1.7%和4.3%，增产均不显著。适宜广东省中、低产田种植。

栽培技术要点：①秧田播种量375kg/hm^2，培育适龄分蘖壮秧。②插植穴数30万穴/hm^2，每穴栽插4～5苗，插基本苗135万～300万苗/hm^2。③早施分蘖肥，增加有效穗数，适施保花肥保障穗粒数，中后期防过氮，宜施钾肥。④做好排水晒田以增强抗倒伏能力。

七番占（Qifanzhan）

品种来源：广东省佛山市农业科学研究所用三七早/922//澳雪占///番粳籼杂交选育而成，2010年通过广东省农作物品种审定委员会审定。

形态特征和生物学特性：属感温型常规稻品种。早稻平均全生育期129～137d，2008年比粤香占长3d，2009年比优优128长4d。株型适中，叶色绿，叶姿直，结实率较高，后期熟色中。株高95～98cm，穗长20.6～21.3cm，有效穗264.0万～303.0万穗/hm^2，每穗总粒数125～142粒，结实率84.4%～93.5%，千粒重18.5～20.1g。

品质特性：米质达到广东省标三级优质米标准，整精米率63.4%，垩白粒率13%，垩白度6.0%，直链淀粉含量16.4%，胶稠度80mm，食味品质分78分。

抗性：高抗稻瘟病，全群抗性频率为94.4%～100%，中B群为94.1%～100%、中C群为93.8%～100%，病圃鉴定穗瘟1.7～2级，叶瘟1.7～2.3级；感白叶枯病；抗倒伏能力强；耐寒性中强。

产量及适宜地区：2008年早稻参加广东省区域试验，平均单产5 784.0kg/hm^2，比对照品种粤香占减产2.2%，减产不显著；2009年早稻复试，平均单产6 619.5kg/hm^2，比对照品种优优128减产8.0%，减产极显著。生产试验平均单产7 332.0kg/hm^2，比对照品种优优128增产1.7%。日产量45.0～48.0kg/hm^2。适宜广东省中南和西南稻作区早稻、晚稻种植。

栽培技术要点：注意防治白叶枯病。

七桂早25（Qiguizao 25）

品种来源：原佛山兽医专科学校农学系用七优占/桂朝2号杂交选育而成，1986年通过广东省农作物品种审定委员会审定。

形态特征和生物学特性：属感温型中熟常规稻品种。全生育期早稻125 ~ 128d。株高90cm左右，茎叶形态好，集散适中，叶片较短直，分蘖力中等。有效穗300万穗/hm^2，穗中大，结实率高，穗长20.0cm，每穗总粒数90.0粒，结实率90.0%左右，千粒重18.5g。

品质特性：米质优，外观米质晚稻特二级，早稻一级。

抗性：抗稻瘟病较强，中感白叶枯病，适应性较广；耐寒性较弱，易穗上发芽。

产量及适宜地区：1984年、1985年两年晚稻参加广东省区域试验，平均单产分别为5 260.5kg/hm^2、4 300.5kg/hm^2，比对照品种紧粒新四占增产12.8%和2.3%，1984年增产达极显著。适宜广东省各种田类晚稻种植、粤北部以外地区早稻种植。

栽培技术要点：①适期播种，一般早稻3月上、中旬；晚稻7月中、下旬，不迟于7月25日播，秧龄15d。②疏播培育带蘖壮秧，秧田播量150 ~ 195kg/hm^2。③合理施肥，平均单产6 000kg/hm^2，施纯氮135 ~ 150kg/hm^2。④做好适期排灌和防治稻纵卷叶虫工作，重视防治稻瘟病。

七花占（Qihuazhan）

品种来源：广东省佛山市农业科学研究所用三七早/粳籼材料922//银花占杂交选育而成，2009年通过广东省农作物品种审定委员会审定。

形态特征和生物学特性：属感温型常规稻品种。晚稻平均全生育期107 ~ 110d，比优优122迟熟3 ~ 5d。株型中集，叶色浓，叶姿挺直，抽穗整齐，有效穗较少，穗大粒多，熟色好，株高96 ~ 101cm，穗长20.6 ~ 21.3cm，有效穗270万~ 300万穗/hm^2，每穗总粒数163.0 ~ 175.3粒，结实率81.9%~ 82.4%，千粒重17.9 ~ 18.0g。

品质特性：米质达国标三级、广东省标二级优质米标准，整精米率73.3%，垩白粒率30%，垩白度5%，直链淀粉含量17.2%，胶稠度55mm，食味品质分81分。

抗性：中抗稻瘟病，中B群、中C群和全群抗性频率分别为92.6%、82.4%、90.7%，病圃鉴定穗瘟5级，叶瘟2.3级；感白叶枯病（7级）；抗倒伏能力强；耐寒性模拟鉴定孕穗期为中强、开花期为中。

产量及适宜地区：2007年、2008年两年晚稻参加广东省区域试验，平均单产分别为6 480.0kg/hm^2、6 346.5kg/hm^2，比对照品种优优122分别增产2.2%和4.3%，增产均不显著。2008年晚稻生产试验平均单产 6 198.0kg/hm^2，比对照品种优优122增产4.9%。日产量60.0kg/hm^2。适宜广东省各地晚稻和粤北以外稻作区早稻种植。

栽培技术要点：注意防治稻瘟病和白叶枯病，白叶枯病常发区不宜种植。

七加占14（Qijiazhan 14）

品种来源：原佛山兽医专科学校农学系用七桂早25/加马占杂交选育而成，1987年通过广东省农作物品种审定委员会审定。

形态特征和生物学特性：属感温型常规稻品种。全生育期早稻125d，与青二矮同熟，比七桂早25早熟7d左右。株高95cm，茎态集散适中，剑叶短厚且直，分蘖力强，成穗率高，有效穗393万穗/hm^2，穗长18.7cm，每穗总粒数113.1粒，结实率85.1%，千粒重15.7g。后期熟色好，不易落粒和穗上发芽。

品质特性：米质为优质上等。

抗性：抗稻瘟病和白叶枯病，苗期耐寒性弱，对除草剂敏感。

产量及适宜地区：1986年、1987年两年早稻参加广东省区域试验，平均单产分别为5 470.5kg/hm^2、5 250.0kg/hm^2，比对照品种青二矮减产5.1%和9.1%。适宜广东省各地种植。

七山占（Qishanzhan）

品种来源：广东省农业科学院水稻研究所用桂山早（桂阳矮/早中山）/七桂早25杂交选育而成，1991年通过广东省农作物品种审定委员会审定。

形态特征和生物学特性：属感温型常规稻品种，全生育期早稻130 ~ 135d，晚稻105 ~ 114d。株高90 ~ 95cm，分蘖力较强，有效穗多，结实率高，有效穗360万穗/hm^2，穗长20.0cm，每穗总粒数96.0粒，结实率91.0%，千粒重18.0g。

品质特性：稻米外观品质为早稻一级，晚稻特二级。

抗性：对稻瘟病抗性较强，抗白叶枯病，耐寒性较强。

产量及适宜地区：1989年晚稻参加广东省区域试验，平均单产5 664.0kg/hm^2，比对照品种双桂36减产11.9%。适宜广东省中上肥力田种植。

栽培技术要点：①施足基肥，早施重施前期肥，适施攻粒肥，幼穗分化期追施攻粒肥时不要过早过多。②注意防治稻瘟病。

七秀占3号（Qixiuzhan 3）

品种来源：广东省农业科学院水稻研究所用七山占/新秀299杂交选育而成，1996年通过广东省农作物品种审定委员会审定。

形态特征和生物学特性：属感温型常规稻品种。晚稻全生育期119d，与粳籼89相当。株高95～100cm，株型好，分蘖力较弱，茎秆粗壮，生物产量高，穗大粒多，穗长20.0cm，有效穗255万～285万穗/hm^2，每穗总粒数130～143粒，结实率79.0%，千粒重19.0g。

品质特性：稻米外观品质为晚稻一级至特二级。

抗性：抗稻瘟病，感白叶枯病，耐肥，抗倒伏。

产量及适宜地区：1993年、1994年两年晚稻参加广东省区域试验，平均单产分别为4 959.0kg/hm^2、5 527.5kg/hm^2，比对照品种粳籼89减产4.9%和0.4%，减产均未达显著水平。适宜广东省栽培条件较好的地方作高产栽培。

栽培技术要点：①插植规格20cm×16.7cm、20cm×20cm。②在定植壮秧的前提下，要早施重施攻蘖肥，促进分蘖早、快、旺。③水肥管理上宜采用“前浅露，中露晒，后湿润”的灌排措施。④注意防治稻瘟病及其他病虫害。

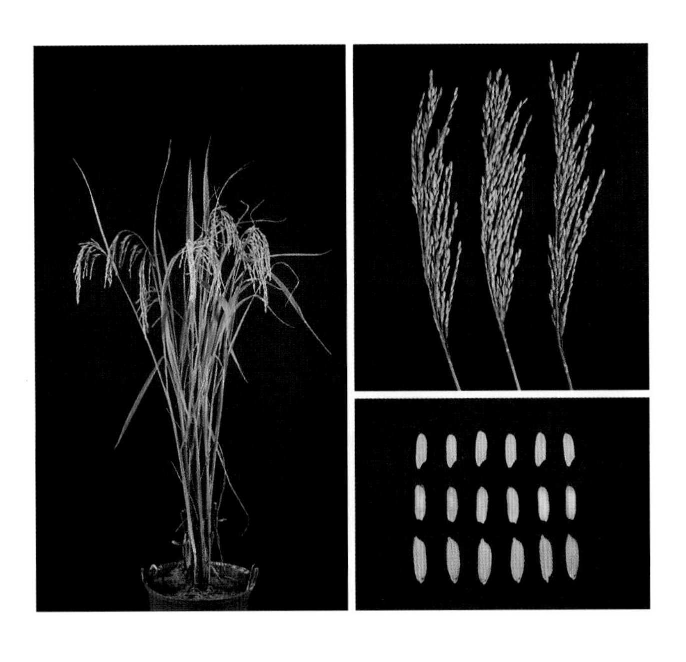

齐丰占（Qifengzhan）

品种来源：仲恺农业工程学院生命科学学院、台山市农业科学研究所用齐粒丝苗/丰良占杂交选育而成，2009年通过广东省农作物品种审定委员会审定。

形态特征和生物学特性：属感温型常规稻品种。早稻平均全生育期128 ~ 131d，比粤香占迟熟1 ~ 3d。株型适中，分蘖力强，叶色中绿，后期熟色中，缺点是成穗率、结实率偏低。株高97cm，穗长19.3 ~ 19.7cm，有效穗348.0万~ 366.0万穗/hm^2，每穗总粒数121.7 ~ 126.8粒，结实率75.8%~ 79.7%，千粒重17.5 ~ 17.6g。

品质特性：米质达国标和广东省标一级优质米标准，整精米率61.6%，垩白粒率7%，垩白度1%，直链淀粉含量17.4%，胶稠度78mm，食味品质分90分。

抗性：中抗稻瘟病，中B群、中C群和全群抗性频率分别为71.1%~ 71.4%、66.7%~ 72.2%、70.4%~ 71.0%，病圃鉴定穗瘟3 ~ 4.3级，叶瘟2 ~ 3.3级；中抗白叶枯病（3级）；抗倒伏能力弱；耐寒性模拟鉴定孕穗期和开花期均为中。

产量及适宜地区：2006年早稻参加广东省区域试验，平均单产5 478.0kg/hm^2，比对照品种粤香占减产5.2%，减产不显著；2007年早稻复试，平均单产5 409.0kg/hm^2，比对照品种粤香占减产6.8%，减产极显著。2007年早稻生产试验，平均单产5 838.0kg/hm^2，比对照品种粤香占减产4.6%。日产量42.0kg/hm^2。适宜粤北以外稻作区早稻、晚稻种植。

栽培技术要点：注意防治稻瘟病、白叶枯病和防倒伏。

齐粒丝苗（Qilisimiao）

品种来源：广东省农业科学院水稻研究所、台山市农业科学研究所用巨丰占/澳粳占杂交选育而成，2004年通过广东省农作物品种审定委员会审定。

形态特征和生物学特性：属感温型常规稻品种。早稻平均全生育期125 ～ 127d，比粤香占迟熟2 ～ 3d。生长平衡，株型较好，茎秆粗壮，分蘖力较强，抽穗整齐，后期熟色好。株高99cm，穗长19.6cm，有效穗337.5万～ 358.5万穗/hm^2，每穗总粒数123.9 ～ 126.8粒，结实率77.3%～ 84.1%，千粒重18.3 ～ 18.4g。

品质特性：早稻米质达国标三级优质米标准，外观品质鉴定为特二级，整精米率59.7%～62.9%，垩白粒率7%～9%，垩白度1.0%～1.4%，直链淀粉含量13.7%～15.4%，胶稠度76 ～ 83mm。

抗性：中抗稻瘟病，中B群、中C群和全群抗性频率分别为79.4%、76.5%、79.6%，病圃鉴定穗（颈）瘟为2.3级，叶瘟为2.7级；中感白叶枯病（5级）。

产量及适宜地区：2002年、2003年两年早稻参加广东省区域试验，平均单产分别为6 516.0kg/hm^2和5 860.5kg/hm^2，比对照品种粤香占分别减产8.9%和9.6%，2002年减产显著，2003年减产极显著。2003年早稻生产试验，平均单产 6 007.5kg/hm^2，比对照品种粤香占减产7.8%。适宜广东省各地早稻、晚稻种植，但粤北稻作区早稻根据生育期布局慎重选择使用。

栽培技术要点：①本田用种量18.75 ～ 22.5kg/hm^2，抛秧栽培，秧盘数为600盘/hm^2，秧龄3.5 ～ 4叶，抛植穴数27万～ 30万穴/hm^2。②抛后3 ～ 4d即追肥，争取20d够苗，即330万苗/hm^2左右，进行露田，促进禾苗长粗，前期施肥占全期75%～ 80%。③规范栽培，中期肥（幼穗分化2 ～ 3期，施肥量看禾苗、看天气）施复合肥112.5 ～ 150kg/hm^2。④注意防治稻瘟病和白叶枯病。

齐新占（Qixinzhan）

品种来源：广东省农业科学院水稻研究所用美香占2号/粤新占2号杂交选育而成，2006年通过广东省农作物品种审定委员会审定。

形态特征和生物学特性：属感温型常规稻品种。早稻平均全生育期129～132d，比粤香占迟熟4d。植株较高，株型适中，分蘖力较强，后期熟色好，株高103～111cm，穗长19.6～20.7cm，有效穗331.5万～333.0万穗/hm^2，每穗总粒数120.5～131.2粒，结实率78.5%～84.2%，千粒重18.2～19.1g。

品质特性：早稻米质达国标、广东省标三级优质米标准，整精米率52.3%，垩白粒率9%，垩白度3.8%，直链淀粉含量23.3%，胶稠度65mm，糙米长宽比3.6。

抗性：中抗稻瘟病，中B群、中C群和全群抗性频率分别为71.1%、75.0%、73.9%，病圃鉴定穗瘟5级，叶瘟3.7级；中感白叶枯病（5级）；抗倒伏性差，苗期耐寒性中等。

产量及适宜地区：2005年、2006年两年早稻参加广东省区域试验，平均单产分别为5 631.0kg/hm^{2}和5 580.0kg/hm^2，比对照品种粤香占减产4.1%、1.8%，减产均不显著。2006年早稻生产试验平均单产5 477.7kg/hm^2，比对照品种粤香占减产0.4%。日产量42.0～43.5kg/hm^2。适宜粤北以外稻作区早稻、晚稻种植。

栽培技术要点：①早稻轻施中期肥，晚稻重施中期肥。②注意防治稻瘟病、白叶枯病和防倒伏。

青二矮（Qing'er'ai）

品种来源：广东省农业科学院水稻研究所、东莞市农业科学研究所用青丰矮/江二矮杂交选育而成，分别通过广东省（1978）和国家（1984）农作物品种审定委员会审定。

形态特征和生物学特性：属早稻中熟常规稻品种。矮秆、高产、穗粒较多，全生育期125d，株高93cm左右，株型集散适中，叶片较直，前期生长势颇强，中期生长稳健，后期茎叶转色良好，抽穗成熟齐一，谷粒比较饱满，千粒重达26.0～27.0g。

品质特性：米质中等。

抗性：纹枯病较少，易感穗颈瘟，苗期较耐寒，易倒伏。

产量及适宜地区：一般单产5 250～6 000kg/hm^2，高的达7 500kg/hm^2。1979年推广面积34.6万hm^2。适宜在广东省中等或中等以上肥田种植。

青华矮6号（Qinghua'ai 6）

品种来源：广东省农业科学院水稻研究所通过（晚青/青兰）F_4/华竹杂交选育而成，分别通过广东省（1984）和国家（1990）农作物品种审定委员会审定。

形态特征和生物学特性：属感光型迟熟常规稻品种。只适宜晚稻种植，全生育期140d，比包选2号和二白矮迟熟2d。株高90～96cm，茎态中集，茎秆坚韧。叶片窄直，叶肉厚，中后期叶片挺直，叶色青翠，后期转色好，功能叶多，群体结构合理、协调。分蘖力中等，成穗率较高，有效穗345万穗/hm^2，穗长19.0cm，着粒密，每穗总粒数94.0粒，结实率87.2%，千粒重20.7～21.5g。

品质特性：腹白小，外观米质为晚稻二级，饭味可口。

抗性：高抗白叶枯病，易感稻曲病；中期较抗风耐浸，适应性广。

产量及适宜地区：1982年、1983年两年晚稻参加广东省区域试验，平均单产分别为5 295.0kg/hm^{2}和5 460.0kg/hm^2，比对照品种包选2号增产7.9%和21.4%，均达极显著值，与对照品种二白矮比较增减产不显著。适宜广东省、广西壮族自治区、海南省种植，尤其适宜沿海地区白叶枯病常发区域种植。

青六矮（Qingliu'ai）

品种来源：广东省农业科学院水稻研究所用三青矮2号//青油/矮家伙杂交选育而成，1990年通过广东省农作物品种审定委员会审定。

形态特征和生物学特性：属感温型迟熟常规稻品种。全生育期136d，前期叶色翠绿，叶姿挺直，分蘖力中等，株高102cm，有效穗330万穗/hm^2。穗长21.4cm，每穗总粒数109.9粒，结实率75.5%，千粒重22.2g，后期青枝蜡秆，熟色好，适应性广。

品质特性：外观米质为早稻二级。

抗性：抗稻瘟病，高感白叶枯病，苗期耐寒。

产量及适宜地区：1988年、1989年两年参加广东省区域试验，平均单产分别为5 839.5kg/hm^2、6 358.5kg/hm^2，1988年比对照品种桂朝2号增产2.2%；比三二矮减产4.0%；1989年比三二矮减产0.2%。适宜中上肥田种植。

栽培技术要点：①培育壮秧，秧田播种量300～450kg/hm^2。②插植基本苗数120万～150万苗/hm^2。③本田要多施基肥，早施多施追肥和增施钾肥。④中期多露轻晒，黄熟期不宜过早断水。

青小金早（Qingxiaojinzao）

品种来源：广东省原惠阳地区农业科学研究所于1957年从翻秋的矮脚南特中的变异单株经系统选育而成。

形态特征和生物学特性：属早稻特早熟常规稻品种。全生育期约95d，本田生育期70d左右，株高75 ~ 90cm，剑叶比矮脚南特稍短，稍窄，有效穗450多万穗/hm^2、高可达600万穗/hm^2，抽穗整齐、成熟一致。每穗总粒数45 ~ 50粒，结实率90.0%以上，千粒重26.0g。

品质特性：米质中等。

抗性：抗倒伏性强，适应性广。

产量及适宜地区：一般单产3 000 ~ 4 500kg/hm^2，高产达7 500kg/hm^2，1964年早稻，原惠阳地区农业科学研究所高产示范田种植0.13hm^2，平均单产7 290kg/hm^2；1970年早稻，龙川县新田公社新田大队作风生产队种植2.2hm^2，平均单产6 907.5kg/hm^2。1971年广东省全省推广面积8.07万hm^2，1977年全省约有2.4万hm^2。适宜受龙舟水威胁的沿江地带和一年三熟和多熟制的早中稻种植。

栽培技术要点：要注意种子消毒，以防徒长病；培育嫩壮秧，秧龄20 ~ 25d，采用铲秧；适时早播、早插、浅插，施足基肥、早追分蘖肥、或全作基肥。由于本品种特别早熟、应连片种植、以利防鼠、雀为害；要适期收获、并注意选留种、做好提纯复壮工作。

秋白早3号（Qiubaizao 3）

品种来源：广东省农业科学院水稻研究所用（矮秆种水田谷/秋长3号）的F_3代矮秆单株与山区品种局白杂交选育而成，1978年通过广东省农作物品种审定委员会审定。

形态特征和生物学特性：属晚稻早熟常规稻品种。全生育期135d，与广塘矮同熟。株高85 ~ 90cm。茎秆粗壮，分蘖力中等，叶片稍长，茸毛多，色较深；抽穗整齐，成穗率高，有效穗300万~ 375万穗/hm^2，后期熟色好，青枝蜡秆，穗大粒多，每穗总粒数一般可超过80粒。结实率高，一般在90.0%左右，千粒重24.0 ~ 26.0g。

抗性：抗寒、耐阴性较强；穗枝细长而硬，风吹易折断；不耐肥，后期易感染白叶枯病和发生稻飞虱危害。

产量及适宜地区：一般单产3 750 ~ 4 500kg/hm^2，高的可达6 000kg/hm^{2}以上。适宜粤北地区的沙质浅瘦田、湖洋锈水田、冷底晚稻田种植。

秋二矮（Qiu'er'ai）

品种来源：广东省农业科学院水稻研究所用矮秋谷系统第三代矮秆材料与“2150”杂交选育而成，1978年通过广东省农作物品种审定委员会审定。

形态特征和生物学特性：属晚稻迟熟常规稻品种。全生育期150d左右，比包选2号早3 ~ 5d。株高90 ~ 100cm，属中矮秆型品种。株型紧凑，茎细坚实，秆壁厚，叶窄厚直，田间通透性好，能容纳较多的穗数。穗型中等，每穗总粒数85.0粒左右，结实率85% ~ 95%，千粒重23.0 ~ 24.0g。

品质特性：米质中等。

抗性：对白叶枯病有较强的抵抗力；易落粒，较易感染纹枯病。

产量及适宜地区：一般单产4 500 ~ 6 000kg/hm^2，高产达7 500kg/hm^2。适宜除粤北地区外的中等和下等田类晚稻种植。

秋桂矮11（Qiugui'ai 11）

品种来源：广东省佛山市农业科学研究所用秋矮10号/桂朝2号杂交选育而成，1986年通过广东省农作物品种审定委员会审定。

形态特征和生物学特性：属感光型晚稻迟熟常规稻品种，只适宜晚稻种植。全生育期138d。植后早生快发，株高95cm左右，生长势壮旺，分蘖力较强，株叶形态好，茎秆粗壮。叶片直生，角度小，叶色翠绿，抽穗整齐，穗大粒多，稻穗均匀，是穗数和穗重相结合的品种，平均有效穗295.5万穗/hm^2，穗长20.3cm，每穗总粒数99.3粒，结实率84.0%，千粒重25.1g。

品质特性：外观品质为晚稻三级，米饭较柔软，食味较好。

抗性：对白叶枯病抗性弱；秆壁较薄，抗倒伏性稍弱。

产量及适宜地区：1984年、1985年两年晚稻参加广东省区域试验，平均单产分别为6 490.5kg/hm^2和5 742.0kg/hm^2，1984年比对照品种二白矮增产9.0%，比对照品种包选2号增产18.6%，1985年比对照品种二白矮增产16.0%，比对照品种玉场包增产23.3%，增产值均达极显著水准。两年都名列首位。适宜广东省清远以南地区的中上肥田种植。

栽培技术要点：①疏播育壮秧，一般播种量375 ~ 600kg/hm^2，秧龄30 ~ 35d。②插植苗数不宜过多，中等肥力田类基本苗数105万苗/hm^2左右为宜。③中期注意排水晒田，促使禾架矮化，提高抗倒伏能力。④适当增施穗肥，以增加穗粒数。⑤后期宜湿润灌溉。

饶平矮（Raoping'ai）

品种来源：广东省饶平县农业科学研究所1960年从矮脚南特中选得的一个优良变异单株，经多年选育，于1964年育成。

形态特征和生物学特性：属早稻中迟熟常规稻品种。全生育期135 ~ 140d，本田期90 ~ 95d。株高85cm，株型散生，叶稍宽而短直，剑叶角度小，茎基部呈紫红色，根群发达，分蘖力较弱，成穗率较低，穗型弯软，穗长粒大，每穗80粒左右，结实率90.0%，千粒重29.0g，颖尖紫色，后期熟色好。

品质特性：米质中等。

抗性：易感纹枯病；耐肥、抗倒伏，耐咸酸，苗期抗寒力较强。

产量及适宜地区：一般单产5 250kg/hm^{2}左右，高产达7 500kg/hm^{2}以上。1964年饶平县种植1 200hm^2，一般单产5 775kg/hm^2。1965年饶平新墟公社下光生产队种植4hm^2，平均单产8 025kg/hm^2。1965年广东省各地推广面积达26.87万hm^2，由于栽培历史长，种性退化，再加上其他新的高产品种推广，至70年代中期已逐渐淘汰，广东省内除汕头地区有种植外，其他各区很少种植。适宜山区、丘陵、沙质、半沙质肥田种植。

栽培技术要点：①宜采用小苗带土或大秧、铲秧，适当密植，增插苗数，插足基本苗300万苗/hm^2。②施足基肥，早施分蘖肥，增加有效分蘖。③适时排水晒田炼苗，提高抗病力，以防后期早衰，注意防治纹枯病和第二代三化螟虫。

软红米（Ruanhongmi）

品种来源：广东省农业科学院水稻研究所用五丰占/农家红米杂交选育而成，2008年通过广东省农作物品种审定委员会审定。

形态特征和生物学特性：属感温型常规稻品种。晚稻平均全生育期108d，比野丝占迟熟2d，与优优122相当。分蘖力较强，抽穗整齐度中等，株型紧束，叶色浓，叶姿挺直，长势繁茂，熟色中。株高93 ~ 101cm，穗长20.2 ~ 22.0cm，有效穗300万~ 312万穗/hm^2，每穗总粒数118.7 ~ 127.9粒，结实率79.7%~ 81.6%，千粒重21.2g。

品质特性：该品种为红米品种，晚稻精米米质达国标、广东省标二级优质米标准，整精米率67.6%，垩白粒率13%，垩白度2.9%，直链淀粉含量16.4%，胶稠度66mm，食味品质分83分。

抗性：抗稻瘟病，中B群、中C群和全群抗性频率分别为76.2%~ 85.3%、92.6%~ 100%、85.3%~ 87.7%，病圃鉴定穗瘟1 ~ 3级，叶瘟1 ~ 1.7级；中抗白叶枯病（Ⅳ型3级，Ⅴ型7级）；抗寒性模拟鉴定孕穗期为中弱、开花期为中。

产量及适宜地区：2006年晚稻参加广东省区域试验，平均单产6 009.0kg/hm^2，比对照品种野丝占减产2.0%，2007年晚稻复试，平均单产6 333.0kg/hm^2，比对照品种优优122减产0.2%，两年减产均不显著。2007年晚稻生产试验，平均单产6 543.0kg/hm^2，比对照品种优优122减产5.0%。日产量57.0 ~ 58.5kg/hm^2。适宜广东省中南和西南稻作区的平原地区早稻、晚稻种植。

栽培技术要点：后期不要过早停止灌溉，不要提前收获，以保证谷粒完熟、种皮红色。

三二矮（San'er'ai）

品种来源：广东省龙门县农业科学研究所用双二占/广二104杂交选育而成，1986年通过广东省农作物品种审定委员会审定。

形态特征和生物学特性：属感温型中迟熟常规稻品种。全生育期早稻133d，比青二矮迟熟8d，比桂朝2号早熟2d。株高93cm，茎叶形态较好，叶窄直，前期生长旺盛，分蘖力强，抽穗整齐，有效穗数多，有效穗367万穗/hm^2，穗长20.3cm，每穗总粒数100.3粒，结实率82.1%，千粒重22.5g。

品质特性：腹白小，饭味好，柔软可口，外观米质为早稻二级。

抗性：抗病性中强，中感纹枯病；苗期耐寒性较差，易倒伏。

产量及适宜地区：1985年、1986年两年参加广东省区域试验，平均单产分别为6 274.5kg/hm^2和6 235.5kg/hm^2，1985年比对照品种青二矮增产11.8%，1986年比对照品种桂朝2号增产8.5%，比对照品种双桂36增产6.9%，两年均名列首位，增产都达极显著值。适宜广东省中南部丘陵、山区及平原地区中上肥田推广。

栽培技术要点：①适时播种，小穴密植，一般秧田播种量225 ～ 300kg/hm^2，早稻秧龄30d，晚稻秧龄15 ～ 20d。②施肥原则是“前促、中补、后控”，其比例为7 ∶ 2 ∶ 1，多施有机肥。③排水采用“前浅勤灌，中期多露轻晒，后期干干湿湿”的原则。④注意防治稻瘟病。

三五糯（Sanwunuo）

品种来源：广东省农业科学院水稻研究所用省糯3号/HB580杂交选育而成，1992年通过广东省农作物品种审定委员会审定。

形态特征和生物学特性：属感温型糯稻常规稻品种。早稻全生育期126d。根系发达，茎秆粗壮，叶片直，株型好，分蘖力较强，后期熟色好，高产稳产，株高100cm，有效穗360万穗/hm^2，每穗总粒数103.0粒，结实率78.0%，千粒重28.0g。

品质特性：糯性好，饭性软，食味好，酿酒出酒量高，含糖分高。

抗性：高抗稻瘟病，白叶枯病2级，中抗褐飞虱和白背飞虱，耐肥、抗倒伏，苗期耐寒。

产量及适宜地区：1989年早稻参加广东省区域试验，平均单产5 500.5kg/hm^2，比对照品种广科36减产9.7%；1991年复试，平均单产5 607.0kg/hm^2，比对照品种广科36减产13.5%，两年减产均达极显著。适宜广东省各稻区种植。

栽培技术要点：施足基肥，早施追肥，关键是适当重施中期肥，增加追施穗粒肥，减少颖花退化。

三阳矮1号（Sanyang'ai 1）

品种来源：广东省农业科学院水稻研究所用丰阳矮/三二矮杂交选育而成，1992年通过广东省农作物品种审定委员会审定。

形态特征和生物学特性：属感温型常规稻品种。早稻全生育期128 ～ 130d。株型好，分蘖力较强，早生快发，不易穗上发芽，株高95cm，有效穗345万穗/hm^2，每穗总粒数122.0粒，结实率74.0%，千粒重21.0g。

品质特性：稻米外观品质为早稻二级。

抗性：稻瘟病抗性频率全群81.3%，中B群、中C群均为83.3%；中抗白叶枯病（3级）；苗期耐寒，晚稻前期较耐高温。

产量及适宜地区：1990年、1991年两年早稻参加广东省区域试验，平均单产分别为6 192.0kg/hm^2和6 238.5kg/hm^2，分别比对照品种广科36增产3.5%和减产3.8%，增减产均不显著。适宜广东省各稻区中、下等肥力田和非稻瘟病历史病区种植。

栽培技术要点：施足基肥，早施追肥，够苗露晒田，壮秆增强抗倒伏性，注意防治稻瘟病。

三源921（Sanyuan 921）

品种来源：广东省佛山市农业科学研究所用［(新会野生稻/341）F_1//834］F_1///株6杂交选育而成，1996年通过广东省农作物品种审定委员会审定。

形态特征和生物学特性：属常规优质稻品种。晚稻全生育期118d，与粳籼89相当。株高89～98cm，株叶形态好，后二叶较宽，分蘖力中等，茎秆粗壮，抽穗整齐，穗大粒多，有效穗285万穗/hm^2，每穗总粒数123～146粒，结实率79.0%，千粒重19.0g。适应性广，后期熟色好。

品质特性：稻米外观品质为晚稻特二级。

抗性：高抗稻瘟病感白叶枯病（7级）。

产量及适宜地区：1993年、1994年两年晚稻参加广东省区域试验，平均单产分别为5 119.5kg/hm^2和5 596.5kg/hm^2，分别比对照品种粳籼89减产1.8%和增产0.8%，增减产均未达显著水平。适宜广东省各稻作区种植。

栽培技术要点：①晚稻秧龄不宜超过25d，以20d为宜。②插植苗数75万～90万苗/hm^2。③要早施追肥，重视幼穗分化肥，中期露田轻晒。④注意防治纹枯病和白叶枯病。

三源93（Sanyuan 93）

品种来源：广东省佛山市农业科学研究所以粳稻、籼稻和野生稻三种材料的杂交后代600为母本，与七桂早25杂交选育成，1997年通过广东省农作物品种审定委员会审定。

形态特征和生物学特性：属感温型优质常规稻品种。全生育期晚稻124d，比粳籼89迟熟3d，早稻约130d。株高95cm，剑叶较宽，茎秆粗壮，分蘖力中等偏弱，穗较少，但穗大粒密枝梗多，穗长21.0cm，有效穗270万穗/hm^2，每穗总粒数145.0粒，结实率77.0%，千粒重21.0g。

品质特性：米质优，稻米外观品质为晚稻特二级至一级。

抗性：高抗稻瘟病，中感白叶枯病（4级）；耐肥，抗倒伏性较强，较耐寒。

产量及适宜地区：1994年、1995年两年晚稻参加广东省区域试验，平均单产分别为5 578.5kg/hm^2和5 953.5kg/hm^2，比对照品种粳籼89分别增产0.5%和3.6%，增产不显著。适宜粤北以外中上肥力地区早稻、晚稻种植。

栽培技术要点：①晚稻秧龄不宜超过28d，以25d为宜。②重施幼穗分化肥。③注意防治纹枯病。

山溪占11（Shanxizhan 11）

品种来源：广东省佛山市农业科学研究所用山溪占175/籼黄占8号杂交选育而成，1999年通过广东省农作物品种审定委员会审定。

形态特征和生物学特性：属感温型常规稻品种。晚稻种植全生育期121～124d，比粳籼89迟熟4～5d。穗大粒多，着粒密，结实率较高，产量、品质、抗病性综合性状较好。株高98cm，穗长20.0cm，有效穗270万穗/hm^2，每穗总粒数145.0粒，结实率82.0%，千粒重21.0g。

品质特性：稻米外观品质为晚稻一级，饭偏黏。

抗性：高抗稻瘟病，中感白叶枯病（5级），抗倒伏性较弱。

产量及适宜地区：1996年、1997年两年晚稻参加广东省区域试验，平均单产分别为6 117.0kg/hm^2和5 626.5kg/hm^2，比对照品种粳籼89分别增产3.1%和2.7%，增产均未达显著。适宜广东省中南部中等肥力地区种植。

栽培技术要点：①施足基肥，早施追肥，增施磷钾肥，施肥水平中等，防止偏氮引起倒伏，酌情施用中期肥，可施复合肥75～90kg/hm^2，尿素30～45kg/hm^2。②前期浅灌，中期长露轻晒，利于扎根健身，后期保持田面湿润，不宜过早断水。③注意防治病虫害。

胜巴丝苗（Shengbasimiao）

品种来源：华南农业大学农学院用胜泰1号/增巴丝苗杂交选育而成，2005年通过广东省农作物品种审定委员会审定。

形态特征和生物学特性：属感温型常规稻品种。晚稻全生育期109 ~ 115d，比粳籼89早熟3d。株型好，生长势旺，剑叶窄、长、弯，穗大粒多，粒形小，镰刀型，株高107 ~ 110cm，穗长22.5cm，有效穗304.5万穗/hm^2，每穗总粒数137.0粒，结实率77% ~ 85.9%，千粒重15.9 ~ 16.3g。

品质特性：稻米外观品质为晚稻特一级至一级，整精米率66.5% ~ 71.4%，垩白粒率6% ~ 15%，垩白度0.6% ~ 1.5%，直链淀粉含量13.8% ~ 14.0%，胶稠度82 ~ 87mm。

抗性：高抗稻瘟病，中B群、中C群和全群抗性频率分别为100%、95.4%、97.2%，病圃鉴定叶瘟为1级，穗瘟为1.7级；感白叶枯病（7级）；抗倒伏性稍差，耐寒性弱。

产量及适宜地区：2002年、2003年两年晚稻参加广东省区域试验，平均单产分别为5 223.0kg/hm^{2}和5 323.5kg/hm^2，比对照品种粳籼89分别减产5.9%和4.7%，2002年减产不显著，2003年减产显著。2003年晚稻生产试验，平均单产5 422.5kg/hm^2，比对照品种粳籼89减产13.0%。日产量45.0 ~ 48.0kg/hm^2。适宜广东省各地早稻、晚稻种植，但粤北稻作区早稻根据生育期布局慎重选择使用。

栽培技术要点：①早稻2 ~ 3月播种，秧龄25 ~ 30d（抛秧15 ~ 20d）；晚稻7月上中旬播种，秧龄15 ~ 18d（抛秧7 ~ 10d）。②适当稀植，插植穴数19.5万 ~ 22.5万穴/hm^2，每穴栽插3 ~ 4苗，抛秧450盘/hm^{2}左右为好。③施足基肥，以腐熟有机肥为好，早施重施追肥，适时排水晒田，巧施适施促花肥和保花肥。④齐穗期后可喷施磷酸二氢钾、微量元素硼肥以及叶面肥等提高结实率，并延迟收获，有利于提高产量。⑤注意防倒伏，特别注意防治白叶枯病。

胜泰1号（Shengtai 1）

品种来源：广东省农业科学院水稻研究所用胜优2号/泰引1号杂交选育而成，1999年通过广东省农作物品种审定委员会审定。

形态特征和生物学特性：属感温型常规稻品种。晚稻种植全生育期116～117d，与粳籼89相当。茎秆粗壮，穗大粒多，但结实率偏低。株高95cm，穗长22～24cm，有效穗270万穗/hm^2，每穗总粒数141～144粒，结实率73%～79%，千粒重23.0g。

品质特性：稻米外观品质为晚稻一级，直链淀粉含量18%。

抗性：稻瘟病抗性频率全群52.8%，其中中B群51.7%，中C群66.7%；中感白叶枯病(5级)；耐肥，抗倒伏。

产量及适宜地区：1996年、1997年两年晚稻参加广东省区域试验，平均单产分别为6 022.5kg/hm^2和5 415.0kg/hm^2，分别比对照品种粳籼89增产1.6%和减产1.2%，增产、减产均不显著。适宜粤北以外肥力条件较好的非稻瘟病区种植。

栽培技术要点：①早施重施前期肥，促分蘖，促早长，为后期大穗重穗打下基础，施用保粒、攻粒肥，延长灌浆时间，根据土壤肥力和产量指标而确定施肥量，并注意多施有机肥，注意氮、磷、钾配合施用。②注意防治稻瘟病。

胜优2号（Shengyou 2）

品种来源：广东省农业科学院水稻研究所用双青21/丛型3号杂交选育而成，1994年通过广东省农作物品种审定委员会审定。

形态特征和生物学特性：属感温型常规稻品种。全生育期早稻135d，株型好，株高100～105cm，分蘖力中等，穗大粒多，结实率高，有效穗286.5万穗/hm^2，每穗总粒数120.0粒左右，结实率85%～90%，千粒重25.9g。

品质特性：稻米外观品质为早稻三级。

抗性：抗稻瘟病，中抗白叶枯病。

产量及适宜地区：1992年、1993年两年早稻参加广东省区域试验，平均单产分别为6 784.5kg/hm^2和6 474.0kg/hm^2，比对照品种三二矮分别增产12.8%和10.9%，增产均达极显著水平。适宜广东省非稻瘟病区早稻、晚稻种植，粤北地区早稻不宜种植。

栽培技术要点：①插足基本苗，插基本苗120万～150万苗/hm^2。②施足基肥，早施分蘖肥，控制在插后19d左右达到计划穗数，最高分蘖数450万穗/hm^2左右，插后28d左右幼穗分化前几天，如茎叶株色顺调，施用速效氮肥，孕穗期间，禾苗生长正常，适施速效氮、钾肥。③采用“前浅露，中露晒，后湿润”排灌措施。④注意防治稻瘟病。

十石歉（Shidanqian）

品种来源：又名九石歉，原是广东省揭阳县农家种，后来由劳模林炎城采用“一株传”的选种方法精选而成。

形态特征和生物学特性：属晚稻迟熟常规稻品种。全生育期135 ～ 145d。株高110cm左右，茎秆细而坚硬，株型集中，叶片较小而直，叶色浓绿，叶下禾，穗型弯，抽穗不离鞘，穗长18 ～ 20cm左右，每穗枝梗7 ～ 9条，每穗总粒数70 ～ 80粒，结实率92.0%左右，谷粒椭圆形，淡黄色，谷沟较深，谷壳薄，千粒重23.0 ～ 24.0g，不易落粒，易发芽。

品质特性：米质中等，糙米率73.0 %～ 75.0%，米白色。

抗性：抗风力强，对稻热病、稻苞虫的抵抗力强，耐旱性中等，但易感染徒长病和受浮尘子为害，不耐酸碱，耐肥性强，秆硬不易倒伏。

产量及适宜地区：一般单产3 000 ～ 3 750kg/hm^2，高产的达6 000kg/hm^{2}以上。1956年在各地试种表现为在阳光充足、排灌便利的中等肥田种植，比当地本地种增产10%左右。1958年梅县地区兴宁县东石公社坝头大队种植0.16hm^2，平均单产6 375kg/hm^2；海南地区琼海县乐会公社大面积种植，平均单产2 400 ～ 2 625kg/hm^2，高产达5 250kg/hm^2。20世纪50年代推广面积在2万hm^{2}左右，以揭阳、潮阳、梅县等地栽培较多，适于排灌方便的肥田种植。后来由于生产条件的不断发展和新品种的出现，该品种已逐渐为新品种取代。

栽培技术要点：①培育40 ～ 50d的老壮秧。②该品种叶色浓绿，易招惹螟虫、稻苞虫和浮尘子为害，必须注意及时防治，做好种子消毒和加强田间管理工作。③应选择阳光充足，排灌便利的肥田种植，不宜在酸碱田种植，要施足基肥和追肥。

双朝25（Shuangchao 25）

品种来源：广东省农业科学院水稻研究所用双桂36/抗2号杂交选育而成，1990年通过广东省农作物品种审定委员会审定。

形态特征和生物学特性：属感温型迟熟常规稻品种。全生育期136d，株高95cm左右，生长势强，株型较集直，分蘖力强，成穗率高，有效穗339万穗/hm^2，穗长20.0cm，每穗总粒数100.2粒，结实率82.4%，千粒重24.8g。

品质特性：外观品质为早稻三级。

抗性：高抗稻瘟病，感白叶枯病（7级）。

产量及适宜地区：1988年、1989年两年早稻参加广东省区域试验，平均单产分别为6 166.5kg/hm^2和6 244.5kg/hm^2，1988年比对照品种桂朝2号增产7.7 %，比对照品种三二矮增产1.4%，名列首位；1989年比三二矮减产2.0%，名列第五。适宜广东省中南部非白叶枯病地区中等以上肥力稻田种植。

栽培技术要点：①采用低群体栽培，插植规格16.7cm × 20cm，每穴栽插3 ～ 4苗。②在施肥管理上以产量7 500kg/hm^2左右定为用肥指标，要注意氮、磷、钾配合，后期不能偏氮。③防止倒伏，并注意保纯。

双丛169-1（Shuangcong 169-1）

品种来源：广东省农业科学院水稻研究所用双桂/丛桂杂交选育而成，1987年通过广东省农作物品种审定委员会审定。

形态特征和生物学特性：属感温型常规稻品种。全生育期早稻127d，比青二矮迟熟4～5d，比桂朝2号早熟3d左右。前期早生快发，叶姿稍散。株高95～100cm，中后期叶片较窄直、青翠，株叶形态集散适中，长势壮旺，分蘖力较强，穗粒重协调，后期熟色好。有效穗345万穗/hm^2，穗长18.0cm，着粒较密，每穗总粒数95～100粒，结实率82.3%～86.6%，千粒重25.0g。

抗性：对稻瘟病全群和中B群抗性频率分别为53.1%、57.1%；不抗白叶枯病和白背飞虱，较抗褐稻飞虱，苗期稍耐寒，抗倒伏能力中等。

产量及适宜地区：1986年、1987年两年早稻参加广东省区域试验，平均单产分别为6 346.5kg/hm^2和6 472.5kg/hm^2，比对照品种青二矮分别增产10.3%和12.1%，增产均达极显著值。适宜广东省中北部以南地区种植。

双二占（Shuang'erzhan）

品种来源：广东省斗门县农业科学研究所用（木新占/IR20）F_4/IR22杂交选育而成，1985年通过广东省农作物品种审定委员会审定。

形态特征和生物学特性：属感温型常规稻品种。全生育期早稻135d，比桂朝2号早熟3d。晚稻全生育期117d，比紧粒新四占早熟6d。株高85cm，根系发达，生长势强，分蘖力中等，株型集直，叶色稍浓，叶片窄直。后期熟色较好。有效穗319.5万穗/hm^2，穗长19.9cm，每穗总粒数83.5粒，结实率86.7%，千粒重22.5g。

品质特性：米质较好，晚稻为出口一级米，早稻为内销一级米。

抗性：抗白叶枯病，较抗稻瘟病，易感纹枯病，耐肥，抗倒伏，苗期耐寒力较弱。

产量及适宜地区：1984年晚稻参加广东省优质谷区域试验，平均单产5 113.5kg/hm^2，比对照品种紧粒新四占增产9.6%，达显著值。1985年早稻参加广东省优质谷区域试验，平均单产5 503.5kg/hm^2，比对照品种民科占增产4.7%，名列首位。

双桂1号（Shuanggui 1）

品种来源：广东省农业科学院水稻研究所用桂阳矮C17/桂朝2号杂交选育而成，分别通过广东省（1983）和国家（1989）农作物品种审定委员会审定。

形态特征和生物学特性：属感温型常规稻品种。全生育期早稻145d，比桂朝2号迟熟5d，晚稻120d左右，比桂朝2号迟熟4d。分蘖力强，前期生长快，节间比较短，秆矮，株高90～95cm，比桂朝2号矮10cm左右，剑叶较厚而直，晚稻栽培总叶数15片。主穗和分蘖穗生长不够整齐，高低穗很明显。以早期低位分蘖穗大粒多，结实率高，其次是主穗，再次是中间迟出的中高位分蘖。千粒重25.2g。

品质特性：米质中等。

抗性：对白叶枯病及稻瘟病的抗性比桂朝2号强，感纹枯病，耐肥，抗倒伏。

产量及适宜地区：1980年、1981年两年晚稻参加广东省区域试验，平均单产分别为5 446.5kg/hm^{2}和4 338.0kg/hm^2，比对照品种广塘矮分别增产14.2%和19.4%。适宜广东省中部和中部以北的地区晚稻种植，南部和沿海地区或有防寒育秧的中部地区可早稻种植。1985年该品种推广应用达81.2万hm^2。

双桂36（Shuanggui 36）

品种来源：广东省农业科学院水稻研究所从双桂1号（桂阳矮C17/桂朝2号）的姐妹系中选育而成，1986年通过广东省农作物品种审定委员会审定。

形态特征和生物学特性：属感温型迟熟常规稻品种。全生育期早稻135 ~ 140d，晚稻120 ~ 125d。株高83 ~ 92cm，分蘖力强，植株形态好，株型集散适中，叶厚短挺直，叶色青翠。后期根活力正常，转色顺调，青叶数多，熟色好。有效穗385.5万穗/hm^2，穗长19.7cm，每穗总粒数87.3粒，结实率83.5%，千粒重23.8g。

品质特性：米质中等。

抗性：较耐肥、抗倒伏。

产量及适宜地区：1983年早稻参加广东省区域试验，平均单产6 220.5kg/hm^2，比对照品种桂朝2号减产3.5%，1986年早稻再参加省区域试验，平均单产5 833.5kg/hm^2，比对照品种桂朝2号增产1.5%。适宜广东省中、南部地区各种田类种植。1985年该品种种植面积达18.53万hm^2。

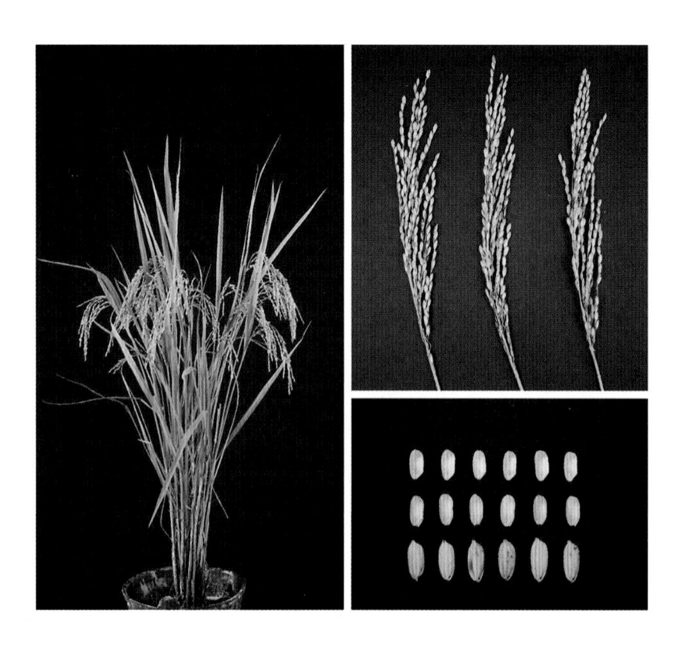

双银占（Shuangyinzhan）

品种来源：广东省农业科学院水稻研究所通过固优占/银晶软占//银晶软占杂交选育而成，2009年通过广东省农作物品种审定委员会审定。

形态特征和生物学特性：属感温型常规稻品种。晚稻平均全生育期104～107d，与优优122相当。株型中集，叶姿挺直，长势繁茂，抽穗整齐，结实率高，着粒较疏，熟色好。株高103～105cm，穗长22.3～22.4cm，有效穗298.5万～309万穗/hm^2，每穗总粒数130.6～134.8粒，结实率86.3%～88.1%，千粒重19.8～19.9g。

品质特性：米质达国标三级、广东省标二级优质米标准，整精米率72%，垩白粒率28%，垩白度4%，直链淀粉含量17.6%，胶稠度80mm，食味品质分82分。

抗性：感稻瘟病，中B群、中C群和全群抗性频率分别为57.4%、76.5%、62.7%，病圃鉴定穗瘟7级，叶瘟3.7级；抗白叶枯病（1级）；抗倒伏能力强；耐寒性模拟鉴定孕穗期为中、开花期为中弱。

产量及适宜地区：2007年、2008年两年晚稻参加广东省区域试验，平均单产分别为6 441.0kg/hm^{2}和6 418.5kg/hm^2，比对照品种优优122分别增产1.5%和5.5%，增产均不显著。2008年晚稻生产试验平均单产 6 403.5kg/hm^2，比对照品种优优122增产8.4%。日产量60.0～61.5kg/hm^2。适宜广东省中南和西南稻作区的平原地区早稻、晚稻种植。

栽培技术要点：特别注意防治稻瘟病，稻瘟病历史病区不宜种植。

双竹占（Shuangzhuzhan）

品种来源：广东省农业科学院1962年用中竹2915（用中山无名种/晚稻早熟竹占杂交育成）/塘竹1923杂交选育，于1966年育成。

形态特征和生物学特性：属感温型优质常规稻品种。晚稻全生育期85 ～ 90d，比广塘矮早熟20d，属特早熟品种。早稻全生育期130d，比珍珠矮早熟3 ～ 5d，属中熟品种。株高约100cm。生长势强，茎秆细小，叶色淡，叶片窄弯，分蘖力强，有效穗多，有效穗达495万～ 795万穗/hm^2。千粒重16.0 ～ 18.0g。

品质特性：米质为特优质。

抗性：不抗倒伏。

产量及适宜地区：一般单产3 000 ～ 3 375kg/hm^2，高产达4 500kg/hm^2。惠东县铁冲公社黄坑大队琴台岭生产队1973年种植1.2hm^2，平均单产5 085kg/hm^2，惠阳县沥林公社沥林二队1975年种植1hm^2，平均单产4 350kg/hm^2。1975年广东省推广种植面积2.4万多hm^2，主要分布在原惠阳地区的紫金、东莞、惠阳、博罗、宝安等县。1987年推广种植面积达14.93万hm^2。

台珍92（Taizhen 92）

品种来源：广东省台山市大江镇农科站用台山1号（科字6号）/珍珠矮11杂交选育而成，1978年通过广东省农作物品种审定委员会审定。

形态特征和生物学特性：属早稻中熟偏迟品种。全生育期142d，比珍珠矮11号迟熟7～8d。株高90cm，茎秆粗壮，叶片比珍珠矮窄、厚、直，株型中集，群体结构好，光能利用率高。根系发达，生长势壮旺，成熟时青枝蜡秆。有效穗375万穗/hm^2，抽穗不够整齐，穗长20.7cm，每穗总粒数85.3粒，结实率80.0%，千粒重25.0g左右。比珍珠矮11耐肥，但比科字6号省肥。

品质特性：谷粒饱满黄净，圆粒形，出米率较高，米质好。

抗性：抗病性一般，不抗稻瘟病，抗倒伏性强，耐寒性偏弱。

产量及适宜地区：一般单产5 250～6 000kg/hm^2。适宜于非稻瘟病区的中等以上肥田种植。

泰澳丝苗（Tai'aosimiao）

品种来源：广东省农业科学院水稻研究所用泰黄占/澳雪占//丰富占杂交选育而成，2006年通过广东省农作物品种审定委员会审定。

形态特征和生物学特性：属感温型常规稻品种。晚稻平均全生育期110～113d，比粳籼89早熟2d。株型好，生长势强，茎态中集，叶色浓绿，分蘖力较强，穗型中等，后期熟色好，株高95～99cm，穗长21.4～21.6cm，有效穗288万～294万穗/hm^2，每穗总粒数134.6～141.5粒，结实率80.0%～84.6%，千粒重19.7～21.3g。

品质特性：晚稻米质达国标三级、广东省标二级优质米标准，整精米率68.8%，垩白粒率14%，垩白度3.6%，糙米长宽比3.2，直链淀粉含量20.5%，胶稠度64mm，食味品质分81分。

抗性：中感稻瘟病，中B群、中C群和全群抗性频率分别为50.0%、90.9%、61.8%，病圃鉴定穗瘟5级，叶瘟3级；中感白叶枯病（5级）；耐寒性中弱。

产量及适宜地区：2004年、2005年两年晚稻参加广东省区域试验，平均单产分别为6 499.5kg/hm^2和5 868.0kg/hm^2，分别比对照品种粳籼89增产1.4%和减产4.1%，增产、减产均不显著。2005年晚稻生产试验，平均单产6 247.5kg/hm^2，比对照品种粳籼89减产3.4%。日产量54.0～57.0kg/hm^2。适宜广东省各稻作区早稻、晚稻种植，但粤北稻作区早稻根据生育期慎重选择使用。

栽培技术要点：①早稻用复合肥轻施中期肥，晚稻重施中期肥。②控制有效穗345万穗/hm^2左右。③注意防治稻瘟病和白叶枯病。

泰四占（Taisizhan）

品种来源：广东省惠州市农业科学研究所用胜泰1号/七四占杂交选育而成，2006年通过广东省农作物品种审定委员会审定。

形态特征和生物学特性：属感温型常规稻品种。早稻平均全生育期127 ~ 130d，比粤香占迟熟2 ~ 3d。株型集散适中，叶色浓，抽穗整齐，熟色好。株高98 ~ 101cm，穗长21.1 ~ 21.4cm，有效穗340.5万 ~ 346.5万穗/hm^2，每穗总粒数127 ~ 133粒，结实率80.0% ~ 84.5%，千粒重19.9g。

品质特性：早稻米质达国标三级优质米标准，外观品质为早稻特二级，整精米率54.7% ~ 55.4%，垩白粒率3% ~ 13%，垩白度0.2% ~ 2.0%，直链淀粉含量15.2% ~ 15.52%，胶稠度75 ~ 86mm。

抗性：中感稻瘟病，中B群、中C群和全群抗性频率分别为60.0%、44.4%、54.8%，病圃鉴定叶瘟为2.7级，穗瘟为5.3级；感白叶枯病（7级）。

产量及适宜地区：2003年、2004年两年早稻参加广东省区域试验，平均单产分别为6 522.0kg/hm^2和7 258.5kg/hm^2，比对照品种粤香占分别减产0.9%和0.1%，减产均不显著。2004年早稻生产试验，平均单产 6 985.5kg/hm^2，比对照品种粤香占减产2.3%。日产量51.0 ~ 55.5kg/hm^2。适宜广东省各稻作区早稻、晚稻种植，但粤北稻作区早稻根据生育期慎重选择使用。

栽培技术要点：①施纯氮135 ~ 165kg/hm^2，氮磷钾比例以1 ∶ 0.6 ∶ 0.65为宜。②注意防治稻瘟病和白叶枯病，及时防治螟虫、稻纵卷叶虫。

泰源占7号（Taiyuanzhan 7）

品种来源：广东省广州市农业科学研究所用胜泰1号/丰丝占杂交选育而成，2009年通过广东省农作物品种审定委员会审定。

形态特征和生物学特性：属感温型常规稻品种。晚稻平均全生育期109～111d，比粳籼89早熟3d。株型中集，叶姿挺直，长势繁茂，抽穗整齐，熟色中，株高99～101cm，穗长22.1～23.1cm，有效穗303万～328.5万穗/hm^2，每穗总粒数127.1～132.8粒，结实率76.8%～81.7%，千粒重21.6～22.4g。

品质特性：米质达国标、广东省标二级优质米标准，整精米率71.4%，垩白粒率16%，垩白度3%，直链淀粉含量19%，胶稠度63mm，食味品质分80分。

抗性：感稻瘟病，中B群、中C群和全群抗性频率分别为66.7%、64.7%、66.7%，病圃鉴定穗瘟7级，叶瘟6.3级；抗白叶枯病（1级）；抗倒伏能力中强；耐寒性模拟鉴定孕穗期、开花期均为中。

产量及适宜地区：2007年、2008年两年晚稻参加广东省区域试验，平均单产分别为6 456.0kg/hm^{2}和6 340.5kg/hm^2，比对照品种粳籼89分别增产0.3%和5.7%，增产均不显著。2008年晚稻生产试验，平均单产6 361.5kg/hm^2，比对照品种粳籼89增产7.0%。日产量58.5kg/hm^2。适宜粤北以外稻作区早稻、晚稻种植。

栽培技术要点：①早稻种子作翻秋种植，选用完全成熟饱满而且完全晒干后的种子播种，以避免休眠性影响发芽率。②注意防治稻瘟病和白叶枯病。

塘埔矮（Tangpu'ai）

品种来源：广东省原揭阳县渔湖公社埔村农民黄廷国从绞盘矮品种中选育出来的晚稻品种，又名廷国种、矮种。

形态特征和生物学特性：属晚稻迟熟常规稻品种。全生育期150 ~ 155d，本田期110d左右。中秆，株高110cm左右，茎秆粗硬，叶片短而直，剑叶长24 ~ 28cm，叶淡黄色，分蘖力强，无效分蘖较少，适应性广。易落粒、发芽，有包颈现象，影响结实率。

品质特性：腹白中，米质中等，出米率68.0% ~ 70.0%，米白色。

抗性：抗稻瘟病力强；多肥易发生白叶枯病；易感徒长病；耐肥，抗倒伏，耐旱力中等，但不耐浸，耐酸、耐咸性差，抗寒力弱。

产量及适宜地区：一般单产5 250kg/hm^2，高产的达6 000kg/hm^{2}以上。为1959年广东省大面积推广的单产达7 500kg/hm^{2}品种之一，湛江地区出现过单产7 500kg/hm^{2}以上的面积达26hm^2。20世纪50年代广东省曾一度推广，种植面积达31.86万hm^2。60年代由于新品种的育成和推广，该品种已逐年减少了。1975年广东省种植面积只有2 200多hm^2，以惠阳地区种植面积最大，达1 800hm^2。

栽培技术要点：①播种前种子要消毒，培育老壮秧，秧苗期40 ~ 50d。②注意施足基肥，早追肥，后期适施壮尾肥。③中期适度晒田。④选择中等以上肥田种植。⑤及时收获和防治病虫害。

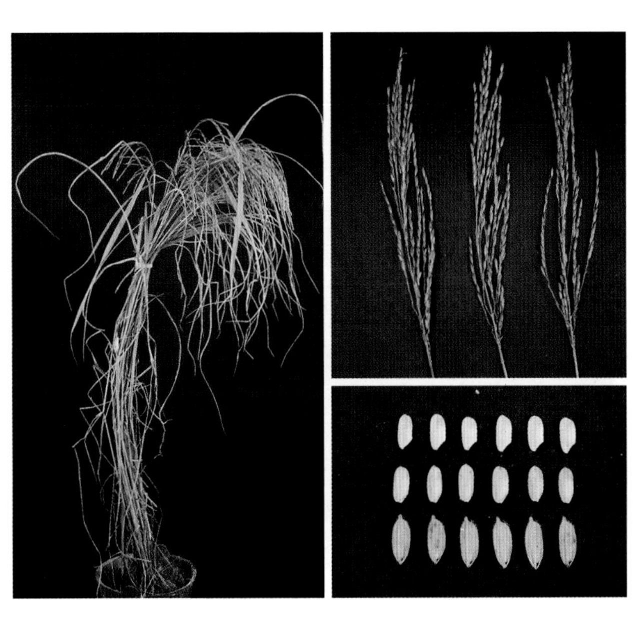

特青2号（Teqing 2）

品种来源：广东省农业科学院水稻研究所用叶青伦/特矮杂交选育而成，1988年通过广东省农作物品种审定委员会审定。

形态特征和生物学特性：属感温型迟熟常规稻品种。全生育期早稻140d，晚稻120 ~ 125d。株高95 ~ 100cm，分蘖力中等偏弱，叶片厚直，叶色浓绿。株型集散适中，茎秆较粗而坚实，根系发达，后期熟色好。穗型好，着粒较密，有效穗280.5万穗/hm^2，穗长18 ~ 20cm，每穗实粒数118.6粒，结实率77.9%，千粒重25.0g。

品质特性：稻米外观品质三级。

抗性：抗白叶枯病，感穗颈瘟、纹枯病；耐盐，耐肥，抗倒伏。

产量及适宜地区：1986年、1987年两年晚稻参加广东省区域试验，平均单产分别为5 809.5kg/hm^2和5 802.0kg/hm^2，比对照品种双桂36分别增产0.9%和3.3%。适宜广东省中南部水肥条件较好的非稻瘟病区推广种植。1988年种植面积达26.93万hm^2。

栽培技术要点：①早稻于2月下旬至3月上旬初播种，尼龙薄膜育秧；本田宜施足基肥，早施追肥，采用“攻前、控中、保尾”的施肥原则。②晚稻于7月10日前后播种，7月底8月初插秧。实行疏播匀播，小穴合理密植；本田早施重施攻蘖肥，适施攻粒肥。③合理排灌水。④注意防治稻瘟病。

特三矮2号（Tesan'ai 2）

品种来源：广东省农业科学院水稻研究所用特青2号/三二矮杂交选育而成，分别通过广东省（1992）和国家（1995）农作物品种审定委员会审定。

形态特征和生物学特性：属感温型常规稻品种。全生育期早稻136d，株型好，分蘖力中等偏强，茎秆粗壮，抽穗整齐，穗大粒多，耐肥，后期熟色好，株高95～100cm，有效穗315万穗/hm^2，每穗总粒数109粒，结实率86.0%，千粒重26.0g。

品质特性：稻米外观品质为早稻三级。

抗性：抗稻瘟病；中抗白叶枯病（3级），抗倒伏，苗期耐寒。

产量及适宜地区：1990年、1991年两年早稻参加广东省区域试验，平均单产分别为6 682.5kg/hm^{2}和7 194.0kg/hm^2，比对照品种三二矮分别增产8.4%（不显著）和19.8%（极显著）。适宜沿海平原高产地区种植，稻瘟病区和低产田不宜种植。

栽培技术要点：①施足基肥，早施回青肥，巧施中期肥，促大穗，增粒重。②注意稻瘟病防治。

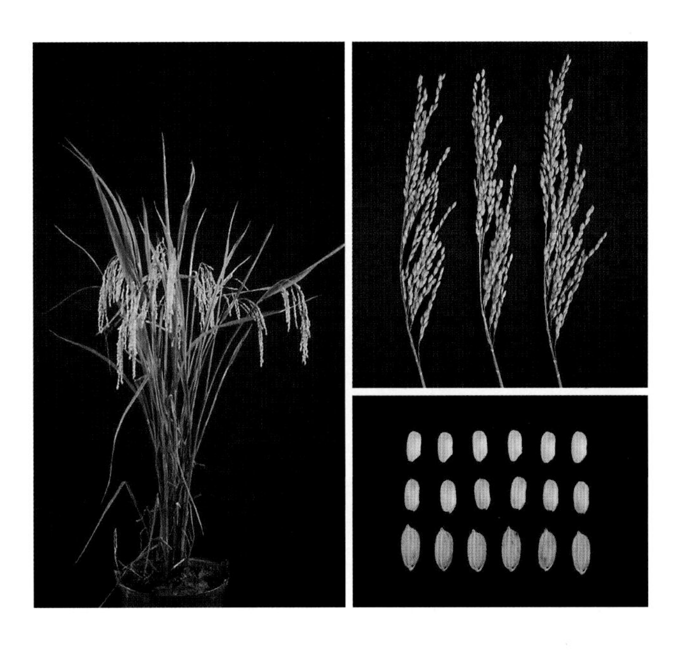

特籼占13（Texianzhan 13）

品种来源：广东省佛山市农业科学研究所用特青2号/粳籼89杂交选育而成，1996年通过广东省农作物品种审定委员会审定。

形态特征和生物学特性：属感温型优质常规稻品种。全生育期早稻126～130d，晚稻115d。株高100cm，株型好，生长势强，茎秆粗壮，剑叶较宽，抽穗整齐，属穗数与穗重并重型，穗长20.0cm，有效穗多，有效穗330万穗/hm^2，着粒密，每穗总粒数125～129粒，结实率83.0%，千粒重20.0g，后期转色顺调，熟色好，适应性强。

品质特性：米质优，稻米外观品质为早稻特二级。

抗性：中抗稻瘟病，感白叶枯病（7级）；抗倒伏能力强。

产量及适宜地区：1994年、1995年两年早稻参加广东省区域试验，平均单产分别为5 929.5kg/hm^{2}和6 414.0kg/hm^2，比对照品种七山占分别增产15.3%和12.7%，两年增产均达极显著水平。适宜广东省各稻作区种植。

栽培技术要点：①早晚两造兼用，早稻种植好于晚稻，早稻3月上旬播种，晚稻7月上旬至中旬播种。②抛秧栽培效果更好，早稻抛秧秧龄20～25d，抛植穴数25.5万～27万穴/hm^2，基本苗120万苗/hm^{2}左右；晚稻秧龄10～15d，抛植穴数27万～30万穴/hm^2，基本苗135万苗/hm^{2}左右。③施足基肥，早施分蘖肥，中期适量补施。④抽穗至黄熟期田面保持湿润，不能过早断水。⑤注意防治稻瘟病。

特籼占25（Texianzhan 25）

品种来源：广东省佛山市农业科学研究所用特青2号/粳籼89杂交选育而成，1998年通过广东省农作物品种审定委员会审定。

形态特征和生物学特性：属感温型优质常规稻品种。晚稻种植全生育期120 ~ 124d，比粳籼89迟熟2 ~ 3d，生长势强，叶片长阔，挺直向上，叶色青绿鲜明，株叶刚健清秀，生长前期假茎较矮，分蘖向植株周围丛生，假茎扁阔粗壮，抽穗期植株长高明显，秆坚硬，穗较大，均匀，有效穗多，穗颈短，穗轴穗枝较软，稻穗向下弯，叶下禾，熟色好，谷粒较细长，谷色淡黄，千粒重20.8g，适应性广，综合性状好。

品质特性：稻米外观品质为晚稻一级。

抗性：高抗稻瘟病，中抗白叶枯病（3级），抗倒伏能力强，耐寒力强。

产量及适宜地区：1995年、1996年两年晚稻参加广东省区域试验，丰产性较好，平均单产分别为6 331.5kg/hm^2和6 382.5kg/hm^2，比对照品种粳籼89分别增产10.2%和7.6%，增产均达显著水平。适宜粤北以外地区晚稻种植和中南部地区早稻种植。适合中上肥力田种植，肥田种植更能获得高产。

铁大糯（Tiedanuo）

品种来源：广东省原潮安县金石镇农业科学站从新铁大2号中选择自然变异单株育成，1978年通过广东省农作物品种审定委员会审定。

形态特征和生物学特性：属早稻中熟糯稻品种。全生育期130d左右，比原品种早熟8～5d。株高85～90cm。株型中散，秆粗坚韧，根系发达。分蘖力中等，成穗率中等，穗型中大，抽穗整齐，成熟一致，后期转色好，青枝蜡秆。中等以上肥力条件下，有效穗270万～330万穗/hm^2。着粒较密，每穗总粒数85～90粒，结实率90.0%以上。千粒重28.0～29.0g。

品质特性：糯质好，出米率73%。

抗性：对白叶枯病抗性弱，较抗落粒。

产量及适宜地区：一般单产5 250～6 000kg/hm^2，高产达7 500kg/hm^2。适宜于中等以上肥田种植。

晚华矮1号（Wanhua'ai 1）

品种来源：广东省农业科学院水稻研究所用青华矮/青兰矮32杂交选育而成，分别通过广东省（1986）、海南省（1990）和国家（1990）农作物品种审定委员会审定。

形态特征和生物学特性：属感光型迟熟常规稻品种，只适宜晚稻种植。全生育期136d。株高90cm，株型集散适中，茎秆粗壮，叶片窄长，叶姿直。分蘖力中等，成穗率较高，穗大粒多。有效穗285万～330万穗/hm^2，穗长20.0cm，每穗总粒数95～121粒，结实率85.0%，千粒重23.4g。

品质特性：稻米外观品质为晚稻三级。

抗性：抗白叶枯病；苗期较易受稻瘟病为害；抗倒伏能力一般；过氮会引致倒伏；后期较易落粒。

产量及适宜地区：1984年、1985年两年晚稻参加广东省区域试验，平均单产分别为6 262.5kg/hm^{2}和5 371.5kg/hm^2，1984年比对照品种二白矮增产5.2%，比对照品种包选2号增产14.0%；1985年比对照品种二白矮增产8.5%，比对照品种玉场包增产15.3%，两年区域试验增产值均达显著和极显著值。适宜广东省中南部地区、广西壮族自治区及海南省，特别是白叶枯病常发地区种植。

栽培技术要点：疏播育壮秧，一般秧田播量300～375kg/hm^2，秧龄30～40d。在插植密度和肥水管理等方面，应注意发挥其大穗夺高产的潜力，施足基肥，注意氮、磷、钾肥合理搭配，重视防治稻瘟病。适时收获，减少落粒损失。

五山化稻（Wushanhuadao）

品种来源：广东省农业科学院水稻研究所用五山油占/PI312777杂交选育而成，2010年通过广东省农作物品种审定委员会审定。

形态特征和生物学特性：属感温型常规稻品种。晚稻平均全生育期112～114d，与对照种粳籼89相当。株型中集，叶色绿，叶姿直，后期熟色好。株高104～105cm，穗长20.8～21.2cm，有效穗291.0万～301.5万穗/hm^2，每穗总粒数123.4～132.7粒，结实率79.6%～86.0%，千粒重23.1～23.6g。

品质特性：米质未达国标、广东省标优质米标准，整精米率67.7%～69.2%，垩白粒率14%～50%，垩白度3.4%～19.4%，直链淀粉含量15.0%～15.8%，胶稠度68～83mm，食味品质分72～75分。

抗性：高抗稻瘟病，中B群、中C群和全群抗性频率分别为96.9%、91.7%、95.1%，病圃鉴定穗瘟1～2级，叶瘟1～2级；中抗白叶枯病；抗倒伏能力和耐寒性均为中强。

产量及适宜地区：2008年、2009年两年晚稻参加广东省区域试验，平均单产分别为6 585.0kg/hm^2和6 526.5kg/hm^2，比对照品种粳籼89分别增产9.8%和6.9%，增产均达极显著水平。2009年晚稻生产试验，平均单产6 807.0kg/hm^2，比对照品种粳籼89增产14.5%。日产量57.0～58.5kg/hm^2。适宜粤北以外稻作区早稻、晚稻种植。

栽培技术要点：插（抛）足基本苗，早施重施分蘖肥，增加有效分蘖数。

五山丝苗（Wushansimiao）

品种来源：广东省农业科学院水稻研究所用茉莉丝苗/五山油占杂交选育而成，2009年通过广东省农作物品种审定委员会审定，2012年入选广东省主导品种。

形态特征和生物学特性：属感温型常规稻品种。晚稻平均全生育期109～114d，比粳籼89早熟3d。株型中集，叶色浓，叶姿挺直，抽穗整齐，成穗率高，熟色好，株高99～102cm，穗长21.7～22.5cm，有效穗313.5万～319.5万穗/hm^2，每穗总粒数143.6～149.5粒，结实率77.0%～80.9%，千粒重20.2～20.6g。

品质特性：米质达国标、广东省标二级优质米标准，整精米率72.2%，垩白粒率20%，垩白度2.8%，直链淀粉含量19.9%，胶稠度73mm，食味品质分80分。

抗性：高抗稻瘟病，中B群、中C群和全群抗性频率均为100%，病圃鉴定穗瘟1～1.7级，叶瘟1级；中抗白叶枯病（3级）；抗倒伏能力中强；耐寒性模拟鉴定孕穗期为中、开花期为中强。

产量及适宜地区：2007年晚稻参加广东省区域试验，平均单产6 895.5kg/hm^2，比对照品种粳籼89增产8.7%，增产不显著；2008年晚稻复试，平均单产6 849.0kg/hm^2，增产14.2%，增产极显著。2008年晚稻生产试验，平均单产6 858.0kg/hm^2，比对照品种粳籼89增产14.9%。日产量60.0～63.0kg/hm^2。适宜粤北以外稻作区早稻、晚稻种植。

栽培技术要点：施足基肥，早施分蘖肥，早稻用复合肥轻施中期肥。

五山油占（Wushanyouzhan）

品种来源：广东省农业科学院水稻研究所用广青占/丰八占//五丰占2号杂交选育而成，2006年通过广东省农作物品种审定委员会审定。

形态特征和生物学特性：属感温型常规稻品种。晚稻平均全生育期110 ~ 114d，与粳籼89相当。株型中集，前期生长势较强，分蘖力强，叶色浓绿，有效穗多，熟色好，株高87 ~ 97cm，穗长20.4 ~ 20.6cm，有效穗342万~ 345万穗/hm^2，每穗总粒数119 ~ 126粒，结实率77.2%~ 77.6%，千粒重20.9 ~ 21.5g。

品质特性：晚稻米质达国标、广东省标三级优质米标准，外观品质为晚稻特二级，整精米率66.5%~ 67.6%，垩白粒率8%~ 30%，垩白度0.8%~ 2.2%，直链淀粉含量15.21%~ 17.4%，胶稠度70 ~ 78mm，食味品质分77分。

抗性：高抗稻瘟病，中B群、中C群和全群抗性频率分别为95.5%~ 97.6%、92.3%~ 100%、94.3%~ 98.6%，病圃鉴定穗瘟1.7级，叶瘟2.2 ~ 2.3级；中抗白叶枯病（3级）；后期耐寒力中强。

产量及适宜地区：2003年、2004年两年晚稻参加广东省区域试验，平均单产分别为6 450.0kg/hm^{2}和6 786.0kg/hm^2，比对照品种粳籼89分别增产5.4%和6.2%，增产均达显著水平。2004年晚稻生产试验，平均单产5 922.0kg/hm^2，比对照品种粳籼89增产1.6%。日产量58.5 ~ 60.0kg/hm^2。适宜广东省各稻作区晚稻种植和粤北以外稻作区早稻种植。

栽培技术要点：①早施分蘖肥，早稻用复合肥轻施中期肥，晚稻重施中期肥，注意氮、磷、钾配合施用。②控制有效穗345万穗/hm^{2}左右。

溪野占10号（Xiyezhan 10）

品种来源：广东省佛山市农业科学研究所用山溪占6号/野马占380杂交选育而成，2001年通过广东省农作物品种审定委员会审定。

形态特征和生物学特性：属感温型常规稻品种。全生育期早稻134d，晚稻约110d。株高100cm，分蘖力强，叶片窄直，叶色深绿，剑叶瓦筒形，有效穗多，穗大粒多，谷粒细长，灌浆成熟快，结实率较高，后期熟色好。有效穗345万穗/hm^2，穗长21cm，每穗总粒数136～140粒，结实率84%，千粒重17.8g。

品质特性：稻米外观品质为早稻一级，饭味浓，软硬较适中，整精米率60.5%，糙米长宽比3.4，垩白度0.8%，透明度2级，胶稠度44mm，直链淀粉含量25.2%。

抗性：高抗稻瘟病，轻感穗颈瘟，中感白叶枯病（5级），苗期耐寒性较弱。

产量及适宜地区：1999年早稻参加广东省常规稻优质组区域试验，平均单产6 868.5kg/hm^2，比对照品种粤香占增产0.6%，增产不显著；2000年早稻复试，平均单产6 954.0kg/hm^2，比对照品种粤香占减产3.0%，减产不显著；日产量51.0～52.5kg/hm^2。适宜广东省中南部稻作区早稻、晚稻种植。

栽培技术要点：①选择中上肥力田块种植，或采取中上施肥水平栽培。②秧田播种量225～300kg/hm^2，本田用种量插植30kg/hm^2、抛秧22.5kg/hm^2，秧龄早稻30d，晚稻15～20d，基本苗90万～120万苗/hm^2，早稻种植宜早播早插（早抛）。③施足基肥，早施重施分蘖肥，追肥应在插后15～20d前完成，一般2～3次，先用尿素引根促蘖，后用复合肥壮蘖保蘖，中后期看禾补穗肥。④前期排灌采用干湿浅灌，中后期长露轻晒，后期保持田面湿润。⑤注意防杂保纯。

籼小占（Xianxiaozhan）

品种来源：广东省佛山市农业科学研究所用粳籼570/马坝小占杂交选育而成，1995年通过广东省农作物品种审定委员会审定。

形态特征和生物学特性：属感温型常规稻品种。全生育期早稻127～133d，与七山占相同。生长势壮旺，株高89～98cm，叶色浅翠绿，叶片窄直，分蘖力较强，有效穗306万～375万穗/hm^2，每穗总粒数119.6～132.8粒，结实率81.7%～88%，千粒重16.4～17.4g，后期熟色好。

品质特性：米质优，外观品质为早稻特一级至特二级，饭性好，饭味浓，香滑，软硬适中。

抗性：高抗稻瘟病；中感白叶枯病。

产量及适宜地区：1993年、1994年两年早稻参加广东省区域试验，平均单产分别为4 999.5kg/hm^{2}和4 954.5kg/hm^2，比对照品种七山占分别减产3.2%和3.5%，减产均不显著。适宜广东省各地晚稻种植和粤北以外地区早稻种植。

栽培技术要点：①选择中等以上肥力田种植。②施足基肥，及时追肥，及时施用中期肥，可施复合肥105～120kg/hm^{2}或尿素60～75kg/hm^2。③后期不要断水过早。④注意防治纹枯病。

籼油占（Xianyouzhan）

品种来源：广东省佛山市农业科学研究所通过特籼占25///三源占93//小直12/三源649杂交选育而成，2006年通过广东省农作物品种审定委员会审定。

形态特征和生物学特性：属感温型常规稻品种。晚稻平均全生育期110～114d，与粳籼89相当。前期生长势较好，剑叶窄长，穗型中等，着粒密，株高88～99cm，穗长19.4～20.1cm，有效穗306万～313.5万穗/hm^2，每穗总粒数137～138粒，结实率84.4%，千粒重19.1～19.5g。

品质特性：晚稻米质达国标二级和广东省标三级优质米标准，外观品质为晚稻特二级，整精米率65.5%～67.3%，垩白粒率3%，垩白度0.2%～0.3%，直链淀粉含量16.01%～17.8%，胶稠度70～76mm，食味品质分76分。

抗性：中抗稻瘟病，中B群、中C群和全群抗性频率分别为78.6%～96.4%、84.0%～90.3%、81.2%～92.3%，病圃鉴定叶瘟3级，穗瘟4.3～5级；中感白叶枯病（5级）；抗倒伏性强；后期耐寒力中弱。

产量及适宜地区：2003年、2004年两年晚稻参加广东省区域试验，平均单产分别为6 225.0kg/hm^2和6 403.5kg/hm^2，比对照品种粳籼89分别增产1.7%和0.2%，增产均不显著。2004年晚稻生产试验，平均单产6 319.5kg/hm^2，比对照品种粳籼89增产4.6%。日产量57.0kg/hm^2。适宜粤北以外稻作区早稻、晚稻种植。

栽培技术要点：①秧苗叶龄插植为3.5～4.5叶，抛秧在2.5叶以内。②重视磷、钾肥施用，切忌偏施氮肥，看禾苗长相适时施用幼穗分化肥，促进穗大粒多粒饱。攻穗肥一般在播种至移植后早稻56d，晚稻50d，施尿素60～75kg/hm^2。③注意防治稻瘟病和白叶枯病。

象牙香占（Xiangyaxiangzhan）

品种来源：广东省台山市农业科学研究所用香丝苗126/象牙软占杂交选育而成，2006年通过广东省农作物品种审定委员会审定。

形态特征和生物学特性：属感温型常规稻品种。晚稻平均全生育期112 ~ 114d，与粳籼89相当。植株较高，株型适中，有效穗多，穗长，着粒疏，后期熟色尚好，整齐度较好。株高99 ~ 104cm，穗长22.7 ~ 23.2cm，有效穗333万 ~ 342万穗/hm^2，每穗总粒数115.2 ~ 117.2粒，结实率78.7% ~ 81.8%，千粒重18.5 ~ 19.2g。

品质特性：晚稻米质达国标、广东省标二级优质米标准，整精米率52.5%，垩白粒率5%，垩白度1.1%，糙米长宽比4.1，直链淀粉含量18.1%，胶稠度77mm，食味品质分82分。

抗性：抗稻瘟病，中B群、中C群和全群抗性频率分别为35.5% ~ 71.2%、68.2% ~ 90.9%、52.9% ~ 62.1%，病圃鉴定穗瘟2.3级，叶瘟1.7 ~ 4.3级；中感白叶枯病（5级）；抗倒伏性中等，耐寒性弱。

产量及适宜地区：2004年、2005年两年晚稻参加广东省区域试验，平均单产分别为5 598.0kg/hm^2和5 338.5kg/hm^2，比对照品种粳籼89分别减产12.7%和12.8%，减产均达极显著水平。2005年晚稻生产试验，平均单产5 248.5kg/hm^2，比对照品种粳籼89减产17.7%。日产量48.0 ~ 49.5kg/hm^2。适宜粤北以外稻作区早稻、晚稻种植。

栽培技术要点：①早管早控，控氮增钾，均衡施肥，防止前期过氮，适施分蘖肥。②早露早晒田，干湿排灌。③注意防治白叶枯病。

小粒香占（Xiaolixiangzhan）

品种来源：广东省佛山市农业科学研究所用玉香油占/巴太香占杂交选育而成，2010年通过广东省农作物品种审定委员会审定。

形态特征和生物学特性：属感温型常规稻品种。晚稻平均全生育期110d，比对照种粳籼89短2 ~ 3d。株型中集，叶色绿，叶姿中，穗较大，后期熟色中。株高96 ~ 97cm，穗长20.4 ~ 20.9cm，有效穗322.5万 ~ 349.5万穗/hm^2，每穗总粒数141.1 ~ 145.7粒，结实率80.6% ~ 84.1%，千粒重16.9 ~ 17.2g。

品质特性：米质达到国标和广东省标二级优质米标准，整精米率64.7% ~ 72.3%，垩白粒率2% ~ 12%，垩白度0.4% ~ 2.9%，直链淀粉含量14.4% ~ 16.1%，胶稠度70 ~ 78mm，食味品质分81 ~ 88分。

抗性：高抗稻瘟病，中B群、中C群和全群抗性频率分别为93.8%、100%、96.7%，病圃鉴定穗瘟1.7 ~ 2级，叶瘟1 ~ 1.5级；高感白叶枯病；抗倒伏性和耐寒性均为中强。

产量及适宜地区：2008年、2009年两年晚稻参加广东省区域试验，平均单产分别为5 808.0kg/hm^{2}和6 003.0kg/hm^2，比对照品种粳籼89分别减产3.2%和1.7%，减产均不显著。2009年晚稻生产试验，平均单产5 748.0kg/hm^2，比对照品种粳籼89减产3.3%。日产量52.5 ~ 54.0kg/hm^2。适宜粤北以外稻作区早稻、晚稻种植。

栽培技术要点：特别注意防治白叶枯病。

协作69（Xiezuo 69）

品种来源：广东省新会市水稻选育种协作组用科六/珍珠矮11杂交选育而成，1978年通过广东省农作物品种审定委员会审定。

形态特征和生物学特性：属感温型中迟熟常规稻品种。全生育期135 ~ 142d，比科六早熟15d左右，比珍珠矮11迟熟10d左右。株高90 ~ 100cm。前期分蘖生长迅速，叶稍披，后期叶直、厚，转色顺调，熟色好。茎态中集，茎秆粗壮，健硬。根群发达，分蘖力中等，成穗率50% ~ 75%，穗中等，每穗实粒数70.0 ~ 103.0粒，结实率80.0% ~ 90.0%，千粒重28.0 ~ 30.0g。

品质特性：米质中等。

抗性：对白叶枯病和纹枯病的抗性较强，苗期耐寒性稍强。

产量及适宜地区：一般单产5 250 ~ 6 000kg/hm^2，高产达7 500kg/hm^{2}左右。适宜于珠江三角洲一带肥田种植。1979年种植面积7 266.7hm^2。

新丰占（Xinfengzhan）

品种来源：广东省佛山市农业科学研究所用新软占/佛山油占杂交选育而成，2010年通过广东省农作物品种审定委员会审定。

形态特征和生物学特性：属感温型常规稻品种。晚稻平均全生育期107d，比对照种优优122长3～5d。株型中集，叶色浓绿，后期熟色好。株高97～99cm，穗长20.8～20.9cm，有效穗334.5万～337.5万穗/hm^2，每穗总粒数138.7～140.9粒，结实率83.9%～84.0%，千粒重18.1～18.4g。

品质特性：米质达到国标和广东省标二级优质米标准，整精米率70.8%～71.6%，垩白粒率4%～30%，垩白度0.9%～6.9%，直链淀粉含量17.2%～19.3%，胶稠度72～74mm，食味品质分81～82分。

抗性：抗稻瘟病，中B群、中C群和全群抗性频率分别为87.5%、100%、93.4%，病圃鉴定穗瘟2.3～3级，叶瘟2～2.5级；中感白叶枯病；抗倒伏性和耐寒性均为中强。

产量及适宜地区：2008年、2009年两年晚稻参加广东省区域试验，平均单产分别为6 535.5kg/hm^2和6 468.0kg/hm^2，比对照品种优优122分别增产7.4%和5.3%，增产均不显著。2009年晚稻生产试验，平均单产6 592.5kg/hm^2，比对照品种优优122增产7.2%。日产量60.0～61.5kg/hm^2。适宜广东省各稻作区晚稻和粤北以外稻作区早稻种植。

栽培技术要点：①插（抛）足基本苗，早施重施分蘖肥，增加有效分蘖数。②注意防治白叶枯病。

新青矮（Xinqing'ai）

品种来源：广东省农业科学院水稻研究所用窄叶青/I132杂交选育而成，1978年通过广东省农作物品种审定委员会审定。

形态特征和生物学特性：属感温型中熟常规稻品种。全生育期135d左右，比珍珠矮11迟熟3 ~ 5d。株高81 ~ 86cm。分蘖力强，茎态中集，茎秆较细，叶片较窄直，抽穗不够整齐，后期熟色好。属穗数型品种，有效穗429万~ 508.5万穗/hm^2，穗较小，每穗总粒数70.0粒左右，结实率高，达90.0%。谷色麻壳，粒较小，千粒重22.8 ~ 24.8g。

品质特性：米质中等。

抗性：抗稻瘟病能力较强，抗白叶枯病和纹枯病能力较差，耐肥，抗倒伏，耐寒能力比窄叶青强，中期转黄退赤较严重，耐药力差。

产量及适宜地区：一般单产5 250 ~ 6 000kg/hm^2，高产可达7 500kg/hm^2。适宜于中等以上肥田种植。

新山软占（Xinshanruanzhan）

品种来源：广东省佛山市农业科学研究所用新软占/佛山油占杂交选育而成，2006年通过广东省农作物品种审定委员会审定。

形态特征和生物学特性：属感温型常规稻品种。早稻平均全生育期125～128d，与粤香占相当。株型适中，叶色浓绿，剑叶长直，后期熟色好，株高97～102cm，穗长19.1～20.1cm，有效穗298.5万～301.5万穗/hm^2，每穗总粒数118.5～130.4粒，结实率79.3%～81.1%，千粒重19.9～20.0g。

品质特性：早稻米质达国标、广东省标二级优质米标准，整精米率57.2%，垩白粒率5%，垩白度1%，直链淀粉含量18.1%，胶稠度78mm，糙米长宽比3.5。

抗性：高抗稻瘟病，中B群、中C群和全群抗性频率分别为89.5%、100%、92.8%，病圃鉴定穗瘟2.3级，叶瘟2.3级；中感白叶枯病（5级）；抗倒伏性、苗期耐寒性中等。

产量及适宜地区：2005年、2006年两年早稻参加广东省区域试验，平均单产分别为5 683.5kg/hm^2和5 349.0kg/hm^2，比对照品种粤香占分别减产4.6%和5.9%，减产均不显著。2006年早稻生产试验，平均单产5 230.5kg/hm^2，比对照品种粤香占减产4.8%。日产量42.0～45.0kg/hm^2。适宜广东省各稻作区早稻、晚稻种植，但粤北稻作区根据生育期慎重选择使用。

栽培技术要点：注意防治白叶枯病。

新铁大（Xintieda）

品种来源：广东省原潮安县农业科学研究所用铁骨矮31/福矮大穗杂交选育而成，1978年通过广东省农作物品种审定委员会审定。

形态特征和生物学特性：属早稻中熟常规稻品种。全生育期130 ～ 135d，与珍珠矮11同熟，属早稻中熟品种。株高85 ～ 90cm。株型中集，茎秆坚实，叶片短而稍宽，后期剑叶直厚。生长势旺盛，灌浆快，后期熟色好。分蘖力中等，成穗率中等，一般有效穗300万～ 345万穗/hm^2。穗较大，每穗总粒数100.0粒左右，结实率89%～ 97%，千粒重26.0 ～ 27.8g。根系活力强。

抗性：抗病力弱，易感染白叶枯病，易受稻飞虱为害，耐肥，抗倒伏，抗寒力中等，较易落粒。

产量及适宜地区：一般单产6 000 ～ 6 750kg/hm^2，翻秋单株繁殖产量5 542.0kg/hm^2。适宜广东省潮汕平原和珠江三角洲一带的中等以上肥田种植。

野丰占（Yefengzhan）

品种来源：广东省佛山市农业科学研究所用丰丝占/野丝占杂交选育而成，2010年通过广东省农作物品种审定委员会审定。

形态特征和生物学特性：属感温型常规稻品种。早稻平均全生育期126～133d，与粤香占相当。株型适中，叶色绿，叶姿直，后期熟色好。株高99～101cm，穗长20.0～21.2cm，有效穗310.5万～328.5万穗/hm^2，每穗总粒数109～126粒，结实率84.8%～94.6%，千粒重18.4～19.5g。

品质特性：米质未达国标、广东省标优质米标准，整精米率57.6%，垩白粒率36%，垩白度16.5%，直链淀粉含量14.6%，胶稠度82mm，食味品质分82分。

抗性：抗稻瘟病，抗性频率全群为87.9%～88.9%、中B群为82.4%～85.0%、中C群为90.0%～93.8%，病圃鉴定穗瘟1.5～2.3级，叶瘟1.7～2级，中抗白叶枯病；抗倒伏性强；耐寒性中。

产量及适宜地区：2008年早稻参加广东省区域试验，平均单产5 910.0kg/hm^2，比对照品种粤香占减产0.1%，减产不显著；2009年早稻复试，平均单产6 403.5kg/hm^2，比对照品种粤香占增产1.4%，增产不显著。生产试验平均单产6 513.0kg/hm^2，比对照品种粤香占增产3.0%。日产量46.5～48.0kg/hm^2。适宜粤北以外稻作区早稻、晚稻种植。

栽培技术要点：①及时露晒田。②适施中期肥以增加每穗粒数。

野黄占（Yehuangzhan）

品种来源：广东省佛山市农业科学研究所用粤野软占/源籼占3号杂交选育而成，2004年通过广东省农作物品种审定委员会审定。

形态特征和生物学特性：属感温型常规稻品种。早稻平均全生育期120 ~ 122d，比粤香占早熟2 ~ 3d。株型紧凑，前期叶色浓绿，分蘖力较强，结实率较高。株高98cm，穗长19.4 ~ 20.5cm，有效穗313.5万 ~ 343.5万穗/hm^2，每穗总粒数120.3 ~ 123.4粒，结实率83.9% ~ 87.4%，千粒重19.9 ~ 20.5g。

品质特性：稻米外观品质为早稻一级，米饭偏软，整精米率46.2% ~ 48.6%，垩白粒率1% ~ 10%，垩白度0.1% ~ 2.5%，直链淀粉含量13.00% ~ 13.87%，胶稠度80 ~ 82mm。

抗性：中感稻瘟病，中抗白叶枯病。

产量及适宜地区：2002年、2003年两年早稻参加广东省区域试验，平均单产分别为6 819.0kg/hm^{2}和6 246.0kg/hm^2，比对照品种粤香占分别减产4.7%和3.6%，减产均不显著。2003年早稻生产试验，平均单产 6 223.5kg/hm^2，比对照品种粤香占减产4.5%。日产量51.0 ~ 57.0kg/hm^2。适宜广东省各地早稻、晚稻种植。

栽培技术要点：①秧龄不应过长，早稻20 ~ 25d，晚稻不宜超过15d，大田用种量30kg/hm^2。②插植基本苗120万 ~ 150万苗/hm^2，有效穗330万穗/hm^{2}左右。③施足基肥，早追重施分蘖肥，一般施2 ~ 3次，先尿素引根促蘖，后复合肥壮蘖保蘖，在植后15d前施完追肥，中期酌情施分化肥。④排灌采用前期干湿浅灌，中期及早长露轻晒，后期注意保湿。⑤注意防治稻瘟病。

野丝占（Yesizhan）

品种来源：广东省佛山市农业科学研究所用溪野占10号/中二软占杂交选育而成，2005年通过广东省农作物品种审定委员会审定。

形态特征和生物学特性：属感温型常规稻品种。早稻全生育期124 ~ 126d，与粤香占相当。植株矮壮，叶片窄直，谷粒细长，结实率高。株高91 ~ 93cm，穗长20.4 ~ 20.8cm，有效穗370.5万穗/hm^2，每穗总粒数114.8 ~ 119粒，结实率85.5% ~ 88.8%，千粒重17.7 ~ 18.4g。

品质特性：稻米外观品质为早稻特一级至特二级，整精米率59.2% ~ 65.6%，垩白粒率2% ~ 13%，垩白度0.5% ~ 1.3%，直链淀粉含量14.0% ~ 14.2%，胶稠度80 ~ 82mm。

抗性：中感稻瘟病和白叶枯病（5级）。

产量及适宜地区：2003年、2004年两年早稻参加广东省区域试验，平均单产分别为6 235.5kg/hm^2和6 772.5kg/hm^2，比对照品种粤香占分别减产5.3%和6.8%，2003年减产不显著，2004年减产极显著，两年增产的试点有梅州、龙川。2004年早稻生产试验平均单产6 693.0kg/hm^2，比对照品种粤香占减产6.4%。日产量51.0 ~ 54.0kg/hm^2。适宜广东省各地早稻、晚稻种植，但粤北稻作区早稻根据生育期布局慎重选择使用。

栽培技术要点：①秧龄不宜过长，早稻20 ~ 25d，晚稻不宜超过15d，大田用种量22.5kg/hm^2。②插植基本苗90万 ~ 120万苗/hm^2，有效穗375万穗/hm^2。③注意防治稻瘟病和白叶枯病。

野籼占6号（Yexianzhan 6）

品种来源：广东省惠州市农业科学研究所通过桂野占2号/特籼占13//IR24杂交选育而成，2002年通过广东省农作物品种审定委员会审定。

形态特征和生物学特性：属感温型常规稻品种。晚稻平均全生育期113d，与三二矮相当，比粳籼89早熟5d左右。株型好，生长势强，分蘖力中等，叶色浓绿，茎秆细韧，株高100cm，穗长20.0cm，有效穗285万穗/hm^2，每穗总粒数134.0粒，结实率83.0%，千粒重21.0g，地区适应性广，熟色好。

品质特性：稻米外观品质为晚稻一级。

抗性：中抗稻瘟病，感白叶枯病（7级）；抗倒伏性较好，后期耐寒性较强。

产量及适宜地区：1999年、2000年两年晚稻参加广东省区域试验，产量表现突出，平均单产分别为6 246.0kg/hm^{2}和6 709.5kg/hm^2，1999年比对照品种三二矮增产12.7%，2000年比对照品种粳籼89增产9.8%，两年增产均达极显著水平；日产量55.0 ~ 60.0kg/hm^2。适宜广东省各地晚稻种植和粤北以外地区早稻种植。

栽培技术要点：①适时播插，合理密植，插植大田用种量30kg/hm^2，早稻秧龄30d左右，晚稻秧龄18 ~ 20d，每穴栽插4 ~ 5苗，规格16.7cm×20cm，抛秧大田用种量25.5kg/hm^2，叶龄3 ~ 4叶抛植，以抛525 ~ 600盘/hm^{2}为宜。②施足基肥，早追肥，早管理，促进有效分蘖，施纯氮135 ~ 165kg/hm^2，前期用肥量占75%，中期15%，后期10%，氮、磷、钾比例1 ：0.6 ：0.65为宜。③浅水分蘖，够苗后露晒田，浅水抽穗扬花，后期保持湿润。④注意防治稻瘟病，遇台风、洪涝灾害过后要及时用药，控制白叶枯病发生。

野籼占8号（Yexianzhan 8）

品种来源：广东省惠州市农业科学研究所通过桂野占2号/特籼占13//IR24杂交选育而成，2005年通过广东省农作物品种审定委员会审定。

形态特征和生物学特性：属感温型常规稻品种。晚稻全生育期110 ~ 117d，与粳籼89相当。株型好，生长势旺，叶厚色浓，剑叶狭直，熟色好。株高99 ~ 103cm，穗长19.8cm，有效穗318万穗/hm^2，每穗总粒数127 ~ 133粒，结实率78.0% ~ 87.2%，千粒重20.2g。

品质特性：晚稻米质达国标三级优质米标准，外观品质为一级，整精米率59.7% ~ 61.2%，垩白粒率7% ~ 20%，垩白度0.7% ~ 3.7%，直链淀粉含量23.60% ~ 24.41%，胶稠度50 ~ 52mm。

抗性：中感稻瘟病和白叶枯病（5级）；抗倒伏性较强，耐寒性中等。

产量及适宜地区：2002年、2003年两年晚稻参加广东省区域试验，平均单产分别为6 088.5kg/hm^2、6 817.5kg/hm^2，比对照品种粳籼89分别增产10.6%、9.3%，增产均达极显著水平。2003年晚稻生产试验，平均单产6 700.5kg/hm^2，比对照品种粳籼89增产7.5 %。日产量52.5 ~ 63.0kg/hm^2。适宜广东省各地早、晚稻种植，但粤北稻作区早稻根据生育期布局慎重选择使用。

栽培技术要点：①早稻宜于2月底3月初播种，清明前后移植，秧龄30d，晚稻7月中旬播种，立秋移植，秧龄20d。②大田用种量插植为30kg/hm^2，抛秧为25.5kg/hm^2。③施足基肥，早追肥，早管理，促进有效分蘖，要求施纯氮135 ~ 165kg/hm^2，前期用肥量占75%、中期占15%、后期占10%，氮、磷、钾比例以1 : 0.6 : 0.65为宜。④注意防治稻瘟病、螟虫、稻纵卷叶虫，台风、洪涝灾害过后要及时防治白叶枯病。

银花占2号（Yinhuazhan 2）

品种来源：广东省农业科学院水稻研究所用小银占/粤香占杂交选育而成，2005年分别通过广东省和海南省农作物品种审定委员会审定。

形态特征和生物学特性：属感温型常规稻品种。早稻全生育期131～132d，比粤香占迟熟5～6d。株型好，早生快发，叶片窄，熟色好，生育期偏长。株高100～105cm，穗长20.4～20.9cm，有效穗333万～343.5万穗/hm^2，每穗总粒数122.9～136粒，结实率78.8%～83.9%，千粒重19.3～19.5g。

品质特性：早稻米质达国标三级优质米标准，外观品质为特一级至特二级，整精米率54.2%～58.5%，垩白粒率3%～8%，垩白度0.3%～0.4%，直链淀粉含量13.7%～15.0%，胶稠度71～81mm。

抗性：中抗稻瘟病，中B群、中C群和全群抗性频率分别为73.3%、77.8%、67.8%，病圃穗颈瘟、叶瘟均为4级；中抗白叶枯病（3级）。

产量及适宜地区：2003年、2004年两年早稻参加广东省常规稻优质组区域试验，平均单产分别为6 420.0kg/hm^2和7 033.5kg/hm^2，比对照品种粤香占分别减产0.9%、3.2%，减产均不显著，两年增产的试点有汕头、惠来。2004年早稻生产试验平均单产6 609.0kg/hm^2，比对照品种粤香占减产7.6%。日产量49.5～52.5kg/hm^2。适宜广东省中南部地区早稻种植和粤北以外地区晚稻及海南省早稻、晚稻种植。

栽培技术要点：①早稻宜于2月下旬初播种，清明前移植，晚稻宜于7月上旬播种，7月下旬移植。②移植后要注意调控大田的最高分蘖数，提高成穗率和培育大穗，最高苗数控制在450万苗/hm^2左右，有效穗300万穗/hm^2。③提倡稻秆回田，施用腐熟农家肥作底肥，多施有机肥，以提高其产量和品质。④注意防治稻瘟病，晚稻种植要注意防治跗线螨。

银晶软占（Yinjingruanzhan）

品种来源：广东省农业科学院水稻研究所用银花占/金桂占杂交选育而成，2006年通过广东省农作物品种审定委员会审定，2007—2012年入选广东省主导品种。

形态特征和生物学特性：属感温型常规稻品种。早稻平均全生育期125 ～ 128d，与粤香占相当。早生快发，生长势强，剑叶短直，穗大粒多，熟色好，株高101 ～ 105cm，穗长22.2 ～ 22.6cm，有效穗322.5万穗/hm^2，每穗总粒数130 ～ 134粒，结实率80.9%～ 84%，千粒重19.6 ～ 20.4g。

品质特性：早稻米质达国标三级优质米标准，外观品质为早稻特二级，整精米率64.4%～ 64.6%，垩白粒率10%～ 17%，垩白度1.0%～ 4.2%，直链淀粉含量15.2%～ 16.1%，胶稠度80 ～ 85mm。

抗性：中抗稻瘟病，中B群、中C群和全群抗性频率分别为60.0%、33.3%、48.4%，病圃穗颈瘟为3.3级，叶瘟为3.2级；中感白叶枯病（5级）。

产量及适宜地区：2003年、2004年两年早稻参加广东省区域试验，平均单产分别为6 477.0kg/hm^2和7 315.5kg/hm^2，分别比对照品种粤香占减产0.1%和增产0.7%，增产、减产均不显著。2004年早稻生产试验，平均单产6 852.0kg/hm^2，比对照品种粤香占减产4.2%。适宜广东省各稻作区早稻、晚稻种植，但粤北稻作区早稻根据生育期慎重选择使用。

栽培技术要点：①更适合中等地力田类种植。②早施重施促蘖肥，提高有效穗数。

③注意防治稻瘟病和白叶枯病。

玉香油占（Yuxiangyouzhan）

品种来源：广东省农业科学院水稻研究所通过TY36/IR100//IR100（TY36是从以三系不育系K18A为受体，与玉米杂交的后代中，选育出来的稳定中间品系）杂交选育而成，分别通过广东省（2005）和海南省（2007）农作物品种审定委员会审定，2007年被农业部认定为超级稻品种，2005—2012年入选广东省主导品种，2012年入选农业部主导品种。

形态特征和生物学特性：属感温型常规稻品种。早稻全生育期126 ~ 128d，与粤香占相当。叶色浓，抽穗整齐，穗大粒多，着粒密，熟色好，结实率较高。株高106cm，穗长21.1 ~ 21.6cm，有效穗304.5万穗/hm^2，每穗总粒数128 ~ 136粒，结实率81.6% ~ 86.0%，千粒重22.6g。

品质特性：稻米外观品质为早稻一级至二级，整精米率46.3% ~ 47.0%，垩白粒率13%，垩白度2.6% ~ 8.7%，直链淀粉含量23.7% ~ 26.3%，胶稠度47 ~ 75mm。

抗性：中抗稻瘟病，中B群、中C群和全群抗性频率分别为66.7%、77.8%、67.7%，病圃鉴定穗瘟、叶瘟均为3级；中感白叶枯病（5级）；耐肥，抗倒伏性较强。

产量及适宜地区：2003年、2004年两年早稻参加广东省区域试验，平均单产分别为6949.5kg/hm^2和7 773.0kg/hm^2，比对照品种粤香占分别增产5.6%和7.0%，2003年增产不显著，2004年增产极显著，除韶关、清远、肇庆试点一年增产外，其他试点两年增产。2004年早稻生产试验，平均单产7 324.5kg/hm^2，比对照品种粤香占增产2.5%。日产量55.5 ~ 60.0kg/hm^2。适宜广东省各地和海南省早稻、晚稻种植，但粤北稻作区早稻根据生育期布局慎重选择使用。

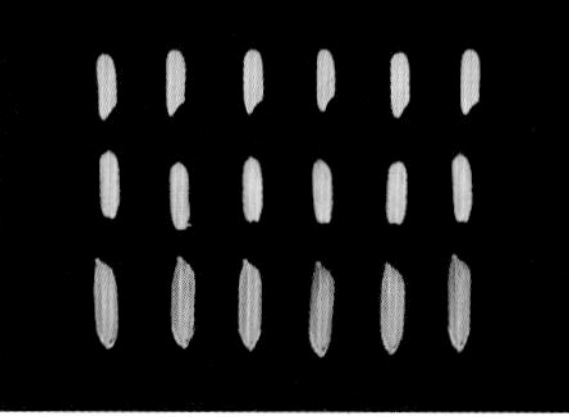

栽培技术要点：①适时播植，培育壮秧。②合理密植，基本苗插足120万 ~ 150万苗/hm^2。③耐肥、抗倒伏性较强，选择中等或中等肥力以上的地区种植，施足基肥，早施重施促蘖肥。④注意防治稻瘟病和白叶枯病。

源丰占（Yuanfengzhan）

品种来源：广东省农业科学院水稻研究所用丰丝占//香丝苗126/象牙软占杂交选育而成，2010年通过广东省农作物品种审定委员会审定。

形态特征和生物学特性：属感温型常规稻品种。晚稻平均全生育期107 ～ 108d，比对照种优优122长3 ～ 6d。株型紧凑，叶色绿，叶姿直，后期熟色好。株高102 ～ 104cm，穗长21.6 ～ 21.8cm，有效穗307.5万～ 330.0万穗/hm^2，每穗总粒数120.3 ～ 130.4粒，结实率79.7%～ 83.8%，千粒重19.5 ～ 20.6g。

品质特性：米质达到国标三级、广东省标二级优质米标准，整精米率71.4%～ 73.1%，垩白粒率10%～ 42%，垩白度4.7%～ 25.9%，直链淀粉含量17.7%，胶稠度75 ～ 84mm，食味品质分80 ～ 81分。

抗性：高抗稻瘟病，中B群、中C群和全群抗性频率分别为93.8%、95.8%、95.1%，病圃鉴定穗瘟1 ～ 2.3级，叶瘟1 ～ 1.8级；中抗白叶枯病；抗倒伏能力、耐寒性均为中强。

产量及适宜地区：2008年晚稻参加广东省区域试验，平均单产6 373.5kg/hm^2，比对照品种优优122增产4.7%，增产不显著；2009年晚稻复试，平均单产6 514.5kg/hm^2，比对照品种优优122增产6.0%，增产显著。2009年晚稻生产试验，平均单产6 499.5kg/hm^2，比对照品种优优122增产5.7%。日产量58.5 ～ 61.5kg/hm^2。适宜广东省各稻作区晚稻、粤北以外稻作区早稻种植。

栽培技术要点：①插（抛）足基本苗。②早施重施分蘖肥，增加有效分蘖数。

粤二占（Yue'erzhan）

品种来源：广东省惠州市农业科学研究所用粤香占/朝二占杂交选育而成，2005年通过广东省农作物品种审定委员会审定。

形态特征和生物学特性：属感温型常规稻品种。早稻全生育期127～130d，比粤香占迟熟2～3d。株型好，中等穗型，着粒密，熟色好。株高98～101cm，穗长21.0～21.2cm，有效穗334.5万～351万穗/hm^2，每穗总粒数127.7～134粒，结实率80.5%～82.9%，千粒重19.8～20.0g。

品质特性：早稻米质达国标二级优质米标准，外观品质为特二级，整精米率57.2%～59.9%，垩白粒率6%～12%，垩白度0.3%～1.8%，直链淀粉含量15.0%～16.1%，胶稠度85mm。

抗性：中感稻瘟病和白叶枯病（5级），抗倒伏性稍差。

产量及适宜地区：2003年、2004年两年早稻参加广东省区域试验，平均单产分别为6 585.0kg/hm^2和7 260.0kg/hm^2，分别比对照品种粤香占增产1.6%和减产0.1%，增产、减产均不显著，两年增产的试点有梅州、龙川、阳江、高州、雷州。2004年早稻生产试验，平均单产6 931.5kg/hm^2，比对照品种粤香占减产3.1%。日产量52.5～55.5kg/hm^2。适宜广东省各地晚稻种植和粤北以外地区早稻种植。

栽培技术要点：①疏播育壮秧。②注意防治稻瘟病、白叶枯病和防倒伏。

粤丰占（Yuefengzhan）

品种来源：广东省农业科学院水稻研究所用粤香占/丰矮占杂交选育而成，分别通过广东省（2001）和国家（2003）农作物品种审定委员会审定。

形态特征和生物学特性：属感温型常规稻品种。全生育期早稻约130d，晚稻约112d。株高104cm，株叶形态好，苗期叶片较窄直，叶色翠绿，茎叶集散适中，生长势壮旺，分蘖力中强，成穗率高，抽穗整齐，穗大粒多，后期熟色好，区域适应性较广。有效穗330万穗/hm^2，穗长21.0cm，每穗总粒数134.0 ~ 139.0粒，结实率83.0%，千粒重约20.0g。

品质特性：稻米外观品质为早稻一级，整精米率51.5%，垩白度9.2%，胶稠度55mm，直链淀粉含量24.8%。

抗性：中感稻瘟病，抗性频率中B群、中C群和全群分别为54.0%、70.0%、57.8%，中抗白叶枯病（3级）；易倒伏，苗期耐寒性较强。

产量及适宜地区：1999年、2000年两年早稻参加广东省常规稻优质组区域试验，平均单产分别为7 144.5kg/hm^2和7 474.5kg/hm^2，比对照品种粤香占分别增产4.6%和4.3%，两年增产均不显著。日产量54.0 ~ 57.0kg/hm^2。除粤北、中北地区早稻不宜种植外，适宜广东省其他地区早稻、晚稻以及广西壮族自治区中南部、福建省南部和海南省稻瘟病轻发地区作双季早稻种植。

栽培技术要点：①秧田播种量300 ~ 375kg/hm^2，早稻秧龄30d左右，晚稻秧龄15 ~ 18d，每穴栽插3 ~ 4苗，抛秧本田用种量22.5kg/hm^2，抛秧叶龄3 ~ 4叶，直播本田用种量30kg/hm^2左右。②在中等肥田种植，全期施纯氮135 ~ 150kg/hm^2，前期施用量75%，中期25%，氮、磷、钾比例以1 ：0.5 ：0.65为宜，在肥力较足和台风雨较多的地方要增施钾肥，慎防过氮，晒好田以防倒伏。③宜实行浅水养分蘖，苗足露晒田，后期保湿润的措施。④做好病虫害防治，重点防治稻瘟病和螟虫。

粤广丝苗（Yueguangsimiao）

品种来源：广东省农业科学院水稻研究所通过粤丰占/中二软占///五丰占/粤泰占//长丝占杂交选育而成，2008年通过广东省农作物品种审定委员会审定。

形态特征和生物学特性：属感温型常规稻品种。晚稻平均全生育期111～114d，与粳籼89相当。株型适中，叶姿挺直，穗中等大，成穗率、结实率较高，后期熟色好，株高96～99cm，穗长19.5～20.8cm，有效穗310.5万～324万穗/hm^2，每穗总粒数130.9～135.0粒，结实率82.0%，千粒重20.1～20.6g。

品质特性：晚稻米质未达国标、广东省标优质米标准，整精米率67.2%，垩白粒率21%，垩白度4.9%，直链淀粉含量15.3%，胶稠度78mm，食味品质分86分。

抗性：高抗稻瘟病，中B群、中C群和全群抗性频率分别为95.2%、100%、97.1%，病圃鉴定穗瘟1.7级，叶瘟1级；中抗白叶枯病（3级）；抗倒伏性中等；抗寒性模拟鉴定孕穗期和开花期均为弱，田间耐寒性鉴定为中弱。

产量及适宜地区：2005年晚稻参加广东省区域试验，平均单产6 529.5kg/hm^2，比对照品种粳籼89增产4.4%，增产不显著；2006年晚稻复试，平均单产6 843.0kg/hm^2，增产6.0%，增产显著。2006年晚稻生产试验，平均单产7 134.0kg/hm^2，比对照品种粳籼89增产5.0%。日产量58.5～60.0kg/hm^2。适宜广东省中南和西南稻作区的平原地区早稻、晚稻种植。

粤桂146（Yuegui 146）

品种来源：广东省佛山市农业科学研究所用粤桂312/桂朝2号杂交选育而成，1991年通过广东省农作物品种审定委员会审定。

形态特征和生物学特性：属感温型常规稻品种。全生育期早稻131d、晚稻114d。叶片窄直，茎态集散适中，茎秆坚韧，叶色青绿，分蘖力中强，株高95cm，有效穗327万穗/hm^2，成穗率66.5%，穗长19.8cm，每穗总粒数104.9粒，结实率89.4%，千粒重21.7g。

品质特性：稻米外观品质为早稻二级。

抗性：高抗稻瘟病，不抗白叶枯病；苗期耐寒，耐肥，抗倒伏。

产量及适宜地区：1989年、1990年两年早稻参加广东省区域试验，平均单产分别为6 246.0kg/hm^2和6 331.5kg/hm^2，与对照品种三二矮相当。适宜广东省中南部非白叶枯病区种植。

栽培技术要点：①选择中上肥力田种植。②早施追肥，增施磷钾肥。

粤航1号（Yuehang 1）

品种来源：广东省农业科学院水稻研究所利用优质稻品种长丝占经空间诱变后系统选育而成，2005年通过广东省农作物品种审定委员会审定。

形态特征和生物学特性：属感温型常规稻品种。晚稻全生育期111 ~ 118d，与粳籼89相当。生长势强，谷麻壳，熟色一般。株高97 ~ 103cm，穗长19.5 ~ 20.3cm，有效穗324万穗/hm^2，每穗总粒数111.6 ~ 119.0粒，结实率74.7%～81.7%，千粒重20.4g。

品质特性：晚稻米质达国标三级优质米标准，外观品质为一级，有香味，属香稻品种，整精米率62.7%～64.7%，垩白粒率4%～17%，垩白度0.6%～1.7%，直链淀粉含量15.9%～23.8%，胶稠度54 ~ 85mm。

抗性：感稻瘟病，中B群、中C群、全群抗性频率分别为25.6%、27.3%、25.4%，病圃穗颈瘟为7级，叶瘟4.5级；中抗白叶枯病（3级）；耐寒性弱，抗倒伏性差。

产量及适宜地区：2002年、2003年两年晚稻参加广东省区域试验，平均单产分别为5 293.5kg/hm^{2}和5 935.5kg/hm^2，比对照品种粳籼89分别减产3.8%和4.9%，2002年减产不显著，2003年减产显著。2003年晚稻生产试验，平均单产5 877.0kg/hm^2，比对照品种粳籼89减产5.7%。日产量45.0 ~ 54.5kg/hm^2。适宜广东省非稻瘟病区早稻、晚稻慎重选择种植。

栽培技术要点：①早稻种植时，可在2月底至3月初播种，秧龄30d左右，晚稻在7月中旬播种，秧龄20d左右。②施足基肥，早施促蘖肥，适时施中期肥，后期肥视禾苗生长状况而定。早稻尽量少施或不施后期肥，氮、磷、钾肥科学搭配施用，其比例大致为1 ∶ 0.5 ∶ 1，视不同地区土壤肥力状况而适当调整。③穗上少部分谷粒有谷壳胀裂现象，早稻种植时雨水较多，容易渗入而影响质量，因而安排在晚稻种植更佳。④栽培上要特别注意防治稻瘟病、防倒伏和防寒。

粤合占（Yuehezhan）

品种来源：广东省农业科学院水稻研究所用粤香占/特粳占杂交选育而成，2005年通过广东省农作物品种审定委员会审定。

形态特征和生物学特性：属感温型常规稻品种。晚稻全生育期105～112d，比粳籼89早熟6～7d。植株矮，株型好，前期生长旺，分蘖力较强，叶厚色浓，后期熟色好。株高94～96cm，穗长20.8～21.9cm，有效穗312万～318万穗/hm^2，每穗总粒数117～120粒，结实率79.6%～83.0%，千粒重21.3～21.9g。

品质特性：稻米外观品质为晚稻一级至二级，整精米率67.8%～69.0%，垩白粒率16%～23%，垩白度2.3%～3.2%，直链淀粉含量23.7%～26.1%，胶稠度30mm。

抗性：中抗稻瘟病，中B群、中C群、全群抗性频率分别为87.2%、86.4%、83.1%，病圃穗颈瘟为3.5级，叶瘟4.3级；中感白叶枯病（5级）；耐寒性中弱；抗倒伏性稍差。

产量及适宜地区：2002年晚稻参加广东省区域试验，平均单产5 715.0kg/hm^2，比对照品种粳籼89增产4.8%，增产不显著；2003年晚稻复试，平均单产5 852.0kg/hm^2，比对照品种粳籼89减产4.6%，减产显著。2003年晚稻生产试验，平均单产6 256.5kg/hm^2，比对照品种粳籼89增产0.4%。日产量51.0～57.0kg/hm^2。适宜广东省各地早稻、晚稻种植。

栽培技术要点：①在肥力较足和台风雨较多的地方要增施钾肥，慎防过氮，晒好田以防倒伏。②注意防治稻瘟病和白叶枯病，并注意防杂保纯。

粤华丝苗（Yuehuasimiao）

品种来源：广东省农业科学院水稻研究所用粤晶丝苗2号/黄华占杂交选育而成，2010年通过广东省农作物品种审定委员会审定。

形态特征和生物学特性：属感温型常规稻品种。晚稻平均全生育期113 ~ 114d，与对照种粳籼89相当。株型中集，叶色浓绿，叶姿直，后期熟色好，株高101 ~ 103cm，穗长22.0 ~ 22.7cm，有效穗313.5万 ~ 316.5万穗/hm^2，每穗总粒数123.4 ~ 132.1粒，结实率80.0% ~ 82.5%，千粒重20.8 ~ 21.5g。

品质特性：米质达到国标和广东省标二级优质米标准，整精米率72.9% ~ 74.5%，垩白粒率4% ~ 12%，垩白度0.3% ~ 2.2%，直链淀粉含量15.1% ~ 17.6%，胶稠度56 ~ 78mm，食味品质分80分。

抗性：高抗稻瘟病，中B群、中C群和全群抗性频率分别为84.4%、95.8%、90.2%，病圃鉴定穗瘟2 ~ 2.3级，叶瘟1.7 ~ 3.5级；中感白叶枯病；抗倒伏性强；耐寒性中强。

产量及适宜地区：2008年、2009年两年晚稻参加广东省区域试验，平均单产分别为6 328.5kg/hm^{2}和6 361.5kg/hm^2，比对照品种粳籼89分别增产5.5%和4.2%，增产均不显著。2009年晚稻生产试验，平均单产6 336.0kg/hm^2，比对照品种粳籼89增产6.6%。日产量55.5kg/hm^2。适宜粤北以外稻作区早稻、晚稻种植。

栽培技术要点：注意防治白叶枯病。

粤惠占（Yuehuizhan）

品种来源：广东省农业科学院水稻研究所通过粤龙//Lemont/特青杂交选育而成，2005年通过广东省农作物品种审定委员会审定。

形态特征和生物学特性：属感温型常规稻品种。早稻全生育期122 ~ 124d，比粤香占早熟3d。茎态集，株型好，叶色浓绿，剑叶厚直，穗较大，粒大。株高101 ~ 102cm，穗长20.4 ~ 20.6cm，有效穗291万穗/hm^2，每穗总粒数122.2 ~ 133.0粒，结实率80.4% ~ 81.4%，千粒重23.2 ~ 23.6g。

品质特性：早稻米质达国标三级优质米标准，外观品质为一级，整精米率54.2% ~ 55.8%，垩白粒率9% ~ 20%，垩白度3.6% ~ 5.0%，直链淀粉含量15.0% ~ 26.2%，胶稠度50 ~ 80mm。

抗性：中抗稻瘟病，中B群、中C群和全群抗性频率分别为73.3%、77.8%、74.2%，病圃穗颈瘟为5级，叶瘟为3级；中感白叶枯病（5级）；苗期耐寒性较差；抗倒伏性稍差。

产量及适宜地区：2003年、2004年两年早稻参加广东省区域试验，平均单产分别为6 279.0kg/hm^2和68 454.0kg/hm^2，比对照品种粤香占分别减产4.6%、5.8%，2003年减产不显著，2004年减产极显著，两年增产的试点有惠来、佛山。2004年早稻生产试验平均单产6 597.0kg/hm^2，比对照品种粤香占减产7.7%。日产量51.0 ~ 55.5kg/hm^2。适宜广东省各地区晚稻和粤北以外地区早稻种植。

栽培技术要点：①在肥力较足和台风雨较多的地方要增施钾肥，慎防过氮，晒好田以防倒伏。②注意防治稻瘟病、白叶枯病，早稻苗期注意防寒。

粤晶丝苗（Yuejingsimiao）

品种来源：广东省农业科学院水稻研究所通过粤香占/中二软占//五丰占/锦超丝苗杂交选育而成，2006年通过广东省农作物品种审定委员会审定。

形态特征和生物学特性：属感温型常规稻品种。晚稻平均全生育期111 ～ 114d，与粳籼89相当。株型适中，生长势强，分蘖力较强，穗型中等，着粒密，整齐度较好，后期熟色好，株高91 ～ 97cm，穗长21.4 ～ 22.4cm，有效穗298.5万～ 309万穗/hm^2，每穗总粒数132.2 ～ 135.8粒，结实率79.2%～ 80.3%，千粒重19.8 ～ 20.9g。

品质特性：晚稻米质达国标、广东省标二级优质米标准，整精米率72.8%，垩白粒率4%，垩白度0.3%，糙米长宽比3.3，直链淀粉含量16%，胶稠度74mm，食味品质分81分。

抗性：高抗稻瘟病，中B群、中C群和全群抗性频率分别为97.6%～ 100%、100%、98.6%～ 100%，病圃鉴定穗瘟0.7 ～ 1级，叶瘟1级；中感白叶枯病（5级）；耐寒性中弱。

产量及适宜地区：2004年、2005年两年晚稻参加广东省区域试验，平均单产分别为6 463.5kg/hm^2和5 817.0kg/hm^2，分别比对照品种粳籼89增产0.8%和减产4.9%，增产、减产均不显著。2005年晚稻生产试验平均单产5 962.5kg/hm^2，比对照品种粳籼89减产8.6%。日产量52.5 ～ 57.0kg/hm^2。适宜粤北以外稻作区早稻、晚稻种植。

栽培技术要点：注意防治白叶枯病。

粤晶丝苗2号（Yuejingsimiao 2）

品种来源：广东省农业科学院水稻研究所用粤科占//五丰占/锦超丝苗杂交选育而成。分别通过广东省（2006）和海南省（2010）农作物品种审定委员会审定。

形态特征和生物学特性：属感温型常规稻品种。早稻平均全生育期131～133d，比粤香占迟熟5～6d。植株较高，株型适中，叶色中绿，分蘖力中等，抽穗整齐，后期熟色好，株高101～106cm，穗长20.9～22.1cm，有效穗321万穗/hm^2，每穗总粒数109.4～124.9粒，结实率77.1%～85.9%，千粒重21.2～21.4g。

品质特性：早稻米质达国标、广东省标二级优质米标准，整精米率63.6%，垩白粒率4%，垩白度0.2%，直链淀粉含量16.1%，胶稠度72mm，糙米长宽比3.4。

抗性：高抗稻瘟病，中B群、中C群和全群抗性频率分别为97.4%、94.1%、96.4%，病圃鉴定穗瘟1级，叶瘟1级；中抗白叶枯病（3级）；抗倒伏性强；苗期耐寒性中等。

产量及适宜地区：2005年、2006年两年早稻参加广东省区域试验，平均单产分别为5 902.5kg/hm^2和6 043.5kg/hm^2，比对照品种粤香占分别增产0.6%和6.8%，增产均不显著。2006年早稻生产试验，平均单产 5 977.5kg/hm^2，比对照品种粤香占增产8.0%。日产量45.0kg/hm^2。适宜粤北以外稻作区早稻、晚稻和海南省各市县早稻种植。

栽培技术要点：中等肥田种植，全生育期施纯氮135～150kg/hm^2，前期施用量75%，中期25%，氮、磷、钾比例1：0.5：0.65为宜。

粤农占（Yue'nongzhan）

品种来源：广东省农业科学院水稻研究所用粤香占/丰矮占杂交选育而成，2003年通过广东省农作物品种审定委员会审定。

形态特征和生物学特性：属感温型常规稻品种。早稻全生育期124 ~ 131d，比粤香占迟熟2d。株型好，株高102 ~ 103cm，叶色浓绿，叶较长，分蘖力偏弱，成穗率较高，穗大粒多，后期熟色好。穗长20cm，有效穗301.5万~ 331.5万穗/hm^2，每穗总粒数125 ~ 141粒，结实率74.5%~ 83.4%，千粒重20.4g。

品质特性：稻米外观品质为早稻一级至特二级，整精米率60.5%，垩白粒率30%，垩白度15.0%，直链淀粉含量23.0%，胶稠度30mm。

抗性：感稻瘟病，中B群、中C群和全群抗性频率分别为44.1%~ 66.7%、70%、55.6%~ 65.7%，中A群为0，病圃穗颈瘟为7级，叶瘟为4.3 ~ 6级；中抗白叶枯病（3级）；耐寒性较强；耐肥，抗倒伏。

产量及适宜地区：2001年早稻参加广东省非优质组区域试验，平均单产6 139.5kg/hm^2，比对照品种三二矮增产17.3%，增产极显著；2002年早稻参加省优质组复试，平均单产7 125.0kg/hm^2，比对照品种粤香占减产0.4%，减产不显著。日产量46.5 ~ 57.0kg/hm^2。适宜粤北以外地区早稻、晚稻种植。

栽培技术要点：①适宜插植、抛秧或直播。插植秧田播种量300 ~ 375kg/hm^2，早稻秧龄30d，晚稻秧龄18d左右，每穴栽插3 ~ 4苗，规格16.7cm × 20.0cm；抛秧用种量22.5kg/hm^2，抛秧叶龄3 ~ 4叶；直播用种量30kg/hm^{2}左右。②中等肥田，全期施纯氮135 ~ 150kg/hm^2，前期施用量75%，中期25%，氮、磷、钾比例1 ： 0.5 ： 0.65为宜；在肥力较足和台风雨较多的地方要增施钾肥，慎防过氮，晒好田以防倒伏。③浅水养分蘖，苗足露晒田，后期保湿润。④做好病虫害防治，特别注意防治稻瘟病。

粤奇丝苗（Yueqisimiao）

品种来源：广东省农业科学院水稻研究所用粤新占2号/RP6//丰丝占11/RP8杂交选育而成，2008年通过广东省农作物品种审定委员会审定。

形态特征和生物学特性：属感温型常规稻品种。晚稻平均全生育期111～112d，比粳籼89早熟3d。抽穗整齐，株型适中，叶色浓，叶姿挺直，长势一般，熟色好。株高96～101cm，穗长22.1～23.1cm，有效穗273万～288万穗/hm^2，每穗总粒数129.7～151.0粒，结实率82.1%～86.3%，千粒重20.2～21.3g。

品质特性：晚稻米质达国标、广东省标二级优质米标准，整精米率71.6%，垩白粒率3%，垩白度2%，直链淀粉含量19.4%，胶稠度71mm，食味品质分81分。

抗性：高抗稻瘟病，中B群、中C群和全群抗性频率分别为97.1%～97.6%、100%、98.5%，病圃鉴定穗瘟1～2.3级，叶瘟1～1.7级；中抗白叶枯病（Ⅳ型3级，Ⅴ型7级）；抗寒性模拟鉴定孕穗期、开花期均为强。

产量及适宜地区：2006年晚稻参加广东省区域试验，平均单产6 552.0kg/hm^2，比对照品种粳籼89增产1.4%，2007年晚稻复试，平均单产6 412.5kg/hm^2，比对照品种粳籼89增产1.1%，两年增产均不显著。2007年晚稻生产试验，平均单产6409.5/hm^2，比对照品种粳籼89增产0.1%。日产量57.0～58.5kg/hm^2。适宜广东省各地早稻、晚稻种植。

栽培技术要点：早施分蘖肥，促进禾苗前期生长。

粤泰丝苗（Yuetaisimiao）

品种来源：广东省农业科学院水稻研究所用丰丝占/齐粒丝苗杂交选育而成，2006年通过广东省农作物品种审定委员会审定。

形态特征和生物学特性：属感温型常规稻品种。早稻平均全生育期128～131d，比粤香占迟熟3d。株型较紧凑，分蘖力较强，着粒密，后期熟色好，株高96～99cm，穗长18.9～20.3cm，有效穗315万～336万穗/hm^2，每穗总粒数114.8～135.1粒，结实率77.6%～82.6%，千粒重19.3～19.4g。

品质特性：早稻米质未达国标、广东省标优质米标准，整精米率57.2%～63.5%，垩白粒率5%～9%，垩白度0.8%～2%，直链淀粉含量15.3%～15.9%，胶稠度54～68mm，糙米长宽比3.1～3.3，不完善粒6.9%～11.3%。

抗性：高抗稻瘟病，中B群、中C群和全群抗性频率分别为88.9%、100%、92.9%，病圃鉴定穗瘟2.3级，叶瘟1.7级；感白叶枯病（7级）；抗倒伏性强；苗期耐寒性中等。

产量及适宜地区：2005年、2006年两年早稻参加广东省区域试验，平均单产分别为5 968.5kg/hm^2和5 635.5kg/hm^2，分别比对照品种粤香占增产0.2%和减产0.8%，增、减产均不显著。2006年早稻生产试验，平均单产5 476.5kg/hm^2，比对照品种粤香占减产1.2%。日产量43.5～46.5kg/hm^2。适宜粤北以外稻作区早稻、晚稻种植。

栽培技术要点：特别注意防治白叶枯病。

粤籼18（Yuexian 18）

品种来源：广东省农业科学院水稻研究所用六合占/粤华占杂交选育而成，2006年通过广东省农作物品种审定委员会审定。

形态特征和生物学特性：属感温型常规稻品种。晚稻平均全生育期109～110d，比粳籼89早熟3～5d。株型好，生长势强，叶色浓绿，整齐度好，有效穗多，穗短而均匀，着粒密，粒较小，后期熟色尚好。株高91～96cm，穗长19～19.1cm，有效穗333万～337.5万穗/hm^2，每穗总粒数130～131粒，结实率82.3%～85.5%，千粒重18.1～18.7g。

品质特性：晚稻米质达国标三级优质米标准，外观品质为晚稻一级，整精米率66.9%～68.5%，垩白粒率13%～28%，垩白度1.3%～6.3%，直链淀粉含量22.14%～25.7%，胶稠度50～56mm，食味品质分76分。

抗性：中抗稻瘟病，中B群、中C群和全群抗性频率分别为69.1%～80.0%、75.0%～80.0%、72.5%～78.3%，病圃鉴定穗瘟3～4级，叶瘟1.7～3级；中感白叶枯病（5级）；抗倒伏性和后期耐寒力中弱。

产量及适宜地区：2003年、2004年两年晚稻参加广东省区域试验，平均单产分别为6 007.5kg/hm^{2}和6 542.0kg/hm^2，分别比对照品种粳籼89减产2.9%和增产2.3%，增产、减产均不显著。2004年晚稻生产试验，平均单产6 399.0kg/hm^2，比对照品种粳籼89增产10.1%。日产量55.5～58.5kg/hm^2。适宜广东省各稻作区早稻、晚稻种植。

栽培技术要点：①在中等肥田种植，全生育期施纯氮135～150kg/hm^2，前期施用量75%，中期25%，氮、磷、钾比例1∶0.5∶0.65为宜。在肥力较足和台风雨较多的地方要增施钾肥，慎防过氮，晒好田以防倒伏。②注意防治稻瘟病、白叶枯病。

粤香占（Yuexiangzhan）

品种来源：广东省农业科学院水稻研究所用三二矮/清香占//综优/广西香稻杂交选育而成，分别通过广东省（1998）和国家（2000）农作物品种审定委员会审定。

形态特征和生物学特性：属常规优质稻品种。全生育期早稻133 ~ 126d，与七山占接近，晚稻110d左右。插后回青快，矮壮早分蘖，分蘖力强，叶色翠绿，较窄厚短直上举，群体通透性好，对肥力钝感，株高93cm左右，有效穗345万穗/hm^2，每穗总粒数140粒，结实率95.0%，千粒重19.0g，谷色淡黄，收获指数高，谷草比1 ： 1.5左右，高产稳产，适应性广。

品质特性：稻米外观品质为早稻一级，有微香，糙米率80.7%，精米率74.2%，整精米率62.0%，糙米长宽比2.8，透明度3级，碱消值7.0级，胶稠度38mm，直链淀粉含量26.0%。

抗性：稻瘟病抗性频率全群41.5%，中抗白叶枯病（3.5级），苗期耐寒性强。

产量及适宜地区：1996年、1997年两年早稻参加广东省区域试验，丰产性突出，平均单产分别为6 583.5kg/hm^{2}和6 646.5kg/hm^2，比对照品种七山占分别增产13.0%和14.2%，均达极显著水平。适宜广东省各稻区晚稻种植和粤北以外地区早稻种植，以及广西壮族自治区中南部和福建省南部种植，推广时要注意防治稻瘟病。

栽培技术要点：①移植后要早施回青肥，低肥力田宜重施分蘖肥和幼穗分化肥，高肥力田和台风雨多发区，幼穗分化肥应氮、磷、钾配合施用。②注意做好中后期排水露晒田工作。③注意防治稻瘟病。

粤秀占（Yuexiuzhan）

品种来源：广东省农业科学院水稻研究所用粤华占/矮秀占杂交选育而成，2006年通过广东省农作物品种审定委员会审定。

形态特征和生物学特性：属感温型常规稻品种。晚稻平均全生育期111～114d，与粳籼89相当。分蘖力较弱，株型较好，穗大粒多，整齐度较好，叶色中浓，剑叶短小，谷粒麻壳，结实率偏低，熟色较差。株高94～102cm，穗长23.0～23.4cm，有效穗277.5万～282.0万穗/hm^2，每穗总粒数137.0～141.0粒，结实率76.7%～76.9%，千粒重21.4～22.2g。

品质特性：晚稻米质达国标一级优质米标准，外观品质为晚稻特二级，整精米率67.0%～68.2%，垩白粒率4%～8%，垩白度0.2%～0.6%，直链淀粉含量16.4%～17%，胶稠度73～75mm，食味品质分87分。

抗性：感稻瘟病，中B群、中C群和全群抗性频率分别为42.9%、92.0%、62.3%，病圃鉴定穗瘟6.3级，叶瘟4.7级；中感白叶枯病（5级）；后期耐寒力中弱。

产量及适宜地区：2003年、2004年两年晚稻参加广东省区域试验，平均单产分别为5 938.5kg/hm^{2}和6 216.0kg/hm^2，比对照品种粳籼89分别减产2.9%和2.7%，减产均不显著。2004年晚稻生产试验，平均单产6 351.0kg/hm^2，比对照品种粳籼89增产8.1%。日产量51.0kg/hm^2。适宜广东省除粤北以外稻作区的非稻瘟病区早稻、晚稻种植。

栽培技术要点：①中等肥田种植，全生育期施纯氮135～150kg/hm^2，前期施用量75%，中期25%。氮、磷、钾比例1∶0.5∶0.65为宜。在肥力较足和台风雨较多的地方要增施钾肥。②后期防止过早断水。③特别注意防治稻瘟病，并注意防治白叶枯病，稻瘟病历史病区不宜种植。

粤野占26（Yueyezhan 26）

品种来源：广东省佛山市农业科学研究所通过粤桂146/粤山142//野粳籼///特籼占13杂交选育而成，2001年通过广东省农作物品种审定委员会审定。

形态特征和生物学特性：感温型常规稻品种。全生育期早稻约128d，晚稻114d。株高97～100cm，株型好，前期生长旺盛，插后回青快，叶片窄直，抽穗整齐，穗大，枝梗多，着粒密。有效穗300万穗/hm^2，穗长20.0cm，每穗总粒数140～144粒，结实率81%～86%，千粒重约20.0g。区域适应性较广。

品质特性：稻米外观品质为晚稻一级，整精米率54.8%，糙米长宽比2.9，垩白度7.4%，透明度3级，胶稠度48mm，直链淀粉含量24.9%。

抗性：中感稻瘟病和白叶枯病（5级）；后期耐寒性强但不耐高温，易倒伏。

产量及适宜地区：1998年、1999年两年晚稻参加广东省常规稻优质组区域试验，平均单产分别为6 933.0kg/hm^2和6 388.5kg/hm^2，比对照品种粳籼89分别增产7.7%和7.0%，1998年增产达显著水平，1999年增产不显著，两年均列参试品种首位；日产量55.5～61.5kg/hm^2。除粤北地区早稻不宜种植外，适宜广东省其他地区早稻、晚稻种植。

栽培技术要点：①疏播培育适龄壮秧，秧田播种量225～300kg/hm^2，本田用种量22.5～30kg/hm^2，秧龄早稻30d、晚稻15～20d，插植穴数30万穴/hm^2，基本苗90万～120万苗/hm^2。②施足基肥，早施重施分蘖肥，增施磷钾肥保蘖壮蘖防倒伏，中后期看苗补施穗肥。③排灌采用前期干湿浅灌，中期长露轻晒，后期保持田面湿润。④注意防治稻瘟病、白叶枯病及虫害。

粤综占（Yuezongzhan）

品种来源：广东省农业科学院水稻研究所用粤秀占/丰丝占11杂交选育而成，2009年通过广东省农作物品种审定委员会审定。

形态特征和生物学特性：属感温型常规稻品种。晚稻平均全生育期107 ~ 111d，比粳籼89早熟3 ~ 5d。株型集，叶色浓，长势繁茂，抽穗整齐，粒型较大，熟色中，株高102 ~ 103cm，穗长22.4 ~ 22.5cm，有效穗277.5万 ~ 289.5万穗/hm^2，每穗总粒数137.4 ~ 141.7粒，结实率79.0% ~ 81.8%，千粒重22.3 ~ 22.8g。

品质特性：米质达国标、广东省标二级优质米标准，整精米率71.8%，垩白粒率8%，垩白度1.3%，直链淀粉含量16.2%，胶稠度67mm，食味品质分80分。

抗性：抗稻瘟病，中B群、中C群和全群抗性频率分别为96.3%、100%、97.3%，病圃鉴定穗瘟3级，叶瘟1.3级；中抗白叶枯病（3级）；抗倒伏能力中强；耐寒性模拟鉴定孕穗期为中强、开花期为中。

产量及适宜地区：2007年、2008年两年晚稻参加广东省区域试验，平均单产分别为6778.5kg/hm^2、6 378.0kg/hm^2，比对照品种粳籼89分别增产5.4%和6.3%，增产均不显著。2008年晚稻生产试验，平均单产 6 504.0kg/hm^2，比对照品种粳籼89增产9.0%。日产量60.0 ~ 61.5kg/hm^2。适宜广东省除粤北以外稻作区早稻、晚稻种植。

栽培技术要点：在地力高和台风雨较多的地方要增施钾肥。

早广二（Zaoguang'er）

品种来源：广东省曲江县示范场从中迟熟种广二矮5号分离变异单株选育而成，1978年通过广东省农作物品种审定委员会审定。

形态特征和生物学特性：属晚稻早熟常规稻品种。全生育期130d左右，比原种广二矮5号早熟10 ~ 15d；比秋二早1号早熟8d。株高100cm。具有早熟、俭肥、稳产、优质、病虫少、适应性广的特点。分蘖力较弱，成穗率高，抽穗整齐，成熟一致。每穗总粒数77.1粒，实粒70.7粒，结实率91.7%，千粒重24.0g。

品质特性：米质上等。

抗性：易感徒长病，抗倒伏性不够强。

产量及适宜地区：一般单产3 750 ~ 4 500kg/hm^2，高产达6 750kg/hm^2。适宜于广东省北部山区晚稻种植。

栽培技术要点：感温性较强，秧龄过长易产生早穗，应适龄移栽。

早花占（Zaohuazhan）

品种来源：广东省佛山市农业科学研究所用三七早/920//银花占杂交选育而成，2010年通过广东省农作物品种审定委员会审定。

形态特征和生物学特性：属感温型常规稻品种。晚稻平均全生育期107～108d，比对照种优优122长4～5d。株型中集，叶色浓绿，叶姿直，穗大粒密，后期熟色好。株高96～100cm，穗长20.8～21.5cm，有效穗291.0万～300.0万穗/hm^2，每穗总粒数162.3～164.7粒，结实率79.3%～80.6%，千粒重18.0～18.2g。

品质特性：米质达到广东省标三级优质米标准，整精米率71.2%～73.5%，垩白粒率16%～28%，垩白度6.2%～6.9%，直链淀粉含量15.3%～17.3%，胶稠度70～84mm，食味品质分74～81分。

抗性：抗稻瘟病，中B群、中C群和全群抗性频率分别为78.1%、91.7%、85.2%，病圃鉴定穗瘟2.5～4.3级，叶瘟1.8～2.7级；感白叶枯病；抗倒伏性和耐寒性均为中强。

产量及适宜地区：2008年晚稻参加广东省区域试验，平均单产6 300.0kg/hm^2，比对照品种优优122增产3.5%，增产不显著；2009年晚稻复试，平均单产6 057.0kg/hm^2，比对照品种优优122减产1.4%，减产不显著。2009年晚稻生产试验，平均单产6 060.0kg/hm^2，比对照品种优优122减产1.5%。日产量58.5kg/hm^2。适宜广东省各稻作区晚稻和粤北以外稻作区早稻种植。

栽培技术要点：①插（抛）足基本苗，早施重施分蘖肥，增加有效分蘖数。②注意防治白叶枯病。

早金风5号（Zaojinfeng 5）

品种来源：广东省农业科学院用广场矮3784/马尾大金风杂交，于1964年育成。

形态特征和生物学特性：属感温型常规稻品种。浙江省温州地区引种，在温州全生育期123d，可作中、晚稻栽培。分蘖力中，株高78cm，穗粒数中，千粒重23.0g。

品质特性：米质中等。

产量及适宜地区：一般单产5 250kg/hm^2，适应性较广、易种，1977年推广种植面积9.31万hm^2，是浙江南部的主要推广良种之一。

窄叶青8号（Zhaiyeqing 8）

品种来源：广东省农业科学院水稻研究所1968年用印尼花龙水田谷/晚稻塘竹//鸡对伦杂交，于1971年选育而成，1978年通过广东省农作物品种审定委员会审定。

形态特征和生物学特性：属早稻中熟常规稻品种。早稻全生育期125d左右，晚稻全生育期105 ~ 110d，为早中熟。株高90cm左右，分蘖力强，叶窄厚直，中后期叶片上举，够苗不封行，对光能利用好，有效穗数多。根群发达，生命力强，后期不早衰，成熟时青枝蜡秆。穗较短，着位密，每穗一般可超过70.0粒，结实率一般在86.0%以上，千粒重25.0 ~ 26.0g。

品质特性：米质中等，整精米率达73%。

抗性：抗稻瘟病，不抗纹枯病和白叶枯病；不耐肥，易倒伏，苗期耐寒力弱。

产量及适宜地区：一般单产4 500 ~ 5 250kg/hm^2，高产可达7 500kg/hm^2；适宜广东省中等和下等肥力田类种植。

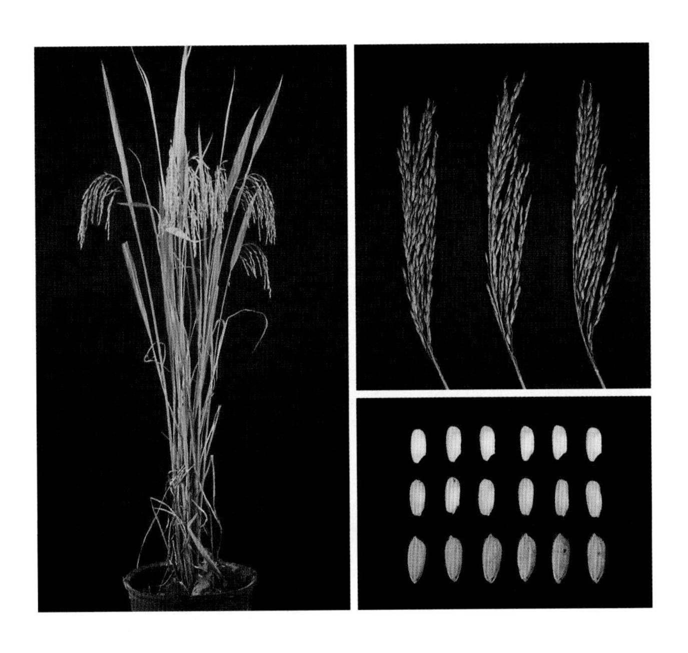

珍桂矮1号（Zhengui'ai 1）

品种来源：广东省农业科学院水稻研究所用珍叶矮/桂青3号杂交选育而成，分别通过广东省（1990）和国家（1994）农作物品种审定委员会审定。

形态特征和生物学特性：属感温型中熟常规稻品种。全生育期早稻125 ~ 130d，株高90 ~ 100cm。株叶形态好，分蘖力较弱。有效穗327万穗/hm^2，穗长20.0cm，每穗总粒数103.7粒，结实率82.9%，千粒重20.6g。

品质特性：外观米质为早稻二级。

抗性：对稻瘟病全群、中B群抗性频率分别为55.4%、65.2%；白叶枯病3.6级；较易感细菌性条斑病；感褐飞虱；抗倒伏性稍差，苗期较耐寒。

产量及适宜地区：1988年、1989年两年早稻参加广东省区域试验，平均单产分别为5 824.5kg/hm^2和6 066.0kg/hm^2，1988年比对照品种青二矮增产9.7%，达极显著值；比对照品种汕优64减产4.0%，未达显著值。1989年比对照品种广科36减产0.4%。适宜广东省丘陵或平原地区中等、中下等肥力田及华南稻区其他地区种植。

栽培技术要点：①培育壮秧。②一般田类插16.7cm × 16.7cm，每穴栽插5苗，中上田类插20cm × 16.7cm，每穴栽插3 ~ 4苗，争取有效穗330万 ~ 345万穗/hm^2。③施足基肥，及早追肥，巧施中期肥，适施磷、钾肥。④中期适当晒田，以防拔节过高而倒伏，后期保持田土湿润。⑤翻秋注意打破休眠期，保证出苗整齐。

珍珠矮11（Zhenzhu'ai 11）

品种来源：广东省农业科学院1958年用矮仔占4号/惠阳珍珠早杂交选育，于1962年育成。

形态特征和生物学特性：属感温型中熟常规稻品种。全生育期125 ~ 130d。株高90 ~ 95cm。株型集散适中，叶色青翠，叶姿中直，剑叶宽1.45cm，长25cm，角度小；穗长19.0 ~ 20.0cm，每穗总粒数100粒左右，结实率85.0%；分蘖力强，有效穗330万 ~ 375万穗/hm^2；抽穗整齐，秆短节密，根系发达。谷粒长圆形，谷壳黄色。千粒重24.0 ~ 25.0g，后期熟色好，不易早衰。

品质特性：米质好，出米率73% ~ 75%，含蛋白质比较丰富，据中国农林科学院品质分析，蛋白质含量9.1%，脂肪含量2.4%，总淀粉含量68.5%。

抗性：对稻瘟病、白叶枯病、纹枯病有轻度感染；耐肥，抗倒伏，耐寒性极强。

产量及适宜地区：一般单产5 250 ~ 6 000kg/hm^2，高产可超7 500kg/hm^2。如梅县陈桥示范队1973种植0.89hm^2，平均单产7 822.5kg/hm^2；1974年种植0.95hm^2，平均单产6 352.5kg/hm^2。1975年早稻梅县良种场种植1.87hm^2，平均单产6 637.5kg/hm^2。1974年推广面积245.53万hm^2，是广东省早稻当家品种之一。

栽培技术要点：①培育壮秧，一般在雨水前后播种，清明前后插秧。②本田施足基肥，秧苗要浅插，并早施重施分蘖肥，适当追施壮尾肥。③够苗封行注意排水晒田。④中期注意病虫害防治。⑤建立单株留种田，做好提纯复壮工作。

中二软占（Zhong'erruanzhan）

品种来源：广东省农业科学院水稻研究所用粳籼21/长丝占杂交选育而成，2001年通过广东省农作物品种审定委员会审定。

形态特征和生物学特性：属感温型常规稻品种，全生育期早稻约128d、晚稻112d。株高约95cm，株型好，叶片厚直、色较浓，群体通透性好，分蘖力中等，抽穗整齐，穗较大，熟色好，有效穗285万穗/hm^2，每穗总粒数140.0粒，结实率约80.0%，千粒重19.0g。

品质特性：稻米外观品质为晚稻一级，米粒透明细长，米饭软滑，食味好。

抗性：中感稻瘟病（7级），中B群、中C群、全群抗性频率分别为60.0%、77.8%、59.0%，中抗白叶枯病（3.5级），抗倒伏性较强，后期耐寒性强。

产量及适宜地区：1999年、2000年两年晚稻参加广东省常规稻优质组区域试验，平均单产分别为5 935.5kg/hm^{2}和6 261.0kg/hm^2，分别比对照品种粳籼89减产0.6%和增产2.5%，增减产均不显著。日产量约52.5kg/hm^2。除粤北地区早稻不宜种植外，适宜广东省其他地区早稻、晚稻种植。

栽培技术要点：①培育适龄壮秧，秧田播种量300 ～ 375kg/hm^2，秧龄早稻约30d、晚稻15 ～ 20d，抛秧大田用种量30kg/hm^2，抛秧叶龄以2.5 ～ 3叶为宜。②施足基肥，早施分蘖肥，中等肥田施氮量约270 ～ 300kg/hm^2，以使用氮、磷、钾配合的水稻专用复合肥为宜，切忌后期残肥过多，而招致病虫害。③前期浅水分蘖，中期晒田不宜过重，浅水抽穗扬花，成熟期干湿交替，后期不宜断水过早。④注意防治稻瘟病。⑤穗基部谷粒成熟较慢，要熟透后才可收获，以免影响产量。⑥注意除杂保纯。

第二节　杂交籼稻

Ⅱ优128（Ⅱ You 128）

品种来源：广东省农业科学院水稻研究所用Ⅱ-32A/广恢128配组育成。分别通过广东省（1998）、海南省（1999）和国家（1999）农作物品种审定委员会审定。

形态特征和生物学特性：属感温型杂交稻品种，全生育期晚稻120d，比汕优63迟熟2d。株高100 ~ 105cm，叶片中长厚直，叶鞘、稃尖紫色，叶色中绿，株型中集，分蘖力中等，茎秆粗壮，穗大粒多而密，每穗总粒数140.0 ~ 150.0粒，结实率85.0%左右，千粒重25.0 ~ 26.0g。

品质特性：稻米外观品质为晚稻二级，糙米率81.3%，精米率73.4%，整精米率63.0%，垩白粒率40.0%，直链淀粉含量26.8%，胶稠度38.0mm，碱消值6.0级，蛋白质11.3%。

抗性：高抗稻瘟病，全群抗性频率100%，感白叶枯病（7级），耐肥，抗倒伏性强，后期耐寒性强。

产量及适宜地区：1995年、1996年两年晚稻参加广东省区域试验，单产分别为6 492.0kg/hm^{2}和6 732.0kg/hm^2，比对照品种汕优63分别增产5.7%和6.4%，增产均不显著。适宜广东省中南部地区晚稻和广西壮族自治区中南部、海南省以及福建省南部早稻、晚稻种植。

栽培技术要点：①稀播、匀播，培育分蘖壮秧。秧田播种量150 ~ 187.5kg/hm^2，晚稻秧龄18 ~ 20d。②合理密植，插足基本苗，以60万苗/hm^{2}为宜；抛秧栽培穴数不少于27万穴/hm^2，基本苗60万~ 75万苗/hm^2。③早施重施分蘖肥，促进分蘖早生快发，结合土壤条件、施肥状况、禾苗生长状态和天气状况，正确施用穗肥。④实行“浅、露、活、晒”相结合的管水方法，做到浅水移植、寸水活苗、薄水分蘖，够苗晒田相结合。

Ⅱ优290（Ⅱ You 290）

品种来源：广东省农业科学院水稻研究所用Ⅱ-32A/广恢290配组育成，2006年通过广东省农作物品种审定委员会审定。

形态特征和生物学特性：属感温型三系杂交稻品种。晚稻平均全生育期111～113d，比培杂双七迟熟2d。株型紧凑，剑叶短直，分蘖力中等。株高98～101cm，穗长22.2～22.5cm，每穗总粒数130.0～139.0粒，结实率85.4%～86.2%，千粒重24.2g。

品质特性：晚稻米质达国标三级优质米标准，整精米率62.7%～70.6%，垩白粒率9.0%～41.0%，垩白度1.8%～10.7%，直链淀粉含量20.0%～23.1%，胶稠度50.0～52.0mm，糙米长宽比2.8，食味品质分79分。

抗性：中抗稻瘟病，全群抗性频率67.4%，中C群、中B群的抗性频率分别为73.6%和44.1%，田间监测结果多数点稻瘟病发生轻微，个别点发生中等；高感白叶枯病，对广东省白叶枯病优势菌群C4和次优势菌群C5分别表现感和高感；抗倒伏能力和后期耐寒力均为中等。

产量及适宜地区：2003年、2004年两年晚稻参加广东省区域试验，平均单产分别为6 571.5kg/hm^{2}和6 699.0kg/hm^2，比对照品种培杂双七分别增产6.7%和2.8%，2003年增产极显著，2004年增产不显著。适宜广东省粤北以外稻作区早稻、中南和西南稻作区晚稻种植。

栽培技术要点：①施足基肥，早施适施分蘖肥，生长中期看苗情补施穗肥。②浅水移栽，寸水活棵，薄水分蘖，够苗晒田，有水孕穗，后期干干湿湿充实壮籽。③注意防治稻瘟病、特别注意防治白叶枯病，白叶枯病常发区不宜种植。

II 优 3550（II You 3550）

品种来源：广东省农业科学院水稻研究所、湛江农业专科学校（现为广东海洋大学农学院）用博A/R3550（青四矮16/IR54）配组育成，1997年通过广东省农作物品种审定委员会审定。

形态特征和生物学特性：属弱感光型杂交稻品种。全生育期晚稻124d，比汕优桂44迟熟2d，株型好，茎叶粗壮，长势旺，叶片窄直，分蘖力中等，有效穗255.0万～270.0万穗/hm^2，每穗总粒数128.0粒，结实率85.0%，千粒重25.0g，熟色好。

品质特性：稻米外观品质为晚稻二至三级，饭味浓，适口性好，糙米率80.0%，精米率72.4%，整精米率62.8%，糙米长宽比2.3，垩白粒率63.0%，垩白度23.8%，直链淀粉含量22.6%，胶稠度35.0mm，碱消值5.4级。

抗性：高抗稻瘟病，全群抗性频率96.9%，高感白叶枯病（9级）；耐肥，抗倒伏，后期耐寒性强。

产量及适宜地区：1989年、1990年两年晚稻参加广东省区域试验，单产分别为7 103.3kg/hm^2和6 676.1kg/hm^2，比对照品种汕优桂44分别增产6.9%和3.9%，增产均不显著。适宜广东省中南部非白叶枯病易发区晚稻种植。

栽培技术要点：①宜于7月上旬播种，秧龄25d。②中后期不宜过早断水。③注意防治白叶枯病。

Ⅱ优368（Ⅱ You 368）

品种来源：广东省农业科学院水稻研究所用Ⅱ-32A/广恢368配组育成，2005年通过广东省农作物品种审定委员会审定。

形态特征和生物学特性：属感温型三系杂交稻品种。早稻全生育期128～133d，比培杂双七迟熟4～6d。分蘖力中等，叶片较长而宽，稍披。株高107cm，穗长23.5cm，穗大粒多，每穗总粒数143.0粒，结实率78.5%，千粒重23.4g。

品质特性：稻米外观品质为早稻二级，整精米率49.2%～56.7%，垩白粒率9%～39%，垩白度0.9%～9.8%，直链淀粉含量15.4%～17.8%，胶稠度58mm，糙米长宽比2.8。

抗性：中抗稻瘟病，全群抗性频率67.4%，对中C群、中B群的抗性频率分别为80.4%和44.8%，田间穗瘟发生轻微；中感白叶枯病，对C4、C5菌群分别表现中感和感。抗倒伏能力较强。

产量及适宜地区：2002年、2003年两年早稻参加广东省区域试验，平均单产分别为7 333.5kg/hm^{2}和6 883.5kg/hm^2，比对照品种培杂双七分别增产5.3%和9.6%，2002年增产不显著，2003年增产显著。2004年早稻生产试验，平均单产6 442.5kg/hm^2（种子纯度不达标）。适宜广东省中南稻作区早稻种植和一季中稻区种植。

栽培技术要点：①早稻2月下旬至3月上旬、晚稻7月上旬至中旬播种，本田用种量15～22.5kg/hm^2，稀播培育分蘖壮秧，早稻秧龄25～30d或5～6叶龄，晚稻秧龄16～18d，抛秧3～4叶龄为宜。②一般插植穴数24万～30万穴/hm^2，基本苗90万～120万苗/hm^2，抛秧穴数27万穴/hm^{2}左右。③注意防治稻瘟病和白叶枯病，及时防治螟虫、稻纵卷叶螟和稻飞虱等。

T78优2155（T 78 You 2155）

品种来源：福建省三明市农业科学研究所用T78A/明恢2155配组育成，2006年通过广东省农作物品种审定委员会审定。

形态特征和生物学特性：属感温型三系杂交稻品种。早稻平均全生育期121 ~ 124d，与中9优207相当。分蘖力中等，植株较高，株型中集，后期熟色好。株高112 ~ 119cm，穗长22.9 ~ 24.0cm，每穗总粒数133粒，结实率87.2%，千粒重26.0g。

品质特性：早稻米质未达国标和广东省标优质米标准，整精米率48.9%，垩白粒率43%，垩白度8.6%，直链淀粉含量19.0%，胶稠度72mm，糙米长宽比2.7。

抗性：高抗稻瘟病，全群抗性频率96.2%，对中C群、中B群的抗性频率分别为100%和89.5%；中感白叶枯病，对C4、C5菌群分别表现中感和感；抗倒伏能力弱。

产量及适宜地区：2004年、2005年两年早稻参加广东省区域试验，平均单产分别为7 252.5kg/hm^{2}和6 732.0kg/hm^2，2004年比对照品种华优8830减产0.8%，2005年比对照品种中9优207增产9.6%，增减产均未达显著水平；2006年早稻参加广东省生产试验，平均产量5 892kg/hm^2。适宜广东省粤北和中北稻作区早稻、晚稻种植。

栽培技术要点：注意防治白叶枯病和防倒伏。

Y两优101（Y liangyou 101）

品种来源：广东省广州市农业科学研究所用Y58S/R101配组育成，2009年通过广东省农作物品种审定委员会审定。

形态特征和生物学特性：属感温型两系杂交稻品种。晚稻全生育期109～113d，比粳籼89早熟2～3d。株型中集，分蘖力强，穗大粒多，株高106～109cm，穗长25.9～26.5cm，每穗总粒数163.0粒，结实率75.5%～76.8%，千粒重21.5～22.0g。

品质特性：米质达国标和广东省标三级优质米标准，整精米率72.0%～73.1%，垩白粒率30%～54%，垩白度4.7%～30.7%，直链淀粉含量16.4%～20.0%，胶稠度61.0～65.0mm，糙米长宽比3.3，食味品质分75～76分。

抗性：中感稻瘟病，全群抗性频率84.4%，中B群、中C群的抗性频率分别为73.0%和100%，田间监测表现抗叶瘟、感穗瘟，中抗白叶枯病，对C4、C5菌群分别表现中抗和中感；抗倒伏能力中强；耐寒性模拟鉴定结果孕穗期为中强，开花期为中。

产量及适宜地区：2007年、2008年两年晚稻参加广东省区域试验，平均单产6 853.5kg/hm^{2}和6 840.0kg/hm^2，比对照品种粳籼89分别增产2.8%和7.5%，增产均不显著。2008年晚稻参加广东省生产试验，平均单产6 516.0kg/hm^2，比对照品种粳籼89增产3.3%。适宜粤北以外稻作区早稻、晚稻种植。

栽培技术要点：注意防治稻瘟病。

Y两优602（Y liangyou 602）

品种来源：广东省广州市农业科学研究所用Y58S/R602配组育成，2009年通过广东省农作物品种审定委员会审定。

形态特征和生物学特性：属感温型两系杂交稻品种。早稻平均全生育期130～131d，与优优128相近。分蘖力强，株型中集，叶姿中弯，穗长粒多，谷粒有芒，后期熟色好。株高107～109cm，穗长24.0～25.4cm，每穗总粒数141.0～153.0粒，结实率76.1%～82.4%，千粒重22.6g。

品质特性：米质达国标、广东省标三级优质米标准，整精米率59.4%～60.4%，垩白粒率10.0%～27.0%，垩白度2.5%～14.1%，直链淀粉含量14.5%～15.1%，胶稠度75.0～78.0mm，糙米长宽比3.2～3.4，食味品质分75～77分。

抗性：高抗稻瘟病，全群抗性频率95.7%，中C群、中B群的抗性频率分别为100%和86.8%，田间监测结果表现高抗叶瘟和穗瘟；中感白叶枯病，对C4、C5菌群分别表现感和中感；抗倒伏能力中弱；耐寒性模拟鉴定孕穗期为中弱，开花期为中。

产量及适宜地区：2007年、2008年两年早稻参加广东省区域试验，平均单产分别为6 627.0kg/hm^{2}和6 322.5kg/hm^2，比对照品种优优128分别增产0.6%和0.4%，增产均不显著；2008年早稻参加广东省生产试验，平均单产6 810.0kg/hm^2，比对照品种优优128增产2.4%。适宜广东省中南稻作区和西南稻作区的平原地区早稻、晚稻种植。

栽培技术要点：适当加大施用花肥和穗肥，以促大穗和提高结实率。

Y两优农占（Y liangyounongzhan）

品种来源：广东省紫金县兆农两系杂交水稻研发中心、广东省农业科学院水稻研究所用Y58S/桂农占配组育成，2009年通过广东省农作物品种审定委员会审定。

形态特征和生物学特性：属感温型两系杂交稻品种。早稻平均全生育期131d，与优优128相近，比粤香占迟熟3d。分蘖力中强，株型中集，剑叶直，穗长粒多，谷粒有芒，后期熟色好；株高107cm，穗长23.2～24.8cm，每穗总粒数141.0～151.0粒，结实率76.2%～80.3%，千粒重22.3～22.5g。

品质特性：米质未达国标和广东省标优质米标准，整精米率51.4%～61.6%，垩白粒率42.0%～51.0%，垩白度15.0%～26.1%，直链淀粉含量20.3%～23.3%，胶稠度57.0～61.0mm，糙米长宽比3.2～3.3，食味品质分75分。

抗性：抗稻瘟病，全群抗性频率80.3%，对中C群、中B群的抗性频率分别为92.0%和52.6%，田间监测结果表现高抗叶瘟和穗瘟；中感白叶枯病，对C4、C5菌群均表现中感；耐寒性模拟鉴定孕穗期、开花期均为中弱，抗倒伏能力中等。

产量及适宜地区：2007年、2008年两年早稻参加广东省区域试验，平均单产分别为6 655.5kg/hm^{2}和6 625.5kg/hm^2，2007年比对照品种粤香占增产7.5%，增产达显著水平，2008年比对照品种优优128增产5.2%，增产未达显著水平；2008年早稻参加广东省生产试验，平均单产6 853.5kg/hm^2，比对照品种优优128增产2.9%。适宜广东省中南稻作区和西南稻作区的平原地区早稻、晚稻种植。

栽培技术要点：做好纹枯病和白叶枯病的防治工作。

博Ⅱ优15（Bo Ⅱ you 15）

品种来源：湛江海洋大学（现为广东海洋大学）杂优稻研究室用博Ⅱ A/HR15配组育成，2001年通过广东省农作物品种审定委员会审定。

形态特征和生物学特性：属弱感光型晚稻杂交稻品种。晚稻种植全生育期118d，株高101cm，株型中集，分蘖力中等，穗大粒多。有效穗约240.0万穗/hm^2，穗长22.0cm，每穗总粒数142.0粒，结实率81.0%，千粒重约23.0g。

品质特性：稻米外观品质鉴定为晚稻二级，整精米率62.0%，垩白度6.6%，胶稠度42.0mm，直链淀粉含量25.8%。

抗性：抗稻瘟病，抗性频率中C群84.6%，全群85.0%；感白叶枯病（7级），抗倒伏能力强。

产量及适宜地区：1999年晚稻参加广东省杂交稻区域试验，平均单产6 675.0kg/hm^2，比对照品种博优903增产7.5%，比对照品种博优3550增产3.2%，增产均不显著；2000年晚稻复试，平均单产为6 483.0kg/hm^2，比对照品种博优122减产1.2%，减产不显著；日产量57.0kg/hm^2。适宜广东省中南部地区晚稻种植。

栽培技术要点：①适当早播，培育分蘖壮秧。②施足基肥，增施磷钾肥。③适当露田晒田，后期不宜断水过早。

博Ⅱ优815（Bo Ⅱ you 815）

品种来源：广西壮族自治区博白县农业科学研究所用博ⅡA/R815配组育成，2006年通过广东省农作物品种审定委员会审定。

形态特征和生物学特性：属弱感光型三系杂交稻品种。晚稻平均全生育期120 ~ 122d，比博优122迟熟5 ~ 7d。分蘖力较弱，剑叶较长，茎秆粗壮。株高96 ~ 113cm，穗长22.5 ~ 23.9cm，每穗总粒数138 ~ 144粒，结实率81.2%，千粒重25.4 ~ 26.5g。

品质特性：晚稻米质未达国标和广东省标优质米标准，整精米率62.0% ~ 66.5%，垩白粒率40% ~ 48%，垩白度4.8% ~ 11.8%，直链淀粉含量21.6% ~ 22.0%，胶稠度50 ~ 64mm，糙米长宽比2.6 ~ 2.7，食味品质分81分。

抗性：抗稻瘟病，全群抗性频率82.9%，中C群、中B群的抗性频率分别为87.5%和64.7%，田间稻瘟病发生轻微；抗白叶枯病，对C4、C5菌群分别表现抗和高感，田间白叶枯病发生轻微；抗倒伏能力强；后期耐寒力弱。

产量及适宜地区：2003年、2004年两年晚稻参加广东省区域试验，平均单产分别为6 828.0kg/hm^{2}和6 879.0kg/hm^2，2003年与对照品种博优122平产，2004年比对照品种博优122增产2.3%，增产不显著。适宜广东省中南和西南稻作区晚稻种植。

栽培技术要点：①适时播种，培育多蘖壮秧。广东南部要求7月15日前播种，秧龄20d左右（抛秧叶龄3.5 ~ 4.0叶）。②施肥可按纯氮150 ~ 187.5kg/hm^2，按氮：五氧化二磷：氧化钾比例1 ： 0.8 ： 1.2作为参考。③注意纹枯病的防治。

博Ⅲ优273（Bo Ⅲ you 273）

品种来源：广西壮族自治区博白县农业科学研究所用博Ⅲ A/R273配组育成，2010年通过广东省农作物品种审定委员会审定。

形态特征和生物学特性：属弱感光型三系杂交稻品种。晚稻全生育期115～116d，比对照种博优998长1～2d。植株较高，株型中集，分蘖力中强，有效穗较多，结实率较高。株高111～117cm，有效穗256.5万～297.0万穗/hm^2，穗长22.9～24.2cm，每穗总粒数121～137粒，结实率85.9%～87.6%，千粒重23.5～24.2g。

品质特性：米质达国标三级优质米标准，整精米率69.5%～70.3%，垩白粒率13%～16%，垩白度3.2%～5.5%，直链淀粉含量15.0%～15.4%，胶稠度77～86mm，长宽比2.8，食味品质分78～82分。

抗性：高抗稻瘟病，全群抗性频率96.7%，中B群、中C群的抗性频率分别为93.8%和100%，病圃鉴定叶瘟1.5级，穗瘟2.5级；感白叶枯病；抗倒伏能力中弱；耐寒性中。

产量及适宜地区：2008年、2009年两晚稻参加广东省区域试验，平均单产分别为6 792.0kg/hm^2和6 460.5kg/hm^2，分别比对照品种博优998减产1.4%和增产0.7%，增减产未达显著水平。2009年晚稻生产试验平均单产6 612.0kg/hm^2，比对照品种博优998减产1.5%。日产量55.5～58.5kg/hm^2。适宜广东省除粤北以外的稻作区晚稻种植。

栽培技术要点：①注意防治白叶枯病和防倒伏。②制种技术要点：春制父母本叶龄差为5.5～6叶，父本分二期播种，叶龄差1～1.5叶；秋制父母本时差为15～17d。

博优122（Boyou 122）

品种来源：广东省农业科学院水稻研究所用博A/广恢122配组育成，2000年通过广东省农作物品种审定委员会审定。

形态特征和生物学特性：属弱感光型晚稻杂交稻品种，晚稻全生育期117d，比博优903早熟3d，分蘖力强，株型集散适中。株高96cm，穗长22.0cm，有效穗315.0万穗/hm^2，每穗总粒数132.0粒，结实率79.0%～86.0%，千粒重22.7g。

品质特性：稻米外观品质为晚稻二级，整精米率65.0%，糙米长宽比2.7，垩白度11.9%，透明度0.6级，直链淀粉含量22.7%，胶稠度57.0mm，碱消值5.3级。

抗性：高抗稻瘟病，全群抗性频率93.4%，中C群抗性频率92.0%，感白叶枯病（7级）；后期耐寒力中等。

产量及适宜地区：1997年、1998年两年晚稻参加广东省区域试验，单产分别为6 225.0kg/hm^2和7 219.5kg/hm^2。1997年比对照品种博优64减产0.2%，减产不显著，1998年比对照品种博优903增产7.6%，增产极显著。适宜广东省除粤北以外的地区作晚稻种植。

栽培技术要点：①播种期7月5～10日为宜，秧田播种量150～187.5kg/hm^2，秧龄控制在20～25d以内，插植规格16.5cm×19.8cm，插植苗数90万苗/hm^2为好。②早施重施分蘖肥，促进分蘖早生快发，后期酌施穗肥。③注意浅水移栽，寸水活苗，薄水分蘖，够苗晒田相结合，后期保持湿润。④注意及时防治虫害，夺取高产。

博优210（Boyou 210）

品种来源：华南植物研究所用博A/R210配组育成，1995年通过广东省农作物品种审定委员会审定。

形态特征和生物学特性：属弱感光晚型杂交稻组合。全生育期118d，比博优64早熟2d。株高89cm，株叶形态好，分蘖力中等，有效穗292.5万穗/hm^2，每穗总粒数120.1粒，结实率81.0%，千粒重21.9g，后期熟色好。

品质特性：稻米外观品质为晚稻特二级至一级，糙米率80.3%～81.2%，精米率74.6%～75.2%，整精米率69.6%～71.4%，直链淀粉含量24.5%，糙米蛋白质含量9.3%。

抗性：高抗稻瘟病，全群抗性频率96.0%，中抗白叶枯病（3级）；不耐肥，高肥易倒伏；耐寒性中等。

产量及适宜地区：1993年、1994年两年晚稻参加广东省区域试验，单产分别为6 226.5kg/hm^2和6 031.5kg/hm^2，比对照品种博优64分别增产1.0%和1.8%，增产均不显著。适宜广东省中南部地区晚稻种植。

栽培技术要点：①疏播育分蘖壮秧，插足基本苗。②早施足施分蘖肥，后期施肥要慎重，肥田尤其要注意，以免倒伏。③后期不宜断水过早。

博优2155（Boyou 2155）

品种来源：福建省三明市农业科学研究所、福建六三种业有限责任公司用博A/明恢2155配组育成，2010年通过广东省农作物品种审定委员会审定。

形态特征和生物学特性：属弱感光型三系杂交稻品种。晚稻全生育期114～116d，与对照种博优998相当。植株较高，株型中集，分蘖力中。株高117～118cm，有效穗268.5万～291.0万穗/hm^2，穗长24.1～23.8cm，每穗总粒数130～140粒，结实率82.8%～83.3%，千粒重24.3～24.7g。

品质特性：米质未达国标和广东省标优质米标准，整精米率68.4%～70.1%，垩白粒率27%～58%，垩白度4.5%～14.0%，直链淀粉含量22.8%～23.3%，胶稠度70mm，长宽比2.6～2.7，食味品质分75分。

抗性：高抗稻瘟病，全群抗性频率95.1%，中B群、中C群的抗性频率分别为90.6%和100%，病圃鉴定叶瘟2.0级、穗瘟1.5级；高感白叶枯病；抗倒伏能力和耐寒性均为中。

产量及适宜地区：2008年、2009年两年晚稻参加广东省区域试验，平均单产分别为6 840.0kg/hm^{2}和6 672.0kg/hm^2，分别比对照品种博优998减产1.4%和增产3.9%，增产、减产均未达显著水平。2009年晚稻生产试验平均单产6 739.5kg/hm^2，比对照品种博优998增产0.4%。日产量57.0～58.5kg/hm^2。适宜广东省的粤北以外的稻作区晚稻种植。

栽培技术要点：①特别注意防治白叶枯病。②制种技术要点：在福建中造制种，父母本播差期为16d左右（以第一期父本为准），两期父本相差7d；父母本行比为2 ∶ 12。

博优263（Boyou 263）

品种来源：广东省肇庆市农业科学研究所用博A/R263配组育成，2004年通过广东省农作物品种审定委员会审定。

形态特征和生物学特性：属弱感光型三系杂交稻品种。晚稻平均全生育期123d，比博优122迟熟6d。分蘖力强，株型较紧凑。株高97 ~ 109cm，穗长21.9cm，每穗总粒数127.0 ~ 135.0粒，结实率86.6% ~ 87.5%，千粒重21.2 ~ 21.3g。

品质特性：稻米外观品质为晚稻二级，整精米率63.7% ~ 67.4%，垩白粒率24.0% ~ 40.0%，垩白度3.6% ~ 4.0%，直链淀粉含量24.0%，胶稠度40.0 ~ 52.0mm，糙米长宽比2.4 ~ 2.5。

抗性：抗稻瘟病，全群抗性频率84.6%，对优势种群中C群和次优势种群中B群的抗性频率分别为91.7%和64.7%；感白叶枯病；后期耐寒性和抗倒伏能力均较强。

产量及适宜地区：2002年、2003年两年晚稻参加广东省区域试验，平均单产分别为6 444.0kg/hm^{2}和6 694.5kg/hm^2，2002年比对照品种博优122增产3.3%，2003年比对照品种博优122减产2.0%，增减产均不显著。日产量52.5kg/hm^2。适宜广东省中南稻作区晚稻种植，栽培上要特别注意防治白叶枯病，白叶枯病常发区不宜种植。

栽培技术要点：①稀播、匀播，培育壮秧，秧田播种量157.5 ~ 187.5kg/hm^2，种子用三氯异氰尿酸浸种消毒和提高发芽率。②一般晚稻插秧的秧龄为20 ~ 25d左右，培育带1 ~ 2个分蘖的壮秧；一般抛秧的秧龄为13 ~ 16d。③插植穴数30万穴/hm^2，基本苗75万 ~ 97.5万苗/hm^{2}左右，抛秧栽培穴数不少于27万穴/hm^2，基本苗90万 ~ 105万苗/hm^2。④施足基肥，早施、重施分蘖肥，后期看苗补施穗肥，合理搭配氮、磷、钾，避免偏施氮肥。⑤浅水栽插、深水回青、浅水分蘖、后期够苗及时露田或轻度晒田。⑥要特别注意防治白叶枯病。

博优283（Boyou 283）

品种来源：广西南宁中正种业有限公司用博A/R283配组育成，2008年通过广东省农作物品种审定委员会审定。

形态特征和生物学特性：属弱感光型三系杂交稻品种。晚稻平均全生育期114～118d，比博优122、博优998分别迟熟3d和2d。株型中集，分蘖力中强，有效穗较多。株高107～113cm，穗长22.8～23.5cm，每穗总粒数133～143粒，结实率83.2%～84.2%，千粒重23.5～24.2g。

品质特性：晚稻米质达广东省标三级优质米标准，整精米率65.2%～71.0%，垩白粒率29%～82%，垩白度8.0%～31.2%，直链淀粉含量20.1%～21.6%，胶稠度42.0～70.0mm，糙米长宽比2.6～2.8，食味品质分78分。

抗性：高抗稻瘟病，全群抗性频率93.1%，中B群、中C群的抗性频率分别为96.7%和88.5%，田间表现高抗叶瘟和穗瘟；感白叶枯病，对C4、C5菌群分别表现感和中感；抗倒伏能力中弱；抗寒性模拟鉴定孕穗期、开花期均为中。

产量及适宜地区：2006年、2007年两年晚稻参加广东省区域试验，平均单产分别为6 886.5kg/hm^{2}和6 837.0kg/hm，2006年比对照品种博优122增产0.2%，2007年比对照品种博优998减产0.9%，增产、减产均不显著；2007年晚稻参加广东省生产试验，平均单产7 107.0kg/hm^2，比对照品种博优998增产3.0%。适宜广东省除粤北以外的稻作区晚稻种植。

栽培技术要点：注意防治白叶枯病。

博优3550（Boyou 3550）

品种来源：广东省农业科学院水稻研究所、湛江农业专科学校（现为广东海洋大学农学院）用博A/R3550（青四矮16/IR54）配组育成，1997年通过广东省农作物品种审定委员会审定。

形态特征和生物学特性：属弱感光型杂交稻品种。全生育期晚稻120d，比汕优3550早熟2d。株高90～95cm，株型好，分蘖力强，穗大粒多，每穗139.0粒，结实率82.0%，千粒重22.0g，适应性好，高产稳产。

品质特性：稻米外观品质为晚稻三级，食味品质好，糙米率80.4%，精米率72.6%，整精米率62.7%，糙米长宽比2.4，垩白粒率89.0%，垩白度22.5%，直链淀粉含量21.0%，胶稠度40.0mm，碱消值5.3，糙米蛋白质含量11.5%。

抗性：高抗稻瘟病，全群抗性频率97.0%，感白叶枯病（7级），抗倒伏能力强。

产量及适宜地区：1990年、1991年两年晚稻参加广东省区域试验，单产分别为6 525.0kg/hm^{2}和6 499.5kg/hm^2，分别比对照品种汕优3550减产4.5%和增产0.9%，增减产均不显著。适宜广东省中南部非白叶枯病易发区作晚稻种植。

栽培技术要点：①宜于7月10日前播种，秧龄不宜超过25d。②中后期不宜过早断水。③注意防治白叶枯病。

博优368（Boyou 368）

品种来源：广东省农业科学院水稻研究所用博A/广恢368配组育成，2004年通过广东省农作物品种审定委员会审定。

形态特征和生物学特性：属弱感光型三系杂交稻品种。晚稻平均全生育期121～122d，比博优122迟熟4～5d。分蘖力较强，株型紧凑，剑叶短直。株高93～106cm，穗长22.1～23.3cm，每穗总粒数138.0～149.0粒，结实率81.5%～84.1%，千粒重20.8～21.2g。

品质特性：稻米外观品质为晚稻一级至二级，整精米率64.3%～64.8%，垩白粒率20.0%～32.0%，垩白度3.0%～3.2%，直链淀粉含量20.6%～21.7%，胶稠度50～55mm，糙米长宽比2.6～2.7。

抗性：中抗稻瘟病和白叶枯病，抗倒伏能力强，后期耐寒力中等。

产量及适宜地区：2002年、2003年两年晚稻参加广东省区域试验，平均单产分别为6 367.5kg/hm^{2}和7 017.0kg/hm^2，比对照品种博优122分别增产2.1%和2.7%，增产均不显著。日产量55.5kg/hm^2。适宜广东省中南稻作区晚稻种植。

栽培技术要点：①播种期为7月1～10日。②秧田播种量150～187.5kg/hm^2。③秧龄控制在20～25d。④插植穴数27万～30万穴/hm^2，基本苗90万苗/hm^{2}左右。⑤施足基肥、早施重施分蘖肥，生长后期注意看苗情补施穗肥。浅水移栽、寸水活棵、薄水分蘖，够苗晒田，后期注意保持湿润。⑥及时防治虫害，苗期防治稻蓟马，分蘖成穗期注意防治螟虫、稻纵卷叶虫和稻飞虱。⑦注意防治稻瘟病。

博优6636（Boyou 6636）

品种来源：三亚中种种业有限公司用博A/中种恢6636配组育成，2008年通过广东省农作物品种审定委员会审定。

形态特征和生物学特性：属弱感光型三系杂交稻品种。晚稻平均全生育期116～118d，比博优122、博优998分别迟熟3d和4d。株型中集，分蘖力中，剑叶较短，穗大粒多，着粒密，谷粒麻黄色。株高106～112cm，穗长23.0cm，每穗总粒数158～166粒，结实率84.4%～86.4%，千粒重22.0～22.5g。

品质特性：晚稻米质未达国标和广东省标优质米标准，整精米率66.4%～71.4%，垩白粒率30%～36%，垩白度7.1%～8.6%，直链淀粉含量26.4%～27.1%，胶稠度34～39mm，糙米长宽比2.6～2.7，食味品质分70～76，有芋香味。

抗性：中抗稻瘟病，全群抗性频率76.7%，中B群、中C群的抗性频率分别为72.1%和88.5%，田间表现高抗叶瘟、中抗穗瘟；感白叶枯病，对C4、C5菌群分别表现感和中感；抗倒伏能力强；抗寒性模拟鉴定孕穗期、开花期均为中强。

产量及适宜地区：2006年、2007年两年晚稻参加广东省区域试验，其中2006年平均单产为6 940.5kg/hm^2，比对照品种博优122增产1.0%，2007年平均单产为6 922.5kg/hm^2，比对照品种博优998增产0.4%，两年增产均不显著；2007年晚稻参加广东省生产试验，平均单产6 783.0kg/hm^2，比对照品种博优998减产1.7%。适宜广东省除粤北以外的稻作区晚稻种植。

栽培技术要点：注意防治稻瘟病和白叶枯病。

博优691（Boyou 691）

品种来源：广东省汕头市农业科学研究所用博A/R691配组育成，2006年通过广东省农作物品种审定委员会审定。

形态特征和生物学特性：属弱感光型三系杂交稻品种。晚稻平均全生育期117 ~ 119d，比博优122迟熟2 ~ 3d。分蘖力中等，后期熟色好。株高98 ~ 109cm，穗长22.7cm，穗大粒多，每穗总粒数139.0粒，结实率87.8% ~ 88.3%，千粒重22.7 ~ 23.9g。

品质特性：晚稻米质未达国标和广东省标优质米标准，整精米率54.0% ~ 70.7%，垩白粒率36.0% ~ 37.0%，垩白度3.7% ~ 7.3%，直链淀粉含量20.3% ~ 23.5%，胶稠度55.0 ~ 62.0mm，糙米长宽比2.6 ~ 2.7。

抗性：稻瘟病全群抗性频率62.8%，中C群、中B群的抗性频率分别为63.9%和41.2%，田间发病轻微；感白叶枯病，对C4、C5菌群分别表现高感和感，抗倒伏能力和后期耐寒力中强。

产量及适宜地区：2003年、2004年两年晚稻参加广东省区域试验，平均单产分别为7 072.5kg/hm^{2}和7 221.5kg/hm^2，比对照品种博优122分别增产3.5%和9.0%，2003年增产不显著，2004年增产达显著水平。适宜广东省中北稻作区南部、中南和西南稻作区晚稻种植。

栽培技术要点：①适时播种移植，疏播匀播，培育壮秧。②合理密植，插植基本苗120万苗/hm^{2}以上。③施足基肥，早施重施前期肥，适时适量施好促花、保花肥。④注意对白叶枯病和细菌性条斑病的防治。

博优7160（Boyou 7160）

品种来源：广东省肇庆市农业科学研究所、广东省农业科学院水稻研究所用博A/R7160配组育成，2008年通过广东省农作物品种审定委员会审定。

形态特征和生物学特性：属弱感光型三系杂交稻品种。晚稻平均全生育期117 ~ 118d，比博优122、博优998分别迟熟3d和5d。株型中集，分蘖力中弱，茎秆粗壮，抗倒伏能力强，穗大粒多，着粒密，谷粒麻黄色。株高109 ~ 114cm，穗长23.0 ~ 23.2cm，每穗总粒数157.0 ~ 172.0粒，结实率84.6%～85.1%，千粒重23.2 ~ 24.5g。

品质特性：晚稻米质未达国标和广东省标优质米标准，整精米率69.2%～71.9%，垩白粒率26%～28%，垩白度7.1%，直链淀粉含量24.9%～29.0%，胶稠度30.0 ~ 36.0mm，糙米长宽比2.6 ~ 2.7，食味品质分72 ~ 75分。

抗性：高抗稻瘟病，全群抗性频率92.3%，中B群、中C群的抗性频率分别为85.3%和100%，田间表现高抗叶瘟和穗瘟；中感白叶枯病，对C4、C5菌群分别表现感和中感。抗寒性模拟鉴定孕穗期、开花期均为中。

产量及适宜地区：2006年、2007年两年晚稻参加广东省区域试验，其中2006年平均单产为6 906.0kg/hm^2，比对照品种博优122增产0.5%，2007年平均单产为7 021.5kg/hm^2，比对照品种博优998增产1.8%，两年增产均不显著；2007年晚稻参加广东省生产试验，平均单产6 808.5kg/hm^2，比对照品种博优998减产1.3%。适宜广东省中南稻作区和西南稻作区晚稻种植。

博优8540（Boyou 8540）

品种来源：三亚中种种业有限公司用博A/中种恢8540配组育成，2008年通过广东省农作物品种审定委员会审定。

形态特征和生物学特性：属弱感光型三系杂交稻品种。晚稻平均全生育期115～117d，比博优122迟熟2d。分蘖力中强，株型中集，穗大粒多。株高107～109cm，穗长21.8～22.4cm，每穗总粒数144.0粒，结实率83.0%～87.2%，千粒重22.1～22.4g。

品质特性：晚稻米质达广东省标三级优质米标准，整精米率65.4%～71.2%，垩白粒率30%～41%，垩白度5.3%～12.9%，直链淀粉含量22.2%～22.8%，胶稠度54～58mm，糙米长宽比2.8，食味品质分72～78分。

抗性：中感稻瘟病，全群抗性频率51.0%，中B群、中C群的抗性频率分别为45.1%和61.6%，田间发病中等；感白叶枯病，对C4、C5菌群均表现感；抗倒伏能力中等；抗寒性模拟鉴定孕穗期、开花期均为中。

产量及适宜地区：2005年、2006年两年晚稻参加广东省区域试验，平均单产分别为6 264.0kg/hm^{2}和6 591.0kg/hm^2，比对照品种博优122分别减产0.2%和4.1%，减产均不显著；2006年晚稻参加广东省生产试验，平均单产7 542.0kg/hm^2。适宜广东省除粤北以外的稻作区晚稻种植。

栽培技术要点：注意防治稻瘟病和白叶枯病，白叶枯病常发区不宜种植。

博优96（Boyou 96）

品种来源：广东省农业科学院水稻研究所用博A/R96配组育成，1998年通过广东省农作物品种审定委员会审定。

形态特征和生物学特性：属弱感光型晚稻杂交稻品种。全生育期晚稻118 ~ 121d，比汕优3550早熟2 ~ 3d，株高98cm左右，每穗总粒数118.0 ~ 137.0粒，结实率83.0% ~ 88.0%，千粒重23.3g。

品质特性：稻米外观品质为晚稻三级，整精米率60.2%，垩白粒率70.5%，直链淀粉含量24.5%，胶稠度32.0mm。

抗性：高抗稻瘟病，全群抗性频率96.0%，中C群95.6%，中感白叶枯病7级。

产量及适宜地区：1991年、1992年两年晚稻参加广东省区域试验，平均单产分别为6 609.0kg/hm^{2}和6 771.0kg/hm^2，分别比对照品种汕优3550增产2.6%和减产3.8%，增减产均不显著。适宜广东省中南部地区晚稻种植。

栽培技术要点：①播种期以7月5 ~ 10日为宜，秧龄控制在25d以内，秧田播种量150 ~ 180kg/hm^2。②施肥上宜采用前重、中补、后轻原则，前期施肥应占总施量的2/3左右。③中期晒田不宜过重，后期保持湿润，以利灌浆及籽粒饱满。④制种父母本错期短，播差期叶龄3.8 ~ 4.2叶为宜。

博优998（Boyou 998）

品种来源：广东省农业科学院水稻研究所用博A/广恢998配组育成，分别通过广东省（2001）和国家（2003）农作物品种审定委员会审定，2010年入选农业部主导品种。

形态特征和生物学特性：属弱感光型晚稻杂交稻品种，晚稻全生育期116d。株高99cm，株型中集，叶片厚直，茎秆粗壮，生长势旺，分蘖力强，抽穗整齐，穗大粒多，结实率高，有效穗约285.0万穗/hm^2，穗长22.0cm，每穗总粒数139.0粒，结实率86.0%，千粒重约22.0g，耐肥，抗倒伏，后期耐寒力强，熟色好，适应性较广。

品质特性：稻米外观品质鉴定为晚稻二级，整精米率70.4%，直链淀粉含量20.5%，糙米长宽比2.8，垩白度4.1%，胶稠度46.0mm。

抗性：抗稻瘟病，全群抗性频率81.0%，中C群抗性频率87.2%，抗稻曲病力强，感白叶枯病（7级）。

产量及适宜地区：1999年、2000年两年晚稻参加广东省杂交稻区域试验，单产分别为6 942.0kg/hm^{2}和6 997.5kg/hm^2，1999年比对照品种博优903增产11.8%，增产极显著，比对照品种博优3550增产7.3%，增产不显著，2000年比对照品种博优122增产6.7%，增产极显著，两年均名列第一。日产量60.0kg/hm^2。适宜广东省除粤北以外地区以及海南省、广西壮族自治区中南部、福建省南部双季稻稻瘟病轻发区晚稻种植。

栽培技术要点：①秧田播种量150～187.5kg/hm^2，秧龄控制在20～25d以内，插植基本苗90万苗/hm^{2}为好。②早施重施分蘖肥，促进分蘖早生快发，后期酌施穗肥。③浅水移栽，寸水活苗，薄水分蘖，够苗晒田，后期注意保持湿润。④及时防治虫害。

博优双青（Boyoushuangqing）

品种来源：广东省信宜市农业科学研究所用博A/信恢双青配组育成，2008年通过广东省农作物品种审定委员会审定。

形态特征和生物学特性：属弱感光型三系杂交稻品种。晚稻平均全生育期113～116d，与博优122、博优998相近。株型中集，分蘖力中。株高110～116cm，穗长22.9～23.7cm，每穗总粒数131.0～138.0粒，结实率87.0%～87.2%，千粒重24.3g。

品质特性：晚稻米质达国标和广东省标三级优质米标准，整精米率68.2%～68.9%，垩白粒率14.0%～27.0%，垩白度2.4%～9.3%，直链淀粉含量14.8%～15.2%，胶稠度64.0～72.0mm，糙米长宽比2.8～2.9，食味品质分77～81分。

抗性：抗稻瘟病，全群抗性频率95.7%，中B群、中C群的抗性频率分别为93.5%和100%，田间表现高抗叶瘟、抗穗瘟；感白叶枯病，对C4、C5菌群均表现感。抗寒性模拟鉴定孕穗期为中强、开花期为中；抗倒伏能力中弱。

产量及适宜地区：2006年、2007年两年晚稻参加广东省区域试验，其中2006年平均单产为6 721.5kg/hm^2，比对照品种博优122减产2.5%，2007年平均单产为6 906.0kg/hm^2，比对照品种博优998减产2.7%，两年减产均不显著；2007年晚稻参加广东省生产试验，平均单产6 912.0kg/hm^2，比对照品种博优998增产0.2%。适宜广东省除粤北以外的稻作区晚稻种植。

栽培技术要点：注意防治白叶枯病。

博优晚3号（Boyouwan 3）

品种来源：广东省湛江杂优研究中心用博A/晚3号配组育成，1999年通过广东省农作物品种审定委员会审定。

形态特征和生物学特性：属弱感光型晚稻杂交稻品种，晚稻全生育期121d，与博优64相同。分蘖力中等，生长势较强，剑叶短窄，叶角小。株高103cm，每穗总粒数128.0～133.0粒，结实率73.0%～87.0%，千粒重24.0g。

品质特性：稻米外观品质为晚稻三级。

抗性：高抗稻瘟病，全群抗性频率94.0%，中C群抗性频率94.3%；中抗白叶枯病（3级）。

产量及适宜地区：1995年、1996年两年晚稻参加广东省区域试验，单产分别为6 267.0kg/hm^{2}和6 415.5kg/hm^2，比对照品种博优64分别增产1.5%和5.3%，1995年增产不显著，1996年增产显著。适宜广东省中南部地区特别是沿海地区晚稻种植。

栽培技术要点：①培育分蘖壮秧。②增施磷、钾肥，中期控制氮肥用量。③适时露晒田，提高抗倒伏能力，后期不宜断水过早，提高耐寒性。

博优云三（Boyouyunsan）

品种来源：广东华茂高科种业有限公司用博A/茂恢云三配组育成，2010年通过广东省农作物品种审定委员会审定。

形态特征和生物学特性：属弱感光型三系杂交稻品种。晚稻全生育期118d，比对照种博优998长3～5d。株型中集，分蘖力中强，穗大粒多，结实率较高。株高106～110cm，有效穗255.0万～265.5万穗/hm^2，穗长23.1～23.8cm，每穗总粒数157～162粒，结实率81.7%～86.6%，千粒重21.7～21.9g。

品质特性：米质未达国标和广东省标优质米标准，整精米率69.1%～72.8%，垩白粒率29%～38%，垩白度4.4%～18.7%，直链淀粉含量26.6%～27.0%，胶稠度45～46mm，长宽比2.7，食味品质分74～75分。

抗性：抗稻瘟病，全群抗性频率80.3%，中B群、中C群的抗性频率分别为75.0%和87.5%，病圃鉴定叶瘟2.8级、穗瘟1.5级；感白叶枯病；抗倒伏性、耐寒性均为中强。

产量及适宜地区：2008年、2009年两年晚稻参加广东省区域试验，平均单产分别为6 985.5kg/hm^{2}和6 501.0kg/hm^2，比对照品种博优998分别增产1.5%和1.3%，增产均未达显著水平。2009年晚稻生产试验平均单产6 559.5kg/hm^2，比对照品种博优998减产2.3%。日产量54.0～60.0kg/hm^2。适宜广东省除粤北以外的稻作区晚稻种植。

栽培技术要点：①注意防治白叶枯病。②制种技术要点：在茂名地区春制第一期父本比母本早播25d，秋制第一期父本比母本早播9d。

博优早特（Boyouzaote）

品种来源：广东省农业科学院水稻研究所用博A/早特配组育成，2006年通过广东省农作物品种审定委员会审定。

形态特征和生物学特性：属弱感光型三系杂交稻品种。晚稻平均全生育期117～121d，比博优122迟熟3d。叶片厚直，分蘖力较强，株高91～103cm，穗长21.9～22.4cm，穗大粒多，每穗总粒数148.0～154.0粒，结实率85.2%～85.5%，千粒重21.0～22.1g。

品质特性：晚稻米质未达国标和广东省标优质米标准，外观品质为二级，整精米率62.8%～68.3%，垩白粒率26.0%～36.0%，垩白度5.4%～8.4%，直链淀粉含量23.2%～25.0%，胶稠度55.0mm，糙米长宽比2.4～2.7，食味品质分79分。

抗性：中抗稻瘟病，全群抗性频率60.5%，中C群、中B群的抗性频率分别为63.9%和44.1%，田间稻瘟病发生轻微；中感白叶枯病，对C4、C5菌群均表现中感；抗倒伏能力较强；后期耐寒力较弱。

产量及适宜地区：2003年、2004年两年晚稻参加广东省区域试验，平均单产分别为7 018.5kg/hm^{2}和6 807.0kg/hm^2，比对照品种博优122分别增产1.6%和2.7%，增产均不显著。适宜广东省中南和西南稻作区晚稻种植。

栽培技术要点：①选择中等或中等肥力以上田种植。②施足基肥，采取攻前、补中、壮尾的施肥原则。③插后浅水回青，薄水分蘖，够苗露田，抽穗扬花期薄水灌溉，成熟期干湿交替，不要过早断水。④注意防治稻瘟病和白叶枯病。

丰优128（Fengyou 128）

品种来源：广东省农业科学院水稻研究所用粤丰A/广恢128配组育成，2001年通过广东省农作物品种审定委员会审定。

形态特征和生物学特性：属感温型杂交稻品种，全生育期早稻约128d，晚稻114d，株高105cm，株型中集，叶片、叶鞘淡绿，剑叶短宽，分蘖力强，有效穗255.0万～285.0万穗/hm^2，穗长22.0cm，每穗总粒数121.0～133.0粒，结实率77.0%～82.0%，千粒重约24.0g。

品质特性：稻米外观品质为晚稻二级，米饭软硬适中，饭味好，糙米长宽比为3.2。

抗性：高抗稻瘟病，全群抗性频率98.0%，中C群抗性频率98.3%，高感白叶枯病（9级），抗倒伏能力和后期耐寒力均较弱。

产量及适宜地区：1998年、1999年两年晚稻参加广东省杂交稻区域试验，单产分别为6 717.0kg/hm^2和6 310.5kg/hm^2，分别比对照品种汕优63减产2.7%和增产0.4%，减产、增产均不显著。日产量57.0kg/hm^2。适宜广东省中南部地区早稻、晚稻及中北部地区晚稻种植。

栽培技术要点：①秧田用种量为150～187.5kg/hm^2，大田用种量为15kg/hm^2左右，基本苗60万～75万苗/hm^2，抛秧基本苗数应达75万苗/hm^2左右。②早施重施分蘖肥。③浅水栽插、寸水活棵、薄水分蘖，够苗晒田，后期干干湿湿。④苗期注意防稻蓟马，成穗期防螟虫、稻纵卷叶虫和稻飞虱。

丰优428（Fengyou 428）

品种来源：广东省农业科学院水稻研究所用粤丰A/广恢428配组育成，2003年通过广东省农作物品种审定委员会审定。

形态特征和生物学特性：属感温型三系杂交稻品种。早稻全生育期122d左右，比优优4480迟熟3d。株叶挺直，株高107cm，分蘖力强，有效穗多，有效穗为285.0万～300.0万穗/hm^2，每穗总粒数128.0粒，结实率74.8%～81.0%，千粒重25.0g。

品质特性：稻米外观品质鉴定为早稻一级，垩白粒率21.0%，垩白度6.3%，直链淀粉含量13.1%，胶稠度93.0mm，糙米长宽比3.4。

抗性：稻瘟病全群抗性频率为91.8%，中B群、中C群抗性比分别为66.7%和98.4%，田间个别试点稻瘟病中等偏重发生，对广东省白叶枯病C4、C5菌群分别表现为感和高感；抗倒伏能力较弱；对温度较敏感。

产量及适宜地区：2001年、2002年两年早稻参加广东省区域试验，单产分别为6 060.0kg/hm^{2}和7 194.0kg/hm^2，比对照品种优优4480分别增产0.6%和9.7%，2001年增产不显著，2002年增产极显著。日产量49.5～60.0kg/hm^2。适宜广东省早稻种植。

栽培技术要点：①秧田播种量150～187.5kg/hm^2；早稻秧龄30d左右。②插植穴数27万～30万穴/hm^2，基本苗60万苗/hm^{2}左右；抛秧要求穴数不少于27万穴/hm^2，基本苗达60万～75万苗/hm^2。③施足基肥、早施重施分蘖肥，生长后期注意看苗情补施保花肥。④浅水移栽、寸水活棵、薄水促分蘖，够苗晒田。⑤注意防治稻瘟病、白叶枯病、稻蓟马、螟虫、稻纵卷叶虫、稻飞虱和防倒伏。

丰优88（Fengyou 88）

品种来源：合肥丰乐种业股份有限公司用丰7A/R88配组育成，2010年通过广东省农作物品种审定委员会审定。

形态特征和生物学特性：属感温型三系杂交稻品种。早稻平均全生育期129～130d，与优优128相当。植株较高，株型中集，分蘖力中弱，穗大粒多，谷粒有芒，后期熟色好。株高111～115cm，穗长21.6～22.8cm，每穗总粒数135～141粒，结实率79.9%～82.1%，千粒重26.3～28.5g。

品质特性：米质未达国标和广东省标优质米标准，整精米率49.5%～50.6%，垩白粒率18%～28%，垩白度4.6%～15.9%，直链淀粉含量15.9%～16.4%，胶稠度71～75mm，长宽比2.8～3.0，食味品质分71～72分。

抗性：中感稻瘟病，中B群、中C群和全群抗性频率分别为18.4%、50.0%和49.6%，但田间监测表现高抗叶瘟和穗瘟；中抗白叶枯病，对C4、C5菌群分别表现中感和中抗；抗倒伏能力中；耐寒性中强。

产量及适宜地区：2007年、2008年两年早稻参加广东省区域试验，平均单产分别为6 748.5kg/hm^{2}和6 318.0kg/hm^2，比对照品种优优128分别增产2.6%和0.3%，增产均不显著，2007年其产量名列同组第二；生产试验平均单产6 798.0kg/hm^2，比对照品种优优128增产2.2%。适宜广东省除粤北以外的稻作区早稻、晚稻种植。

栽培技术要点：①注意防治稻瘟病。②制种技术要点：在合肥地区制种，父、母本时差40～42d，叶差8.8～9.2叶。

丰优丝苗（Fengyousimiao）

品种来源：广东省农业科学院水稻研究所用粤丰A/广恢998配组育成，分别通过广东省（2003）和江西省（2005）农作物品种审定委员会审定。

形态特征和生物学特性：属感温型三系杂交稻品种。早稻全生育期126d左右，比优优4480迟熟5～8d。植株较高，达108cm，剑叶狭长，瓦筒形，分蘖力强，有效穗多，平均每穗总粒数124～139粒，结实率75.3%～79.2%，千粒重23.4g。

品质特性：稻米外观品质为早稻一级至二级，垩白粒率35.0%，垩白度10.5%，直链淀粉含量13.1%，胶稠度79.0mm，糙米长宽比3.2。

抗性：中抗稻瘟病，全群抗性频率为69.1%，中B群、中C群抗性频率分别为44.5%和72.2%，对广东省白叶枯病C4、C5菌群分别表现为中感和感。抗倒伏能力弱，对温度较敏感。

产量及适宜地区：2001年、2002年两年早稻参加广东省区域试验，单产分别为6 288.0kg/hm^{2}和7 294.5kg/hm^2，比对照品种优优4480分别增产4.4%和11.2%，2001年增产不显著，2002年增产极显著。日产量49.5～58.5kg/hm^2。适宜广东省除粤北以外地区早稻种植以及江西省稻瘟病轻发区种植。

栽培技术要点：①秧田播种量150～187.5kg/hm^2，秧龄早稻为30d左右。②插植穴数27万～30万穴/hm^2，基本苗60万苗/hm^{2}左右；抛秧栽培不少于27万穴/hm^2，基本苗达60万～75万苗/hm^2。③施足基肥、早施重施分蘖肥，生长后期注意看苗情补施保花肥。④浅水移栽、寸水活棵、薄水促分蘖，够苗晒田。⑤注意防治稻瘟病、白叶枯病、稻蓟马、螟虫、稻纵卷叶虫和稻飞虱，并采取措施防止倒伏和提高结实率。

钢化二白（Ganghua'erbai）

品种来源：广东省农业科学院水稻研究所用钢枝占/二白矮通过化学杀雄方法配组育成，1982年通过广东省农作物品种审定委员会审定。

形态特征和生物学特性：属感光型晚稻杂交稻品种。矮秆，叶片窄直，分蘖力强，成穗率较高，有效穗数多，穗大，抽穗整齐，结实率高。

品质特性：米质比二白矮好。

抗性：对白叶枯病抗性比二白矮强；扬花至成熟期耐寒性强，较抗稻飞虱。

产量及适宜地区：广东省区域试验平均单产4 846.5kg/hm^2，比对照品种二白矮增产27.9%，比对照品种汕优6号增产3.7%。可在广东省中南部有制种经验的地方种植。

广优159（Guangyou 159）

品种来源：原湛江农业专科学校（现为广东海洋大学农学院）用丛广41A/R159配组育成，1994年通过广东省农作物品种审定委员会审定。

形态特征和生物学特性：属感温型三系杂交稻品种。中熟偏迟，全生育期早稻125～130d，比汕优64迟5～7d。株高95～100cm，株型直集，叶片厚直，分蘖力中上，成穗率较高，有效穗270万～300万穗/hm^2，穗大粒多，后期熟色好，千粒重23.5～24.0g。

品质特性：稻米外观品质为早稻三级。

抗性：稻瘟病全群、中C群、中B群抗性频率分别为85.0%、82.1%、71.4%，中感白叶枯病（5级）。

产量及适宜地区：1990年、1991年两年早稻参加广东省区域试验，平均单产分别为6 490.5kg/hm^{2}和6 909.0kg/hm^2，比对照品种汕优64分别增产14.4%和4.5%，1990年增产极显著，1991年增产不显著；1990年参加华南四省联合鉴定，单产7 060.5kg/hm^2，比对照品种汕优63增产20.5%，增产极显著。适宜广东省中南部地区早稻种植，尤以沿海稻田更为适宜。晚稻不宜种植。

栽培技术要点：①疏播匀播，秧田播种量150kg/hm^{2}左右，培育成多蘖壮苗。②施足基肥，早施分蘖肥，促早生快发，巧施中期肥，提高成穗率。③浅水促分蘖，够苗露晒田，后期湿润排灌，不宜断水过早。

广优4号（Guangyou 4）

品种来源：广东省农业科学院水稻研究所用丛广41A/青六矮1号配组育成，1993年通过广东省农作物品种审定委员会审定。

形态特征和生物学特性：属早稻迟熟感温型三系杂交稻品种。早稻全生育期130～135d，比汕优63早熟2～3d。株高105cm，前期生长势较弱，中后期转旺，分蘖力中等，有效穗313.5万穗/hm^2，每穗总粒数137～150粒，结实率80.0%～90.0%，千粒重23.9g，后期熟色好。

品质特性：稻米外观品质为早稻三级。

抗性：稻瘟病全群抗性频率65.0%，中B群、中C群的抗性频率分别为71.4%和61.2%；高感白叶枯病（9级）；抗倒伏性中等。

产量及适宜地区：1990年、1991年两年参加广东省区域试验，单产分别为7 227.0kg/hm^2和7 207.5kg/hm^2，1990年比对照品种汕优63增产9.6%，增产极显著。适宜广东省中南稻作区早稻种植。

栽培技术要点：①分蘖力中等，应培育适龄壮秧，一般秧田播种150kg/hm^2，以双苗植为宜。②施肥方面注意前期不要过氮，力求稳生，中期晒田后适量追肥，促进穗大粒多，后期干干湿湿，以防倒伏。③注意防治稻瘟病和白叶枯病。

广优青（Guangyouqing）

品种来源：广东省农业科学院水稻研究所用广A/特青2号配组育成，1991年通过广东省农作物品种审定委员会审定。

形态特征和生物学特性：属早稻迟熟感温型三系杂交稻品种。早稻全生育期131～141d，比特青2号早熟3～4d。株型集散适中，叶直，前期生长势较弱，中后期生长快，分蘖力中等偏弱，株高102～105cm，有效穗240万～255万穗/hm^2，成穗率63.0%，穗长19.0cm，每穗总粒数132粒，结实率87.0%，千粒重25.0g。

品质特性：稻米外观品质为早稻三级。

抗性：不抗稻瘟病；抗白叶枯病；中抗褐飞虱。

产量及适宜地区：1988年早稻参加广东省区域试验，单产7 177.5kg/hm^2，比对照品种汕优63增产8.9%，增产极显著；1989年复试因种子混杂，影响产量，平均单产6 909.0kg/hm^2，比对照品种汕优63减产1.1%，减产不显著。适宜广东省中南部及潮汕地区非稻瘟病区早稻种植，晚稻不宜种植。

栽培技术要点：①秧田播种量120～150kg/hm^2，双苗植。②合理施肥，前期不宜过氮，力求稳生，中期适量追施穗、粒肥，促进穗大、粒多。③注意防治稻瘟病。

国稻1号（Guodao 1）

品种来源：福建省三明市农业科学研究所用T78A/明恢2155配组育成，2006年通过广东省农作物品种审定委员会审定。

形态特征和生物学特性：属感温型三系杂交稻品种。早稻平均全生育期121 ~ 124d，与中9优207相当。分蘖力中等，植株较高，株型中集，后期熟色好。株高112 ~ 119cm，穗长22.9 ~ 24.0cm，每穗总粒数133.0粒，结实率87.2%，千粒重26.0g。

品质特性：早稻米质未达国标和广东省标优质米标准，整精米率48.9%，垩白粒率43%，垩白度8.6%，直链淀粉含量19.0%，胶稠度72mm，糙米长宽比2.7。

抗性：高抗稻瘟病，全群抗性频率96.2%，中C群、中B群的抗性频率分别为100%和89.47%；中感白叶枯病，对C4、C5菌群分别表现中感和感；抗倒伏能力弱。

产量及适宜地区：2004年、2005年两年早稻参加广东省区域试验，平均单产分别为7 252.5kg/hm^{2}和6 732.0kg/hm^2，2004年比对照品种华优8830减产0.8%，2005年比对照品种中9优207增产9.6%，增减产均未达显著水平；2006年早稻参加广东省生产试验，平均单产5 892.0kg/hm^2。适宜广东省粤北和中北稻作区早稻、晚稻种植。

栽培技术要点：注意防治白叶枯病和防倒伏。

宏优381（Hongyou 381）

品种来源：湛江神禾生物技术有限公司用宏A/R381配组育成，2009年通过广东省农作物品种审定委员会审定。

形态特征和生物学特性：属感温型三系杂交稻品种。早稻全生育期127～128d，与粤香占相同。植株较高，株型中集，分蘖力中等，成穗率高。株高110～115cm，穗长21.8～21.9cm，每穗总粒数137～139粒，结实率78.9%～79.5%，千粒重23.2～23.4g。

品质特性：米质未达国标和广东省标优质米标准，整精米率60.6%～62.2%，垩白粒率38.0%～43.0%，垩白度14.6%～25.3%，直链淀粉含量23.6%，胶稠度53～54mm，糙米长宽比2.9～3.0，食味品质分70～72分。

抗性：中抗稻瘟病，全群抗性频率71.8%，中C群、中B群的抗性频率分别为84.0%和42.1%，田间监测表现抗叶瘟、中抗穗瘟；中感白叶枯病，对C4、C5菌群均表现中感；耐寒性模拟鉴定结果孕穗期为中，开花期为中强；抗倒伏能力中弱。

产量及适宜地区：2007年、2008年两年早稻参加广东省区域试验，平均单产分别为6 898.5kg/hm^{2}和6 352.5kg/hm^2，比对照品种粤香占分别增产12.6%和4.6%，2007年增产达极显著水平，2008年增产未达显著水平。2008年早稻参加省生产试验，平均产量6 564kg/hm^2，比对照品种粤香占增产2.3%。适宜广东省除粤北以外的稻作区早稻、晚稻种植。

栽培技术要点：①双株植，适当密植，插足基本苗120万～150万苗/hm^2，抛秧的每公顷多抛150～180盘秧。②注意防治稻瘟病。

宏优387（Hongyou 387）

品种来源：湛江神禾生物技术有限公司用宏A/恢387配组育成，2010年通过广东省农作物品种审定委员会审定。

形态特征和生物学特性：属感温型三系杂交稻品种。早稻平均全生育期127～132d，比中9优207长3～5d。株型适中，分蘖力中强，叶色绿，叶姿直，穗大粒多，后期熟色好。株高108～111cm，穗长21.7～22.5cm，有效穗282万～336万穗/hm^2，每穗总粒数148～153粒，结实率73.3%～82.3%，千粒重20.6～23.6g。

品质特性：米质未达国标和广东省标优质米标准，整精米率50.4%，垩白粒率46%，垩白度21.1%，直链淀粉含量26.8%，胶稠度49mm，食味品质分69分。

抗性：中感稻瘟病，中B群、中C群和全群抗性频率分别为77.5%、90.0%、83.3%，病圃鉴定穗瘟6.5级，叶瘟3.5级；抗白叶枯病；抗倒伏能力强；耐寒性中强。

产量及适宜地区：2008年早稻参加广东省生产试验，平均单产6 829.5kg/hm^2，比对照品种中9优207增产5.5%，增产不显著；2009年早稻复试，平均单产6 735.0kg/hm^2，比对照品种中9优207减产2.1%，减产不显著。生产试验平均单产7 630.5kg/hm^2，比对照品种中9优207增产19.5%。日产量51.0～54.0kg/hm^2。适宜广东省中北稻作区早稻、晚稻种植。

栽培技术要点：①注意防治稻瘟病。②制种技术要点：在海南三亚和乐东冬春制种，母本与第一期父本的时差为32d左右，叶龄差为7叶，以叶龄差为主；在广东、广西南部秋制，母本与第一期父本时差为5d，叶差为5.8叶，以时差为主。

宏优619（Hongyou 619）

品种来源：湛江神禾生物技术有限公司用宏A/R619配组育成，2008年通过广东省农作物品种审定委员会审定。

形态特征和生物学特性：属感温型三系杂交稻品种。早稻平均全生育期129～130d，比中9优207迟熟2～3d。株型中集，分蘖力强，有效穗多，剑叶短、窄、直，谷粒有短芒，后期熟色好。株高101～106cm，穗长20.4～20.8cm，每穗总粒数135.0～137.0粒，结实率78.3%～81.9%，千粒重21.2～21.4g。

品质特性：早稻米质未达国标和广东省标优质米标准，整精米率49.6%～58.1%，垩白粒率26%～32%，垩白度11.8%～14.4%，直链淀粉含量22.2%～22.7%，胶稠度50～56mm，糙米长宽比2.9～3.0，食味品质分73分。

抗性：高抗稻瘟病，全群抗性频率96.5%，中C群、中B群的抗性频率分别为98.1%和94.5%，田间表现高抗叶瘟和穗瘟；中感白叶枯病，对C4、C5菌群分别表现感和中感。抗倒伏能力中；中抗寒性模拟鉴定孕穗期为中强，开花期为中。

产量及适宜地区：2006年、2007年两年早稻参加广东省区域试验，平均单产分别为6 078kg/hm^{2}和6 546.0kg/hm^2，比对照品种中9优207分别增产5.2%和4.6%，增产均未达显著水平；2007年早稻参加广东省生产试验，平均单产6 366.0kg/hm^2，比对照品种中9优207减产0.4%。适宜广东省中北稻作区早稻、晚稻和粤北稻作区晚稻种植。

栽培技术要点：适当密植，双株植，插足基本苗120万～150万苗/hm^2，抛秧每公顷多抛150～180盘秧。

华优008（Huayou 008）

品种来源：广东省佛山市农业科学研究所、华南农业大学农学院用Y华农A/佛恢008配组育成，2010年通过广东省农作物品种审定委员会审定。

形态特征和生物学特性：属感温型三系杂交稻品种。早稻平均全生育期128 ~ 131d，与粤香占相当。株型适中，分蘖力强，有效穗较多，叶色绿，叶姿直，后期熟色好，丰产性突出。株高104 ~ 108cm，穗长19.6 ~ 21.7cm，有效穗277.5万 ~ 294.0万穗/hm^2，每穗总粒数129 ~ 138粒，结实率83.6% ~ 88.2%，千粒重21.2 ~ 22.0g。

品质特性：米质未达国标和广东省标优质米标准，整精米率54.4%，垩白粒率36%，垩白度12.2%，直链淀粉含量23.3%，胶稠度31mm，食味品质分70分。

抗性：高抗稻瘟病，中B群、中C群和全群抗性频率分别为97.5%、100%、98.5%，病圃鉴定穗瘟1级，叶瘟1.8级；中感白叶枯病；抗倒伏能力、耐寒性均为中。

产量及适宜地区：2008年、2009年两年早稻参加广东省区域试验，平均单产分别为6 951.0kg/hm^{2}和7 386.0kg/hm^2，比对照品种粤香占分别增产14.0%和16.2%，增产均达极显著。生产试验平均单产7 918.5kg/hm^2，比对照品种粤香占增产22.4%。日产量54.0 ~ 57.0kg/hm^2。适宜广东省除粤北以外的稻作区早稻、晚稻种植。

栽培技术要点：①注意防治白叶枯病。②制种技术要点：在广东中部制种，第一期父本比母本早播8天，第二期父本与母本同时播。

华优128（Huayou 128）

品种来源：华南农业大学农学院、广西藤县种子公司、广东饶平县种子公司用Y华农A/R128配组育成，2002年通过广东省农作物品种审定委员会审定。

形态特征和生物学特性：属感温型三系杂交稻品种。晚稻平均全生育期115d，与培杂双七相近。株型集散适中，株高106cm，分蘖力强，有效穗300万穗/hm^2，穗长21.0cm，每穗总粒数139.0粒，结实率80.0%，千粒重22.4g。

品质特性：稻米外观品质鉴定为晚稻二级，整精米率65.5%、垩白粒率14.0%，垩白度2.1%、糙米长宽比2.6、直链淀粉含量23.3%，胶稠度34mm。

抗性：中抗稻瘟病和白叶枯病，稻瘟病全群抗性频率为83.3%，中B群、中C群的抗性频率分别为89.0%和58.0%。

产量及适宜地区：2000年、2001年两年晚稻参加广东省区域试验，单产分别为6 735.0kg/hm^{2}和6 826.5kg/hm^2，比对照品种培杂双七分别增产4.4%和增产5.5%，增产均不显著。日产量58.5kg/hm^2。适宜广东省除粤北以外的地区早稻、晚稻和广西壮族自治区中南部、海南省及福建省南部种植。

栽培技术要点：①适时早播早植，广东中、南部早稻2月底至3月初播种，4月初移植，晚稻7月10～15日播种，秧期20～25d种植。②合理密植，双株插植，基本苗90万～120万苗/hm^2。③施足基肥，重施前期追肥，增施磷、钾肥，中期控制氮肥，后期看苗适施穗粒肥。④浅水回青，薄水分蘖，够苗晒田，浅水出穗，干湿成熟，不要过早断水干田。⑤注意防治稻瘟病。

华优153（Huayou 153）

品种来源：广东省汕头市农业科学研究所、华南农业大学农学院用Y华农A/R153配组育成，2005年通过广东省农作物品种审定委员会审定。

形态特征和生物学特性：属感温型三系杂交稻品种。早稻全生育期126～128d，与培杂双七相近。分蘖力较弱，植株较高，株高109～110cm，后期熟色好。穗长20.9～21.6cm，穗大粒多，每穗总粒数151～154粒，结实率78.6%～85.9%，千粒重22.2g。

品质特性：稻米外观品质为早稻一级至二级，整精米率45.2%～49.0%，垩白粒率25.0%～39.0%，垩白度4.3%～9.8%，直链淀粉含量21.2%～23.9%，胶稠度56～88mm，糙米长宽比2.6。

抗性：中抗稻瘟病，全群抗性频率69.8%，中C群、中B群的抗性频率分别为71.8%和60.0%，田间发病轻微；中感白叶枯病，对C4、C5菌群分别表现中抗和中感；抗倒伏性较弱。

产量及适宜地区：2003年、2004年两年早稻参加广东省区域试验，平均单产分别为6 991.5kg/hm^{2}和7 971.0kg/hm^2，比对照品种培杂双七分别增产9.7%和7.1%，2003年增产极显著，2004年增产显著。2004年早稻生产试验平均单产7 657.5kg/hm^2。适宜广东省除粤北以外的地区早稻种植。

栽培技术要点：①播种量150kg/hm^{2}左右，3.5叶左右时应做好炼苗、灌水、撤膜等工作，早稻叶龄7.0片±0.5片时移植，秧龄40～45d。②大田插植规格以20cm×20cm为宜，每穴栽插2苗，插基本苗120万苗/hm^{2}以上。③加强肥水管理，施足基肥，早施重施前期肥，适时适量施好促花、保花肥，前、中、后期肥量可按70∶25∶5施用，氮、磷、钾肥的比例大致为1∶0.5∶0.7。④注意防治稻瘟病、白叶枯病和防倒伏。

华优16（Huayou 16）

品种来源：广东省农作物杂种优势开发利用中心、湛江泰源农业科技有限公司、华南农业大学农学院用Y华农A/恢16配组育成，2008年通过广东省农作物品种审定委员会审定。

形态特征和生物学特性：属感温型三系杂交稻品种。晚稻平均全生育期114 ~ 115d，比丰优128迟熟3 ~ 4d。植株高大，株型中集，分蘖力中强。株高107 ~ 114cm，穗长22.4 ~ 22.7cm，每穗总粒数132 ~ 145粒，结实率80.0% ~ 82.1%，千粒重24.8 ~ 25.4g。

品质特性：晚稻米质未达国标和广东省标优质米标准，整精米率66.1% ~ 71.7%，垩白粒率43% ~ 93%，垩白度4.6% ~ 24.0%，直链淀粉含量22.6% ~ 24.3%，胶稠度55 ~ 64mm，糙米长宽比2.5，食味品质分72 ~ 75分。

抗性：感稻瘟病，全群抗性频率55.1%，中B群、中C群的抗性频率分别为53.5%和61.6%，田间发病较重；感白叶枯病，对C4、C5菌群均表现感；抗倒伏能力中弱；抗寒性模拟鉴定孕穗期为中，开花期为中弱。

产量及适宜地区：2005年、2006年两年晚稻参加广东省区域试验，平均单产分别为6 519.0kg/hm^{2}和7 236.0kg/hm^2，比对照品种丰优128分别增产9.8%和10.9%，2005年增产未达显著水平，2006年增产达极显著水平；2006年晚稻参加广东省生产试验，平均单产7 504.5kg/hm^2。适宜广东省中南和西南稻作区的平原地区早稻、晚稻种植。

栽培技术要点：注意防治稻瘟病、白叶枯病和防倒伏，稻瘟病历史病区不宜种植。

华优229（Huayou 229）

品种来源：广东省肇庆市农业科学研究所、华南农业大学农学院、广东农作物杂种优势开发利用中心用Y华农A/R229（特青/感光型恢复系R200//农家种农选1号）配组育成，2002年通过广东省农作物品种审定委员会审定。

形态特征和生物学特性：属感温型三系杂交稻品种。晚稻平均全生育期113d，比汕优63早熟3d左右。株型中集，株高104cm，分蘖力中等，成穗率高，穗长21.0cm，有效穗255万～300万穗/hm^2，每穗总粒数137.0粒，结实率81.4%，千粒重25.0g。

品质特性：稻米外观品质为晚稻二级。

抗性：抗稻瘟病，全群抗性频率83.3%，中B群、中C群抗性频率分别为75.0%和90.0%，感白叶枯病（7级）；抗倒伏能力稍弱；后期耐寒力中等。

产量及适宜地区：1999年、2000年两年晚稻参加广东省区域试验，单产分别为6 570.0kg/hm^2和6 616.5kg/hm^2，1999年比对照品种汕优63增产4.5%，2000年比对照品种培杂双七增产2.6%，两年增产均不显著。日产量58.5kg/hm^2。适宜广东省除粤北以外的地区早稻、晚稻种植。

栽培技术要点：①秧田播种量165～187.5kg/hm^2，早稻秧龄为30d左右，晚稻秧龄为15～17d。②插植穴数30万穴/hm^2，基本苗63万苗/hm^2左右，抛秧穴数不少于27万穴/hm^2，基本苗67.5万～82.5万苗/hm^2。③施足基肥，早施、重施分蘖肥，后期看苗补施穗肥。④浅水栽插、深水回青、浅水分蘖、够苗及时晒田。⑤晚稻秧苗期注意防治稻缨蚊，分蘖成穗期防稻纵卷叶螟和稻飞虱。

华优238（Huayou 238）

品种来源：广东省肇庆市农业科学研究所、华南农业大学农学院、广东杂种优势开发利用中心用Y华农A/R238配组育成，2006年通过广东省农作物品种审定委员会审定。

形态特征和生物学特性：属感温型三系杂交稻品种。早稻平均全生育期124 ~ 125d，比培杂双七早熟2d。分蘖力中等，株型中集，剑叶短小，后期熟色好。株高107 ~ 111cm，穗长21.4 ~ 22.1cm，每穗总粒数134.0粒，结实率80.7%，千粒重22.1g。

品质特性：早稻米质达国标三级优质米标准，外观品质为特二级，整精米率60.0%，垩白粒率14.0%，垩白度4.2%，直链淀粉含量22.0%，胶稠度80mm，糙米长宽比2.9。

抗性：高抗稻瘟病，全群抗性频率97.5%，中C群、中B群的抗性频率分别为98.8%和90.0%，田间发病轻；中感白叶枯病，对C4、C5菌群均表现中感；抗倒伏能力弱。

产量及适宜地区：2003年、2005年两年早稻参加广东省区域试验，平均单产分别为6 732.0kg/hm^2和5 677.5kg/hm^2，2003年比对照品种优优4480增产4.7%，2005年比对照品种培杂双七减产0.8%，增产、减产均不显著。适宜广东省粤北以外稻作区早稻、中南和西南稻作区晚稻种植。

栽培技术要点：①种子用三氯异氰尿酸浸种消毒。②一般插植穴数30万穴/hm^2，基本苗97.5万～120.0万苗/hm^2左右，抛秧穴数不少于30.0万穴/hm^2，基本苗105.0万～112.5万苗/hm^2。③施足基肥，早施、重施分蘖肥，后期看苗补施穗肥，合理搭配氮、磷、钾，避免偏施氮肥。④注意防治白叶枯病。

华优336（Huayou 336）

品种来源：华南农业大学农学院用Y华农A/华恢336配组育成，2009年通过广东省农作物品种审定委员会审定。

形态特征和生物学特性：属感温型三系杂交稻品种。晚稻平均全生育期111～113d，与优优122相近。株型中集，分蘖力中强，穗大粒多，着粒密。株高102～110cm，穗长21.8～22.8cm，每穗总粒数156～169粒，结实率83.0%～84.5%，千粒重20.4～21.0g。

品质特性：晚稻米质未达国标和广东省标优质米标准，整精米率70.0%，垩白粒率26.0%～34.0%，垩白度5.3%～15.3%，直链淀粉含量26.5%～27.4%，胶稠度34～47mm，糙米长宽比2.7～3.0，食味品质分67～72分。

抗性：中抗稻瘟病，全群抗性频率79.6%，中B群、中C群的抗性频率分别为76.1%和92.3%，田间监测结果发病中等；中抗白叶枯病，对C4、C5菌群分别表现中抗和感，田间监测结果发病轻；抗倒伏能力中等；耐寒性模拟鉴定孕穗期、开花期均为强。

产量及适宜地区：2005年、2006年两年晚稻参加广东省区域试验，平均单产分别为6 826.5kg/hm^{2}和7 702.5kg/hm^2，2005年比对照品种优优122减产1.2%，2006年比对照品种优优122增产5.7%，增产、减产均未达显著水平；2006年晚稻参加广东省生产试验，平均单产7 345.5kg/hm^2。适宜广东省粤北稻作区和中北稻作区早稻、晚稻种植。

栽培技术要点：注意防治稻瘟病。

华优42（Huayou 42）

品种来源：华南农业大学农学院用Y华农A/G42配组育成，2006年通过广东省农作物品种审定委员会审定。

形态特征和生物学特性：属感温型三系杂交稻品种。早稻平均全生育期124 ~ 127d，比培杂双七早熟1 ~ 3d。分蘖力中等，株型中集，穗大粒多、着粒密，较易落粒，后期熟色好。株高101 ~ 108cm，穗长21.2 ~ 23.5cm，每穗总粒数145 ~ 162粒，结实率73.4% ~ 78.6%，千粒重19.5 ~ 19.8g。

品质特性：早稻米质未达国标和广东省标优质米标准，整精米率59.6%，垩白粒率56.0%，垩白度26.4%，直链淀粉含量26.3%，胶稠度40mm，糙米长宽比2.8。

抗性：中抗稻瘟病，全群抗性频率67.8%，中C群、中B群的抗性频率分别为73.2%和63.0%，田间发病中等偏轻；中感白叶枯病，对C4、C5菌群分别表现中抗和感；抗倒伏能力中弱。

产量及适宜地区：2005年、2006年两年早稻参加广东省区域试验，平均单产分别为5 982.0kg/hm^{2}和6 100.5kg/hm^2，比对照品种培杂双七分别增产4.5%和9.6%，增产均未达显著水平；2006年早稻参加广东省生产试验，平均单产6 598.5kg/hm^2。适宜广东省粤北以外稻作区早稻、中南稻作区和西南稻作区晚稻种植。

栽培技术要点：注意防治稻瘟病、白叶枯病和防倒伏。

华优625（Huayou 625）

品种来源：华南农业大学农学院用Y华农A/华恢625配组育成，2010年通过广东省农作物品种审定委员会审定。

形态特征和生物学特性：属感温型三系杂交稻品种。早稻平均全生育期132 ~ 135d，比优优128长2 ~ 5d。植株较高，叶色绿，叶姿直，后期熟色好。株高115cm左右，穗长21.2 ~ 21.6cm，有效穗241.5万 ~ 282.0万穗/hm^2，每穗总粒数139 ~ 148粒，结实率81.0% ~ 86.5%，千粒重22.6 ~ 23.4g。

品质特性：米质未达国标和广东省标优质米标准，整精米率56.5%，垩白粒率58%，垩白度23.9%，直链淀粉含量28.8%，胶稠度40mm，食味品质分70分。

抗性：中感稻瘟病，中B群、中C群和全群抗性频率分别为67.5%、80.0%、74.2%，病圃鉴定穗瘟5.5级，叶瘟2.8级；中抗白叶枯病；抗倒伏能力强；耐寒性中弱。

产量及适宜地区：2008年、2009年两年早稻参加广东省区域试验，平均单产分别为6 555.0kg/hm^2和7 042.5kg/hm^2，比对照品种优优128分别增产3.7%和0.4%，增产均不显著。生产试验平均单产7 684.5kg/hm^2，比对照品种优优128增产5.7%。日产量49.5 ~ 52.5kg/hm^2。适宜广东省中南和西南稻作区的平原地区早稻、晚稻种植。

栽培技术要点：①早稻种植要适当提早播种，注意防治稻瘟病。②制种技术要点：把抽穗扬花期安排在日平均温度26℃以上、昼夜温差较小的季节，以提高异交结实率。

华优63（Huayou 63）

品种来源：华南农业大学农学院、广东省饶平县种子公司、广西藤县种子公司用Y华农A/明恢63配组育成，2002年通过广东省农作物品种审定委员会审定。

形态特征和生物学特性：属感温型三系杂交稻品种。早稻平均全生育期130d，与培杂双七相当。株型集散适中，株高114cm，有效穗285万穗/hm^2，穗长24.0cm，每穗总粒数132粒，结实率85.8%，千粒重24.9g。

品质特性：稻米外观品质为早稻二级，整精米率57.3%，糙米长宽比2.6，垩白粒率72.0%，垩白度12.1%，直链淀粉含量20.2%，胶稠度36mm。

抗性：稻瘟病全群抗性频率为73.2%，中B群、中C群分别为66.7%、75.7%；中感白叶枯病（5级）；苗期耐寒力和分蘖力均较强。

产量及适宜地区：2000年、2001年两年早稻参加广东省区域试验，单产分别为7 747.5kg/hm^2和6 642.0kg/hm^2，2000年比对照品种汕优63、培杂双七分别增产5.6%和5.5%，增产均达显著水平，2001年比对照品种培杂双七增产8.3%，增产不显著。日产量51.0 ～ 60.0kg/hm^2。适宜广东省除粤北以外的地区早稻种植。

栽培技术要点：①适时早播早植，广东中、南部早稻2月底至3月初播种，4月初移植。②合理密植，双苗插植，插植基本苗90万～ 120万苗/hm^2。③施足基肥，重施前期追肥，增施磷钾肥，中期控制氮肥，后期看苗适施穗粒肥。④浅水回青，薄水分蘖，够苗晒田，浅水出穗，干湿成熟，不要过早断水干田。⑤注意防治稻瘟病。

华优638（Huayou 638）

品种来源：广东省肇庆市农业科学研究所、华南农业大学农学院、广东杂种优势开发利用中心用Y华农A/R638配组育成，2006年通过广东省农作物品种审定委员会审定。

形态特征和生物学特性：属感温型三系杂交稻品种。晚稻平均全生育期113～114d，比培杂双七迟熟2～4d。分蘖力强，有效穗多，茎秆粗壮，株高100～107cm，穗长20.6～21.1cm，每穗总粒数135～139粒，结实率81.1%～83.1%，千粒重22.3～22.9g。

品质特性：晚稻米质达广东省标三级优质米标准，整精米率60.3%～71.4%，垩白粒率10%～29%，垩白度2.7%～7.1%，直链淀粉含量21.2%～23.0%，胶稠度61mm，糙米长宽比2.7～2.8，食味品质分79分。

抗性：抗稻瘟病，全群抗性频率79.1%，中C群、中B群的抗性频率分别为87.5%和50%，田间发病轻微；感白叶枯病，对C4、C5菌群均表现感，田间监测结果白叶枯病发生中等，个别点大发生；抗倒伏能力强；后期耐寒力弱。

产量及适宜地区：2003年、2004年两年晚稻参加广东省区域试验，平均单产分别为6 829.5kg/hm^{2}和6 982.5kg/hm^2，比对照品种培杂双七分别增产10.0%和7.1%，2003年增产极显著，2004年增产未达显著水平。适宜广东省除粤北以外稻作区早稻、中南和西南稻作区晚稻种植。

栽培技术要点：①种子用三氯异氰尿酸浸种消毒。②插植穴数30万穴/hm^2，基本苗87万苗/hm^{2}左右，抛秧穴数不少于27万穴/hm^2，基本苗97.5万苗/hm^2。③施足基肥，早施、重施分蘖肥，后期看苗补施穗肥，合理搭配氮、磷、钾，避免偏施氮肥。④注意防治白叶枯病，白叶枯病常发区不宜种植。

华优651（Huayou 651）

品种来源：广东农作物杂种优势开发利用中心、华南农业大学农学院用Y华农A/R651配组育成，2006年通过广东省农作物品种审定委员会审定。

形态特征和生物学特性：属感温型三系杂交稻品种。早稻平均全生育期126 ~ 127d，与培杂双七相当。分蘖力中等，株型中集，剑叶短直，后期熟色好。株高99 ~ 103cm，穗长21.4 ~ 22.2cm，每穗总粒数144粒，结实率86.8%，千粒重21.8g。

品质特性：早稻米质达到国标三级优质米标准，外观品质为二级，整精米率53.5%，垩白粒率20%，垩白度5%，直链淀粉含量23.6%，胶稠度51mm，糙米长宽比2.8。

抗性：中感稻瘟病，全群抗性频率79.5%，中C群、中B群的抗性频率分别为88.3%和55.3%，田间发病轻至中；中感白叶枯病，对C4、C5菌群分别表现为中感和感，田间监测发病中等；抗倒伏能力强。

产量及适宜地区：2004年、2005年两年早稻参加广东省区域试验，平均单产分别为7 815.0kg/hm^{2}和5892.0万/hm^2，比对照品种培杂双七分别增产5.0%和0.6%，增产均不显著。适宜广东省粤北以外稻作区早稻、中南和西南稻作区晚稻种植。

栽培技术要点：①晚稻种植尽量早播以避开抽穗期低温为害。②一叶一心时喷多效唑1.2kg/hm^2。③适当密植，双株植，插基本苗150万苗/hm^2，抛秧的多抛150 ~ 180盘/hm^2。④施足基肥，早施攻蘖肥，中期要适当控肥，后期看苗巧施、增施穗肥。要增施钾肥。⑤注意防治稻瘟病、白叶枯病和纹枯病。

华优665（Huayou 665）

品种来源：广东农作物杂种优势开发利用中心、华南农业大学农学院用Y华农A/R665配组育成，2006年通过广东省农作物品种审定委员会审定。

形态特征和生物学特性：感温型三系杂交稻组合。早稻平均全生育期123～125d，与华优8830和中9优207相当。分蘖力强，株型中集，有效穗多，后期有早衰现象。株高106～108cm，穗长21.3cm，每穗总粒数135粒，结实率86.2%，千粒重23.7g。

品质特性：早稻米质未达国标和广东省标优质米标准，外观品质为二级，整精米率54.8%，垩白粒率36%，垩白度10.8%，直链淀粉含量17.5%，胶稠度50mm，糙米长宽比2.6。

抗性：抗稻瘟病，全群抗性频率95.5%，中C群、中B群的抗性频率分别为95.6%和94.7%，田间发病轻；白叶枯病中感，对C4、C5菌群均表现中感，田间监测发病中等；抗倒伏能力弱。

产量及适宜地区：2004年、2005年两年早稻参加广东省区域试验，平均单产分别为7 740.0kg/hm^{2}和7 204.5kg/hm^2，分别比对照品种华优8830（2004年）、中9优207（2005年）增产7.1%和14.7%，增产均达显著水平。适宜广东省各稻作区早稻、中南和西南稻作区晚稻种植。

栽培技术要点：①晚稻种植尽量早播以避开抽穗期低温为害。②一叶一心时喷多效唑1.2kg/hm^2。③适当密植，双株植，插基本苗150万苗/hm^2，抛秧的每多抛150～180盘/hm^2。④施足基肥，早施攻蘖肥，中期要适当控肥，后期看苗巧施、增施穗肥。⑤注意防治白叶枯病和纹枯病，并采取措施延缓早衰。

华优8305（Huayou 8305）

品种来源：华南农业大学农学院用Y华农A/华恢305配组育成，2006年通过广东省农作物品种审定委员会审定。

形态特征和生物学特性：属感温型三系杂交稻品种。早稻平均全生育期125～126d，比培杂双七早熟2～3d。分蘖力中等，株型中集，剑叶短直，株高106～110cm，穗长21.2～22.8cm，穗大粒多，着粒密，每穗总粒数155粒，结实率87.5%，千粒重21.3g。

品质特性：早稻米质达国标三级优质米标准，外观品质为二级，整精米率58.9%，垩白粒率15%，垩白度4.5%，直链淀粉含量23.9%，胶稠度50mm，糙米长宽比2.8。

抗性：中感稻瘟病，全群抗性频率67.8%，中C群、中B群的抗性频率分别为79.1%和40.7%，田间发病轻至中；中感白叶枯病，对C4、C5菌群分别表现中抗和感；抗倒伏能力中弱。

产量及适宜地区：2004年、2005年两年早稻参加广东省区域试验，平均单产分别为7 767.0kg/hm^2和5 827.5kg/hm^2，比对照品种培杂双七分别增产4.4%和1.8%，增产均不显著。适宜广东省粤北以外稻作区早稻、中南和西南稻作区晚稻种植。

栽培技术要点：①适时播种，疏播培育嫩壮秧。②合理密植，双苗插植，插基本苗90万～120万苗/hm^2，抛秧675盘/hm^2左右。③施足基肥，早施重施前期肥，增施磷钾肥，中期控氮，后期看苗适施壮尾肥。④注意防治稻瘟病、白叶枯病。

华优86（Huayou 86）

品种来源：华南农业大学农学院、广西藤县种子公司、广东饶平县种子公司用Y华农A/明恢86配组育成，2001年通过广东省农作物品种审定委员会审定。

形态特征和生物学特性：属感温型杂交稻品种。晚稻全生育期115d，植株高大，株高109cm，叶片偏大，茎秆粗壮，分蘖力较弱，穗大粒多，有效穗约255万穗/hm^2，穗长约23.0cm，每穗总粒数142粒，结实率82.0%，千粒重约25.0g。

品质特性：稻米外观品质为晚稻二级，整精米率59.5%～68.6%，糙米长宽比2.6～2.5，垩白度28.1%～8.3%，透明度3～1级，胶稠度49～42mm，直链淀粉含量19.8%～22.2%。

抗性：高抗稻瘟病，全群抗性频率95.0%，中C群97.4%，感白叶枯病（7级）；抗倒伏能力强。

产量及适宜地区：1999年、2000年两年晚稻参加广东省杂交稻区域试验，单产分别为7 017.0kg/hm^2和7 047.0kg/hm^2，1999年比对照品种汕优63增产11.6%，2000年比对照品种培杂双七增产9.2%，两年增产均达极显著水平。日产量约61.5kg/hm^2。适宜广东省中南部地区早稻、晚稻种植。

栽培技术要点：①培育壮秧，合理密植，秧田播种量150kg/hm^2左右，本田基本苗90万苗/hm^2左右。②施足基肥，早施重施前期追肥，增施磷钾肥，中期控氮。③浅水回青，薄水分蘖，够苗及早晒田，中期勤露轻晒，浅水出穗、灌浆，后期干干湿湿，不宜过早断水。④注意防治白叶枯病等病虫害。

华优868（Huayou 868）

品种来源：广东农作物杂种优势开发利用中心、华南农业大学农学院用Y华农A/R868配组育成，2005年通过广东省农作物品种审定委员会审定。

形态特征和生物学特性：属感温型三系杂交稻品种。早稻全生育期121d，比优优4480迟熟2d。分蘖力较强，株型集散适中，叶窄直，后期熟色好。株高101～103cm，穗长20.4cm，穗大粒多，每穗总粒数142粒，结实率80.8%，千粒重21.3～21.6g。

品质特性：早稻米质达到国标三级优质米标准，外观品质为一级至二级，整精米率62.4%，垩白粒率18.0%，垩白度4.5%，直链淀粉含量22.6%，胶稠度50mm，糙米长宽比2.8。

抗性：高抗稻瘟病，全群抗性频率90.8%，中C群、中B群的抗性频率分别为89.4%和95.0%，田间稻瘟病发生轻微；中感白叶枯病，对C4、C5菌群均表现中感；抗倒伏能力较弱。

产量及适宜地区：2003年、2004年两年早稻参加广东省区域试验，平均单产分别为6 732.0kg/hm^{2}和7 213.5kg/hm^2，2003年比对照品种优优4480增产4.7%，增产不显著，2004年与对照品种华优8830平产。2004年早稻生产试验平均单产6 982.5kg/hm^2。适宜广东省各地早稻、晚稻种植。

栽培技术要点：①适时播种，早播、培育多蘖壮秧，早稻秧龄控制在30d内，晚稻秧龄控制在22d内，秧田下足基肥，疏播匀播，一叶一心时秧田喷多效唑1.2～1.5kg/hm^2。②适当密植，双株植，插基本苗150万苗/hm^2，抛秧的多抛120～150盘/hm^2。③施肥要前重中轻，后期看苗巧施穗肥，施足基肥，早施攻蘖肥，中期要适当控肥，后期看苗巧施、增施穗肥，增施钾肥。④前期浅水回青促分蘖，苗数达345万苗/hm^{2}时抢天晒田，孕穗至抽穗期不能缺水，后期干湿排灌，不要断水过早。⑤要及时防治稻蓟马、卷叶虫、三化螟、稻飞虱、纹枯病和白叶枯病。

华优8813（Huayou 8813）

品种来源：华南农业大学农学院用Y华农A/R8813（特青/287）配组育成，2002年通过广东省农作物品种审定委员会审定。

形态特征和生物学特性：属感温型三系杂交稻品种。早稻平均全生育期123d，比汕优96迟熟2d左右。株高96cm，分蘖力中等，有效穗300万穗/hm^2，穗长21.0cm，每穗总粒数135.0粒，结实率84.7%，千粒重22.7g。

品质特性：稻米外观品质为早稻二级，整精米率69.1%，糙米长宽比2.5，直链淀粉含量19.6%，垩白粒率28.0%，垩白度2.0%，胶稠度37mm。

抗性：抗稻瘟病（在缺中A群的情况下，全群抗性频率100%），阳江市农业科学研究所试点1999年发病较重，其他绝大多数点未发生稻瘟病，中感白叶枯病（5级），抗倒伏能力较弱。

产量及适宜地区：1999年、2000年两年早稻参加广东省区域试验，单产分别为7 207.5kg/hm^{2}和7 183.5kg/hm^2，比对照品种汕优96分别增产7.1%和5.8%，1999年增产显著，2000年增产不显著。日产量58.5kg/hm^2。适宜广东省粤北和中北稻作区早稻、晚稻种植。

栽培技术要点：①适时早播早植，可参照汕优77、汕优96的播植期。②合理密植，双株插植，插基本苗90万～120万苗/hm^2。③施足基肥，重施前期追肥，增施磷钾肥，中期控制氮肥，后期看苗适施穗粒肥。④浅水回青，薄水分蘖，够苗晒田，浅水出穗，干湿成熟，不要过早断水干田。

华优8830（Huayou 8830）

品种来源：华南农业大学农学院用Y华农A/R8830（明恢63/287）配组育成，2002年通过广东省农作物品种审定委员会审定。

形态特征和生物学特性：属感温型三系杂交稻品种。早稻平均全生育期125d，比优优4480迟熟3d左右。株型集散适中，株高100cm，分蘖力强，有效穗300.0万穗/hm^2，穗长22.0cm，每穗总粒数134.0粒，结实率81.2%～84.7%，千粒重23.0g。

品质特性：稻米外观品质为早稻二级，整精米率68.4%，糙米长宽比2.7，垩白粒率20.0%，垩白度1.5%，直链淀粉含量19.1%，胶稠度38mm。

抗性：高抗稻瘟病，中A群、中B群、中C群及全群抗性频率均为100%，高感白叶枯病（9级）；抗倒伏能力稍弱。

产量及适宜地区：1995年、1996年两年早稻参加广东省区域试验，其中1995年平均单产为6 343.5kg/hm^2，比对照品种优优4480增产0.7%，1996年平均单产为7 003.5kg/hm^2，比对照品种汕优96增产2.1%，两年增产均不显著。日产量51.0～55.5kg/hm^2。适宜广东省粤北和中北稻作区早稻、晚稻种植。

栽培技术要点：①适时早播早植，可参照汕优64、汕优77在当地的播、植期。②合理密植，双株插植，插基本苗90万～120万苗/hm^2。③施足基肥，重施前期追肥，增施磷、钾肥，中期控制氮肥，后期看苗适施穗粒肥。④浅水回青，薄水分蘖，够苗晒田，浅水出穗，干湿成熟，不要过早断水干田。⑤注意防治白叶枯病。

华优998（Huayou 998）

品种来源：广东省农业科学院水稻研究所用Y华农A/广恢998配组育成，2005年通过广东省农作物品种审定委员会审定。

形态特征和生物学特性：属感温型三系杂交稻品种。晚稻全生育期111～116d，比培杂双七迟熟2d。株型紧凑，分蘖力强，有效穗多。株高99～103cm，穗长21.2cm，每穗总粒数122～131粒，结实率83.7%～86.9%，千粒重21.4～21.9g。

品质特性：晚稻米质达到国标一级优质米标准，外观品质为一级至二级，整精米率64.2%，垩白粒率6.0%，垩白度0.6%，直链淀粉含量17.6%，胶稠度80mm，糙米长宽比2.9。

抗性：感稻瘟病，全群抗性频率43.4%，中C群、中B群的抗性频率分别为42.6%和40.8%，对中北稻作区菌株抗性频率为60.0%，田间多数点稻瘟病发生轻微，个别点穗瘟中等偏重发生；中抗白叶枯病，对C4、C5菌群分别表现中抗和中感；抗倒伏能力和后期耐寒性中等。

产量及适宜地区：2002年、2003年两年晚稻参加广东省区域试验，平均单产分别为6 855.0kg/hm^{2}和6 774.0kg/hm^2，比对照品种培杂双七分别增产10.3%和10.0%，增产均达极显著水平。2003年晚稻生产试验平均单产6 897.0kg/hm^2。日产量60.0kg/hm^2。适宜广东省非稻瘟病区早稻、晚稻慎重选择种植。

栽培技术要点：①一般插植穴数27万～30万穴/hm^2，插基本苗90万苗/hm^{2}左右。②及时防治病虫害，特别注意防治稻瘟病。

华优桂99（Huayougui 99）

品种来源：华南农业大学农学院、广西藤县种子公司、广东饶平县种子公司用Y华农A/桂99配组育成，2001年通过广东省农作物品种审定委员会审定。

形态特征和生物学特性：属感温型杂交稻品种。早稻全生育期128 ~ 131d，株高104cm，分蘖力强，有效穗多，有效穗数300.0万穗/hm^2，穗长约22.0cm，每穗总粒数134.0粒，结实率82% ~ 87%，千粒重约23.0g。

品质特性：稻米外观品质为早稻二级，整精米率58.6%，糙米长宽比为2.9，透明度2级，垩白度6.4%，胶稠度51mm，直链淀粉含量20.1%。

抗性：高抗稻瘟病，全群抗性频率100%，中感白叶枯病（5级）；抗倒伏能力较弱。

产量及适宜地区：1999年、2000年两年早稻参加广东省杂交稻区域试验，单产分别为7 018.5kg/hm^{2}和7 531.5kg/hm^2，1999年比对照品种汕优63减产0.9%，2000年比对照品种汕优63增产2.7%，比对照品种培杂双七增产2.6%，两年增减产均不显著。日产量54.0 ~ 58.5kg/hm^2。适宜广东省除粤北以外的地区早稻、晚稻种植。

栽培技术要点：①适时早播，中南部于2月底至3月初播种，4月初移植，插基本苗90万~ 120万苗/hm^2。②施足基肥，早施重施前期肥，增施磷钾肥，中期控氮，后期看苗适施壮尾肥。③浅水回青，薄水分蘖，够苗及早晒田，浅水孕穗、出穗，后期干干湿湿，不宜过早断水。

华优香占（Huayouxiangzhan）

品种来源：华南农业大学农学院用Y华农A/花香占配组育成，分别通过广东省（2008）和海南省（2009）农作物品种审定委员会审定。

形态特征和生物学特性：属感温型三系杂交稻品种。早稻平均全生育期129 ~ 131d，与优优128相近。分蘖力中等，植株较高，株型中集，穗大粒多，后期熟色好。株高113 ~ 114cm，穗长21.2 ~ 23.1cm，每穗总粒数138 ~ 145粒，结实率78.9% ~ 83.2%，千粒重22.0 ~ 22.4g。

品质特性：早稻米质未达国标、省标优质米标准，整精米率53.8% ~ 54.7%，垩白粒率38% ~ 53%，垩白度14.4% ~ 19.2%，直链淀粉含量27.8% ~ 28.8%，胶稠度55 ~ 70mm，糙米长宽比2.7 ~ 2.9，食味品质分69 ~ 70分。

抗性：中感稻瘟病，全群抗性频率64.6%，中C群、中B群的抗性频率分别为76.9%和30.6%，田间表现抗叶瘟、中感穗瘟；中感白叶枯病，对C4、C5菌群均表现中感；抗倒伏能力中弱；抗寒性模拟鉴定孕穗期、开花期均为中弱。

产量及适宜地区：2006年、2007年两年早稻参加广东省区域试验，平均单产分别为6 153.0kg/hm^{2}和6 771.0kg/hm^2，比对照品种优优128分别增产1.7%和2.9%，增产均不显著；2007年早稻参加广东省生产试验，平均单产7 308.0kg/hm^2，比对照品种优优128减产1.6%。适宜广东省中南和西南稻作区的平原地区以及海南省各市县早稻、晚稻种植。

栽培技术要点：注意防治稻瘟病、白叶枯病和防倒伏。

建优115（Jianyou 115）

品种来源：广东源泰农业科技有限公司用建A/R115配组育成，2010年通过广东省农作物品种审定委员会审定。

形态特征和生物学特性：属感温型三系杂交稻品种。早稻平均全生育期126 ~ 133d，与粤香占相当。株型适中，分蘖力中弱，叶色绿，叶姿直，穗大粒多，着粒密，谷粒有短芒，后期熟色好。株高100 ~ 102cm，穗长20.4 ~ 21.1cm，有效穗219.0万~ 271.5万穗/hm^2，每穗总粒数149.0粒，结实率81.0%~ 81.6%，千粒重23.2 ~ 23.9g。

品质特性：米质未达国标和广东省标优质米标准，整精米率37.0%，垩白粒率44%，垩白度21.6%，直链淀粉含量27.0%，胶稠度46mm，食味品质分70分。

抗性：中抗稻瘟病，中B群、中C群和全群抗性频率分别为87.5%、100%、92.4%，病圃鉴定穗瘟5级，叶瘟2.8级；中感白叶枯病；抗倒伏能力中强，耐寒性中。

产量及适宜地区：2008年早稻参加广东省区域试验，平均单产6 724.5kg/hm^2，比对照品种粤香占增产10.8%，增产显著；2009年早稻复试，平均单产6 625.5kg/hm^2，比对照品种粤香占增产4.2%，增产不显著。生产试验平均单产7 239.0kg/hm^2，比对照品种粤香占增产11.9%。日产量49.5 ~ 54.0kg/hm^2。适宜广东省除粤北以外的稻作区早稻、晚稻种植。

栽培技术要点：①适当密植，早施、重施分蘖肥，注意防治稻瘟病和白叶枯病。②制种技术要点：广东省和广西南部秋制，时差13 ~ 14d，叶差4.8 ~ 4.6叶；海南省三亚市和乐东县冬春制种叶差5.8叶，时差23 ~ 25d。

建优381（Jianyou 381）

品种来源：湛江神禾生物技术有限公司用建A/R381配组育成，2010年通过广东省农作物品种审定委员会审定。

形态特征和生物学特性：属感温型三系杂交稻品种。晚稻平均全生育期108～110d，比对照种粳籼89短4～6d。株型中集，分蘖力中弱，穗大粒多。株高103～106cm，有效穗249.0万～261.0万穗/hm^2，穗长20.9～21.7cm，每穗总粒数157～176粒，结实率80.5%～81.6%，千粒重22.4～22.7g。

品质特性：米质达广东省标三级优质米标准，整精米率68.4%～68.6%，垩白粒率16%～40%，垩白度2.2%～12.6%，直链淀粉含量25.0%～25.6%，胶稠度40～47mm，糙米长宽比3.1～3.2，食味品质分74～76分。

抗性：中抗稻瘟病，全群抗性频率88.5%，中B群、中C群的抗性频率分别为81.3%和95.8%，病圃鉴定叶瘟1.5级、穗瘟4.5级；感白叶枯病；抗倒伏能力强；耐寒性中强。

产量及适宜地区：2008年、2009年两年晚稻参加广东省区域试验，平均单产分别为7 258.5kg/hm^2和6 357.0kg/hm^2，比对照品种粳籼89分别增产14.1%和4.3%，2008年增产极显著，2009年增产不显著。2009年晚稻生产试验平均单产6 186.0kg/hm^2，比对照品种粳籼89增产7.7%。日产量58.5～66.0kg/hm^2。适宜广东省除粤北以外的稻作区早稻、晚稻种植。

栽培技术要点：①插足基本苗，施足基肥，早施重施分蘖肥，以增加有效分蘖数。②注意防治稻瘟病和白叶枯病。③制种技术要点：在广东省和广西南部秋制，时差15～16d，叶龄差4.6～4.8叶；在海南省三亚冬春制种，叶龄差5.6叶，时差24～28d。

建优795（Jianyou 795）

品种来源：广东源泰农业科技有限公司用建A/R795配组育成，2010年通过广东省农作物品种审定委员会审定。

形态特征和生物学特性：属感温型三系杂交稻品种。晚稻平均全生育期108 ~ 111d，比对照种粳籼89短4 ~ 5d。株型中集，分蘖力中弱，穗大粒多。株高107cm左右，有效穗234.0万 ~ 264.0万穗/hm^2，穗长21.8 ~ 22.9cm，每穗总粒数149 ~ 164粒，结实率79.6% ~ 80.7%，千粒重23.8 ~ 24.9g。

品质特性：米质达广东省标三级优质米标准，整精米率65.7% ~ 70.4%，垩白粒率20% ~ 39%，垩白度5.3% ~ 22.7%，直链淀粉含量23.4% ~ 24.3%，胶稠度41 ~ 69mm，糙米长宽比2.8 ~ 3.1，食味品质分74 ~ 76分。

抗性：抗稻瘟病，全群抗性频率96.2%，中B群、中C群的抗性频率分别为96.1%和96.3%，病圃鉴定叶瘟1.3级、穗瘟2.3级；感白叶枯病；抗倒伏能力和耐寒性均为中强。

产量及适宜地区：2008年、2009年两年晚稻参加广东省区域试验，平均单产分别为6 981.0kg/hm^2和6 727.5kg/hm^2，比对照品种粳籼89分别增产9.7%和10.4%，增产均达极显著水平。2009年晚稻生产试验平均单产6468.0kg/hm^2，比对照品种粳籼89增产12.6%。日产量61.5 ~ 63.0kg/hm^2。适宜广东省除粤北以外的稻作区早稻、晚稻种植。

栽培技术要点：①插足基本苗，施足基肥，早施重施分蘖肥，以增加有效分蘖数。②注意防治白叶枯病。③制种技术要点：在广东省和广西南部秋制，时差14 ~ 16d，叶龄差4.4 ~ 4.6叶；在海南省三亚市和乐东县冬春制种，叶龄差5.3叶，时差23 ~ 25d。

建优G2（Jianyou G2）

品种来源：湛江神禾生物技术有限公司用建A/恢G2配组育成，2010年通过广东省农作物品种审定委员会审定。

形态特征和生物学特性：属感温型三系杂交稻品种。晚稻平均全生育期105～108d，比对照种优优122短1～2d。植株较矮，株型中集，分蘖力中强，有效穗、穗粒数较多。株高97～103cm，有效穗288.0万～291.0万穗/hm^2，穗长21.4～21.6cm，每穗总粒数147～162粒，结实率70.4%～81.8%，千粒重22.3～22.4g。

品质特性：米质达国标三级和广东省标二级优质米标准，整精米率66.0%～71.6%，垩白粒率8%～9%，垩白度3.3%～3.4%，直链淀粉含量22.0%～22.6%，胶稠度50～70mm，糙米长宽比3.2～3.3，食味品质分74～82分。

抗性：中抗稻瘟病，全群抗性频率91.8%，中B群、中C群的抗性频率分别为84.4%和100%，病圃鉴定叶瘟1.0级、穗瘟4.0级；感白叶枯病；抗倒伏能力中强；耐寒性中。

产量及适宜地区：2007年、2009年两年晚稻参加广东省区域试验，平均单产分别为7 132.5kg/hm^{2}和6 570.0kg/hm^2，比对照品种优优122分别增产0.1%和减产2.7%，增、减产均未达显著水平。2009年晚稻生产试验平均单产6 489.0kg/hm^2，比对照品种优优122增产0.2%。日产量63.0～66.0kg/hm^2。适宜广东省粤北稻作区和中北稻作区早稻、晚稻种植。

栽培技术要点：①注意防治稻瘟病和白叶枯病。②制种技术要点：在海南三亚和乐东冬春制种母本与第一期父本时差为18d左右，叶龄差为4.6叶，以叶龄差为主。在广东、广西南部秋制，母本与第一期父本时差为11d，叶龄差为3.8叶，以时差为主。

今优223（Jinyou 223）

品种来源：中国科学院华南植物研究所用今A/R223（双桂36/贵麻占）配组育成，2002年通过广东省农作物品种审定委员会审定。

形态特征和生物学特性：属感温型三系杂交稻品种。早稻平均全生育期130d，与汕优63相近。株型中集，株高102cm，分蘖力较强，有效穗300万穗/hm^2，穗长22.0cm，平均每穗总粒数130.0粒，结实率87.3%，千粒重21.8g。

品质特性：稻米外观品质为早稻二级。

抗性：高抗稻瘟病，全群抗性频率为94.4%，中C群、中B群抗性频率分别84.6%和100%；中抗白叶枯病（3级）。

产量及适宜地区：1998年、1999年两年早稻参加广东省区域试验，单产分别为6 772.5kg/hm^2和7 500.0kg/hm^2，比对照品种汕优63分别增产0.5%和5.8%，1998年增产不显著，1999年增产达极显著。日产量52.5 ～ 57.0kg/hm^2。适宜广东省除粤北以外的地区早稻种植，不适宜晚稻种植。

栽培技术要点：①平衡施用氮、磷、钾肥，不要过氮。②晒田比其他品种稍早、稍重，有利于根系生长和茎秆粗壮，提高抗倒伏能力。

金稻优122（Jindaoyou 122）

品种来源：广东省农业科学院水稻研究所、广东省金稻种业有限公司用金稻13A/广恢122配组育成，2008年通过广东省农作物品种审定委员会审定。

形态特征和生物学特性：属弱感光型三系杂交稻品种。晚稻平均全生育期115 ~ 118d，比博优122迟熟2 ~ 3d。株型中集，分蘖力中，穗大粒多，着粒密，结实率较高。株高108 ~ 110cm，穗长22.8cm，每穗总粒数154 ~ 159粒，结实率83.0% ~ 85.8%，千粒重23.2 ~ 24.3g。

品质特性：晚稻米质未达国标、广东省标优质米标准，整精米率63.1% ~ 70.5%，垩白粒率25% ~ 36%，垩白度7.1% ~ 10.8%，直链淀粉含量22.5% ~ 23.4%，胶稠度46 ~ 57mm，糙米长宽比3.0，食味品质分73 ~ 78分，有微香。

抗性：感稻瘟病，全群抗性频率65.3%，中B群、中C群的抗性频率分别为59.2%和76.9%，田间稻瘟病发生较重；感白叶枯病，对C4、C5菌群均表现感；抗倒伏能力弱；抗寒性模拟鉴定孕穗期为中弱，开花期为中。

产量及适宜地区：2005年、2006年两年晚稻参加广东省区域试验，平均单产分别为6 856.5kg/hm^{2}和7 282.5kg/hm^2，比对照品种博优122分别增产8.6%和6.0%，增产均达显著水平；2006年晚稻参加广东省生产试验，平均单产7 545.0kg/hm^2。适宜广东省除粤北以外的稻作区晚稻种植。

栽培技术要点：特别注意防治稻瘟病、白叶枯病和防倒伏，稻瘟病历史病区和白叶枯病常发区不宜种植。

金稻优368（Jindaoyou 368）

品种来源：广东省农业科学院水稻研究所用金稻13A/广恢368配组育成，分别通过广东省（2009）和国家（2012）农作物品种审定委员会审定。

形态特征和生物学特性：属弱感光型三系杂交稻品种。晚稻全生育期115～119d，比博优998迟熟3～4d。植株较高，株型中集，剑叶较长，分蘖力中，穗大粒多，着粒密。株高111～112cm，穗长22.8～23.7cm，每穗总粒数176～184粒，结实率80.9%～83.4%，千粒重21.8～22.4g。

品质特性：米质未达国标、广东省标优质米标准，整精米率72.3%～72.5%，垩白粒率32%～62%，垩白度15.5%～15.7%，直链淀粉含量22.0%～23.8%，胶稠度57～73mm，糙米长宽比3.0～3.1，食味品质分73～77分。

抗性：感稻瘟病，全群抗性频率52.3%，中B群、中C群的抗性频率分别为37.8%和68.9%，田间监测表现叶瘟中抗、感穗瘟；中感白叶枯病，对C4、C5菌群分别表现中感和感；抗倒伏能力中强；耐寒性模拟鉴定结果孕穗期和开花期均为中。

产量及适宜地区：2007年、2008年两年晚稻参加广东省区域试验，平均单产分别为7 465.5kg/hm^{2}和7 287.0kg/hm^2，比对照品种博优998分别增产5.2%和5.8%，增产均达显著水平，两年其产量均名列同组第一。2008年晚稻参加广东省生产试验，平均单产6 808.5kg/hm^2，比对照品种博优998增产2.1%。适宜广东省粤北以外稻作区以及广西壮族自治区桂南稻作区的稻瘟病、白叶枯病轻发的双季稻区晚稻种植，稻瘟病历史病区不宜种植。

栽培技术要点：特别注意防治稻瘟病。

金稻优998（Jindaoyou 998）

品种来源：广东省农业科学院水稻研究所用金稻13A/广恢998配组育成，分别通过广东省（2010）和国家（2011）农作物品种审定委员会审定。

形态特征和生物学特性：弱感光型三系杂交稻品种。晚稻全生育期112 ~ 116d，与博优998相当。植株较高，株型中集，分蘖力中强，剑叶较长，穗大粒多，着粒密。株高109 ~ 112cm，穗长22.8 ~ 23.9cm，每穗总粒数159 ~ 161粒，结实率80.4%～84.9%，千粒重23.1 ~ 23.7g。

品质特性：米质未达国标和广东省标优质米标准，整精米率68.1%～72.4%，垩白粒率82%，垩白度38.5%～40.2%，直链淀粉含量22.7%，胶稠度58 ~ 70mm，糙米长宽比3.1，食味品质分76 ~ 77分。

抗性：感稻瘟病，中B群、中C群和全群抗性频率分别为23.0%、51.4%和38.3%，田间监测为抗叶瘟、感穗瘟；中感白叶枯病，对C4、C5菌群均表现中感；抗倒伏能力中；耐寒性中。

产量及适宜地区：2007年、2008年两年晚稻参加广东省区域试验，平均单产分别为7 384.5kg/hm^{2}和7 485.0kg/hm^2，比对照品种博优998分别增产7.1%和7.9%，增产均达极显著水平，两年其产量均名列同组第一。生产试验平均单产7 128.0kg/hm^2，比对照品种博优998增产6.9%。适宜广东省粤北以外稻作区和海南省、广西壮族自治区桂南稻作区、福建省南部的稻瘟病、白叶枯病轻发双季稻区晚稻种植。

栽培技术要点：①特别注意防治稻瘟病。②制种技术要点：在海南省冬春季制种，第一期父本比母本早播25d，第二期父本比母本早播18d，父母本行比2 ： 12或2 ： 14。

金两优油占（Jinliangyouyouzhan）

品种来源：广东省农业科学院水稻研究所用金粤S1/N1配组育成，2008年通过广东省农作物品种审定委员会审定。

形态特征和生物学特性：属感温型两系杂交稻品种。晚稻平均全生育期108～110d，比培杂双七早熟2d。分蘖力强，有效穗多，剑叶较小，株高99～106cm，穗长20.2～21.1cm，每穗总粒数133粒，结实率80.3%～82.5%，千粒重21.8～22.2g。

品质特性：晚稻米质达广东省标三级优质米标准，整精米率64.5%～69.4%，垩白粒率10%～42%，垩白度3.0%～11.8%，直链淀粉含量25.0%～25.7%，胶稠度50～59mm，糙米长宽比3.5～3.6，食味品质分79分。

抗性：中感稻瘟病，全群抗性频率58.9%，中C群、中B群的抗性频率分别为62.5%和38.24%，田间多数点稻瘟病发生轻，个别点穗瘟发生中等偏轻；感白叶枯病，对C4、C5菌群均表现感，田间监测结果白叶枯病发生中等，个别点大发生。抗倒伏能力弱；后期耐寒力中强，抗寒性模拟鉴定孕穗期为中，开花期为中强。

产量及适宜地区：2003年、2004年两年晚稻参加广东省区域试验，平均单产分别为6 360.0kg/hm^{2}和6 660.0kg/hm^2，比对照品种培杂双七分别增产2.4和4.3%，增产均不显著；2004年晚稻参加广东省生产试验，平均单产7 069.5kg/hm^2。适宜广东省各地早稻、晚稻种植。

栽培技术要点：注意防治稻瘟病、白叶枯病和防倒伏，白叶枯病常发区不宜种植。

荆楚优8648（Jingchuyou 8648）

品种来源：中国种子集团公司用荆楚814A/中种恢8648配组育成，2009年通过广东省农作物品种审定委员会审定。

形态特征和生物学特性：属感温型三系杂交稻品种。晚稻平均全生育期113 ~ 116d，比优优122迟熟2 ~ 5d。株型中集，分蘖力中等，穗大粒多，着粒密，谷粒有芒。株高98 ~ 108cm，穗长20.8 ~ 21.4cm，每穗总粒数144 ~ 151粒，结实率78.5% ~ 83.8%，千粒重26.1 ~ 26.5g。

品质特性：米质未达国标、广东省标优质米标准，整精米率66.6% ~ 70.2%，垩白粒率25% ~ 33%，垩白度6.6% ~ 14.9%，直链淀粉含量24.6% ~ 26.5%，胶稠度46 ~ 50mm，糙米长宽比3.1 ~ 3.2，食味品质分70 ~ 75分。

抗性：中抗稻瘟病，全群抗性频率89.7%，中B群、中C群的抗性频率分别为88.5%和96.2%，田间监测结果发病中等偏轻；感白叶枯病，对C4、C5菌群均表现高感；抗倒伏能力中强；耐寒性模拟鉴定孕穗期为中强，开花期为中。

产量及适宜地区：2005年、2006年两年晚稻参加广东省区域试验，平均单产分别为7 251.0kg/hm^{2}和7 456.5kg/hm^2，比对照品种优优122分别增产4.9%和2.3%，增产均不显著，2005年名列同组第一；2006年晚稻参加广东省生产试验，平均单产7 297.5kg/hm^2。适宜广东省粤北稻作区和中北稻作区早稻、晚稻种植。

栽培技术要点：插植穴数30万穴/hm^2，基本苗87万苗/hm^{2}左右，抛秧栽培穴数不少于27万穴/hm^2，基本苗75万苗/hm^2。

聚两优746（Juliangyou 746）

品种来源：广东省农业科学院水稻研究所用GD-7S/W746配组育成，2009年通过广东省农作物品种审定委员会审定。

形态特征和生物学特性：属感温型两系杂交稻品种。早稻平均全生育期130～132d，与优优128相同，比粤香占迟熟4d。植株矮壮，株型中集，分蘖力强、有效穗多，后期熟色好。株高93～99cm，穗长21.1～21.6cm，每穗总粒数108～114粒，结实率78.3%～81.9%，千粒重25.7g。

品质特性：米质未达国标、广东省标优质米标准，整精米率53.2%～53.5%，垩白粒率66%～76%，垩白度23.3%～36.1%，直链淀粉含量21.9%，胶稠度51～65mm，糙米长宽比3.1～3.3，食味品质分73分。

抗性：高抗稻瘟病，全群抗性频率99.1%，中C群、中B群的抗性频率分别为98.0%和100%，田间监测结果表现抗叶瘟、高抗穗瘟；感白叶枯病，对C4、C5菌群分别表现感和高感；抗倒伏能力强；耐寒性模拟鉴定孕穗期为中强，开花期为中。

产量及适宜地区：2007年、2008年两年早稻参加广东省区域试验，平均单产分别为6 399.0kg/hm^{2}和6 397.5kg/hm^2，2007年比对照品种粤香占增产4.5%，2008年比对照品种优优128增产1.2%，增产均不显著；2008年早稻参加广东省生产试验，平均单产6 624.0kg/hm^2，比对照品种优优128减产0.4%。适宜广东省除粤北以外的稻作区早稻、晚稻种植。

栽培技术要点：该品种有两段灌浆现象，要适时重施中期肥，后期巧施穗粒肥，重施磷钾肥。

聚两优751（Juliangyou 751）

品种来源：广东省农业科学院水稻研究所用GD-7S/V5128配组育成，2010年通过广东省农作物品种审定委员会审定。

形态特征和生物学特性：属感温型两系杂交稻品种。晚稻平均全生育期110～115d，比对照种粳籼89短1～2d。植株矮壮，株型中集，分蘖力中强。株高98～99cm，有效穗288.0万～291.0万穗/hm^2，穗长22.9～24.2cm，每穗总粒数146粒，结实率79.7%～82.4%，千粒重22.7～23.0g。

品质特性：米质未达国标和广东省标优质米标准，整精米率69.8%，垩白粒率22%，垩白度4.7%，直链淀粉含量13.3%，胶稠度87mm，糙米长宽比3.5，食味品质分79分。

抗性：高抗稻瘟病，全群抗性频率98.4%，中B群、中C群的抗性频率分别为96.9%和100%，病圃鉴定叶瘟1.5级、穗瘟2.5级；感白叶枯病；抗倒伏能力和耐寒性均为中强。

产量及适宜地区：2008年、2009年两年晚稻参加广东省区域试验，平均单产分别为7 075.5kg/hm^{2}和6 867.0kg/hm^2，比对照品种粳籼89分别增产11.2%和12.6%，增产均达极显著水平。2009年晚稻生产试验平均产量6 613.5kg/hm^2，比对照品种粳籼89增产15.1%。日产量61.5kg/hm^2。适宜广东省除粤北以外的稻作区早稻、晚稻种植。

栽培技术要点：①注意防治白叶枯病。②制种技术要点：在潮汕地区春制，父母本叶龄差为5叶，父本分二期播种，叶龄差1.5叶。

兰优7号（Lanyou 7）

品种来源：清华大学深圳研究生院用兰A/α-7配组育成，2010年通过广东省农作物品种审定委员会审定。

形态特征和生物学特性：属弱感光型三系杂交稻品种。晚稻全生育期119～120d，比对照种博优998长4～7d。植株偏高，株型中集，分蘖力中。株高117～119cm，有效穗253.5万～286.5万穗/hm^2，穗长24.0～26.0cm，每穗总粒数135～145粒，结实率81.5%～81.7%，千粒重23.9～24.0g。

品质特性：米质未达国标和广东省标优质米标准，整精米率65.8%～72.7%，垩白粒率9%～24%，垩白度1.3%～13.0%，直链淀粉含量26.1%，胶稠度40mm，糙米长宽比3.6～3.8，食味品质分73～75分。

抗性：抗稻瘟病，全群抗性频率85.2%，中B群、中C群的抗性频率分别为78.1%和91.7%，病圃鉴定叶瘟1.3级、穗瘟2.5级；感白叶枯病；抗倒伏能力和耐寒性均为中弱。

产量及适宜地区：2008年、2009年两年晚稻参加广东省区域试验，平均单产分别为7 059.0kg/hm^2和6 375.0kg/hm^2，比对照品种博优998分别增产2.5%和减产0.7%，增产、减产均未达显著水平。2009年晚稻生产试验平均单产6 598.5kg/hm^2，比对照品种博优998减产1.7%。日产量52.5～58.5kg/hm^2。适宜广东省中南稻作区和西南稻作区的平原地区晚稻种植。

栽培技术要点：①注意防治白叶枯病和防倒伏。②在海南三亚冬春制种，第一期、第二期父本比母本分别早播15d和7d。

龙优665（Longyou 665）

品种来源：广东农作物杂种优势开发利用中心用龙A/恢665配组育成，2004年通过广东省农作物品种审定委员会审定。

形态特征和生物学特性：属弱感光型三系杂交稻品种。晚稻平均全生育期120d，比对照博优122迟熟3d。株型紧凑，叶直，分蘖力中等。株高101～113cm，穗长23.6cm，每穗总粒数121～129粒，结实率83.7%～85.4%，千粒重24.8～25.2g。

品质特性：稻米外观品质鉴定为晚稻二级，整精米率61.1%～65.9%，垩白粒率2%～20%，垩白度0.1%～2%，直链淀粉含量11.6%～15.0%，胶稠度80～94mm，糙米长宽比2.7。

抗性：高抗稻瘟病，中感白叶枯病，抗倒伏能力较弱，后期耐寒力强。

产量及适宜地区：2002年、2003年两年晚稻参加广东省区域试验，平均单产分别为6 295.5kg/hm^{2}和6 763.5kg/hm^2，2002年比对照品种博优122增产0.9%，2003年比对照品种博优122减产1.0%，增减产均不显著。日产量52.5kg/hm^2。适宜广东省除粤北以外的地区晚稻种植。

栽培技术要点：①适时早播、早植，培育多蘖壮秧。广东中部应在7月5日前播种，广东南部应在7月10日前播种。一叶一心时秧田喷多效唑900g/hm^2。②适当密植。宜插双株，插足基本苗120万～150万苗/hm^2。③施足基肥，早施攻蘖肥，增施磷、钾肥，中期适当控肥，后期看苗巧施穗肥。避免中期偏氮造成叶片过长过披。④要特别注意防治白叶枯病和防倒伏，秧苗期要狠抓稻叶蝉的防治。

龙优673（Longyou 673）

品种来源：广东农作物杂种优势开发利用中心用龙A/恢673配组育成，2005年通过广东省农作物品种审定委员会审定。

形态特征和生物学特性：属弱感光型三系杂交稻品种。晚稻全生育期116～121d，比博优122迟熟3～4d。分蘖力较弱，株型紧凑，叶片较长、直立，植株稍高，抽穗整齐。株高100～110cm，穗长23.0cm，每穗总粒数136～144粒，结实率84.2%～85.6%，千粒重24.0～24.7g。

品质特性：稻米外观品质为晚稻一级，整精米率65.5%，垩白粒率1.0%，垩白度0.1%，直链淀粉含量23.4%，胶稠度60mm，糙米长宽比2.7。

抗性：抗稻瘟病，全群抗性频率76.0%，中C群、中B群的抗性频率分别为80.6%和58.8%，田间稻瘟病除阳江点轻微发生外，其余试点均未发生；感白叶枯病，对C4、C5菌群均表现感；抗倒伏能力较弱，后期耐寒力较强。

产量及适宜地区：2003年晚稻参加广东省区域试验，平均单产6 730.5kg/hm^2，比对照品种博优122减产1.5%，减产不显著；2004年晚稻复试，平均单产6 751.5kg/hm^2，比对照品种博优122增产0.5%，增产不显著。2004年晚稻生产试验，单产7 216.5kg/hm^2。适宜广东省除粤北以外的地区晚稻种植。

栽培技术要点：①适时早播、早植，培育多蘖壮秧，广东中部应在7月5日前播种，广东南部应在7月10日前播种，一叶一心时秧田喷多效唑900g/hm^2。②适当密植，宜插双株，插足基本苗120万～150万苗/hm^2。③施足基肥，早施攻蘖肥，中期适当控肥，后期看苗巧施穗肥，避免中期偏氮造成叶片过长过披。④前期浅水促分蘖，苗数达345万苗/hm^{2}时抓紧晒田，孕穗至抽穗不能缺水，后期干湿排灌，不能断水过早。⑤注意防治稻瘟病和防倒伏，特别注意防治叶枯病，秧苗期要狠抓稻叶蝉的防治。

茂杂29（Maoza 29）

品种来源：广东华茂高科种业有限公司用228S/茂恢29配组育成，2006年通过广东省农作物品种审定委员会审定。

形态特征和生物学特性：属感温型两系杂交稻品种。早稻平均全生育期131～132d，比优优128迟熟2～3d。分蘖力强，株型中集，剑叶宽直，株高99～106cm，穗长20.0～22.4cm，每穗总粒数113～139粒，结实率74.3%～81.9%，千粒重23.4～24.2g。

品质特性：早稻米质未达国标和广东省标优质米标准，整精米率52.2%，垩白粒率50.0%，垩白度12.4%，直链淀粉含量28.9%，胶稠度37mm，糙米长宽比2.6，有花香味。

抗性：稻瘟病中感，白叶枯病中抗，抗倒伏能力中弱。

产量及适宜地区：2005年、2006年两年早稻参加广东省区域试验，平均单产分别为6 127.5kg/hm^{2}和6 196.5kg/hm^2，2005年与对照品种优优128平产，2006年比对照品种优优128增产3.6%；2006年早稻参加广东省生产试验，平均单产6 682.5kg/hm^2。适宜广东省中南、西南稻作区早稻、晚稻种植。

栽培技术要点：①早施分蘖肥，壮蘖肥，多施磷、钾肥，提高抗逆能力，后期干湿交替。②注意防治稻瘟病、白叶枯病和防倒伏。

茂杂云三（Maozayunsan）

品种来源：广东华茂高科种业有限公司用228S/茂恢云三配组育成，2008年通过广东省农作物品种审定委员会审定。

形态特征和生物学特性：属感温型两系杂交稻品种。早稻平均全生育期130～131d，比培杂双七迟熟2d，与优优128相近。株型中集，分蘖力中强，穗大粒多、着粒密，结实率偏低，后期熟色好。株高101～109cm，穗长21.6～23.1cm，每穗总粒数141～147粒，结实率74.5%～76.6%，千粒重23.1～23.4g。

品质特性：早稻米质未达国标和广东省标优质米标准，整精米率56.6%～58.6%，垩白粒率17%～22%，垩白度4.8%～8.3%，直链淀粉含量28.8%～29.3%，胶稠度38～44mm，糙米长宽比3.2，食味品质分70～73分，有微香味。

抗性：中抗稻瘟病，全群抗性频率70.8%，中C群、中B群的抗性频率分别为75.0%和47.2%，田间表现高抗叶瘟、抗穗瘟；感白叶枯病，对C4、C5菌群均表现感；抗倒伏能力中弱；耐寒性模拟鉴定孕穗期为弱，开花期为中强。

产量及适宜地区：2006年、2007年两年早稻参加广东省区域试验，其中2006年平均单产为5 919.0kg/hm^2，比对照品种培杂双七增产7.6%，2007年平均单产为6 670.5kg/hm^2，比对照品种优优128增产1.2%，两年增产均不显著。2007年早稻参加广东省生产试验，平均单产7 054.5kg/hm^2，比对照品种优优128减产5.0%。适宜广东省中南和西南稻作区的平原地区早稻、晚稻种植。

栽培技术要点：注意防治稻瘟病、白叶枯病和防倒伏，白叶枯病常发区不宜种植。

梅优524（Meiyou 524）

品种来源：广东省汕头市农业科学研究所用梅青早A/R524配组育成，1994年通过广东省农作物品种审定委员会审定。

形态特征和生物学特性：属感温型杂交稻品种。全生育期早稻130～135d，比汕优63早熟3d。株高100～105cm，株型集散适中，分蘖力较强，叶色较浓绿，有效穗270万～285万穗/hm^2，每穗总粒数120粒左右，结实率约85.0%，千粒重27.0～28.0g，前期生长量大，后期功能叶短直厚窄，熟色好。

品质特性：稻米外观品质为早稻三级。

抗性：稻瘟病全群抗性频率68.0%～85.0%，中C、中B群分别为83.3%、50.0%，中抗白叶枯病（3级），有较强的耐盐碱性。

产量及适宜地区：1992年、1993年两年早稻参加广东省区域试验，单产分别为6 624.0kg/hm^2和6 454.5kg/hm^2，比对照品种汕优63分别增产6.2%和5.2%，1992年增产显著，1993年增产不显著。适宜粤东地区作早稻种植。

栽培技术要点：①种子有部分开裂，应缩短浸种时间，间歇浸种。②秧田播种量150kg/hm^2，培育适龄分蘖壮秧。③肥水管理应少氮多磷钾，尤其后期慎施氮肥。④注意防治稻瘟病。

内香8518（Neixiang 8518）

品种来源：四川省内江杂交水稻科技开发中心用内香85A/内恢95-18配组育成，2006年通过广东省农作物品种审定委员会审定。

形态特征和生物学特性：属感温型三系杂交稻品种。早稻平均全生育期129～130d，与优优128相当。分蘖力较弱，植株高大，株型中集，剑叶宽长稍披。株高110～117cm，穗长25.2～26.9cm，着粒疏，每穗总粒数122.0粒，结实率83.3%，千粒重30.6g。

品质特性：早稻米质未达国标和广东省标优质米标准，整精米率31.0%，垩白粒率27%，垩白度6.8%，直链淀粉含量13.0%，胶稠度82mm，糙米长宽比3.0。

抗性：高抗稻瘟病，全群抗性频率94.7%，中C群、中B群的抗性频率分别为95.6%和92.1%；中感白叶枯病，对C4、C5菌群均表现中感；抗倒伏性较弱。

产量及适宜地区：2004年、2005年两年早稻参加广东省区域试验，平均单产分别为7 725.0kg/hm^{2}和5 796.0kg/hm^2，2004年比对照品种培杂双七增产4.6%，2005年比对照品种优优128减产6.0%，增、减产均未达显著水平。适宜广东省粤北以外稻作区早稻、中南稻作区和西南稻作区晚稻种植。

栽培技术要点：注意防治白叶枯病和防倒伏。

内香优3号（Neixiangyou 3）

品种来源：四川省内江杂交水稻科技开发中心用内香3A/内恢99-14配组育成，2006年通过广东省农作物品种审定委员会审定。

形态特征和生物学特性：属感温型三系杂交稻品种。晚稻平均全生育期113～114d，比培杂双七迟熟1～5d。分蘖力中等，叶片较大，穗长但着粒疏，粒长而大。株高103～109cm，穗长24.1cm，每穗总粒数113.0粒，结实率76.2%～77.9%，千粒重31.7～32.9g。

品质特性：晚稻米质达国标和广东省标三级优质米标准，整精米率59.5%～68.4%，垩白粒率20%～24%，垩白度2.0%～4.2%，直链淀粉含量13.3%～16.6%，胶稠度85mm，糙米长宽比3.4～3.5，食味品质分83分。

抗性：高抗稻瘟病；感白叶枯病；抗倒伏能力中等；后期耐寒力中弱。

产量及适宜地区：2003年、2004年两年晚稻参加广东省区域试验，平均单产分别为6 414.0kg/hm^{2}和6 876.0kg/hm^2，比对照品种培杂双七分别增产4.2%和5.5%，2003年增产显著，2004年增产未达显著水平。适宜广东省粤北以外稻作区早稻、中南和西南稻作区晚稻种植。

栽培技术要点：①本田用种量15kg/hm^2，基本苗150万苗/hm^{2}左右。②重基肥早追肥，忌偏施氮肥。③特别注意后期肥水管理，忌断水过早。④特别注意防治白叶枯病，白叶枯病常发区不宜种植。

内香优3618（Neixiangyou 3618）

品种来源：德农正成种业有限公司用内香3A/R3618配组育成，2010年通过广东省农作物品种审定委员会审定。

形态特征和生物学特性：属感温型三系杂交稻品种。早稻平均全生育期129～130d，比粤香占长1～3d。分蘖力中等，植株较高，株型中集，着粒稍疏。株高111～114cm，穗长23.2～23.6cm，每穗总粒数121～125粒，结实率74.2%～80.8%，千粒重28.4～28.7g。

品质特性：米质未达国标和广东省标优质米标准，整精米率55.6%～57.3%，垩白粒率53%～62%，垩白度21.8%～29.6%，直链淀粉含量16.0%～16.6%，胶稠度64～72mm，糙米长宽比2.6～2.8，食味品质分70～75分。

抗性：中抗稻瘟病，中B群、中C群和全群抗性频率分别为50.0%、88.0%和78.6%，田间监测表现抗叶瘟、中抗穗瘟；感白叶枯病，对C4、C5菌群分别表现感和中感；抗倒伏能力弱，耐寒性中强。

产量及适宜地区：2007年、2008年两年早稻参加广东省区域试验，平均单产分别为7 015.5kg/hm^{2}和6 801.0kg/hm^2，比对照品种粤香占分别增产14.6%和12.0%，增产均达极显著水平，两年其产量均列同组第一。2009年早稻参加广东省生产试验，平均单产7 507.5kg/hm^2，比对照品种粤香占增产16.1%。适宜广东省除粤北以外的稻作区早稻、晚稻种植。

栽培技术要点：①注意防治稻瘟病、白叶枯病和防倒伏。②制种技术要点：在父本7期末、8期初，用赤霉素15g/hm^{2}喷施父本，以提高父本高度。

农两优62（Nongliangyou 62）

品种来源：广东华茂高科种业有限公司用农1S/茂恢62配组育成，2009年通过广东省农作物品种审定委员会审定。

形态特征和生物学特性：属感温型两系杂交稻品种。晚稻平均全生育期110 ~ 113d，与丰优128和粳籼89相近。株型中集，分蘖力强，有效穗多，剑叶窄直，株高92 ~ 100cm，穗长20.9 ~ 21.8cm，每穗总粒数124 ~ 136粒，结实率82.4% ~ 82.9%，千粒重23.3 ~ 23.8g。

品质特性：米质未达国标和广东省标优质米标准，整精米率65.3% ~ 72.2%，垩白粒率18% ~ 37%，垩白度7.5% ~ 11.4%，直链淀粉含量13.6% ~ 13.9%，胶稠度85 ~ 87mm，糙米长宽比3.3 ~ 3.4，食味品质分77 ~ 80分。

抗性：中感稻瘟病，全群抗性频率63.8%，中B群、中C群的抗性频率分别为52.5%和76.9%，田间监测结果表现高抗叶瘟、中感穗瘟；感白叶枯病，对C4、C5菌群均表现感；抗倒伏能力中强；耐寒性模拟鉴定孕穗期、开花期均为中强。

产量及适宜地区：2006年、2007年两年晚稻参加广东省区域试验，平均单产分别为6 987.0kg/hm^{2}和7 276.5kg/hm^2，2006年比对照品种丰优128增产7.1%，增产未达显著水平，2007年比对照品种粳籼89增产8.7%，增产达极显著水平；2007年晚稻参加广东省生产试验，平均单产7 159.5kg/hm^2，比对照品种粳籼89增产4.1%。适宜广东省除粤北以外的稻作区早稻、晚稻种植。

栽培技术要点：注意防治稻瘟病和白叶枯病。

农两优云三（Nongliangyouyunsan）

品种来源：广东华茂高科种业有限公司用农1S/茂恢云三配组育成，2009年通过广东省农作物品种审定委员会审定。

形态特征和生物学特性：属感温型两系杂交稻品种。晚稻全生育期109～113d，比粳籼89早熟2～3d。株型中集，分蘖力中强，有效穗多，穗大粒多，着粒密。株高104～105cm，穗长22.9～23.2cm，每穗总粒数149～154粒，结实率81.6%～82.7%，千粒重23.5～24.8g。

品质特性：米质达广东省标三级优质米标准，整精米率70.4%，垩白粒率13%～50%，垩白度4.9%～26.6%，直链淀粉含量23.1%～24.6%，胶稠度65～72mm，糙米长宽比3.1～3.2，食味品质分75～77分。

抗性：抗稻瘟病，全群抗性频率91.4%，中B群、中C群的抗性频率分别为90.5%和94.3%，田间监测表现叶瘟高抗、抗穗瘟；中抗白叶枯病，对C4、C5菌群均表现中抗；抗倒伏能力中；耐寒性模拟鉴定结果孕穗期和开花期均为中。

产量及适宜地区：2007年、2008年两年晚稻参加广东省区域试验，平均单产分别为7 593.0kg/hm^{2}和7 914.0kg/hm^2，比对照品种粳籼89分别增产13.5%和24.4%，增产均达极显著水平。2008年晚稻参加广东省生产试验，平均单产7 000.5kg/hm^2，比对照品种粳籼89增产11.0%。适宜广东省除粤北以外的稻作区早稻、晚稻种植。

栽培技术要点：多施钾肥，增强抗倒伏能力。

培两优3309（Peiliangyou 3309）

品种来源：广东省清远市农业科学研究所用培矮64S/恢复系3309配组育成，2010年通过广东省农作物品种审定委员会审定。

形态特征和生物学特性：属感温型两系杂交稻品种。早稻平均全生育期127 ~ 128d，与培杂双七、粤香占相当。株型适中，分蘖力强，有效穗多，后期熟色好。株高102 ~ 108cm，穗长20.4 ~ 20.7cm，每穗总粒数136 ~ 148粒，结实率79.1% ~ 79.9%，千粒重20.9g。

品质特性：米质未达国标和广东省标优质米标准，整精米率61.0% ~ 63.4%，垩白粒率35% ~ 37%，垩白度6.3% ~ 22.6%，直链淀粉含量26.4% ~ 28.3%，胶稠度44 ~ 58mm，糙米长宽比3.0 ~ 3.2，食味品质分70 ~ 73分。

抗性：高抗稻瘟病，中B群、中C群和全群抗性频率分别为91.7%、100%和95.6%，田间监测表现高抗叶瘟和穗瘟；感白叶枯病，对C4、C5菌群分别表现中感和感；抗倒伏能力中，耐寒性中强。

产量及适宜地区：2006年、2008年两年早稻参加广东省区域试验，平均单产分别为5 964.0kg/hm^{2}和6 397.5kg/hm^2，2006年比对照品种培杂双七增产7.2%，2008年比对照品种粤香占增产4.9%，增产均未达显著水平。生产试验平均单产6 499.5kg/hm^2，比对照品种粤香占增产1.3%。适宜广东省除粤北以外的稻作区早稻、晚稻种植。

栽培技术要点：①注意防治白叶枯病。②制种技术要点：在广东省内秋制，父本比母本提前2 ~ 3d播种。

培杂130（Peiza 130）

品种来源：华南农业大学植物航天育种研究中心用培矮64S/航恢130配组育成，2008年通过广东省农作物品种审定委员会审定。

形态特征和生物学特性：属感温型两系杂交稻品种。早稻平均全生育期127～129d，与培杂双七、粤香占相近。株型中集，分蘖力强，有效穗多，叶微卷，剑叶直，后期熟色好。株高98～106cm，穗长20.8～22.2cm，每穗总粒数134～152粒，结实率73.9%～79.9%，千粒重19.1～20.1g。

品质特性：早稻米质达广东省标三级优质米标准，整精米率62.4%～63.4%，垩白粒率22%～35%，垩白度4.8%～13.2%，直链淀粉含量22.6%～24.8%，胶稠度50～62mm，糙米长宽比3.2～3.4，食味品质分75分。

抗性：抗稻瘟病，全群抗性频率88.5%，中C群、中B群的抗性频率分别为90.4%和80.6%，田间表现叶瘟高抗、抗穗瘟；中感白叶枯病，对C4、C5菌群均表现中感；抗倒伏能力中弱；耐寒性模拟鉴定孕穗期为中，开花期为中弱。

产量及适宜地区：2006年、2007年两年早稻参加广东省区域试验，其中2006年平均单产为5 611.5kg/hm^2，比对照品种培杂双七增产0.8%，2007年平均单产为6 115.5kg/hm^2，比对照品种粤香占减产1.2%，两年增、减产均不显著。2007年早稻参加广东省生产试验，平均单产6 783.0kg/hm^2，比对照品种粤香占增产0.4%。适宜广东省中南和西南稻作区的平原地区早稻、晚稻种植。

栽培技术要点：注意防倒伏。

培杂163（Peiza 163）

品种来源：广东省农业科学院水稻研究所用培矮64S/粤恢163配组育成，2006年通过广东省农作物品种审定委员会审定。

形态特征和生物学特性：属感温型两系杂交稻品种。早稻平均全生育期125 ~ 128d，比培杂双七早熟1 ~ 2d。株型中集，分蘖力强，成穗率较低，株高101 ~ 105cm，穗长20.2 ~ 21.3cm，着粒密，每穗总粒数144粒，结实率82.4%，千粒重22.3g。

品质特性：早稻米质达国标二级优质米标准，外观品质为一级，整精米率55.7%，垩白粒率20%，垩白度3.0%，直链淀粉含量22.1%，胶稠度82mm，糙米长宽比3.0。

抗性：中感稻瘟病，全群抗性频率69.7%，中C群、中B群的抗性频率分别为79.5%和39.5%，田间发病轻至中；中感白叶枯病，对C4、C5菌群分别表现中感和感，田间监测发病轻；抗倒伏能力强。

产量及适宜地区：2004年、2005年两年早稻参加广东省区域试验，平均单产分别为7 207.5kg/hm^{2}和5 695.5kg/hm^2，比对照品种培杂双七分别减产3.2%和2.7%，减产均不显著。适宜广东省各稻作区晚稻、粤北以外稻作区早稻种植。

栽培技术要点：①前期浅水养蘖，施基肥、面肥促蘖，中期适当重施分化肥，后期保湿润。②注意防治稻瘟病和白叶枯病。

培杂180（Peiza 180）

品种来源：华南农业大学农学院用培矮64S/T180配组育成，2003年通过广东省农作物品种审定委员会审定。

形态特征和生物学特性：属感温型两系杂交稻品种。晚稻全生育期110～113d，与培杂双七相当。株型集散适中，株高101～105cm，茎秆粗壮，叶片硬直，叶色青秀，穗长21.0cm，穗大粒多，平均每穗总粒数162.0粒，结实率74.9%～82.8%，千粒重19.4g。

品质特性：稻米外观品质为晚稻一级，饭味、适口性较好。

抗性：高抗稻瘟病，全群抗性频率94.0%，中B群、中C群抗性比分别为80.1%和97.4%；中感白叶枯病，大田种植表现稻瘟病和白叶枯病均轻微；后期耐寒力较弱。

产量及适宜地区：2000年、2001年两年晚稻参加广东省区域试验，单产分别为6 294.0kg/hm^{2}和6 082.5kg/hm^2，比对照品种培杂双七分别减产2.4%和6.0%，减产均不显著。日产量55.5kg/hm^2。适宜广东省各地晚稻种植和粤北以外地区早稻种植。

栽培技术要点：①用三氯异氰尿酸浸种消毒和打破休眠。②必须插足基本苗，以插植90万～120万苗/hm^{2}为宜。③培育壮秧，早施肥促蘖早发，创造条件适施中期肥。④够苗后多露轻晒，控制高峰苗数。⑤适时适量喷施矮壮素。⑥注意防治白叶枯病、稻曲病、黑粉病和稻飞虱。

培杂268（Peiza 268）

品种来源：广东省肇庆市农业科学研究所用培矮64S/R268配组育成，2003年通过广东省农作物品种审定委员会审定。

形态特征和生物学特性：属感温型两系杂交稻品种。晚稻全生育期110d左右，与培杂双七相当。株型紧凑，株高约105cm，分蘖力较强，抽穗整齐，有效穗276万穗/hm^2，穗长22.0cm，穗大粒多，平均每穗总粒数138.0粒，结实率83.6%，千粒重22.0g，后期熟色好。

品质特性：稻米外观品质为晚稻一级，整精米率63.3%，垩白粒率40%，垩白度4.0%，直链淀粉含量24.5%，胶稠度74mm，糙米长宽比为3.1。

抗性：抗稻瘟病，全群抗性频率88.8%，中B群、中C群抗性频率分别为76.1%和93.4%，中感白叶枯病，抗倒伏能力较强。

产量及适宜地区：2001年、2002年两年晚稻参加广东省区域试验，单产分别为7 095.0kg/hm^2和6 267.0kg/hm^2，比对照品种培杂双七分别增产1.1%和0.8%，增产均不显著。日产量60.0kg/hm^2。适宜广东省各地晚稻种植和粤北以外地区早稻种植。

栽培技术要点：①秧田播种量157.5～187.5kg/hm^2，种子用三氯异氰尿酸浸种消毒和打破种子休眠，减少苗期病害促使出苗整齐。②秧龄早稻为27～30d，晚稻为17～19d。③插植穴数30万穴/hm^2，基本苗90万～112.5万苗/hm^2，抛秧栽培穴数不少于27万穴/hm^2，基本苗97.5万～120万苗/hm^2。④施足基肥，早施、重施分蘖肥，后期看苗补施穗肥，合理搭配氮、磷、钾，避免偏施氮肥。⑤浅水栽插、深水回青、浅水分蘖、后期够苗及时露田或轻度晒田，提高品种增产潜力。⑥早稻秧苗期注意防治烂秧，分蘖成穗期防治螟虫、稻纵卷叶虫和稻飞虱，晚稻注意防治白叶枯病和稻瘿蚊。

培杂28（Peiza 28）

品种来源：华南农业大学农学院用培矮64S/R8258配组育成，2001年通过广东省农作物品种审定委员会审定。

形态特征和生物学特性：属感温型两系杂交稻品种。全生育期早稻约130d，晚稻111～115d。株高95～98cm，株型直立，叶片瓦筒形，叶色浓绿，茎秆粗壮，耐肥，抗倒伏，分蘖力中等，穗大粒多，有效穗270万～300万穗/hm^2，穗长约21.0cm，每穗总粒数152～169粒，结实率约75.0%，千粒重20.0～24.0g。

品质特性：稻米外观品质为晚稻二级。

抗性：稻瘟病全群抗性频率89.7%，中C群抗性频率97.3%，田间监测结果穗瘟较严重；感白叶枯病（7级）。

产量及适宜地区：1997年、1998年两年晚稻参加广东省杂交稻区域试验，单产分别为6 466.5kg/hm^2和7 072.5kg/hm^2，比对照品种汕优63分别增产1.1%和2.5%，两年增产均不显著。日产量57.0～64.5kg/hm^2。适宜广东省除粤北以外的地区早稻、晚稻种植。

栽培技术要点：①种子用三氯异氰尿酸浸种消毒和打破休眠，使出苗整齐。②稀播培育带蘖壮秧，秧龄早稻30d左右、晚稻20d左右，插植穴数30万穴/hm^2，基本苗90万苗/hm^2。③施足基肥，早施、多施分蘖肥，重施中期肥，后期适施磷钾肥。④生长后期保持田间湿润。⑤注意防治稻瘟病、白叶枯病、纹枯病、稻曲病、黑粉病、稻飞虱等病虫为害。

培杂35（Peiza 35）

品种来源：华南农业大学农学院用培矮64S/特华占35配组育成，2006年通过广东省农作物品种审定委员会审定。

形态特征和生物学特性：属感温型两系杂交稻品种。晚稻平均全生育期112～116d，比培杂双七迟熟1～3d。分蘖力中强，株型中集，穗大粒多，株高98～103cm，穗长20.6～20.9cm。每穗总粒数149～152粒，结实率72.8%～76.8%，千粒重23.1g。

品质特性：晚稻米质未达国标和广东省标优质米标准，整精米率56.3%～63.2%，垩白粒率22%～66%，垩白度6.1%，直链淀粉含量24.3%，胶稠度62mm，糙米长宽比3.1。

抗性：中抗稻瘟病，全群抗性频率61.2%，中B群、中C群的抗性频率分别为49.0%和68.9%；白叶枯病中抗，对C4、C5菌群分别表现中抗和中感；抗倒伏能力和后期耐寒力均为中强。

产量及适宜地区：2002年、2003年两年晚稻参加广东省区域试验，平均单产分别为6 606.0kg/hm^{2}和6 747.0kg/hm^2，比对照品种培杂双七分别增产6.3%和9.6%，增产分别达显著和极显著水平；2005年晚稻生产试验平均单产6 835.5kg/hm^2。适宜广东省除粤北以外的稻作区早稻、晚稻种植。

栽培技术要点：①种子用三氯异氰尿酸浸种消毒和打破休眠。②加强后期肥水管理。③注意防治稻瘟病和白叶枯病。

培杂620（Peiza 620）

品种来源：湛江海洋大学（现广东海洋大学）杂优稻研究室用培矮64S/HR620（明恢63/湛8选）配组育成，2002年通过广东省农作物品种审定委员会审定。

形态特征和生物学特性：属感温型两系杂交稻品种。早稻全生育期128d，与培杂双七相近。株型集散适中，株高105cm，分蘖力较弱，有效穗255万穗/hm^2，穗大粒多，穗长23.0cm，平均每穗总粒数155.0粒，结实率78.6%，千粒重25.4g。

品质特性：稻米外观品质为早稻二级。

抗性：抗稻瘟病，全群抗性频率为95.8%，中C群、中B群抗性频率分别为96.3%和66.7%；感白叶枯病。

产量及适宜地区：2000年、2001年两年早稻参加广东省区域试验，单产分别为7 237.5kg/hm^{2}和5 985.0kg/hm^2，2000年比对照品种汕优63和培杂双七分别减产1.4%和1.5%，2001年比对照品种培杂双七减产2.4%，两年减产均不显著。日产量46.5kg/hm^2。适宜广东省除粤北以外的地区早稻种植。

栽培技术要点：①疏播培育壮秧，秧田播种量150kg/hm^{2}左右。②适时抛插，适当密植，早稻插植秧龄以30d左右为宜，插基本苗90万苗/hm^2。③施足基肥，早施分蘖肥，后期适施穗肥，合理施用磷钾肥。④及时露晒田，够苗后可稍重晒田，促进根系深生长，后期保持田间干湿交替，防止早衰，提高结实率。⑤加强病虫害防治，特别注意中后期纹枯病的防治。

培杂67（Peiza 67）

品种来源：华南农业大学农学院用培矮64S/G67配组育成，2000年通过广东省农作物品种审定委员会审定。

形态特征和生物学特性：属感温型两系杂交稻品种，早稻全生育期129d，与汕优63相近。分蘖力中等，穗大粒多。株高107～111cm，穗长21.0cm，有效穗约255万穗/hm^2，每穗总粒数157.0粒，结实率78.0%，千粒重19.0g。

品质特性：稻米外观品质为早稻一级，米饭软硬适中，适口性好。

抗性：高抗稻瘟病，全群抗性频率94.0%，中C群抗性频率92.1%；感白叶枯病（7级）；抗倒伏能力较强；苗期耐寒力强。

产量及适宜地区：1996年、1997年两年早稻参加广东省区域试验，单产分别为6 286.5kg/hm^2和6 078.0kg/hm^2；比对照品种汕优63分别减产4.3%和7.3%，1996年减产不显著，1997年减产显著。适宜广东省除粤北以外的地区早稻种植。

栽培技术要点：①种子用三氯异氰尿酸浸种消毒和打破休眠。②插足基本苗，以90万～120万苗/hm^2为宜。③够苗后多露轻晒，控制高峰苗数，创造条件适施中期肥。⑤注意防治稻曲病和黑粉病。

培杂88（Peiza 88）

品种来源：华南农业大学植物航天育种研究中心用培矮64S/航恢88配组育成，2006年通过广东省农作物品种审定委员会审定。

形态特征和生物学特性：属感温型两系杂交稻品种。早稻平均全生育期126～128d，与培杂双七相当，比优优128早熟3d。分蘖力中等，株型中集，剑叶长直，穗大粒多、着粒密，株高103～106cm，穗长22.0～23.6cm，每穗总粒数160.0粒，结实率80.6%，千粒重19.8g。

品质特性：早稻米质未达国标和广东省标优质米标准，整精米率26.5%，垩白粒率22%，垩白度3.3%，直链淀粉含量23.6%，胶稠度67mm，糙米长宽比3.0。

抗性：中抗稻瘟病，全群抗性频率94.9%，中C群、中B群的抗性频率分别为89.5%和66.7%，田间发病轻至中；中感白叶枯病，对C4、C5菌群均表现中感；抗倒伏能力中强。

产量及适宜地区：2004年、2005年两年早稻参加广东省区域试验，其中2004年平均单产为7 302.0kg/hm^2，比对照品种培杂双七减产1.2%，2005年平均单产为5 565.0kg/hm^2，比对照品种优优128减产9.8%，两年减产均未达到显著水平；2006年早稻参加广东省生产试验，平均单产6 280.5kg/hm^2。适宜广东省除粤北以外的稻作区早稻、晚稻种植。

栽培技术要点：①适当稀植，插植穴数19.5万～22.5万穴/hm^2，每穴栽插2～3苗，抛秧450盘/hm^{2}左右。②注意防治稻瘟病和白叶枯病。

培杂丰2号（Peizafeng 2）

品种来源：广东省广州市农业科学研究所用培矮64S/R0245配组育成，2006年通过广东省农作物品种审定委员会审定。

形态特征和生物学特性：属感温型两系杂交稻品种。早稻平均全生育期128 ~ 129d，与优优128相当。分蘖力中强，株型中集，剑叶直，穗大粒多、着粒密，后期熟色好。株高103 ~ 106cm，穗长21.1 ~ 22.8cm，每穗总粒数160.0粒，结实率81.6%，千粒重21.4g。

品质特性：早稻米质未达国标和广东省标优质米标准，整精米率41.0%，垩白粒率30%，垩白度4.5%，直链淀粉含量24.7%，胶稠度72mm，糙米长宽比3.0。

抗性：高抗稻瘟病，全群抗性频率91.5%，中C群、中B群的抗性频率分别为95.5%和74.1%；中感白叶枯病，对C4、C5菌群分别表现中抗和感；抗倒伏能力中强。

产量及适宜地区：2004年、2005年两年早稻参加广东省区域试验，平均单产分别为7 650.0kg/hm^{2}和5 943.0kg/hm^2，2004年比对照品种培杂双七增产3.5%，2005年比对照品种优优128减产3.7%，增减产均不显著；2006年早稻参加广东省生产试验，平均单产6 681.0kg/hm^2。适宜广东省除粤北以外稻作区早稻、中南稻作区和西南稻作区晚稻种植。

栽培技术要点：①选择中等以上肥力田块种植。②大田用种量15 ~ 22.5kg/hm^2，稀播培育带蘖壮秧。③注意防治白叶枯病。

培杂丰占（Peizafengzhan）

品种来源：广东粤良种业有限公司用培矮64S/丰占配组育成，2006年通过广东省农作物品种审定委员会审定。

形态特征和生物学特性：属感温型两系杂交稻品种。早稻平均全生育期127 ~ 128d，与培杂双七相当，比优优128早熟2d。分蘖力强，株型中集，后期熟色好。株高104cm，穗长21.2 ~ 22.2cm。穗大粒多，着粒密，每穗总粒数151.0粒，结实率85.4%，千粒重20.6g。

品质特性：早稻米质未达国标和广东省标优质米标准，外观品质为早稻二级，整精米率52.3%，垩白粒率30%，垩白度4.5%，直链淀粉含量25.6%，胶稠度61mm，糙米长宽比2.9。

抗性：中感稻瘟病，全群抗性频率55.9%，中C群、中B群的抗性频率分别为53.7%和33.4%，对粤北稻作区稻瘟病菌株抗性频率达100%，田间总体发病轻，在阳江点2005年发病重；中抗白叶枯病，对C4、C5菌群分别表现中抗和中感；抗倒伏能力中等。

产量及适宜地区：2004年、2005年两年早稻参加广东省区域试验，平均单产分别为7 447.5kg/hm^{2}和5 362.5kg/hm^2，2004年比对照品种培杂双七增产0.8%，2005年比对照品种优优128减产13.1%，增产、减产均未达显著水平。适宜广东省各稻作区晚稻、粤北以外稻作区早稻种植。

栽培技术要点：①晚稻种植秧龄不宜过长，一般20d以内。②施足基肥，早追肥，攻前期早生快发，氮、磷、钾配合施用，后期不宜过氮，不宜断水过早。③注意防治稻瘟病，稻瘟病历史病区不宜种植。

培杂航七（Peizahangqi）

品种来源：华南农业大学农学院用培矮64S/航恢7号配组育成，2005年通过广东省农作物品种审定委员会审定。

形态特征和生物学特性：属感温型两系杂交稻品种。晚稻全生育期109 ~ 111d，与培杂双七相近。分蘖力中等，株高101 ~ 107cm，穗长21.2 ~ 22.0cm，穗大粒多，每穗总粒数159 ~ 162粒，结实率76.5% ~ 80.0%，千粒重21.5g。

品质特性：稻米外观品质为晚稻二级，整精米率63.7%，垩白粒率24.0%，垩白度7.2%，直链淀粉含量25.0%，胶稠度50mm，糙米长宽比3.2。

抗性：中抗稻瘟病，全群抗性频率72.9%，中C群、中B群的抗性频率分别为73.6%和55.9%，田间多数点稻瘟病未发生或发生轻微，有个别点穗瘟发生中等；高感白叶枯病，对C4、C5菌群均表现高感；抗倒伏能力和后期耐寒力均较弱。

产量及适宜地区：2003年、2004年两年晚稻参加广东省区域试验，平均单产分别为6 574.5kg/hm^{2}和6 382.5kg/hm^2，2003年比对照品种培杂双七增产5.9%，增产显著。2004年与对照品种培杂双七产量相当。适宜广东省各地早稻和中南稻作区晚稻种植。

栽培技术要点：①早稻2 ~ 3月播种，秧龄25 ~ 30d（抛秧15 ~ 20d），晚稻7月上中旬播种，秧龄15 ~ 18d（抛秧7 ~ 10d）。②适当稀植，插植穴数19.5万 ~ 22.5万穴/hm^2，每穴栽插2 ~ 3苗，抛秧450盘/hm^{2}左右为好。③注意中期排水晒田，中后期适施钾、磷肥，以防倒伏。④注意防治稻瘟病，特别注意防治白叶枯病。

培杂航香（Peizahangxiang）

品种来源：华南农业大学植物航天育种研究中心用培矮64S/航香配组育成，2008年通过广东省农作物品种审定委员会审定。

形态特征和生物学特性：属感温型两系杂交稻品种。早稻平均全生育期130d，与优优128相同，比培杂双七迟熟2d。分蘖力中强，株型中集，剑叶较宽长，穗大粒多，结实率偏低，后期熟色好。株高104. ~ 111cm，穗长21.7 ~ 23.5cm，每穗总粒数145 ~ 178粒，结实率71.6% ~ 77.4%，千粒重20.8 ~ 22.0g。

品质特性：早稻米质未达国标和广东省标优质米标准，整精米率57.3% ~ 57.8%，垩白粒率34% ~ 52%，垩白度8.8% ~ 11.3%，直链淀粉含量28.7% ~ 29.1%，胶稠度56 ~ 87mm，糙米长宽比3.0 ~ 3.2，食味品质分70 ~ 76分，有泰国香米的香味。

抗性：感稻瘟病，全群抗性频率65.5%，中C群、中B群的抗性频率分别为71.2%和41.7%，田间表现抗叶瘟、感穗瘟；抗白叶枯病，对C4、C5菌群分别表现抗和高抗；抗倒伏能力中弱；耐寒性模拟鉴定孕穗期为中强，开花期为中弱。

产量及适宜地区：2006年、2007年两年早稻参加广东省区域试验，平均单产分别为5 907.0kg/hm^{2}和6 447.0kg/hm^2，2006年比对照品种培杂双七增产7.4%，2007年比对照品种优优128减产2.2%，增产、减产均未达显著水平；2007年早稻参加广东省生产试验，平均单产6 792.0kg/hm^2，比对照品种优优128减产8.6%。适宜广东省中南和西南稻作区的平原地区早稻、晚稻种植。

栽培技术要点：注意肥水管理，特别注意防治稻瘟病和防倒伏，稻瘟病历史病区不宜种植。

培杂茂三（Peizamaosan）

品种来源：广东省茂名市两系杂交稻研究发展中心用培矮64S/茂三配组育成，2000年通过广东省农作物品种审定委员会审定。

形态特征和生物学特性：属感温型两系杂交稻品种。早稻全生育期125～130d，比汕优63早熟2d。分蘖力强，株型紧凑，叶片厚直，穗大粒多，株高约100cm，穗长20.0cm，有效穗300万穗/hm^2，每穗总粒数145～152粒，结实率79%～84%，千粒重20.0g。

品质特性：稻米外观品质为早稻一级，糙米率81.6%，精米率73.6%，糙米长宽比3.2。

抗性：高抗稻瘟病，全群抗性频率100%；中感白叶枯病（5级）；抗倒伏能力和苗期耐寒力均较强。

产量及适宜地区：1998年、1999年两年早稻参加广东省区域试验，单产分别为6 630.0kg/hm^2和7 195.5kg/hm^2，分别比对照品种汕优63减产1.6%和增产1.6%，增减产均不显著。适宜广东省除粤北以外的地区作早稻种植。

栽培技术要点：①插足基本苗，保证插植穴数30万穴/hm^2以上。②重施基肥，早施分蘖肥，壮蘖肥，增加有效分蘖，提高成穗率，注重氮、磷、钾的合理调配，多施磷钾肥，中后期根据实际情况，施好攻穗肥，壮粒肥，发挥其穗大粒多的优势。③足穗后要多露田，轻晒田，保持土壤良好的通透性，后期切忌贪青和断水过早，否则影响结实率和充实度。

培杂茂选（Peizamaoxuan）

品种来源：广东省茂名市两系杂交稻研究发展中心用培矮64S/茂选配组育成，2000年通过广东省农作物品种审定委员会审定。

形态特征和生物学特性：属感温型两系杂交稻品种，晚稻全生育期111d，比汕优63早熟4d。分蘖力强，株型集直，穗大粒多。株高94cm，穗长20.0cm，有效穗约255万穗/hm^2，每穗总粒数144～161粒，结实率80.0%～83.0%，千粒重21.0g。

品质特性：稻米外观品质为晚稻三级。

抗性：高抗稻瘟病，全群抗性频率100%，中感白叶枯病（5级）。

产量及适宜地区：1998年、1999年两年晚稻参加广东省区域试验，单产分别为7 354.5kg/hm^2和6 649.5kg/hm^2，比对照品种汕优63分别增产6.6%和5.8%，增产均达显著水平。适宜广东省粤北以外对米质要求不高的地区作早稻、晚稻种植。

栽培技术要点：①注意培育壮秧，插植宜采用疏播培育成秧龄6.5叶左右的带蘖壮秧，软盘抛秧要注意在本田前期培育低位分蘖。②合理密植，确保足够的有效穗数，带蘖大秧须插基本苗120万～150万苗/hm^2，抛秧须有75万苗/hm^2左右的基本苗。③重施基肥，早追肥以提高成穗率，增施磷钾肥，氮、磷、钾比例以2∶1∶2为宜，后期要注意氮肥用量，防止贪青，以免影响结实率。④注意“四期”安排，后期遇不良天气要加强对稻曲病的防治。

培杂南胜（Peizanansheng）

品种来源：中国科学院华南植物研究所用培矮64S/南胜3号配组育成，2001年通过广东省农作物品种审定委员会审定。

形态特征和生物学特性：属感温型两系杂交稻品种。早稻种植全生育期128～130d。株高约103cm，植株集散适中，叶片窄直，上举，叶色浓绿，分蘖力强，穗大粒多，有效穗约285万穗/hm^2，穗长22.0cm，每穗总粒数136～147粒，结实率79.0%，千粒重约20.0g。

品质特性：稻米外观品质为早稻二级。

抗性：高抗稻瘟病，全群抗性频率96.0%，中C群抗性频率100%，中感白叶枯病（5级）；苗期耐寒力强，耐肥，抗倒伏。

产量及适宜地区：1997年、1998年两年早稻参加广东省杂交稻区域试验，单产分别为6 340.5kg/hm^2和6 636.0kg/hm^2，比对照品种汕优63分别减产3.3%和1.5%，两年减产均不显著。日产量52.5kg/hm^2。适宜广东省除粤北以外的地区早稻种植。

栽培技术要点：①稀播，匀播育壮秧，秧田播种量157.5～187.5kg/hm^2，插植秧龄27～30d，抛秧秧龄13～14d。②插足基本苗，插植苗数60万苗/hm^2，抛秧栽培穴数27万穴/hm^2左右。③施足基肥，早施氮肥，促分蘖，增施磷钾肥，酌情施中后期肥。④前期浅灌促分蘖，分蘖高峰后稍重晒田，生长后期保持田面干湿交替。⑤注意防虫害。

培杂青珍（Peizaqingzhen）

品种来源：华南农业大学农学院用培矮64S/青珍8-2配组育成，2001年通过广东省农作物品种审定委员会审定。

形态特征和生物学特性：属感温型两系杂交稻品种。全生育期早稻约130d，晚稻113d。株高约100cm，株型中集，分蘖力强，穗大粒多，有效穗约315万穗/hm^2，穗长21.0cm，每穗总粒数161.0粒，结实率约82.0%，千粒重20.0g。

品质特性：稻米外观品质为晚稻一级。

抗性：高抗稻瘟病，全群抗性频率96.0%，中C群抗性频率93.3%，中感白叶枯病（5级）。

产量及适宜地区：1999年晚稻参加广东省杂交稻区域试验，单产为6490.5kg/hm^2，比对照品种汕优63增产3. 2%；2000年晚稻复试，单产6 466.5kg/hm^2，比对照品种培杂双七增产0.3%，两年增产均不显著。日产量57.0kg/hm^2。适宜广东省除粤北以外的地区早稻、晚稻种植。

栽培技术要点：①种子用三氯异氰尿酸浸种消毒和打破休眠，使出苗整齐。②培育壮秧，秧龄早稻30d左右，晚稻20d左右，基本苗90万～120万苗/hm^2。③施足基肥，早施分蘖肥，创造条件适施中期肥。④够苗后多露轻晒，后期保持田间湿润。⑤注意防治纹枯病、稻曲病、黑粉病、稻飞虱等病虫为害。

培杂软香（Peizaruanxiang）

品种来源：华南农业大学农学院用培矮64S/软香占配组育成，2008年通过广东省农作物品种审定委员会审定。

形态特征和生物学特性：属感温型两系杂交稻品种。晚稻平均全生育期111～114d，与丰优128相近。植株较高，株型中集，分蘖力强，穗大粒多，着粒密。株高111～112cm，穗长22.9～23.6cm，每穗总粒数150～156粒，结实率79.3%～79.6%，千粒重21.2～21.6g。

品质特性：晚稻米质未达国标和广东省标优质米标准，整精米率67.1%～72.2%，垩白粒率10%～18%，垩白度3.7%～3.8%，直链淀粉含量26.7%～26.9%，胶稠度48～54mm，糙米长宽比3.1～3.5，食味品质分71～74分，有芋香。

抗性：抗稻瘟病，全群抗性频率83.7%，中B群、中C群的抗性频率分别为84.5%和69.2%，田间发病轻；感白叶枯病，对C4、C5菌群分别表现感和中感，田间发病中等；耐寒性模拟鉴定孕穗期为中强，开花期为强；抗倒伏能力中等；具有抗草特性。

产量及适宜地区：2005年、2006年两年晚稻参加广东省区域试验，平均单产分别为5 992.5kg/hm^{2}和6 286.5kg/hm^2，2005年比对照品种丰优128增产3.8%，2006年比对照品种丰优128减产3.6%，增产、减产均不显著；2006年晚稻参加广东省生产试验，平均单产6 760.5kg/hm^2。适宜广东省除粤北以外的稻作区早稻、晚稻种植。

栽培技术要点：①用三氯异氰尿酸浸种消毒和打破休眠期。②注意防治白叶枯病，白叶枯病常发区不宜种植。

培杂软占（Peizaruanzhan）

品种来源：广东省农业科学院植物保护研究所用培矮64S/抗蚊软占配组育成，2008年通过广东省农作物品种审定委员会审定。

形态特征和生物学特性：属感温型两系杂交稻品种。晚稻平均全生育期112～114d，比丰优128迟熟1～2d。分蘖力强，株型中集，剑叶窄直，茎秆粗壮，穗大粒多。株高100～105cm，穗长20.9～22.3cm，每穗总粒数150.0粒，结实率76.3%～80.4%，千粒重21.9g。

品质特性：晚稻米质达国标和广东省标三级优质米标准，整精米率66.3%～72.5%，垩白粒率10%～12%，垩白度1.4%～1.7%，直链淀粉含量24.0%～24.7%，胶稠度50～53mm，糙米长宽比2.9～3.2，食味品质分72～74分，有微香。

抗性：感稻瘟病，全群抗性频率63.0%，中B群、中C群的抗性频率分别为45.9%和77.0%，田间发病较重；感白叶枯病，对C4、C5菌群均表现感；抗稻瘿蚊；耐寒性模拟鉴定孕穗期为中强，开花期为中弱；抗倒伏能力强。

产量及适宜地区：2005年、2006年两年晚稻参加广东省区域试验，平均单产分别为6 235.5kg/hm^{2}和6 757.5kg/hm^2，比对照品种丰优128分别增产5.0%和3.6%，增产均不显著；2006年晚稻参加广东省生产试验，平均单产6 969.0kg/hm^2。适宜广东省中南和西南稻作区的平原地区早稻、晚稻种植。

栽培技术要点：特别注意防治稻瘟病和白叶枯病，稻瘟病历史病区和白叶枯病常发区不宜种植。

培杂山青（Peizashanqing）

品种来源：广东省茂名市两系杂交稻攻关协作组用培矮64S/山青11配组育成，1996年通过广东省农作物品种审定委员会审定。

形态特征和生物学特性：属感温型两系杂交稻品种。全生育期早稻129d，比汕优63早熟2d，晚稻106～108d。株高100～105cm，茎秆粗壮，叶片细厚短直，分蘖较强，有效穗285万穗/hm^2，平均每穗总粒数145.0粒，结实率79.0%，千粒重22.0g，适应性广。

品质特性：稻米外观品质为早稻三级，饭味良好，糙米率80.7%，精米率71.8%，整精米率59.7%，糙米长宽比2.6，垩白粒率95.0%，垩白度51.0%，透明度0.4级，直链淀粉含量22.5%，胶稠度43mm，碱消值4.2级，糙米蛋白质含量9.5%。

抗性：高抗稻瘟病，全群抗性频率83.3%，中感白叶枯病（5级），抗倒伏能力强。

产量及适宜地区：1995年、1996年两年早稻参加广东省区域试验，平均单产分别为6 817.5kg/hm^2和6 426.0kg/hm^2，比对照品种汕优63分别减产0.7%和6.2%，减产均未达显著水平。适宜广东省除粤北以外的地区作早稻、晚稻种植。

栽培技术要点：①疏播育壮秧，秧田播种量120～150kg/hm^2，早稻叶龄6.5～7叶，晚稻叶龄5.5～6叶。②适当密植，插植穴数30万穴/hm^2，基本苗120万～150万苗/hm^2，争取有效穗285万～300万穗/hm^2。③后期防止过氮贪青，以免影响结实。④不要过早断水，适当延迟收割。

培杂双七（Peizashuangqi）

品种来源：广东省农业科学院水稻研究所用培矮64S/双七占配组育成，分别通过广东省（1998）和国家（2001）农作物品种审定委员会审定。

形态特征和生物学特性：属感温型两系杂交稻品种。全生育期早稻127～130d，晚稻为112d左右，比汕优63早熟5～6d，株高96～101cm，株叶挺直，集散适中，叶色淡绿，后期转色好，耐寒性强，分蘖力中等，有效穗255万穗/hm^2左右，每穗总粒数150～185粒，结实率86.8%，千粒重19.0g。

品质特性：稻米外观品质为晚稻特二级，直链淀粉含量22.4%，碱消值6.8级，糙米率81.2%，精米率73.3%，整精米率69.8%，糙米长宽比2.8，脂肪含量3.0%。

抗性：高抗稻瘟病，全群抗性频率97.0%，中C群96.1%，中抗白叶枯病（3级）。

产量及适宜地区：1996年、1997年两年晚稻参加广东省区域试验，单产分别为5 809.5kg/hm^2和6 357.0kg/hm^2，比对照品种汕优63分别减产8.2%和0.6%，减产均不显著。适宜广东省各地晚稻和粤北以外地区早稻以及广西壮族自治区双季稻种植，晚稻种植时要安排好播插期，使之在安全抽穗期抽穗。

栽培技术要点：①种子消毒与打破休眠。培杂系列组合均具有一定的休眠期，培杂双七也不例外，如果种子是收获不久的新种，则最好用三氯异氰尿酸浸种消毒和打破休眠，使出苗整齐一致，杜绝种子带病。②稀播培育壮秧是夺取高产的基础。③适时抛插，适当密植。早稻插植秧龄为30d左右，晚稻应控制在20d左右，抛秧晚稻以12d秧龄为好，适当密植，做到浅插、匀插、插足基本苗，一般插植规格以20cm×16.7cm为宜，双株植，插植穴数30万穴/hm^2，争取有效穗达285万～300万穗/hm^2左右。④施足基肥，早施分蘖肥，后期巧施穗粒肥，重施磷钾肥。⑤采用薄水插秧，寸水回青，薄水促分蘖，够苗后及时排水露田晒田，达到控蘖壮苗的目的。中期湿润灌溉壮胎，浅水扬花，后期干湿交替排灌至成熟，切忌断水过早，影响基部充实。⑥注意防治纹枯病和稻飞虱，在雨水较多情况下，还要注意防治稻曲病和黑粉病。⑦制种技术：父本花时集中，花粉较弱，要求母本密植，保证苗数，增加有效穗数，强攻父本，促进多分蘖，延长花期。

培杂泰丰（Peizataifeng）

品种来源：华南农业大学农学院用培矮64S/泰丰占配组育成，分别通过广东省（2004）和国家（2005）农作物品种审定委员会审定，2006年被农业部认定为超级稻品种。

形态特征和生物学特性：属感温型两系杂交稻品种。早稻平均全生育期125～129d，比培杂双七迟熟1～2d。分蘖力强，株型较紧凑。株高105cm，穗长22.5cm。穗大粒多，每穗总粒数146.0粒，结实率80.2%，千粒重21.4g。

品质特性：早稻米质达国标三级优质米标准，外观品质为一级，整精米率60.0%～66.0%，垩白粒率19%～26%，垩白度3.9%～4.7%，直链淀粉含量17.9%～22.4%，胶稠度61～90mm，糙米长宽比3.2～3.3。

抗性：中感稻瘟病，全群抗性频率57.3%，中C群、中B群的抗性频率分别为60.9%和48.3%，田间叶瘟发生轻微，穗瘟发生中等偏轻；对广东省白叶枯病C4、C5菌群均表现中感；抗倒伏能力中等。

产量及适宜地区：2002年、2003年两年早稻参加广东省区域试验，平均单产分别为7 476.0kg/hm^{2}和6 825.0kg/hm^2，比对照品种培杂双七分别增产7.4%和8.6%，2002年增产不显著，2003年增产显著。日产量52.5～60.0kg/hm^2。适宜广东省各地区晚稻和粤北以外地区早稻种植。

栽培技术要点：①早稻2～3月播种，秧龄25～30d（抛秧15～20d），晚稻7月上中旬播种，秧龄15～18d（抛秧7～10d）。②适当稀植，插植穴数19.5万～22.5万穴/hm^2，每穴栽培2～3苗，抛秧450盘/hm^{2}左右为好。③施足基肥，早施重施追肥，适时排水晒田，巧施适施促花肥和保花肥。④要特别注意防治稻瘟病和白叶枯病。

培杂粤马（Peizayuema）

品种来源：华南植物研究所用培矮64S/粤马占配组育成，2000年通过广东省农作物品种审定委员会审定。

形态特征和生物学特性：属感温型两系杂交稻品种。早稻全生育期131～133d，比汕优63早熟1～3d。株高102～108cm，穗长21.0cm，有效穗约315万/hm^2，每穗总粒数145.0粒，结实率77%～82%，千粒重21.0g。

品质特性：稻米外观品质为早稻二级，整精米率82.8%，垩白度1.5%，透明度一级，胶稠度30mm，碱消值5级。

抗性：高抗稻瘟病，全群抗性频率97.0%，中C群抗性频率94.7%；感白叶枯病（7级）；抗倒伏能力较弱。

产量及适宜地区：1996年、1999年两年早稻参加广东省区域试验，单产分别为6 412.5kg/hm^2和6 910.5kg/hm^2，比对照品种汕优63分别减产2.4%和2.5%，减产均不显著。适宜广东省除粤北以外的地区早稻种植。

栽培技术要点：①疏播、匀播培育壮秧苗，秧田播种量150万～187.5万苗/hm^2，秧龄27～30d为宜，插植基本苗60万苗/hm^2，抛秧栽培穴数27万穴/hm^2。②施足基肥，早施追肥，增施磷钾肥，全期施纯氮约150～165kg/hm^2，酌情施中期肥，复合肥约75kg/hm^2，尿素30～45kg/hm^2。③前期浅灌，分蘖后期稍重晒田，后期保持干湿交替。④注意防虫害。

七桂优306（Qiguiyou 306）

品种来源：杨清华、杨春华、杨明汉用七桂A/明汉恢306配组育成，2010年分别通过广东省和海南省农作物品种审定委员会审定。

形态特征和生物学特性：属感温型三系杂交稻品种。晚稻平均全生育期108 ~ 109d，比对照种粳籼89短4 ~ 7d。株型中集，分蘖力中弱，穗大粒多，粒小。株高107cm，有效穗261.0万穗/hm^2，穗长24.0 ~ 25.4cm，每穗总粒数180 ~ 192粒，结实率78.5%~ 83.0%，千粒重18.1 ~ 18.4g。

品质特性：米质未达国标和广东省标优质米标准，整精米率66.7%~ 69.7%，垩白粒率43%~ 70%，垩白度5.3%~ 38.4%，直链淀粉含量23.3%~ 23.8%，胶稠度43 ~ 53mm，糙米长宽比3.0，食味品质分75 ~ 78分。

抗性：中抗稻瘟病，全群抗性频率91.8%，中B群、中C群的抗性频率分别为90.6%和88.9%，病圃鉴定叶瘟2.5级、穗瘟5.0级；感白叶枯病；抗倒伏能力弱；耐寒性中。

产量及适宜地区：2008年、2009年两年晚稻参加广东省区域试验，平均单产分别为7 222.5kg/hm^2和6 070.5kg/hm^2，分别比对照品种粳籼89增产13.5%和减产0.4%，2008年增产极显著，2009年减产不显著。2009年晚稻生产试验平均单产6 675.0kg/hm^2，比对照品种粳籼89增产16.2%。日产量57.0 ~ 66.0kg/hm^2。适宜广东省除粤北以外的稻作区以及海南省各市县早稻、晚稻种植。

栽培技术要点：①插足基本苗，施足基肥，早施重施分蘖肥，以增加有效分蘖数。②注意防治白叶枯病和防倒伏。③制种技术要点：在佛山地区秋制，第一期父本比母本早播7 ~ 9d，第二期父本与母本同期播种；因母本七桂A包颈度较低，施赤霉素不宜超过60g/hm^2，从见穗10%开始，分两次施用；同时，由于不育系植株略高于恢复系，宜适当提高恢复系赤霉素施用量。

青优辐桂（Qingyoufugui）

品种来源：广东省农业科学院水稻研究所用青四矮选21/辐桂通过化学杀雄配组育成，1986年通过广东省农作物品种审定委员会审定。

形态特征和生物学特性：属感温型迟熟杂交稻品种。全生育期早稻135d左右，比汕优2号、桂朝2号迟熟1 ~ 3d。株高92cm，分蘖力强，生长势旺，茎秆粗壮，叶片窄直，株型紧凑，穗大粒多，着粒密，后期熟色好。有效穗295.5万穗/hm^2，成穗率60.4%。穗长18.0cm，每穗总粒数130.0粒，结实率约80.0%，千粒重26.0g。

品质特性：外观米质为三级。

抗性：较抗稻瘟病，耐肥，抗倒伏，苗期耐寒性较弱。

产量及适宜地区：1984年、1985年两年早稻参加广东省区域试验，平均单产7 429.5kg/hm^2和7 083.0kg/hm^2，比对照品种汕优2号分别增产15.7%和8.6%，比对照品种桂朝2号分别增产11.7%和12.3%，两年区域试验均名列首位，增产达极显著。适宜广东省中南部地区种植。

青优早（Qingyouzao）

品种来源：广东省佛山市农业科学研究所用青四矮2号A/红梅早配组育成，1985年通过广东省农作物品种审定委员会审定。

形态特征和生物学特性：属感温型迟熟杂交稻品种。全生育期早稻139d，与汕优2号同熟期。株高96～108cm，分蘖力强，株叶形态好，叶厚而直，集散适中，后期熟色好，不易早衰。有效穗259.5万穗/hm^2，穗长21.1cm，结实率87.4%，千粒重26.9g。

品质特性：外观米质为早稻三级。

抗性：抗病性较强，稻瘟病全群抗性频率为82.3%，比汕优2号、汕优6号、汕优30和汕优30选都强；易感纹枯病；抗倒伏性较强；耐寒性较差，低温会影响结实率，成穗率也偏低。

产量及适宜地区：经两年广东省区域试验，表现优势强，增产显著，高抗稻瘟病。但该品种的不育系尚有0.4%的可育株，必须建立繁制种基地，保证种子质量。

栽培技术要点：青四矮不育系尚有少量可育株，繁制种必须严格除杂。

秋优3008（Qiuyou 3008）

品种来源：广东粤良种业有限公司用秋A/粤恢3008配组育成，2008年通过广东省农作物品种审定委员会审定。

形态特征和生物学特性：属弱感光型三系杂交稻品种。晚稻平均全生育期117d，比博优122迟熟2～4d。植株较高，株型中集，分蘖力强，有效穗多，剑叶短直，穗大粒多，着粒密，株高112～113cm，穗长23.4～24.9cm，每穗总粒数144～146粒，结实率78.5%～82.3%，千粒重20.0～20.8g。

品质特性：晚稻米质达国标和广东省标二级优质米标准，整精米率65.4%～73.4%，垩白粒率14%～16%，垩白度2.0%～4.0%，直链淀粉含量22.4%～24.1%，胶稠度46～61mm，糙米长宽比3.2～3.3，食味品质分75～81分，有微香。

抗性：中抗稻瘟病，全群抗性频率66.4%，中B群、中C群的抗性频率分别为44.3%和84.6%，田间发病中等偏轻；感白叶枯病，对C4、C5菌群均表现感；耐寒性模拟鉴定孕穗期、开花期均为弱；抗倒伏能力弱。

产量及适宜地区：2005年、2006年两年晚稻参加广东省区域试验，平均单产分别为6 034.5kg/hm^{2}和6 577.5kg/hm^2，比对照品种博优122分别减产4.4%和4.6%，减产均不显著；2006年晚稻参加广东省生产试验，平均单产7 033.5kg/hm^2。适宜广东省中南和西南稻作区的平原地区早稻、晚稻种植。

栽培技术要点：注意防治稻瘟病、白叶枯病和防倒伏，白叶枯病常发区不宜种植。

秋优452（Qiuyou 452）

品种来源：广东省农业科学院水稻研究所用秋A/广恢452（R1553/R280）配组育成。2004年通过广东省农作物品种审定委员会审定。

形态特征和生物学特性：属弱感光型三系杂交稻品种。晚稻平均全生育期120d，比博优122迟熟2 ~ 4d。剑叶偏大，分蘖力强，有效穗多。株高97 ~ 105cm，穗长22.9cm。穗大粒多，每穗总粒数136 ~ 156粒，结实率80.0%，千粒重19.2 ~ 19.9g。

品质特性：晚稻米质达国标三级优质米标准，外观品质为特二级，整精米率70.2%，垩白粒率20.0%，垩白度3.0%，直链淀粉含量19.5%，胶稠度50mm，糙米长宽比3.0。

抗性：感稻瘟病，中感白叶枯病，抗倒伏能力和后期耐寒力均较弱。

产量及适宜地区：2001年、2002年两年晚稻参加广东省区域试验，单产分别为6 501.0kg/hm^{2}和6 133.5kg/hm^2，比对照品种博优122分别减产1.8%和1.7%，减产均不显著。日产量49.5 ~ 54.0kg/hm^2。适宜广东省中南稻作区晚稻种植。

栽培技术要点：①播种期一般为7月1 ~ 10日。②秧田播种量一般为150 ~ 187.5kg/hm^2。③秧龄一般控制在25d左右。④插植规格一般为16.5cm × 19.8cm，插植基本苗90万苗/hm^2。⑤施肥上要早施重施分蘖肥，促进分蘖早生快发，后期酌施穗肥。⑥注意浅水移栽，寸水活苗，薄水分蘖，够苗晒田相结合，后期注意保持湿润。⑦要特别注意防治稻瘟病和白叶枯病。

秋优998（Qiuyou 998）

品种来源：广东省农业科学院水稻研究所用秋A/广恢998配组育成，分别通过广东省（2002）和国家（2004）农作物品种审定委员会审定，2010—2011年入选农业部主导品种。

形态特征和生物学特性：属弱感光型三系杂交稻品种。晚稻平均全生育期119d，比博优122迟熟2d左右。株型中集，株高106cm，分蘖力强，有效穗330万穗/hm^2，穗长23.0cm，每穗总粒数134.0粒，结实率80.0%，千粒重19.7g。

品质特性：稻米外观品质为晚稻一级，整精米率70.1%，糙米长宽比3.1，垩白粒率12.0%，垩白度2.3%，胶稠度55mm，直链淀粉含量23.5%。

抗性：中抗稻瘟病，全群抗性频率80.0%，中B群、中C群抗性频率分别为62.0%和90.0%；中感白叶枯病；抗倒伏能力较弱。

产量及适宜地区：2000年、2001年两年晚稻参加广东省区域试验，单产分别为6 609.0kg/hm^{2}和6 690.0kg/hm^2，比对照品种博优122分别增产0.7%和1.1%，增产均不显著。日产量55.5kg/hm^2。适宜广东省粤北以外地区和海南省、广西壮族自治区中南部、福建省南部双季稻区晚稻种植。

栽培技术要点：①在广东省中南部地区播种期以7月5～10日为宜，秧田播种量150～187.5kg/hm^2，秧龄控制在20～25d以内，插植规格为16.5cm×19.8cm，插基本苗90万苗/hm^{2}为好。②早施重施分蘖肥，促进分蘖早生快发，后期酌施穗肥。③浅水移栽，寸水活苗，薄水分蘖，够苗晒田，后期注意保持湿润。④注意防治稻瘟病和白叶枯病。

荣优368（Rongyou 368）

品种来源：广东省农业科学院水稻研究所用荣丰A/广恢368配组育成，2009年通过广东省农作物品种审定委员会审定。

形态特征和生物学特性：属感温型三系杂交稻品种。晚稻平均全生育期112d，比优优122迟熟2～4d。株型中集，分蘖力中强，有效穗较多，剑叶较长，穗大粒多，着粒密。株高95～103cm，穗长20.8～21.2cm，每穗总粒数155～158粒，结实率75.7%～79.2%，千粒重24.7～25.2g。

品质特性：米质达国标三级、广东省标二级优质米标准，整精米率67.5%～69.8%，垩白粒率13%～42%，垩白度4.2%～17.1%，直链淀粉含量20.0%～23.3%，胶稠度62～73mm，糙米长宽比2.9～3.2，食味品质分79～81分。

抗性：感稻瘟病，全群抗性频率46.1%，中B群、中C群的抗性频率分别为27.0%和74.3%，田间监测表现中抗叶瘟、高感穗瘟；中感白叶枯病，对C4、C5菌群均表现中感；耐寒性模拟鉴定孕穗期为中强、开花期为中；抗倒伏能力中强。

产量及适宜地区：2007年、2008年两年晚稻参加广东省区域试验，平均单产分别为7 701.0kg/hm^{2}和7 566.0kg/hm^2，比对照品种优优122分别增产8.1%和2.2%，2007年增产极显著，2008年增产不显著。2008年晚稻参加广东省生产试验，平均单产6 580.5kg/hm^2，比对照品种优优122增产5.5%。适宜广东省粤北部稻作区和中北稻作区早稻、晚稻种植。

栽培技术要点：特别注意防治稻瘟病。

荣优390（Rongyou 390）

品种来源：广东省农业科学院水稻研究所用荣丰A/广恢390配组育成，2008年通过广东省农作物品种审定委员会审定。

形态特征和生物学特性：属感温型三系杂交稻品种。晚稻平均全生育期112～115d，比优优122迟熟2～4d。株型中集，分蘖力中，剑叶窄直，穗大粒多。株高93～96cm，穗长20.5～21.5cm，每穗总粒数144～147粒，结实率83.1%～83.6%，千粒重25.4～26.4g。

品质特性：晚稻米质达国标和广东省标二级优质米标准，整精米率70.2%～79.4%，垩白粒率19%～38%，垩白度3.0%～12.2%，直链淀粉含量22.5%～24.1%，胶稠度60～67mm，糙米长宽比3.2，食味品质分79～82分。

抗性：中感稻瘟病，全群抗性频率62.9%，中B群、中C群的抗性频率分别为47.5%和80.8%，田间表现叶瘟高抗、感穗瘟；感白叶枯病，对C4、C5菌群分别表现中感和感。耐寒性模拟鉴定孕穗期、开花期均为中；抗倒伏能力中强。

产量及适宜地区：2006年、2007年两年晚稻参加广东省区域试验，平均单产分别为7 911.0kg/hm^{2}和7 486.5kg/hm^2，比对照品种优优122分别增产5.7%和9. 9%，2006年增产未达显著水平，2007年增产达极显著水平；2007年晚稻参加广东省生产试验，平均单产7 179.0kg/hm^2，比对照品种优优122增产10.3%。适宜广东省粤北稻作区晚稻和中北稻作区早稻、晚稻种植。

栽培技术要点：注意防治稻瘟病和白叶枯病。

汕优122（Shanyou 122）

品种来源：广东省农业科学院水稻研究所用汕A/广恢122配组育成，2001年通过广东省农作物品种审定委员会审定。

形态特征和生物学特性：属感温型杂交稻品种，全生育期早稻122 ～ 128d，晚稻110d左右。株高100cm，生长势强，株型中集，营养生长期早生快发，生殖生长期叶片紧凑挺直，分蘖力强，有效穗约285万穗/hm^2，穗长22.0cm，每穗总粒数121 ～ 123粒，结实率82.9%～ 84.4%，千粒重25.2 ～ 25.9g。

品质特性：稻米外观品质为早稻三级，糙米长宽比2.6，垩白度11.9%，透明度0.6级，直链淀粉含量23.5%，胶稠度30mm。

抗性：抗稻瘟病，全群抗性频率80.0%，中C群抗性频率66.7%；感白叶枯病（7级）；抗倒伏性稍弱。

产量及适宜地区：1997年、1998年两年早稻参加广东省杂交稻区域试验，单产分别为7 230.0kg/hm^2和6 549.0kg/hm^2。1997年比对照品种汕优96增产11.2%，增产极显著，1998年比对照品种汕优63减产2.8%，减产不显著。日产量约55.5kg/hm^2。适宜广东省除粤北以外的地区早稻、晚稻种植。

栽培技术要点：①疏播，匀播培育分蘖壮秧，秧田播种量150 ～ 187.5kg/hm^2，秧龄早稻为30d左右、晚稻为18 ～ 20d左右，插基本苗90万苗/hm^2。②施足基肥，早施重施分蘖肥，促进分蘖早生快发，后期酌施穗肥。③浅水移栽，寸水活苗，薄水分蘖，够苗晒田。④及时防治虫害。

汕优3550（Shanyou 3550）

品种来源：广东省农业科学院水稻研究所用珍汕97A/3550（青四矮/IR54）配组育成，1990年通过广东省农作物品种审定委员会审定。

形态特征和生物学特性：属感光型杂交品种。全生育期125 ~ 130d，本田期95 ~ 100d，早稻不能种植。株高100cm左右，株型好，苗期生长旺，叶色较浓，优势强，分蘖力中等。有效穗246万穗/hm^2，穗长21.0cm，每穗总粒数142.1粒，结实率82.9%，千粒重24.5g。

品质特性：米质为晚稻三级。

抗性：抗病力不强。对稻瘟病的全群抗性频率58.0%，中B群抗性频率56.2%；高感白叶枯病；易感纹枯病；感褐飞虱。

产量及适宜地区：1987年、1988年两年参加广东省晚稻区域试验，平均单产分别为5 995.5kg/hm^2和5 739.0kg/hm^2，比对照品种汕优30选分别增产15.2%和10.6%，达极显著值。适宜于广东省中南部地区中上肥田种植。

栽培技术要点：7月上旬播种，秧田播种量150 ~ 270kg/hm^2，秧龄25d左右；中下肥力田块应保证足够基本苗数，每穴栽插2苗；施足基肥，早施分蘖肥，采取“攻前、中补、保尾”的施肥原则。中期晒田不宜过重，后期干干湿湿，以利穗基部籽粒灌浆结实。注意防治稻瘟病。

汕优4480（Shanyou 4480）

品种来源：广东省农业科学院水稻研究所用珍汕97A/R4480（3550/测64）配组育成，1997年通过广东省农作物品种审定委员会审定。

形态特征和生物学特性：属感温型杂交稻品种。全生育期早稻126d，与汕优64相近，株高95～99cm，分蘖力较弱，秆粗，生长稳定，每穗总粒数142～147粒，结实率82.0%，千粒重24.0g，后期熟色好。

品质特性：稻米外观品质为早稻三级，适口性好，糙米率79.7%，精米率71.6%，垩白粒率47.0%，直链淀粉含量23.6%，胶稠度35mm，碱消值5.0级，糙米蛋白质含量9.7%。

抗性：高抗稻瘟病，全群抗性频率96.0%；感白叶枯病（7级）；抗倒伏性较强。

产量及适宜地区：1993年、1996年两年早稻参加广东省区域试验，其中1993年平均单产为5 760.0kg/hm^2，比对照品种汕优64增产0.3%，1996年平均单产为6 897.0kg/hm^2，比对照品种汕优96增产0.6%，两年增产均不显著。适宜广东省北部和东北部地区作早稻、晚稻种植。

栽培技术要点：①早稻秧龄30d为宜，晚稻18～20d。②早施重施分蘖肥。③实行“浅、露、活、晒”相结合的管水方法，做到浅水移植，寸水活苗，薄水分蘖，够苗晒田。④特别注意防治稻瘟病。

汕优96（Shanyou 96）

品种来源：广东省农业科学院水稻研究所用珍汕97A/R96配组育成，1994年通过广东省农作物品种审定委员会审定。

形态特征和生物学特性：属感温型杂交稻品种。中熟，全生育期早稻120～126d，与汕优64相当。株高95cm，株型集散适中，分蘖力强，有效穗270万～300万穗/hm^2，每穗总粒数115～125粒，结实率约85.0%，千粒重25.0g左右。

品质特性：稻米外观品质为早稻三级。

抗性：稻瘟病全群抗性频率61.0%，中C群、中B群抗性频率分别为55.2%和57.1%，感白叶枯病。

产量及适宜地区：1991年、1992年两年早稻参加广东省区域试验，单产为6 763.5kg/hm^2和6 336.0kg/hm^2，比对照品种汕优64分别增产2.2%和2.8%，增产不显著。1992年参加华南四省联合鉴定，单产7 233.0kg/hm^2，比对照品种威优64增产9.9%，增产极显著。适宜广东省各地早稻种植。

栽培技术要点：①秧田播种量150kg/hm^2左右。②插足基本苗，要求基本苗数120万～150万苗/hm^2，争取有效穗255万～285万穗/hm^2。③施足基肥，早施分蘖肥。④注意防治稻瘟病和白叶枯病。

汕优998（Shanyou 998）

品种来源：广东省农业科学院水稻研究所用珍汕97A/广恢998配组育成，2002年通过广东省农作物品种审定委员会审定。

形态特征和生物学特性：属感温型三系杂交稻品种。晚稻平均全生育期112d，比汕优63早熟5d左右。株型中集，株高99cm，分蘖力较弱，有效穗270万穗/hm^2，穗长22.0cm，每穗总粒数133.0粒，结实率86.0%，千粒重24.5g。

品质特性：稻米外观品质为晚稻二级，整精米率69.8%，糙米长宽比2.6，垩白粒率28%，垩白度6.9%，直链淀粉含量22.3%，胶稠度45mm。

抗性：中抗稻瘟病，全群抗性频率85.0%，中B群、中C群抗性频率分别为47.6%和92.3%；感白叶枯病（7级）；后期耐寒力较弱；抗倒伏能力较强。

产量及适宜地区：1999年、2000年两年晚稻参加广东省区域试验，单产分别为6 595.5kg/hm^{2}和6 868.5kg/hm^2，1999年比对照品种汕优63增产4.9%，增产不显著，2000年比对照品种培杂双七增产6.5%，增产显著。日产量60 ~ 61.5kg/hm^2。适宜广东省各地晚稻种植和粤北以外地区早稻种植。

栽培技术要点：①疏播匀播，培育分蘖壮秧，秧田播种量150 ~ 187.5kg/hm^2。②适时播种，及时移植，秧龄早稻30d左右为宜。③合理密植，插足基本苗，一般插植规格16.5cm × 19.8cm，插植基本苗90万苗/hm^{2}为宜。④施足基肥，早施重施分蘖肥，促进分蘖早生快发，后期酌施穗肥。⑤实行“浅、露、活、晒”相结合的管理方法，做到浅水移栽，寸水活苗，薄水分蘖，够苗晒田相结合。⑥注意防治稻瘟病和白叶枯病。

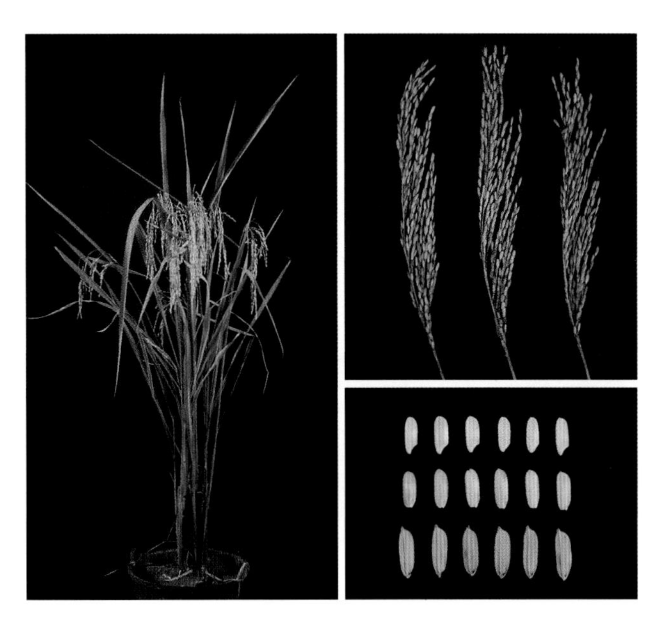

汕优科30（Shanyouke 30）

品种来源：广东省蕉岭县农业科学研究所、兴宁市农业科学研究所用珍汕97A/科30配组育成，1982年通过广东省农作物品种审定委员会审定。

形态特征和生物学特性：属感温型杂交稻品种。全生育期124d。生长势旺盛。分蘖力强，茎秆粗壮，抽穗整齐，成穗率高，穗大、粒多，结实率偏低，每穗总粒数145 ~ 148粒，结实率66% ~ 78%，千粒重25 ~ 27g。适应性广，比汕优6号省肥粗生。抗性好。后期转色顺调，不早衰，青枝蜡稿。

抗性：抗稻瘟病能力较弱，抗白叶枯病能力中等，后期耐寒性较强。

产量及适宜地区：1977年广东省杂交水稻区域试验，单产6 799.5kg/hm^2，比汕优2号增产5.8%，1978年广东省示范点15个，平均单产6 631.5kg/hm^2，比对照品种二白矮增产31.9%；比对照品种桂朝2号增产24.3%；比对照品种广培矮增产54.6%；比对照品种汕优2号增产18.9%。1979年广东省杂交水稻协作组再行区域试验，8个点平均单产5 809.5kg/hm^2，居9个品种中的第二位，比对照品种桂朝2号增产10.2%，比对照品种汕优2号增产9.8%。1980年广东省区域试验8个点平均单产6 390.0kg/hm^2，居9个品种的首位，比对照品种汕优2号增产14.9%，比对照品种桂朝2号增产29.8%。1981年晚稻区域试验11个品种，汕优科30单产6 562.5kg/hm^2，名列首位，比对照品种汕优2号增产21.6%，比对照品种桂朝2号增产24%。适宜广东省中等和中上肥力田晚稻种植。

汕优直龙（Shanyouzhilong）

品种来源：湛江农业专科学校（现广东海洋大学农学院）用珍汕97A/直龙配组育成，1987年通过广东省农作物品种审定委员会审定。

形态特征和生物学特性：属感温型杂交水稻品种。全生育期早稻125 ~ 135d，晚稻105 ~ 110d。株高100cm，株型紧凑、直集，叶片厚直，前期叶色浓绿。中后期转色顺调。分蘖力较弱，有效穗225万穗/hm^2左右，成穗率54.6%，穗长20.8cm，着粒较密，每穗总粒数138.9粒，结实率83.6%，千粒重28.2g。

品质特性：米椭圆形，有腹白、心白，外观米质四级，糙米率较高，饭味较浓，软硬适中。

抗性：抗稻瘟病，较少感染纹枯病，中感白叶枯病和细菌性条斑病，不抗稻飞虱；耐肥，抗倒伏；耐寒性较强。

产量及适宜地区：1985年、1986年两年早稻参加广东省区域试验，平均单产6 870.0kg/hm^2和6 757.5kg/hm^2，比对照品种汕优2号分别增产5.4%和9.8%，达极显著值。适宜广东省中南部地区早稻种植。

栽培技术要点：①疏播匀播，培育多蘖壮秧。②适当增加插植苗数，多蘖秧插单株，少蘖秧插双株。③增施有机质土杂肥作基肥，早攻分蘖肥，巧施中后期肥，提高成穗率，增加有效穗。④前期浅水分蘖，中后期干湿排灌为主，后期不要断水过早，以免影响充实。⑤注意防治病虫害，尤其注意防治白叶枯病和稻飞虱。

深两优5814（Shenliangyou 5814）

品种来源：国家杂交水稻工程技术研究中心清华深圳龙岗研究所用Y58S/丙4114（B4114）配组育成，2008年通过广东省农作物品种审定委员会审定。

形态特征和生物学特性：属弱感光型两系杂交稻品种。晚稻平均全生育期117d，比博优122迟熟2 ~ 4d。分蘖力中等，株型中集，剑叶短直，茎秆粗壮，谷粒有芒。株高108cm，穗长23.3 ~ 24.1cm，每穗总粒数139 ~ 141粒，结实率80.9% ~ 83.0%，千粒重26.8 ~ 27.1g。

品质特性：晚稻米质达国标三级、广东省标二级优质米标准，整精米率62.6% ~ 70.6%，垩白粒率18% ~ 20%，垩白度4.7% ~ 7.4%，直链淀粉含量16.6% ~ 16.8%，胶稠度78mm，糙米长宽比3.3 ~ 3.4，食味品质分81 ~ 82分。

抗性：中抗稻瘟病，全群抗性频率77.6%，中B群、中C群的抗性频率分别为71.8%和92.3%，田间发病中等偏重；感白叶枯病，对C4、C5菌群分别表现中感和感；抗寒性模拟鉴定孕穗期为中强、开花期为强；抗倒伏能力中强。

产量及适宜地区：2005年、2006年两年晚稻参加广东省区域试验，平均单产分别为6 607.5kg/hm^{2}和7 237.5kg/hm^2，比对照品种博优122分别增产5.3%和5.0%，增产均未达显著水平；2006年晚稻参加广东省生产试验，平均单产7 707.0kg/hm^2。适宜广东省除粤北以外的稻作区晚稻种植

栽培技术要点：注意防治稻瘟病和白叶枯病。

深两优58油占（Shenliangyou 58 youzhan）

品种来源：国家杂交水稻工程技术研究中心清华深圳龙岗研究所、广东省农业科学院水稻研究所用Y58S/玉香油占配组育成，2008年通过广东省农作物品种审定委员会审定。

形态特征和生物学特性：属感温型两系杂交稻品种。早稻平均全生育期128～130d，与优优128相近。分蘖力中强，株型中集，剑叶直，穗大粒多，后期熟色好。株高107～112cm，穗长22.5～25.6cm，每穗总粒数140～150粒，结实率75.2%～79.6%，千粒重22.3～23.0g。

品质特性：早稻米质未达国标和广东省标优质米标准，整精米率51.8%～60.7%，垩白粒率26%～30%，垩白度9.5%～11.0%，直链淀粉含量23.7%～26.2%，胶稠度45～48mm，糙米长宽比3.1，食味品质分72分，有泰国香米味。

抗性：抗稻瘟病，全群抗性频率82.3%，中C群、中B群的抗性频率分别为90.4%和63.9%，田间表现抗叶瘟和穗瘟；中抗白叶枯病，对C4、C5菌群分别表现中抗和中感；抗倒伏能力中弱；耐寒性模拟鉴定孕穗期、开花期均为中。

产量及适宜地区：2006年、2007年两年早稻参加广东省区域试验，平均单产分别为6 058.5kg/hm^{2}和6 711.0kg/hm^2，比对照品种优优128分别增产1.2%和1.8%，增产均不显著；2007年早稻参加广东省生产试验，平均单产7 390.5kg/hm^2，比对照品种优优128增产0.5%。适宜广东省除粤北以外的稻作区早稻、晚稻种植。

栽培技术要点：注意防倒伏。

深优152（Shenyou 152）

品种来源：国家杂交水稻工程技术研究中心清华深圳龙岗研究所用深97A/R152配组育成，2008年通过广东省农作物品种审定委员会审定。

形态特征和生物学特性：属感温型三系杂交稻品种。早稻平均全生育期126d，比培杂双七早熟1～2d。分蘖力中等，株型中集，剑叶宽长、稍披，谷粒有短芒，较易落粒，株高98～106cm，穗长21.8～24.7cm，每穗总粒数113～137粒，结实率71.8%～80.6%，千粒重27.5g。

品质特性：早稻米质未达国标和广东省标优质米标准，整精米率63.4%，垩白粒率28.0%，垩白度12.2%，直链淀粉含量15.6%，胶稠度80mm，糙米长宽比2.6，食味品质分74分。

抗性：抗稻瘟病，全群抗性频率100%，田间发病轻；中感白叶枯病，对C4、C5菌群分别均表现中感；抗倒伏能力中强；耐寒性模拟鉴定孕穗期为中，开花期为中弱。

产量及适宜地区：2005年、2006年两年早稻参加广东省区域试验，平均单产分别为5 839.5kg/hm^{2}和5 871.0kg/hm^2，分别比对照品种培杂双七减产0.2%和增产6.7%，增、减产均不显著；2007年早稻参加广东省生产试验，平均单产6 268.5kg/hm^2。适宜广东省中南和西南稻作区的平原地区早稻、晚稻种植。

深优9516（Shenyou 9516）

品种来源：清华大学深圳研究生院用深95A/R7116配组育成，2010年通过广东省农作物品种审定委员会审定。

形态特征和生物学特性：属感温型三系杂交稻品种。晚稻平均全生育期112～116d，与对照种粳籼89相当。植株较高，株型中集，分蘖力中强，结实率高。株高112～113cm，有效穗249.0万～261.0万穗/hm^2，穗长23.0～23.3cm，每穗总粒数137～149粒，结实率84.1%～85.0%，千粒重27.1～27.3g。

品质特性：米质达国标和广东省标三级优质米标准，整精米率70.2%～70.8%，垩白粒率10%～46%，垩白度1.8%～20.0%，直链淀粉含量15.3%～15.4%，胶稠度70～80mm，长宽比3.2，食味品质分79～80分。

抗性：抗稻瘟病，全群抗性频率88.5%，中B群、中C群的抗性频率分别为84.4%和91.7%，病圃鉴定叶瘟1.5级、穗瘟2.0级；中感白叶枯病；抗倒伏能力强，耐寒性中。

产量及适宜地区：2008年、2009年两年晚稻参加广东省区域试验，平均单产分别为7 777.5kg/hm^{2}和7 207.5kg/hm^2，比对照品种粳籼89分别增产22.2%和18.2%，增产均达到极显著水平。2009年晚稻生产试验，平均单产6 703.5kg/hm^2，比对照品种粳籼89增产16.7%。日产量64.5～67.5kg/hm^2。适宜广东省除粤北以外的稻作区早稻、晚稻种植。

栽培技术要点：①施足基肥，早施分蘖肥，中期适当控肥，后期看苗巧施穗肥。②注意防治白叶枯病。③制种技术要点：在海南三亚冬春制种，第一期、第二期父本比母本分别早播15d和7d。

深优97125（Shenyou 97125）

品种来源：国家杂交水稻工程技术研究中心清华深圳龙岗研究所用深97A/R8125配组育成，2009年通过广东省农作物品种审定委员会审定。

形态特征和生物学特性：属感温型三系杂交稻品种。晚稻全生育期108～110d，与优优122相同。株型中集，分蘖力中强，穗大粒多，着粒密。株高100～106cm，穗长23.2～23.4cm，每穗总粒数142～160粒，结实率77.7%～78.1%，千粒重24.4～26.3g。

品质特性：米质未达国标和广东省标优质米标准，整精米率69.5%～70.2%，垩白粒率37%～46%，垩白度12.7%～12.9%，直链淀粉含量13.0%～16.2%，胶稠度85～86mm，糙米长宽比2.9～3.1，食味品质分79～82分。

抗性：抗稻瘟病，全群抗性频率86.7%，中B群、中C群的抗性频率分别为81.1%和94.3%，田间监测表现高抗叶瘟和穗瘟；中感白叶枯病，对C4、C5菌群分别表现中感和中抗；抗倒伏能力中强；耐寒性模拟鉴定结果孕穗期为中强、开花期为中。

产量及适宜地区：2007年、2008年两年晚稻参加广东省区域试验，平均单产分别为6 807.0kg/hm^{2}和7 326.0kg/hm^2，比对照品种优优122分别减产0.1%和1.0%，减产均不显著。2008年晚稻参加广东省生产试验，平均单产62 243.0kg/hm^2，比对照品种优优122增产0.1%。适宜广东省粤北稻作区和中北稻作区早稻、晚稻种植。

栽培技术要点：适当密植，宜插双株，插植基本苗120万～150万苗/hm^2。

深优9725（Shenyou 9725）

品种来源：国家杂交水稻工程技术研究中心清华深圳龙岗研究所用深97A/R725配组育成，2009年通过广东省农作物品种审定委员会审定。

形态特征和生物学特性：属感温型三系杂交稻品种。早稻平均全生育期128 ～ 129d，与粤香占相近。株型中集，分蘖力中弱，有效穗偏少，剑叶较宽长。株高106 ～ 109cm，穗长24.5 ～ 24.9cm，每穗总粒数136.0粒，结实率82.3%，千粒重27.2g。

品质特性：米质未达国标和广东省标优质米标准，整精米率48.6%～ 58.6%，垩白粒率26%～ 27%，垩白度9.5%～ 16.5%，直链淀粉含量15.6%，胶稠度74 ～ 83mm，糙米长宽比2.7，食味品质分72 ～ 75分。

抗性：抗稻瘟病，全群抗性频率98.6%，中C群、中B群的抗性频率分别为100%和95.0%，田间监测结果表现抗叶瘟和穗瘟；中感白叶枯病，对C4、C5菌群分别表现中感和中抗，抗倒伏能力中弱；耐寒性模拟鉴定孕穗期为强、开花期为中强。

产量及适宜地区：2007年、2008年两年早稻参加广东省区域试验，平均单产分别为3 663.0kg/hm^{2}和6 210.0kg/hm^2，比对照品种粤香占分别增产2.8%和1.8%，增产均不显著；2008年早稻参加广东省生产试验，平均单产6 613.5kg/hm^2，比对照品种粤香占增产3.0%。适宜广东省除粤北以外的稻作区早稻、晚稻种植。

栽培技术要点：及时做好白叶枯病和纹枯病的防治工作。

深优9734（Shenyou 9734）

品种来源：国家杂交水稻工程技术研究中心清华深圳龙岗研究所用深97A/R2134配组育成，2008年通过广东省农作物品种审定委员会审定。

形态特征和生物学特性：属感温型三系杂交稻品种。晚稻平均全生育期110d，比丰优128、粳籼89分别早熟2d和1d。株型中集，分蘖力中弱，剑叶长、直。株高103 ~ 111cm，穗长24.1 ~ 24.9cm，每穗总粒数132 ~ 148粒，结实率80.7% ~ 82.5%，千粒重28.4 ~ 28.6g。

品质特性：晚稻米质达国标和广东省标三级优质米标准，整精米率63.6% ~ 65.9%，垩白粒率16% ~ 28%，垩白度4.9% ~ 5.7%，直链淀粉含量15.7%，胶稠度75mm，糙米长宽比2.9 ~ 3.0，食味品质分77 ~ 80分。

抗性：高抗稻瘟病，全群抗性频率99.1%，中B群、中C群的抗性频率分别为98.3%和100%，田间表现叶瘟高抗和穗瘟；感白叶枯病，对C4、C5菌群分别表现感和中感。耐寒性模拟鉴定孕穗期、开花期均为中；抗倒伏能力中强。

产量及适宜地区：2006年、2007年两年晚稻参加广东省区域试验，平均单产分别为6 574.5kg/hm^{2}和7 098.0kg/hm^2，2006年比对照品种丰优128增产0.8%，增产不显著，2007年比对照品种粳籼89增产7.4%，增产达极显著水平；2007年晚稻参加广东省生产试验，平均单产6 952.5kg/hm^2，比对照品种粳籼89增产1.1%。适宜广东省除粤北以外的稻作区早稻、晚稻种植。

栽培技术要点：注意防治白叶枯病。

深优9736（Shenyou 9736）

品种来源：清华大学深圳研究生院用深97A/R136配组育成，2009年通过广东省农作物品种审定委员会审定。

形态特征和生物学特性：属感温型三系杂交稻品种。晚稻全生育期109～112d，比粳籼89早熟2～4d。株型中集，剑叶较宽、长，分蘖力中。株高109～110cm，穗长26.1～26.7cm，每穗总粒数138～151粒，结实率76.7%～78.9%，千粒重27.4g。

品质特性：米质未达国标和广东省标优质米标准，整精米率66.7%～69.1%，垩白粒率52%～67%，垩白度20.9%～32.8%，直链淀粉含量15.1%，胶稠度78mm，糙米长宽比2.9～3.0，食味品质分76～78分。

抗性：抗稻瘟病，全群抗性频率97.7%，中B群、中C群的抗性频率分别为95.9%和100%，田间监测表现高抗叶瘟、抗穗瘟；中感白叶枯病，对C4、C5菌群均表现中感。耐寒性模拟鉴定结果孕穗期和开花期均为中弱，抗倒伏能力中弱。

产量及适宜地区：2007年、2008年两年晚稻参加广东省区域试验，平均单产分别为6 907.5kg/hm^{2}和6 937.5kg/hm^2，比对照品种粳籼89分别增产4.5%和9.0%，增产均达显著水平。2008年晚稻参加广东省生产试验，平均单产6 549.0kg/hm^2，比对照品种粳籼89增产3.8%。适宜广东省中南稻作区和西南稻作区的平原地区早稻、晚稻种植。

栽培技术要点：①适当密植，宜插双株，插基本苗120万～150万苗/hm^2。②注意防倒伏。

深优9786（Shenyou 9786）

品种来源：清华大学深圳研究生院用深97A/R8086配组育成，2009年通过广东省农作物品种审定委员会审定。

形态特征和生物学特性：属感温型三系杂交稻品种。晚稻全生育期109～110d，与优优122相近。株型中集，剑叶较长，分蘖力中强。株高100～110cm，穗长22.8～24.7cm，每穗总粒数138～152粒，结实率82.1%～83.0%，千粒重25.1～25.6g。

品质特性：米质未达国标和广东省标优质米标准，整精米率67.9%～73.2%，垩白粒率48%～54%，垩白度13.2%～17.2%，直链淀粉含量13.6%～15.5%，胶稠度76mm，糙米长宽比2.9，食味品质分80～81分。

抗性：高抗稻瘟病，全群抗性频率99.2%，中B群、中C群的抗性频率分别为98.6%和100%，田间监测表现高抗叶瘟和穗瘟；中感白叶枯病，对C4、C5菌群分别表现感和中感；耐寒性模拟鉴定结果孕穗期和开花期均为中；抗倒伏能力中强。

产量及适宜地区：2007年、2008年两年晚稻参加广东省区域试验，平均单产分别为7 171.5kg/hm^{2}和7 495.5kg/hm^2，比对照品种优优122分别增产5.3%和1.3%，增产均未达显著水平。2008年晚稻参加广东省生产试验，平均单产6 501.0kg/hm^2，比对照品种优优122增产4.3%。适宜广东省粤北稻作区和中北稻作区早稻、晚稻种植。

栽培技术要点：适当密植，宜插双株，插基本苗120万～150万苗/hm^2。

深优9798（Shenyou 9798）

品种来源：国家杂交水稻工程技术研究中心清华深圳龙岗研究所用深97A/R5398配组育成，2009年通过广东省农作物品种审定委员会审定。

形态特征和生物学特性：属感温型三系杂交稻品种。晚稻平均全生育期114 ~ 115d，比优优122迟熟4d。株型中集，分蘖力中强，有效穗多，剑叶窄直。株高95 ~ 97cm，穗长22.4 ~ 23.8cm，每穗总粒数129 ~ 131粒，结实率84.8% ~ 85.1%，千粒重24.3 ~ 25.0g。

品质特性：晚稻米质达到国标和广东省标二级优质米标准，整精米率71.4% ~ 73.7%，垩白粒率10% ~ 40%，垩白度1.7% ~ 10.2%，直链淀粉含量18.0% ~ 18.6%，胶稠度68 ~ 75mm，糙米长宽比2.9 ~ 3.0，食味品质分77 ~ 85分。

抗性：高抗稻瘟病，全群抗性频率97.4%，中B群、中C群的抗性频率分别为95.1%和100%，田间监测结果表现高抗叶瘟和穗瘟；感白叶枯病，对C4、C5菌群均表现感；耐寒性模拟鉴定孕穗期、开花期均为中强；抗倒伏能力中强。

产量及适宜地区：2006年、2007年两年晚稻参加广东省区域试验，平均单产分别为7 572.0kg/hm^{2}和7 138.5kg/hm^2，比对照品种优优122分别增产1.1%和4.8%，增产均不显著；2007年晚稻参加广东省生产试验，平均单产7 012.5kg/hm^2，比对照品种优优122增产7.1%。适宜广东省粤北稻作区晚稻和中北稻作区早稻、晚稻种植。

栽培技术要点：注意防治白叶枯病。

双优2009（Shuangyou 2009）

品种来源：广东海洋大学农业生物技术研究所、广东天弘种业有限公司用双青A/弘恢2009配组育成，2010年通过广东省农作物品种审定委员会审定。

形态特征和生物学特性：属感温型三系杂交稻品种。晚稻平均全生育期107～113d，比对照种粳籼89短3～5d。植株较矮，株型中集，分蘖力中等，穗长大。株高98～101cm，有效穗240.0万～268.5万穗/hm^2，穗长23.7～24.6cm，每穗总粒数139～157粒，结实率77.7%～79.3%，千粒重26.3～26.7g。

品质特性：米质达广东省标三级优质米标准，整精米率62.0%～71.6%，垩白粒率24%～55%，垩白度6.2%～27.3%，直链淀粉含量15.4%～16.8%，胶稠度73～83mm，糙米长宽比3.3～3.4，食味品质分73～78分。

抗性：抗稻瘟病，全群抗性频率82.0%，中B群、中C群的抗性频率分别为75.0%和87.5%，病圃鉴定叶瘟2.5级、穗瘟3.5级；感白叶枯病；抗倒伏性和耐寒性均为中弱。

产量及适宜地区：2008年、2009年两年晚稻参加广东省区域试验，平均单产分别为7 182.0kg/hm^2和6 363.0kg/hm^2，比对照品种粳籼89分别增产12.9%和4.4%，2008年增产极显著，2009年增产不显著。2009年晚稻生产试验平均单产6 181.5kg/hm^2，比对照品种粳籼89增产7.6%。日产量60.0～63.0kg/hm^2。适宜广东省中南稻作区和西南稻作区的平原地区早稻、晚稻种植。

栽培技术要点：①注意防治白叶枯病和防倒伏。②制种技术要点：在雷州半岛早春制种，父母本叶龄差为7.5叶左右。

双优8802（Shuangyou 8802）

品种来源：湛江海洋大学（现广东海洋大学）杂优水稻研究室、广东天宏种业有限公司用双青A/HR8802配组育成，2005年通过广东省农作物品种审定委员会审定。

形态特征和生物学特性：属感温型三系杂交稻品种。晚稻全生育期112 ～ 116d，比培杂双七迟熟1 ～ 3d。株型紧凑，叶片较长大，中部叶较多，分蘖力较强，株高93cm，穗长22.3cm，每穗总粒数106 ～ 112粒，结实率78.6%～ 83.9%，千粒重27.8 ～ 28.4g。

品质特性：晚稻米质达国标三级优质米标准，外观品质鉴定为二级，整精米率54.1%～58.4%，垩白粒率20.0%～ 62.0%，垩白度4.0%～ 6.2%，直链淀粉含量20.2%～ 21.2%，胶稠度50.0 ～ 75mm。

抗性：抗稻瘟病，全群抗性频率86.0%，中C群、中B群的抗性频率分别为91.8%和79.6%，田间稻瘟病发生轻微；对白叶枯病C4、C5菌群分别表现中抗和中感；后期耐寒力较弱；抗倒伏能力较强。

产量及适宜地区：2002年、2003年两年晚稻参加广东省区域试验，平均单产分别为6 244.5kg/hm^{2}和6 372.0kg/hm^2，比对照品种培杂双七分别增产1.6%和3.5%，增产均不显著。2004年晚稻生产试验平均单产6 952.5kg/hm^2。适宜广东省除粤北以外的地区早稻、晚稻种植。

栽培技术要点：①培育适龄壮秧。②施足基肥，早施追肥，增施磷钾肥，防止中后期过氮。③适时露田晒田，控制无效分蘖，后期不宜断水过早，以免影响结实率和充实度。④及时防治病虫害，注意白叶枯病和后期纹枯病的防治。

泰丰优128（Taifengyou 128）

品种来源：广东省农业科学院水稻研究所用泰丰A/广恢128配组育成，2010年通过广东省农作物品种审定委员会审定。

形态特征和生物学特性：属感温型三系杂交稻品种。晚稻平均全生育期107～110d，比对照种粳籼89短5～6d。植株较矮，株型中集，分蘖力强，有效穗较多。株高101～104cm，有效穗295.5万～301.5万穗/hm^2，穗长22.2～23.1cm，每穗总粒数119～133粒，结实率82.4%～83.2%，千粒重24.3～24.5g。

品质特性：米质达广东省标三级优质米标准，整精米率66.6%～68.4%，垩白粒率18%～54%，垩白度6.3%～26.5%，直链淀粉含量22.8%～23.7%，胶稠度44～64mm，长宽比3.8～3.9，食味品质分74～79分。

抗性：中抗稻瘟病，全群抗性频率93.4%，中B群、中C群的抗性频率分别为87.5%和100%，病圃鉴定叶瘟1.8级、穗瘟4.5级，高感白叶枯病；抗倒伏能力中强，耐寒性强。

产量及适宜地区：2008年、2009年两年晚稻参加广东省区域试验，平均单产分别为7 029.0kg/hm^2和6 325.2kg/hm^2，比对照品种粳籼89分别增产10.5%和增产3.8%，2008年增产极显著，2009年增产不显著。2009年晚稻生产试验平均单产6 456.0kg/hm^2，比对照品种粳籼89增产12.4%。日产量58.5～64.5kg/hm^2。适宜广东省除粤北以外的稻作区早稻、晚稻种植。

栽培技术要点：①特别注意防治白叶枯病。②制种技术要点：在广州地区秋制，父本比母本早播12d；在海南三亚制种，父本比母本早播23d。

特优161（Teyou 161）

品种来源：广东华茂高科种业有限公司用龙特普A/茂恢161配组育成，2009年通过广东省农作物品种审定委员会审定。

形态特征和生物学特性：属感温型三系杂交稻品种。早稻平均全生育期128～129d，与粤香占相近。株型中集，分蘖力中弱，穗大粒多，结实率偏低。株高101～103cm，穗长21.9cm，每穗总粒数149～162粒，结实率72.9%～73.5%，千粒重24.4～25.0g。

品质特性：米质未达国标和广东省标优质米标准，整精米率60.0%～60.9%，垩白粒率72%～85%，垩白度28.6%～39.7%，直链淀粉含量27.1%～28.0%，胶稠度40～45mm，糙米长宽比2.4～2.6，食味品质分68～72分。

抗性：抗稻瘟病，全群抗性频率86.3%，中C群、中B群的抗性频率分别为96.0%和68.4%，田间监测结果表现高抗叶瘟、抗穗瘟；感白叶枯病，对C4、C5菌群分别表现感和中感；耐寒性模拟鉴定孕穗期为强，开花期为中强；抗倒伏能力中。

产量及适宜地区：2007年、2008年两年早稻参加广东省区域试验，平均单产分别为6 540.0kg/hm^{2}和6 213.0kg/hm^2，比对照品种粤香占分别增产5.6%和2.4%，增产均未达显著水平；2008年早稻参加广东省生产试验，平均单产6 672.0kg/hm^2，比对照品种粤香占增产5.1%。适宜广东省除粤北以外的稻作区早稻、晚稻种植。

栽培技术要点：注意防治白叶枯病。

特优524（Teyou 524）

品种来源：广东省汕头市农业科学研究所用龙特普A/R524（明恢63/特青）配组育成，1997年通过广东省农作物品种审定委员会审定。

形态特征和生物学特性：属感温型杂交稻品种。全生育期早稻130d，与汕优63相近。株高109cm，株型紧凑，茎秆粗壮，功能叶短、厚、直，分蘖力较弱，穗大粒多、粒重，后期熟色好。每穗总粒数139～146粒，结实率83.0%，千粒重29.0g。

品质特性：稻米外观品质为早稻四级。

抗性：稻瘟病全群抗性频率78.3%，感白叶枯病（7级），抗倒伏能力强。

产量及适宜地区：1994年、1995年两年早稻参加广东省区域试验，单产分别为7 252.5kg/hm^{2}和7 297.5kg/hm^2，比对照品种汕优63分别增产5.6%和6.6%，增产均未达显著水平。适宜广东省除粤北以外的地区早稻种植。

特优721（Teyou 721）

品种来源：广东省汕头市农业科学研究所用龙特普A/R721配组育成，2002年通过广东省农作物品种审定委员会审定。

形态特征和生物学特性：属感温型三系杂交稻品种。早稻平均全生育期130d，与汕优63相同。植株高大、集散适中，株高110cm，分蘖力较弱，有效穗255万穗/hm^2，穗长23.0cm，每穗总粒数142.0粒，结实率83.2%～84.9%，千粒重29.0g。

品质特性：稻米外观品质为早稻四级，整精米率50.4%，垩白粒率100%，垩白度50.2%，胶稠度42mm，直链淀粉含量24.8%。

抗性：中感白叶枯病。

产量及适宜地区：1999年、2000年两年早稻参加广东省区域试验，单产分别为7 861.5kg/hm^2和8 041.5kg/hm^2，1999年比对照品种汕优63增产10.9%，2000年比对照品种汕优63和培杂双七分别增产9.6%和9.5%，两年增产均达极显著水平。日产量60.0kg/hm^2。适宜广东省除粤北以外的地区早稻种植。

栽培技术要点：①疏播培育适龄壮秧，秧田播种量150kg/hm^2左右，早稻秧龄7～8叶。②合理密植，大田插植规格以20cm×20cm为宜，双株植，插基本苗120万苗/hm^2以上。③施足基肥，早施重施前期肥，适时适量施好促花肥、保花肥，前、中、后期氮肥施用可按70%：25%：5%施用，氮、磷、钾肥比例大致为1：0.5：0.7。④插后浅水促分蘖，够苗及时露晒田，中期湿润灌溉壮胎，浅水扬花，后期干湿交替，切忌过早断水。⑤重视防治稻瘟病。

特优808（Teyou 808）

品种来源：广东华茂高科种业有限公司用龙特普A/茂恢808配组育成，2010年通过广东省农作物品种审定委员会审定。

形态特征和生物学特性：属感温型三系杂交稻品种。早稻平均全生育期129～137d，2008年与优优128相当，2009年比优优128长7d。植株较高，分蘖力中强，叶色绿，叶姿直，后期熟色好。株高110～115cm，穗长21.2～21.5cm，有效穗244.5万～252.0万穗/hm^2，每穗总粒数127～129粒，结实率81.6%，千粒重28.1～28.6g。

品质特性：米质未达国标和广东省标优质米标准，整精米率63.4%，垩白粒率98%，垩白度59.3%，直链淀粉含量25.0%，胶稠度38mm，食味品质分71分。

抗性：中感稻瘟病，中B群、中C群和全群抗性频率分别为52.5%、80.0%、65.2%，病圃鉴定穗瘟3级，叶瘟4.5级；中感白叶枯病；抗倒伏能力强，耐寒性中。

产量及适宜地区：2008年、2009年两年早稻参加广东省区域试验，平均单产分别为6 613.5kg/hm^2和7 452.0kg/hm^2，比对照品种优优128分别增产4.7%和3.3%，增产均不显著。生产试验平均单产7 218.0kg/hm^2，比对照品种优优128减产0.7%。日产量51.0～54.0kg/hm^2。适宜广东省中南和西南稻作区早稻、晚稻种植。

栽培技术要点：①注意防治稻瘟病和白叶枯病。②制种技术要点：在茂名秋制，第一期父本比母本早播4d；父本行要插足基本苗并及早攻苗。

特优816（Teyou 816）

品种来源：广东田联种业有限公司用龙特普A/FR816配组育成，2009年通过广东省农作物品种审定委员会审定。

形态特征和生物学特性：属感温型三系杂交稻品种。早稻平均全生育期131 ~ 132d，比优优128迟熟1 ~ 2d。植株较高，株型中集，分蘖力中弱，剑叶较宽、长，穗大粒多，后期熟色好。株高113 ~ 116cm，穗长24.4 ~ 24.5cm，每穗总粒数134 ~ 147粒，结实率79.0% ~ 79.8%，千粒重28.6 ~ 29.8g。

品质特性：米质未达国标和广东省标优质米标准，整精米率52.6%，垩白粒率88% ~ 100%，垩白度29.9% ~ 69.8%，直链淀粉含量22.6%，胶稠度50 ~ 52mm，糙米长宽比2.5，食味品质分70 ~ 73分。

抗性：高抗稻瘟病，全群抗性频率96.6%，中C群、中B群的抗性频率分别为98.0%和92.1%，田间监测结果表现抗叶瘟、高抗穗瘟；感白叶枯病，对C4、C5菌群分别表现感和中感；耐寒性模拟鉴定孕穗期为中，开花期为中强；抗倒伏能力中弱。

产量及适宜地区：2007年、2008年两年早稻参加广东省区域试验，平均单产分别为6 786.0kg/hm^{2}和6 337.5kg/hm^2，比对照品种优优128分别增产3.0%和0.3%，增产均不显著，2007年其产量名列同组第一；2008年早稻参加广东省生产试验，平均单产6 919.5kg/hm^2，比对照品种优优128增产4.0%。适宜广东省除粤北以外的稻作区早稻、晚稻种植。

栽培技术要点：注意防治白叶枯病。

特优航1号（Teyouhang 1）

品种来源：福建省农业科学院水稻研究所用龙特普A/航1号配组育成，2008年通过广东省农作物品种审定委员会审定。

形态特征和生物学特性：属感温型三系杂交稻品种。晚稻平均全生育期114 ~ 116d，比丰优128迟熟4d。分蘖力中弱，植株较高大，株型中集，剑叶较长，茎秆粗壮。株高107 ~ 110cm，穗长23.6cm，每穗总粒数133 ~ 143粒，结实率78.9% ~ 80.7%，千粒重29.2g。

品质特性：晚稻米质未达国标和广东省标优质米标准，整精米率61.7% ~ 69.5%，垩白粒率33% ~ 41%，垩白度10.2% ~ 12.6%，直链淀粉含量22.2% ~ 23.5%，胶稠度37 ~ 41mm，糙米长宽比2.4，食味品质分73 ~ 74分。

抗性：中感稻瘟病，全群抗性频率49.0%，中B群、中C群的抗性频率分别为38.0%和76.9%，田间发病中等；感白叶枯病，对C4、C5菌群均表现感；抗倒伏能力强；耐寒性模拟鉴定孕穗期为中、开花期为中强。

产量及适宜地区：2005年、2006年两年晚稻参加广东省区域试验，平均单产分别为6 352.5kg/hm^{2}和7 275.0kg/hm^2，比对照品种丰优128分别增产7.0%和11.5%，2005年增产未达显著水平，2006年增产达极显著水平且名列同组第一；2006年晚稻参加省生产试验，平均单产7 716.0kg/hm^2。适宜广东省粤北以外稻作区早稻，中南和西南稻作区晚稻种植。

栽培技术要点：注意防治稻瘟病和白叶枯病，白叶枯病常发区不宜种植。

天丰优316（Tianfengyou 316）

品种来源：广东省汕头市农业科学研究所、广东省农业科学院水稻研究所用天丰A/汕恢316配组育成，分别通过广东省（2006）和国家（2009）农作物品种审定委员会审定，2012年入选广东省主导品种。

形态特征和生物学特性：属感温型三系杂交稻品种。早稻平均全生育期127d，与培杂双七相当。分蘖力中等，株型中集，剑叶直，后期熟色好。株高101～105cm，穗长21.4～22.5cm，穗大粒多，着粒密，每穗总粒数160.0粒，结实率82.4%，千粒重24.0g。

品质特性：早稻米质未达国标和广东省标优质米标准，外观品质为早稻二级，整精米率47.2%，垩白粒率23%，垩白度3.4%，直链淀粉含量20.1%，胶稠度78mm，糙米长宽比3.0。

抗性：高抗稻瘟病，全群抗性频率97.7%，中C群、中B群的抗性频率分别为98.5%和97.4%，田间发病轻；中抗白叶枯病，对C4、C5菌群分别表现中感和感，田间监测发病轻；抗倒伏能力中强。

产量及适宜地区：2004年、2005年两年早稻参加广东省区域试验，平均单产分别为8 079.0kg/hm^{2}和6 291.0kg/hm^2，比对照品种培杂双七分别增产8.6%和7.5%，2004年增产极显著，2005年增产未达显著水平。适宜广东省各稻作区晚稻、粤北以外稻作区早稻以及广西壮族自治区中北部、福建省中北部、江西省中南部、湖南省中南部、浙江省南部的白叶枯病轻发的双季稻区种植。

栽培技术要点：①插植基本苗120万苗/hm^2。②施足基肥，早施重施前期肥，适时适量施好促花、保花肥。③综合防治病、虫、鼠、螺害。

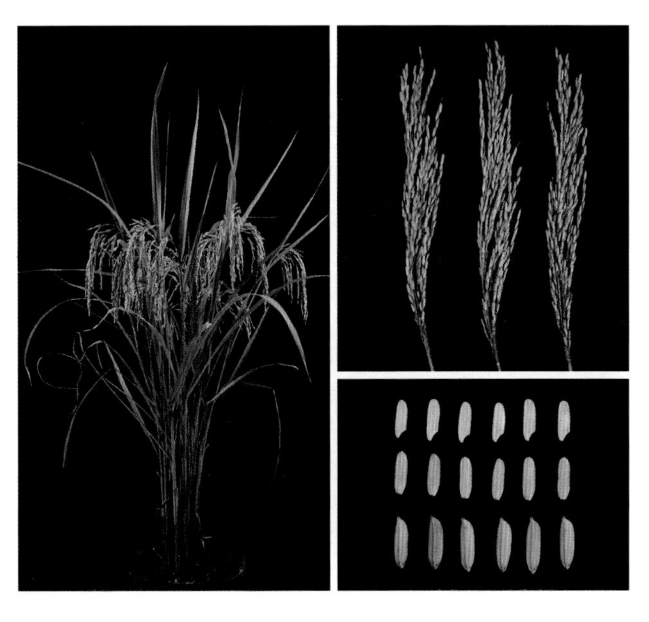

天丰优3550（Tianfengyou 3550）

品种来源：广东省农业科学院水稻研究所用天丰A/广恢3550配组育成，2006年分别通过广东省和广西壮族自治区农作物品种审定委员会审定。

形态特征和生物学特性：属弱感光型三系杂交稻品种。晚稻平均全生育期116 ~ 119d，比博优122迟熟3 ~ 6d。分蘖力中等，株型中集，剑叶直，穗大粒多，茎秆粗壮，株高93 ~ 103cm，穗长20.5 ~ 20.8cm，每穗总粒数146 ~ 153粒，结实率79.9% ~ 80.7%，千粒重23.5 ~ 25.6g。

品质特性：晚稻米质未达国标和广东省标优质米标准，整精米率69.8% ~ 70.7%，垩白粒率30%，垩白度6.8% ~ 14.0%，直链淀粉含量23.3% ~ 23.9%，胶稠度50 ~ 60mm，糙米长宽比2.5，食味品质分80分。

抗性：中抗稻瘟病，全群抗性频率93.1%，中B群、中C群的抗性频率分别为89.7%和97.8%；中感白叶枯病，对C4、C5菌群均表现中感；后期耐寒力中强；抗倒伏能力强。

产量及适宜地区：2004年、2005年两年晚稻参加广东省区域试验，平均单产分别为7 492.5kg/hm^{2}和6 724.5kg/hm^2，比对照品种博优122分别增产11.5%和7.2%，2004年增产极显著，2005年增产未达显著水平；2005年晚稻生产试验平均单产7 185.0kg/hm^2。适宜广东省中南稻作区和西南稻作区以及广西壮族自治区桂南稻作区、桂中稻作区南部种植博优桂99的地区晚稻种植。

栽培技术要点：注意防治稻瘟病和白叶枯病。

天丰优518（Tianfengyou 518）

品种来源：广东省汕头市农业科学研究所、广东省农业科学院水稻研究所用天丰A/汕恢518配组育成，2008年通过广东省农作物品种审定委员会审定。

形态特征和生物学特性：属感温型三系杂交稻品种。早稻平均全生育期128d，与培杂双七、粤香占相同。分蘖力中等，株型中集，叶长、微卷，剑叶直，谷粒有芒，后期熟色好。株高101～103cm，穗长20.6～21.4cm，每穗总粒数135～137粒，结实率76.8%～79.2%，千粒重24.2～24.8g。

品质特性：早稻米质未达国标和广东省标优质米标准，整精米率53.3%～55.4%，垩白粒率40%～44%，垩白度17.5%～18.0%，直链淀粉含量22.9%～23.7%，胶稠度58mm，糙米长宽比3.3，食味品质分76～80分。

抗性：抗稻瘟病，全群抗性频率96.5%，中C群、中B群的抗性频率分别为98.1%和97.3%，田间表现高抗叶瘟、抗穗瘟；感白叶枯病，对C4、C5菌群分别表现感和高感。耐寒性模拟鉴定孕穗期为中、开花期为中弱；抗倒伏能力中等。

产量及适宜地区：2006年、2007年两年早稻参加广东省区域试验，平均单产分别为6 487.5kg/hm^{2}和6 462.0kg/hm^2，2006年比对照品种培杂双七增产16.6%，增产达显著水平，2007年比对照品种粤香占增产5.5%，增产未达显著水平；2007年早稻参加广东省生产试验，平均单产7 036.5kg/hm^2，比对照品种粤香占增产4.2%。适宜广东省中南和西南稻作区的平原地区早稻、晚稻种植。

栽培技术要点：特别注意防治白叶枯病，白叶枯病常发区不宜种植。

天丰优628（Tianfengyou 628）

品种来源：连山县农业科学研究所、广东省农业科学院水稻研究所用天丰A/R628配组育成，2006年通过广东省农作物品种审定委员会审定。

形态特征和生物学特性：属感温型三系杂交稻品种。早稻平均全生育期127 ~ 128d，与培杂双七相当。分蘖力中强，株型集，剑叶宽大稍披，谷粒有较长的芒，结实率偏低，后期熟色好。株高99 ~ 105cm，穗长21.4 ~ 22.4cm，每穗总粒数121 ~ 133粒，结实率70.6% ~ 73.4%，千粒重26.2 ~ 26.5g。

品质特性：早稻米质未达国标和广东省标优质米等级，整精米率51.4%，垩白粒率36%，垩白度21.4%，直链淀粉含量24.0%，胶稠度42mm，糙米长宽比3.2。

抗性：高抗稻瘟病，全群抗性频率98.3%，中C群、中B群的抗性频率分别为98.5%和100%；中感白叶枯病，对C4、C5菌群分别表现中抗和感；抗倒伏能力和耐寒力中弱。

产量及适宜地区：2005年、2006年两年早稻参加广东省区域试验，平均单产分别为6 024.0kg/hm^{2}和5 817.0kg/hm^2，分别比对照品种培杂双七增产5.2%和5.7%，增产均未达显著水平；2006年早稻参加广东省生产试验，平均单产6 634.5kg/hm^2。适宜广东省中南、西南稻作区早稻、晚稻种植。

栽培技术要点：注意防治白叶枯病和防倒伏，并加强中后期肥水管理以提高结实率。

天优103（Tianyou 103）

品种来源：广东省金稻种业有限公司用天丰A/金恢103配组育成，分别通过广东省（2006）和湖南省（2013）农作物品种审定委员会审定。

形态特征和生物学特性：属感温型三系杂交稻品种。早稻平均全生育期117 ~ 118d，比中9优207早熟8 ~ 9d。植株较矮，株型中集，分蘖力中弱，剑叶短小，谷粒有短芒，株高86 ~ 97cm，穗长18.9 ~ 20.6cm，每穗总粒数122 ~ 128粒，结实率71.6% ~ 73.6%，千粒重26.7 ~ 27.2g。

品质特性：早稻米质未达国标和广东省标优质米标准，直链淀粉含量24.8%，胶稠度76mm，糙米长宽比3.2。

抗性：高抗稻瘟病，全群抗性频率92.4%，中C群、中B群的抗性频率分别为98.5%和100%；感白叶枯病，对C4、C5菌群分别表现感和高感；抗倒伏能力和耐寒力中等。

产量及适宜地区：2005年、2006年两年早稻参加广东省区域试验，平均单产分别为6 205.5kg/hm^{2}和5 568.0kg/hm^2，分别比对照品种中9优207增产1.1%和减产5.9%，增、减产均不显著；2006年早稻参加广东省生产试验，平均单产5 929.5kg/hm^2。适宜广东省粤北和中北稻作区早稻、晚稻以及湖南省稻瘟病轻发地区早稻种植。

栽培技术要点：①加强中后期肥水管理以提高结实率。②特别注意防治白叶枯病。

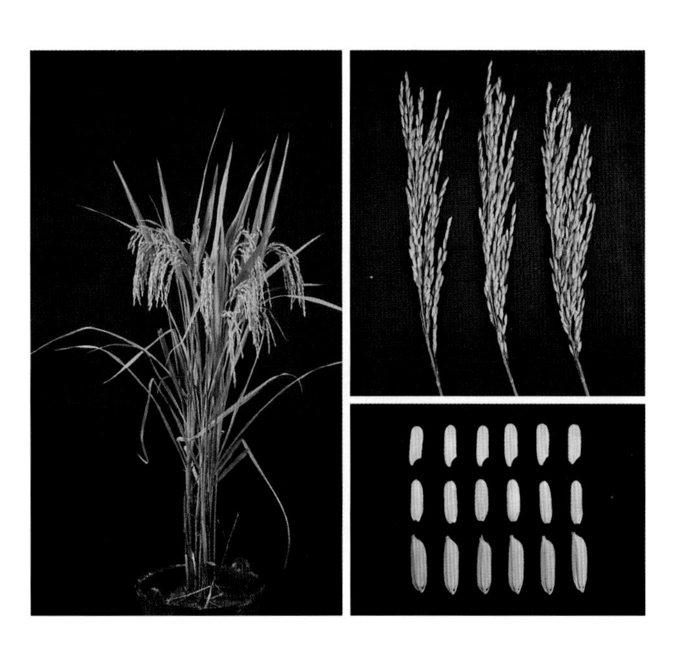

天优116（Tianyou 116）

品种来源：广东省农业科学院水稻研究所用天丰A/广恢116配组育成，2006年通过广东省农作物品种审定委员会审定。

形态特征和生物学特性：属感温型三系杂交稻品种。晚稻平均全生育期109～113d，与培杂双七相当。分蘖力较强，植株较矮，株型集散适中，剑叶短直，谷粒有短芒，株高90～96cm，穗长20.0～20.5cm，每穗总粒数141～146粒，结实率77.1%～80.8%，千粒重23.1～24.2g。

品质特性：晚稻米质达国标三级和广东省标二级优质米标准，整精米率60.0%～67.6%，垩白粒率13%～20%，垩白度3.3%～4.5%，直链淀粉含量22.7%，胶稠度60～69mm，糙米长宽比3.0～3.3，食味品质分81分。

抗性：抗稻瘟病，全群抗性频率89.1%，中C群、中B群的抗性频率分别为91.7%和79.4%，田间多数点未发病或轻微发病，个别点穗瘟发生中等；高感白叶枯病，对C4、C5菌群分别表现感和高感；后期耐寒力中等；抗倒伏能力较弱。

产量及适宜地区：2003年、2004年两年晚稻参加广东省区域试验，平均单产分别为6 571.5kg/hm^{2}和6 964.5kg/hm^2，比对照品种培杂双七分别增产5.8%和9.0%，增产均达显著水平。适宜广东省各稻作区早稻、晚稻种植。

栽培技术要点：①早稻2月下旬至3月上旬，晚稻7月上中旬播种，稀播培育分蘖壮秧。早稻秧龄25～30d或5～6叶龄，晚稻秧龄16～18d，抛秧3～4叶龄为宜。一般插植穴数24万～30万穴/hm^2，插基本苗90万～120万苗/hm^2；抛秧穴数27万穴/hm^{2}左右。②施足基肥，早施适施分蘖肥，生长中期看苗情补施穗肥。③浅水移栽、寸水活棵、薄水分蘖，够苗晒田，有水孕穗，后期干干湿湿充实壮籽。④特别注意防治白叶枯病和防倒，白叶枯病常发区不宜种植。

天优122（Tianyou 122）

品种来源：广东省农业科学院水稻研究所用天丰A/广恢122配组育成，分别通过广东省（2005）和国家（2009）农作物品种审定委员会审定，2006年被农业部认定为超级稻品种，2006年入选主推超级稻品种，2006—2012年入选广东省主导品种，2012年入选农业部主导品种。

形态特征和生物学特性：属感温型三系杂交稻品种。早稻全生育期124 ～ 125d，分别比优优4480、华优8830迟熟5d和3d。分蘖力较强，株型集散适中，叶片较长而阔，剑叶直，后期熟色好。株高99 ～ 101cm，穗长21.1cm，每穗总粒数125 ～ 135粒，结实率81.0%～ 86.0%，千粒重25.6 ～ 26.3g。

品质特性：稻米外观品质为早稻一级至二级，整精米率34.6%～ 45.4%，垩白粒率5%～ 15%，垩白度0.5%～ 3.8%，直链淀粉含量18.7%～ 19.1%，胶稠度54 ～ 85mm，糙米长宽比3.0 ～ 3.1。

抗性：高抗稻瘟病，全群抗性频率95.0%，中C群、中B群的抗性频率分别为95.3%和90.0%，田间稻瘟病发生轻微；中抗白叶枯病，对C4、C5菌群均表现中抗；抗倒伏性较弱。

产量及适宜地区：2003年、2004年两年早稻参加广东省区域试验，平均单产分别为7 237.5kg/hm^{2}和7 884.0kg/hm^2，2003年比对照品种优优4480增产12.5%，增产极显著，2004年比对照品种华优8830增产7.8%，增产不显著。2004年早稻生产试验平均单产7 374.0kg/hm^2。适宜广东省各地早稻、晚稻种植以及广西壮族自治区中北部、福建省中北部、江西省中南部、湖南省中南部、浙江省南部的白叶枯病轻发的双季稻区作晚稻种植。

栽培技术要点：①一般秧田播种量150 ～ 187.5kg/hm^2。②秧龄早稻一般30d左右，晚稻一般18 ～ 20d。③插植穴数27万～ 30万穴/hm^2，基本苗60万苗/hm^{2}左右，抛秧穴数一般要求不少于27万穴/hm^2，基本苗60万～ 75万苗/hm^2。④注意防倒伏，苗期要注意防治稻蓟马，分蘖成穗期注意防治螟虫、稻纵卷叶螟和稻飞虱。

天优128（Tianyou 128）

品种来源：广东省农业科学院水稻研究所、广东省金稻种业有限公司用天丰A/广恢128配组育成，分别通过海南省（2004）和广东省（2008）农作物品种审定委员会审定。

形态特征和生物学特性：属感温型三系杂交稻品种。晚稻平均全生育期111～115d，比丰优128早熟1～2d。分蘖力中强，株型中集，穗大粒多，着粒密。株高103～106cm，穗长20.6～20.9cm，每穗总粒数141～154粒，结实率80.6%～81.8%，千粒重24.9～25.3g。

品质特性：晚稻米质未达国标和广东省标优质米标准，整精米率64.0%～67.6%，垩白粒率18%～27%，垩白度5.4%～7.1%，直链淀粉含量27.2%～27.9%，胶稠度38～46mm，糙米长宽比2.9～3.1，食味品质分73～74分。

抗性：抗稻瘟病，全群抗性频率94.9%，中B群、中C群的抗性频率分别为93.0%和100%，田间发病轻；高感白叶枯病，对C4、C5菌群分别表现高感和感。耐寒性模拟鉴定孕穗期为中弱、开花期为中；抗倒伏能力弱。

产量及适宜地区：2005年、2006年两年晚稻参加广东省区域试验，平均单产分别为6 414.0kg/hm^{2}和7 299.0kg/hm^2，比对照品种丰优128分别增产8.0%和11.9%，2005年增产未达显著水平，2006年增产达极显著水平；2006年晚稻参加广东省生产试验，平均单产7 587.0kg/hm^2。适宜广东省中南和西南稻作区的平原地区以及海南省各市县早稻、晚稻种植。

栽培技术要点：特别注意防治白叶枯病和防倒伏，白叶枯病常发区不宜种植。

天优196（Tianyou 196）

品种来源：广东省金稻种业有限公司用天丰A/金恢196配组育成，2008年通过广东省农作物品种审定委员会审定。

形态特征和生物学特性：属感温型三系杂交稻品种。晚稻平均全生育期113 ~ 114d，比优优122迟熟3d。株型中集，分蘖力中弱，茎秆粗壮，剑叶短直，穗大粒多。株高100 ~ 103cm，穗长20.1 ~ 21.3cm，每穗总粒数144 ~ 150粒，结实率78.9% ~ 81.9%，千粒重27.5 ~ 28.0g。

品质特性：晚稻米质达到国标和广东省标三级优质米标准，整精米率60.4% ~ 62.8%，垩白粒率16% ~ 40%，垩白度4.1% ~ 14.8%，直链淀粉含量23.8% ~ 24.3%，胶稠度50 ~ 60mm，糙米长宽比3.3 ~ 3.4，食味品质分71 ~ 72分。

抗性：中感稻瘟病，全群抗性频率94.8%，中B群、中C群的抗性频率分别为93.4%和96.2%，田间表现高抗叶瘟、感穗瘟；感白叶枯病，对C4、C5菌群分别表现感和高感；抗倒伏能力中强；耐寒性模拟鉴定孕穗期、开花期均为中。

产量及适宜地区：2006年、2007年两年晚稻参加广东省区域试验，平均单产分别为7 881.0kg/hm^{2}和7 509.0kg/hm^2，比对照品种优优122分别增产5.3%和5.4%，增产均未达显著水平。2007年晚稻参加广东省生产试验，平均单产6 891.0kg/hm^2，比对照品种优优122增产5.8%。适宜广东省粤北稻作区晚稻和中北稻作区早稻、晚稻种植。

栽培技术要点：注意防治稻瘟病和白叶枯病。

天优199（Tianyou 199）

品种来源：广东省农业科学院水稻研究所用天丰A/广恢199配组育成，2010年通过广东省农作物品种审定委员会审定。

形态特征和生物学特性：属感温型三系杂交稻品种。晚稻平均全生育期112～114d，比优优122长4d。株型适中，分蘖力中强，剑叶较长，穗大粒多，着粒密。株高98～109cm，穗长20.9～21.7cm，每穗总粒数145.0粒，结实率78.2%～81.8%，千粒重28.1～28.2g。

品质特性：米质未达国标和广东省标优质米标准，整精米率62.5%～65.5%，垩白粒率40%～70%，垩白度13.4%～37.0%，直链淀粉含量20.0%，胶稠度62～78mm，长宽比3.4，食味品质分79～81分。

抗性：感稻瘟病，中B群、中C群和全群抗性频率分别为90.5%、91.4%和92.2%，田间监测表现高抗叶瘟、感穗瘟；中抗白叶枯病，对C4、C5菌群分别表现中感和中抗。抗倒伏能力中强；耐寒性中。

产量及适宜地区：2007年、2008年两年晚稻参加广东省区域试验，平均单产分别为7 462.5kg/hm^{2}和7 605.0kg/hm^2，比对照品种优优122分别增产9.5%和4.2%，2007年增产达极显著水平，名列同组第二，2008年增产不显著，名列同组第一。生产试验平均单产6 673.5kg/hm^2，比对照品种优优122增产7.0%。适宜广东省粤北稻作区和中北稻作区早稻、晚稻种植。

栽培技术要点：①特别注意防治稻瘟病。②制种技术要点：在海南省冬春季制种，第一、第二期父本分别比母本早播25天和18天。

天优208（Tianyou 208）

品种来源：广东省农业科学院水稻研究所用天丰A/广恢208配组育成，2009年通过广东省农作物品种审定委员会审定。

形态特征和生物学特性：属感温型三系杂交稻品种。早稻平均全生育期126～127d，与粤香占相同，比培杂双七早熟2d。分蘖力中等，株型中集，穗大粒密，后期熟色好。株高95～100cm，穗长20.1～20.4cm，每穗总粒数134～151粒，结实率75.7%～78.6%，千粒重22.3～23.9g。

品质特性：米质未达国标和广东省标优质米标准，整精米率61.2%～65.5%，垩白粒率30%～47%，垩白度13.7%～33.4%，直链淀粉含量22.7%～24.8%，胶稠度46～51mm，糙米长宽比3.1～3.2，食味品质分70～74分。

抗性：抗稻瘟病，全群抗性频率86.7%，中C群、中B群的抗性频率分别为78.9%和94.4%，田间监测结果表现高抗叶瘟、抗穗瘟；高感白叶枯病，对C4、C5菌群分别表现高感和感。耐寒性模拟鉴定孕穗期、开花期均为中强；抗倒伏能力中强。

产量及适宜地区：2006年、2008年两年早稻参加广东省区域试验，平均单产分别为6 693.0kg/hm^{2}和6 780.0kg/hm^2，2006年比对照品种培杂双七增产20.3%，2008年比对照品种粤香占增产11.2%，增产均达极显著水平，两年其产量分列同组第一、第三位；2008年早稻参加广东省生产试验，平均单产7 116.0kg/hm^2，比对照品种粤香占增产9.6%。适宜广东省除粤北以外的稻作区早稻、晚稻种植。

栽培技术要点：特别注意防治白叶枯病，白叶枯病常发区不宜种植。

天优2118（Tianyou 2118）

品种来源：广东省农业科学院水稻研究所用天丰A/广恢2118配组育成，2006年通过广东省农作物品种审定委员会审定。

形态特征和生物学特性：属感温型三系杂交稻品种。早稻平均全生育期124 ～ 126d，比培杂双七早熟1 ～ 3d。分蘖力较强，株型中集，剑叶直，后期熟色好。株高96 ～ 98cm，穗长20.8 ～ 22.0cm，每穗总粒数117粒，结实率80.7%，千粒重26.0g。

品质特性：早稻米质未达国标和广东省标优质米标准，外观品质为早稻一级，整精米率42.5%，垩白粒率11%，垩白度5.5%，直链淀粉含量17.7%，胶稠度75mm，糙米长宽比3.2。

抗性：高抗稻瘟病，全群抗性频率94.1%，中C群、中B群的抗性频率分别为96.5%和85.0%，田间发病轻；中感白叶枯病，对C4、C5菌群均表现中感；抗倒伏能力强。

产量及适宜地区：2003年、2005年两年早稻参加广东省区域试验，平均单产分别为7 035.0kg/hm^{2}和6 328.5kg/hm^2，比对照品种培杂双七分别增产10.3%和10.5%，2003年增产极显著，2005年增产未达显著水平。适宜广东省各稻作区晚稻、粤北以外稻作区早稻种植。

栽培技术要点：①施足基肥，早施重施分蘖肥，生长中期看苗情补施穗肥。②浅水移栽，寸水活棵，薄水分蘖，够苗晒田，有水孕穗，后期干干湿湿充实壮籽。③注意防治白叶枯病。

天优2168（Tianyou 2168）

品种来源：广东省农业科学院水稻研究所用天丰A/广恢2168配组育成，分别通过广东省（2006）、海南省（2006）和国家（2011）农作物品种审定委员会审定。

形态特征和生物学特性：属感温型三系杂交稻品种。晚稻平均全生育期114 ~ 115d，比培杂双七迟熟3 ~ 5d。分蘖力较强，剑叶较宽，谷粒有短芒，株高94 ~ 101cm，穗长20.5 ~ 20.9cm，每穗总粒数127 ~ 130粒，结实率82.2%，千粒重25.7g。

品质特性：晚稻米质达到国标和广东省标三级优质米标准，整精米率62.5% ~ 67.4%，垩白粒率15% ~ 30%，垩白度3.8% ~ 7.0%，直链淀粉含量19.2% ~ 23.2%，胶稠度58 ~ 80mm，糙米长宽比3.1 ~ 3.4，食味品质分79分。

抗性：高抗稻瘟病，全群抗性频率93.8%，中C群、中B群的抗性频率分别为94.4%和88.2%，田间稻瘟病发生轻微；感白叶枯病，对C4、C5菌群均表现感，田间监测结果多数点白叶枯病发生中等偏轻，个别点大发生；后期耐寒力弱；抗倒伏能力强。

产量及适宜地区：2003年、2004年两年晚稻参加广东省区域试验，平均单产分别为6 607.5kg/hm^{2}和6 627.0kg/hm^2，比对照品种培杂双七分别增产7.3%和1.7%，2003年增产极显著，2004年增产不显著。适宜广东省粤北以外稻作区早稻、中南和西南稻作区晚稻种植以及广西壮族自治区桂中和桂北稻作区、福建省中北部、江西省中南部、湖南省中南部、浙江省南部的白叶枯病轻发的双季稻区作晚稻和海南省各市县特别是瓜菜种植市县作早稻、晚稻种植，沿海地区种植要特别注意防治白叶枯病。

栽培技术要点：特别注意防治白叶枯病，白叶枯病常发区不宜种植。

天优2352（Tianyou 2352）

品种来源：广东省汕头市农业科学研究所、广东省农业科学院水稻研究所用天丰A/汕恢2352配组育成，2010年通过广东省农作物品种审定委员会审定。

形态特征和生物学特性：属感温型三系杂交稻品种。晚稻平均全生育期109 ~ 110d，比对照种粳籼89短3 ~ 6d。株型中集，分蘖力中弱，穗大粒多。株高106 ~ 108cm，有效穗240.0万～258.0万穗/hm^2，穗长21.6 ~ 22.8cm，每穗总粒数147 ~ 161粒，结实率79.6%～80.6%，千粒重24.9 ~ 25.5g。

品质特性：米质未达国标和广东省标优质米标准，整精米率70.3%，垩白粒率25%，垩白度4.1%，直链淀粉含量27.8%，胶稠度34mm，长宽比2.8，食味品质分71分。

抗性：中感稻瘟病，全群抗性频率93.7%，中B群、中C群的抗性频率分别为93.1%和96.3%，病圃鉴定叶瘟4.2级、穗瘟5.5级；中感白叶枯病；抗倒伏能力中强；耐寒性中。

产量及适宜地区：2008年、2009年两年晚稻参加广东省区域试验，平均单产分别为7 360.5kg/hm^{2}和6 643.5kg/hm^2，比对照品种粳籼89分别增产15.7%和9.0%，增产均达极显著水平。2009年晚稻生产试验平均单产6 541.5kg/hm^2，比对照品种粳籼89增产13.9%。日产量61.5 ~ 67.5kg/hm^2。适宜广东省除粤北以外的稻作区早稻、晚稻种植。

栽培技术要点：①插足基本苗，施足基肥，早施重施分蘖肥，以增加有效分蘖数。②注意防治稻瘟病和白叶枯病。③制种技术要点：在潮汕地区春制，父母本叶龄差为5叶，父本分二期播种，叶龄差1.5叶。

天优290（Tianyou 290）

品种来源：广东省农业科学院水稻研究所用天丰A/广恢290配组育成，2005年通过广东省农作物品种审定委员会审定。

形态特征和生物学特性：属感温型三系杂交稻品种。早稻全生育期124～125d，比培杂双七早熟3～4d。分蘖力较强，株型集散适中，叶片较阔大。株高96～98cm，穗长21.0cm，每穗总粒数126～137粒，结实率82.0%～87.9%，千粒重24.5～25g。

品质特性：稻米外观品质为早稻二级，整精米率42.4%～47.8%，垩白粒率15%～19%，垩白度4.8%～6.0%，直链淀粉含量17.6%～18.2%，胶稠度58～90mm，糙米长宽比3.0～3.2。

抗性：高抗稻瘟病，全群抗性频率96.6%，中C群、中B群的抗性频率分别为96.5%和95.0%，田间稻瘟病发生轻微；中感白叶枯病，对C4、C5菌群分别表现中抗和中感；抗倒伏能力较强。

产量及适宜地区：2003年、2004年两年早稻参加广东省区域试验，平均单产分别为7 170.0kg/hm^{2}和8 101.5kg/hm^2，比对照品种培杂双七分别增产12.5%和8.8%，增产均达极显著水平。2004年早稻生产试验平均单产7 780.5kg/hm^2。适宜广东省各地早稻、晚稻种植。

栽培技术要点：①早稻2月下旬至3月上旬，晚稻7月上、中旬播种，本田用种量15～22.5kg/hm^2，稀播培育分蘖壮秧，早稻秧龄25～30d或5～5.5叶龄，晚稻秧龄16～18d，抛秧3～4叶龄为宜。②一般插植穴数24万～30万穴/hm^2，基本苗90万～120万苗/hm^2，抛秧穴数27万穴/hm^{2}左右。③病虫害以防为主，综合防治，注意防治白叶枯病，及时防治螟虫、稻纵卷叶螟和稻飞虱等。

天优308（Tianyou 308）

品种来源：广东省农业科学院水稻研究所用天丰A/广恢308配组育成，2006年通过广东省农作物品种审定委员会审定。

形态特征和生物学特性：属感温型三系杂交稻品种。早稻平均全生育期126～127d，与培杂双七相当。分蘖力中等，株型中集，后期熟色好。株高98～101cm，穗长20.6～22.3cm，每穗总粒数144粒，结实率85.1%，千粒重24.7g。

品质特性：早稻米质未达国标和广东省标优质米标准，外观品质为二级，整精米率56.2%，垩白粒率32%，垩白度6.4%，直链淀粉含量27.2%，胶稠度73mm，糙米长宽比3.0。

抗性：抗稻瘟病，全群抗性频率78.0%，中C群、中B群抗性频率分别为86.7%和63.2%，田间发病轻；中感白叶枯病，对C4、C5菌群均表现中感，田间监测发病中等；抗倒伏能力中强。

产量及适宜地区：2004年、2005年两年早稻参加广东省区域试验，平均单产分别为7 969.5kg/hm^{2}和6 574.5kg/hm^2，比对照品种培杂双七分别增产7.9%和12.3%，2004年增产显著，2005年增产未达显著水平。适宜广东省各稻作区晚稻、粤北以外稻作区早稻种植。

栽培技术要点：①施足基肥，早施重施追肥，适时排水晒田，氮、磷、钾配合施用，勿过氮。②注意防治白叶枯病和卷叶虫、稻飞虱。

天优312（Tianyou 312）

品种来源：广东省农业科学院水稻研究所用天丰A/广恢312配组育成，2008年通过广东省农作物品种审定委员会审定。

形态特征和生物学特性：属感温型三系杂交稻品种。早稻平均全生育期128d，与优优128相近。株型中集，分蘖力中等，谷粒有较长的芒，后期熟色好。株高96 ~ 101cm，穗长21.1 ~ 22.0cm，每穗总粒数127 ~ 139粒，结实率78.1% ~ 78.3%，千粒重25.0 ~ 25.5g。

品质特性：早稻米质未达国标和广东省标优质米标准，整精米率45.8% ~ 56.5%，垩白粒率30% ~ 41%，垩白度14.6% ~ 26.2%，直链淀粉含量24.0% ~ 25.5%，胶稠度48 ~ 51mm，糙米长宽比3.1 ~ 3.3，食味品质分72 ~ 73分。

抗性：抗稻瘟病，全群抗性频率96.5%，中C群、中B群的抗性频率分别为100%和97.3%，田间表现高抗叶瘟、抗穗瘟；抗白叶枯病，对C4、C5菌群均表现抗。耐寒性模拟鉴定孕穗期、开花期均为中；抗倒伏能力中弱。

产量及适宜地区：2006年、2007年两年早稻参加广东省区域试验，平均单产分别为6 144.0kg/hm^{2}和6 553.5kg/hm^2，比对照品种优优128分别增产1.5%和减产0.6%，增、减产均不显著；2007年早稻参加广东省生产试验，平均单产7 119.0kg/hm^2，比对照品种优优128减产4.2%。适宜广东省中南和西南稻作区早稻、晚稻种植。

栽培技术要点：注意防倒伏。

天优3618（Tianyou 3618）

品种来源：广东省农业科学院水稻研究所用天丰A/广恢3618配组育成，2009年通过广东省农作物品种审定委员会审定。

形态特征和生物学特性：属感温型三系杂交稻品种。早稻平均全生育期126～127d，与粤香占相近。株型中集，分蘖力和抗倒伏能力中等，穗大粒密，后期熟色好。株高97～98cm，穗长19.6cm，每穗总粒数143粒，结实率76.1%～79.3%，千粒重23.8～24.9g。

品质特性：米质未达国标和广东省标优质米标准，整精米率53.4%～61.2%，垩白粒率38%～45%，垩白度20.0%～23.6%，直链淀粉含量21.4%～22.6%，胶稠度52～55mm，糙米长宽比3.2～3.3，食味品质分74～75分。

抗性：抗稻瘟病，全群抗性频率95.7%，中C群、中B群的抗性频率分别为96.0%和92.1%，田间监测结果表现抗叶瘟、中抗穗瘟；中感白叶枯病，对C4、C5菌群均表现中感；耐寒性模拟鉴定孕穗期、开花期均为中强。

产量及适宜地区：2007年、2008年两年早稻参加广东省区域试验，平均单产分别为6 931.5kg/hm^{2}和7 078.5kg/hm^2，比对照品种粤香占分别增产13.2%和16.1%，增产均达极显著水平，两年产量分列同组第二、第一位；2008年早稻参加广东省生产试验，平均单产7 116.0kg/hm^2，比对照品种粤香占增产11.0%。适宜广东省除粤北以外的稻作区早稻、晚稻种植。

栽培技术要点：及时防治白叶枯病等病虫害。

天优363（Tianyou 363）

品种来源：广东省连山壮族瑶族自治县农业科学研究所、广东省农业科学院水稻研究所用天丰A/恢R363配组育成，2009年通过广东省农作物品种审定委员会审定。

形态特征和生物学特性：属感温型三系杂交稻品种。早稻平均全生育期122～124d，比中9优207早熟2～3d。株型中集，分蘖力中强，穗大粒多，后期熟色好。株高95～96cm，穗长20.9～21.1cm，每穗总粒数150～153粒，结实率76.3%～78.5%，千粒重22.9～23.3g。

品质特性：米质未达国标和广东省标优质米标准，整精米率48.6%～60.4%，垩白粒率37%～54%，垩白度20.8%～22.6%，直链淀粉含量23.2%～24.5%，胶稠度56～62mm，糙米长宽比2.6～2.8，食味品质分73～74分。

抗性：中抗稻瘟病，全群抗性频率98.3%，中C群、中B群的抗性频率分别为98.0%和97.4%，田间监测结果表现高抗叶瘟、中感穗瘟；感白叶枯病，对C4、C5菌群分别感和中感。耐寒性模拟鉴定孕穗期为强、开花期为中强；抗倒伏能力强。

产量及适宜地区：2007年、2008年两年早稻参加广东省区域试验，平均单产分别为6 913.5kg/hm^{2}和6 799.5kg/hm^2，比对照品种中9优207分别增产7.0%和1.4%，增产均未达显著水平，2007年其产量名列同组第二，两年其日产量均为55.5kg/hm^2，分列第一、第二位；2008年早稻参加广东省生产试验，平均单产6 615.0kg/hm^2，与对照品种中9优207产量相当。适宜广东省粤北稻作区和中北稻作区早稻、晚稻种植。

栽培技术要点：注意防治稻瘟病和白叶枯病。

天优368（Tianyou 368）

品种来源：广东省农业科学院水稻研究所用天丰A/广恢368配组育成，2005年通过广东省农作物品种审定委员会审定。

形态特征和生物学特性：属感温型三系杂交稻品种。早稻全生育期126～127d，比培杂双七早熟1～2d。分蘖力较强，株型集散适中。株高97cm，穗长21.1～21.9cm，每穗总粒数140～146粒，结实率76.8%～83.3%，千粒重23.8～24.4g。

品质特性：稻米外观品质为早稻一级至二级，整精米率30.5%～56.7%，垩白粒率8%～31%，垩白度3.2%～6.5%，直链淀粉含量18.7%～21.64%，胶稠度64～70mm，糙米长宽比2.8～3.0。

抗性：高抗稻瘟病，全群抗性频率95.8%，中C群、中B群抗性频率分别为97.7%和90.0%，田间稻瘟病发生轻微；中感白叶枯病，对C4、C5菌群分别表现中抗和中感；抗倒伏能力和后期耐寒力均较强。

产量及适宜地区：2003年、2004年两年早稻参加广东省区域试验，平均单产分别为7 042.5kg/hm^{2}和7 422.0kg/hm^2，2003年比对照品种培杂双七增产12.1%，增产极显著，2004年与对照品种培杂双七产量相当。2004年早稻生产试验平均单产7 269.0kg/hm^2。适宜广东省各地晚稻种植和粤北以外地区早稻种植。

栽培技术要点：①早稻2月下旬至3月上旬，晚稻7月上旬至中旬播种，本田用种量15～22.5kg/hm^2，稀播培育分蘖壮秧，早稻秧龄25～30d或5～6叶龄，晚稻秧龄16～18d，抛秧3～4叶龄为宜。②一般插植穴数24万～30万穴/hm^2，插基本苗90万～120万苗/hm^2，抛秧穴数27万穴/hm^{2}左右。③施足基肥，早施适施分蘖肥，生长中期看苗情补施穗肥。④病虫害以防为主，综合防治，及时防治螟虫、稻纵卷叶螟和稻飞虱等，稻瘟病区注意防病。

天优382（Tianyou 382）

品种来源：广东省农业科学院水稻研究所用天丰A/广恢382配组育成，2008年通过广东省农作物品种审定委员会审定。

形态特征和生物学特性：属感温型三系杂交稻品种。晚稻平均全生育期113～114d，比优优122迟熟3d。株型中集，分蘖力中强，茎秆粗壮，有效穗较多。株高89～94cm，穗长19.9～20.7cm，每穗总粒数124～149粒，结实率79.6%～88.0%，千粒重25.2g。

品质特性：晚稻米质达广东省标三级优质米标准，整精米率65.1%～67.2%，垩白粒率8%～24%，垩白度1.8%～5.5%，直链淀粉含量21.2%～23.7%，胶稠度43～68mm，糙米长宽比3.3～3.4，食味品质分75～79分。

抗性：抗稻瘟病，全群抗性频率94.8%，中B群、中C群的抗性频率分别为93.4%和92.3%，田间表现高抗叶瘟、抗穗瘟；感白叶枯病，对C4、C5菌群均表现高感，但田间发病轻；抗寒性模拟鉴定孕穗期、开花期均为中；抗倒伏能力中强。

产量及适宜地区：2006年、2007年两年晚稻参加广东省区域试验，平均单产分别为7 839.0kg/hm^{2}和7 704.0kg/hm^2，比对照品种优优122分别增产4.7%和8.2%，2006年增产未达显著水平，2007年增产达极显著水平；2007年晚稻参加广东省生产试验，平均单产6 952.5kg/hm^2，比对照品种优优122增产6.8%。适宜广东省粤北稻作区晚稻和中北稻作区早稻、晚稻种植。

栽培技术要点：注意防治白叶枯病。

天优390（Tianyou 390）

品种来源：广东省农业科学院水稻研究所用天丰A/广恢390配组育成，2006年通过广东省农作物品种审定委员会审定。

形态特征和生物学特性：属感温型三系杂交稻品种。早稻平均全生育期126d，比优优128早熟3d。株型中集，分蘖力中等，剑叶较宽长、稍披，谷粒有较长的芒，后期熟色好。株高98～103cm，穗长21.1～21.8cm，每穗总粒数128～162粒，结实率71.1%～78.6%，千粒重24.1～24.8g。

品质特性：早稻米质未达国标和广东省标优质米标准，整精米率45.4%，垩白粒率40%，垩白度14.7%，直链淀粉含量23.2%，胶稠度54mm，糙米长宽比3.3。

抗性：高抗稻瘟病，全群抗性频率96.6%，中C群、中B群的抗性频率分别为95.5%和100%；白叶枯病中感，对C4、C5菌群分别表现中抗和感；抗倒伏能力中等。

产量及适宜地区：2005年、2006年两年早稻参加广东省区域试验，平均单产分别为6 495.0kg/hm^{2}和6 187.5kg/hm^2，比对照品种优优128分别增产5.3%和2.2%，增产均未达显著水平；2006年早稻参加广东省生产试验，平均单产7 129.5kg/hm^2。适宜广东省除粤北以外的稻作区早稻、晚稻种植。

栽培技术要点：注意防治白叶枯病。

天优4118（Tianyou 4118）

品种来源：广东省金稻种业有限公司、广东省农业科学院水稻研究所用天丰A/广恢4118配组育成，2006年通过广东省农作物品种审定委员会审定。

形态特征和生物学特性：属感温型三系杂交稻品种。早稻平均全生育期128d，与优优128相当。株型中集，分蘖力中弱，剑叶直，谷粒有长芒，后期熟色好，株高103～109cm，穗长22.0～23.6cm，每穗总粒数115～143粒，结实率70.8%～77.0%，千粒重29.7～30.4g。

品质特性：早稻米质未达国标和广东省标优质米标准，整精米率33.6%，垩白粒率41%，垩白度18.4%，直链淀粉含量22.4%，胶稠度52mm，糙米长宽比3.3。

抗性：高抗稻瘟病，全群抗性频率100%，生产试验定点穗瘟发生中等；中感白叶枯病，对C4、C5菌群均表现中感；抗倒伏能力中弱。

产量及适宜地区：2005年、2006年两年早稻参加广东省区域试验，平均单产分别为6 042.0kg/hm^{2}和6 363.0kg/hm^2，分别比对照品种优优128减产1.0%和增产5.1%，增、减产均未达显著水平；2006年早稻参加广东省生产试验，平均单产7 071.0kg/hm^2。适宜广东省粤北以外稻作区早稻、中南稻作区和西南稻作区晚稻种植。

栽培技术要点：①注意防治白叶枯病和防倒。②加强中后期肥水管理以提高结实率。③制种技术要点：在海南冬春制种，第1期父本比母本早播32d；第2期父本比母本早播25d；父母本行比2 ∶ 12或2 ∶ 14。

天优4133（Tianyou 4133）

品种来源：广东省农业科学院水稻研究所用天丰A/R4133配组育成，2010年通过广东省农作物品种审定委员会审定。

形态特征和生物学特性：属感温型三系杂交稻品种。早稻平均全生育期123～126d，与中9优207相当。株型适中，叶色绿，叶姿直，后期熟色好。株高89～106cm，穗长23.3～24.5cm，有效穗258.0万～295.5万穗/hm^2，每穗总粒数119～163粒，结实率75.2%～89.5%，千粒重21.4～22.9g。

品质特性：米质未达国标和广东省标优质米标准，整精米率39.1%，垩白粒率45%，垩白度16.2%，直链淀粉含量24.4%，胶稠度30mm，食味品质分70分。

抗性：中抗稻瘟病，中B群、中C群和全群抗性频率分别为92.5%、100%、95.5%，病圃鉴定穗瘟4级，叶瘟3.5级；高感白叶枯病；抗倒伏能力强；耐寒性中。

产量及适宜地区：2008年、2009年两年早稻参加广东省区域试验，平均单产分别为6 447.0kg/hm^2和6 646.5kg/hm^2，比对照品种中9优207分别减产0.4%和3.4%，减产均不显著。生产试验平均单产6 150.0kg/hm^2，比对照品种中9优207减产3.7%。日产量52.5kg/hm^2。适宜广东省粤北和中北稻作区早稻、晚稻种植。

栽培技术要点：①特别注意防治白叶枯病。②制种技术要点：在广东省内秋制，母本比父本早播3d±2d。

天优428（Tianyou 428）

品种来源：广东省农业科学院水稻研究所用天丰A/广恢428配组育成，分别通过广东省（2006）和江西省（2005）农作物品种审定委员会审定。

形态特征和生物学特性：感温型三系杂交稻组合。早稻平均全生育期122 ~ 125d，与华优8830、中9优207相当。分蘖力中等，株型中集，后期有早衰现象。株高105cm，穗长21.3 ~ 22.2cm，每穗总粒数135粒，结实率84.2%，千粒重26.4g。

品质特性：早稻米质未达国标和广东省标优质米标准，外观品质为二级，整精米率41.2%，垩白粒率14%，垩白度3.5%，直链淀粉含量18.1%，胶稠度52mm，糙米长宽比3.0。

抗性：抗稻瘟病，全群抗性频率87.1%，中C群、中B群的抗性频率分别为92.6%和78.9%，田间发病轻；感白叶枯病，对C4、C5菌群分别表现感和高感，田间监测发病轻。抗倒伏能力较弱。

产量及适宜地区：2004年、2005年两年早稻参加广东省区域试验，其中2004年平均单产为7 473.0kg/hm^2，比对照品种华优8830增产3.4%，2005年平均单产为6 724.5kg/hm^2，比对照品种中9优207增产8.3%，两年增产均不显著。适宜广东省各稻作区早稻、晚稻种植和江西省各地区种植。

栽培技术要点：特别注意防治白叶枯病，并注意防倒和采取措施延缓早衰。

天优450（Tianyou 450）

品种来源：广东省农业科学院水稻研究所用天丰A/广恢450配组育成，2006年通过广东省农作物品种审定委员会审定。

形态特征和生物学特性：感温型三系杂交稻组合。早稻平均全生育期126～128d，与培杂双七相当。分蘖力中等，株型中集，剑叶直，穗大粒多、着粒密。株高97cm，穗长21.7～22.2cm，每穗总粒数150.0粒，结实率80.6%，千粒重25.0g。

品质特性：早稻米质未达国标和广东省标优质米标准，整精米率45.5%，垩白粒率27%，垩白度4.0%，直链淀粉含量19.6%，胶稠度60mm，糙米长宽比3.0。

抗性：抗稻瘟病，全群抗性频率86.4%，中C群、中B群的抗性频率分别为91.0%和100%；中感白叶枯病，对C4、C5菌群分别表现中感和感；抗倒伏能力强。

产量及适宜地区：2004年、2005年两年早稻参加广东省区域试验，其中2004年平均单产为7 605.0kg/hm^2，比对照品种华优8830增产4.0%，2005年平均单产为6 273.0kg/hm^2，比对照品种培杂双七增产7.2%，两年增产均不显著。2006年早稻参加广东省生产试验，平均单产6 693.0kg/hm^2。适宜广东省各稻作区晚稻、粤北以外稻作区早稻种植。

栽培技术要点：注意防治白叶枯病。

天优528（Tianyou 528）

品种来源：广东省农业科学院水稻研究所用天丰A/广恢528配组育成，2009年通过广东省农作物品种审定委员会审定。

形态特征和生物学特性：属感温型三系杂交稻品种。早稻平均全生育期126 ~ 127d，与粤香占相近。分蘖力中强，株型中集，剑叶短直，谷粒有芒，后期熟色好。株高98 ~ 99cm，穗长20.0 ~ 21.0cm，每穗总粒数136 ~ 137粒，结实率78.3% ~ 79.5%，千粒重23.8 ~ 25.0g。

品质特性：米质未达国标和广东省标优质米标准，整精米率51.9% ~ 63.6%，垩白粒率41% ~ 46%，垩白度20.9% ~ 21.5%，直链淀粉含量27.0% ~ 27.2%，胶稠度42 ~ 45mm，糙米长宽比3.1，食味品质分73分。

抗性：抗稻瘟病，全群抗性频率99.1%，中C群、中B群的抗性频率均为100%，田间监测结果表现高抗叶瘟、中抗穗瘟；中感白叶枯病，对C4、C5菌群分别表现感和中抗；耐寒性模拟鉴定孕穗期为弱、开花期为中弱；抗倒伏能力中弱。

产量及适宜地区：2007年、2008年两年早稻参加广东省区域试验，平均单产分别为6 813.0kg/hm^{2}和6 735.0kg/hm^2，比对照品种粤香占分别增产10.1%和10.4%，增产均达极显著水平，2007年其产量名列同组第一；2008年早稻参加广东省生产试验，平均单产7 029.0kg/hm^2，比对照品种粤香占增产9.5%。适宜广东省中南稻作区和西南稻作区的平原地区早稻、晚稻种植。

栽培技术要点：培育壮苗，合理密植，基本苗数以75万 ~ 105万苗/hm^{2}为宜。

天优55（Tianyou 55）

品种来源：广东省农业科学院水稻研究所用天丰A/广恢55配组育成，2006年通过广东省农作物品种审定委员会审定。

形态特征和生物学特性：属弱感光型三系杂交稻品种。晚稻平均全生育期115～118d，比博优122迟熟2～4d。分蘖力中强，株型中集，植株矮壮。株高90.5～100.4cm，穗长21.0～21.6cm，每穗总粒数137粒，结实率83.0%～84%，千粒重24.8～25.8g。

品质特性：晚稻米质达广东省标三级优质米标准，整精米率70.7%～72.6%，垩白粒率14%～24%，垩白度4.1%～4.8%，直链淀粉含量24.8%～25.2%，胶稠度42～49mm，糙米长宽比3.1，食味品质分79分。

抗性：抗稻瘟病，全群抗性频率91.4%，中B群、中C群的抗性频率分别为86.2%和95.6%；白叶枯病中抗，对C4、C5菌群分别表现中抗和中感；抗倒伏能力强；后期耐寒力中强。

产量及适宜地区：2004年、2005年两年晚稻参加广东省区域试验，平均单产分别为7 101.0kg/hm^{2}和6 546.0kg/hm^2，比对照品种博优122分别增产7.2%和3.7%，增产均未达显著水平。2005年晚稻生产试验平均单产7 014.0kg/hm^2。适宜广东省除粤北以外的稻作区晚稻种植。

栽培技术要点：①适时早播，注意稀播。②重施中期肥。③控制有效穗270万～300万穗/hm^2。

天优578（Tianyou 578）

品种来源：广东省农业科学院水稻研究所用天丰A/广恢578配组育成，分别通过广东省（2008）和国家（2009）农作物品种审定委员会审定。

形态特征和生物学特性：属感温型三系杂交稻品种。早稻平均全生育期128d，比优优128早熟1～2d。株型中集，分蘖力中弱，谷粒有芒。株高100～103cm，穗长21.2～22.3cm，每穗总粒数124～141粒，结实率76.3%～76.7%，千粒重27.7g。

品质特性：早稻米质未达国标和广东省标优质米标准，整精米率40.4%～56.5%，垩白粒率41%～46%，垩白度26.2%～28.8%，直链淀粉含量25.5%～28.3%，胶稠度52mm，糙米长宽比3.1～3.2，食味品质分69～72分。

抗性：高抗稻瘟病，全群抗性频率96.5%，中C群、中B群的抗性频率分别为100%和97.3%，田间表现叶瘟高抗和穗瘟；中感白叶枯病，对C4、C5菌群均表现中感。耐寒性模拟鉴定孕穗期为中，开花期为弱；抗倒伏能力中强。

产量及适宜地区：2006年、2007年两年早稻参加广东省区域试验，平均单产分别为6 439.5kg/hm^{2}和6 562.5kg/hm^2，分别比对照品种优优128增产6.4%和减产0.4%，增、减产均未达显著水平。2007年早稻参加广东省生产试验，平均单产7 599.0kg/hm^2，比对照品种优优128增产2.3%。适宜广东省中南和西南稻作区的平原地区早稻、晚稻种植以及海南省、广西壮族自治区南部、福建省南部的稻瘟病、白叶枯病轻发的双季稻区早稻种植。

天优6号（Tianyou 6）

品种来源：中国水稻研究所、广东省农业科学院水稻研究所用天丰A/中恢8006配组育成，2008年通过广东省农作物品种审定委员会审定。

形态特征和生物学特性：属感温型三系杂交稻品种。晚稻平均全生育期109～113d，与丰优128相同，比粳籼89早熟2d。分蘖力弱，株型中集，剑叶宽直，穗大粒多。株高96～103cm，穗长22.2～23.8cm，每穗总粒数144粒，结实率77.9%～79.2%，千粒重28.4～28.8g。

品质特性：晚稻米质达到广东省标三级优质米标准，整精米率63.4%～64.4%，垩白粒率22%～51%，垩白度5.5%～19.3%，直链淀粉含量23.0%～23.7%，胶稠度41～55mm，糙米长宽比3.1～3.3，食味品质分72～77分。

抗性：高抗稻瘟病，全群抗性频率97.4%，中B群、中C群的抗性频率分别为96.7%和96.2%，田间表现高抗叶瘟和穗瘟；感白叶枯病，对C4、C5菌群分别表现高感和感；耐寒性模拟鉴定孕穗期为强、开花期为中强，抗倒伏能力中。

产量及适宜地区：2006年、2007年两年晚稻参加广东省区域试验，平均单产分别为6 915.0kg/hm^{2}和7 143.0kg/hm^2，2006年比对照品种丰优128增产6.0%，增产未达显著水平，2007年比对照品种粳籼89增产6.7%，增产达显著水平。2007年晚稻参加广东省生产试验，平均单产7 129.5kg/hm^2，比对照品种粳籼89增产3.4%。适宜广东省除粤北以外的稻作区早稻、晚稻种植。

天优615（Tianyou 615）

品种来源：广东省农业科学院水稻研究所用天丰A/广恢615配组育成，2009年通过广东省农作物品种审定委员会审定。

形态特征和生物学特性：属感温型三系杂交稻品种。晚稻平均全生育期111 ~ 112d，比优优122迟熟2 ~ 3d。株型中集，分蘖力中，成穗率较高，穗大粒多，株高95 ~ 102cm，穗长20.1 ~ 21.1cm，每穗总粒数140 ~ 152粒，结实率80.8%~ 86.6%，千粒重24.6 ~ 25.9g。

品质特性：米质达到国标三级和广东省标二级优质米标准，整精米率69.0%~ 69.3%，垩白粒率26% ~ 70%，垩白度5.0% ~ 26%，直链淀粉含量20.7% ~ 23.2%，胶稠度61 ~ 70mm，糙米长宽比3.1 ~ 3.3，食味品质分78 ~ 81分。

抗性：中感稻瘟病，全群抗性频率89.1%，中B群、中C群的抗性频率分别为90.5%和85.7%，田间监测表现抗叶瘟、中感穗瘟；白叶枯病中抗，对C4、C5菌群分别表现中感和中抗。耐寒性模拟鉴定结果孕穗期和开花期均为强，抗倒伏能力中强。

产量及适宜地区：2007年、2008年两年晚稻参加广东省区域试验，平均单产分别为7 213.5kg/hm^{2}和7 329.0kg/hm^2，分别比对照品种优优122增产5.9%和减产1.0%，增、减产均未达显著水平。2008年晚稻参加广东省生产试验，平均单产6 802.5kg/hm^2，比对照品种优优122增产9.1%。适宜广东省粤北稻作区和中北稻作区早稻、晚稻种植。

栽培技术要点：①该组合有效穗数稍少，要注意培育壮苗，合理密植，基本苗数以75万~ 105万苗/hm^{2}为宜。②注意防治稻瘟病。

天优652（Tianyou 652）

品种来源：广东省汕头市农业科学研究所、广东省农业科学院水稻研究所用天丰A/汕恢652配组育成，2008年通过广东省农作物品种审定委员会审定。

形态特征和生物学特性：属感温型三系杂交稻品种。晚稻平均全生育期107～110d，比丰优128、粳籼89分别早熟3d和4d。株型中集，分蘖力中，株高95～102cm，穗长20.0～21.4cm，每穗总粒数130～145粒，结实率82.3%～83.4%，千粒重26.5～26.8g。

品质特性：晚稻米质未达国标和广东省标优质米标准，整精米率51.4%～58.2%，垩白粒率18%～28%，垩白度5.2%～7.6%，直链淀粉含量27.8%～28.4%，胶稠度50～65mm，糙米长宽比3.1～3.2，食味品质分72～77分。

抗性：抗稻瘟病，全群抗性频率95.7%，中B群、中C群的抗性频率分别为93.4%和100%，田间表现高抗叶瘟、抗穗瘟；感白叶枯病，对C4、C5菌群均表现感。耐寒性模拟鉴定孕穗期、开花期均为中；抗倒伏能力中强。

产量及适宜地区：2006年、2007年两年晚稻参加广东省区域试验，平均单产分别为6 889.5kg/hm^{2}和7 008.0kg/hm^2，2006年比对照品种丰优128增产5.6%，增产未达显著水平，2007年比对照品种粳籼89增产6.0%，增产达极显著水平；2007年晚稻参加广东省生产试验，平均单产7 387.5kg/hm^2，比对照品种粳籼89增产7.42%。适宜广东省除粤北以外的稻作区早稻、晚稻种植。

栽培技术要点：注意防治白叶枯病。

天优688（Tianyou 688）

品种来源：广东省农业科学院水稻研究所用天丰A/广恢688配组育成，2008年通过广东省农作物品种审定委员会审定。

形态特征和生物学特性：属感温型三系杂交稻品种。晚稻平均全生育期111～113d，与丰优128相近。株型集，分蘖力中等，穗大粒多，着粒较密。株高97～100cm，穗长19.8～21.0cm，每穗总粒数140～144粒，结实率80.1%～84.8%，千粒重25.2～26.3g。

品质特性：晚稻米质达到国标和广东省标三级优质米标准，整精米率67.7%～69.1%，垩白粒率20%，垩白度3.8%～4.6%，直链淀粉含量22.0%～22.3%，胶稠度42～56mm，糙米长宽比2.9～3.1，食味品质分72～77分。

抗性：高抗稻瘟病，全群抗性频率92.9%，中B群、中C群的抗性频率分别为91.6%和92.3%，田间监测未发现稻瘟病；中感白叶枯病，对C4、C5菌群分别表现中抗和感，田间发病轻。耐寒性模拟鉴定孕穗期、开花期均为中强；抗倒伏能力中等。

产量及适宜地区：2005年、2006年两年晚稻参加广东省区域试验，平均单产分别为6 663.0kg/hm^{2}和7 167.0kg/hm^2，比对照品种丰优128分别增产12.2%和9.9%，增产分别达显著和极显著水平。2006年晚稻参加广东省生产试验，平均单产7 503.0kg/hm^2。适宜广东省除粤北以外的稻作区早稻、晚稻种植。

天优697（Tianyou 697）

品种来源：广东省汕头市农业科学研究所、广东省农业科学院水稻研究所用天丰A/汕恢697配组育成，2008年通过广东省农作物品种审定委员会审定。

形态特征和生物学特性：属感温型三系杂交稻品种。晚稻平均全生育期113～114d，比优优122迟熟2～3d。分蘖力中强，株型紧凑，剑叶短、窄，株高100～105cm，穗长21.8cm，每穗总粒数136～149粒，结实率79.7%，千粒重25.2～25.7g。

品质特性：晚稻米质达到广东省标三级优质米标准，整精米率61.9%～66.3%，垩白粒率22%～26%，垩白度6.4%～7.9%，直链淀粉含量23.4%～24.7%，胶稠度42～52mm，糙米长宽比3.1～3.4，食味品质分72～74分。

抗性：高抗稻瘟病，全群抗性频率92.9%，中B群、中C群的抗性频率分别为94.4%和100%，田间发病轻；感白叶枯病，对C4、C5菌群均表现感。抗寒性模拟鉴定孕穗期为中强、开花期为中；抗倒伏能力中等。

产量及适宜地区：2005年、2006年两年晚稻参加广东省区域试验，平均单产分别为6 919.5kg/hm^{2}和7 621.5kg/hm^2，比对照品种优优122分别增产0.1%和4.6%，增产均不显著。2006年晚稻参加广东省生产试验，平均单产7 354.5kg/hm^2。适宜广东省粤北稻作区和中北稻作区早稻、晚稻种植。

栽培技术要点：特别注意防治白叶枯病，白叶枯病常发区不宜种植。

天优806（Tianyou 806）

品种来源：广东省农业科学院水稻研究所用天丰A/广恢806配组育成，分别通过广东省（2006）和海南省（2008）农作物品种审定委员会审定。

形态特征和生物学特性：属感温型三系杂交稻品种。晚稻平均全生育期111 ~ 115d，比培杂双七迟熟3d，与丰优128相近。分蘖力中弱，植株矮壮，株型中集，着粒较密，株高94 ~ 97cm，穗长20.4 ~ 21.9cm，每穗总粒数132 ~ 141粒，结实率78.8% ~ 83.7%，千粒重23.9 ~ 26.2g。

品质特性：晚稻米质达到广东省标三级优质米标准，整精米率63.2% ~ 65.5%，垩白粒率22% ~ 25%，垩白度6.5% ~ 7.9%，直链淀粉含量23.2% ~ 23.8%，胶稠度54 ~ 58mm，糙米长宽比3.0 ~ 3.1，食味品质分76分。

抗性：抗稻瘟病，全群抗性频率94.0%，中B群、中C群的抗性频率分别为93.1%和95.6%；中感白叶枯病，对C4、C5菌群均表现中抗；后期耐寒力中等；抗倒伏能力强。

产量及适宜地区：2004年、2005年两年晚稻参加广东省区域试验，其中2004年平均单产7 149.0kg/hm^2，比对照品种培杂双七增产9.7%，2005年平均单产6 135.0kg/hm^2，比对照品种丰优128增产3.3%，2004年增产显著，2005年增产不显著。2005年晚稻生产试验，平均单产7 212.0kg/hm^2。适宜广东省粤北以外稻作区早稻、晚稻和海南省各市县早稻及其东部地区晚稻种植，沿海地区种植要注意防治白叶枯病。

栽培技术要点：①早稻轻施中期肥，晚稻重施中期肥。②控制有效穗数240万 ~ 270万穗/hm^2。③注意防治白叶枯病。

天优838（Tianyou 838）

品种来源：广东省农业科学院水稻研究所、广东省金稻种业有限公司用天丰A/辐恢838配组育成，2006年通过广东省农作物品种审定委员会审定。

形态特征和生物学特性：属感温型三系杂交稻品种。早稻平均全生育期125 ~ 126d，比培杂双七早熟2d。株型中集，分蘖力中弱，结实率偏低，谷粒有较长的芒，后期熟色好。株高97 ~ 104cm，穗长21.6 ~ 23.1cm，每穗总粒数129 ~ 140粒，结实率70.4%~ 71.9%，千粒重28.3 ~ 28.7g。

品质特性：早稻米质未达国标和广东省标优质米标准，整精米率45.5%，垩白粒率54%，垩白度25.6%，直链淀粉含量23.9%，胶稠度38mm，糙米长宽比3.0。

抗性：高抗稻瘟病，全群抗性频率93.2%，中C群、中B群的抗性频率分别为94.1%和96.3%；感白叶枯病，对C4、C5菌群分别表现感和中感；抗倒伏能力中强；耐寒力中弱。

产量及适宜地区：2005年、2006年两年早稻参加广东省区域试验，平均单产分别为6 457.5kg/hm^{2}和6 142.5kg/hm^2，比对照品种培杂双七分别增产10.3%和11.6%，2005年增产未达显著水平，2006年增产达显著水平。2006年早稻参加广东省生产试验，平均单产6 891.0kg/hm^2。适宜广东省中南稻作区和西南稻作区早稻、晚稻种植。

栽培技术要点：特别注意防治白叶枯病，并加强中后期肥水管理以提高结实率。

天优9918（Tianyou 9918）

品种来源：广东省农业科学院水稻研究所用天丰A/广恢9918配组育成，2009年通过广东省农作物品种审定委员会审定。

形态特征和生物学特性：属感温型三系杂交稻品种。晚稻平均全生育期106～109d，比粳籼89早熟3～5d。株型中集，分蘖力中强，剑叶短直，穗大粒多，着粒密。株高98～100cm，穗长21.5～21.7cm，每穗总粒数150～160粒，结实率80.6%～80.9%，千粒重22.6～23.5g。

品质特性：米质达到国标三级和广东省标二级优质米标准，整精米率66.4%～66.2%，垩白粒率16%～48%，垩白度4.3%～26.0%，直链淀粉含量20.7%～21.3%，胶稠度63～70mm，糙米长宽比3.0～3.2，食味品质分78～81分。

抗性：中抗稻瘟病，全群抗性频率93.8%，中B群、中C群的抗性频率分别为93.2%和97.1%，田间监测表现高抗叶瘟、中抗穗瘟；中感白叶枯病，对C4、C5菌群分别表现中感和感；耐寒性模拟鉴定结果孕穗期为中强、开花期为中；抗倒伏能力中。

产量及适宜地区：2007年、2008年两年晚稻参加广东省区域试验，平均单产分别为7 014.0kg/hm^{2}和7 077.0kg/hm^2，比对照品种粳籼89分别增产6.1%和11.2%，增产均达极显著水平。2008年晚稻参加广东省生产试验，平均单产6 654.0kg/hm^2，比对照品种粳籼89增产5.5%。适宜广东省除粤北以外的稻作区早稻、晚稻种植。

栽培技术要点：注意防治稻瘟病和白叶枯病。

天优998（Tianyou 998）

品种来源：广东省农业科学院水稻研究所用天丰A/广恢998配组育成，分别通过广东省（2004）、江西省（2005）和国家（2006）农作物品种审定委员会审定，2006年被农业部认定为超级稻品种，2006年入选主推超级稻品种，2006年被广东省认定为高新技术产品，2005—2012年入选广东省主导品种，2012年入选农业部主导品种。

形态特征和生物学特性：属感温型三系杂交稻品种。晚稻平均全生育期109 ~ 111d，与培杂双七相近。分蘖力中等，株型紧凑，叶片偏软。株高97 ~ 99cm，穗长21.2cm，每穗总粒数126 ~ 129粒，结实率80.9%，千粒重24.2 ~ 25.3g。

品质特性：晚稻米质达国标二级优质米标准，外观品质为一级，整精米率61.5% ~ 62.4%，垩白粒率10% ~ 35%，垩白度2.5% ~ 5.3%，直链淀粉含量21.5% ~ 22.43%，胶稠度58 ~ 65mm，糙米长宽比3.1 ~ 3.2。

抗性：抗稻瘟病，全群抗性频率89.1%，中C群、中B群的抗性频率分别为95.1%和83.7%，田间叶瘟发生中等偏轻，穗瘟发生轻微；对C4、C5菌群分别表现中抗和中感；抗倒伏能力和后期耐寒力均较强。

产量及适宜地区：2002年、2003年两年晚稻参加广东省区域试验，平均单产分别为6 609.0kg/hm^{2}和6 759.0kg/hm^2，比对照品种培杂双七分别增产6.4%和8.9%，增产分别达显著和极显著水平，日产量58.5kg/hm^2。适宜广东省各地早稻、晚稻种植，但粤北稻作区早稻根据生育期布局慎重选择使用。

栽培技术要点：①秧田播种量150 ~ 187.5kg/hm^2。②秧龄：早稻一般30d左右，晚稻一般18 ~ 20d。③插植穴数27万 ~ 30万穴/hm^2，基本苗60万苗/hm^{2}左右；抛秧栽培穴数一般要求不少于27万穴/hm^2，基本苗数达60万 ~ 75万苗/hm^2。④施足基肥、早施重施分蘖肥，生长后期注意看苗情补施保花肥。⑤浅水移栽、寸水活棵、薄水促分蘖，够苗晒田。⑥苗期要注意防治稻蓟马，分蘖成穗期注意防治螟虫、纵卷叶虫和飞虱。

天优航七（Tianyouhangqi）

品种来源：华南农业大学植物航天育种研究中心、广东省农业科学院水稻研究所用天丰A/航恢七号配组育成，2010年通过广东省农作物品种审定委员会审定。

形态特征和生物学特性：属感温型三系杂交稻品种。晚稻平均全生育期111～116d，比对照种优优122长3～5d。株型中集，分蘖力中，穗大粒多、着粒密。株高103～108cm，穗长20.3～20.9cm，每穗总粒数149～159粒，结实率81.2%～84.7%，千粒重24.9～25.3g。

品质特性：米质未达国标和广东省标优质米标准，整精米率68.2%～69.2%，垩白粒率27%～58%，垩白度11.0%～30.2%，直链淀粉含量26.0%～26.2%，胶稠度47～56mm，长宽比3.2～3.3，食味品质分71～76分。

抗性：中抗稻瘟病，全群抗性频率90.5%，中B群、中C群的抗性频率分别为90.2%和96.2%，田间监测表现高抗叶瘟，中抗穗瘟；感白叶枯病，对C4、C5菌群均表现高感，但田间监测结果白叶枯病发病轻；抗倒伏能力中强，耐寒性中。

产量及适宜地区：2006年、2008年两年晚稻参加广东省区域试验，平均单产分别为7 329.0kg/hm^{2}和7 192.5kg/hm^2，分别比对照品种优优122增产0.6%和减产1.4%，增、减产均不显著。2008年晚稻参加广东省生产试验，平均单产6 714.0kg/hm^2，比对照品种优优122增产7.7%。日产量63.0～64.5kg/hm^2。适宜广东省粤北稻作区和中北稻作区早稻、晚稻种植。

栽培技术要点：①注意防治稻瘟病和白叶枯病。②制种技术要点：父本比母本早播10～15d。

万金优133（Wanjinyou 133）

品种来源：广东海洋大学农业生物技术研究所、广东天弘种业有限公司用万金A/HR133配组育成，2006年通过广东省农作物品种审定委员会审定。

形态特征和生物学特性：属弱感光型三系杂交稻品种。晚稻平均全生育期114～116d，比博优122迟熟1～3d。分蘖力中等，株型中集，剑叶直，株高98～107cm，穗长23.7～24.0cm，每穗总粒数139～142粒，结实率84.1%～84.5%，千粒重25.5～27.4g。

品质特性：晚稻米质未达国标和广东省标优质米标准，整精米率60.6%～67.9%，垩白粒率29%～32%，垩白度9.3%～10.0%，直链淀粉含量23.5%～24.0%，胶稠度48～56mm，糙米长宽比3.1，食味品质分79～83分。

抗性：中感稻瘟病，全群抗性频率63.8%，中B群、中C群的抗性频率分别为58.6%和66.7%；中抗白叶枯病，对C4、C5菌群均表现中抗；后期耐寒力强；抗倒伏能力中弱。

产量及适宜地区：2004年、2005年两年晚稻参加广东省区域试验，平均单产分别为7 624.5kg/hm^{2}和6 912.0kg/hm^2，比对照品种博优122分别增产13.4%和9.5%，2004年增产极显著，2005年增产显著。2005年晚稻生产试验平均单产7 194.0kg/hm^2。适宜广东省除粤北以外的稻作区晚稻种植。

栽培技术要点：注意防治稻瘟病和防倒伏。

万金优2008（Wanjinyou 2008）

品种来源：广东海洋大学农业生物技术研究所、广东天弘种业有限公司用万金A/弘恢2008配组育成，2008年通过广东省农作物品种审定委员会审定。

形态特征和生物学特性：属弱感光型三系杂交稻品种。晚稻平均全生育期115～117d，比博优122、博优998分别迟熟2d和3d。株型中集，分蘖力中，穗大粒多，着粒密。株高105～109cm，穗长23.5～23.9cm，每穗总粒数151～158粒，结实率81.7%～83.0%，千粒重24.3～25.2g。

品质特性：晚稻米质达到广东省标三级优质米标准，整精米率61.4%～66.5%，垩白粒率28%～47%，垩白度7.6%～16.9%，直链淀粉含量23.5%～23.7%，胶稠度47～64mm，糙米长宽比3.3～3.5，食味品质分77～78分。

抗性：中感稻瘟病，全群抗性频率62.1%，中B群、中C群的抗性频率分别为45.9%和76.9%，田间表现高抗叶瘟、中感穗瘟；感白叶枯病，对C4、C5菌群均表现感；耐寒性模拟鉴定孕穗期、开花期均为中强；抗倒伏能力中弱。

产量及适宜地区：2006年、2007年两年晚稻参加广东省区域试验，其中2006年平均单产为7 138.5kg/hm^2，比对照品种博优122增产3.5%，2007年平均单产为7 362.0kg/hm^2，比对照品种博优998增产3.7%，两年增产均不显著；2007年晚稻参加广东省生产试验，平均单产7 222.5kg/hm^2，比对照品种博优998增产4.7%。适宜广东省除粤北以外的稻作区晚稻种植。

栽培技术要点：注意防治稻瘟病和白叶枯病。

万金优322（Wanjinyou 322）

品种来源：广东海洋大学农业生物技术研究所、广东天弘种业有限公司用万金A/HR322配组育成，2008年通过广东省农作物品种审定委员会审定。

形态特征和生物学特性：属弱感光型三系杂交稻品种。晚稻平均全生育期116～118d，比博优122迟熟3d。株型中集，分蘖力中弱，穗大粒多，着粒密，谷粒有较长的芒。株高107～108cm，穗长22.0～23.5cm，每穗总粒数141～149粒，结实率83.2%～86.1%，千粒重25.9g。

品质特性：晚稻米质达到广东省标三级优质米标准，整精米率61.2%～68.8%，垩白粒率26%～33%，垩白度4.6%～9.4%，直链淀粉含量22.6%～24.2%，胶稠度40～50mm，糙米长宽比2.9～3.2，食味品质分72～75分。

抗性：感稻瘟病，全群抗性频率39.8%，中B群、中C群的抗性频率分别为32.4%和53.9%，田间发病较重；感白叶枯病，对C4、C5菌群均表现感；耐寒性模拟鉴定孕穗期为中强，开花期为中弱；抗倒伏能力中弱。

产量及适宜地区：2005年、2006年两年晚稻参加广东省区域试验，平均单产分别为6 811.5kg/hm^{2}和7 195.5kg/hm^2，比对照品种博优122分别增产8.5%和4.4%，增产均未达显著水平；2006年晚稻参加广东省生产试验，平均单产7 293.0kg/hm^2。适宜广东省中南和西南稻作区的平原地区晚稻种植。

栽培技术要点：特别注意防治稻瘟病和白叶枯病，稻瘟病历史病区和白叶枯病常发区不宜种植。

五丰优128（Wufengyou 128）

品种来源：广东省农业科学院水稻研究所、广东省金稻种业有限公司用五丰A/广恢128配组育成，2006年通过广东省农作物品种审定委员会审定。

形态特征和生物学特性：属感温型三系杂交稻品种。早稻平均全生育期128～129d，与优优128相当。分蘖力中强，株型中集，剑叶较宽长，后期熟色好。株高104～108cm，穗长19.7～21.3cm，每穗总粒数123～151粒，结实率74.5%～83.3%，千粒重23.8～24.1g。

品质特性：早稻米质未达国标和广东省标优质米标准，整精米率51.2%，垩白粒率64%，垩白度29.7%，直链淀粉含量28.3%，胶稠度42mm，糙米长宽比2.5。

抗性：中抗稻瘟病，全群抗性频率69.5%，中C群、中B群的抗性频率分别为77.6%和44.5%；中感白叶枯病，对C4、C5菌群分别表现中感和感；抗倒伏能力中弱。

产量及适宜地区：2005年、2006年两年早稻参加广东省区域试验，平均单产分别为6 399.0kg/hm^{2}和6 204.0kg/hm^2，比对照品种优优128分别增产3.7%和2.5%，增产均未达显著水平。2006年早稻参加广东省生产试验，平均单产6 967.5kg/hm^2。适宜广东省粤北以外稻作区早稻、中南稻作区和西南稻作区晚稻种植。

栽培技术要点：注意防治稻瘟病、白叶枯病和防倒。

五丰优189（Wufengyou 189）

品种来源：广东省金稻种业有限公司用五丰A/金恢189配组育成，2009年通过广东省农作物品种审定委员会审定。

形态特征和生物学特性：属感温型三系杂交稻品种。早稻平均全生育期120～122d，比中9优207早熟4～5d。株型中集，分蘖力中强，有效穗多。株高95～96cm，穗长19.6cm，每穗总粒数129～143粒，结实率79.0%～79.2%，千粒重22.6～22.8g。

品质特性：米质未达国标和广东省标优质米标准，整精米率42.8%～61.0%，垩白粒率62%～77%，垩白度26.8%～37.2%，直链淀粉含量23.2%～24.9%，胶稠度56～58mm，糙米长宽比2.9～3.1，食味品质分72～74分。

抗性：抗稻瘟病，全群抗性频率94.9%，中C群、中B群的抗性频率分别为96.0%和92.1%，田间监测结果为高抗叶瘟、中抗穗瘟；中感白叶枯病，对C4、C5菌群分别感和抗；耐寒性模拟鉴定孕穗期为强、开花期为中强；抗倒伏能力强。

产量及适宜地区：2007年、2008年两年早稻参加广东省区域试验，平均单产分别为6 403.5kg/hm^{2}和6 415.5kg/hm^2，比对照品种中9优207分别减产0.9%和4.3%，减产均不显著；2008年早稻参加广东省生产试验，平均单产6 556.5kg/hm^2，比对照品种中9优207减产1.1%。适宜广东省粤北稻作区和中北稻作区早稻、晚稻种植。

栽培技术要点：注意防治稻蓟马等病虫害。

五丰优2168（Wufengyou 2168）

品种来源：广东省农业科学院水稻研究所、广东省金稻种业有限公司用五丰A/广恢2168配组育成，2008年通过广东省农作物品种审定委员会审定。

形态特征和生物学特性：属感温型三系杂交稻品种。晚稻平均全生育期107～108d，比丰优128、粳籼89分别早熟5d和4d。株型集，分蘖力中，剑叶宽直。株高96～102cm，穗长21.2～22.4cm，每穗总粒数125～144粒，结实率80.8%～81.0%，千粒重27.6～28.8g。

品质特性：晚稻米质达到国标和广东省标二级优质米标准，整精米率64.4%～65.2%，垩白粒率9%～19%，垩白度2.9%～4.2%，直链淀粉含量16.2%，胶稠度72mm，糙米长宽比2.9～3.0，食味品质分81～82分。

抗性：高抗稻瘟病，全群抗性频率97.4%，中B群、中C群的抗性频率分别为95.1%和100%，田间表现高抗叶瘟和穗瘟；感白叶枯病，对C4、C5菌群分别表现高感和感，但田间发病轻；耐寒性模拟鉴定孕穗期为中弱、开花期为弱；抗倒伏能力中。

产量及适宜地区：2006年、2007年两年晚稻参加广东省区域试验，平均单产分别为6 537.0kg/hm^{2}和7 221.0kg/hm^2，2006年比对照品种丰优128增产0.2%，增产不显著，2007年比对照品种粳籼89增产9.2%，增产达极显著水平。2007年晚稻参加广东省生产试验，平均单产6 960.0kg/hm^2，比对照品种粳籼89增产1.2%。适宜广东省中南和西南稻作区的平原地区早稻、晚稻种植。

栽培技术要点：注意防治白叶枯病。

五丰优316（Wufengyou 316）

品种来源：广东省汕头市农业科学研究所、广东省农业科学院水稻研究所用五丰A/汕恢316配组育成，2006年通过广东省农作物品种审定委员会审定。

形态特征和生物学特性：属感温型三系杂交稻品种。早稻平均全生育期123 ~ 124d，比中9优207早熟2d。分蘖力中等，株型中集，后期熟色好。株高101cm，穗长21.5cm，穗大粒多，着粒密，每穗总粒数161.0粒，结实率87.2%，千粒重22.3g。

品质特性：早稻米质未达国标和广东省标优质米标准，外观品质为一级，整精米率51.2%，垩白粒率16%，垩白度4%，直链淀粉含量13%，胶稠度85mm，糙米长宽比2.8。

抗性：中感稻瘟病，全群抗性频率60.2%，中C群、中B群的抗性频率分别为70.2%和22.2%，田间发病轻；感白叶枯病，对C4、C5菌群分别表现中感和高感；抗倒伏能力较弱。

产量及适宜地区：2004年、2005年两年早稻参加广东省区域试验，其中2004年平均单产为7 921.5kg/hm^2，比对照品种华优8830增产8.3%，2005年平均单产为7 032.0kg/hm^2，比对照品种中9优207增产11.9%，两年增产均未达显著水平。适宜广东省各稻作区早稻、晚稻种植。

栽培技术要点：①合理密植，插基本苗120万苗/hm^2。②施足基肥，早施重施前期肥，适时适量施好促花、保花肥。③注意防治稻瘟病、白叶枯病。

五丰优998（Wufengyou 998）

品种来源：广东省农业科学院水稻研究所用五丰A/广恢998配组育成，2004年通过广东省农作物品种审定委员会审定。

形态特征和生物学特性：属感温型三系杂交稻品种。早稻平均全生育期122d，比优优4480迟熟3～5d。株型紧凑，分蘖力中等，有效穗多。株高97～100cm，穗长21.0cm，每穗总粒数127～130粒，结实率84.4%～85.6%，千粒重23.3g。

品质特性：稻米外观品质为早稻一级至二级，整精米率47.7%，垩白粒率2%～16%，垩白度0.1%～2.4%，直链淀粉含量11.2%～12.4%，胶稠度90～93mm，糙米长宽比2.7～2.8。

抗性：中感稻瘟病和白叶枯病，抗倒伏能力较弱。

产量及适宜地区：2002年、2003年两年早稻参加广东省区域试验，平均单产分别为7 512.0kg/hm^{2}和7 150.5kg/hm^2，比对照品种优优4480分别增产14.5%和11.2%，增产均达极显著水平。日产量58.5～61.5kg/hm^2。适宜广东省各地早稻、晚稻种植。

栽培技术要点：①秧田播种量150～187.5kg/hm^2。②秧龄早稻30d左右，晚稻18～20d。③插植穴数27万～30万穴/hm^2，基本苗数60万苗/hm^{2}左右，抛秧栽培穴数一般不少于27万穴/hm^2，基本苗达60万～75万苗/hm^2。④施足基肥、早施重施分蘖肥，生长后期注意看苗情补施保花肥。⑤浅水移栽、寸水活棵、薄水促分蘖，够苗晒田。⑥注意防治稻瘟病和白叶枯病以及稻蓟马、螟虫、纵卷叶虫和飞虱，在见穗期特别注意稻瘟病防治。

五优308（Wuyou 308）

品种来源：广东省农业科学院水稻研究所用五丰A/广恢308配组育成，分别通过广东省（2006）和国家（2008）农作物品种审定委员会审定，2010年被农业部认定为超级稻品种，2010年入选主推超级稻品种，2010—2012年入选广东省主导品种。

形态特征和生物学特性：属感温型三系杂交稻品种。早稻平均全生育期125～127d，与中9优207相当。株型中集，分蘖力中强，有效穗多，剑叶短小，穗大粒多，后期熟色好。株高91～102cm，穗长19.7～21.3cm，每穗总粒数140～147粒，结实率76.7%～78.2%，千粒重22.2～23.8g。

品质特性：早稻米质未达国标和广东省标优质米标准，直链淀粉含量25.6%，胶稠度72mm，糙米长宽比2.8。

抗性：高抗稻瘟病，全群抗性频率93.2%，中C群、中B群的抗性频率分别为100%和92.6%；感白叶枯病，对C4、C5菌群分别表现中感和高感；抗倒伏能力中强。

产量及适宜地区：2005年、2006年两年早稻参加广东省区域试验，平均单产分别为7 368.0kg/hm^{2}和6 579.0kg/hm^2，比对照品种中9优207分别增产17.3%和13.8%，增产均达显著水平；2006年早稻参加广东省生产试验，平均单产6 723.0kg/hm^2。适宜广东省粤北稻作区、中北稻作区早稻、晚稻种植以及江西省、湖南省、浙江省、湖北省和安徽省长江以南的稻瘟病、白叶枯病轻发的双季稻区晚稻种植。

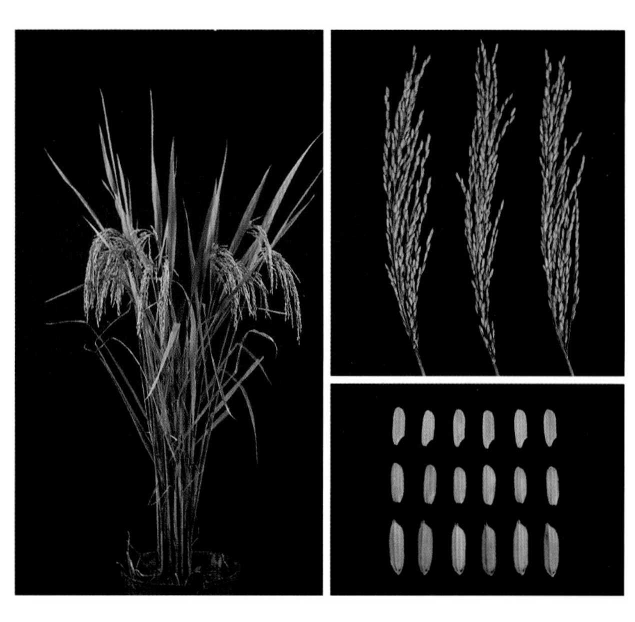

栽培技术要点：特别注意防治白叶枯病。

协优3550（Xieyou 3550）

品种来源：广东省农业科学院水稻研究所用协青早A/R3550（青四矮16/IR54）配组育成，1992年通过广东省农作物品种审定委员会审定。

形态特征和生物学特性：属弱感光型三系杂交稻品种。晚稻全生育期130d，茎秆坚实，耐肥，抗倒伏，株型紧凑，叶片厚直、微卷、呈瓦筒形，不易披雾，前期植株较矮，孕穗期开始升高较快，分蘖力强，穗大粒多，熟色好。株高95 ~ 100cm，有效穗255万~ 270万穗/hm^2，每穗总粒数120 ~ 140粒，结实率84.0%，千粒重26.0 ~ 27.0g。

品质特性：稻米外观品质为晚稻三级。

抗性：稻瘟病全群抗性频率为80.8%，中B群为72.4%，感白叶枯病（7级），中感细菌性条斑病。

产量及适宜地区：1988年、1989年两年晚稻参加广东省区域试验，平均单产5 799.0kg/hm^2和7 686.0kg/hm^2，比对照品种汕优桂44分别增产10.8%和15.6%，增产均达极显著水平。适宜广东省中南部地区作晚稻种植，尤其以中上肥力地区更能发挥其种性优势。

栽培技术要点：①施肥原则“前重、后轻、中补”，做到早施分蘖肥，增加低位分蘖和有效穗，在施足基肥的基础上，早施重施第一次分蘖肥，插后4 ~ 6d重视分蘖肥，中期看禾相补施薄施保蘖、增穗肥。②中期晒田不宜过重，后期干干湿湿，保持根系活力，防止叶片早衰，提高充实度。③生长后期注意防治细菌性条斑病、白叶枯病。④制种特别注意父本生育期较长、叶龄变化较大，影响花期相遇和产量的提高，重点抓好合理施肥、适时适量喷好赤霉素和人工辅助授粉，以及合理排灌和防治病虫害等。

宜香3003（Yixiang 3003）

品种来源：中国中种集团绵阳水稻种业有限公司用宜香1A/宜恢3003配组育成，2006年通过广东省农作物品种审定委员会审定。

形态特征和生物学特性：属感温型三系杂交稻品种。晚稻平均全生育期111 ~ 113d，比培杂双七迟熟1 ~ 2d。分蘖力中等，叶片较大，穗长但着粒疏，粒长、大。株高105 ~ 112cm，穗长24.4 ~ 25.0cm，每穗总粒数111粒，结实率81.1%，千粒重30.5 ~ 30.8g。

品质特性：晚稻米质未达国标和广东省标优质米标准，整精米率57.0% ~ 67.9%，垩白粒率6% ~ 24%，垩白度0.9% ~ 10.6%，直链淀粉含量13.5% ~ 17.8%，胶稠度77 ~ 85mm，糙米长宽比3.1。

抗性：中抗稻瘟病，全群抗性频率64.3%，中B群、中C群的抗性频率分别为41.2%和65.3%；感白叶枯病，对C4、C5菌群均表现高感；抗倒伏能力弱，后期耐寒力中等。

产量及适宜地区：2003年、2004年两年晚稻参加广东省区域试验，平均单产分别为6 282.0kg/hm^{2}和6 730.5kg/hm^2，比对照品种培杂双七分别增产2.0%和3.2%，增产均不显著。2005年晚稻生产试验平均单产6 859.5kg/hm^2。适宜广东省各稻作区晚稻、粤北以外稻作区早稻种植。

栽培技术要点：①插植秧龄不宜超过5叶龄。②注意防治稻瘟病、白叶枯病和防倒。

宜优673（Yiyou 673）

品种来源：福建省农业科学院水稻研究所用宜香1A/福恢673配组育成，由广东田联种业有限公司申请审定，2009年通过广东省农作物品种审定委员会审定。

形态特征和生物学特性：属感温型三系杂交稻品种。晚稻全生育期110 ~ 113d，比粳籼89早熟1 ~ 3d。植株高大，株型中集，叶较宽、长，分蘖力中。株高118 ~ 121cm，穗长25.8 ~ 26.3cm，每穗总粒数128 ~ 137粒，结实率77.1% ~ 77.6%，千粒重30.4 ~ 30.6g。

品质特性：米质未达国标和广东省标优质米标准，整精米率62.4% ~ 63.4%，垩白粒率33% ~ 62%，垩白度14.7% ~ 32.9%，直链淀粉含量15.0% ~ 15.8%，胶稠度83 ~ 90mm，糙米长宽比3.1，食味品质分78 ~ 79分。

抗性：高抗稻瘟病，全群抗性频率94.5%，中B群、中C群的抗性频率分别为89.2%和97.1%，田间监测表现高抗叶瘟和穗瘟；中感白叶枯病，对C4、C5菌群均表现中感；抗倒伏能力中弱；耐寒性模拟鉴定结果孕穗期和开花期均为中。

产量及适宜地区：2007年、2008年两年晚稻参加广东省区域试验，平均单产分别为6 897.0kg/hm^{2}和6 850.5kg/hm^2，比对照品种粳籼89分别增产3.1%和7.6%，2007年增产不显著，2008年增产显著。2008年晚稻参加广东省生产试验，平均单产6 573.0kg/hm^2，比对照品种粳籼89增产4.2%。适宜广东省除粤北以外的稻作区早稻、晚稻种植。

栽培技术要点：注意防倒伏。

优优122（Youyou 122）

品种来源：广东省农业科学院水稻研究所用优IA/广恢122配组育成，分别通过广东省（1998）和国家（2001）农作物品种审定委员会审定。

形态特征和生物学特性：属感温型三系杂交稻品种。全生育期早稻126d，晚稻106d，株高95～107cm，叶片窄直，分蘖力较强，每穗总粒数123～144粒，结实率82.4%～85.8%，千粒重25.0g。

品质特性：稻米外观品质为早稻二级，糙米率82.7%，精米率75.3%，糙米长宽比2.9，直链淀粉含量21.9%，胶稠度45mm，蛋白质11.8%，米饭软硬适中。

抗性：高抗稻瘟病，全群抗性频率98.0%，中C群97.4%；感白叶枯病（7级）；抗倒伏能力中等。

产量及适宜地区：1996年、1997年两年早稻参加广东省区域试验，单产分别为7 195.5kg/hm^{2}和7 314.0kg/hm^2，比对照品种汕优96分别增产5.0%和12.5%，1996年增产不显著，1997年增产极显著。适宜广东省粤北稻作区晚稻种植，中北稻作区早稻、晚稻种植以及广西、海南、福建省南部双季稻区早稻种植。

栽培技术要点：①安排好播插期，根据各地的安全抽穗期，特别是在粤北如作晚稻栽培，一定要早播早插以便能于9月20日前齐穗。②疏播、匀播培育分蘖壮秧，秧田播种量150～187.5kg/hm^{2}为宜，秧龄早稻不超过30d，晚稻不超过20d。③合理密植，插足基本苗，一般插秧规格为20cm×16.7cm，插植基本苗不少于60万苗/hm^2，抛秧穴数不少于27万～30万穴/hm^2。④早施重施分蘖肥，促进分蘖早生快发，结合土壤条件，施肥状况、禾苗生长状态和天气状况，正确施用穗肥。⑤实行“浅、露、活、晒”相结合的管水方法，做到浅水移栽，寸水活苗，薄水分蘖，够苗晒田相结合。

优优128（Youyou 128）

品种来源：广东省农业科学院水稻研究所用优IA/广恢128配组育成，1999年分别通过广东省和国家农作物品种审定委员会审定。

形态特征和生物学特性：属感温型杂交稻品种。早稻种植全生育期130d，与汕优63相同。分蘖力中等，生长壮旺，茎秆粗壮，株高107～114cm，有效穗300万穗/hm^2，每穗总粒数133～139粒，结实率82.0%，千粒重25.0g。

品质特性：稻米外观品质为早稻三级，直链淀粉含量27.9%。

抗性：高抗稻瘟病，全群抗性频率98%，中C群为100%；感白叶枯病（7级），耐肥，抗倒伏。

产量及适宜地区：1996年、1997年两年早稻参加广东省区域试验，单产分别为7 128.0kg/hm^2和6 990.0kg/hm^2，比对照品种汕优63分别增产8.5%和6.7%，1996年增产极显著，1997年增产不显著。适宜广东省除粤北以外的地区早稻种植。

栽培技术要点：①稀播匀播培育分蘖壮秧，秧田播种量150～187.5kg/hm^2，秧龄为30d。②合理密植，插足基本苗，插植规格一般20cm×16.7cm，插植苗数60万苗/hm^2为宜，抛秧栽培穴数不少于27万穴/hm^2，基本苗60万～75万苗/hm^2。③早施重施分蘖肥，促进分蘖早生快发，结合土壤条件，施肥状况，禾苗生长状况和天气状况，正确施用穗肥。④实行"浅、露、活、晒"相结合的管水方法，做到浅水移植，寸水活苗，薄水分蘖，够苗晒田相结合。

优优308（Youyou 308）

品种来源：广东省农业科学院水稻研究所用优I A/广恢308配组育成，2005年通过广东省农作物品种审定委员会审定。

形态特征和生物学特性：属感温型三系杂交稻品种。早稻全生育期122d，比优优4480迟熟3 ~ 5d。分蘖力较强，株型集散适中。株高96 ~ 99cm，穗长21.3cm，每穗总粒数132粒，结实率78.4% ~ 84.3%，千粒重24.0g。

品质特性：稻米外观品质为早稻二级，整精米率40.4%，垩白粒率4% ~ 50%，垩白度0.4% ~ 15.0%，直链淀粉含量18.9% ~ 23.1%，胶稠度73mm，糙米长宽比2.6。

抗性：抗稻瘟病，全群抗性频率80.9%，中C群、中B群的抗性频率分别为91.3%和72.4%，不抗中A群，田间穗瘟发生轻微；中感白叶枯病，对C4、C5菌群分别表现中感和感；抗倒伏能力较弱。

产量及适宜地区：2002年、2003年两年早稻参加广东省区域试验，平均单产分别为7 431.0kg/hm^{2}和7 227.0kg/hm^2，比对照品种优优4480分别增产13.3%和12.4%，增产均达极显著水平。2004年早稻生产试验平均单产7 653.0kg/hm^2。适宜广东省各地早稻、晚稻种植。

栽培技术要点：①播种期早稻2月下旬至3月上旬，晚稻7月上旬至7月中旬。②本田用种量15kg/hm^{2}左右，稀播培育分蘖壮秧。③早稻秧龄25 ~ 30d或5叶龄，晚稻秧龄16d左右或5叶龄，抛秧3 ~ 4叶龄为宜。④一般插植穴数27万 ~ 30万穴/hm^2，插基本苗90万 ~ 120万苗/hm^2，抛秧穴数27万穴/hm^{2}左右。⑤注意防治白叶枯病和防倒伏，及时防治螟虫、稻纵卷叶螟和稻飞虱等。

优优316（Youyou 316）

品种来源：广东省汕头市农业科学研究所用优IA/汕恢316配组育成，2006年通过广东省农作物品种审定委员会审定。

形态特征和生物学特性：属感温型三系杂交稻品种。早稻平均全生育期125 ~ 126d，比华优8830迟熟3d，与培杂双七相当。分蘖力中等，株型中集，茎秆粗壮，后期熟色好。株高104 ~ 106cm，穗长21.8 ~ 23.2cm，穗大粒多，着粒密，每穗总粒数154粒，结实率85.4%，千粒重23.3g。

品质特性：早稻米质未达国标和广东省标优质米标准，外观品质为早稻二级，整精米率45.8%，垩白粒率11%，垩白度3.3%，直链淀粉含量12.7%，胶稠度83mm，糙米长宽比2.8。

抗性：中抗稻瘟病，抗白叶枯病，抗倒伏能力中强。

产量及适宜地区：2004年、2005年两年早稻参加广东省区域试验，其中2004年平均单产为7 999.5kg/hm^2，比对照品种华优8830增产9.4%，2005年平均单产为6 091.5kg/hm^2，比对照品种培杂双七增产6.4%，两年增产均未达显著水平。适宜广东省各稻作区晚稻、粤北以外稻作区早稻种植。

栽培技术要点：①早稻叶龄7.0片 ±0.5片时移植，秧龄约40d。②插基本苗120万苗/hm^2。③施足基肥，早施重施前期肥，适时适量施好促花、保花肥。④注意防治稻瘟病。

优优3550（Youyou 3550）

品种来源：广东省茂名市农业局杂优站用优IA/R3550配组育成，1999年通过广东省农作物品种审定委员会审定。

形态特征和生物学特性：属弱感光型晚稻杂交稻品种。晚稻种植全生育期122d，比博优64迟熟2d。分蘖力较弱，株型集散适中，茎秆粗壮，穗大粒多。株高83～95cm，每穗总粒数133～148粒，结实率77%～83%，千粒重24.0g。

品质特性：稻米外观品质为晚稻三级。

抗性：高抗稻瘟病，全群抗性频率94.0%，中C群抗性频率为100%，高感白叶枯病（9级）；抗倒伏能力及后期耐寒力均较强。

产量及适宜地区：1993年、1995年两年晚稻参加广东省区域试验，单产分别为6 496.5kg/hm^{2}和6 387.0kg/hm^2，比对照品种博优64分别增产5.4%和3.5%，增产均不显著，两年均名列第一位。适宜广东省中南部地区晚稻种植。

栽培技术要点：①培育分蘖壮秧，秧田播种量150kg/hm^2，秧苗长出1.5～2片真叶期喷一次150mg/kg多效唑，促进秧苗矮壮多蘖。②本田期施肥量150～180kg/hm^2，前、中、后期施肥比例6.5：2：1.5，氮、磷、钾比例为1：0.5：0.8。③前期浅水促分蘖，够苗露田控制无效分蘖，中期干多湿少促分化，灌浆后期严防断水过早影响充实度。④注意防治病虫害，特别注意防治前期的纹枯病和后期的白叶枯病。

优优4480（Youyou 4480）

品种来源：广东省农业科学院水稻研究所用优IA/R4480配组育成，1997年通过广东省农作物品种审定委员会审定。

形态特征和生物学特性：属感温型杂交稻品种。全生育期早稻122～123d，与汕优64相同，株高91～98cm，叶片窄直，叶色深绿，叶鞘及稃尖紫色，茎秆坚硬，分蘖力较弱，每穗总粒数135～145粒，结实率81%～85%，千粒重23.0g。

品质特性：稻米外观品质为早稻二级，饭味较好，糙米率79.2%，精米率70.0%，整精米率44.5%，糙米长宽比2.45，垩白粒率40%，垩白度38.3%，直链淀粉含量23.6%，糙米蛋白质含量8.4%。

抗性：高抗稻瘟病，全群抗性频率100%，高感白叶枯病（9级）；抗倒伏能力较强。

产量及适宜地区：1994年、1995年两年早稻参加广东省区域试验，单产分别为6 357.0kg/hm^2和6 298.5kg/hm^2，1994年比对照品种汕优64增产0.3%。适宜广东省北部和东北部地区作早稻、晚稻种植。

栽培技术要点：①早稻种植优于晚稻，秧田播种量150～187.5kg/hm^2。②适时播种，及时插植，确保安全抽穗，避免高低温对开花灌浆的影响，早稻秧龄30d为宜，晚稻18～20d。③早施重施分蘖肥。④实行“浅、露、活、晒”相结合的管水方法，做到浅水移栽，寸水活苗，薄水分蘖，够苗晒田。⑤注意防治白叶枯病。

优优998（Youyou 998）

品种来源：广东省农业科学院水稻研究所用优IA/广恢998配组育成，2003年分别通过广东省和国家农作物品种审定委员会审定。

形态特征和生物学特性：属感温型三系杂交稻品种。早稻平均全生育期125d左右，分别比汕优96、优优4480迟熟4d和5d。株型集散适中，株高102cm，分蘖力较强，有效穗285万穗/hm^2，穗长22.0cm，每穗总粒数141.0粒，结实率86.2%，千粒重24.4g。

品质特性：稻米外观品质为早稻三级，整精米率69.7%，糙米长宽比2.8，垩白粒率28%，垩白度6.2%，直链淀粉含量22.1%，胶稠度52mm。

抗性：稻瘟病全群抗性频率62.9%，中C、中B群抗性频率分别为62.3%和33.3%；中感白叶枯病。

产量及适宜地区：2000年、2001年两年早稻参加广东省区域试验，其中2000年平均单产为7 594.5kg/hm^2，比对照品种汕优96增产11.9%，2001年平均单产为6 711.0kg/hm^2，比对照品种优优4480增产11.4%，两年增产均达极显著水平。日产量61.5kg/hm^2。适宜广东省除粤北以外的地区早稻种植以及海南省、广西壮族自治区中南部、福建省南部双季稻区稻瘟病和白叶枯病轻发区早稻种植。

栽培技术要点：①疏播匀播，培育分蘖壮秧，秧田播种量150 ～ 187.5kg/hm^2。②适时播种，及时移植，早稻秧龄30d左右为宜。③合理密植，插足基本苗，一般插植规格16.7cm× 20cm，插基本苗90万苗/hm^{2}为宜。④施足基肥，早施重施分蘖肥，促进分蘖早生快发，后期酌施穗肥。⑤实行“浅、露、活、晒”相结合的管理方法，做到浅水移栽，寸水活苗，薄水分蘖，够苗晒田相结合。⑥特别注意防治稻瘟病。

优优晚3（Youyouwan 3）

品种来源：湛江杂优研究中心用优IA/晚3配组育成，1999年通过广东省农作物品种审定委员会审定。

形态特征和生物学特性：属感温型杂交稻品种。早稻种植全生育期123d，与优优4480和汕优96相近，分蘖力中等，叶直，株型紧凑，株高100 ~ 105cm，每穗总粒数125 ~ 129粒，结实率79% ~ 84%，千粒重27.0g。

品质特性：稻米外观品质为早稻三级。

抗性：高抗稻瘟病，全群抗性频率98.3%，中C群抗性频率为97.0%，中抗白叶枯病(3级)；抗倒伏能力较差。

产量及适宜地区：1995年、1996年两年早稻参加广东省区域试验，单产分别为6 283.5kg/hm^{2}和7 089.0kg/hm^2，1995年比对照品种优优4480减产0.2%，减产不显著；1996年比对照品种汕优96增产3.4%，增产不显著。适宜广东省北部和东北部地区早稻种植。

栽培技术要点：①适时播种，秧田播种量150kg/hm^2，培育适龄分蘖壮秧。②适施氮肥，增施磷、钾肥。③中期露晒田，后期干干湿湿，以防倒伏。

玉两优16（Yuliangyou 16）

品种来源：广东省农业科学院水稻研究所用玉S/N16（广超6号/七秀占）配组育成，2008年通过广东省农作物品种审定委员会审定。

形态特征和生物学特性：属感温型两系杂交稻品种。早稻平均全生育期129d，与优优128相同。分蘖力中等，株型集，剑叶短直。株高103～109cm，穗长21.4～23.1cm，每穗总粒数143.0粒，结实率85.1%，千粒重23.1g。

品质特性：早稻米质达到国标三级优质米标准，整精米率55.0%，垩白粒率20%，垩白度5%，直链淀粉含量22.2%，胶稠度76mm，糙米长宽比3.0。

抗性：中抗稻瘟病，全群抗性频率72.0%，中C群、中B群的抗性频率分别为73.2%和55.6%，田间发病轻；中感白叶枯病，对C4、C5菌群分别表现中抗和感；耐寒性模拟鉴定孕穗期为弱、开花期为中弱；抗倒伏能力中强。

产量及适宜地区：2004年、2005年两年早稻参加广东省区域试验，平均单产分别7 635.0kg/hm^{2}和5 841.0kg/hm^2，2004年比对照品种培杂双七增产2.6%，2005年比对照品种优优128减产5.3%，增减产均不显著；2005年早稻参加广东省生产试验，平均单产6 861.0kg/hm^2。适宜广东省中南和西南稻作区的平原地区早稻、晚稻种植。

栽培技术要点：注意防治稻瘟病和白叶枯病。

玉两优28（Yuliangyou 28）

品种来源：广东省农业科学院水稻研究所用玉S/N28配组育成，2010年通过广东省农作物品种审定委员会审定。

形态特征和生物学特性：属感温型两系杂交稻品种。早稻平均全生育期129～132d，与优优128相当。株型适中，分蘖力中强，有效穗多，后期熟色好。株高109cm，穗长19.9～21.1cm，有效穗271.5万～295.5万穗/hm^2，每穗总粒数115～138粒，结实率83.1%～88.1%，千粒重22.3～24.2g。

品质特性：米质未达国标和广东省标优质米标准，整精米率56.5%，垩白粒率68%，垩白度31.6%，直链淀粉含量25.9%，胶稠度36mm，食味品质分66分。

抗性：中抗稻瘟病，中B群、中C群和全群抗性频率分别为92.5%、90.0%、92.4%，病圃鉴定穗瘟5级，叶瘟3.3级；中抗白叶枯病；抗倒伏能力、耐寒性均为中。

产量及适宜地区：2008年早稻参加广东省区域试验，平均单产6 576.0kg/hm^2，比对照品种优优128增产4.38%，增产不显著；2009年早稻复试，平均单产7026.0，比对照品种优优128减产2.6%，减产不显著。生产试验平均单产7 378.5kg/hm^2，比对照品种优优128增产1.5%。日产量51.0～54.0kg/hm^2。适宜广东省除粤北以外的稻作区早稻、晚稻种植。

栽培技术要点：①注意防治稻瘟病。②制种技术要点：父本分两期播种，第一期比母本早1d，两期父本间隔以4～5d为宜。

粤两优26（Yueliangyou 26）

品种来源：广东华茂高科种业有限公司、广东省农业科学院水稻研究所用GD-5S/茂恢26配组育成，2009年通过广东省农作物品种审定委员会审定。

形态特征和生物学特性：属感温型两系杂交稻品种。早稻平均全生育期126～128d，比中9优207迟熟1～2d。株型中集，分蘖力中等，后期熟色好。株高102～103cm，穗长20.9～21.0cm，每穗总粒数123～137粒，结实率76.4%～77.3%，千粒重26.4～26.6g。

品质特性：米质未达国标和广东省标优质米标准，整精米率30.2%～65.6%，垩白粒率23%～76%，垩白度9.4%～27.2%，直链淀粉含量27.7%～29.4%，胶稠度44～47mm，糙米长宽比3.0，食味品质分71～75分。

抗性：中抗稻瘟病，全群抗性频率87.2%，中C群、中B群的抗性频率分别为98.0%和65.8%，田间监测结果表现抗叶瘟、中感穗瘟；中抗白叶枯病，对C4、C5菌群分别表现中感和高抗；耐寒性模拟鉴定孕穗期、开花期均为中强；抗倒伏能力强。

产量及适宜地区：2007年、2008年两年早稻参加广东省区域试验，平均单产分别为6 813.0kg/hm^{2}和6 465.0kg/hm^2，比对照品种中9优207分别增产8.9%和减产0.1%，增、减产均未达显著水平。2008年早稻参加广东省生产试验，平均单产6 426.0kg/hm^2，比对照品种中9优207减产3.1%。适宜广东省粤北稻作区和中北稻作区早稻、晚稻种植。

栽培技术要点：注意防治稻瘟病。

粤优239（Yueyou 239）

品种来源：广东省肇庆市农业科学研究所用粤泰A/R239配组育成，2003年通过广东省农作物品种审定委员会审定。

形态特征和生物学特性：属红莲型感温三系杂交稻品种。早稻全生育期128d左右，与汕优63相当；植株较高，达108cm，分蘖力中等，有效穗280.5万穗/hm^2，穗长20.2cm，每穗总粒数139.0粒，结实率82.6%～87.4%，千粒重23.8～25.5g。

品质特性：稻米外观品质为早稻二级，整精米率52.8%，垩白粒率50%，垩白度10%，直链淀粉含量18%，胶稠度62mm，糙米长宽比为2.7。

抗性：抗稻瘟病，全群、中B群、中C群抗性频率分别为96.9%、77.8%和96.3%，高感白叶枯病（9级）；抗倒伏能力较弱。

产量及适宜地区：1999年、2002年两年早稻参加广东省区域试验，单产分别为7 288.5kg/hm^2和7 156.5kg/hm^2，1999年比对照品种汕优63增产2.9%，2002年比对照品种培杂双七增产2.8%，增产均不显著。日产量55.5～57.0kg/hm^2。适宜广东省除粤北以外的地区早稻种植，不适宜晚稻种植。

栽培技术要点：①要求稀播、匀播培育壮秧，秧田播种量157.5～172.5kg/hm^2，种子用三氯异氰尿酸浸种消毒和打破种子休眠，减少苗期病害促使出苗整齐，早稻秧龄为30d左右，培育分蘖状秧。②插植穴数30万穴/hm^2，基本苗780万苗/hm^2左右，抛秧栽培穴数不少于27万穴/hm^2，基本苗75万～82.5万苗/hm^2。③施足基肥，早施、重施分蘖肥，后期看苗补施穗肥，合理搭配氮、磷、钾，避免偏施氮肥。④浅水栽插、深水回青、浅水分蘖、后期够苗及时露田或轻度晒田，提高品种增产潜力。⑤注意防治白叶枯病、稻曲病和螟虫、稻纵卷叶虫、稻飞虱，秧苗期防治烂秧，后期防倒伏。

粤优8号（Yueyou 8）

品种来源：广东省连山县农业科学研究所用粤泰A/R8号配组育成，2001年通过广东省农作物品种审定委员会审定。

形态特征和生物学特性：属感温型杂交稻品种。早稻全生育期130d，株高约103cm，分蘖力强，叶片窄直，有效穗约285万穗/hm^2，穗长约23.0cm，每穗总粒数118 ~ 135粒，结实率约81.0%，千粒重27.0g。

品质特性：稻米外观品质为早稻一级，饭软硬适中，饭味好。

抗性：高抗稻瘟病，全群抗性频率97.0%，中C群抗性频率为94.7%，感白叶枯病（7级）；抗倒伏能力稍弱。

产量及适宜地区：1996年、1997年两年早稻参加广东省杂交稻区域试验，单产分别为6 988.5kg/hm^{2}和7 014.0kg/hm^2，比对照品种汕优96分别增产1.9%和7.9%，1996年增产不显著，1997年增产极显著。日产量约52.5kg/hm^2。适宜广东省中南部地区早稻种植，不适宜晚稻种植。

栽培技术要点：①适时播种，培育分蘖壮秧，掌握合适秧龄期适时移栽。②施足面层肥，及时追施攻蘖肥，合理搭配氮、磷、钾，避免偏施氮肥。③生长后期注重露田，轻度晒田，预防大风吹倒。④及时防治病虫害，注重扬花至乳熟期施用对口农药防稻曲病。插足基本苗，加大行比。

粤杂122（Yueza 122）

品种来源：广东省农业科学院水稻研究所用GD-1S/广恢122配组育成，2001年通过广东省农作物品种审定委员会审定。

形态特征和生物学特性：属感温型两系杂交稻品种。全生育期早稻约125d，晚稻112d。株高97cm，前期早生快发，中后期茎叶挺直，株型集直，分蘖力较弱，成穗率高，有效穗约270万穗/hm^2，穗长22.0cm，每穗总粒数129.0粒，结实率77.9%，千粒重24.6g。

品质特性：稻米外观品质为晚稻二级，整精米率为61.3%，垩白度12.7%，糙米长宽比3.2，透明度2级，胶稠度达94mm，直链淀粉含量23.4%。

抗性：抗稻瘟病，全群抗性频率85.0%，中C群抗性频率74.5%，中A群抗性频率为0，中感白叶枯病（5级）；抗倒伏能力较弱。

产量及适宜地区：1999年、2000年两年晚稻参加广东省杂交稻区域试验，单产分别为6 559.5kg/hm^2和6 583.5kg/hm^2，1999年比对照品种汕优63增产4.3%，2000年比对照品种培杂双七增产2.1%，两年增产均不显著。日产量58.5kg/hm^2。适宜广东省各地晚稻种植和粤北以外地区早稻种植。

栽培技术要点：①适时抛插，适当密植，早稻插植秧龄以30d左右为宜，晚稻15～20d，不要超过25d，抛秧，晚季以10～12d秧龄为宜，适当密植，提高单位面积有效穗数。②重施基肥，早施分蘖肥，适时重施中期肥，后期巧施穗粒肥，重施磷钾肥。③薄水插秧，寸水回青，薄水促分蘖，够苗后及时排水露晒田，中期湿润灌溉壮胎，浅水扬花，后期切忌断水过早，以免影响基部充实。④加强病虫害防治。

粤杂2004（Yueza 2004）

品种来源：广东华茂高科种业有限公司用GD-1S/MR2004配组育成，2004年通过广东省农作物品种审定委员会审定。

形态特征和生物学特性：属感温型两系杂交稻品种。晚稻平均全生育期112～116d，与培杂双七相近。分蘖力较弱，剑叶宽长、直举。株高103～106cm，穗长22.0cm。穗大粒多，每穗总粒数141.0粒，结实率78.1%，千粒重24.5g。

品质特性：稻米外观品质为晚稻二级，整精米率62.4%，垩白粒率40%，垩白度8%，直链淀粉含量24.6%，胶稠度66mm，糙米长宽比3.1。

抗性：中抗稻瘟病，全群抗性频率73.1%，中B群、中C群抗性频率分别为80.4%和67.2%；白叶枯病中感；后期耐寒力中等；抗倒伏能力弱。

产量及适宜地区：2001年、2002年两年晚稻参加广东省区域试验，单产分别为6 655.5kg/hm^{2}和6 423.0kg/hm^2，比对照品种培杂双七分别增产2.9%和4.5%，增产均不显著。日产量55.5～60.0kg/hm^2。适宜广东省各地早稻、晚稻种植，但粤北稻作区早稻根据生育期布局慎重选择使用。

栽培技术要点：①培育多蘖壮秧，适龄浅插，早晚稻适时早插，避免秧龄过长。②插足基本苗120万苗/hm^{2}以上。③重施基肥，早施分蘖肥，及早攻苗，注意氮、磷、钾的合理调配，多施磷钾肥，适时适量施好攻穗壮胎肥，后期要注意防止贪青。④足苗后要及时露晒田，及时控制苗峰，后期不宜断水过早。⑤注意防治稻瘟病、白叶枯病和防倒伏。

粤杂510（Yueza 510）

品种来源：广东省农业科学院水稻研究所用GD-5S/W510配组育成，2006年通过广东省农作物品种审定委员会审定。

形态特征和生物学特性：属感温型两系杂交稻品种。早稻平均全生育期123～126d，与中9优207相当。分蘖力中等，株型中集，剑叶短小，后期熟色好。株高105～108cm，穗长20.3～20.8cm，每穗总粒数133.0粒，结实率90.4%，千粒重24.1g。

品质特性：早稻米质未达国标和广东省标优质米标准，整精米率49.1%，垩白粒率30%，垩白度4.5%，直链淀粉含量24.5%，胶稠度77mm，糙米长宽比2.6。

抗性：抗稻瘟病，全群抗性频率89.4%，中C群、中B群的抗性频率分别为94.1%和73.7%；中感白叶枯病，对C4、C5菌群分别表现中感和感；抗倒伏能力中强。

产量及适宜地区：2004年、2005年两年早稻参加广东省区域试验，其中2004年平均单产为7 803.0kg/hm^2，比对照品种华优8830增产6.7%，2005年平均单产为6 724.5kg/hm^2，比对照品种中9优207增产7.0%，两年增产均未达显著水平。2005年早稻参加广东省生产试验，平均单产6 742.5kg/hm^2。适宜广东省各地早稻、晚稻种植。

栽培技术要点：①适当密植，提高有效穗数。②适时重施中期肥，后期巧施穗粒肥，重施磷钾肥。③注意防治白叶枯病。

粤杂583（Yueza 583）

品种来源：广东省农业科学院水稻研究所通过GD-5S/W1283（广恢456/广恢4480///广恢456//七桂早/02428）配组育成，2008年通过广东省农作物品种审定委员会审定。

形态特征和生物学特性：属感温型两系杂交稻品种。早稻平均全生育期127～128d，与培杂双七和粤香占相近。株型中集，分蘖力中等，叶片较宽长，后期熟色好。株高98～103cm，穗长19.5～20.7cm，每穗总粒数131～137粒，结实率80.3%～80.8%，千粒重22.4～23.5g。

品质特性：早稻米质未达国标和广东省标优质米标准，整精米率54.3%～58.6%，垩白粒率52%～64%，垩白度20.0%～23.7%，直链淀粉含量28.0%～28.3%，胶稠度54～72mm，糙米长宽比3.1，食味品质分71～74分，有微芋香味。

抗性：中抗稻瘟病，全群抗性频率60.2%，中C群、中B群的抗性频率分别为63.5%和30.6%，田间表现抗叶瘟和穗瘟；中感白叶枯病，对C4、C5菌群均表现中感；耐寒性模拟鉴定孕穗期为中弱、开花期为中；抗倒伏能力中弱。

产量及适宜地区：2006年、2007年两年早稻参加广东省区域试验，其中2006年平均单产为6 097.5kg/hm^2，比对照品种培杂双七增产9.6%，2007年平均单产为6 508.5kg/hm^2，比对照品种粤香占增产5.1%，两年增产均未达显著水平。2007年早稻参加广东省生产试验，平均单产6 667.5kg/hm^2，比对照品种粤香占减产1.3%。适宜广东省中南和西南稻作区的平原地区早稻、晚稻种植。

栽培技术要点：注意防治稻瘟病、纹枯病和防倒伏。

粤杂763（Yueza 763）

品种来源：广东省农业科学院水稻研究所、广东省农业科学院植物保护研究所用GD-7S/W763配组育成，2008年通过广东省农作物品种审定委员会审定。

形态特征和生物学特性：属感温型两系杂交稻品种。晚稻平均全生育期108 ~ 111d，比丰优128早熟2d。株型中集，分蘖力强。株高95 ~ 99cm，穗长20.7 ~ 21.7cm，每穗总粒数137.0粒，结实率80.6% ~ 82.8%，千粒重22.2 ~ 22.8g。

品质特性：晚稻米质达国标和广东省标三级优质米标准，整精米率67.7%，垩白粒率18% ~ 27%，垩白度3.9% ~ 7.9%，直链淀粉含量23.6% ~ 24.0%，胶稠度57 ~ 74mm，糙米长宽比3.0 ~ 3.2，食味品质分74 ~ 76分。

抗性：抗稻瘟病，全群抗性频率86.7%，中B群、中C群的抗性频率分别为85.9%和100%，田间发病轻；中感白叶枯病，对C4、C5菌群均表现中感，田间发病轻；耐寒性模拟鉴定孕穗期和开花期均为弱；抗倒伏能力中弱。

产量及适宜地区：2005年、2006年两年晚稻参加广东省区域试验，平均单产分别为6 402.0kg/hm^{2}和6 537.0kg/hm^2，比对照品种丰优128分别增产10.9%和3.4%，2005年增产显著，2006年增产不显著。2006年晚稻参加广东省生产试验，平均单产7 555.5kg/hm^2。适宜广东省中南和西南稻作区的平原地区早稻、晚稻种植。

栽培技术要点：①由于该组合有两段灌浆现象，要适时重施中期肥，后期巧施穗粒肥，重施磷钾肥。②注意防倒伏。

粤杂8763（Yueza 8763）

品种来源：广东华茂高科种业有限公司、广东省农业科学院水稻研究所用GD-5S/茂恢763配组育成，分别通过广东省（2008）和广西壮族自治区（2009）农作物品种审定委员会审定。

形态特征和生物学特性：属感温型两系杂交稻品种。早稻平均全生育期127d，与中9优207相同。株型中集，分蘖力中强，剑叶短窄，谷粒有短芒，后期熟色好。株高98 ～ 105cm，穗长20.2 ～ 21.0cm，每穗总粒数121 ～ 134粒，结实率77.1%～ 79.8%，千粒重24.2 ～ 26.3g。

品质特性：早稻米质未达国标和广东省标优质米标准，整精米率38.3%，垩白粒率17%～ 64%，垩白度7.3%～ 27.4%，直链淀粉含量25.8%～ 28.7%，胶稠度69 ～ 75mm，糙米长宽比3.1，食味品质分74 ～ 76分。

抗性：中抗稻瘟病，全群抗性频率66.4%，中C群、中B群的抗性频率分别为75.0%和38.9%，田间表现中抗叶瘟、抗穗瘟；中感白叶枯病，对C4、C5菌群均表现中感；耐寒性模拟鉴定孕穗期、开花期均为中；抗倒伏能力中等。

产量及适宜地区：2006年、2007年两年早稻参加广东省区域试验，平均单产分别为6 483.0kg/hm^{2}和6 841.5kg/hm^2，比对照品种中9优207分别增产12.2%和9.4%，2006年增产达显著水平，2007年增产未达显著水平；2007年早稻参加广东省生产试验，平均单产6 729kg/hm^2，比对照品种中9优207增产5.2%。适宜广东省各稻作区早稻、晚稻种植以及广西壮族自治区桂中、桂北稻作区早稻、晚稻和桂南稻作区早稻因地制宜种植，应注意白叶枯病、稻瘟病等病虫害的防治。

栽培技术要点：注意防治稻瘟病。

粤杂889（Yueza 889）

品种来源：广东省农业科学院水稻研究所用GD-1S/W889配组育成，2004年通过广东省农作物品种审定委员会审定。

形态特征和生物学特性：属感温型两系杂交稻品种。晚稻平均全生育期113～116d，与培杂双七相近。分蘖力中等，株高93～101cm，穗长22.6cm，每穗总粒数132.0粒，结实率76.0%，千粒重25.5g。

品质特性：稻米外观品质为晚稻二级，整精米率54.9%，垩白粒率61.0%，垩白度6.1%，直链淀粉含量25.3%，胶稠度88mm，糙米长宽比3.1。

抗性：感稻瘟病，全群抗性频率43.4%，中C群、中B群的抗性频率分别为34.7%和35.3%，田间稻瘟病发生轻微；感白叶枯病；后期耐寒力中等；抗倒伏能力较强。

产量及适宜地区：1999年、2002年两年晚稻参加广东省区域试验，平均单产分别为6 558.0kg/hm^{2}和6 643.5kg/hm^2，1999年比对照品种汕优63增产4.3%，增产不显著，2002年比对照品种培杂双七增产8.0%，增产显著。日产量57kg/hm^2。适宜广东省各地早稻、晚稻种植，但粤北稻作区早稻根据生育期布局慎重选择使用。

栽培技术要点：①适时抛插，适当密植，早季插植的秧龄以30d左右为宜，晚季秧龄以15～20d为宜，不要超过25d，晚季抛秧则以10～12d秧龄为宜。②本田最好以农家肥为主，重施底肥，早施分蘖肥，适时重施中期肥，后期巧施穗粒肥，重施磷钾肥。③薄水插秧，寸水回青，薄水促分蘖，够苗后及时排水露田晒田，中期湿润灌溉壮胎，浅水扬花，后期切忌断水过早，以免影响基部充实。④要特别注意防治稻瘟病和白叶枯病。

早两优336（Zaoliangyou 336）

品种来源：华南农业大学农学院用N39S/华恢336配组育成，2006年通过广东省农作物品种审定委员会审定。

形态特征和生物学特性：属感温型两系杂交稻品种。早稻平均全生育期123 ~ 126d，比中9优207早熟1 ~ 2d。分蘖力中等，株型中集，穗大粒多、着粒密，后期熟色好。株高101 ~ 110cm，穗长22.3 ~ 24.9cm，每穗总粒数157 ~ 167粒，结实率70.6% ~ 74.5%，千粒重20.1 ~ 20.7g。

品质特性：早稻米质未达国标和广东省标优质米标准，直链淀粉含量28.5%，胶稠度69mm，糙米长宽比3.3。

抗性：抗稻瘟病，全群抗性频率83.9%，中C群、中B群的抗性频率分别为88.0%和70.4%；中感白叶枯病，对C4、C5菌群分别表现中抗和感；耐寒力中等；抗倒伏能力中弱。

产量及适宜地区：2005年、2006年两年早稻参加广东省区域试验，平均单产分别为6 100.5kg/hm^{2}和5 770.5kg/hm^2，比对照品种中9优207分别减产0.7%和2.4%，减产均不显著；2006年早稻参加广东省生产试验，平均单产5 349.0kg/hm^2。适宜广东省粤北、中北稻作区早稻、晚稻种植。

栽培技术要点：注意防治白叶枯病和防倒。

湛优226（Zhanyou 226）

品种来源：广东海洋大学农业生物技术研究所、广东天弘种业有限公司用湛A/HR226配组育成，2006年通过广东省农作物品种审定委员会审定。

形态特征和生物学特性：属感温型三系杂交稻品种。早稻平均全生育期128d，比优优4480迟熟9d，与培杂双七相当。分蘖力中等，株型集，剑叶窄直，后期熟色好。株高105～107cm，穗长22.5～23.2cm，穗大粒多，每穗总粒数141～147粒，结实率79.4%～87.5%，千粒重23.1g。

品质特性：早稻米质未达国标和广东省标优质米标准，外观品质为早稻二级，整精米率43.6%～51.0%，垩白粒率17%～22%，垩白度6.8%～11.0%，直链淀粉含量19.8%～24.0%，胶稠度60mm，糙米长宽比2.6～2.7。

抗性：抗稻瘟病，全群抗性频率84.0%，中C群、中B群的抗性频率分别为87.0%和65.0%，田间发病轻微；中抗白叶枯病，对C4、C5菌群分别表现中抗和中感；晚稻后期耐寒力中强；抗倒伏能力中弱。

产量及适宜地区：2003年、2004年两年早稻参加广东省区域试验，平均单产分别为7 000.5kg/hm^2和7 903.5kg/hm^2，2003年比对照品种优优4480增产8.8%，增产极显著。2004年比对照品种培杂双七增产6.2%，增产显著。适宜广东省除粤北以外的稻作区早稻、晚稻种植。

栽培技术要点：①疏播匀播，培育壮秧。②适时播种，及时移植。③一般插基本苗75万～90万苗/hm^2，或抛秧穴数27万穴/hm^2左右为好。④施足基肥，早施追肥，增施磷钾肥，防止中后期过氮。⑤适时露田晒田，控制无效分蘖，提高抗倒伏能力，后期不宜断水过早。⑥注意稻瘟病等病虫害的防治。

振优1993（Zhenyou 1993）

品种来源：汕头市农业科学研究所、广东省农业科学院水稻研究所用振丰A/汕恢1993配组育成，2010年通过广东省农作物品种审定委员会审定。

形态特征和生物学特性：属弱感光型三系杂交稻品种。晚稻全生育期118～119d，比对照种博优998长3～6d。植株较高，株型集，分蘖力中弱，穗大粒多。株高109～113cm，有效穗241.5万～258.0万穗/hm^2，穗长22.2～23.4cm，每穗总粒数147～164粒，结实率78.8%～81.2%，千粒重24.8g。

品质特性：米质达广东省标三级优质米标准，整精米率68.3%～70.7%，垩白粒率9%～17%，垩白度1.5%～8.0%，直链淀粉含量21.2%～21.9%，胶稠度54～73mm，长宽比2.7～2.9，食味品质分71～73分。

抗性：中抗稻瘟病，全群抗性频率72.1%，中B群、中C群的抗性频率分别为59.4%和87.5%，病圃鉴定叶瘟3.0级、穗瘟3.0级；中感白叶枯病；抗倒伏能力和耐寒性均为中强。

产量及适宜地区：2008年、2009年两年晚稻参加广东省区域试验，平均单产分别为7 555.5kg/hm^2和6 705.0kg/hm^2，比对照品种博优998分别增产1.9%和4.5%。2009年晚稻生产试验平均单产6 603.0kg/hm^2，比对照品种博优998减产1.6%。日产量57.0～60.0kg/hm^2。适宜广东省除粤北以外的稻作区晚稻种植。

栽培技术要点：①插足基本苗，施足基肥，早施重施分蘖肥，以增加有效分蘖数。②注意防治稻瘟病和白叶枯病。③制种技术要点：在潮汕地区春制，父母本叶龄差为5叶，父本分二期播种，叶龄差1.5叶。

振优290（Zhenyou 290）

品种来源：广东省农业科学院水稻研究所用振丰A/广恢290配组育成，2006年分别通过广东省和广西壮族自治区农作物品种审定委员会审定。

形态特征和生物学特性：属弱感光型三系杂交稻品种。晚稻平均全生育期118 ~ 120d，比博优122迟熟2 ~ 4d。分蘖力中等，株型集，穗大粒多，茎秆粗壮，株高94 ~ 103cm，穗长22.0cm，每穗总粒数144.0粒，结实率84.6% ~ 88.6%，千粒重23.5 ~ 24.8g。

品质特性：晚稻米质未达国标和广东省标优质米标准，整精米率60.5% ~ 68.9%，垩白粒率7% ~ 14%，垩白度0.7% ~ 3.8%，直链淀粉含量23.2% ~ 23.6%，胶稠度57 ~ 60mm，糙米长宽比2.6 ~ 2.7，食味品质分76分。

抗性：中抗稻瘟病，全群抗性频率67.4%，中B群、中C群的抗性频率分别为32.4%和76.4%；高感白叶枯病，对C4、C5菌群分别表现高感和感，田间多数点中等发生，个别点大发生；后期耐寒力弱；抗倒伏能力强。

产量及适宜地区：2003年、2004年两年晚稻参加广东省区域试验，平均单产分别为6 970.5kg/hm^{2}和7 084.5kg/hm^2，比对照品种博优122分别增产0.9%和6.9%，增产均不显著。2005年晚稻生产试验，平均单产7 143.0kg/hm^2。适宜广东省中南稻作区和西南稻作区晚稻种植，广西壮族自治区桂南稻作区和桂中稻作区南部种植博优桂99的地区作晚稻种植，但应特别注意防治稻瘟病。

栽培技术要点：①适时早播，注意稀播。②重施中期肥。③控制有效穗270万穗/hm^{2}左右。④注意防治稻瘟病，特别注意防治白叶枯病。

振优368（Zhenyou 368）

品种来源：广东省农业科学院水稻研究所用振丰A/广恢368配组育成，2009年通过广东省农作物品种审定委员会审定。

形态特征和生物学特性：属弱感光型三系杂交稻品种。晚稻全生育期117 ~ 119d，比博优122迟熟4 ~ 5d。分蘖力中等，株型中集，剑叶较宽，穗大粒多，着粒较密，株高92 ~ 104cm，穗长21.2 ~ 21.5cm，每穗总粒数148 ~ 156粒，结实率81.7% ~ 82.7%，千粒重22.5 ~ 23.9g。

品质特性：米质达到国标和广东省标三级优质米标准，整精米率69.0% ~ 71.2%，垩白粒率18% ~ 19%，垩白度3.4% ~ 7.2%，直链淀粉含量23.3%，胶稠度58mm，糙米长宽比2.6 ~ 2.8，食味品质分76 ~ 80分。

抗性：中感稻瘟病，全群抗性频率63.3%，中B群、中C群的抗性频率分别为43.1%和77.8%，田间监测结果多数点稻瘟病发生轻，个别点发生中等；中感白叶枯病，对C4、C5菌群均表现中感，田间白叶枯病发生轻；耐寒性模拟鉴定结果孕穗期和开花期均为中；抗倒伏能力强。

产量及适宜地区：2004年、2005年两年晚稻参加广东省区域试验，平均单产分别为7 005.0kg/hm^{2}和6 313.5kg/hm^2，比对照品种博优122分别增产5.7%和0.6%，增产均不显著；2006年晚稻参加广东省生产试验，平均单产7 461.0kg/hm^2。适宜广东省中南稻作区和西南稻作区晚稻种植。

栽培技术要点：注意防治稻瘟病和白叶枯病。

振优998（Zhenyou 998）

品种来源：广东省农业科学院水稻研究所用振丰A/广恢998（R1333/R1361）配组育成，分别通过广东省（2004）和国家（2006）农作物品种审定委员会审定。

形态特征和生物学特性：属弱感光型三系杂交稻品种。晚稻平均全生育期118～119d，比博优122迟熟1～3d。分蘖力中等，剑叶细长。株高95～105cm，穗长20.6～21.5cm，每穗总粒数124～138粒，结实率85.2%，千粒重23.7～24.3g。

品质特性：稻米外观品质为晚稻二级，整精米率58.5%～66.1%，垩白粒率4%～33%，垩白度0.4%～3.3%，直链淀粉含量21.8%～22.03%，胶稠度43～50mm，糙米长宽比2.7。

抗性：中感稻瘟病，全群抗性频率46.5%，中C群、中B群的抗性频率分别为62.3%和20.4%，田间叶瘟发生轻微，未发现穗瘟；中感白叶枯病，对C4、C5菌群均表现中感；后期耐寒力较强，抗倒伏能力强。

产量及适宜地区：2002年、2003年两年晚稻参加广东省区域试验，平均单产分别为6 708.0kg/hm^{2}和6 934.5kg/hm^2，比对照品种博优122分别增产7.5%和1.5%，2002年增产极显著，2003年增产不显著。日产量55.5kg/hm^2。适宜广东省粤北以外地区以及海南省、广西壮族自治区南部的稻瘟病、白叶枯病轻发的双季稻区晚稻种植。

栽培技术要点：①广东省中南部地区播期以7月5～10日为宜，秧田播种量150～187.5kg/hm^2，秧龄控制在20～25d以内，插植规格为17cm×20cm，插植基本苗90万苗/hm^{2}为好。②施肥上要早施重施分蘖肥，促进分蘖早生快发，后期酌施穗肥。③注意浅水移栽，寸水活苗，薄水分蘖，够苗晒田相结合，后期注意保持湿润。④注意及时防治稻瘟病和白叶枯病，以夺取高产稳产。

正优283（Zhengyou 283）

品种来源：广西南宁中正种业有限公司用正A/R283配组育成，2009年通过广东省农作物品种审定委员会审定。

形态特征和生物学特性：属弱感光型三系杂交稻品种。晚稻全生育期115 ~ 119d，比博优998迟熟3 ~ 4d。植株较高，株型中集，剑叶较长，分蘖力中强。株高114 ~ 118cm，穗长24.4 ~ 25.3cm，每穗总粒数122 ~ 142粒，结实率79.1% ~ 95.2%，千粒重24.4 ~ 25.4g。

品质特性：米质达广东省标三级优质米标准，整精米率66.4% ~ 72.4%，垩白粒率24% ~ 48%，垩白度6.5% ~ 23.2%，直链淀粉含量16.8% ~ 17.3%，胶稠度52 ~ 66mm，糙米长宽比2.8 ~ 2.9，食味品质分74 ~ 79分。

抗性：高抗稻瘟病，全群抗性频率92.2%，中B群、中C群的抗性频率分别为89.2%和100%，田间监测表现高抗叶瘟和穗瘟；中抗白叶枯病，对C4、C5菌群分别表现中感和中抗；抗倒伏能力中弱，耐寒性模拟鉴定结果孕穗期和开花期均为中强。

产量及适宜地区：2007年、2008年两年晚稻参加广东省区域试验，平均单产分别为6 906.0kg/hm^{2}和6 675.0kg/hm^2，比对照品种博优998分别减产2.7%和3.0%，减产均不显著。2008年晚稻参加广东省生产试验，平均单产6 564.0kg/hm^2，比对照品种博优998减产1.5%。适宜广东省除粤北以外的稻作区晚稻种植。

栽培技术要点：多施钾肥，增强抗倒伏能力。

中9优115（Zhong 9 you 115）

品种来源：广东省农作物杂种优势开发利用中心、湛江泰源农业科技有限公司用中9A/恢115配组育成，2008年通过广东省农作物品种审定委员会审定。

形态特征和生物学特性：属感温型三系杂交稻品种。晚稻平均全生育期112 ~ 114d，比优优122迟熟2 ~ 3d。株型中集，分蘖力中，穗大粒多，株高104 ~ 109cm，穗长23.1 ~ 24.2cm，每穗总粒数162 ~ 170粒，结实率75.2% ~ 81.9%，千粒重23.2 ~ 23.4g。

品质特性：晚稻米质达到广东省标三级优质米标准，整精米率67.5% ~ 71.1%，垩白粒率18% ~ 30%，垩白度3.4% ~ 5.1%，直链淀粉含量24.8%，胶稠度58 ~ 59mm，糙米长宽比2.8 ~ 3.0，食味品质分68 ~ 74分。

抗性：中感稻瘟病，全群抗性频率81.9%，中B群、中C群的抗性频率分别为77.1%和77.0%，田间表现高抗叶瘟、感穗瘟；感白叶枯病，对C4、C5菌群均表现感；耐寒性模拟鉴定孕穗期、开花期均为中，抗倒伏能力中弱。

产量及适宜地区：2006年、2007年两年晚稻参加广东省区域试验，平均单产分别为7 849.5kg/hm^{2}和7 161.0kg/hm^2，比对照品种优优122分别增产7.7%和0.6%，增产均未达显著水平；2007年晚稻参加广东省生产试验，平均单产6 460.5kg/hm^2，比对照品种优优122减产0.8%。适宜广东省粤北稻作区和中北稻作区早稻、晚稻种植。

栽培技术要点：注意防治稻瘟病和白叶枯病。

中9优207（Zhong 9 you 207）

品种来源：中国水稻研究所、广东农作物杂种优势开发利用中心用中9A/先恢207配组育成，2003年通过广东省农作物品种审定委员会审定。

形态特征和生物学特性：属感温型三系杂交稻品种。早稻全生育期123～126d，比汕优96、优优4480分别迟熟3d和5d。分蘖力较强，株型集散适中，剑叶宽、长、直。株高105cm，穗长24.0cm，每穗总粒数138.0粒，结实率77.8%～87.8%，千粒重25.6g。

品质特性：稻米外观品质为早稻二级。

抗性：中抗稻瘟病和白叶枯病。

产量及适宜地区：2000年、2001年两年早稻参加广东省区域试验，其中2000年平均单产为6 957.0kg/hm^2，比对照品种汕优96增产2.5%，2001年平均单产为6 306.0kg/hm^2，比对照品种优优4480增产4.7%，两年增产均不显著。日产量51.0～57.0kg/hm^2。适宜广东省粤北和中北稻作区早稻种植。

栽培技术要点：①适期播种，培育多蘖壮秧。广东中北部早稻种植，应在3月上、中旬播种，本田播种量22.5kg/hm^2，秧龄30d左右，叶龄5叶半插秧为宜，抛秧栽培时秧龄要缩短。②适当密植，宜插13cm×20cm规格，插足基本苗150万苗/hm^2，抛秧栽培时要多抛秧150～225盘/hm^2。③施肥采取前攻、中稳的原则，增施钾肥，施肥配方上氮、磷、钾比例为1∶0.5∶0.8，高产栽培要求，施氮165～187.5kg/hm^2，磷肥82.5kg/hm^2，钾肥132～150kg/hm^2，80%以上氮肥应在插秧后10～15d施下，插秧15d后应尽量控制追施氮肥。④前期浅水回青促分蘖，苗数达到330万苗/hm^{2}时抓紧露晒田，孕穗至抽穗期不能干水，后期干干湿湿，不能断水过早。⑤注意防治稻瘟病、白叶枯病、纹枯病、螟虫、稻飞虱、稻纵卷叶螟。

中9优601（Zhong 9 you 601）

品种来源：海南神农大丰种业科技股份有限公司用中9A/R601配组育成，2008年通过广东省农作物品种审定委员会审定。

形态特征和生物学特性：属感温型三系杂交稻品种。晚稻平均全生育期111 ~ 113d，比优优122迟熟1 ~ 2d。株型中集，分蘖力中，剑叶直，穗大但着粒稍疏。株高104cm左右，穗长23.7 ~ 24.3cm，每穗总粒数137 ~ 141粒，结实率78.9% ~ 79.1%，千粒重28.9 ~ 31.1g。

品质特性：晚稻米质达广东省标三级优质米标准，整精米率59.4% ~ 65.5%，垩白粒率26% ~ 36%，垩白度7.8% ~ 17.8%，直链淀粉含量24.0% ~ 24.1%，胶稠度53 ~ 54mm，糙米长宽比3.2，食味品质分70 ~ 74分。

抗性：中感稻瘟病，全群抗性频率67.2%，中B群、中C群的抗性频率分别为54.1%和65.4%，田间表现抗叶瘟、中感穗瘟；中感白叶枯病，对C4、C5菌群分别表现中感和中抗。抗倒伏能力中，耐寒性模拟鉴定孕穗期为中、开花期为中强。

产量及适宜地区：2006年、2007年两年晚稻参加广东省区域试验，平均单产分别为7 719.0kg/hm^{2}和7 347.0kg/hm^2，分别比对照品种优优122增产6.0%和3.2%，增产均未达显著水平；2007年晚稻参加广东省生产试验，平均单产6 618.0kg/hm^2，比对照品种优优122增产1.6%。适宜广东省粤北稻作区和中北稻作区早稻、晚稻种植。

栽培技术要点：注意防治稻瘟病。

中优117（Zhongyou 117）

品种来源：湖南金健种业有限责任公司用中9A/常恢117配组育成，2009年通过广东省农作物品种审定委员会审定。

形态特征和生物学特性：属感温型三系杂交稻品种。早稻平均全生育期129d，比粤香占迟熟1～2d。植株较高，株型中集，分蘖力中弱，剑叶较长，穗大粒多，谷粒有芒，后期熟色好。株高112～115cm，穗长24.6～25.0cm，每穗总粒数140～143粒，结实率76.9%～79.0%，千粒重28.2～28.5g。

品质特性：米质未达国标和广东省标优质米标准，整精米率41.9%～47.5%，垩白粒率39%～42%，垩白度14.7%～29.1%，直链淀粉含量22.9%，胶稠度56mm，糙米长宽比3.2～3.3，食味品质分68～75分。

抗性：高抗稻瘟病，全群抗性频率98.3%，中C群、中B群的抗性频率分别为98.0%和97.4%，田间监测结果为抗叶瘟、高抗穗瘟；中感白叶枯病，对C4、C5菌群分别表现中感和中抗。抗倒伏能力中弱；耐寒性模拟鉴定孕穗期为中弱、开花期为中。

产量及适宜地区：2007年、2008年两年早稻参加广东省区域试验，平均单产分别为6 793.5kg/hm^{2}和6 592.5kg/hm^2，比对照品种粤香占分别增产10.9%和8.6%，增产分别达极显著和显著水平；2008年早稻参加广东省生产试验，平均单产6 792.0kg/hm^2，比对照品种粤香占增产5.8%。适宜广东省中南稻作区和西南稻作区的平原地区早稻、晚稻种植。

栽培技术要点：后期控制氮肥施用，防止造成倒灌叶宽大形成荫蔽。

中优223（Zhongyou 223）

品种来源：中国科学院华南植物研究所用中A/R223配组育成，2001年通过广东省农作物品种审定委员会审定。

形态特征和生物学特性：属感温型杂交稻品种，短日高温性强。早稻全生育期128 ~ 130d，株高约100cm，株型紧凑，分蘖力强，前中期生长快，生长势强，剑叶短而厚直，抽穗整齐，穗层整齐，结实率高，成熟时转色顺畅，青枝蜡秆，适应性广。有效穗约300万穗/hm^2，穗长22.0cm，每穗总粒数129 ~ 141粒，结实率83%～85%，千粒重22.0g。

品质特性：稻米外观品质为早稻一级，整精米率59.2%，糙米长宽比2.7，垩白度6.3%，透明度3级，胶稠度52mm，直链淀粉含量24.3%。

抗性：高抗稻瘟病，全群抗性频率为94.0%，中C群抗性频率为100%，中抗白叶枯病（3级），易倒伏。

产量及适宜地区：1997年、1999年两年早稻参加广东省杂交稻区域试验，单产分别为6 648.0kg/hm^2和7 509.0kg/hm^2，比对照品种汕优63分别增产1.4%和6.0%，1997年增产不显著，1999年增产极显著。日产量54.0 ~ 58.5kg/hm^2。适宜广东省除粤北以外的地区早稻种植。

栽培技术要点：①中A生长势和分蘖力强，容易攻苗，生长中期应注意晒田控苗，防止苗数过多，影响赤霉素施用效果。②施肥要氮、磷、钾平衡，不要过氮，后期注意防黑粉病。③赤霉素喷施适宜时期是抽穗率5%～10%，施用量中造制种300g/hm^2，晚秋制375 ~ 420g/hm^2，温度低适当增加。④中A剑叶较短且直立，繁制种一般不割叶。

中优229（Zhongyou 229）

品种来源：广东省肇庆市农业科学研究所、中国农业科学院华南植物研究所、广东农作物杂种优势开发利用中心中A/R229（特青/感光型恢复系R200//农家种农选1号）配组育成，2002年通过广东省农作物品种审定委员会审定。

形态特征和生物学特性：属感温型三系杂交稻品种。早稻平均全生育期127d，与培杂双七相当，株型集散适中，株高104cm，分蘖力较强，有效穗300万穗/hm^2，穗长22.0cm，每穗总粒数126.0粒，结实率84.7%，千粒重25.4g。

品质特性：稻米外观品质为早稻二级。

抗性：高抗稻瘟病，全群抗性频率为95.9%，中B群、中C群抗性频率分别为73.8%、100%；中抗白叶枯病（3级）。

产量及适宜地区：2000年、2001年两年早稻参加广东省区域试验，单产分别为7 558.5kg/hm^2和6 577.5kg/hm^2，2000年比对照品种汕优96增产11.3%，增产极显著，2001年比对照品种培杂双七增产7.4%，增产不显著。日产量52.5～60.0kg/hm^2。适宜广东省除粤北以外的地区早稻种植。

栽培技术要点：①秧田播种量172.5～187.5kg/hm^2，早稻秧龄30d左右。②插植穴数30万穴/hm^2，基本苗60万苗/hm^2左右，抛秧栽培穴数不少于27万穴/hm^2，基本苗60万～67.5万苗/hm^2。③施足基肥，早施、重施分蘖肥，后期看苗补施穗肥，防止过氮造成剑叶披靡引发病虫害发生。④浅水栽插，深水回青，浅水分蘖，够苗及时晒田。⑤早稻播种育秧期低温条件下注意防治烂秧，分蘖成穗期防螟虫、稻纵卷叶虫和稻飞虱。

中优238（Zhongyou 238）

品种来源：广东省肇庆市农业科学研究所、华南植物研究所用中A/R238配组育成，2004年通过广东省农作物品种审定委员会审定。

形态特征和生物学特性：属感温型三系杂交稻品种。早稻平均全生育期124 ～ 126d，与培杂双七相近。株型紧凑，分蘖力强，有效穗多。株高104cm，穗长21.9cm，每穗总粒数113 ～ 124粒，结实率81.7%～ 89.3%，千粒重22.3g。

品质特性：稻米外观品质为早稻一级至二级，整精米率49.9%，垩白粒率23%～ 27%，垩白度6.8%～ 9.2%，直链淀粉含量20.3%～ 22.9%，胶稠度45 ～ 50mm，糙米长宽比3.0。

抗性：中抗稻瘟病，抗白叶枯病，抗倒伏能力较强。

产量及适宜地区：2002年、2003年两年早稻参加广东省区域试验，平均单产分别为7 168.5kg/hm^{2}和6 618.0kg/hm^2，2002年比对照品种优优4480增产9.3%，增产达极显著水平，2003年比对照品种培杂双七增产3.8%，增产不显著。日产量54.0 ～ 58.5kg/hm^2。适宜广东省除粤北以的外地区早稻种植。

栽培技术要点：①稀播、匀播，培育壮秧，秧田播种量157.5 ～ 187.5kg/hm^2，种子用强氯精浸种消毒和提高发芽率。②早稻秧龄27 ～ 30d左右，晚稻秧龄为17 ～ 19d。③一般插植穴数30万穴/hm^2，基本苗75万～ 97.5万苗/hm^{2}左右，抛秧栽培穴数不少于27万穴/hm^2，基本苗90万～ 105万苗/hm^2。④施足基肥，早施、重施分蘖肥，后期看苗补施穗肥，合理搭配氮、磷、钾，避免偏施氮肥；浅水栽插、深水回青、浅水分蘖、后期够苗及时露田或轻度晒田，提高品种增产潜力。⑤要注意防治稻瘟病。

中优523（Zhongyou 523）

品种来源：中国科学院华南植物园用中A/R523配组育成，2004年通过广东省农作物品种审定委员会审定。

形态特征和生物学特性：属感温型三系杂交稻品种。早稻平均全生育期125～127d，与培杂双七相近。株型紧凑，分蘖力强，有效穗多。株高100cm，穗长21.5cm，每穗总粒数130.0粒，结实率82.0%，千粒重23.3g。

品质特性：稻米外观品质为早稻一级至二级，整精米率46.2%，垩白粒率13%～49%，垩白度4.8%～14.7%，直链淀粉含量21.8%～23.5%，胶稠度58mm，糙米长宽比2.8。

抗性：抗稻瘟病，中抗白叶枯病，抗倒伏能力较强。

产量及适宜地区：2002年、2003年两年早稻参加广东省区域试验，平均单产分别为7 470.0kg/hm^{2}和6 975.0kg/hm^2，分别比对照品种优优4480、培杂双七增产13.8%和9.1%，增产均达极显著水平。日产量55.5～60.0kg/hm^2。适宜广东省除粤北以外的地区早稻种植。

栽培技术要点：①施肥：平衡氮、磷、钾肥，不要过氮偏氮。②水分管理：晒田比一般品种稍早，有利控制分蘖过多，后期干干湿湿，有利于根系生长，以提高结实率。

竹优61（Zhuyou 61）

品种来源：原湛江农业专科学校（现广东海洋大学农学院）用红莲型不育系竹籼A/恢复系61配组育成，1996年通过广东省农作物品种审定委员会审定。

形态特征和生物学特性：属感温型杂交稻品种，早稻全生育期129d，比汕优63早熟2～5d，株高102～106cm，株型好，分蘖力中强，叶小而直，每穗总粒数135～140粒，结实率77%～82%，千粒重23.0g，后期熟色好。

品质特性：稻米外观品质为早稻二级。

抗性：高抗稻瘟病，全群抗性频率99.0%，中C群抗性频率100%，高感白叶枯病（9级）。

产量及适宜地区：1993年、1994年两年早稻参加广东省区域试验，单产分别为5 944.5kg/hm^{2}和6 849.0kg/hm^2，比对照品种汕优63分别减产3.1%和0.3%，减产均未达显著水平。适宜广东省除粤北以外的地区早稻种植。

栽培技术要点：①培育分蘖壮秧。②攻前期早生快发，中后期适当控制肥水，不宜偏施氮肥，但要适当增施钾肥，后期不要断水过早。③注意防治白叶枯病。

第四章
海南省稻作区划与品种改良概述

ZHONGGUO SHUIDAO PINZHONGZHI · GUANGDONG HAINAN JUAN

海南省位于中国最南端，介于东经108° 37′ ～ 111° 05′ 、北纬3° 30′ ～ 20° 18′ 之间，全岛陆地面积3.39万km^2。海南省属热带季风气候，年平均气温23 ～ 25℃，1 ～ 2月平均温度16 ～ 20℃，7 ～ 8月平均温度25 ～ 29℃，气温从北向南逐渐升高，中部山区气温略低于周边平原，年均降水量1500 mm以上。

海南省是我国唯一的热带省份，约占全国热带土地面积的42.5%，温、光、水等自然资源丰富，全年均可种植水稻，生产上应用的品种类型均为籼稻。与大陆地区相比较，海南水稻种植没有严格的季节划分，感温性品种全年均能种植，感光性品种晚稻种植。

第一节　海南省稻作区划

根据海南省自然环境、光温生态、耕作制度、品种演变和种植习惯等因素，将海南省水稻种植区域划分为琼北、琼东、琼西、琼南、中部山区五个稻作区。

一、琼北稻作区

琼北稻作区位于海南省北部，包括海口市、文昌市、临高县、定安县、屯昌县和澄迈县。该区地处热带北缘，年平均气温23.8℃，年日照时数1 950 ～ 2 250h，年总辐射量518.8 ～ 552.3kJ/cm^2，年降水量1 400 ～ 1 900mm。冬春季气温较低，平均温度16 ～ 22℃，时有阴冷天气，水稻苗期时遇低温影响，生长缓慢，降水量较小，常发生春旱，夏秋季气温较高，平均温度24 ～ 28℃，多强风暴雨天气，降水量丰沛。

本区土壤肥沃，特别是受1万多年前火山喷发的影响，区内70%以上土壤富含硒元素，是海南富硒水果和富硒稻米生产的重要基地。1970—1990年，本区稻作面积14万hm^2，占全省稻作面积的35.1%，为海南最大稻区。随着社会经济的发展，特别近20年来，冬季瓜菜种植面积大量增加，本区稻作面积急剧下降。2012年本区稻作面积7.9万hm^2，占全省稻作面积的33.6%；稻谷总产量52.1万t，占全省稻谷总产的35.5%，稻谷单产6 600kg/hm^2。

二、琼东稻作区

琼东稻作区位于海南省东部沿海地区，包括琼海市和万宁市，地势平坦。该区年平均气温24.0 ～ 24.3℃，年日照时数2 180 ～ 2 190h，年总辐射量510.4 ～ 514.6kJ/cm^2，年降水量2 120 ～ 2 200mm。冬春季平均温度18 ～ 22.5℃，阴冷天气较少，降水量相对较小，夏秋季气温较高，平均温度24.6 ～ 28.3℃，但极端高温少，多强风暴雨天气，降水量丰沛。

1970—1990年，本区稻作面积6.2万hm^2，占全省稻作面积的15.5%。随着社会经济的发展，特别近20年来，冬季瓜菜种植面积大量增加，本区稻作面积急剧下降。2012年本区稻作面积3.8万hm^2，占全省稻作面积的16.2%；稻谷总产量24.5万t，占全省稻谷总产的16.7%，稻谷单产6 450kg/hm^2。该区东部濒海，台风多在此区登陆，所以，早稻水稻播种多在春节前1个月，以感温性品种为主。晚稻多在6月底和7月初播种，以求成熟期避开台风高发期。

三、琼西稻作区

琼西稻作区位于海南省西部，包括儋州市，昌江黎族自治县和东方市，该区年平均气温23.1 ~ 24.5℃，年降水量1 000 ~ 1 800mm，年日照时数2 100 ~ 2 750h，年总辐射量527.2 ~ 581.6kJ/cm²。冬春季平均温度17 ~ 22℃，偶有阴冷天气，降水量较少，常发生春旱，夏秋季气温较高，平均温度27 ~ 29℃，降水量低于岛内同期其他地区。

1970—1990年，本区稻作面积8.5万hm²。随着社会经济的发展，特别近20年来，冬季瓜菜和香蕉等经济作物种植面积大量增加，本区稻作面积急剧下降。2012年本区稻作面积4.9万hm²，占全省稻作面积的20.9%；稻谷总产量30.8万t，占全省稻谷总产的20.9%，稻谷单产6 300kg/hm²。该区西部濒海，降水量低于全岛其他地区，冬春易发生干旱，早稻播种多在春节后1个月内，以感温性品种为主。晚稻多在7月中下旬播种，感光性、感温性品种都有，以弱感光品种为主。

四、琼南稻作区

琼南稻作区位于海南省南部，包括三亚市、陵水黎族自治县和乐东黎族自治县。该区地处海南热带腹心地带，年平均气温23.8 ~ 25.4℃，年降水量1 300 ~ 1 650mm，年日照时数2 200 ~ 2 500h，年总辐射量531.4 ~ 560.7kJ/cm²。冬春季平均温度19 ~ 22℃，适宜水稻生长，夏秋季气温较高，平均温度27 ~ 28.5℃，辐射强烈，水稻灌浆结实期易受干热风影响。

1970—1990年，本区稻作面积6.2万hm²，占全省稻作面积的15.6%。随着社会经济的发展，特别近20年来，冬季瓜菜种植面积大量增加，加之房地产业的发展，本区稻作面积急剧下降。2012年本区稻作面积3.8万hm²，占全省稻作面积的16.2%；稻谷总产量23.9万t，占全省稻谷总产的16.2%，稻谷单产6 250kg/hm²。该区光热资源十分丰富，水稻极少受到低温影响，是我国著名的南繁育种区，每年冬春季约有0.7万hm²的水稻科研和育繁种产业规模。

五、中部山区稻作区

中部山区稻作区包括琼中黎族苗族自治县、五指山市、保亭黎族苗族自治县和白沙黎族自治县，2012年全年稻作种植面积约为3.1万hm²，占全省水稻种植面积的13.2%，其中约有0.08万hm²的山栏稻（陆稻）。该区水稻单产6 000kg/hm²，山栏稻单产1 500kg/hm²。山栏稻为感光性品种，只能晚稻种植。

第二节 海南省水稻品种改良历程

海南省水稻品种改良可分为五个阶段。第一是利用地方品种和引种阶段（1951年前），水稻产量很低，平均产量低于1 500kg/hm²。第二是地方品种收集、筛选和引种阶段（1951—1962年），水稻平均产量上升到1 550kg/hm²以上。第三是水稻矮化育种及引种阶段（1963—1976年），水稻平均产量达到2 700kg/hm²。第四是杂交稻选育、常规稻改良及引种阶段（1977—2000年），水稻平均单产稳定在4 500kg/hm^{2}以上，最高达到5 000kg/hm^2。第五是常规稻、杂交稻并进提升阶段（2000年至今），水稻平均单产稳定在6 000kg/hm^{2}以上。近年来，引进的超级稻（超优千号）在良田良法的栽培管理条件下，刷新了海南水稻单产纪录，最高达到1 2000 kg/hm^{2}以上。

一、利用地方品种和引种阶段（1951年以前）

海南水稻栽培历史悠久，据农史研究，3000多年前就有稻的栽培。海南从宋代开始引进占城稻，明代引进了50多个粳稻品种，至民国时期，有水稻品种240个。虽然品种多，但比较混杂，产量很低。本地品种的利用和引种工作均由民间实施，直至1945年10月在海口盐灶设农村部中央农业实验所华南农林实验场（后改称海南岛农林试验场）后，才由政府部门组织实施从内地引种试种工作。1949年，该试验场从中山大学稻作试验场引进早稻品种选粘305，在澄迈和海口地区大面积推广种植。

二、地方品种收集、筛选和引种阶段（1951—1962年）

这一阶段海南进行了两次地方稻资源的收集调查，第一次是由1951年设在崖县（今为三亚市崖洲区）藤桥的广东省农业试验场海南分场组织，对北部的定安、琼山（今为海口市琼山区）、澄迈，南部的崖县和陵水县进行水稻品种资源调查。第二次是1956—1962年由海南农业处组织、海南试验场配合进行的调查，并邀请了当地农民参加评议，此次调查成果丰硕，共收集到稻种资源312份。

其中，籼型水稻194份，适宜早稻种植的品种91份，主要有白节仔、红节仔、红米620日、白米60日、南州、谷横、细种、大壳、赤虾、门剑叶、白壳红米节仔和红壳白米节仔等。适宜晚稻种植的品种有103份，主要有短稿占、黄骨占、矮暹占、咸种、五齐、大暹占、百米小秋其、红壳安南占、矮脚占、门毛种、深水莲、兰鬼等。

糯稻品种65份，种植面积相对较大的有百致糯、八月糯、黄占糯、五齐糯、海占糯、珍珠糯、甲任保、甲能、甲参、甲含、门腊、花壳糯、田糯、黑占糯、龙仔糯、黄壳糯等。

陆稻品种53份，主要有芳占籼、厚皮茄、坡压、白壳坡占、红壳坡占、红壳压子等。

在此期间，农业部门从外地引进了一批优良品种有迟银占、溪南矮、墉埔矮、十石歉、汀秋5号，这些引进的品种丰富了海南的稻种资源。

三、水稻矮化育种及引种阶段（1963—1976年）

这一时期，成立了海南地区农业科学研究所，各县也相应成立了县农业科学研究所。以海南地区农业科学研究所为主体研究机构，协同各县农业科学研究所，在海南水稻主产区进行水稻引种和选（育）种，但这时期仍以引种为主，引进了130多个品种，主要有广场13、西洋12、南特16、广场568、朝花包等。自主选育的品种以矮化为主要目标，1963年由澄迈县金江公社钟寨大队良种场王秀和用矮脚南特8号成功选育了更适合在海南地区种植的金江矮，开创了海南水稻育种的先河。1963—1976年，由海南本土的水稻育种家选育的矮化品种41个，其中种植面积较大的品种有广马占、万选1号。矮化品种的推广，使海南水稻单产出现了二次突破。第一次突破是以矮秆品种替换高秆农家品种，使水稻单产从

1 515kg/hm^{2}提高到2 137kg/hm^2。第二次突破是科选品种的推广，使水稻单产提高到2 692kg/hm^2。

四、杂交稻选育、常规稻改良及引种阶段（1977—2000年）

1.杂交稻选育　1972年10月，第一次全国水稻杂种优势利用研究协作会议在长沙召开，并确定组成全国杂交稻研究协作组，开展三系配套攻关。海南农业科学研究所的李科祥、周经田参加了该协作组，这是海南本土科研人员首次进入国家级水稻研究平台，该平台对海南科研人员育种理论和技术的提高以及育种新材料利用都具有重要意义，从此，海南开始了三系杂交稻的选育。1977年，用珍汕97A/广白矮选育出广白A，并用IR24配组选育出广白优2号，该品种于1978年参加广东省杂交稻品比，产量第一，表现出分蘖强，抗白叶枯病和稻瘟病特性。海南大学生物中心水稻杂优室陈赞鹏、陈玉新等在1990年用从广西壮族自治区农业科学院引进的材料，选育出不育系海A，并用IR36/IR24-33配组，育成了海优33，在广东省1990年杂交稻品种比较试验中，产量位居第二。在此期间，选育的杂交稻组合还有泰塘优、泰白优、泰加优。

2.常规稻选育　这一时期，海南农业科学研究所和各市县农业科学研究所选育的常规品种有14个，早稻品种有桂毕1号、桂毕2号、桂红粘等，晚稻品种有阿包8号、琼秋矮5号、科选13等，其中科选13直到2000年前后仍有1 500hm^{2}的种植面积。由于海南高温高湿，病害多发，筛选抗病材料成为当时育种工作的重点，采用田间多肥、深水诱发和人工接种等办法，筛选出一批抗病性较强的材料和品种。抗稻瘟病的品种有窄叶青、大和盖田禧、八月白、处暑早、杜子籼，白花传等；抗白叶枯病的品种有六月粘、处暑早、杜子籼、迁粘等；抗纹枯病的有太和盖面禧、鸡对伦、小家伙、华南15、崖农14等。

3.品种引进　这一时期，内地水稻育种进展很快，育种水平领先海南，因此，引种是当时育种单位积累材料和发展海南水稻生产的有效途径。这一阶段引进的杂交组合有汕优2号、汕优6号、汕优63、汕优64、青优湛、博优64等，其中汕优2号、汕优6号、汕优63和博优64一度成为海南的主栽组合。引进的常规稻品种有52个，其中早稻品种主要有桂朝2号、双桂1号、双桂36、民科占、七加占、七桂早等，晚稻品种主要有晚华矮1号、二白矮、晚华11选等，早晚稻都适宜的有特籼占25。其中桂朝2号、双桂系列、七桂早25、三二矮、特籼占25一度成为当时海南的主栽品种，特别是特籼占25，自1996年引进到海南以来，到2010年累计推广面积42.8万hm^2，为海南引种推广面积最大的品种。

五、常规稻、杂交稻并进提升阶段（2000年至今）

2000年前，海南在生产中应用的主栽水稻品种主要以引进为主，但自2000年后，随着海南区域试验站的建立和海南水稻科研力量的加强，海南本土育成的品种推广面积开始超过引进品种。这一阶段的育种工作，在思路上更加开拓，在资源利用上更加广泛，在育种手段上更加多样。选育的水稻品种包括常规籼稻、杂交籼稻、特种稻3种类型，以亚种内杂交育种为主，还开展了栽野杂交、粳籼亚种间杂交、花粉管导入外源基因组DNA、穗颈注入外源基因组DNA等多种形式。选育高产、多抗品种已成为育种的主攻方向，米质以适合当地稻米食用习惯（较高直链淀粉）为主。由于2000年以后海南冬种瓜菜种植面积迅速扩大，选育与冬季瓜菜茬期配套的早熟水稻品种也是主要育种目标之一。另外，利用海南丰富的地方资源，选育的特种米，如红米、黑米、糯米和山栏稻，也取得了较大成绩。在这一时期育成的主要水稻品种，杂交稻如博优225、特优458、特优128、博Ⅱ优629、博Ⅱ优938、博Ⅱ优668、Ⅱ优629、Ⅱ优128等，常规稻如秀丰占5号、海秀占9号、海丰糯1号等，在生产上都有较大面积应用。

尽管近20年来海南水稻育种取得了长足发展，但由于历史原因，科研力量较弱，育种水平总体偏低，配制的杂交稻组合仍以博优系列、特优系列、Ⅱ优系列为主，不育系更新升级较慢。近年来，随着育种投入的加大，育种人才倍增，育种新材料的创新，海南水稻育种正在向更高水平迈进。

参考文献

海南省地方志办公室，2008. 海南省志•科学技术志[M].海口:海南出版社.

海南省种子站，海南农作物新品种试验报告.海南，2004—2014.

海南行政区气象局，海南岛基本气候图表集，海南，1976.

海南省地方志办公室，1997.海南省志 · 农业志[M].海口：海南出版社，

第三节　海南省品种介绍

一、常规籼稻

丰桂6号（Fenggui 6）

品种来源：广东省湛江市农业科学研究所用辐窄4号/丰科1号//桂朝2号杂交育成，1990年通过海南省农作物品种审定委员会审定。

形态特征和生物学特性：属感温型常规籼稻。全生育期113 ～ 125d，株高110cm，株型集散适中，分蘖力强，后期熟色好，茎秆较细，抗倒伏性稍差。每穗总粒数135粒，结实率84%，谷粒细长，谷壳白色，千粒重17.8g。

品质特性：糙米率80.6%，精米率73.1%，整精米率41.2%，垩白粒率7%，垩白度0.8%，透明度1级，碱消值7.0级，胶稠度79mm，直链淀粉含量14.9%，蛋白质含量8.9%，糙米长宽比3.9。

抗性：中感稻瘟病，中感白叶枯病。

产量及适宜地区：一般单产5 250.0 ～ 6 000.0kg/hm^2。适宜海南各市县早稻、晚稻种植。

栽培技术要点：①适时播种，培育壮秧。在海南大部分地区早稻种植宜于1月上旬播种，晚稻7月中旬播种，秧苗5叶1心移栽。②合理密植，插植规格16.7cm×20.0cm，每穴栽插4 ～ 5苗。③水肥管理。浅水插秧，深水返青，中期注意晒田，后期保持干湿交替；重底肥早追肥，一般施纯氮135kg/hm^2，氮、磷、钾比例为1 ：0.5 ：0.6。④病虫害防治，注意防治稻瘟病和白叶枯病。

广超521（Guangchao 521）

品种来源：广东省农业科学院水稻研究所用丰美占/广超丝苗杂交育成，2007年通过海南省农作物品种审定委员会审定。

形态特征和生物学特性：属感温型常规籼稻。全生育期104～127d，株高94.3cm，植株较矮，株型适中，群体整齐度一般，分蘖力中等，后期熟色尚可。穗长20.5cm，每穗总粒数137.3粒，结实率78.6%，千粒重22.2g。

品质特性：糙米率79.8%，精米率69.9%，整精米率52.0%，垩白粒率27%，垩白度3.2%，胶稠度50.0mm，直链淀粉含量24.0%，糙米长宽比3.3，品质达到国标三级优质米标准。

抗性：中感稻瘟病，感白叶枯病。

产量及适宜地区：2005—2006年参加海南省水稻晚稻区域试验，平均产量分别为4 732.5kg/hm^{2}和6 720.0kg/hm^2，比对照品种特籼占25增产2.3%和4.4%。2006年生产试验平均产量6 258.0kg/hm^2，比对照品种特籼占25增产0.3%。适宜海南各市县早稻、晚稻种植。

栽培技术要点：①适时播植，培育壮秧。在海南大部分地区早稻种植宜于1月上旬播种，2月下旬移栽，晚稻7月中下旬播种，8月初移栽。②合理密植，需插足基本苗120万～150万苗/hm^2。③水肥管理。施足基肥，早施重施促蘖肥，提高有效穗数，施用腐熟的农家肥作底肥，多施有机肥，提高产量和稻米品质；前期浅水分蘖，中期注意晒田；抽穗前期至齐穗期要保持浅水层，后期保持湿润防止过早断水，以提高结实率。④病虫害防治，稻瘟病严重地区应注意防病治病，沿海地区注意做好白叶枯病防治。

广超丝苗（Guangchaosimiao）

品种来源：广东省农业科学院水稻研究所用凤联5/两特占杂交育成，2007年通过海南省农作物品种审定委员会审定。

形态特征和生物学特性：属感温型常规籼稻。全生育期119～138d，株高77.0～95.5cm，植株较矮，株型适中，群体整齐，分蘖力中等，后期熟色好。穗长21.2cm，每穗总粒数125.9粒，穗粒结构协调，结实率85.8%，千粒重23.2g。

品质特性：糙米率82.4%，整精米率57.2%，垩白粒率16%，垩白度2.8%，胶稠度54.0mm，直链淀粉含量23.6%，糙米长宽比3.2，品质达到国标三级优质米标准。

抗性：抗稻瘟病，感白叶枯病。

产量及适宜地区：2005—2006年参加海南省水稻早稻区域试验，平均产量分别为7 320.0kg/hm^{2}和7 639.5kg/hm^2，分别比对照品种特籼占25增产10.5%和7.8%，均达到极显著水平。2006年生产试验平均产量8 142.0kg/hm^2，比对照品种特籼占25增产0.2%。适宜海南各市县早稻、晚稻种植。

栽培技术要点：①适时播植，培育壮秧。在海南省大部分地区早稻种植宜于1月上旬播种，2月下旬插秧，晚稻7月中下旬播种，8月初移栽。②合理密植，需插足基本苗120万～150万苗/hm^2。③水肥管理。前期浅水促蘖，中期注意晒田；抽穗前期至齐穗期要保持浅水层，后期保持湿润防止过早断水，以提高结实率；施足基肥，早施重施促蘖肥，提高有效穗数，施用腐熟的农家肥作底肥，多施有机肥，以提高产量和稻米品质。④病虫害防治，沿海地区晚稻种植要做好白叶枯病防治。

海丰糯1号（Haifengnuo 1）

品种来源：海南省农业科学院粮食作物研究所于2003年从广西大学引进的1份糯稻资源，采用系统选育法育成的糯稻新品种，2007年通过海南省农作物品种审定委员会审定。

形态特征和生物学特性：属感温型籼型常规糯稻。全生育期早稻144 ~ 146d，晚稻116 ~ 118d，株高116.1cm，植株适中，株型紧凑，分蘖力中等，群体整齐度好，后期熟色好。穗长23.8cm，每穗总粒数168.2粒，结实率88.94%，穗粒结构协调，千粒重26.1g。

抗性：轻感稻瘟病和白叶枯病。

产量及适宜地区：2006—2007年参加海南省水稻早稻区域试验，平均产量分别为8 107.5kg/hm^{2}和6 450.0kg/hm^2，分别比对照品种增产8.0%和7.5%；2007年生产试验平均产量6 825.0kg/hm^2，比对照品种增产2.0%。适宜海南各市县早稻、晚稻种植。

栽培技术要点：①适时播种，培育壮秧。早稻12月份播种，秧龄25 ~ 30d移栽；晚稻7月份播种，秧龄18 ~ 20d移栽。②合理密植，插植规格16.7cm × 16.7cm，每穴4苗。③水肥管理。泥浆插秧，深水返青，薄水分蘖，中期注意晒田；重底肥早追肥，一般施纯氮150kg/hm^2，氮、磷、钾比例为1 ： 0.5 ： 0.6。④病虫害防治，在稻瘟病多发区种植注意防治稻瘟病，注意防治三化螟、稻蓟马等。

海秀占9号（Haixiuzhan 9）

品种来源：海南省农业科学院粮食作物研究所用矮秀占/丰穗占5号杂交育成，2008年通过海南省农作物品种审定委员会审定。

形态特征和生物学特性：属感温型常规籼稻。全生育期120～135d，株高92.2cm，植株较矮，分蘖力较好，后期熟色好。穗长21.2cm，每穗总粒数142.0粒，结实率84.0%，穗粒结构协调，千粒重23.8g。

品质特性：品质达到国标二级优质米标准。

抗性：中感苗瘟，抗穗颈瘟，中感白叶枯病。

产量及适宜地区：2007—2008年参加海南省水稻早稻区域试验，平均产量分别为7 095.0kg/hm^{2}和8 046.0kg/hm^2，分别比对照品种特籼占25增产0.4%和4.4%，比对照品种Ⅱ优128减产10.4%和4.8%。适宜海南各市县早稻种植，东部地区晚稻种植。

栽培技术要点：①适时播种，培育壮秧。早稻12月份播种，秧龄25～30d移栽；晚稻7月份播种，秧龄18～20d移栽。②合理密植，插植规格16.7cm×20.0cm，每穴栽插4苗，确保有效穗达270万～300万穗/hm^2。③水肥管理。浅水勤灌，促分蘖早生快发，适时晒田，提高成穗率，防止倒伏，后期不宜断水过早，应干干湿湿保持到收割前一周，以免影响产量和米质；重底肥早追肥，一般施纯氮135kg/hm^2，氮、磷、钾比例为1∶0.5∶0.5。④病虫害防治，要注意防治白叶枯病三化螟、稻蓟马等。

湖海537（Huhai 537）

品种来源：湖北省粮食作物育种中心、湖北省农业科学院作物育种栽培研究所引进国外优质稻经系统选育而成，2004年通过海南省农作物品种审定委员会审定。

形态特征和生物学特性：属感温型常规籼稻。全生育期122 ～ 140d，株高106.9cm，分蘖力强。穗长21.2cm，每穗总粒数99.9粒，结实率85.5%，穗着粒密度稀，但结实率高，千粒重25.7g。

品质特性：品质达到国标三级优质米标准。

抗性：抗稻瘟病，中抗白叶枯病。

产量及适宜地区：2003—2004年参加海南省水稻早稻区域试验，平均产量分别为7 267.5kg/hm^{2}和6 927.0kg/hm^2，分别比对照品种特籼占25减产3.5%和6.8%，2004年生产试验平均产量6 141.0kg/hm^2，比对照品种特籼占25增产8.8%。适宜海南各市县早稻、晚稻种植。

栽培技术要点：①适时播种，培育壮秧，避免抽穗期遭遇大风，秧龄20 ～ 25d移栽。②合理密植，插植规格26.6cm × 13.3cm或23.3cm × 13.3cm。③水肥管理。后期不宜断水太早，保持干干湿湿到收割前一周；施足大田底肥，适量追施分蘖肥，以有机肥为主，复合肥为辅，追肥宜早不宜迟。④病虫害防治，后期注意防治螟虫。

科选13（Kexuan 13）

品种来源：海南省琼海市农业科学研究所用科选47经系统选育而成，1990年通过海南省农作物品种审定委员会审定。

形态特征和生物学特性：属感温型常规中迟熟籼稻。全生育期早稻153d，晚稻140d，株高90.0cm，茎秆粗壮，分蘖力强，后期熟色好。每穗总粒数97.0粒，结实率81.0%，千粒重26.0g。

品质特性：米质一般。

抗性：抗稻瘟病和白叶枯病。

产量及适宜地区：一般单产5 250.0 ～ 6 000.0kg/hm^2，最高达98 62.5kg/hm^2。适宜海南东部和北部地区早稻种植。

栽培技术要点：①适时播种，培育壮秧。早稻12月份播种，秧龄25 ～ 30d移栽。②合理密植，插植规格16.7cm × 20.0cm，每穴栽插4 ～ 5苗。③水肥管理。勤灌浅水，促分蘖早生快发，适时晒田，提高成穗率，防止倒伏，后期不宜断水过早，应干干湿湿保持到收割前一周，以免影响产量和米质；重底肥早追肥，一般施纯氮135kg/hm^2，氮、磷、钾比例为1 ：0.5 ：0.5。④病虫害防治，注意防治三化螟、稻蓟马。

秀丰占5号（Xiufengzhan 5）

品种来源：海南省农业科学院水稻研究所（现海南省农业科学院粮食作物研究所）用矮秀占/丰富占1号杂交育成，2005年通过海南省农作物品种审定委员会审定。

形态特征和生物学特性：属感温型常规籼稻。全生育期早稻145～146d，晚稻113～137d，株高83.6～104.6cm，株型适中，叶姿中直，分蘖力较弱，后期熟色好。穗长20.4cm，每穗总粒数122.2粒，结实率86.7%，千粒重22.8g。

品质特性：糙米率79.6%，整精米率45.0%，垩白粒率13%，垩白度3.9%，胶稠度60.0mm，直链淀粉含量22.3%，糙米长宽比3.0，米质较优。

抗性：田间种植稻瘟病抗性表现优于对照特籼占25，白叶枯病抗性与对照特籼占25相当。

产量及适宜地区：2004年、2007年两年参加海南省水稻早稻区域试验，平均产量分别为7 897.5kg/hm^{2}和7 366.5kg/hm^2，分别比对照品种特籼占25增产6.3%和11.2%；生产试验平均产量7 983.0kg/hm^2，比对照品种特籼占25增产11.3%。适宜海南省各市县早稻、晚稻种植。

栽培技术要点：①适时播种，培育壮秧。早稻秧龄25～30d时移栽。②合理密植，插植规格16.7cm×16.7cm，每穴栽插4苗。③水肥管理。浅水插秧，深水返青，中期注意晒田，后期保持干湿交替；重底肥，早追肥，一般施纯氮135kg/hm^2，氮、磷、钾比例为1∶0.5∶0.6。④病虫害防治，重点防治白叶枯病。

玉晶占（Yujingzhan）

品种来源：广东省农业科学院水稻研究所用玉香油占/银晶软占杂交育成，2008年通过海南省农作物品种审定委员会审定。

形态特征和生物学特性：属感温型常规籼稻。全生育期120～169d，比对照品种特籼占25晚熟1～2d。株高99.6cm，群体整齐度好，分蘖力好，后期熟色好。有效穗数300.0万穗/hm^2，穗长21.1cm，每穗总粒数123.3粒，结实率92.7%，千粒重23.8g。

品质特性：米质一般。

抗性：两年田间种植白叶枯病和穗颈瘟的抗性与对照特籼占25表现相当。

产量及适宜地区：2007—2008年参加海南省水稻早稻区域试验，平均产量分别为7 473.0kg/hm^{2}和8 562.0kg/hm^2，分别比对照品种特籼占25增产5.8%和11.1%，均达极显著水平，分别比对照品种Ⅱ优128减产5.6%和增产1.3%。适宜海南省各市县早稻、东部地区作晚稻种植。

栽培技术要点：①适时播植，培育壮秧。按各地种植习惯确定适宜的播种时期，早稻秧龄25～30d时移栽，晚稻秧龄15～18d时移栽。②合理密植，插足基本苗90万～120万苗/hm^2。③水肥管理。前期浅水分蘖，中期注意晒田，抽穗前期至齐穗期要保持浅水层，后期保持湿润防止过早断水，以提高结实率；要施足基肥，早施重施促蘖肥，提高有效穗数，施用腐熟的农家肥作底肥，多施有机肥，以提高产量和稻米品质。④病虫害防治，在稻瘟病严重地区，应注意做好防病治病工作。

珍桂占（Zhenguizhan）

品种来源：海南省农业科学院水稻研究所（现海南省农业科学院粮食作物研究所）用珍桂矮1号/桂毕2号杂交育成，1999年通过海南省农作物品种审定委员会审定。

形态特征和生物学特性：属感温型常规籼稻。早稻全生育期140d，株高95.0cm，苗期耐寒力较强，分蘖力强，每穗总粒数120.0粒，结实率85.4%～94.9%，千粒重23.0g。

品质特性：食味品质好，被海南省评为二级优质米。

抗性：高抗稻瘟病，抗白叶枯病；苗期耐寒力较强；耐肥，抗倒伏。

产量及适宜地区：1994—1995年参加海南省水稻早稻区域试验，平均产量分别为6 375.0kg/hm^{2}和6 525.0kg/hm^2，分别比对照品种七桂早25增产24.0%和20.5%。适宜海南省各市县早稻种植。

栽培技术要点：①适时播种，培育壮秧。早稻秧龄25～30d时移栽。②合理密植，插植规格16.7cm×16.7cm，每穴栽插4苗。③水肥管理。浅水插秧，深水返青，中期注意晒田，后期保持干湿交替；重底肥早追肥，一般施纯氮135kg/hm^2，氮、磷、钾比例为1∶0.5∶0.6。④病虫害防治，重点防治白叶枯病。

中海香1号（Zhonghaixiang 1）

品种来源：海南中海优质香稻研究开发所黄发松用80-66/矮黑杂交育成，2003年通过海南省农作物品种审定委员会审定。

形态特征和生物学特性：属感温型常规籼稻。全生育期118.8d，比对照品种特籼占25早2～3d，株高104.8cm，株型适中，分蘖力中等。穗长20.3cm，每穗总粒数95.6粒，结实率71.2％，千粒重26.6g。

品质特性：整精米率56.1%，垩白粒率4%，垩白度0.4%，胶稠度72mm，直链淀粉含量12.6%，糙米长宽比3.4，有香味。

抗性：感稻瘟病，抗白叶枯病。

产量及适宜地区：2002—2003年参加海南省早稻优质香稻组区域试验，平均产量分别为5 767.8kg/hm^{2}和6 866.9kg/hm^2，分别比对照特籼占25减产23.8％和9.81％。可在海南南部地区早稻种植，中北部稻瘟病轻的地区早稻、晚稻种植，在稻瘟病重发区不宜种植，同时注意防止高肥条件下的后期倒伏。

栽培技术要点：①适时播种，培育壮秧。根据各市县生产季节适时播种，早稻秧龄25～30d移栽，晚稻秧龄16～18d移栽。②合理密植，大田移栽30.0万穴/hm^2，采用宽行窄株，增加行间宽度改善通风透光条件，以减少病虫害，防止后期倒伏。③水肥管理。适时晒田，当总苗数达450万苗/hm^{2}左右时开始晒田，后期保持田间湿润；施足底肥，追肥以分蘖肥为主，用尿素75～150kg/hm^2，后期施钾肥105～120kg/hm^2，后期不施氮肥。④病虫害防治，该品种感稻瘟病，插秧前一定要用药剂防治一次；并且从苗期开始就有香味，易遭鼠害、虫害，需要加强防治。

中科黑糯1号（Zhongkeheinuo 1）

品种来源：中国科学院遗传与发育生物学研究所、海南大学、海南省农业科学院粮食作物研究所从海香黑糯稻中选种改良而成，2010年通过海南省农作物品种审定委员会审定。

形态特征和生物学特性：属感温型籼型常规糯稻。全生育期141d，比对照Ⅱ优128长6～10d。株高127.5cm，株型适中，群体整齐度较好，分蘖力中等，后期熟色好。有效穗数230万穗/hm^2，穗长29.0cm，每穗总粒数238.2粒，结实率65.4%，千粒重23.7g，种皮和胚乳黑色。

抗性：中抗白叶枯，感稻瘟病和纹枯病。

产量及适宜地区：2009年在海口市三江镇罗牛山基地种植820m^2，平均产量为4 882.5kg/hm^2。2010年早稻澄迈县永发镇种植727m^2，平均产量4 785.0kg/hm^2。适宜海南省各市县早稻、晚稻种植。

栽培技术要点：①适时播种，培育壮秧。早稻1月上中旬播种，秧龄30～35d移栽，晚稻6月下旬至7月中旬播种，秧龄15～18d移栽。②合理密植，插足基本苗120万～150万苗/hm^2。③水肥管理。及时晒田，控制无效分蘖；早施重施分蘖肥，补施穗肥。④病虫害防治，及时防止螟虫、稻瘟病、纹枯病等病虫害。

二、杂交籼稻

Ⅱ优1259（Ⅱ you 1259）

品种来源：福建省三明市农业科学研究所以Ⅱ-32A/明恢1259配组育成，2008年通过海南省农作物品种审定委员会审定。

形态特征和生物学特性：属感温型三系杂交籼稻。全生育期125～162d。株高105.4cm，长势繁茂，分蘖力中等，群体整齐度一般，后期熟色好。有效穗数282.0万穗/hm^2，穗长23.8cm，每穗总粒数123.8粒，结实率87.6%，千粒重27.9 g。

品质特性：米质一般。

抗性：抗苗瘟，中感穗颈瘟，高感白叶枯病。

产量及适宜地区：2007—2008年参加海南省水稻早稻区域试验，平均产量分别为8 173.5kg/hm^2和8 170.5kg/hm^2，比对照品种Ⅱ优128分别增产7.0%和5.7%，均达极显著水平。适宜海南省各市县早稻种植，以及东部地区晚稻种植。

栽培技术要点：①适时播种，稀播育壮秧。按各地的种植习惯与气候因素，确定适宜的播种时期，稀播匀播，秧田要施足基肥，培育带蘖壮秧，秧龄25～30d时移栽为宜。②合理密植，插植规格20.0cm×20.0cm，每穴栽培2苗。③水肥管理。一般施纯氮180.0～229.5kg/hm^2，氮、磷、钾肥比例为1：0.5：0.7，基肥、分蘖肥、穗肥的比例为5：3：2。④病虫害防治，掌握“以防为主，综合防治”的方针，重点抓好对螟虫和稻飞虱的防治工作，沿海地区要注意防治白叶枯病。

Ⅱ优1288（Ⅱ you 1288）

品种来源：海南农业科学院粮食作物研究所以Ⅱ-32A/R1288配组育成，2009年通过海南省农作物品种审定委员会审定。

形态特征和生物学特性：属感温型三系杂交籼稻。全生育期119～137d，株高105.0cm，群体整齐度一般，分蘖力弱，后期熟色尚可。有效穗数274.5万穗/hm^2，穗长20.3cm，每穗总粒数118.6粒，结实率92.9%，千粒重23.6g。

品质特性：米质一般。

抗性：人工接种鉴定抗苗瘟，中抗白叶枯病。田间种植穗颈瘟和白叶枯病抗性优于对照Ⅱ优128。

产量及适宜地区：2008—2009年参加海南省水稻早稻区域试验，平均产量分别为7 830.0kg/hm^2和6 825.0kg/hm^2，比对照品种Ⅱ优128分别增产1.3%和减产1.6%。2009年生产试验平均产量6 393.6kg/hm^2，分别比对照品种Ⅱ优128和特优128增产1.8%和减产2.2%。适宜海南各市县早稻、晚稻种植。

栽培技术要点：①适时播种，培育壮秧。根据当地习惯与对照Ⅱ优128同期播种，秧龄30d时移栽。②合理密植，插植规格16.7cm×20.0cm，每穴栽插2苗。③水肥管理。浅水移栽，深水返青，薄水分蘖，中期注意晒田；重底肥早追肥，一般施纯氮150kg/hm^2，氮、磷、钾肥比例为1∶0.6∶0.7。④病虫害防治，注意预防稻瘟病和白叶枯病，防治稻蓟马和三化螟等。

Ⅱ优2008（Ⅱ you 2008）

品种来源：广东海洋大学农业生物技术研究所和广东天弘种业有限公司以Ⅱ-32A/弘恢2008配组育成，2009年通过海南省农作物品种审定委员会审定。

形态特征和生物学特性：属感温型三系杂交籼稻。早稻全生育期112～129d。株高88.7cm，群体整齐度一般，分蘖力中等，后期熟色尚可。有效穗数289.5万穗/hm^2，穗长19.3cm，每穗总粒数123.2粒，结实率94.1%，千粒重25.0g。

品质特性：米质一般。

抗性：人工接种鉴定中抗苗瘟，高感白叶枯病。田间种植穗颈瘟和白叶枯病抗性表现稍优于对照品种Ⅱ优128。

产量及适宜地区：2008—2009年参加海南省水稻早稻区域试验，平均产量分别为7 918.5kg/hm^{2}和6 952.5kg/hm^2，比对照品种Ⅱ优128分别增产2.5%和0.2%，增产均不显著。2009年生产试验平均产量6 136.5kg，分别比对照品种Ⅱ优128和特优128减产2.3%和6.1%。适宜海南省各市县早稻种植，沿海白叶枯病常发地区不宜晚稻种植。

栽培技术要点：①适时播种，培育壮秧。疏播匀播，秧田播种量135.0～187.5kg/hm^2，适时移栽，防止插老秧，早稻秧龄25d左右移栽，晚稻秧龄16d左右移栽为宜，直播或抛秧的注意适时适龄进行。②合理密植，栽插一般27.0万～30.0万穴/hm^2，基本苗75.0万～90.0万苗/hm^{2}为好或抛秧27.0万穴/hm^{2}左右。③水肥管理。宜浅水移栽、薄水促分蘖，中期注意晒田，后期不宜断水过早，以免影响结实率和充实度；施足基肥，早施重施追肥，增施磷钾肥，后期看苗适量施穗粒肥，防止中后期过氮。④病虫害防治，应重视白叶枯病、稻瘟病、螟虫、稻纵卷叶螟和稻飞虱等病虫害的防治。

Ⅱ优202（Ⅱ you 202）

品种来源：中国种子集团有限公司三亚分公司以Ⅱ-32A/中种恢202配组育成，2008年通过海南省农作物品种审定委员会审定。

形态特征和生物学特性：属感温型三系杂交籼稻。全生育期123～162d。株高99.8cm，长势繁茂，分蘖力一般，群体整齐度一般，后期熟色一般。有效穗数264.0万穗/hm^2，穗长21.9cm，每穗总粒数131.0粒，结实率81.5%，千粒重26.6 g。

品质特性：米质达部颁三级优质米标准。

抗性：中感苗瘟，轻感穗颈瘟，高感白叶枯病。

产量及适宜地区：2007—2008年参加海南省水稻早稻区域试验，平均产量分别为7 458.0kg/hm^2和7 990.5kg/hm^2，比对照品种Ⅱ优128分别减产2.4%和增产3.4%。适宜海南省各市县早稻种植，以及海南省东部地区晚稻种植。沿海地区要注意防治白叶枯病，稻瘟病重发区种植要注意防治稻瘟病。

栽培技术要点：①适时播种，培育壮秧，秧龄五叶一心时移栽。②合理密植，插植规格16.7cm×20.0cm，保证基本苗90.0万～120.0万苗/hm^2，争取有效穗270.0万穗/hm^2。③水肥管理。浅水移栽和分蘖，适时露晒田，后期不宜断水过早，以免影响结实率和充实度；施足基肥，早施、重施分蘖肥，后期看苗适量施穗粒肥。④病虫害防治，苗期防治稻瘿蚊、蓟马，分蘖成穗期防治稻纵卷叶螟和稻飞虱，沿海种植注意防治白叶枯病，稻瘟病重发区种植要注意防治稻瘟病。

Ⅱ优21（Ⅱ you 21）

品种来源：西南农业大学以Ⅱ-32A/ R21配组育成，2007年通过海南省农作物品种审定委员会审定。

形态特征和生物学特性：属感温型三系杂交籼稻。全生育期107～124d。株高105.3cm，株型适中，叶姿中直，叶片稍大，群体整齐度较好，分蘖力较弱，后期熟色尚可。有效穗数235.5万穗/hm^2。穗长21.6cm，每穗总粒数107.2粒，结实率88.7%，千粒重27.8g。

品质特性：整精米率54.7%，垩白粒率69.0%，垩白度11.0%，胶稠度48.0mm，直链淀粉含量23.0%，糙米长宽比2.4。

抗性：中抗稻瘟病，感白叶枯病。

产量及适宜地区：2005—2006年参加海南省水稻晚稻区域试验，平均产量分别为4 341.0kg/hm^{2}和6 153.0kg/hm^2，比对照品种Ⅱ优128分别增产1.4%和2.1%，但增产均不显著。生产试验平均产量6 166.5kg/hm^2，比对照品种Ⅱ优128增产8.6%，适宜在海南省各市县早稻、晚稻种植。

栽培技术要点：①适时播种，培育壮秧。根据各市县生产季节适时播种，大田用种量7.5～12kg/hm^2，匀播、稀播，早稻秧龄25～30d移栽，晚稻秧龄16～18d移栽。②合理密植，栽插30.0万穴/hm^{2}左右，每穴栽插2苗。③水肥管理。浅水分蘖，中期注意晒田，后期保持湿润；施足基肥，注意有机肥与无机肥相结合，氮磷钾肥配合施用。④病虫害防治，受台风影响的沿海地区要特别注意防治白叶枯病。

Ⅱ优328（Ⅱ you 328）

品种来源：海南神农大丰种业科技股份有限公司以Ⅱ-32A/神恢328配组育成，2008年通过海南省农作物品种审定委员会审定。

形态特征和生物学特性：属感温型三系杂交籼稻。全生育期123～159d。株高95.8cm，中等植株，长势繁茂，群体整齐度好，分蘖力较好，后期熟色尚可。有效穗数267.0万穗/hm^2，穗长21.3cm，每穗总粒数127.8粒，结实率88.6%，千粒重25.6g。

品质特性：米质达国标二级优质米标准。

抗性：中抗苗瘟，中感穗颈瘟，高感白叶枯病。

产量及适宜地区：2007—2008年参加海南省水稻早稻区域试验，平均产量分别为7 629.0kg/hm^2和7 899.0kg/hm^2，比对照品种Ⅱ优128分别减产0.2%和增产2.2%。适宜海南省各市县早稻种植，以及海南省东部地区晚稻种植。

栽培技术要点：①适时播种，培育壮秧。一般在12月底至2月初播种，秧田播种量225.0kg/hm^2左右，秧龄25～30d移栽。②合理密植，栽插规格16.7cm×20.0cm，每穴栽插2苗，插足基本苗105.0万～120.0万苗/hm^2。③水肥管理。湿润灌溉，以浅水为主，及时晒田，灌浆期间干干湿湿，收割前切忌断水过早；施足基肥，早施追肥，中后期看禾长势酌情追肥，适当增加磷钾肥使用比例，一般产量7 500.0kg/hm^2时需施纯氮225.0kg/hm^2，五氧化二磷180.0kg/hm^2，氧化钾180.0kg/hm^2，适于中上肥力田栽培。④病虫害防治，沿海地区注意加强白叶枯病防治。

Ⅱ优588（Ⅱ you 588）

品种来源：海南神农大丰种业科技股份有限公司育种中心以Ⅱ-32A/神恢588配组育成，2008年通过海南省农作物品种审定委员会审定。

形态特征和生物学特性：属感温型三系杂交籼稻。全生育期99～126d。株高103.8cm，长势繁茂，株型适中，群体整齐度好，分蘖力较好，后期熟色一般。有效穗数232.5万穗/hm^2，穗长21.6cm，每穗总粒数144.7粒，结实率82.2%，千粒重25.1g。

品质特性：米质达国标三级优质米标准。

抗性：人工接种鉴定感苗瘟，中感白叶枯病。田间种植抗穗颈瘟。

产量及适宜地区：2006年参加海南省水稻晚稻区域试验，平均产量6 343.5kg/hm^2，比对照品种Ⅱ优128增产5.3%，达极显著水平，日产量57.0kg/hm^2；2007年晚稻续试，因受台风影响，平均产量5 899.5kg/hm^2，比对照品种Ⅱ优128增产12.6%，达极显著水平，比对照品种博Ⅱ优15减产1.7%，未达显著水平，日产量46.5kg/hm^2；2007年生产试验平均产量4 090.5kg/hm^2，比对照品种Ⅱ优128减产11.2%。适宜海南各市县早稻、晚稻种植。

栽培技术要点：①适时播种，培育壮秧。早稻秧龄25～30d移栽，晚稻秧龄17～25d移栽。②合理密植。栽插规格16.7cm×20.0cm，每穴栽插2苗，插足基本苗90.0万～105.0万苗/hm^2。③水肥管理。坚持湿润灌溉，以浅水为主，及时晒田，灌浆期间干干湿湿，收割前忌断水过早；底肥以农家肥和三元复合肥为主，插秧后7d内施氮肥和钾肥，在幼穗分化5～6期施用穗肥，后期勿施过多氮肥。④病虫害防治，稻瘟病重发区要注意防治稻瘟病，沿海地区要注意防治白叶枯病。

Ⅱ优629（Ⅱ you 629）

品种来源：中国种子集团公司三亚分公司以Ⅱ-32A/中种恢629配组育成，2005年通过海南省农作物品种审定委员会审定。

形态特征和生物学特性：属感温型三系杂交籼稻。全生育期平均112.8d，株高104.8cm，株型适合，群体整齐，分蘖力较弱。有效穗数247.5万穗/hm^2，穗长21.4cm，每穗总粒数126.0粒，结实率81.9%，千粒重25.5g。

品质特性：米质达国标二级优质米标准。

抗性：抗稻瘟病，感白叶枯病。

产量及适宜地区：2003年首次参加海南省水稻晚稻区域试验，平均产量6 358.5kg/hm^2，分别比对照品种特籼占25、Ⅱ优128增产9.1%、6.4%；2004年晚稻续试，平均产量7 260.0kg/hm^2，比对照品种Ⅱ优128增产0.3%；2004年生产试验平均产量7 404.0kg/hm^2，比对照品种博Ⅱ优15减产2.4%。适宜海南省各市县早稻、晚稻种植。

栽培技术要点：①适时播种，培育壮秧。早稻秧龄25～30d移栽，晚稻秧龄20d左右移栽。②合理密植，插植规格16.7cm×16.7cm，每穴栽插2苗。③水肥管理。浅水移栽和分蘖，中期注意晒田，后期不宜断水过早，以免影响结实率和充实度；施足基肥，早施分蘖肥，后期看苗适量追肥。④病虫害防治，苗期防治稻蓟马，分蘖成穗期防治螟虫、稻纵卷叶螟和稻飞虱；晚稻种植注意防治白叶枯病。

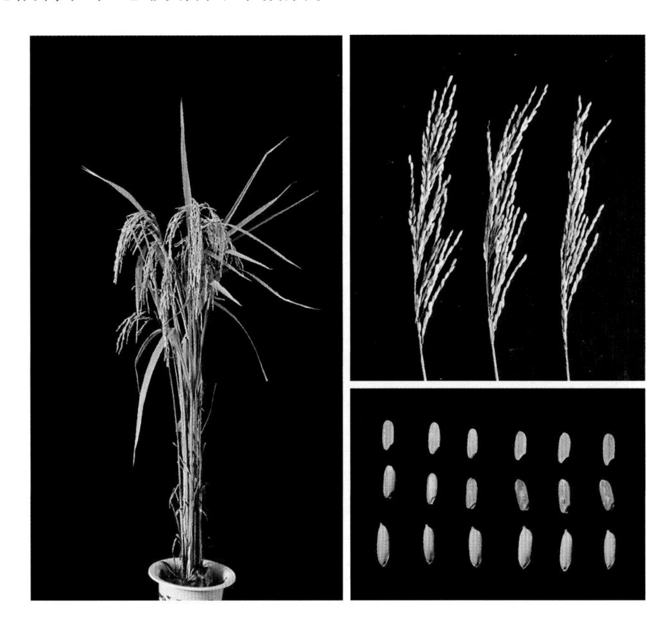

Ⅱ优798（Ⅱ you 798）

品种来源：海南海亚南繁种业有限公司以Ⅱ-32A/海恢798配组育成，2009年通过海南省农作物品种审定委员会审定。

形态特征和生物学特性：属感温型三系杂交籼稻。全生育期105～126d。株高111.8cm，株型适中，长势繁茂，群体整齐度一般，分蘖力中等，后期熟色尚可。有效穗数244.5万穗/hm^2，穗长24.2cm，每穗总粒数152.4粒，结实率76.1%，千粒重23.9g。

品质特性：米质一般。

抗性：人工接种鉴定中感苗瘟，中感白叶枯病。田间种植中感穗颈瘟，高感白叶枯病。

产量及适宜地区：2007年首次参加海南省晚稻区域试验，平均产量5 709.0kg/hm^2，比对照品种Ⅱ优128增产10.6%，达极显著水平，比对照品种博Ⅱ优15减产7.3%，达显著水平，日产量42.0kg/hm^2；2008年晚稻续试，平均产量6 334.5kg/hm^2，比对照品种特优128增产6.5%，达极显著水平，比对照品种特籼占25减产2.9%，未达显著水平，日产量55.5kg/hm^2。2008年生产试验平均产量5 125.5kg/hm^2，比对照品种特优128减产2.6%。适宜海南省各市县早稻、晚稻种植。

栽培技术要点：①适时播种，培育壮秧。早稻在12月至翌年1月播种，晚稻在5月下旬至7月上旬播种；早稻秧龄25～30d移栽，晚稻秧龄16～20d移栽。②合理密植，栽插规格16.7cm×20.0cm，每穴栽插2苗。③水肥管理。薄水浅插，浅水分蘖，中期注意晒田，抽穗后期干湿交替；重施底肥，早追肥，中后期注意增施磷钾肥，后期不宜过量施用氮肥。④病虫害防治，秧田注意防治稻蓟马、螟虫，本田及时防治螟虫、稻纵卷叶螟和稻飞虱，稻瘟病多发区在见穗期注意施药防治稻瘟病，沿海地区晚稻种植注意防治白叶枯病。

D奇宝优1688（D Qibaoyou 1688）

品种来源：福建省尤溪县良种生化研究所以D奇宝A/东菲1688配组育成，2010年通过海南省农作物品种审定委员会审定。

形态特征和生物学特性：属感温型三系杂交籼稻。全生育期121 ~ 144d，株高108.4cm，群体整齐度好，分蘖力中等，后期熟色尚可。有效穗数268.5万穗/hm^2，穗长22.3cm，每穗总粒数119.0粒，结实率90.7%，千粒重30.7g。

品质特性：米质一般。

抗性：人工接种鉴定抗苗瘟，高感白叶枯病；两年田间种植中感穗颈瘟，高感白叶枯病。

产量及适宜地区：2009年首次参加海南省水稻早稻区域试验，平均产量7 021.5kg/hm^2，比对照品种Ⅱ优128增产4.8%，达极显著水平。2010年早稻续试，平均产量8 052kg/hm^2，比对照品种T优551增产2.7%，未达显著水平。2010年生产试验平均产量8 502kg/hm^2，比对照品种T优551增产4.9%。适宜海南省各市县早稻种植。

栽培技术要点：①适时播种，培育壮秧。播种量375.0kg/hm^2，早稻在海南南部地区一般12月下旬播种，在北部地区2月中旬播种，秧龄25 ~ 30d时移栽。②适时移栽，合理密植，栽插规格为16.5cm × 26.5cm或16.5cm × 23.0cm，每穴栽插2苗。③水肥管理。浅水灌溉，中期注意晒田，控制无效分蘖，后期不要过早断水；一般施纯氮150.0 ~ 180.0kg/hm^2，氮、磷、钾肥比例为1 ： 0.6 ： 0.8。④病虫害防治，注意预防白叶枯病、穗颈瘟及稻飞虱等病虫为害。

T优108（T you 108）

品种来源：四川国豪种业有限公司海南分公司和海南海亚南繁种业有限公司以T55A/R108配组育成。2009年通过海南省农作物品种审定委员会审定。

形态特征和生物学特性：属感温型三系杂交籼稻。早稻全生育期118～138d。株高103.4cm，群体整齐度一般，分蘖力较弱，后期熟色尚可。有效穗数253.5万穗/hm^2，穗长20.4cm，每穗总粒数123.8粒，结实率88.3%，籽粒大，千粒重30.7g。

品质特性：米质一般。

抗性：人工接种鉴定中感苗瘟，中抗白叶枯病。田间种植穗颈瘟和白叶枯病抗性表现优于对照Ⅱ优128。

产量及适宜地区：2008—2009年参加海南省水稻早稻区域试验，平均产量分别为7 974kg/hm^{2}和7 027.5kg/hm^2，比对照品种Ⅱ优128增产0.8％和1.3％。2009年生产试验平均产量6 250.5kg/hm^2，分别比对照品种Ⅱ优128和特优128减产0.5%和4.4%。适宜海南省各市县早稻、晚稻种植。

栽培技术要点：①适期稀播匀播，培育带蘖壮秧。播种量187.5kg/hm^2，早稻秧龄25～30d移栽，晚稻秧龄16～20d移栽。②合理密植，插植规格16.7cm×20.0cm，每穴栽插2～3苗。③水肥管理。前期浅水为主，分蘖末期晒田，孕穗至抽穗期深浅交替灌水，灌浆到成熟期间歇灌水；施足基肥，早施、重施分蘖肥，氮、磷、钾肥合理搭配。④病虫害防治，苗期防治稻蓟马，分蘖至成穗期及时防治螟虫、稻纵卷叶螟、稻飞虱和白叶枯病等。

Y两优865（Y Liangyou 865）

品种来源：海南省农业科学院粮食作物研究所和湖南杂交水稻研究中心以Y58S/R865配组育成，2010年通过海南省农作物品种审定委员会审定。

形态特征和生物学特性：属感温型三系杂交籼稻。全生育期104 ~ 129d。株高109.9cm，株型适中，群体整齐度一般，分蘖力好，后期熟色尚可。有效穗数279.0万穗/hm^2，穗长25.5cm，每穗总粒数155.1粒，结实率68.4%，穗大粒多，千粒重23.7g。

品质特性：米质一般。

抗性：人工接种鉴定中感白叶枯病，中抗苗瘟。田间种植中感穗颈瘟和白叶枯病。

产量及适宜地区：2008年首次参加海南省水稻晚稻区域试验，平均产量6 472.5kg/hm^2，比对照品种特优128增产8.8%，达极显著水平；比对照品种特籼占25减产0.7%，未达显著水平，日产量52.5kg/hm^2。2009年晚稻续试，平均产量6 258.02kg/hm^2，比对照品种特优128增产11.1%，达极显著水平；比对照品种博Ⅱ优15减产5.7%，达极显著水平；比对照品种特籼占25减产0.9%，未达显著水平，日产量55.5kg/hm^2。适宜海南省各市县早稻、晚稻种植。

栽培技术要点：①适时播种，培育壮秧。根据当地习惯与对照品种Ⅱ优128同期播种，早稻秧龄30 ~ 35d移栽，晚稻秧龄18 ~ 20d移栽。②合理密植，插植规格16.7cm × 20.0cm，每穴栽插2苗。③水肥管理。浅浆插秧，深水返青，薄水分蘖，中期注意晒田；重底肥早追肥，一般施纯氮150.0kg/hm^2，氮、磷、钾比例为1 ∶ 0.5 ∶ 0.5。④病虫害防治，防治三化螟、稻蓟马等为害，在稻瘟病重发区种植要注意防治稻瘟病，在沿海地区种植时注意防治白叶枯病。

博Ⅱ优128（Bo Ⅱ you 128）

品种来源：海南省农业科学院水稻研究所（现海南省农业科学院粮食作物研究所）以博ⅡA/广恢128配组育成，2005年通过海南省农作物品种审定委员会审定。

形态特征和生物学特性：属弱感光型三系杂交晚籼稻。全生育期118.5d。株高109.5cm，株型适中，群体整齐，分蘖力弱，后期熟色尚可。有效穗数295.5万穗/hm^2，穗长21.6cm，每穗总粒数139.1粒，结实率85.3%，千粒重24.9g。

品质特性：米质一般。

抗性：稻瘟病抗性强于对照品种博Ⅱ优15，白叶枯病抗性与对照品种博Ⅱ优15表现相当。

产量及适宜地区：2003年参加海南省水稻晚稻区域试验，平均产量6 397.5kg/hm^2，比对照品种特籼占25、Ⅱ优128分别增产9.8%和7.0%。2004年晚稻续试，平均产量7 126.5kg/hm^2，比对照品种博Ⅱ优15减产0.6%。2004年生产试验平均产量6 369.0kg/hm^2，比对照品种博Ⅱ优15减产1.9%。适宜海南省各市县晚稻种植。

栽培技术要点：①适时早播，培育壮秧。宜在6月上旬至7月下旬播种，秧龄18 ~ 20d移栽。②合理密植，插植规格16.7cm×20.0cm或13.3cm×16.7cm，每穴栽插2苗。③水肥管理。泥浆插秧、浅水返青，薄水促蘖，中期注意晒田；施肥采用平衡施肥法，施足基肥，及时施断奶肥、分蘖肥、送嫁肥，基肥占总肥量的50.0%，追肥50.0%；一般施纯氮132.0kg/hm^2、五氧化二磷64.5kg/hm^2、氧化钾127.5kg/hm^2。④病虫害防治，注意防治三化螟、稻蓟马、稻曲病等病虫为害。

博Ⅱ优134（Bo Ⅱ you 134）

品种来源：海口市琼山区种子公司以博Ⅱ A/ IR134配组育成，2006年通过海南省农作物品种审定委员会审定。

形态特征和生物学特性：属弱感光型三系杂交晚籼稻。全生育期108 ～ 129d。株高101.9cm，株型适中，分蘖力较弱，后期熟色好。有效穗数241.5万穗/hm^2，穗长22.4cm，每穗总粒数117.0粒，结实率89.6%，千粒重27.5 g。

品质特性：米质一般。

抗性：中抗稻瘟病，高感白叶枯病。

产量及适宜地区：2004—2005年参加海南省水稻晚稻区域试验，平均产量分别为7 354.5kg/hm^2和5 142.0kg/hm^2，比对照品种博Ⅱ优15分别增产4.8%和5.9%。2005年生产试验平均产量5 506.5kg/hm^2，比对照博品种Ⅱ优15减产4.5%。适宜海南省各市县晚稻种植。

栽培技术要点：①适时播种，培育壮秧。宜在6月上旬至7月下旬播种，秧龄18 ～ 20d移栽。②水肥管理。前期浅水促蘖，中期晒好田壮秆，后期干湿交替，在收获前7d不断水；本田施磷肥420.0kg/hm^2，尿素120.0 ～ 180.0kg/hm^2，复合肥225.0 ～ 300.0kg/hm^2，钾肥150.0 ～ 187.5kg/hm^2。③病虫害防治，沿海地区要特别注意防治白叶枯病。

博Ⅱ优138（Bo Ⅱ you 138）

品种来源：广东省金稻种业有限公司以博ⅡA/金恢138配组育成，2008年通过海南省农作物品种审定委员会审定。

形态特征和生物学特性：属弱感光型三系杂交晚籼稻。全生育期108～131d。株高110.4cm，株型适中，分蘖力较好，群体整齐度好，后期熟色尚可。有效穗数229.5万穗/hm^2，穗长22.3cm，每穗总粒数134.4粒，结实率81.9%，千粒重25.5 g。

品质特性：米质一般。

抗性：中抗稻瘟病，高感白叶枯病。

产量及适宜地区：2005—2007年参加海南省水稻晚稻区域试验，平均产量分别为5 226.6kg/hm^2、6 886.5kg/hm^2和6 348.0kg/hm^2，比对照品种博Ⅱ优15分别增产7.7%、0.2%和2.3%。2007年生产试验平均产量6 141.0kg/hm^2，比对照品种博Ⅱ优15增产0.3%。适宜海南省各市县晚稻种植。

栽培技术要点：①适时播种，培育壮秧。宜在6月上旬至7月下旬播种，秧龄18～20d移栽。②合理密植，插植规格16.7cm×20.0cm，每穴栽插2苗。③水肥管理。浅水移栽，薄水促分蘖，中期注意晒田；施足基肥、早施重施分蘖肥，生长后期注意看苗情补施穗粒肥。④病虫害防治，苗期要注意防治稻蓟马，分蘖成穗期注意防治螟虫、稻纵卷叶螟和稻飞虱，在稻瘟病重发区种植在见穗期注意防治稻瘟病，沿海地区要特别注意防治白叶枯病。

博Ⅱ优1586（Bo Ⅱ you 1586）

品种来源：海南省农业科学院粮食作物研究所以博ⅡA/ R1586配组育成，2009年通过海南省农作物品种审定委员会审定。

形态特征和生物学特性：属弱感光型三系杂交晚籼稻。全生育期107 ～ 131d。株高106.5cm，株型适中，长势繁茂，分蘖力较好，群体整齐度好，后期熟色尚可。有效穗数243.0万穗/hm^2，穗长21.8cm，每穗总粒数129.0粒，结实率83.1%，千粒重24.3g。

品质特性：米质一般。

抗性：人工接种鉴定中感苗瘟，感白叶枯病。田间种植中感穗颈瘟和白叶枯病。

产量及适宜地区：2007—2008年参加海南省水稻晚稻区域试验，平均产量分别为6 190.5kg/hm^2和6 370.5kg/hm^2，比对照品种博Ⅱ优15分别增产0.5%和7.1%。生产试验平均产量4 986.5kg/hm^2，比对照品种博Ⅱ优15减产1.2%。适宜海南省各市县晚稻种植。

栽培技术要点：①适时播种，培育壮秧。宜在6月上旬至7月下旬播种，秧龄18 ～ 20d移栽。②合理密植，栽插规格16.7cm×20.0cm，每穴栽插2苗。③水肥管理。泥浆插秧，浅水促蘖，中期注意晒田；重底肥早追肥，一般施纯氮150.0kg/hm^2，氮、磷、钾肥比例为1 ∶ 0.6 ∶ 0.7。④病虫害防治，防治三化螟、稻蓟马，沿海地区要注意防治白叶枯病。

博Ⅱ优177（Bo Ⅱ you 177）

品种来源：海南省澄迈县金丰种业有限公司以博ⅡA/成恢177配组育成，原名金谷1号，2010年通过海南省农作物品种审定委员会审定。

形态特征和生物学特性：属弱感光型三系杂交晚籼稻。全生育期108～135d，株高105.1cm，株型适中，长势繁茂，分蘖力弱，群体整齐度好，后期熟色尚可。有效穗226.5万/hm^2。穗长22.9cm，每穗总粒数162.2粒，结实率83.4%，千粒重23.2g。

品质特性：米质一般。

抗性：人工接种鉴定中感白叶枯病，抗苗瘟。田间种植中感穗颈瘟和白叶枯病。

产量及适宜地区：2008—2009年参加海南省水稻晚稻区域试验，平均产量分别为6 259.5kg/hm^2和6 730.5kg/hm^2，比对照品种博Ⅱ优15分别减产0.9%和增产2.7%，增减产均不显著。2009年生产试验平均产量6 346.5kg/hm^2，比对照品种博Ⅱ优15增产4.6%。适宜海南省各市县晚稻种植。

栽培技术要点：①适时播种，培育壮秧。宜在6月上旬至7月下旬播种，秧龄18～20d移栽。②合理密植，中等肥力田插植规格16.7cm×20.0cm或16.7cm×16.7cm，高肥力田插植规格20.0cm×20.0cm，每穴栽插2苗。③水肥管理。前期灌浅水，中期注意晒田，后期干湿交替，收割前5d不断水；施足基肥，早施重施分蘖肥，宜于插秧后3～5d施分蘖肥，施肥量占总肥量的60.0%～70.0%；一般施尿素150.0～225.0kg/hm^2、复合肥75.0～150.0kg/hm^2、磷肥450～525kg/hm^2、钾肥150.0～180.0kg/hm^2。④病虫害防治，主要防治稻瘟病、稻蓟马、三化螟、稻飞虱、稻纵卷叶螟等，沿海地区要注意防治白叶枯病。

博Ⅱ优235（Bo Ⅱ you 235）

品种来源：海南万穗谷种业有限公司以博ⅡA/测235配组育成，2006年通过海南省农作物品种审定委员会审定。

形态特征和生物学特性：属弱感光型三系杂交晚籼稻。全生育期109～131d。株高94.9cm，株型中集，长势繁茂，分蘖力较弱，群体整齐，后期熟色好。有效穗数292.5万穗/hm^2，穗长21.5cm，每穗总粒数132.8粒，结实率90.4%，千粒重24.7 g。

品质特性：米质一般。

抗性：中抗稻瘟病，感白叶枯病。

产量及适宜地区：2004—2005年参加海南省水稻晚稻区域试验，平均产量分别为7 300.5kg/hm^{2}和4 857.0kg/hm^2，比对照品种博Ⅱ优15分别增产1.8%和0.03%。2005年生产试验平均产量5 416.5kg/hm^2，比对照品种博Ⅱ优15减产6.1%。适宜海南省各市县晚稻种植。

栽培技术要点：①适时播种，培育壮秧。宜在6月上旬至7月下旬播种，秧龄18～20d移栽，早播产量高于迟播。②合理密植，插植规格16.7cm×16.7cm，每穴栽插2～3苗。③水肥管理。前期灌浅水，中期注意晒田，后期干湿交替，不宜断水过早；早施重施分蘖肥，中期适施穗粒肥。④病虫害防治，主要防治稻蓟马、三化螟、稻飞虱、稻纵卷叶螟等，沿海地区要注意防治白叶枯病。

博Ⅱ优26（Bo Ⅱ you 26）

品种来源：海南省农业科学院水稻研究所（现海南省农业科学院粮食作物研究所）以博ⅡA/粤野占26配组育成，2005年通过海南省农作物品种审定委员会审定。

形态特征和生物学特性：属感光型三系杂交晚籼稻。全生育期117.3d。株高107.5cm，株型紧凑，叶姿挺直，分蘖力较强，群体整齐，后期熟色尚可。有效穗数286.5万穗/hm^2，穗长21.0 cm，每穗总粒数132.8粒，结实率86.2%，千粒重24.4g。

品质特性：米质一般。

抗性：抗稻瘟病，中抗白叶枯病。

产量及适宜地区：2003年参加海南省水稻晚稻区域试验，平均产量6 294.0kg/hm^2，分别比对照品种特籼占25、Ⅱ优128增产8.0%和5.3%；2004年晚稻续试，平均产量7 284.0kg/hm^2，比对照品种博Ⅱ优15增产1.6%。2004年生产试验平均产量6 957.0kg/hm^2，比对照博Ⅱ优15增产0.4%。适宜海南省各市县晚稻种植。

栽培技术要点：①适时早播，培育壮秧。宜在6月上旬至7月下旬播种，秧龄18～20d移栽。②合理密植，插植规格16.7cm×20.0cm，每穴栽插2苗。③水肥管理。前期灌浅水，中期注意晒田，后期干湿交替，不宜断水过早；施足基肥，早施分蘖肥，一般施纯氮132.0kg/hm^2、五氧化二磷64.5kg/hm^2、氧化钾127.5kg/hm^2。④病虫害防治，重点防治稻曲病。

博Ⅱ优290（Bo Ⅱ you 290）

品种来源：广东省农业科学院水稻研究所以博ⅡA/广恢290配组育成，2006年通过海南省农作物品种审定委员会审定。

形态特征和生物学特性：属感光型三系杂交晚籼稻。全生育期106～129d。株高95.2cm，株型适中，长势较旺，分蘖力中等，群体整齐，后期熟色好。有效穗数303.0万穗/hm^2，穗长21.4cm，每穗总粒数116.4粒，结实率89.4%，千粒重24.5 g。

品质特性：米质一般。

抗性：中抗稻瘟病，高感白叶枯病。

产量及适宜地区：2004—2005年参加海南省水稻晚稻区域试验，平均产量分别为7 491.0kg/hm^2和4 927.5kg/hm^2，比对照品种博Ⅱ优15分别增产4.5%和1.5%。2005年生产试验平均产量5 272.5kg/hm^2，比对照品种博Ⅱ优15减产8.6%。适宜海南省各市县晚稻种植。

栽培技术要点：①适时播种，培育壮秧。宜在6月上旬至7月下旬播种，秧龄18～20d移栽。②合理密植，插植规格为16.5cm×19.8cm。③水肥管理。前期灌浅水，中期注意晒田，后期保持湿润；早施重施分蘖肥，促进分蘖早生快发，后期酌施穗肥。④病虫害防治，沿海地区要注意防治白叶枯病。

博Ⅱ优312（Bo Ⅱ you 312）

品种来源：广东省农业科学院水稻研究所以博ⅡA/广恢312配组育成，2007年通过海南省农作物品种审定委员会审定。

形态特征和生物学特性：属感光型三系杂交晚籼稻。全生育期109 ~ 132d。株高114.4cm，株型适中，群体整齐度好，分蘖力弱，后期熟色好。有效穗数223.5万穗/hm^2，穗长23.3cm，每穗总粒数156.3粒，结实率85.6%，千粒重25.5 g。

品质特性：米质一般。

抗性：中抗稻瘟病，感白叶枯病。

产量及适宜地区：2005—2006年参加海南省水稻晚稻区域试验，平均产量分别为5 181.0kg/hm^2和7 258.5kg/hm^2，比对照品种博Ⅱ优15分别增产6.7%和4.6%。2006年生产试验在临高试点受福寿螺为害，平均产量5 787.0kg/hm^2，比对照品种博Ⅱ优15减产5.5%。适宜海南省各市县晚稻种植。

栽培技术要点：①适时播种，培育壮秧。宜在6月上旬至7月下旬播种，秧龄18 ~ 20d移栽。②合理密植，插植规格16.7cm×20.0cm，每穴栽插2苗。③水肥管理。前期灌浅水，中期注意晒田，后期干湿交替，不宜断水过早；施足基肥，早施分蘖肥，适施穗肥，注意氮、磷、钾肥配合施用。④病虫害防治，沿海地区注意防治白叶枯病。

博Ⅱ优316（Bo Ⅱ you 316）

品种来源：海南海亚南繁种业有限公司以博ⅡA/海恢316配组育成，2008年通过海南省农作物品种审定委员会审定。

形态特征和生物学特性：属感光型三系杂交晚籼稻。全生育期110 ~ 126d。株高104.1cm，长势繁茂，株型适中，分蘖力较好，群体整齐好，后期熟色尚可。有效穗数286.5万穗/hm^2，穗长21.0cm，每穗总粒数131.3粒，结实率85.6%，千粒重21.8 g。

品质特性：米质达到国标三级优质米标准。

抗性：中抗稻瘟病，感白叶枯病。

产量及适宜地区：2005年和2007年参加海南省水稻晚稻区域试验，平均产量分别为4 719.0kg/hm^{2}和6 241.5kg/hm^2，比对照品种博Ⅱ优15分别减产2.8%和增产1.3%。2007年生产试验平均产量4 849.5kg/hm^2，比对照品种博Ⅱ优15减产1.2%。适宜海南省各市县晚稻种植。

栽培技术要点：①适时播种，培育壮秧。宜在6月上旬至7月下旬播种，秧龄18 ~ 20d移栽。②合理密植，栽插规格16.7cm×20.0cm，每穴栽插2苗。③水肥管理。浅水移栽，薄水促分蘖，中期注意晒田；施足基肥，早施重施分蘖肥，适施穗肥。④病虫害防治，苗期注意防治稻蓟马，分蘖成穗期注意防治稻纵卷叶螟和稻飞虱，沿海地区注意防治白叶枯病。

博Ⅱ优328（Bo Ⅱ you 328）

品种来源：海南神农大丰种业科技股份有限公司以博ⅡA/神恢328配组育成（原名神农稻328），2008年通过海南省农作物品种审定委员会审定。

形态特征和生物学特性：属感光型三系杂交晚籼稻。全生育期107～129d。株高107.3cm，长势繁茂，株型适中，分蘖力中等，群体整齐度好，后期熟色尚可。有效穗数255.0万穗/hm^2，穗长21.9cm，每穗总粒数131.3粒，结实率79.0%，千粒重24.1 g。

品质特性：米质一般。

抗性：中感稻瘟病和白叶枯病。

产量及适宜地区：2006—2007年参加海南省水稻晚稻区域试验，平均产量分别为7 158.0kg/hm^{2}和6 676.5kg/hm^2，比对照品种博Ⅱ优15分别增产2.9%和8.4%。2007年生产试验平均产量4 255.5kg/hm^2，比对照品种博Ⅱ优15减产13.3%。适宜海南省各市县晚稻种植。

栽培技术要点：①适时播种，培育壮秧。宜在6月上旬至7月下旬播种，秧龄18～20d移栽。②合理密植，栽插规格16.7cm×20.0cm，每穴栽插2苗。③水肥管理。前期灌浅水，中期注意晒田，后期干湿交替，不宜断水过早；早施重施分蘖肥，中期适施穗粒肥。④病虫害防治，主要防治稻蓟马、三化螟、稻飞虱、稻纵卷叶螟等，稻瘟病重发区注意防治稻瘟病，沿海地区注意防治白叶枯病。

博Ⅱ优329（Bo Ⅱ you 329）

品种来源：海南神农大丰种业科技股份有限公司育种中心以博ⅡA/神恢329配组育成，2010年通过海南省农作物品种审定委员会审定。

形态特征和生物学特性：属感光型三系杂交晚籼稻。全生育期111～135d。株高107.9cm，株型适中，长势繁茂，分蘖力中等，群体整齐度一般，后期熟色尚可。有效穗数241.5万穗/hm^2，穗长22.7cm，每穗总粒数152.5粒，结实率79.2%，千粒重22.3g。

品质特性：米质一般。

抗性：人工接种鉴定中抗白叶枯病，抗苗瘟。田间种植中感穗颈瘟，轻感白叶枯病。

产量及适宜地区：2008—2009年参加海南省水稻晚稻区域试验，平均产量分别为6 441kg/hm^2和6 753kg/hm^2，比对照品种博Ⅱ优15分别增产2.0%和3.1%。2009年生产试验平均产量6 171.0kg/hm^2，比对照品种博Ⅱ优15增产2.3%。适宜海南省各市县晚稻种植。

栽培技术要点：①适时播种，培育壮秧。宜在6月上旬至7月下旬播种，秧龄18～20d移栽。②合理密植，栽插规格16.7cm×20.0cm，每穴栽插2苗。③水肥管理。湿润灌溉，以浅水为主，及时晒田，灌浆期间干干湿湿壮籽，收割前切忌断水过早；适于中上肥力田栽培，施足基肥，早施追肥，适当增施磷钾肥，一般施纯氮225.0kg/hm^2，五氧化二磷180.0kg/hm^2，氧化钾180.0kg/hm^2。④病虫害防治，主要防治稻蓟马、三化螟、稻飞虱、稻纵卷叶螟等，稻瘟病重发区注意防治穗颈瘟，沿海地区注意防治白叶枯病。

博Ⅱ优359 (Bo Ⅱ you 359)

品种来源：海南神农大丰种业科技股份有限公司育种中心以博Ⅱ A/神恢359配组育成，2009年通过海南省农作物品种审定委员会审定。

形态特征和生物学特性：属感光型三系杂交晚籼稻。全生育期110 ~ 132d。株高108.2cm，株型适中，长势繁茂，分蘖力较强，群体整齐度较好，后期熟色尚可。有效穗数255.0万穗/hm^2，穗长22.5cm，每穗总粒数140.5粒，结实率79.1%，千粒重23.0g。

品质特性：米质一般。

抗性：人工接种鉴定中抗苗瘟，感白叶枯病。田间种植中感穗颈瘟和白叶枯病。

产量及适宜地区：2007—2008年参加海南省水稻晚稻区域试验，平均产量分别为6 576.0kg/hm^{2}和6 399kg/hm^2，比对照品种博Ⅱ优15分别增产6.8%和1.3%。2008年生产试验平均产量5 124.0kg/hm^2，比对照品种博Ⅱ优15增产1.6%。适宜海南省各市县晚稻种植。

栽培技术要点：①适时播种，培育壮秧。一般在5月底至7月初播种，播种量22.5kg/hm^2，秧田播种量225.0kg/hm^{2}左右，秧龄25 ~ 30d时移栽。②合理密植，栽插规格16.7cm × 20.0cm，每穴栽插2苗。③水肥管理。湿润灌溉，以浅水为主，及时晒田，灌浆期间干干湿湿壮籽，收割前切忌断水过早；适于中上肥力田栽，培施足基肥，早施追肥，中后期看禾酌情追肥，氮、磷、钾肥结合施用，并适当增加磷、钾肥施用比例，一般产量7 500.0kg/hm^{2}需施纯氮225.0kg/hm^2、五氧化二磷180.0kg/hm^2、氧化钾180.0kg/hm^2。④病虫害防治，稻瘟病重发区种植要注意防治稻瘟病，沿海地区要注意防治白叶枯病。

博Ⅱ优3618（Bo Ⅱ you 3618）

品种来源：广东省农业科学院水稻研究所以博Ⅱ A/广恢3618配组育成，2009年通过海南省农作物品种审定委员会审定。

形态特征和生物学特性：属感光型三系杂交晚籼稻。全生育期115～135d。株高110.5cm，株型适中，长势繁茂，分蘖力强，群体整齐度较好，后期熟色尚可。有效穗数243.0万穗/hm^2，穗长21.3cm，每穗总粒数138.3粒，结实率81.4%，千粒重22.8g。

品质特性：米质一般。

抗性：人工接种鉴定感苗瘟，感白叶枯病。田间种植中感穗颈瘟，中感白叶枯病。

产量及适宜地区：2007—2008年参加海南省水稻晚稻区域试验，平均产量分别为6 478.5kg/hm^2和6 180.0kg/hm^2，比对照品种博Ⅱ优15分别增产4.4%和减产2.2%，其中2007年增产达显著水平。生产试验平均产量5 313.0kg/hm^2，比对照品种博Ⅱ优15增产5.3%。适宜海南省各市县晚稻种植。该品种属弱感光组合，并非早播就能早收，琼海、万宁、文昌、定安等市县部分晚稻播植期提前的乡镇应慎用，以免影响大田冬种瓜菜生产。

栽培技术要点：①适时播种，培育壮秧。宜在6月上旬至7月下旬播种，秧龄18～20d移栽。②合理密植，栽插规格16.7cm×20.0cm，每穴栽插2苗。③水肥管理。湿润灌溉，以浅水为主，及时晒田，灌浆期间干干湿湿壮籽，收割前切忌断水过早；早施分蘖肥，适施穗肥，注意氮、磷、钾肥配合施用，中后期防止过量施用氮肥。④病虫害防治，稻瘟病重发区注意防治稻瘟病，沿海地区注意防治白叶枯病。

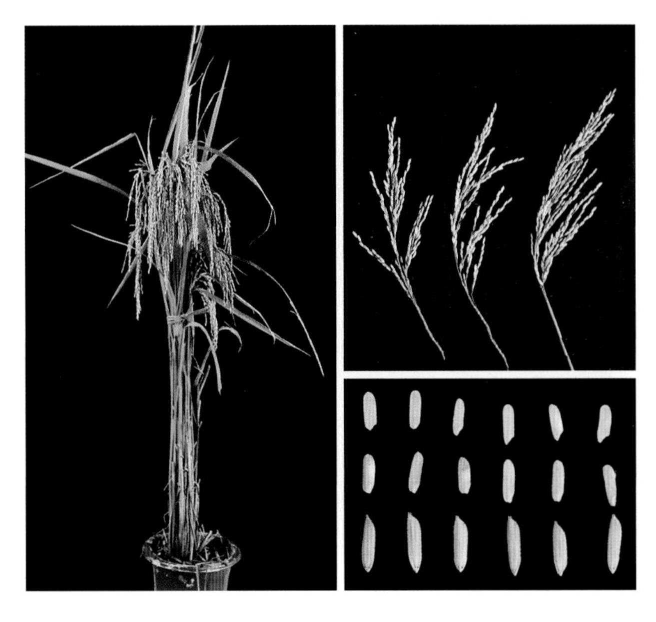

博Ⅱ优4671（Bo Ⅱ you 4671）

品种来源：四川省农业科学院作物研究所以博ⅡA/成恢4671配组育成，2010年通过海南省农作物品种审定委员会审定。

形态特征和生物学特性：属弱感光型三系杂交晚籼稻。全生育期115～129d，株高101.5cm，株型适中，长势繁茂，群体整齐度一般，分蘖力中等，后期熟色尚可。有效穗数256.5万穗/hm^2，穗长22.5cm，每穗总粒数124.6粒，结实率85.3%，千粒重25.6g。

品质特性：米质一般。

抗性：人工接种鉴定中抗白叶枯病，高感苗瘟。田间种植中感穗颈瘟和白叶枯病。

产量及适宜地区：2008—2009年参加海南省水稻晚稻区域试验，平均产量分别为6 228.0kg/hm^2和6 358.5kg/hm^2，比对照品种博Ⅱ优15分别增产4.7%和减产0.4%。2009年生产试验平均产量6 534.0kg/hm^2，比对照品种博Ⅱ优15增产7.7%。适宜海南省各市县晚稻种植。

栽培技术要点：①适时播种，培育壮秧。宜在6月上旬至7月下旬播种。②合理密植，低肥力水平田块栽植规格16.7cm×20.0cm，中肥力水平田块栽植规格20.0cm×23.3cm，高肥力水平田块栽植规格20.0cm×26.7cm。③水肥管理。浅水灌溉，中期注意晒田，后期切忌断水过早；高产栽培需施足底肥，底肥施用量占全期需肥量的70%，一般施纯氮180.0～195.0kg/hm^2，氮、磷、钾肥配合施用，大田返青后，施尿素105.0～120.0kg/hm^2作为分蘖肥，孕穗拔节期施尿素75.0～90.0kg/hm^2作为穗肥。④病虫害防治，稻瘟病重发区要注意防治稻瘟病，沿海地区要注意防治白叶枯病。

博Ⅱ优568（Bo Ⅱ you 568）

品种来源：海南神农大丰种业科技股份有限公司育种中心以博Ⅱ A/神恢568配组育成，2009年通过海南省农作物品种审定委员会审定。

形态特征和生物学特性：属感光型三系杂交晚籼稻。全生育期107～131d。株高107.7cm，株型适中，长势繁茂，分蘖力中等，群体整齐度好，后期熟色尚可。有效穗数265.5万穗/hm^2，穗长23.5cm，每穗总粒数142.5粒，结实率71.3%，千粒重22.7g。

品质特性：米质一般。

抗性：人工接种鉴定感苗瘟，感白叶枯病。田间种植中感穗颈瘟，中感白叶枯病。

产量及适宜地区：2007—2008年参加海南省水稻晚稻区域试验，平均产量分别为6 597.0kg/hm^2和5 982.8kg/hm^2，比对照品种博Ⅱ优15分别增产7.1%和0.8%，比对照品种Ⅱ优128分别增产27.7%和16.2%。2008年生产试验平均产量4 765.5kg/hm^2，比对照品种博Ⅱ优15减产5.6%。适宜海南省各市县晚稻种植。

栽培技术要点：①适时播种，培育壮秧。宜在6月上旬至7月下旬播种，秧龄18～20d移栽。②合理密植，栽插规格16.7cm×20.0cm，每穴栽插2苗。③水肥管理。湿润灌溉，以浅水为主，及时晒田，灌浆期间干干湿湿壮籽，收割前切忌断水过早；适于中上肥力田栽培，施足基肥，早施追肥，中后期看禾酌情追肥，适当增施磷钾肥，一般施纯氮225.0kg/hm^2，五氧化二磷180.0kg/hm^2，氧化钾180.0kg/hm^2。④病虫害防治，稻瘟病重发区种植注意防治稻瘟病，沿海地区注意防治白叶枯病。

博Ⅱ优588（Bo Ⅱ you 588）

品种来源：海南神农大丰种业科技股份有限公司以博ⅡA/神恢588配组育成，2008年通过海南省农作物品种审定委员会审定。

形态特征和生物学特性：属感光型三系杂交晚籼稻。生育期109～133d。株高108.0cm，长势繁茂，株型适中，分蘖力较好，群体整齐度好，后期熟色尚可。有效穗数234.0万穗/hm^2，穗长21.7cm，每穗总粒数141.7粒，结实率86.2%，千粒重21.9 g。

品质特性：米质一般。

抗性：人工接种鉴定中感苗瘟和白叶枯病。田间种植穗颈瘟从无到轻度发生。

产量及适宜地区：2006—2007年参加海南省水稻晚稻区域试验，平均产量分别为6 762.0kg/hm^2和6 517.5kg/hm^2，分别比对照品种博Ⅱ优15减产1.7%和增产5.0%。2007年生产试验平均产量4 869.0kg/hm^2，比对照品种博Ⅱ优15减产0.8%。适宜海南省各市县晚稻种植。

栽培技术要点：①适时播种，培育壮秧。宜在6月上旬至7月下旬播种，秧龄18～20d移栽。②合理密植，栽插规格16.7cm×20.0cm，每穴栽插2苗。③水肥管理。湿润灌溉，以浅水为主，及时晒田，灌浆期间干干湿湿壮籽，收割前切忌断水过早；早施分蘖肥，适施穗肥，注意氮、磷、钾肥配合施用，中后期防止过量施用氮肥。④病虫害防治，稻瘟病重发区注意防治稻瘟病，沿海地区注意防治白叶枯病。

博Ⅱ优629（Bo Ⅱ you 629）

品种来源：中国种子集团有限公司三亚分公司以博Ⅱ A/中种恢629配组育成，2007年通过海南省农作物品种审定委员会审定。

形态特征和生物学特性：属感光型三系杂交晚籼稻。全生育期111 ～ 133d。株高114.0cm，株型适中，生长势旺盛，分蘖力一般，群体整齐度一般，后期熟色较好。有效穗数232.5万穗/hm^2，穗长22.4cm，每穗总粒数139.9粒，结实率85.3%，千粒重23.8g。

品质特性：米质一般。

抗性：人工接种鉴定中感苗瘟，中感白叶枯病。

产量及适宜地区：2003年参加海南省水稻晚稻区域试验，平均产量6 247.5kg/hm^2，比对照品种Ⅱ优128增产13.9%；2004年晚稻参加海南省水稻区域试验，平均产量7 189.5kg/hm^2，比对照品种博Ⅱ优15增产0.3%，未达显著水平；2006年晚稻续试，平均产量6 855.0kg/hm^2，比对照品种博Ⅱ优15减产1.4%，未达显著水平，日产量55.5kg/hm^2。2006年生产试验平均产量6 417kg/hm^2，比对照品种博Ⅱ优15增产4.8%。适宜海南省各市县晚稻种植。

栽培技术要点：①适时播种，培育壮秧。宜在6月上旬至7月下旬播种，秧龄18 ～ 20d移栽。②合理密植，栽插规格16.7cm × 20.0cm，每穴栽插2苗。③水肥管理。浅水移栽，寸水活棵，薄水分蘖，中期注意晒田，后期不宜断水过早，以免影响结实率和充实度；施足基肥，早施分蘖肥，后期看苗适量施穗粒肥。④病虫害防治，苗期防治稻蓟马，分蘖成穗期防治螟虫和稻飞虱，稻瘟病重发区注意防治稻瘟病，沿海地区注意防治白叶枯病。

博Ⅱ优6410（Bo Ⅱ you 6410）

品种来源：海南省海亚南繁种业有限公司以博ⅡA / 6410配组育成，2004年通过海南省农作物品种审定委员会审定。

形态特征和生物学特性：属感光型三系杂交晚籼稻。全生育期115d。株高107.8cm，株型适中，分蘖力一般，后期熟色较好。有效穗数274.5万穗/hm^2，穗长21.2cm，每穗总粒数119.0粒，结实率74.0%，千粒重23.1g。

品质特性：米质一般。

抗性：中抗稻瘟病，感白叶枯病。

产量及适宜地区：2002年晚稻参加海南省普通稻谷组区域试验，平均产量4 951.5kg/hm^2，比对照品种特籼占25减产2.5%，比对照品种博优64增产9.7%；2003年晚稻续试，平均产量6 301.5kg/hm^2，比对照品种特籼占25和Ⅱ优128分别增产8.2%和4.8%。2003年生产试验平均产量5 362.5kg/hm^2，比对照品种Ⅱ优128增产1.1%。适宜海南省各市县晚稻种植。

栽培技术要点：①适时早播，培育多蘖壮秧。宜在6月上旬至7月下旬播种，秧龄18～20d移栽。②合理密植，栽插规格16.7cm×20.0cm，每穴栽插2苗。③水肥管理。浅水插秧，薄水分蘖，及时晒田，控制无效分蘖，提高抗倒伏能力，后期保持田间干湿交替，防止断水过早影响籽粒充实；施足基肥，增施磷钾肥。④病虫害防治，苗期防治稻蓟马，中后期防治稻纵卷叶螟、白叶枯病和纹枯病。

博Ⅱ优6636（Bo Ⅱ you 6636）

品种来源：中国种子集团有限公司三亚分公司以博Ⅱ A/中种恢6636配组育成，2008年通过海南省农作物品种审定委员会审定。

形态特征和生物学特性：属感光型三系杂交晚籼稻。全生育期108 ~ 127d。株高114.7cm，长势繁茂，株型适中，群体整齐度好，分蘖力较好，后期熟色尚可。有效穗数268.5万穗/hm^2，穗长22.6cm，每穗总粒数140.5粒，结实率87.4%，千粒重24.3g。

品质特性：米质一般。

抗性：中抗稻瘟病，中感白叶枯病。

产量及适宜地区：2006—2007年参加海南省水稻晚稻区域试验，平均产量分别为7 170.0kg/hm^2和6 465.0kg/hm^2，分别比对照品种博Ⅱ优15增产2.5%和4.2%。2007年生产试验平均产量4 923.0kg/hm^2，比对照品种博Ⅱ优15增产0.3%。适宜海南省各市县晚稻种植。

栽培技术要点：①适时播种，稀播培育壮秧。宜在6月上旬至7月下旬播种，秧龄18 ~ 20d移栽。②合理密植，栽插规格16.7cm × 20.0cm，每穴栽插2苗。③水肥管理。浅水移栽，寸水活棵，薄水分蘖，适时晒田，后期不宜断水过早；施足基肥，早施重施分蘖肥，后期看苗适量施穗粒肥。④病虫害防治，苗期防治稻瘿蚊和稻蓟马，后期防治稻纵卷叶螟和稻飞虱，沿海地区注意防治白叶枯病。

博Ⅱ优668（Bo Ⅱ you 668）

品种来源：海南神农大丰种业科技股份有限公司以博ⅡA/神恢668配组育成，2007年通过海南省农作物品种审定委员会审定。

形态特征和生物学特性：属感光型三系杂交晚籼稻。全生育期108～126d。株高115.2cm，长势繁茂，分蘖力较弱，群体整齐度一般，后期熟色好。有效穗数210.0万穗/hm^2，穗长22.6cm，每穗总粒数162.5粒，结实率89.7%，千粒重23.9g。

抗性：中抗稻瘟病，感白叶枯病。

产量及适宜地区：2005—2006年参加海南省晚稻区域试验，平均产量分别为4 786.5kg/hm^2和7 192.5kg/hm^2，分别比对照品种博Ⅱ优15减产1.4%和增产4.6%。2006年生产试验平均产量6 265.5kg/hm^2，比对照品种博Ⅱ优15增产2.3%。适宜海南省各市县晚稻种植。

栽培技术要点：①适时播种，培育壮秧。宜在6月上旬至7月下旬播种，秧龄18～20d移栽。②合理密植，栽插规格16.7cm×20.0cm，每穴栽插2苗。③水肥管理。湿润灌溉，以浅水为主，及时晒田，灌浆期间干干湿湿，收割前切忌断水过早；施足基肥，早施追肥，中后期看禾酌情追肥，适当增施磷钾肥。④病虫害防治，苗期防治稻蓟马，后期防治螟虫和稻飞虱，稻瘟病重发区注意防治稻瘟病，沿海地区注意防治白叶枯病。

博Ⅱ优8166（Bo Ⅱ you 8166）

品种来源：华南农业大学农学院以博ⅡA/华恢8166配组育成，2009年通过海南省农作物品种审定委员会审定。

形态特征和生物学特性：属感光型三系杂交晚籼稻。全生育期109～134d。株高105.0cm，株型适中，长势繁茂，分蘖力较强，群体整齐度一般，后期熟色尚可。有效穗数250.5万穗/hm^2，穗长22.5cm，每穗总粒数140.5粒，结实率79.1%，千粒重21.2g。

品质特性：米质一般。

抗性：人工接种鉴定中抗苗瘟，中感白叶枯病。田间种植中感穗颈瘟，中感白叶枯病。

产量及适宜地区：2007—2008年参加海南省晚稻区域试验，平均产量分别为6 297.0kg/hm^2和6 595.5kg/hm^2，分别比对照品种博Ⅱ优15增产2.2%和10.9%。2008年生产试验平均产量5 451.0kg/hm^2，比对照品种博Ⅱ优15增产8.1%。适宜海南省各市县晚稻种植。

栽培技术要点：①适时播种，稀播培育壮秧。宜在6月上旬至7月下旬播种，秧龄18～20d移栽。②合理密植，栽插规格16.7cm×20.0cm，每穴栽插2苗。③水肥管理。浅水移栽，寸水活棵，薄水分蘖，适时露晒田，后期不宜断水过早；施足基肥，早施重施分蘖肥，后期看苗适量施穗粒肥。④病虫害防治，防治三化螟、稻蓟马等为害，稻瘟病重发区注意防治稻瘟病，沿海地区注意防治白叶枯病。

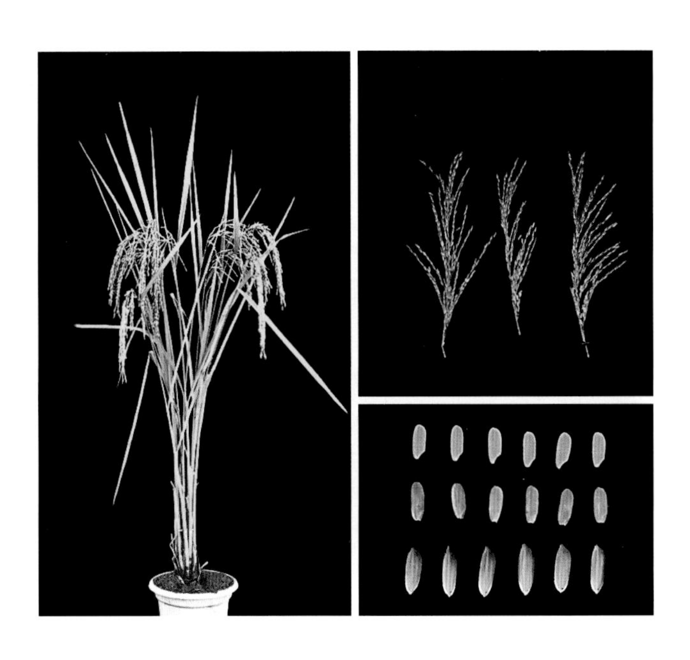

博Ⅱ优938（Bo Ⅱ you 938）

品种来源：海南神农大丰种业科技股份有限公司以博ⅡA/钦恢9308配组育成，2006年通过海南省农作物品种审定委员会审定。

形态特征和生物学特性：属感光型三系杂交晚籼稻。全生育期107～126d。株高103.0cm，株型适中，叶姿中直，长势繁茂，分蘖力中等，群体整齐，后期熟色好。有效穗数312.0万穗/hm^2，穗长20.9cm，每穗总粒数129.8粒，结实率89.9%，千粒重约23.5g。

品质特性：米质一般。

抗性：中抗稻瘟病，高感白叶枯病。

产量及适宜地区：2004—2005年参加海南省晚稻区域试验，平均产量分别为7 276.5kg/hm^2和5 248.5kg/hm^2，分别比对照品种博Ⅱ优15增产1.5%和8.1%。2005年生产试验平均产量6 249.0kg/hm^2，比对照品种博Ⅱ优15增产8.3%。适宜海南省各市县晚稻种植。

栽培技术要点：①适时播种，稀播培育壮秧。宜在6月上旬至7月下旬播种，秧龄18～20d移栽。②合理密植，栽插规格16.7cm×20.0cm，每穴栽插2苗。③水肥管理。灌浅水为主，及时晒田，灌浆期间干干湿湿，收割前5d切忌断水过早；施足基肥，早施追肥，中后期看禾酌情追肥，一般施纯氮225kg/hm^2，五氧化二磷180kg/hm^2，氧化钾180kg/hm^2。④病虫害防治，苗期防治稻蓟马，后期防治螟虫和稻飞虱，沿海地区注意防治白叶枯病。

博优125（Boyou 125）

品种来源：湛江海洋大学杂优水稻研究室和海南省农业科学院粮食作物研究所以博A/HR125配组育成，2005年通过海南省农作物品种审定委员会审定。

形态特征和生物学特性：属感光型三系杂交晚籼稻。全生育期118.6d。株高108.2cm，株型紧凑，叶姿挺直，分蘖力较弱，群体整齐，后期熟色尚可。有效穗数267.0万穗/hm^2，穗长21.3cm，每穗总粒数138.4粒，结实率84.2%，千粒重24.9g。

品质特性：米质一般。

抗性：抗稻瘟病，感白叶枯病。

产量及适宜地区：2003年参加海南省水稻晚稻区域试验，平均产量6 469.5kg/hm^2，分别比对照品种特籼占25、Ⅱ优128增产11.0%和8.2%；2004年晚稻续试，平均产量7 320.0kg/hm^2，比对照品种博Ⅱ优15增产2.1%。2004年生产试验平均产量6 102.0kg/hm^2，比对照品种博Ⅱ优15减产4.3%。适宜海南省各市县晚稻种植。

栽培技术要点：①适时播种，培育壮秧。宜在6月上旬至7月下旬播种，秧龄18 ~ 20d移栽。②合理密植，栽插规格16.7cm × 20.0cm，每穴栽插2苗。③水肥管理。浅水插秧，深水返青，中期注意晒田，后期保持干湿交替；重底肥早追肥，一般施纯氮135kg/hm^2，氮、磷、钾肥比例1 ：0.5 ：0.6。④病虫害防治，苗期防治稻蓟马，后期防治螟虫、稻飞虱和白叶枯病。

博优225（Boyou 225）

品种来源：海南省农业科学院粮食作物研究所以博A/R225配组育成，2006年通过海南省农作物品种审定委员会审定。

形态特征和生物学特性：属感光型三系杂交晚籼稻。全生育期107 ~ 125d。株高95.4cm，株型紧凑，分蘖力中等，群体整齐度好，后期熟色尚可。有效穗数249.0万穗/hm^2，穗长21.1cm，每穗总粒数120.9粒，结实率87.6%，穗粒结构协调，千粒重23.3g。

品质特性：米质达国标三级优质米标准。

抗性：中抗稻瘟病，高感白叶枯病。

产量及适宜地区：2004—2005年参加海南省水稻晚稻区域试验，平均产量分别为7 413.0kg/hm^2和4 611.6kg/hm^2，分别比对照品种博Ⅱ优15增产2.8%和减产8.5%。2005年生产试验平均产量342. 5kg，比对照品种博Ⅱ优15减产11.0%。适宜海南省各市县晚稻种植。

栽培技术要点：①适时播种，培育壮秧。宜在6月上旬至7月下旬播种，秧龄18 ~ 20d移栽。②合理密植，栽插规格16.7cm × 20.0cm，每穴栽插2苗。③水肥管理。浅水插秧，深水返青，中期注意晒田，后期保持干湿交替；重底肥早追肥，一般施纯氮150.0kg/hm^2，氮、磷、钾肥比例为1 ：0.5 ：0.5。④病虫害防治，注意防治三化螟、稻蓟马等为害，沿海地区注意防治白叶枯病。

博优506（Boyou 506）

品种来源：海南神农大丰种业科技股份有限公司育种中心以博A/神恢506配组育成，2010年通过海南省农作物品种审定委员会审定。

形态特征和生物学特性：属感光型三系杂交晚籼稻。全生育期113 ~ 133d。株高111.7cm，株型适中，长势繁茂，分蘖力一般，群体整齐度好，后期熟色尚可。有效穗数252.0万穗/hm^2，穗长21.7cm，每穗总粒数140.5粒，结实率78.5%，千粒重23.2g。

品质特性：米质一般。

抗性：人工接种鉴定中抗苗瘟，感白叶枯病。田间种植轻感穗颈瘟，感白叶枯病。

产量及适宜地区：2008年参加海南省水稻晚稻区域试验，平均产量6 100.5kg/hm^2，比对照品种博Ⅱ优15增产2.8%，比对照品种特优128增产18.4%。2009年晚稻续试，平均产量6 439.5kg/hm^2，比对照品种博Ⅱ优15减产0.1%。适宜海南省各市县晚稻种植。

栽培技术要点：①适时播种，培育壮秧。宜在6月上旬至7月下旬播种，秧龄18 ~ 20d移栽。②合理密植，栽插规格16.7cm × 20.0cm，每穴栽插2苗。③水肥管理。湿润灌溉，以浅水为主，及时晒田，灌浆期间干干湿湿壮籽，收割前切忌断水过早；施足基肥，早施追肥，中后期看禾酌情追肥，一般施纯氮225.0kg/hm^2、五氧化二磷180.0kg/hm^2、氧化钾180.0kg/hm^2。④病虫害防治，注意防治三化螟、稻蓟马等为害，沿海地区注意防治白叶枯病。

博优729（Boyou 729）

品种来源：海南省中国种子集团有限公司三亚分公司以博A/中种恢729配组育成，2007年通过海南省农作物品种审定委员会审定。

形态特征和生物学特性：属弱感光型三系杂交晚籼稻。全生育期107 ~ 126d。株高108.7cm，株型适中，分蘖力较弱，群体整齐度较好，后期熟色一般。有效穗数265.5万穗/hm^2，穗长22.9cm，每穗总粒数137.8粒，结实率83.6%，千粒重22.3g。

品质特性：糙米率80.3%，精米率71.9%，整精米率66.5%，垩白粒率15.0%，垩白度2.3%，透明度1级，碱消值6级，胶稠度64.0mm，直链淀粉含量22.5%，糙米粒长6.4mm，糙米长宽比2.8，米质达国标二级优质米标准。

抗性：中感稻瘟病，感白叶枯病。

产量及适宜地区：2005—2006年参加海南省水稻晚稻区域试验，平均产量分别为4 623.0kg/hm^2和6 579.0kg/hm^2，分别比对照品种博Ⅱ优15减产8.3%和5.4%。2006年生产试验平均产量5 676.0kg/hm^2，比对照品种博Ⅱ优15减产7.3%。适宜海南省各市县晚稻种植。

栽培技术要点：①适时播种，培育壮秧。宜在6月上旬至7月下旬播种，秧龄18 ~ 20d移栽。②合理密植，栽插规格16.7cm × 20.0cm，每穴栽插2苗。③水肥管理。浅水插秧，深水返青，中期注意晒田，后期保持干湿交替；重底肥早追肥，一般施纯氮135kg/hm^2，氮、磷、钾肥比例1 ∶ 0.5 ∶ 0.6。④病虫害防治，苗期防治稻蓟马，后期防治螟虫、稻飞虱和白叶枯病。

川优6621（Chuanyou 6621）

品种来源：四川川种种业有限责任公司以川种66A/R21配组育成，2010年通过海南省农作物品种审定委员会审定。

形态特征和生物学特性：属感温型三系杂交籼稻。全生育期118 ~ 140d。株高94.5cm，群体整齐度一般，分蘖力较强，后期熟色好。有效穗数308.7万穗/hm^2，穗长22.5cm，每穗总粒数108.8粒，结实率84.5%，千粒重31.1g。

品质特性：米质一般。

抗性：人工接种鉴定抗苗瘟，高感白叶枯病。田间种植中感穗颈瘟，高感白叶枯病。

产量及适宜地区：2009年参加海南省水稻早稻区域试验，平均产量7 210.5kg/hm^2，比对照品种Ⅱ优128增产4.0%，日产量57.0kg/hm^2；2010年早稻续试，平均产量7 707.0kg/hm^2，比对照品种T优551增产0.1%，日产量61.5kg/hm^2。2010年生产试验平均产量8 067.0kg/hm^2，比对照T优551增产10.2%。适宜海南省各市县早稻种植。

栽培技术要点：①适时播种，培育多蘖壮秧。早稻12月下旬至翌年2月中旬播种，秧龄25 ~ 30d移栽。②合理密植，插植规格17.0cm×20.0cm，约30.0万穴/hm^2。③水肥管理。深水返青，浅水促分蘖，中期适时晒田，后期干湿交替；一般施纯氮150.0 ~ 180.0kg/hm^2，氮、磷、钾比例为1 ：1 ：0.9，施足基肥，重施分蘖肥，中控穗肥，看苗轻施粒肥。④病虫害防治，苗期防治稻蓟马，后期防治螟虫和稻飞虱。

丛优9919（Congyou 9919）

品种来源：广东省湛江海洋大学和中国种子集团有限公司三亚分公司以丛广41A/HR9919配组育成，2004年通过海南省农作物品种审定委员会审定。

形态特征和生物学特性：属感温型三系杂交籼稻。全生育期122 ~ 126d。株高94.1cm，分蘖力较强，株型集散适中，叶片硬直稍长，叶色青秀，后期熟色好。有效穗数301.5万穗/hm^2，每穗总粒数123.4粒，结实率83.2%，千粒重25.4g。

品质特性：糙米率82.0%，精米率72.4%，碱消值6.5级，胶稠度72mm，直链淀粉含量26.9%，蛋白质11.1%，糙米粒长6.1mm，糙米长宽比2.7，米质中等。

抗性：抗稻瘟病和白叶枯病。

产量及适宜地区：2001—2002年参加海南省水稻早稻区域试验，平均产量分别为7 518.0kg/hm^2和8 235.0kg/hm^2，分别比对照品种特籼占25增产14.5%和11.7%。适合海南采收冬季瓜菜后的水田地种植，也较适合海南晚稻抢季节种植。

栽培技术要点：①适时播种，培育壮秧。该品种不耐低温，早稻高寒山区在春节后播种，以利于孕穗期避开低温冷害；东部、南部、中部地区1月中下旬播种，4月中下旬抽穗，以避开“清明风”影响；北部、西北部和西部地区，2月上中旬播种，4月下旬抽穗，以避开“干热风”为害。晚稻琼海、万宁一带宜5月上中旬播种，有利于抢季节；早稻秧龄20 ~ 25d移栽，晚稻秧龄16 ~ 18d移栽。②合理密植，插植规格为13.0cm × 25.0cm或16.0cm × 20.0cm，每穴栽插2苗。③水肥管理。深水返青，浅水促分蘖，中期适时晒田，后期干湿交替，不宜断水过早；秧田施好断奶肥，看苗巧施送嫁肥；大田施足基肥，早施分蘖肥，中期看苗施壮穗肥，注意氮磷钾肥结合施用。④病虫害防治，注意防治螟虫、稻飞虱和纹枯病。

丰优6323（Fengyou 6323）

品种来源：中国科学院遗传与发育生物学研究所、海南省农业科学院粮食作物研究所、海南大学农学院以丰海A/MH6323配组育成，2009年通过海南省农作物品种审定委员会审定。

形态特征和生物学特性：属感温型三系杂交籼稻。全生育期105 ~ 124d。株高110.2cm，株型适中，分蘖力中等，群体整齐度较好，后期熟色尚可。有效穗数261.0万穗/hm^2，穗长23.3cm，每穗总粒数105.2粒，结实率83.1%，千粒重25.0g。

品质特性：米质一般。

抗性：人工接种鉴定感苗瘟，中感白叶枯病。田间种植中感穗颈瘟，感白叶枯病。

产量及适宜地区：2007年参加海南省水稻晚稻区域试验，平均产量5 605.5kg/hm^2，比对照品种Ⅱ优128增产17.3%，比对照品种博Ⅱ优15增产1.4%，比对照品种特籼占25减产3.7%，日产量48.0kg/hm^2；2008年晚稻续试，平均产量6 472.5kg/hm^2，比对照品种特优128增产8.8%，比对照品种特籼占25减产0.7%，日产量58.5kg/hm^2。2008年生产试验平均产量4 972.5kg/hm^2，比对照品种特优128减产5.5%。适宜海南省各市县早稻、晚稻种植。

栽培技术要点：①适时播种，培育壮秧。早稻1月上中旬播种，晚稻6月下旬至7月中旬播种，早稻秧龄30 ~ 35d移栽，晚稻秧龄16 ~ 20d移栽。②合理密植，插植规格16.7cm × 20.0cm，每穴栽插2苗。③水肥管理。及时晒田，控制无效分蘖；早施重施分蘖肥，补施穗肥。④病虫害防治，注意防治螟虫、稻飞虱和纹枯病。

赣优明占（Ganyoumingzhan）

品种来源：福建省三明市农业科学研究所、江西省农业科学院水稻研究所、福建六三种业有限责任公司以赣香A/双抗明占配组育成，2010年通过海南省农作物品种审定委员会审定。

形态特征和生物学特性：属感温型三系杂交籼稻。全生育期118～138d。株高107.1cm，分蘖力中等，群体整齐度好，后期熟色好。有效穗数296.1万穗/hm^2，穗长21.5cm，每穗总粒数105.0粒，结实率90.8%，千粒重29.7g。

品质特性：米质一般。

抗性：抗稻瘟病，中感白叶枯病。

产量及适宜地区：2009年参加海南省水稻早稻区域试验，平均产量7 687.5kg/hm^2，比对照品种Ⅱ优128增产8.5%，达极显著水平，日产量60.0kg/hm^2。2010年早稻续试，平均产量8 248.5kg/hm^2，比对照品种T优551增产8.8%，达极显著水平，日产量64.5kg/hm^2。2010年生产试验平均产量7 326.0kg/hm^2，比对照品种T优551减产2.1%。适宜海南省各市县早稻种植。

栽培技术要点：①适时稀播，培育壮秧。播种量150kg/hm^2，早稻秧龄宜控制在30d以内，秧田施足基肥，稀播匀播，培育带蘖壮秧是高产关键措施之一。②合理密植，插植规格20.0cm×23.3cm，每穴栽插2苗。③水肥管理。深水返青，浅水促蘖，中期注意晒田，后期干湿交替；施足基肥，追肥要早，一般施纯氮150.0～180.0kg/hm^2，氮、磷、钾肥比例为1：0.5：0.7，分蘖肥于移栽后7d以内施用。④病虫害防治，注意防治稻瘟病、白叶枯病、纹枯病和稻瘿蚊、稻飞虱、稻纵卷叶螟等病虫害。

谷优629（Guyou 629）

品种来源：中国种子集团有限公司三亚分公司以谷丰A/中种恢629配组育成，2008年通过海南省农作物品种审定委员会审定。

形态特征和生物学特性：属感温型三系杂交籼稻。全生育期122 ~ 164d。株高99.8cm，分蘖力较弱，群体整齐度一般，后期熟色尚可。有效穗数280.5万穗/hm^2，穗长21.7cm，每穗总粒数135.1粒，结实率82.5%，千粒重25.6g。

品质特性：米质一般。

抗性：白叶枯病和穗颈瘟抗性与对照Ⅱ优128表现相当。

产量及适宜地区：2007—2008年参加海南省水稻早稻区域试验，平均产量分别为7 723.5kg/hm^{2}和7 890.0kg/hm^2，分别比对照品种Ⅱ优128增产3.1%和5.0%。适宜海南省各市县早稻种植，以及海南省东部地区晚稻种植。

栽培技术要点：①适时播种，稀播培育壮秧。秧龄25 ~ 30d时移栽。②合理密植，插植规格16.7cm × 20.0cm，每穴栽插2苗。③水肥管理。浅水移栽，寸水活棵，薄水分蘖，适时露晒田，后期不宜断水过早，以免影响结实率和充实度；施足基肥，早施、重施分蘖肥，后期看苗适量施穗粒肥。④病虫害防治，苗期防治稻瘿蚊和稻蓟马，后期防治螟虫、稻纵卷叶螟和稻飞虱，沿海地区注意防治白叶枯病。

广优18（Guangyou 18）

品种来源：广东省金稻种业有限公司以丛广41A/金恢18配组育成，2008年通过海南省农作物品种审定委员会审定。

形态特征和生物学特性：属感温型三系杂交籼稻。全生育期129 ~ 167d。株高103.0cm，分蘖力中等，群体整齐度一般，后期熟色尚可。有效穗数246.5万穗/hm^2，穗长20.3cm，每穗总粒数135.0粒，结实率89.1%，千粒重29.3g。

品质特性：米质一般。

抗性：两年田间种植白叶枯病抗性优于对照品种Ⅱ优128；穗颈瘟抗性与对照品种Ⅱ优128表现相当。

产量及适宜地区：2007—2008年参加海南省水稻早稻区域试验，平均产量分别为7 980.0kg/hm^2和8 226.0kg/hm^2，比对照品种Ⅱ优128增产0.8%和9.4%。适宜海南省各市县早稻种植，东部地区晚稻种植。

栽培技术要点：①适时播种，培育壮秧。一般播种量150.0kg/hm^2；早稻秧龄25 ~ 30d移栽，晚稻秧龄18 ~ 20d移栽。②合理密植，插植规格16.7cm×20.0cm，每穴栽插2苗。③水肥管理。浅水移栽，寸水回生，薄水促分蘖，中期注意晒田，后期干湿交替至成熟；施足基肥、早施重施分蘖肥。④病虫害防治，苗期注意防治稻蓟马，后期注意防治稻纵卷叶螟和稻飞虱，在稻瘟病重发区注意防治稻瘟病。

红泰优996（Hongtaiyou 996）

品种来源：中国热带农业科学院热带作物品种资源研究所以珞红3A/RT996配组育成，2005年通过海南省农作物品种审定委员会审定。

形态特征和生物学特性：属感温型三系杂交籼稻。全生育期12月中旬播种147d。2月上中旬播种121～132d，株高94.8～121.9cm，株型适中，叶色浓绿，分蘖力中等，群体整齐度一般，后期熟色好。有效穗数327.9万穗/hm^2，穗长20.4cm，每穗总粒数123.0粒，结实率82.3%，千粒重27.4g。

品质特性：米质达国标三级优质米标准。

抗性：中抗稻瘟病，感白叶枯病。

产量及适宜地区：2004—2005年参加海南省水稻早稻区域试验，平均产量分别为8 323.5kg/hm^2和8 337.0kg/hm^2，分别比对照品种Ⅱ优128减产2.8%和增产10.8%。2005年生产试验平均产量7 266kg/hm^2，比对照品种Ⅱ优128减产1.1%。适宜海南省各市县早稻、晚稻种植。

栽培技术要点：①适时播种，稀播培育壮秧。早稻秧龄25～30d移栽，晚稻秧龄18～20d移栽。②合理密植，插植规格16.7cm×20.0cm或20.0cm×20.0cm，每穴栽插2苗。③水肥管理。后期成熟期不宜断水太早，田间应保持干干湿湿到收割前7d；施肥以三元复合肥为主，以腐熟有机肥作基肥，不宜过多施氮肥。④病虫害防治，注意防治稻蓟马、稻纵卷叶螟和稻飞虱，在稻瘟病重发区注意防治稻瘟病，在沿海地区注意防治白叶枯病。

华优329（Huayou 329）

品种来源：海南神农大丰种业科技股份有限公司育种中心以Y华农A/神恢329配组育成，2010年通过海南省农作物品种审定委员会审定。

形态特征和生物学特性：属感温型三系杂交籼稻。全生育期106～127d。株高108.1cm，株型适中，分蘖力中等，群体整齐度好，后期熟色一般。有效穗数262.5万穗/hm^2，穗长23.9cm，每穗总粒数142.6粒，结实率78.4%，千粒重24.0g。

品质特性：米质一般。

抗性：人工接种鉴定中感白叶枯病，中抗苗瘟。田间种植中感穗颈瘟，感白叶枯病。

产量及适宜地区：2008年参加海南省水稻晚稻区域试验，平均产量6 234.0kg/hm^2，比对照品种特优128增产6.4%，达极显著水平，日产量55.5kg/hm^2；2009年晚稻续试，平均产量5 604.0kg/hm^2，比对照品种特优128增产1.9%，未达显著水平，比对照品种特籼占25减产9.8%，达极显著水平，日产量48.0kg/hm^2。2009年生产试验平均产量6 196.5kg/hm^2，比对照品种特优128增产19.9%。适宜海南省各市县早稻、晚稻种植。

栽培技术要点：①适时播种，培育壮秧。早稻种植在12月下旬至翌年2月中旬播种，晚稻种植在5月中旬至7月上旬播种。②适时移栽，合理密植。早稻秧龄25～30d移栽，晚稻秧龄17～20d移栽，栽插规格16.7cm×20.0cm，每穴栽插2苗。③水肥管理。湿润灌溉，以浅水为主，适时晒田，灌浆期间干干湿湿，收割前忌断水过早；底肥以农家肥和三元复合肥为主，移栽后7d内施氮肥和钾肥，在幼穗分化5～6期施用穗肥。④病虫害防治，注意防治稻蓟马、稻纵卷叶螟和稻飞虱，在稻瘟病重发区注意防治稻瘟病，在沿海地区注意防治白叶枯病。

嘉晚优1号（Jiawanyou 1）

品种来源：中国科学院遗传与发育研究所、浙江省嘉兴市农业科学院和海南大学农学院以嘉晚36A/MH23配组育成，2010年通过海南省农作物品种审定委员会审定。

形态特征和生物学特性：属感温型三系杂交籼稻。全生育期111～130d。株高107.8cm，株型适中，分蘖力中等，群体整齐度一般，后期熟色一般。有效穗数258.0万穗/hm^2，穗长24.5cm，每穗总粒数121.6粒，结实率70.8%，千粒重27.1g。

品质特性：米质一般。

抗性：人工接种鉴定中感白叶枯病，中感苗瘟。田间种植穗颈瘟抗性与对照特优128相当，白叶枯病抗性优于对照品种特优128。

产量及适宜地区：2008年参加海南省水稻晚稻区域试验，平均产量5 976.0kg/hm^2，比对照品种特优128增产1.9%，未达显著水平，日产量52.5kg/hm^2；2009年晚稻续试，平均产量5 415.0kg/hm^2，比对照品种特优128减产1.5%，未达显著水平，比对照品种特籼占25减产12.9%，达极显著水平，日产量45.0kg/hm^2。2009年生产试验平均产量5 511.0kg/hm^2，比对照品种特优128增产6.6%。适宜海南省各市县早稻、晚稻种植。

栽培技术要点：①适时播种，培育多蘖壮秧。早稻1月上中旬播种，秧龄30～35d移栽，晚稻6月下旬至7月中旬播种，秧龄15～18d移栽。②合理密植，栽插规格16.7cm×20.0cm，每穴栽插2苗。③水肥管理。湿润灌溉，以浅水为主，适时晒田，灌浆期间干干湿湿，收割前忌断水过早；早施重施分蘖肥，补施穗肥。④病虫害防治，注意防治稻蓟马、稻纵卷叶螟和稻飞虱，在稻瘟病重发区注意防治稻瘟病，在沿海地区注意防治白叶枯病。

金博优168（Jinboyou 168）

品种来源：海南海亚南繁种业有限公司以金博A/海恢168配组育成，2010年通过海南省农作物品种审定委员会审定。

形态特征和生物学特性：属感光型三系杂交晚籼稻。全生育期112～131d。株高109.3cm，株型适中，长势繁茂，分蘖力中等，群体整齐度好，后期熟色尚可。有效穗数238.5万穗/hm^2，穗长22.8cm，每穗总粒数154.7粒，结实率76.9%，千粒重24.2g。

品质特性：米质达国标三级优质米标准。

抗性：人工接种鉴定抗白叶枯病，高抗苗瘟。田间种植中感白叶枯病和穗颈瘟。

产量及适宜地区：2008—2009年参加海南省水稻晚稻区域试验，平均产量分别为6 234.0kg/hm^2和6 936.0kg/hm^2，分别比对照品种博Ⅱ优15减产1.3%和增产5.9%。2009年生产试验平均产量6 003.0kg/hm^2，比对照品种博Ⅱ优15减产1.1%。适宜海南省各市县晚稻种植。

栽培技术要点：①适时稀播，培育多蘖壮秧，适龄移栽。播种量150.0～187.5kg/hm^2，秧龄控制在18～22d时移栽。②合理密植，插植规格16.7cm×20.0cm，每穴栽插2苗。③水肥管理。前期灌浅水，中期及时晒田控制无效分蘖，后期干湿交替，切忌断水过早；施足基肥，早施适施氮肥，多施磷钾肥，注意氮、磷、钾肥合理搭配，中后期看苗酌情追施以钾肥为主的穗粒肥。④病虫害防治，注意防治白叶枯病、稻瘟病、矮缩病、纹枯病、稻曲病、三化螟、稻飞虱、稻纵卷叶螟。

金稻138（Jindao 138）

品种来源：广东省金稻种业有限公司以龙特浦A/金恢138配组育成，2007年通过海南省农作物品种审定委员会审定。

形态特征和生物学特性：属感温型三系杂交籼稻。全生育期116～141d。株高98.9cm，长势繁茂，分蘖力弱，群体整齐度一般，后期熟色一般。有效穗数270.0万穗/hm^2，穗长21.4cm，每穗总粒数134.7粒，结实率83.7%，千粒重27.3g。

品质特性：米质一般。

抗性：中抗苗瘟，中感白叶枯病。

产量及适宜地区：2004年和2006年参加海南省水稻晚稻区域试验，平均产量分别为7 392.0kg/hm^{2}和7 560.0kg/hm^2，分别比对照品种Ⅱ优128增产2.2%和0.5%。2006年晚稻在万宁、文昌市进行20.0～66.7hm^{2}的大面积试种示范，万宁示范点实割测产7 192.5kg/hm^2，比对照Ⅱ优128增产6.1%，文昌示范点实割测产6 255kg/hm^2，比对照品种Ⅱ优128增产5.8%。适宜在海南省各市县早稻、晚稻种植。

栽培技术要点：①适时播种，培育壮秧。一般秧田播种量150.0～187.5kg/hm^2，早稻秧龄25～30d移栽，晚稻秧龄18～20d移栽。②合理密植，一般栽插27.0万～30.0万穴/hm^2，基本苗60.0万苗/hm^{2}左右。③水肥管理。浅水移栽，寸水活棵，薄水促分蘖，中期注意晒田；施足基肥、早施重施分蘖肥，后期注意看苗情追施穗粒肥。④病虫害防治，苗期注意防治稻蓟马，分蘖成穗期注意防治螟虫和稻飞虱，稻瘟病重发区注意防治稻瘟病。

金山优196（Jinshanyou 196）

品种来源：神州纳科农作物育种研究所、海南海亚南繁种业有限公司以金山A-1/R196配组育成，2009年通过海南省农作物品种审定委员会审定。

形态特征和生物学特性：属感温型三系杂交籼稻。早稻全生育期119～138d。株高99.3cm，株型中集，分蘖力好，后期熟色一般。有效穗数265.5万穗/hm^2，穗长22.1cm，每穗总粒数124.1粒，结实率84.4%，籽粒大，千粒重30.4g。

品质特性：米质达国标三级优质米标准。

抗性：人工接种鉴定免疫苗瘟，中感白叶枯病。田间种植穗颈瘟与白叶枯病的抗性与对照Ⅱ优128相当。

产量及适宜地区：2008—2009年参加海南省水稻早稻区域试验，平均产量分别为7 936.5kg/hm^2和7 861.5kg/hm^2，分别比对照品种Ⅱ优128增产5.6%和4.5%。2009年生产试验平均产量6 961.5kg/hm^2，分别比对照品种Ⅱ优128和特优128增产10.9%和6.5%。适宜海南省各市县早稻、晚稻种植。

栽培技术要点：①适时稀播匀播，培育多蘖壮秧。秧田播种量150.0～187.5kg/hm^2，早稻秧龄25～30d移栽。②合理密植，插植规格16.7cm×20.0cm，每穴栽插2～3苗。③水肥管理。浅水栽插，寸水活棵，薄水促分蘖，中期注意晒田，后期干湿交替，收获前7d不断水；施足基肥，早施重施分蘖肥，适施硅肥，多施磷钾肥。④病虫害防治，苗期注意防治稻蓟马，分蘖成穗期注意防治螟虫和稻飞虱，沿海地区注意防治白叶枯病。

京福1优128（Jingfu 1 you 128）

品种来源：海南省农业科学院粮食作物研究所以京福1A/广恢128配组育成，2006年通过海南省农作物品种审定委员会审定。

形态特征和生物学特性：属感温型三系杂交籼稻。全生育期115～137d。株高92.0～114.5cm，株型紧凑，分蘖力中等，后期熟色好。有效穗数313.5万穗/hm^2，穗长20.4cm，每穗总粒数133.2粒，结实率74.8%，千粒重25.4g。

品质特性：米质一般。

抗性：中感稻瘟病，高感白叶枯病。

产量及适宜地区：2005—2006年参加海南省水稻早稻区域试验，平均产量分别为7 881.0kg/hm^{2}和7 564.5kg/hm^2，分别比对照品种Ⅱ优128增产4.7%和减产3.8%。2006年生产试验平均产量8 589.0kg/hm^2，比对照品种Ⅱ优128增产2.8%。适宜海南省各市县早稻、晚稻种植。

栽培技术要点：①适时播种，培育壮秧。根据各市县生产季节适时播种，大田用种量7.5～12kg/hm^2，匀播、稀播，早稻秧龄25～30d移栽，晚稻秧龄16～18d移栽。②合理密植，栽插规格16.7cm×20.0cm或13.3cm×16.7cm，每穴栽插2苗。③水肥管理。前期灌浅水，中期及时晒田控制无效分蘖，后期干湿交替，切忌断水过早；施足基肥，早施适施氮肥，多施磷钾肥，注意氮、磷、钾肥合理搭配，中后期看苗酌情追施以钾肥为主的穗粒肥。④病虫害防治，注意防治白叶枯病、稻瘟病、矮缩病、纹枯病、稻曲病、三化螟、稻飞虱、稻纵卷叶螟。

科优527（Keyou 527）

品种来源：海南省农业科学院粮食作物研究所以科金A/蜀恢527配组育成，2010年通过海南省农作物品种审定委员会审定。

形态特征和生物学特性：属感温型三系杂交籼稻。全生育期117 ～ 141d，株高97.7cm，分蘖力较好，群体整齐度一般，后期熟色尚可。有效穗数294.0万穗/hm^2，穗长22.0cm，每穗总粒数100.1粒，结实率84.4%，千粒重31.5g。

品质特性：米质一般。

抗性：人工接种鉴定抗苗瘟，中抗白叶枯病；田间种植轻感穗颈瘟和白叶枯病。

产量及适宜地区：2008—2009年参加海南省水稻早稻区域试验，平均产量分别为7 852.5kg/hm^2和7 111.5kg/hm^2，分别比对照品种Ⅱ优128减产0.8%和增产2.2%。2009年生产试验平均产量6 136.5kg/hm^2，比对照品种Ⅱ优128减产2.3%。适宜海南省各市县早稻种植。

栽培技术要点：①适时播种，培育壮秧。一般在1月中旬至2月上旬播种，秧龄25 ～ 30d移栽。②合理密植，插植规格16.7cm×20.0cm或13.3cm×16.7cm，每穴栽插2苗。③水肥管理。前期灌浅水，中期及时晒田控制无效分蘖，后期干湿交替，切忌断水过早；施足基肥，早施适施氮肥，多施磷钾肥，注意氮、磷、钾肥合理搭配，中后期看苗酌情追施以钾肥为主的穗粒肥。④病虫害防治，注意防治白叶枯病、稻瘟病、矮缩病、纹枯病、稻曲病、三化螟、稻飞虱、稻纵卷叶螟。

两优389（Liangyou 389）

品种来源：湖南杂交水稻研究中心以P88S/0389配组育成，2006年通过海南省农作物品种审定委员会审定。

形态特征和生物学特性：属感温型两系杂交籼稻。全生育期109～125d。比对照Ⅱ优128早熟1～2d，株高97.4cm，株型适中，分蘖力较强，群体整齐度一般，后期熟色尚可。有效穗数241.5万穗/hm^2，穗长20.3cm，每穗总粒数148.6粒，结实率80.1%，千粒重25.4克。

品质特性：糙米率80.4%，精米率69.6%，整精米率54.3%，垩白粒率26.0%，垩白度2.9%，透明度2级，碱消值6级，胶稠度60.0mm，直链淀粉含量20.0%，糙米粒长6.7mm，糙米长宽比3.0，米质达国标三级优质米标准。

抗性：中感叶瘟，高感穗颈瘟，中感白叶枯病。

产量及适宜地区：2004—2005年参加海南省水稻晚稻区域试验，平均产量分别为6 655.5kg/hm^2和3 570kg/hm^2，分别比对照品种Ⅱ优128减产8.0%和13.2%。2005年生产试验平均产量273.96kg/hm^2，比对照品种Ⅱ优128减产23.11%。适宜海南省各市县早稻、晚稻种植。。

栽培技术要点：①适时播种，培育壮秧。根据各市县生产季节适时播种，大田用种量7.5～12kg/hm^2，匀播、稀播，早稻秧龄25～30d移栽，晚稻秧龄16～18d移栽。②合理密植，栽插规格23.3cm×30.0cm，每穴栽插2苗。③水肥管理。及时晒田控蘖，后期湿润灌溉，抽穗扬花后不要脱水过早，施肥量高于一般杂交稻，施足基肥，早施追肥。④病虫害防治，注意防治螟虫、稻瘟病、纹枯病、白叶枯病及稻曲病。

明香1027（Mingxiang 1027）

品种来源：福建省三明市农业科学研究所以明香10S/蜀恢527配组育成，2007年通过海南省农作物品种审定委员会审定。

形态特征和生物学特性：属感温型两系杂交籼稻。全生育期112～140d。株高101.2cm，株型适中，分蘖力较弱，群体整齐度一般，后期熟色一般。有效穗数271.5万穗/hm^2，穗长23.5cm，每穗总粒数104.6粒，结实率92.3%，千粒重27.4g。

品质特性：米质一般。

抗性：高抗苗瘟，抗白叶枯病。

产量及适宜地区：2006年早稻参加海南省水稻区域试验，平均产量7 771.5kg/hm^2，比对照品种特籼占25增产9.7%，达极显著水平，日产量63kg/hm^2；2007年早稻续试，平均产量7 590.0kg/hm^2，比对照品种Ⅱ优128增产1.4%，未达显著水平，日产量61.5kg/hm^2。2007年生产试验平均产量6 917.1kg/hm^2，比对照品种Ⅱ优128减产2.2%。适宜海南省各市县早稻、晚稻种植，但应注意安排播植期，避免抽穗扬花期遭遇低温而影响结实率。

栽培技术要点：①适时播种，培育壮秧。根据各市县生产季节适时播种，大田用种量7.5～12kg/hm^2，匀播、稀播，早稻秧龄25～30d移栽，晚稻秧龄16～18d移栽。②合理密植，栽插规格20.0cm×23.3cm，每穴栽插2苗，基本苗90.0万/hm^2左右。③水肥管理。深水返青，浅水促蘖，适时晒田，干湿灌浆；施足基肥，及时追肥，该品种分蘖力偏弱，剑叶较宽长，基肥要足，追肥要早，后期忌氮肥过量。④病虫害防治，注意防治纹枯病、螟虫、稻瘿蚊、稻飞虱、稻纵卷叶螟。

培杂1303（Peiza 1303）

品种来源：海南省中国种子集团有限公司三亚分公司以培矮64S/中种恢1303配组育成，2007年通过海南省农作物品种审定委员会审定。

形态特征和生物学特性：属感温型两系杂交籼稻。全生育期101～125d。株高106.8cm，株型适中，分蘖力较弱，群体整齐度一般，后期熟色尚可。有效穗数239.0万穗/hm^2，穗长21.6cm，每穗总粒数149.2粒，结实率73.5%，千粒重22.7g。

品质特性：糙米率81.9%，精米率73.3%，整精米率68.3%，垩白粒率9.0%，垩白度0.9%，透明度1级，碱消值5级，胶稠度70.0mm，直链淀粉含量21.5%，糙米粒长6.9mm、糙米长宽比3.3，米质达国标一级优质米标准。

抗性：中感苗瘟，感白叶枯病。

产量及适宜地区：2005年晚稻参加海南省水稻区域试验，受台风达维影响，平均产量4 027.5kg/hm^2，比对照特籼占25减产13.0%，比对照品种Ⅱ优128减产7.0%；2006年晚稻续试，平均产量5 967.0kg/hm^2，比对照品种Ⅱ优128减产1.0%。2006年生产试验平均产量5 722.5kg/hm^2，比对照品种Ⅱ优128增产0.6%。适宜海南省各市县早稻、晚稻种植。

栽培技术要点：①适时播种，培育壮秧。根据各市县生产季节适时播种，大田用种量7.5～12kg/hm^2，匀播、稀播，早稻秧龄25～30d移栽，晚稻秧龄16～18d移栽。②合理密植，栽插规格16.7cm×20.0cm，每穴栽插2苗，基本苗105.0万苗/hm^2。③水肥管理。浅水移栽，深水返青，薄水促蘖，适时晒田，干湿灌浆；施足基肥，早施分蘖肥，后期看苗适量施穗粒肥。④病虫害防治，苗期防治稻蓟马，中后期防治螟虫和稻飞虱，在稻瘟病重发区注意防治稻瘟病，沿海地区注意防治白叶枯病。

培杂629（Peiza 629）

品种来源：海南省中国种子集团有限公司三亚分公司以培矮64S/中种恢629配组育成，2005年通过海南省农作物品种审定委员会审定。

形态特征和生物学特性：属感温型两系杂交籼稻。全生育期12月播种144 ～ 145d，2月播种111 ～ 134d，株高92.7 ～ 116.4cm，株型适中，叶姿中直，分蘖力较强，群体整齐度好，后期熟色好。有效穗数312万穗/hm^2，穗长20.6cm，每穗总粒数133.2粒，结实率79.5%，千粒重24.1g。

品质特性：糙米率81.6%，整精米率66.2%，垩白粒率6.0%，垩白度0.6%，胶稠度70.0mm，直链淀粉含量19.72%，糙米长宽比3.0，米质达国标一级优质米标准。

抗性：中抗稻瘟病，感白叶枯病。

产量及适宜地区：2004—2005年参加海南省水稻早稻区域试验，平均产量分别为8 272.5kg/hm^{2}和7 671.0kg/hm^2，分别比对照品种特籼占25增产11.4%和15.8%。2005年生产试验平均产量6 447.0kg/hm^2，比对照品种Ⅱ优128减产2.14%。适宜海南省各市县早稻、晚稻种植。

栽培技术要点：①适时播种，培育壮秧。根据各市县生产季节适时播种，大田用种量7.5 ～ 12kg/hm^2，匀播、稀播，早稻秧龄25 ～ 30d移栽，晚稻秧龄16 ～ 18d移栽。②合理密植，栽插规格16.7cm×16.7cm，每穴栽插2苗。③水肥管理。浅水移栽，深水返青，薄水促蘖，适时露晒田，后期不宜断水过早，以免影响结实率和充实度；施足基肥，早施分蘖肥，后期看苗适量施穗粒肥。④病虫害防治，苗期防治稻蓟马，中后期防治螟虫和稻飞虱，在稻瘟病重发区注意防治稻瘟病，沿海地区注意防治白叶枯病。

琼香两优08（Qiongxiangliangyou 08）

品种来源：海南省农业科学院粮食作物研究所以琼香-1S/R08配组育成，2008年通过海南省农作物品种审定委员会审定。

形态特征和生物学特性：属感温型两系杂交籼稻。全生育期106 ~ 132d。株高113.2cm，长势繁茂，株型适中，分蘖力中等，群体整齐度好，后期熟色一般。有效穗数225.0万穗/hm^2，穗长24.0cm，每穗总粒数139.3粒，结实率78.2%，千粒重25.2g。

品质特性：米质有茉莉香味。

抗性：人工接种鉴定中感苗瘟和白叶枯病。田间种植穗颈瘟从无到轻度发生。

产量及适宜地区：2006年参加海南省水稻晚稻区域试验，平均产量5 950.5kg/hm^2，比对照品种Ⅱ优128减产1.2%，未达显著水平，日产量52.5kg/hm^2；2007年晚稻续试，遭遇台风，平均产量5 644.5kg/hm^2，比对照品种Ⅱ优128增产7.8%，达极显著水平，比对照品种博Ⅱ优15减产5.9%，达极显著水平，日产量43.5kg/hm^2。2007年生产试验平均产量4 243.5kg/hm^2，比对照品种Ⅱ优128减产7.9%。适宜海南省各市县早稻、晚稻种植。

栽培技术要点：①适时播种，培育壮秧。根据各市县生产季节适时播种，大田用种量7.5 ~ 12kg/hm^2，匀播、稀播，早稻秧龄25 ~ 30d移栽，晚稻秧龄16 ~ 18d移栽。②合理密植，插植规格16.7cm×20.0cm，每穴栽插2苗，确保有效穗达270.0万~ 300.0万苗/hm^2。③水肥管理。浅水勤灌，促分蘖早生快发，适时晒田，提高成穗率，防止倒伏，后期不宜断水过早，干干湿湿保持到收获前7d，以免影响产量和米质；重底肥早追肥，一般施纯氮150.0kg/hm^2，氮、磷、钾肥比例为1 ：0.5 ：0.5。④病虫害防治，注意防治三化螟、稻蓟马、稻瘟病和白叶枯病。

琼香两优1号（Qiongxiangliangyou 1）

品种来源：海南省农业科学院粮食作物研究所以琼香-1S/粤丰占配组育成，2004年通过海南省农作物品种审定委员会审定。

形态特征和生物学特性：属感温型两系杂交籼稻。全生育期135.8d。株高112.5cm，分蘖力强，后期转色好。有效穗数301.5万穗/hm^2，穗长23.9cm，每穗总粒数144.7粒，结实率71.9%，千粒重24.1g。

品质特性：米质达部颁二级优质米标准。

抗性：中抗稻瘟病、白叶枯病。

产量及适宜地区：2003—2004年参加海南省水稻早稻区域试验，平均产量分别为7 560.0kg/hm^2和8 434.5kg/hm^2，比对照品种特籼占25分别减产0.7%和增产13.6%，2004年生产试验平均产量7 663.5kg/hm^2，比对照品种特籼占25增产3.0%。适宜海南省各市县早稻、晚稻种植。

栽培技术要点：①适时播种，培育壮秧。根据各市县生产季节适时播种，大田用种量7.5～12kg/hm^2，匀播、稀播，早稻秧龄25～30d移栽，晚稻秧龄16～18d移栽。②合理密植，插植规格16.7cm×20.0cm，每穴栽插2苗，确保有效穗数达270.0万～300.0万穗/hm^2。③水肥管理。浅水勤灌，促分蘖早生快发，适时晒田，提高成穗率，防止倒伏，后期不宜断水过早，干干湿湿保持到收获前7d，以免影响产量和米质；重底肥早追肥，一般施纯氮150.0kg/hm^2，氮、磷、钾肥比例为1∶0.5∶0.5。④病虫害防治，注意防治三化螟、稻蓟马、稻瘟病和白叶枯病。

瑞丰优616（Ruifengyou 616）

品种来源：海南海亚南繁种业有限公司以瑞丰A/海恢616配组育成，2010年通过海南省农作物品种审定委员会审定。

形态特征和生物学特性：属感温型三系杂交籼稻。全生育期110～126d。株高105.9cm，株型适中，分蘖力中等，群体整齐度好，后期熟色尚可。有效穗数265.5万穗/hm^2，穗长24.1cm，每穗总粒数129.2粒，结实率71.6%，千粒重25.4 g。

品质特性：米质一般。

抗性：人工接种鉴定中感白叶枯病和苗瘟。田间种植中感穗颈瘟和白叶枯病。

产量及适宜地区：2008年参加海南省水稻晚稻区域试验，平均产量5 947.5kg/hm^2，比对照品种特优128增产1.4%，未达显著水平，日产量51kg/hm^2；2009年晚稻续试，平均产量6 342.0kg/hm^2，比对照品种特优128增产15.4%，达极显著水平，比对照品种特籼占25增产2.1%，未达显著水平，增产点比例100%，日产量54kg/hm^2。2009年生产试验平均产量5 590.5kg/hm^2，比对照特优128增产8.1%。适宜海南省各市县早稻、晚稻种植。

栽培技术要点：①适时播种，培育壮秧。根据各市县生产季节适时播种，大田用种量7.5～12kg/hm^2，匀播、稀播，早稻秧龄25～30d移栽，晚稻秧龄16～18d移栽。②合理密植，插植规格16.7cm×20.0cm，每穴栽插2苗。③水肥管理。浅水移栽，深水返青，薄水促蘖，适时露晒田，后期不宜断水过早，以免影响结实率和充实度；施足基肥，早施分蘖肥，后期看苗适量施穗粒肥。④病虫害防治，苗期防治稻蓟马，中后期防治螟虫和稻飞虱，在稻瘟病重发区注意防治稻瘟病，沿海地区注意防治白叶枯病。

双青优2008（Shuangqingyou 2008）

品种来源：广东海洋大学农业生物技术研究所以双青A/弘恢2008配组育成，2010年通过海南省农作物品种审定委员会审定。

形态特征和生物学特性：属感温型三系杂交籼稻。全生育期118～138d。株高103.1cm，分蘖力中等，群体整齐度一般，后期熟色好。有效穗数301.5万穗/hm^2，穗长22.0cm，每穗总粒数128.7粒，结实率84.8%，千粒重24.5g。

品质特性：米质达国标三级优质米标准。

抗性：人工接种鉴定中抗苗瘟，中感白叶枯病。田间种植中感穗颈瘟和白叶枯病。

产量及适宜地区：2009年参加海南省水稻早稻区域试验，平均产量7 396.5kg/hm^2，比对照品种Ⅱ优128增产6.3%，达极显著水平，日产量57.0kg/hm^2；2010年早稻续试，平均产量8 076.0kg/hm^2，比对照品种T优551增产5.5%，达极显著水平，增产点比例85.7%，日产量64.5kg/hm^2。2010年生产试验平均产量7 900.5kg/hm^2，比对照品种T优551增产3.2%。适宜海南省各市县早稻、晚稻种植。

栽培技术要点：①适时播种，培育壮秧。根据各市县生产季节适时播种，大田用种量7.5～12kg/hm^2，匀播、稀播，早稻秧龄25～30d移栽，晚稻秧龄16～18d移栽。②插植规格16.7cm×20.0cm，每穴栽插2苗。③水肥管理。前期灌浅水，中期适时露晒田，后期不宜断水过早，以免影响结实率和充实度；施足基肥，早施分蘖肥，后期看苗适量施穗粒肥。④病虫害防治，苗期防治稻蓟马，中后期防治螟虫和稻飞虱，在稻瘟病重发区注意防治稻瘟病，沿海地区注意防治白叶枯病。

丝优0848（Siyou 0848）

品种来源：黄发松以丝苗A/恢复系0848配组育成，2004年通过海南省农作物品种审定委员会审定。

形态特征和生物学特性：属感温型三系杂交籼稻。全生育期127.2d，株高103.6cm，分蘖力强，后期转色好，叶青籽黄不早衰。有效穗数289.5万穗/hm^2，穗长22.2cm，每穗总粒数125.6粒，结实率84.1%，千粒重26.1g。

品质特性：米质达到国标三级优质米标准。

抗性：中抗稻瘟病和白叶枯病。

产量及适宜地区：2003—2004年参加海南省水稻早稻区域试验，平均产量分别为7 890kg/hm^2和7 588.5kg/hm^2，比对照品种特籼占25分别增产3.6%和2.2%。2004年生产试验平均产量6 843.0kg/hm^2，比对照品种特籼占25增产0.3%。适宜海南省各市县早稻、晚稻种植。

栽培技术要点：①适时播种，培育壮秧。根据各市县生产季节适时播种，大田用种量7.5 ~ 12kg/hm^2，匀播、稀播，早稻秧龄25 ~ 30d移栽，晚稻秧龄16 ~ 18d移栽。②合理密植，插植规格16.7cm×20.0cm或20.0cm×20.0cm，每穴栽插2苗。③水肥管理。前期灌浅水，中期适时露晒田，后期不宜断水过早，以免影响结实率和充实度；施足基肥，早施分蘖肥，后期看苗适量施穗粒肥。④病虫害防治，注意防治稻蓟马、螟虫和稻飞虱，在稻瘟病重发区注意防治稻瘟病，沿海地区注意防治白叶枯病。

特优209（Teyou 209）

品种来源：海南省海亚南繁种业有限公司以龙特浦A/海恢209配组育成，2007年通过海南省农作物品种审定委员会审定。

形态特征和生物学特性：属感温型三系杂交籼稻。全生育期115～151d。株高99.0cm，长势繁茂，株型适中，分蘖力较弱，群体整齐度一般，后期熟色一般。有效穗数262.5万穗/hm^2，穗长20.8cm，每穗总粒数123.6粒，结实率84.6%，千粒重26.3g。

品质特性：米质一般。

抗性：中抗苗瘟，高感白叶枯病。

产量及适宜地区：2006—2007年参加海南省水稻早稻区域试验，平均产量分别为8 475.0kg/hm^2和7 656.0kg/hm^2，比对照品种Ⅱ优128分别增产2.3%和1.7%。2007年生产试验平均产量7 524.0kg/hm^2，比对照品种Ⅱ优128增产6.4%。适宜海南省各市县早稻、晚稻种植。

栽培技术要点：①适时播种，培育壮秧。根据各市县生产季节适时播种，大田用种量7.5～12kg/hm^2，匀播、稀播，早稻秧龄25～30d移栽，晚稻秧龄16～18d移栽。②合理密植，栽插规格肥田16.7cm×23.3cm，瘦田16.7cm×20.0cm，每穴栽插2苗。③水肥管理。前期灌浅水，中期适时露晒田，后期不宜断水过早，以免影响结实率和充实度；施足基肥，早施分蘖肥，后期看苗适量施穗粒肥。④病虫害防治，注意防治稻蓟马、螟虫和稻飞虱，在稻瘟病重发区注意防治稻瘟病，沿海地区注意防治白叶枯病。

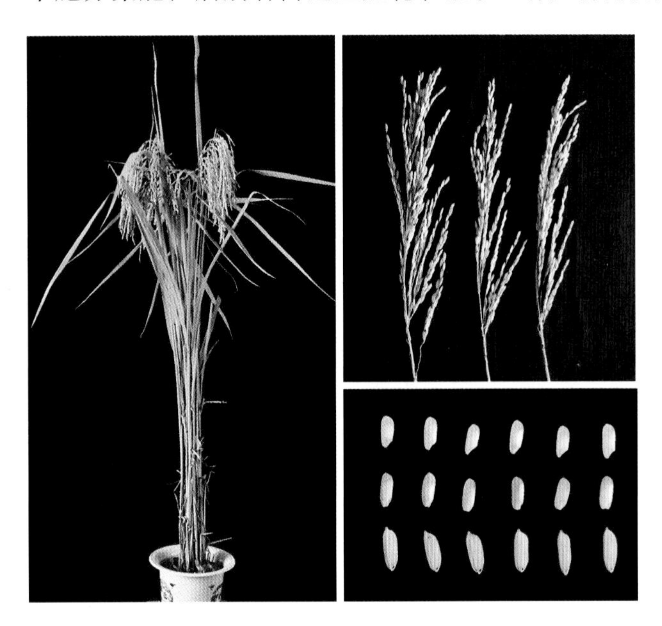

特优248（Teyou 248）

品种来源：广东天弘种业有限公司以龙特浦A/弘恢248配组育成，2008年通过海南省农作物品种审定委员会审定。

形态特征和生物学特性：属感温型三系杂交籼稻。全生育期123 ~ 163d。株高107.2cm，株型适中，分蘖力较弱，群体整齐度一般，后期熟色一般。有效穗数253.5万穗/hm^2，穗长22.3cm，每穗总粒数133.4粒，结实率86.9%，千粒重27.1g。

品质特性：米质一般。

抗性：田间种植穗颈瘟抗性与对照Ⅱ优128表现相当，白叶枯病抗性稍差于对照Ⅱ优128。

产量及适宜地区：2007—2008年参加海南省水稻早稻区域试验，平均产量分别为7 584.0kg/hm^{2}和8 481.0kg/hm^2，比对照品种Ⅱ优128分别增产0.8%和4.4%。适宜海南省各市县早稻种植，以及海南省东部地区晚稻种植。

栽培技术要点：①适时播种，培育壮秧。根据各市县生产季节适时播种，大田用种量7.5 ~ 12kg/hm^2，匀播、稀播，早稻秧龄25 ~ 30d移栽，晚稻秧龄16 ~ 18d移栽。②合理密植，栽插规格肥田16.7cm × 23.3cm，瘦田16.7cm × 20.0cm，每穴栽插2苗。③水肥管理。前期灌浅水，中期适时露晒田，后期不宜断水过早，以免影响结实率和充实度；施足基肥，早施分蘖肥，增施磷钾肥，后期看苗适量施穗粒肥。④病虫害防治，注意防治白叶枯病、稻瘟病、螟虫和稻飞虱。

特优328（Teyou 328）

品种来源：海南神农大丰种业科技股份有限公司育种中心以龙特浦A/神恢328配组育成，2010年通过海南省农作物品种审定委员会审定。

形态特征和生物学特性：属感温型三系杂交籼稻。全生育期118 ~ 142d。株高106.0cm，分蘖力中等，群体整齐度一般，后期熟色尚可。有效穗数267.0万穗/hm^2，穗长22.3cm，每穗总粒数122.5粒，结实率88.7%。穗长粒大，千粒重30.0g。

品质特性：米质达国标三级优质米标准。

抗性：人工接种鉴定中感苗瘟，中抗白叶枯病。田间种植轻感穗颈瘟，重感白叶枯病。

产量及适宜地区：2009年参加海南省水稻早稻区域试验，平均产量7 543.5kg/hm^2，比对照品种Ⅱ优128增产0.3%，未达显著水平，日产量58.5kg/hm^2。2010年早稻续试，平均产量7 662.0kg/hm^2，比对照品种T优551增产0.1%，未达显著水平，日产量60.0kg/hm^2。2010年生产试验平均产量7 624.5kg/hm^2，比对照品种T优551减产0.4%。适宜海南省各市县早稻、晚稻种植。

栽培技术要点：①适时播种，培育壮秧。根据各市县生产季节适时播种，大田用种量7.5 ~ 12kg/hm^2，匀播、稀播，早稻秧龄25 ~ 30d移栽，晚稻秧龄16 ~ 18d移栽。②合理密植，栽插规格16.7cm × 20.0cm，每穴栽插2苗，插足基本苗105.0万 ~ 120.0万苗/hm^2。③水肥管理。湿润灌溉，以浅水为主，及时晒田，灌浆期间干干湿湿，收获前7d不断水；施足基肥，早施追肥，中后期看禾酌情补肥，一般施纯氮225.0kg/hm^2，五氧化二磷180.0kg/hm^2，氧化钾180.0kg/hm^2。④病虫害防治，注意防治白叶枯病、稻瘟病、螟虫和稻飞虱。

特优458（Teyou 458）

品种来源：海南省农业科学院粮食作物研究所以龙特浦A/R458配组育成，2010年通过海南省农作物品种审定委员会审定。

形态特征和生物学特性：属感温型三系杂交籼稻。全生育期121 ～ 142d。株高105.6cm，分蘖力中等，群体整齐度好，后期熟色好。有效穗数283.5万穗/hm^2，穗长20.8cm，每穗总粒数123.2粒，结实率90.7%，千粒重26.7g。

品质特性：米质一般。

抗性：人工接种鉴定中抗稻瘟病苗瘟，中感白叶枯病。田间种植轻感穗颈瘟和白叶枯病。

产量及适宜地区：2009年参加海南省水稻早稻区域试验，平均产量7 500.0kg，比对照品种Ⅱ优128增产4.3%，达显著水平，比对照品种特籼占25增产10.6%，达极显著水平，日产量57.0kg/hm^2；2010年早稻续试，平均产量7 735.5kg/hm^2，比对照品种T优551减产1.4%，未达显著水平，日产量60.0kg/hm^2。2010年生产试验平均产量7 891.5kg/hm^2，比对照品种T优551增产4.3%。适宜海南省各市县早稻、晚稻种植。

栽培技术要点：①适时播种，培育壮秧。根据各市县生产季节适时播种，大田用种量7.5 ～ 12kg/hm^2，匀播、稀播，早稻秧龄25 ～ 30d移栽，晚稻秧龄16 ～ 18d移栽。②合理密植，栽插规格肥田16.7cm × 23.3cm，瘦田16.7cm × 20.0cm，每穴栽插2苗。③水肥管理。前期灌浅水，中期适时露晒田，后期不宜断水过早，以免影响结实率和充实度；施足基肥，早施分蘖肥，增施磷钾肥，后期看苗适量施穗粒肥。④病虫害防治，注意防治白叶枯病、稻瘟病、螟虫和稻飞虱。

特优5735（Teyou 5735）

品种来源：中国种子集团有限公司三亚分公司以龙特浦A/中种恢5735配组育成，2007年通过海南省农作物品种审定委员会审定。

形态特征和生物学特性：属感温型三系杂交籼稻。全生育期112～139d。株高96.0cm，株型适中，分蘖力弱，群体整齐度一般，后期熟色一般。有效穗数267.0万穗/hm^2，穗长21.3cm，每穗总粒数132.6粒，结实率83.0%，千粒重26.5g。

品质特性：米质一般。

抗性：中抗苗瘟，感白叶枯病。

产量及适宜地区：2006—2007年参加海南省水稻早稻区域试验，平均产量分别为8 596.5kg/hm^2和7 549.5kg/hm^2，比对照品种Ⅱ优128分别增产3.8%和0.3%。2007年生产试验平均产量7 429.5kg/hm^2，比对照品种Ⅱ优128增产5.1%。适宜海南省各市县早稻、晚稻种植。

栽培技术要点：①适时播种，培育壮秧。根据各市县生产季节适时播种，大田用种量7.5～12kg/hm^2，匀播、稀播，早稻秧龄25～30d移栽，晚稻秧龄16～18d移栽。②合理密植，插植规格16.7cm×20.0cm，保证基本苗90.0万苗/hm^2。③水肥管理。浅水移栽，寸水活棵，薄水分蘖，适时晒田，后期不宜断水过早，以免影响结实率和充实度；施足基肥，早施分蘖肥，增施磷钾肥，后期看苗适量施穗粒肥。④病虫害防治，注意防治白叶枯病、稻瘟病、螟虫和稻飞虱。

特优716（Teyou 716）

品种来源：福建省南平市农业科学研究所以龙特浦A/南恢716配组育成，2009年通过海南省农作物品种审定委员会审定。

形态特征和生物学特性：属感温型三系杂交籼稻。早稻全生育期123～146d。株高112.9cm，长势繁茂，株型中集，分蘖力中等，后期熟色一般。有效穗数264.0万穗/hm^2，穗长23.5cm，每穗总粒数120.6粒，结实率86.2%，千粒重29.7g。

品质特性：米质达国标三级优质米标准。

抗性：人工接种鉴定高抗苗瘟，中抗白叶枯病。田间种植穗颈瘟抗性表现优于对照品种Ⅱ优128，白叶枯病抗性稍优于对照品种Ⅱ优128。

产量及适宜地区：2008—2009年参加海南省水稻早稻区域试验，平均产量分别为8 559.0kg/hm^2和7 495.5kg/hm^2，比对照品种Ⅱ优128分别增产5.4%和7.7%，增产均为极显著。2009年生产试验平均产量6 702.0kg/hm^2，分别比对照品种Ⅱ优128和特优128增产6.7%和2.6%。适宜海南省各市县早稻、晚稻种植。

栽培技术要点：①适时播种，培育壮秧。根据各市县生产季节适时播种，大田用种量7.5～12kg/hm^2，匀播、稀播，早稻秧龄25～30d移栽，晚稻秧龄16～18d移栽。②合理密植，插植规格16.7cm×20cm，每穴栽插2～3苗。③水肥管理。浅水移栽，寸水活棵，薄水分蘖，适时晒田、后期不宜断水过早，以免影响结实率和充实度；施足基肥，早施分蘖肥，增施磷钾肥，后期看苗适量施穗粒肥。④病虫害防治，注意防治白叶枯病、稻瘟病、螟虫和稻飞虱。

特优863（Teyou 863）

品种来源：海南海亚南繁种业有限公司以龙特浦A/海恢863配组育成，2009年通过海南省农作物品种审定委员会审定。

形态特征和生物学特性：属感温型三系杂交籼稻。全生育期早稻124 ～ 140d。株高107.2cm，株型中集，分蘖力较弱，丰产性好，后期熟色一般。有效穗数280.5万穗/hm^2，穗长21.7cm，每穗总粒数131.8粒，结实率86.9%，千粒重26.0g。

品质特性：米质一般。

抗性：人工接种鉴定抗苗瘟，抗白叶枯病。田间种植叶瘟、穗颈瘟抗性优于对照品种Ⅱ优128，白叶枯病抗性稍差于对照品种Ⅱ优128。

产量及适宜地区：2008—2009年参加海南省水稻早稻区域试验，平均产量分别为8 368.5kg/hm^2和7 429.5kg/hm^2，分别比对照品种Ⅱ优128增产3.1%和4.9%。2009年生产试验平均产量6 042.0kg/hm^2，分别比对照品种Ⅱ优128和特优128减产1.8%、增产0.02%。适宜海南省各市县早稻、晚稻种植。

栽培技术要点：①适时播种，培育壮秧。根据各市县生产季节适时播种，大田用种量7.5 ～ 12kg/hm^2，匀播、稀播，早稻秧龄25 ～ 30d移栽，晚稻秧龄16 ～ 18d移栽。②合理密植，插植规格16.7cm × 20cm，每穴栽插2 ～ 3苗。③水肥管理。浅水移栽，寸水活棵，薄水分蘖，适时晒田，后期不宜断水过早，以免影响结实率和充实度；施足基肥，早施分蘖肥，增施磷钾肥，后期看苗适量施穗粒肥。④病虫害防治，注意防治白叶枯病、稻瘟病、螟虫和稻飞虱。

天优10号（Tianyou 10）

品种来源：广东省农业科学院水稻研究所、广东省金稻种业有限公司以天丰A/ 金恢R10配组育成，2007年通过海南省农作物品种审定委员会审定。

形态特征和生物学特性：属感温型三系杂交籼稻。全生育期115 ～ 138d，株高92.4cm，株型适中，植株较矮，群体整齐度一般，分蘖力较弱，后期熟色好。有效穗数271.5万穗/hm^2，穗长20.7cm，每穗总粒数100.9粒，结实率87.1%，千粒重31.3g。

品质特性：米质一般。

抗性：抗稻瘟病，感白叶枯病。

产量及适宜地区：2006—2008年参加海南省水稻早稻区域试验，平均产量分别为9 025.5kg/hm^{2}和7 818.0kg/hm^2，分别比对照品种Ⅱ优128增产7.8%和4.4%，增产达极显著水平。2008年生产试验平均产量7 218.0kg/hm^2，比对照Ⅱ优128增产2.1%。适宜海南省各市县早稻、晚稻种植。

栽培技术要点：①适时播种，培育壮秧。根据各市县生产季节适时播种，大田用种量7.5 ～ 12kg/hm^2，匀播、稀播，早稻秧龄25 ～ 30d移栽，晚稻秧龄16 ～ 18d移栽。②合理密植，插植规格16.7cm × 20cm，每穴栽插2 ～ 3苗。③水肥管理。浅水移栽，寸水活棵，薄水分蘖，适时晒田，后期不宜断水过早，以免影响结实率和充实度；施足基肥，早施分蘖肥，增施磷钾肥，后期看苗适量施穗粒肥。④病虫害防治，苗期注意防治稻蓟马，中后期注意防治螟虫和稻飞虱，沿海地区注意防治白叶枯病。

天优826（Tianyou 826）

品种来源：广东省农业科学院水稻研究所、广东省金稻种业有限公司以天丰A/粤恢826配组育成，2010年通过海南省农作物品种审定委员会审定。

形态特征和生物学特性：属感温型三系杂交籼稻。全生育期115 ~ 134d。株高92.7cm，植株偏矮，分蘖力中等，群体整齐度好，后期熟色尚可。有效穗数300.0万穗/hm^2，穗长19.4cm，每穗总粒数126.8粒，结实率88.4%，千粒重26.2g。

品质特性：米质达国标三级优质米标准。

抗性：人工接种鉴定抗苗瘟，中感白叶枯病。田间种植中感穗颈瘟，中感白叶枯病。

产量及适宜地区：2009年参加海南省水稻早稻区域试验，平均产量7 171.5kg/hm^2，比对照品种Ⅱ优128增产3.1%，未达显著水平，日产量57.0kg/hm^2；2010年早稻续试，平均产量8 161.5kg/hm^2，比对照品种T优551增产7.6%，达极显著水平，日产量66.0kg/hm^2。2010年生产试验平均产量7 681.5kg/hm^2，比对照品种T优551增产2.7%。适宜海南省各市县早稻、晚稻种植。

栽培技术要点：①适时播种，培育壮秧。根据各市县生产季节适时播种，大田用种量7.5 ~ 12kg/hm^2，匀播、稀播，早稻秧龄25 ~ 30d移栽，晚稻秧龄16 ~ 18d移栽。②合理密植，栽插规格16.5cm × 20.0cm，每穴栽插2苗，抛秧秧龄3.0叶左右，抛660盘/hm^2（561孔盘）。③水肥管理。前期施足基肥，早施分蘖肥，分蘖数在300.0万/hm^2开始排水露田，宜重露轻晒，后期宜保持田间湿润，不宜断水过早；全生育期施纯氮180.0 ~ 225.0kg/hm^2，基肥、分蘖肥、分化肥和穗肥比例以3 ∶ 4 ∶ 2 ∶ 1为宜，氮、磷、钾肥比例1 ∶ 0.5 ∶ 0.8为宜。④病虫害防治，注意防治白叶枯病和稻瘟病。

万金优15（Wanjinyou 15）

品种来源：广东海洋大学农业生物技术研究所、广东天弘种业有限公司以万金A/HR15配组育成，2009年通过海南省农作物品种审定委员会审定。

形态特征和生物学特性：属感光型三系杂交晚籼稻。全生育期112 ～ 132d。株高106.7cm，株型适中，长势繁茂，群体整齐度好，分蘖力较好，后期熟色尚可。有效穗数262.5万穗/hm^2，穗长23.1cm，每穗总粒数149.0粒，结实率66.8%，千粒重24.8g。

品质特性：米质一般。

抗性：人工接种鉴定中感苗瘟，感白叶枯病。田间种植中感穗颈瘟，中感白叶枯病。

产量及适宜地区：2007—2008年参加海南省水稻晚稻区域试验，平均产量6 172.5kg/hm^2和6 118.5kg/hm^2，比对照品种博Ⅱ优15分别增产0.3%和3.1%（增产显著），比对照品种Ⅱ优128分别增产19.5%和18.8%，增产均极显著。2008年生产试验平均产量5 013.0kg/hm^2，比对照品种博Ⅱ优15增产4.4%。适宜海南省各市县晚稻种植。

栽培技术要点：①适时播种，培育壮秧。根据当地习惯与对照博Ⅱ优15同期播种，秧田播种量135.0 ～ 187.5kg/hm^2，秧龄18 ～ 22d移栽。②合理密植，栽插27.0万～ 30.0万穴/hm^2，基本苗75.0万苗/hm^2。③水肥管理。浅水促分蘖，适时露晒田，后期忌断水过早；施足基肥，早施分蘖肥，注意氮、磷、钾肥配合施用。④病虫害防治，注意防治螟虫、稻飞虱、纹枯病，沿海地区注意防治白叶枯病。

万金优802（Wanjinyou 802）

品种来源：广东海洋大学农业生物技术研究所、广东天弘种业有限公司、四川国豪种业有限公司海南分公司以万金A/弘恢802配组育成，2010年通过海南省农作物品种审定委员会审定。

形态特征和生物学特性：属弱感光型三系杂交晚籼稻。全生育期114～135d，株高106.1cm，株型适中，长势繁茂，分蘖力中等，群体整齐度一般，后期熟色尚可。有效穗数261.0万穗/hm^2，穗长22.6cm，每穗总粒数138.6粒，结实率73.1%，千粒重24.3g。

品质特性：米质一般。

抗性：人工接种鉴定中抗白叶枯病，抗苗瘟。田间种植轻感穗颈瘟，感白叶枯病。

产量及适宜地区：2008—2009年参加海南省水稻晚稻区域试验，平均产量分别为6 016.5kg/hm^{2}和6 616.5kg/hm^2，分别比对照品种博Ⅱ优15增产1.1%和1.0%，均未达显著水平，日产量分别为51.0kg/hm^{2}和54.0kg/hm^2。2009年生产试验平均产量6 628.5kg/hm^2，比对照品种博Ⅱ优15增产9.2%。适宜海南省各市县晚稻种植。

栽培技术要点：①适时播种，培育壮秧。根据当地习惯与博Ⅱ优15同期播种，秧田播种量135.0～187.5kg/hm^2，秧龄18～22d移栽。②合理密植，栽插27.0万～30.0万穴/hm^2，基本苗75.0万苗/hm^2。③水肥管理。浅水促分蘖，适时露晒田，后期忌断水过早；施足基肥，早施分蘖肥，注意氮、磷、钾肥配合施用。④病虫害防治，注意防治螟虫、稻飞虱、纹枯

病，沿海地区注意防治白叶枯病。

粤优589（Yue you 589）

品种来源：中国热带农业科学院热带作物品种资源研究所以粤泰A/RT589配组育成，2009年通过海南省农作物品种审定委员会审定。

形态特征和生物学特性：属感温型三系杂交籼稻。早稻全生育期116 ~ 132d。株高95.6cm，株型中集，分蘖力较弱，后期熟色尚可。有效穗数285.0万穗/hm^2，穗长19.2cm，每穗总粒数115.6粒，结实率84.4%，千粒重28.0g。

品质特性：米质一般。

抗性：人工接种鉴定高抗苗瘟，中感白叶枯病。田间种植穗颈瘟、白叶枯病抗性优于对照Ⅱ优128。

产量及适宜地区：2008—2009年参加海南省水稻早稻区域试验，平均产量分别为7 984.5kg/hm^{2}和7 864.5kg/hm^2，比对照品种Ⅱ优128分别增产0.9%和4.6%，日产量分别为57.0kg/hm^{2}和63.0kg/hm^2。2009年生产试验平均产量6 435.0kg/hm^2，分别比对照品种Ⅱ优128和特优128增产6.1%和15.9%。适宜海南省各市县早稻、晚稻种植。

栽培技术要点：①适期播种，培育壮秧。根据各市县生产季节适时播种，大田用种量7.5 ~ 12kg/hm^2，匀播、稀播，早稻秧龄25 ~ 30d移栽，晚稻秧龄16 ~ 18d移栽。②合理密植，插植规格16.7cm × 20.0cm，每穴栽插2苗。③水肥管理。施足底肥，早施分蘖肥，氮、磷、钾肥搭配比例为1 ∶ 0.6 ∶ 1.1，中后期不要偏施氮肥。④病虫害防治，抽穗期注意防治稻曲病和螟虫，沿海地区晚稻种植注意防治白叶枯病。

三、老品种

黑丝糯（Heisinuo）

品种来源：海南本地农家品种。

形态特征和生物学特性：属感光型常规晚籼糯稻。全生育期148 ~ 152d。株高150.0cm左右，分蘖力强，叶片大而硬。穗长24.0cm，抽穗不整齐，每穗总粒数70.0粒，谷粒大而长，有红色长芒，护颖黄色，千粒重30.0g，种皮黑色。

品质特性：糙米率70.0%，米白色，米质中等。

抗性：耐旱力强，少病虫害，耐晒，抗倒伏。

产量及适宜地区：一般产量1 500 ~ 3 000kg/hm^2。分布于三亚崖州及万宁、陵水山区，以万宁、兴隆种植较多。

栽培技术要点：小满前后播种，寒露前后成熟。

红丝糯（Hongsinuo）

品种来源：海南本地农家品种。

形态特征和生物学特性：属感光型常规晚籼糯稻。全生育期148 ~ 152d。植株高大，分蘖力强，抽穗整齐。穗长而大，着粒密，谷粒大椭圆形，稃端紫色，有长芒，千粒重32.5g。

品质特性：糙米率69.0%左右，米白色，腹白大，米质中等。

抗性：耐旱、抗病虫、不易倒伏、不易落粒。

产量及适宜地区：一般产量达1 500.0 ~ 3 750.0kg/hm^2，在崖县（现三亚市）、万宁、陵水山区各乡镇均有种植。

栽培技术要点：小满前后播种、寒露前后成熟。

里丝糯（Lisinuo）

品种来源：海南本地农家品种。

形态特征和生物学特性：属感光型常规晚籼糯稻。全生育期150d左右。株高150cm，分蘖力强，抽穗不整齐。穗长24cm，每穗总粒数70粒，谷粒大而长，有红色长芒、护颖黄色，千粒重30g。

品质特性：糙米率70%，米白色、米质中等。

抗性：耐旱，抗病虫。

产量及适宜地区：一般产量达1 500.0 ~ 3 000.0kg/hm^2。栽培历史悠久，万宁、陵水、崖县（现在三亚市）山区均有种植。

栽培技术要点：小满前后播种，寒露前后成熟。

山兰排蜂糯（Shanlanpaifengnuo）

品种来源：又名“蜂姆糯”，海南本地农家品种。

形态特征和生物学特性：属感光型常规晚籼糯稻。全生育期145 ~ 155d，株高138 ~ 142cm，分蘖力强，叶片大。穗长26cm，每穗总粒数80粒，谷粒椭圆形，不易落粒，千粒重29g。

品质特性：米白色，米质佳。

抗性：耐旱，抗病虫。

产量及适宜地区：一般产量达1 500.0 ~ 3 000.0kg/hm^2。栽培历史悠久，定安、崖县（现三亚市）、万宁山区均有种植。

栽培技术要点：小满前后播种，寒露前后成熟。

第五章
著名育种专家

丁　颖

广东省高州市人（1888—1964年）。著名的农业科学家、教育家、水稻专家，中国现代稻作科学主要奠基人，中国科学院学部委员（院士）。1924年毕业于日本东京帝国大学农学部。回国后任广东大学（后改为中山大学）农学院教授、院长。新中国成立后，历任华南农学院院长，中国科学技术协会副主席，第一、二、三届全国人民代表大会代表。1957—1964年任中国农业科学院院长。全苏列宁农业科学院、民主德国农业科学院、捷克斯洛伐克农业科学院的通讯院士。

毕生从事水稻研究工作。1926年在广州市郊区发现野生稻，1933年发表了《广东野生稻及由野生稻育成的新种》，论证了我国是栽培稻种的原产地，否定了“中国栽培稻起源于印度”之说。他长期运用生态学观点对稻种起源演变、稻种分类、稻作区域划分、农家品种系统选育以及栽培技术等方面进行系统研究，取得了重要成果，为稻种分类奠定了理论基础，为我国稻作区域划分提供了科学依据。利用多年生的普通野生稻自然杂交后代，于1930年选育出世界上第一个具有野生稻血缘的水稻新品种中山1号，由此衍生出中山占、中山红、中山白、包选2号、包胎矮等华南地区的当家品种，种植时间超过60年，累计推广种植面积达826.67万hm^2。用印度野生稻与栽培稻品种杂交育成了银印20、东印1号、暹黑7号等品种。

丁颖院士是我国第一个用栽培稻与野生稻杂交开展水稻新品种选育的稻作学家，开创了野栽杂交水稻育种的新途径。一生共选育出60多个优良品种在生产上应用。他还创立了水稻品种多型性理论，为开展品种选育和繁种工作提供了重要理论依据。晚年主持水稻品种对光、温条件反应特性研究，其成果为我国水稻品种的气候生态型、品种熟期性分类、地区间引种及选种育种、栽培生态学等，提供了可贵的理论依据。

丁颖教授一生撰写了140多篇水稻研究的论文，这些论文已由农业出版社出版了《丁颖稻作论文选集》。此外，还主编了《中国水稻栽培学》等著作。

黄耀祥

广东省开平市人（1916—2004年）。中国工程院院士，著名的水稻育种家，“中国半矮秆水稻之父”。1939年毕业于国立中山大学农学院。先后担任广东省农业科学院副院长、广东省科学技术协会副主席、广东省种子协会名誉理事长、中国遗传学会广东分会名誉理事长等职务，第五届全国人民代表大会代表，第五、六届广东省人民代表大会常务委员会委员。曾多次被评为广东省农业先进工作者，获广东省人民政府记大功奖励，1979年被国务院授予全国劳动模范称号，1988年获广东省有突出贡献专家称号，1989年被国务院授予全国先进工作者称号。

首先开创水稻矮化育种，先后育成广场矮、珍珠矮、桂朝2号、特青2号等一系列矮秆高产良种在生产上广泛种植，为中国南方水稻增产做出了重大贡献。他以矮秆为中心分阶段提出有独特见解的生态育种、株型育种、超高产育种和杂交育种的组群筛选法，并在实践中获得了成功。20世纪80年代以来先后开创半矮秆早长和半矮秆根深早长株型模式构想，培育出特高产、超高产大穗型的水稻新品种，丰富和发展了水稻育种学。一生主持育成的推广种植面积较大的水稻优良品种有50多个，创造了巨大社会效益。

主要获奖成果有：水稻矮化育种研究成果获1978年全国科学大会奖；水稻新品种桂朝2号的育成和经验总结获1980年农牧渔业部技术改进一等奖；早晚兼用丛生快长型籼稻新品种双桂1号的育成及其种性研究获国家科技进步二等奖；水稻半矮秆“早长”超高产株型模式和第三代超高产品种“胜优”的育成获得国家发明二等奖。

林 木

广东省惠来县人（1926—2017年）。1949年毕业于中山大学农学院农学系。1949—1955年先后在东江纵队第三支队、广东省军区东江军分区和粤中军分区工作。1955—1992年先后在广东省沙塱农业试验站、华南农学院佛山分院（现佛山大学）、佛山地区农业科学研究所等单位工作，历任技术员、农技师、农艺师、党委委员、副所长。获得广东省农业模范工作者、全国优秀科技工作者等荣誉称号。

先后主持育成粳籼89、三源921等水稻品种，其中粳籼89开创了水稻亚种间杂交育种成功的先河，成为20世纪90年代广东省优质稻最主要的当家品种，并在华南地区广泛推广应用。其中，在广东省推广种植面积累计达到333.33万hm^2。粳籼89还是我国常规籼稻重要的核心育种骨干亲本之一，由其衍生的品种有十几个以上。

柯　苇

福建省晋江县人(1933—　)。广东省农业科学院水稻研究所研究员。1956年8月浙江农学院农学系毕业。毕业后分配到广州华南农业科学研究所（后改为广东省农业科学院），一直从事水稻新品种选育研究。获得广东省劳动模范称号。享受国务院政府特殊津贴。

在水稻新品种选育上，以高产、优质、抗病和适应性广为目标，致力于高产、优质、抗病、适应广等种质资源的发掘、创建和利用，强调与相关专业合作，协同攻关。育成珍桂矮1号、广解9号、秋白早3号、三五糯1号、矮梅早3号、双竹占等各种类型新品种，在生产上大面积推广应用，取得显著的社会经济效益。

获全国科学大会奖和广东省科学大会奖各1项（主要参加者），获省级科技进步奖5项（主持人或主要完成人），是《中国水稻新品种及其系谱》一书第四章的执笔人，并参与该书的统稿和定稿。发表论文20篇。

彭惠普

江苏省南京市人（1934— ）。广东省农业科学院水稻研究所研究员。1956年毕业于浙江农学院。获得广东省五一劳动奖章、广东省政府记功奖、广东省突出贡献专家、国家“863”计划先进工作者、科技部和农业部授予的全国农业科技先进工作者等荣誉称号。享受国务院政府特殊津贴。

长期从事杂交水稻育种工作。是国家“863”高科技计划生物技术领域方面两系法水稻杂种优势的利用课题以及国家和广东省科技攻关计划杂交水稻新品种选育课题主持人。主持选育出R3550、R96、R4480及广A等恢复系、不育系及其系列三系杂交稻新组合，结束了广东省主栽杂交稻组合长期依赖从外省引进的被动局面。在两系杂交稻研究与应用方面取得突破性进展，名列全国前茅，选育出GD-1S、GD-2S、穗35S等优质核不育系及其系列新组合，填补了广东省实用型核不育系选育的空白，组配出广东省第一个丰产优质抗病的两系杂交稻新组合培杂双七，在广东、广西大面积推广种植。

获奖成果12项。其中国家科技进步特等奖、一等奖各1项，全国农牧渔业丰收二等奖1项。

缪若维

广东省五华县人（1936— ）。广东省农业科学院水稻研究所研究员。1960年毕业于华南农学院农学系。毕业后分配到广东省农业科学院工作。1962年以来（1968.12—1972.8除外），一直从事常规稻品种选育工作。享受国务院政府特殊津贴。

1979年以前，参加水稻矮化育种，是广陆矮4号、广秋矮的主要选育者。1987—1994年，先后育成矮梅早3号、三五糯1号、特三矮2号等优良品种，累计推广种植面积分别为21.73万hm^2、13.13万hm^2、83.07万hm^2；育成珍桂矮1号，累计推广种植面积124.13万hm^2。

1998年退休后由研究室返聘工作到2007年。期间研究室育成的茉莉香105系列水稻品种获广东省科技进步三等奖，优质稻丰八占及其衍生系列品种获广东省科技进步一等奖。此外，还参与育成黄华占、美香占2号、五丰占2号、黄莉占、五山油占等优质稻新品种。

获得全国科学大会奖1项，广东省科学大会奖3项，广东省科技进步三等奖1项（排名第一）、二等奖1项（排名第三）。发表论文10篇。

万邦惠

湖北省武汉市人（1936— ）。华南农业大学教授、博士生导师。1959年毕业于华中农学院农学系。曾任广东省种子协会副理事长，广东省农科系统高级职称评委以及多届广东省农作物品种审定委员会委员。

长期从事作物品种改良的科研和教学工作，擅长水稻杂种优势利用。是我国最早参与杂交稻攻关的主要成员，参与最先选出恢复系和强优组合，使我国籼型杂交稻实现三系配套并迅速应用于生产。1982年后，参与育成汕优30选、汕优桂33、汕优34等7个杂交稻新组合通过审定。在雄性不育的遗传、不育细胞质的分类及效应、杂种优势形成的机理、光温敏核不育特性及杂交稻育种等领域开展理论研究并发表相关论文。参加和主持广东省两系杂交稻的协作攻关。育成10个杂交稻组合通过省级农作物品种审定委员会审定，其中培杂67、培杂青珍等组合在广东、广西累计推广种植面积近33.33万hm^2。

获得国家科技进步特等奖1项、发明专利1项，省科技进步一等奖2项、二等奖2项，省教学成果奖二等奖1项，省农业技术推广奖一等奖1项，省优秀论文二等奖1项，省期刊优秀作品三等奖1项。在国内外刊物发表学术论文80多篇，参与编写专著2本，教材2本。

杨明汉

广东省罗定市人（1936— ）。水稻育种专家，佛山科学技术学院教授。1960年毕业于华南农学院农学专业。广东省特等劳模，五一劳动奖章获得者，获得广东省科技突出贡献专家、广东省优秀中青年专家等称号。被国务院授予有特殊贡献的专家、全国优秀科技工作者称号。被评为全国高校先进科技工作者，获得全国支农扶贫为生产服务成绩突出教师奖、省政府特别奖。享受国务院政府特殊津贴。

长期从事教学和科学研究工作，在水稻育种方面成绩卓著。先后育成两小矮、南惠早占、泰加占、七桂早25、七加占14、七家香、万家香、泰南占、泰加香占、新七占、维七早等水稻新品种。其中，七桂早25是广东省第一个多抗、优质与高产结合得比较好的品种，1986年通过广东省农作物品种审定委员会审定，1986—1999年在广东省累计种植185.4万hm^2。1998年育成米质与泰国“金象牌”大米相仿的水晶尖和优质、高产、高抗病、高抗倒伏的三七早占3号等水稻优良品种。

获得广东省科技进步二等奖、国家星火奖三等奖、国家外贸部重大科技成果奖、国家教委科技进步奖、首届丁颖科技奖等多项成果奖。发表论文13篇，译著8篇。

伍应运

广东省台山市人（1937— ）。广东省农业科学院水稻研究所研究员。1960年1月毕业于华南农学院农学系。1960年1月至1981年5月在湖北省黄冈市农业科学研究所从事杂交水稻育种研究工作。其间：1977年5月至1980年8月在非洲扎伊尔共和国从事援外工作。1981年调入广东省农业科学院水稻研究所工作。享受国务院政府特殊津贴。

参加工作以来，一直从事杂交水稻育种技术研究，侧重于水稻三系不育系选育。特别在恢保关系不同于野败型的红莲型不育系的选育及应用方面，与武汉大学生命科学院开展协作研究，取得突破。作为第一完成人先后育成红莲质源不育系丛广41A、粤泰A等不育系及配套组合在生产上大面积推广种植。此外，作为第一完成人育成国内第一个无垩白野败型三系不育系粤丰A及其系列组合，在生产上大面积推广应用。

主要获奖成果有省级科技进步一等奖2项、二等奖4项、三等奖1项。在国内学术刊物发表论文28篇。

蔡善信

广东省饶平县人（1938— ），华南农业大学研究员，硕士生导师，水稻三系遗传育种专家。1962年毕业于华南农学院农学专业。享受国务院政府特殊津贴。

曾在中国农业科学院水稻生态研究室工作，参与中国水稻品种光温反应特性研究，完成了水稻品种出穗临界日长及短日处理对于水稻品种出穗的影响等方面的研究。1970年参加主持广东省水稻杂种优势利用研究，在广东杂优协作组提出从普通野生稻与栽培稻品种杂交、籼粳亚种间杂交、地理生态远缘籼稻品种间杂交三条途径培育水稻三系的设想，同时参加全国籼型杂交水稻的研究协作攻关。1973年选育出对"野败型"不育系具有强恢复力的IR661、IR24、水田谷6号等恢复系，首批实现水稻"野败型"三系配套。总结了野败型恢复系的地理和熟期性分布规律，论证了低纬度籼稻迟熟品种是野败型强恢复系的重要来源。

1980年后，以"夜公"为细胞质供体，育成"Y型"雄性不育系11个，其中抗病、优质、配合力强的Y华农A通过了由广东省科委组织的科技成果鉴定，并获得国家农业植物新品种权。利用Y华农A育成高产、抗病、优质的华优86、华优桂99、华优8830、华优638等华优系列"Y型杂交水稻"组合27个，共43次通过省级或国家农作物品种审定委员会审定，在华南稻区推广种植面积超过150万hm^2。

先后获得国家发明特等奖、广东省科技进步一等奖、全国农牧渔业丰收二等奖等国家、省部级成果奖10项。发表的主要论文40多篇。

符福鸿

海南省文昌县人（1939— ）。研究员。1963年毕业于华南农学院农学系。先后在中国农业科学院水稻生态室、广东省农业科学院水稻研究所工作。1987年3月—1989年8月受国家派遣到玻利维亚参加中玻科技合作项目研究，主持水稻合作项目。享受国务院政府特殊津贴。

从事水稻育种研究40多年。在水稻矮化育种中，育成多个品种通过省级和国家农作物品种审定委员会审定。在中玻科技合作研究中育成玻中1号，通过玻利维亚贝尼省发展公司命名审定利用。在水稻杂种优势利用研究中，主持育成广恢4480、广恢128、广恢122、广恢998、广恢452、广恢368、广恢290、广恢116、广恢382、广恢3618等一系列广谱恢复系，配组育成不同系列的杂交稻新组合。有40个杂交稻组合通过省级农作物品种审定委员会审定，10个杂交稻组合通过国家农作物品种审定委员会审定，7个组合成为广东省区域试验对照品种，3个组合成为国家区域试验对照品种。128系列、122系列组合在省内外种植面积累计突破66.7万hm^2，998系列组合在省内外种植面积累计达514万hm^2。

先后获得多项科技成果奖，其中作为第一完成人获得广东省科技进步一等奖、二等奖和三等奖各1项，作为主要参加者获得全国科学大会奖和广东省科学大会奖各1项、广东省农牧业技术改进三等奖2项、广东省科技进步二等奖3项。在国内刊物发表论文多篇。

第六章
品种检索表

ZHONGGUO SHUIDAO PINZHONGZHI · GUANGDONG HAINAN JUAN

品种名	英文（拼音）名	类型	审定（育成）年份	审定编号	品种权号	页码
Ⅱ优1259	Ⅱ you 1259	三系杂交籼稻	2008	琼审稻2008013		508
Ⅱ优128	Ⅱ You 128	三系杂交早籼稻	1998	粤审稻1998005 琼审稻1999004 国审稻1990008		259
Ⅱ优1288	Ⅱ you 1288	三系杂交籼稻	2009	琼审稻2009024		509
Ⅱ优2008	Ⅱ you 2008	三系杂交籼稻	2009	琼审稻2009022		510
Ⅱ优202	Ⅱ you 202	三系杂交籼稻	2008	琼审稻2008016		511
Ⅱ优21	Ⅱ you 21	三系杂交籼稻	2007	琼审稻2007007		512
Ⅱ优290	Ⅱ You 290	三系杂交早籼稻	2006	粤审稻2006017		260
Ⅱ优328	Ⅱ you 328	三系杂交籼稻	2008	琼审稻2008020		513
Ⅱ优3550	Ⅱ You 3550	三系杂交晚籼稻	1997	粤审稻1997006		261
Ⅱ优368	Ⅱ You 368	三系杂交早籼稻	2005	粤审稻2005018		262
Ⅱ优588	Ⅱ you 588	三系杂交籼稻	2008	琼审稻2008006		514
Ⅱ优629	Ⅱ you 629	三系杂交籼稻	2005	琼审稻2005001		515
Ⅱ优798	Ⅱ you 798	三系杂交籼稻	2009	琼审稻2009009		516
D奇宝优1688	D Qibaoyou 1688	三系杂交籼稻	2010	琼审稻2010021		517
IR837糯	IR 837 Nuo	常规早籼稻	1983	粤审稻1983006		47
T优108	T you 108	三系杂交籼稻	2009	琼审稻2009023		518
T78优2155	T 78 You 2155	三系杂交早籼稻	2006	粤审稻2006051		263
Y两优101	Y liangyou 101	两系杂交早籼稻	2009	粤审稻2009045		264
Y两优602	Y liangyou 602	两系杂交早籼稻	2009	粤审稻2009016		265
Y两优865	Y Liangyou 865	两系杂交籼稻	2010	琼审稻2010003		519
Y两优农占	Y liangyounongzhan	两系杂交早籼稻	2009	粤审稻2009017		266
矮黑糯	Aiheinuo	常规晚籼稻	1982	粤审稻1982006		48
矮脚南特	Aijiaonante	常规早籼稻	1956			49
矮梅早3号	Aimeizao 3	常规早籼稻	1986	粤审稻1986003		50
矮三芦占	Aisanluzhan	常规早籼稻	1994	粤审稻1994005		51
矮籼占	Aixianzhan	常规早籼稻	2006	粤审稻2006036		52
矮秀占	Aixiuzhan	常规早籼稻	2003	粤审稻2003001		53
澳青占	Aoqingzhan	常规早籼稻	1995	粤审稻1995002		54
巴太香占	Bataixiangzhan	常规早籼稻	2005	粤审稻2005001		55

（续）

品种名	英文（拼音）名	类型	审定（育成）年份	审定编号	品种权号	页码
白香占	Baixiangzhan	常规早籼稻	2008	粤审稻2008035		56
博Ⅱ优128	Bo Ⅱ you 128	三系杂交晚籼稻	2005	琼审稻2005003		520
博Ⅱ优134	Bo Ⅱ you 134	三系杂交晚籼稻	2006	琼审稻2006003		521
博Ⅱ优138	Bo Ⅱ you 138	三系杂交晚籼稻	2008	琼审稻2008004		522
博Ⅱ优15	Bo Ⅱ you 15	三系杂交晚籼稻	2001	粤审稻200109		267
博Ⅱ优1586	Bo Ⅱ you 1586	三系杂交晚籼稻	2009	琼审稻2009002		523
博Ⅱ优177	Bo Ⅱ you 177	三系杂交晚籼稻	2010	琼审稻2010009		524
博Ⅱ优235	Bo Ⅱ you 235	三系杂交晚籼稻	2006	琼审稻2006002		525
博Ⅱ优26	Bo Ⅱ you 26	三系杂交晚籼稻	2005	琼审稻2005002		526
博Ⅱ优290	Bo Ⅱ you 290	三系杂交晚籼稻	2006	琼审稻2006004		527
博Ⅱ优312	Bo Ⅱ you 312	三系杂交晚籼稻	2007	琼审稻2007001		528
博Ⅱ优316	Bo Ⅱ you 316	三系杂交晚籼稻	2008	琼审稻2008003		529
博Ⅱ优328	Bo Ⅱ you 328	三系杂交晚籼稻	2008	琼审稻2008005		530
博Ⅱ优329	Bo Ⅱ you 329	三系杂交晚籼稻	2010	琼审稻2010005		531
博Ⅱ优359	Bo Ⅱ you 359	三系杂交晚籼稻	2009	琼审稻2009006		532
博Ⅱ优3618	Bo Ⅱ you 3618	三系杂交晚籼稻	2009	琼审稻2009004		533
博Ⅱ优4671	Bo Ⅱ you 4671	三系杂交晚籼稻	2010	琼审稻2010004		534
博Ⅱ优568	Bo Ⅱ you 568	三系杂交晚籼稻	2009	琼审稻2009005		535
博Ⅱ优588	Bo Ⅱ you 588	三系杂交晚籼稻	2008	琼审稻2008002		536
博Ⅱ优629	Bo Ⅱ you 629	三系杂交晚籼稻	2007	琼审稻2007002		537
博Ⅱ优6410	Bo Ⅱ you 6410	三系杂交晚籼稻	2004	琼审稻2004001		538
博Ⅱ优6636	Bo Ⅱ you 6636	三系杂交晚籼稻	2008	琼审稻2008001		539
博Ⅱ优668	Bo Ⅱ you 668	三系杂交晚籼稻	2007	琼审稻2007003		540
博Ⅱ优815	Bo Ⅱ you 815	三系杂交晚籼稻	2006	粤审稻2006026		268
博Ⅱ优8166	Bo Ⅱ you 8166	三系杂交晚籼稻	2009	琼审稻2009007		541
博Ⅱ优938	Bo Ⅱ you 938	三系杂交晚籼稻	2006	琼审稻2006001		542
博Ⅲ优273	Bo Ⅲ you 273	三系杂交晚籼稻	2010	粤审稻2010029		269
博优122	Boyou 122	三系杂交晚籼稻	2000	粤审稻2000006		270
博优125	Boyou 125	三系杂交晚籼稻	2005	琼审稻2005006		543
博优210	Boyou 210	三系杂交晚籼稻	1995	粤审稻1995001		271

（续）

品种名	英文（拼音）名	类型	审定（育成）年份	审定编号	品种权号	页码
博优2155	Boyou 2155	三系杂交晚籼稻	2010	粤审稻2010031		272
博优225	Boyou 225	三系杂交晚籼稻	2006	琼审稻2006005		544
博优263	Boyou 263	三系杂交晚籼稻	2004	粤审稻2004016		273
博优283	Boyou 283	三系杂交晚籼稻	2008	粤审稻2008044		274
博优3550	Boyou 3550	三系杂交晚籼稻	1997	粤审稻1997005		275
博优368	Boyou 368	三系杂交晚籼稻	2004	粤审稻2004009		276
博优506	Boyou 506	三系杂交晚籼稻	2010	琼审稻2010008		545
博优6636	Boyou 6636	三系杂交晚籼稻	2008	粤审稻2008056		277
博优691	Boyou 691	三系杂交晚籼稻	2006	粤审稻2006029		278
博优7160	Boyou 7160	三系杂交晚籼稻	2008	粤审稻2008057		279
博优729	Boyou729	三系杂交晚籼稻	2007	琼审稻2007006		546
博优8540	Boyou 8540	三系杂交晚籼稻	2008	粤审稻2008031		280
博优96	Boyou 96	三系杂交晚籼稻	1998	粤审稻1998007		281
博优998	Boyou 998	三系杂交晚籼稻	2001	粤审稻200116 国审稻2003040		282
博优双青	Boyoushuangqing	三系杂交晚籼稻	2008	粤审稻2008051		283
博优晚3号	Boyouwan 3	三系杂交晚籼稻	1999	粤审稻1999002		284
博优云三	Boyouyunsan	三系杂交晚籼稻	2010	粤审稻2010028		285
博优早特	Boyouzaote	三系杂交晚籼稻	2006	粤审稻2006016		286
禅穗占	Chansuizhan	常规早籼稻	2008	粤审稻2008034		57
朝阳早18	Chaoyangzao 18	常规早籼稻	1978	粤审稻1978005		58
川优6621	Chuanyou 6621	三系杂交籼稻	2010	琼审稻2010017		547
丛桂314	Conggui 314	常规早籼稻	1985	粤审稻1985002		59
丛优9919	Congyou 9919	三系杂交籼稻	2004	琼审稻2004003		548
二白矮	Erbaiai	常规早籼稻	1978	粤审稻1978020 GS01002-1984		60
二九矮	Erjiu'ai	常规早籼稻	1963			61
飞来占	Feilaizhan	常规晚籼稻	1957			62
丰矮占1号	Feng'aizhan 1	常规早籼稻	1997	粤审稻1997002		63
丰矮占5号	Feng'aizhan 5	常规早籼稻	1998	粤审稻1998003		64
丰澳占	Feng'aozhan	常规早籼稻	1999	粤审稻1999005		65

（续）

品种名	英文（拼音）名	类型	审定（育成）年份	审定编号	品种权号	页码
丰八占	Fengbazhan	常规早籼稻	2001	粤审稻200106		66
丰二占	Feng'erzhan	常规早籼稻	2006	粤审稻2006003		67
丰富占	Fengfuzhan	常规早籼稻	2004	粤审稻2004004 国审稻2006003		68
丰桂6号	Fenggui 6	常规籼稻	1990			496
丰华占	Fenghuazhan	常规早籼稻	2002	粤审稻2002002 国审稻2003037 赣审稻2005042 湘审稻2007041		69
丰晶软占	Fengjingruanzhan	常规早籼稻	2008	粤审稻2008039		70
丰美占	Fengmeizhan	常规早籼稻	2005	粤审稻2005007 琼审稻2005013 国审稻2006005		71
丰丝占	Fengsizhan	常规早籼稻	2004	粤审稻2004005		72
丰泰占	Fengtaizhan	常规早籼稻	2009	粤审稻2009021		73
丰新占	Fengxinzhan	常规早籼稻	2006	粤审稻2006012		74
丰秀丝苗	Fengxiusimiao	常规早籼稻	2010	粤审稻2010001		75
丰秀占	Fengxiuzhan	常规早籼稻	2006	粤审稻2006070		76
丰优128	Fengyou 128	三系杂交早籼稻	2001	粤审稻200117		287
丰优428	Fengyou 428	三系杂交早籼稻	2003	粤审稻2003004		288
丰优6323	Fengyou 6323	三系杂交籼稻	2009	琼审稻2009010		549
丰优88	Fengyou 88	三系杂交早籼稻	2010	粤审稻2010012		289
丰优丝苗	Fengyousimiao	三系杂交早籼稻	2003	粤审稻2003003 赣审稻2005018		290
丰粤占	Fengyuezhan	常规早籼稻	2008	粤审稻2008002		77
丰中占	Fengzhongzhan	常规早籼稻	2006	粤审稻2006072		78
封丰占	Fengfengzhan	常规早籼稻	1978	粤审稻1978022		79
佛山油占	Foshanyouzhan	常规早籼稻	2004	粤审稻2004001		80
赣优明占	Ganyoumingzhan	三系杂交籼稻	2010	琼审稻2010012		550
钢白矮1号	Gangbai'ai 1	常规早籼稻	1983	粤审稻1983003		81
钢化二白	Ganghua'erbai	化杀杂交晚籼稻	1982	粤审稻1982007		291
粳丝粘1号	Gengsizhan 1	常规早籼稻	2009	粤审稻2009028		82
粳籼89	Gengxian 89	常规早籼稻	1992	粤审稻1992004		83
粳珍占4号	Gengzhenzhan 4	常规早籼稻	2001	粤审稻200103		84

（续）

品种名	英文（拼音）名	类型	审定（育成）年份	审定编号	品种权号	页码
谷优629	Guyou 629	三系杂交籼稻	2008	琼审稻2008018		551
固广占	Guguangzhan	常规早籼稻	2010	粤审稻2010025		85
固银占	Guyinzhan	常规早籼稻	2009	粤审稻2009022		86
广场13	Guangchang 13	常规早籼稻	1953			87
广场矮	Guangchang'ai	常规早籼稻	1959			88
广超521	Guangchao 521	常规籼稻	2007	琼审稻2007004		497
广超丝苗	Guangchaosimiao	常规籼稻	2007	琼审稻2007005		498
广二104	Guang'er 104	常规早籼稻	1978	粤审稻1978008		89
广二矮5号	Guang'er'ai 5	常规晚籼稻	1963			90
广二石	Guang'ershi	常规早籼稻	1982	粤审稻1982001		91
广二选二	Guang'erxuan'er	常规晚籼稻	1964			92
广丰香8号	Guangfengxiang 8	常规早籼稻	2009	粤审稻2009023		93
广解9号	Guangjie 9	常规早籼稻	1964			94
广九6号	Guangjiu 6	常规早籼稻	1978	粤审稻1978012		95
广科3 6	Guangke 36	常规早籼稻	1988	粤审稻1988002		96
广陆矮4号	Guanglu'ai 4	常规早籼稻	1967			97
广农矮1号	Guangnong'ai 1	常规早籼稻	1969			98
广秋矮	Guangqiuai	常规晚籼稻	1963			99
广胜软占	Guangshengruanzhan	常规早籼稻	2006	粤审稻2006071		100
广籼粘3号	Guangxianzhan 3	常规早籼稻	2010	粤审稻2010005		101
广银软占	Guangyinruanzhan	常规早籼稻	2008	粤审稻2008007		102
广银占	Guangyinzhan	常规早籼稻	2009	粤审稻2009019		103
广优159	Guangyou 159	三系杂交早籼稻	1994	粤审稻1994001		292
广优18	Guangyou 18	三系杂交籼稻	2008	琼审稻2008011		552
广优4号	Guangyou 4	三系杂交早籼稻	1993	粤审稻1993001		293
广优青	Guangyouqing	三系杂交早籼稻	1991	粤审稻1991001		294
广源占5号	Guangyuanzhan 5	常规早籼稻	2008	粤审稻2008008		104
桂朝13	Guichao 13	常规早籼稻	1977			105
桂朝2号	Guichao 2	常规早籼稻	1978	粤审稻1978006 GS01010-1989		106

（续）

品种名	英文（拼音）名	类型	审定（育成）年份	审定编号	品种权号	页码
桂农占	Guinongzhan	常规早籼稻	2005	粤审稻2005006 琼审稻2005012		107
桂山矮	Guishan'ai	常规早籼稻	1988	粤审稻1988003		108
桂阳矮121	Guiyang'ai 121	常规早籼稻	1982	粤审稻1982003		109
国稻1号	Guodao 1	三系杂交早籼稻	2006	粤审稻2006050		295
海丰糯1号	Haifengnuo 1	常规籼糯稻	2007	琼审稻2007016		499
海秀占9号	Haixiuzhan 9	常规籼稻	2008	琼审稻2008024		500
航香糯	Hangxiangnuo	常规早籼稻	2009	粤审稻2009025		110
合丰占	Hefengzhan	常规早籼稻	2009	粤审稻2009020	CNA20110881.7	111
合美占	Hemeizhan	常规早籼稻	2008	粤审稻2008006	CNA20100719.6	112
合丝占	Hesizhan	常规早籼稻	2006	粤审稻2006007		113
黑丝糯	Heisinuo	晚籼老品种				582
红荔丝苗	Honglisimiao	常规早籼稻	2008	粤审稻2008042		114
红梅早	Hongmeizao	常规早籼稻	1978	粤审稻1978002		115
红丝糯	Hongsinuo	晚籼老品种				582
红泰优996	Hongtaiyou 996	三系杂交籼稻	2005	琼审稻2005011		553
红阳矮4号	Hongyang'ai 4	常规早籼稻	1983	粤审稻1983002		116
宏优381	Hongyou 381	三系杂交早籼稻	2009	粤审稻2009040		296
宏优387	Hongyou 387	三系杂交早籼稻	2010	粤审稻2010006		297
宏优619	Hongyou 619	三系杂交早籼稻	2008	粤审稻2008052		298
湖海537	Huhai 537	常规籼稻	2004	琼审稻2004007		501
华标1号	Huabiao 1	常规早籼稻	2009	粤审稻2009033		117
华粳籼74	Huagengxian 74	常规早籼稻	2000	粤审稻2000002		118
华航1号	Huahang 1	常规早籼稻	2001	粤审稻200108 国审稻2003032		119
华航31号	Huahang 31	常规早籼稻	2010	粤审稻2010022		120
华航丝苗	Huahangsimiao	常规早籼稻	2006	粤审稻2006043		121
华南15	Huanan 15	常规晚籼稻	1952			112
华籼占	Huaxianzhan	常规早籼稻	1996	粤审稻1996005		123
华小黑1号	Huaxiaohei 1	常规早籼稻	2005	粤审稻2005015		124
华新占	Huaxinzhan	常规早籼稻	2006	粤审稻2006013		125

（续）

品种名	英文（拼音）名	类型	审定（育成）年份	审定编号	品种权号	页码
华优008	Huayou 008	三系杂交早籼稻	2010	粤审稻2010013		299
华优128	Huayou 128	三系杂交早籼稻	2002	粤审稻2002008		300
华优153	Huayou 153	三系杂交早籼稻	2005	粤审稻2005024		301
华优16	Huayou 16	三系杂交早籼稻	2008	粤审稻2008054		302
华优229	Huayou 229	三系杂交早籼稻	2002	粤审稻2002003		303
华优238	Huayou 238	三系杂交早籼稻	2006	粤审稻2006034		304
华优329	Huayou 329	三系杂交籼稻	2010	琼审稻2010006		554
华优336	Huayou 336	三系杂交早籼稻	2009	粤审稻2009010		305
华优42	Huayou 42	三系杂交早籼稻	2006	粤审稻2006048		306
华优625	Huayou 625	三系杂交早籼稻	2010	粤审稻2010007		307
华优63	Huayou 63	三系杂交早籼稻	2002	粤审稻2002006		308
华优638	Huayou 638	三系杂交早籼稻	2006	粤审稻2006033		309
华优651	Huayou 651	三系杂交早籼稻	2006	粤审稻2006024		310
华优665	Huayou 665	三系杂交早籼稻	2006	粤审稻2006023		311
华优8305	Huayou 8305	三系杂交早籼稻	2006	粤审稻2006028		312
华优86	Huayou 86	三系杂交早籼稻	2001	粤审稻200119		313
华优868	Huayou 868	三系杂交早籼稻	2005	粤审稻2005023		314
华优8813	Huayou 8813	三系杂交早籼稻	2002	粤审稻2002007		315
华优8830	Huayou 8830	三系杂交早籼稻	2002	粤审稻2002005		316
华优998	Huayou 998	三系杂交早籼稻	2005	粤审稻2005019		317
华优桂99	Huayougui 99	三系杂交早籼稻	2001	粤审稻200118		318
华优香占	Huayouxiangzhan	三系杂交早籼稻	2008	粤审稻2008018 琼审稻2009016		319
化感稻3号	Huagandao 3	常规早籼稻	2009	粤审稻2009034		126
黄粳占	Huanggengzhan	常规早籼稻	2008	粤审稻2008004		127
黄广占	Huangguangzhan	常规早籼稻	2010	粤审稻2010002		128
黄华占	Huanghuazhan	常规早籼稻	2005	粤审稻2005010 桂审稻2008020 琼审稻2008010 湘审稻2007018 鄂审稻2007017 浙审稻2010014 渝审稻2011003	CNA20060287.X	129

（续）

品种名	英文（拼音）名	类型	审定（育成）年份	审定编号	品种权号	页码
黄莉占	Huanglizhan	常规早籼稻	2008	粤审稻2008001	CNA20090487.9	130
黄丝占	Huangsizhan	常规早籼稻	2008	粤审稻2008003	CNA20080814.1	131
黄籼占	Huangxianzhan	常规早籼稻	2009	粤审稻2009018		132
黄秀占	Huangxiuzhan	常规早籼稻	2010	粤审稻2010023	CNA20110055.7	133
黄粤占	Huangyuezhan	常规早籼稻	2008	粤审稻2008037		134
惠优占	Huiyouzhan	常规早籼稻	1983	粤审稻1983004		135
嘉晚优1号	Jiawanyou 1	三系杂交籼稻	2010	琼审稻2010007		555
建优115	Jianyou 115	三系杂交早籼稻	2010	粤审稻2010015		320
建优381	Jianyou 381	三系杂交早籼稻	2010	粤审稻2010035		321
建优795	Jianyou 795	三系杂交早籼稻	2010	粤审稻2010036		322
建优G2	Jianyou G2	三系杂交早籼稻	2010	粤审稻2010034		323
今优223	Jinyou 223	三系杂交早籼稻	2002	粤审稻2002013		324
金博优168	Jinboyou 168	三系杂交晚籼稻	2010	琼审稻2010001		556
金稻138	Jindao 138	三系杂交籼稻	2007	琼审稻2007012		557
金稻优122	Jindaoyou 122	三系杂交晚籼稻	2008	粤审稻2008016		325
金稻优368	Jindaoyou 368	三系杂交晚籼稻	2009	粤审稻2009038 国审稻2012002		326
金稻优998	Jindaoyou 998	三系杂交晚籼稻	2010	粤审稻2010017 国审稻2011025		327
金航丝苗	Jinhangsimiao	常规早籼稻	2006	粤审稻2006014		136
金花占	Jinhuazhan	常规早籼稻	2008	粤审稻2008036		137
金华软占	Jinhuaruanzhan	常规早籼稻	2006	粤审稻2006006		138
金科1号	Jinke 1	常规早籼稻	2006	粤审稻2006068		139
金两优油占	Jinliangyouyouzhan	两系杂交早籼稻	2008	粤审稻2008013		328
金农丝苗	Jinnongsimiao	常规早籼稻	2010	粤审稻2010018	CNA20110882.6	140
金山优196	Jinshanyou 196	三系杂交籼稻	2009	琼审稻2009014		558
金丝软占	Jinsiruanzhan	常规早籼稻	2008	粤审稻2008040		141
紧粒新四占	Jinlixinsizhan	常规晚籼稻	1982	粤审稻1982004		142
荆楚优8648	Jinchuyou 8648	三系杂交早籼稻	2009	粤审稻2009001		329
京福1优128	Jingfu 1 you 128	三系杂交籼稻	2006	琼审稻2006014		559
聚两优746	Juliangyou 746	两系杂交早籼稻	2009	粤审稻2009005		330

（续）

品种名	英文（拼音）名	类型	审定（育成）年份	审定编号	品种权号	页码
聚两优751	Juliangyou 751	两系杂交早籼稻	2010	粤审稻2010041		331
科广10号	Keguang 10	常规早籼稻	1978	粤审稻1978016		143
科揭选17	Kejiexuan 17	常规早籼稻	1978	粤审稻1978017		143
科揭选2号	Kejiexuan 2	常规早籼稻	1978	粤审稻1978003		144
科选13	Kexuan 13	常规籼稻	1990			502
科优527	Keyou 527	三系杂交籼稻	2010	琼审稻2010022		560
兰优7号	Lanyou 7	三系杂交晚籼稻	2010	粤审稻2010032		332
里丝糯	Lisinuo	晚籼老品种				583
两优389	Liangyou 389	两系杂交籼稻	2006	琼审稻2006007		561
龙优665	Longyou 665	三系杂交晚籼稻	2004	粤审稻2004014		333
龙优673	Longyou 673	三系杂交晚籼稻	2005	粤审稻2005027		334
陆青早1号	Luqingzao 1	常规早籼稻	1992	粤审稻1992006		145
绿黄占	Lühuangzhan	常规早籼稻	1999	粤审稻1999007		146
绿源占1号	Lüyuanzhan 1	常规早籼稻	2000	粤审稻2000001		147
茂杂29	Maoza 29	两系杂交早籼稻	2006	粤审稻2006065		335
茂杂云三	Maozayunsan	两系杂交早籼稻	2008	粤审稻2008029		336
梅红早5号	Meihongzao 5	常规早籼稻	1982	粤审稻1982002		148
梅连早	Meilianzao	常规早籼稻	1987	粤审稻1987005		149
梅三五2号	Meisanwu 2	常规早籼稻	1990	粤审稻1990004		150
梅优524	Meiyou 524	三系杂交早籼稻	1994	粤审稻1994002		337
美丝占	Meisizhan	常规早籼稻	2006	粤审稻2006046		151
美香占2号	Meixiangzhan 2	常规早籼稻	2006	粤审稻2006009	CNA20060475.9	152
美雅占	Meiyazhan	常规早籼稻	2009	粤审稻2009030		153
民华占	Minhuazhan	常规早籼稻	1983	粤审稻1983005		154
民科占	Minkezhan	常规早籼稻	1978	粤审稻1978014		155
明香1027	Mingxiang 1027	两系杂交籼稻	2007	琼审稻2007014		562
茉莉软占	Moliruanzhan	常规早籼稻	2006	粤审稻2006011		156
茉莉丝苗	Molisimiao	常规早籼稻	2005	粤审稻2005011		157
茉莉新占	Molixinzhan	常规早籼稻	2001	粤审稻200105		158
木泉种	Muquanzhong	常规晚籼稻	1954			159

（续）

品种名	英文（拼音）名	类型	审定（育成）年份	审定编号	品种权号	页码
木新选	Muxinxuan	常规早籼稻	1978	粤审稻1978021		160
南丰糯	Nanfengnuo	常规早籼稻	1998	粤审稻1998004		161
南科早	Nankezao	常规早籼稻	1982	粤审稻1982005		162
南早33号	Nanzao 33	常规早籼稻	1978	粤审稻1978001		163
内香8518	Neixiang 8518	三系杂交早籼稻	2006	粤审稻2006052		338
内香优3号	Neixiangyou 3	三系杂交早籼稻	2006	粤审稻2006035		339
内香优3618	Neixiangyou 3618	三系杂交早籼稻	2010	粤审稻2010008		340
农两优62	Nongliangyou 62	两系杂交早籼稻	2009	粤审稻2009009		341
农两优云三	Nongliangyouyunsan	两系杂交早籼稻	2009	粤审稻2009046		342
培两优3309	Peiliangyou 3309	两系杂交早籼稻	2010	粤审稻2010016		343
培杂130	Peiza 130	两系杂交早籼稻	2008	粤审稻2008027		344
培杂1303	Peiza 1303	两系杂交籼稻	2007	琼审稻2007008		563
培杂163	Peiza 163	两系杂交早籼稻	2006	粤审稻2006020		345
培杂180	Peiza 180	两系杂交早籼稻	2003	粤审稻2003006		346
培杂268	Peiza 268	两系杂交早籼稻	2003	粤审稻2003008		347
培杂28	Peiza 28	两系杂交早籼稻	2001	粤审稻200112		348
培杂35	Peiza 35	两系杂交早籼稻	2006	粤审稻2006037		349
培杂620	Peiza 620	两系杂交早籼稻	2002	粤审稻2002012		350
培杂629	Peiza 629	两系杂交籼稻	2005	琼审稻2005011		564
培杂67	Peiza 67	两系杂交早籼稻	2000	粤审稻2000003		351
培杂88	Peiza 88	两系杂交早籼稻	2006	粤审稻2006060		352
培杂丰2	Peizafeng 2	两系杂交早籼稻	2006	粤审稻2006054		353
培杂丰占	Peizafengzhan	两系杂交早籼稻	2006	粤审稻2006025		354
培杂航七	Peizahangqi	两系杂交早籼稻	2005	粤审稻2005028		355
培杂航香	Peizahangxiang	两系杂交早籼稻	2008	粤审稻2008026		356
培杂茂三	Peizamaosan	两系杂交早籼稻	2000	粤审稻2000004		357
培杂茂选	Peizamaoxuan	两系杂交早籼稻	2000	粤审稻2000005		358
培杂南胜	Peizanansheng	两系杂交早籼稻	2001	粤审稻200111		359
培杂青珍	Peizaqingzhen	两系杂交早籼稻	2001	粤审稻200113		360
培杂软香	Peizaruanxiang	两系杂交早籼稻	2008	粤审稻2008019		361

（续）

品种名	英文（拼音）名	类型	审定（育成）年份	审定编号	品种权号	页码
培杂软占	Peizaruanzhan	两系杂交早籼稻	2008	粤审稻2008032		362
培杂山青	Peizashanqing	两系杂交早籼稻	1996	粤审稻1996001		363
培杂双七	Peizashuangqi	两系杂交早籼稻	1998	粤审稻1998008 国审稻2001023		364
培杂泰丰	Peizataifeng	两系杂交早籼稻	2004	粤审稻2004013 国审稻2005002 赣审稻2006044		365
培杂粤马	Peizayuema	两系杂交早籼稻	2000	粤审稻2000007		366
平广2号	Pingguang 2	常规晚籼稻	1971			164
七袋占1号	Qidaizhan 1	常规早籼稻	1996	粤审稻1996003		165
七番占	Qifanzhan	常规早籼稻	2010	粤审稻2010003		166
七桂优306	Qiguiyou 306	三系杂交早籼稻	2010	粤审稻2010039 琼审稻2010024		367
七桂早25	Qiguizao 25	常规早籼稻	1986	粤审稻1986006		167
七花占	Qihuazhan	常规早籼稻	2009	粤审稻2009026		168
七加占14	Qijiazhan 14	常规早籼稻	1987	粤审稻1987003		169
七山占	Qishanzhan	常规早籼稻	1991	粤审稻1991002		170
七秀占3号	Qixiuizhan 3	常规早籼稻	1996	粤审稻1996007		171
齐丰占	Qifengzhan	常规早籼稻	2009	粤审稻2009024		172
齐粒丝苗	Qilisimiao	常规早籼稻	2004	粤审稻2004003		173
齐新占	Qixinzhan	常规早籼稻	2006	粤审稻2006066		174
青二矮	Qing'er'ai	常规早籼稻	1978	粤审稻1978004 GS01004-1984		175
青华矮6号	Qinghua'ai 6	常规晚籼稻	1984	粤审稻1984002 GS01006-1990		176
青六矮	Qingliu'ai	常规早籼稻	1990	粤审稻1990002		177
青小金早	Qingxiaojinzao	常规早籼稻	1960			178
青优辐桂	Qingyoufugui	化杀杂交早籼稻	1986	粤审稻1986001		368
青优早	Qingyouzao	三系杂交早籼稻	1985	粤审稻1985003		369
琼香两优08	Qiongxiangliangyou 08	两系杂交籼稻	2008	琼审稻2008008		565
琼香两优1号	Qiongxiangliangyou 1	两系杂交籼稻	2004	琼审稻2004006		566
秋白早3号	Qiubaizao 3	常规早籼稻	1978	粤审稻1978018		179
秋二矮	Qiu'er'ai	常规早籼稻	1978	粤审稻1978023		180
秋桂矮11	Qiugui'ai 11	常规早籼稻	1986	粤审稻1986008		181

（续）

品种名	英文（拼音）名	类型	审定（育成）年份	审定编号	品种权号	页码
秋优3008	Qiuyou 3008	三系杂交早籼稻	2008	粤审稻2008028		370
秋优452	Qiuyou 452	三系杂交晚籼稻	2004	粤审稻2004011		371
秋优998	Qiuyou 998	三系杂交晚籼稻	2002	粤审稻2002011 国审稻2004001		372
饶平矮	Raoping'ai	常规早籼稻	1964			182
荣优368	Rongyou 368	三系杂交早籼稻	2009	粤审稻2009037		373
荣优390	Rongyou 390	三系杂交早籼稻	2008	粤审稻2008050		374
软红米	Ruanhongmi	常规早籼稻	2008	粤审稻2008041		183
瑞丰优616	Ruifengyou 616	三系杂交籼稻	2010	琼审稻2010002		567
三二矮	San'er'ai	常规早籼稻	1986	粤审稻1986004		184
三五糯	Sanwunuo	常规早籼稻	1992	粤审稻1992005		185
三阳矮1号	Sanyang'ai 1	常规早籼稻	1992	粤审稻1992003		186
三源921	Sanyuan 921	常规早籼稻	1996	粤审稻1996006		187
三源93	Sanyuan 93	常规早籼稻	1997	粤审稻1997001		188
山兰排蜂糯	Shanlanpaifengnuo	晚籼老品种				583
山溪占11	Shanxizhan 11	常规早籼稻	1999	粤审稻1999008		189
汕优122	Shanyou 122	三系杂交早籼稻	2001	粤审稻200114		375
汕优3550	Shanyou 3550	三系杂交晚籼稻	1990	粤审稻1990006		376
汕优4480	Shanyou 4480	三系杂交早籼稻	1997	粤审稻1997003		377
汕优96	Shanyou 96	三系杂交早籼稻	1994	粤审稻1994003		378
汕优998	Shanyou 998	三系杂交早籼稻	2002	粤审稻2002010		379
汕优科30	Shanyouke 30	三系杂交早籼稻	1982	粤审稻1982008		380
汕优直龙	Shanyouzhilong	三系杂交早籼稻	1987	粤审稻1987001		381
深两优5814	Shenliangyou 5814	两系杂交晚籼稻	2008	粤审稻2008023		382
深两优58油占	Shenliangyou 58youzhan	两系杂交早籼稻	2008	粤审稻2008025	CNA20080415.4	383
深优152	Shenyou 152	三系杂交早籼稻	2008	粤审稻2008024		384
深优9516	Shenyou 9516	三系杂交早籼稻	2010	粤审稻2010042		385
深优97125	Shenyou 97125	三系杂交早籼稻	2009	粤审稻2009044		386
深优9725	Shenyou 9725	三系杂交早籼稻	2009	粤审稻2009014		387
深优9734	Shenyou 9734	三系杂交早籼稻	2008	粤审稻2008058		388

（续）

品种名	英文（拼音）名	类型	审定（育成）年份	审定编号	品种权号	页码
深优9736	Shenyou 9736	三系杂交早籼稻	2009	粤审稻2009043		389
深优9786	Shenyou 9786	三系杂交早籼稻	2009	粤审稻2009042		390
深优9798	Shenyou 9798	三系杂交早籼稻	2009	粤审稻2009013		391
胜巴丝苗	Shengbasimiao	常规早籼稻	2005	粤审稻2005002		190
胜泰1号	Shengtai 1	常规早籼稻	1999	粤审稻1999006		191
胜优2号	Shengyou 2	常规早籼稻	1994	粤审稻1994004		192
十石歉	Shidanqian	常规晚籼稻	1950			193
双朝25	Shuangchao 25	常规早籼稻	1990	粤审稻1990001		194
双丛169-1	Shuangcong 169-1	常规早籼稻	1987	粤审稻1987004		195
双二占	Shuang'erzhan	常规早籼稻	1985	粤审稻1985001		196
双桂1号	Shuanggui 1	常规早籼稻	1983	粤审稻1983001 GS01009-1989		197
双桂36	Shuanggui 36	常规早籼稻	1986	粤审稻1986005		198
双青优2008	Shuangqingyou 2008	三系杂交籼稻	2010	琼审稻2010014		568
双银占	Shuangyinzhan	常规早籼稻	2009	粤审稻2009029		199
双优2009	Shuangyou 2009	三系杂交早籼稻	2010	粤审稻2010037		392
双优8802	Shuangyou 8802	三系杂交早籼稻	2005	粤审稻2005020		393
双竹占	Shuangzhuzhan	常规晚籼稻	1966			200
丝优0848	Siyou 0848	三系杂交籼稻	2004	琼审稻2004008		569
台珍92号	Taizhen 92	常规早籼稻	1978	粤审稻1978013		201
泰澳丝苗	Tai'aosimiao	常规早籼稻	2006	粤审稻2006047		202
泰丰优128	Taifengyou 128	三系杂交早籼稻	2010	粤审稻2010040		394
泰四占	Taisizhan	常规早籼稻	2006	粤审稻2006001		203
泰源占7号	Taiyuanzhan 7	常规早籼稻	2009	粤审稻2009027		204
塘埔矮	Tangpu'ai	常规晚籼稻	1952			205
特青2号	Teqing 2	常规早籼稻	1988	粤审稻1988001		206
特三矮2号	Tesan'ai 2	常规早籼稻	1992	粤审稻1992002 GS01001-1995		207
特籼占13	Texianzhan 13	常规早籼稻	1996	粤审稻1996004		208
特籼占25	Texianzhan 25	常规早籼稻	1998	粤审稻1998002		209
特优161	Teyou 161	三系杂交早籼稻	2009	粤审稻2009007		395

（续）

品种名	英文（拼音）名	类型	审定（育成）年份	审定编号	品种权号	页码
特优209	Teyou 209	三系杂交籼稻	2007	琼审稻2007013		570
特优248	Teyou 248	三系杂交籼稻	2008	琼审稻2008019		571
特优328	Teyou 328	三系杂交籼稻	2010	琼审稻2010018		572
特优458	Teyou 458	三系杂交籼稻	2010	琼审稻2010015		573
特优524	Teyou 524	三系杂交早籼稻	1997	粤审稻1997004		396
特优5735	Teyou 5735	三系杂交籼稻	2007	琼审稻2007011		574
特优716	Teyou 716	三系杂交籼稻	2009	琼审稻2009013		575
特优721	Teyou 721	三系杂交早籼稻	2002	粤审稻2002009		397
特优808	Teyou 808	三系杂交早籼稻	2010	粤审稻2010014		398
特优816	Teyou 816	三系杂交早籼稻	2009	粤审稻2009011		399
特优863	Teyou 863	三系杂交籼稻	2009	琼审稻2009019		576
特优航1号	Teyouhang 1	三系杂交早籼稻	2008	粤审稻2008020		400
天丰优316	Tianfengyou 316	三系杂交早籼稻	2006	粤审稻2006031 国审稻2009024		401
天丰优3550	Tianfengyou 3550	三系杂交晚籼稻	2006	粤审稻2006040 桂审稻2006045		402
天丰优518	Tianfengyou 518	三系杂交早籼稻	2008	粤审稻2008022		403
天丰优628	Tianfengyou 628	三系杂交早籼稻	2006	粤审稻2006055		404
天优10号	Tianyou 10	三系杂交籼稻	2007	琼审稻2007010		577
天优103	Tianyou 103	三系杂交早籼稻	2006	粤审稻2006061 湘审稻2013004		405
天优116	Tianyou 116	三系杂交早籼稻	2006	粤审稻2006015		406
天优122	Tianyou 122	三系杂交早籼稻	2005	粤审稻2005022 国审稻2009029		407
天优128	Tianyou 128	三系杂交早籼稻	2008	粤审稻2008014 琼审稻2004004		408
天优196	Tianyou 196	三系杂交早籼稻	2008	粤审稻2008047		409
天优199	Tianyou 199	三系杂交早籼稻	2010	粤审稻2010009		410
天优208	Tianyou 208	三系杂交早籼稻	2009	粤审稻2009003		411
天优2118	Tianyou 2118	三系杂交早籼稻	2006	粤审稻2006018		412
天优2168	Tianyou 2168	三系杂交早籼稻	2006	粤审稻2006021 琼审稻2006011 国审稻2011022		413
天优2352	Tianyou 2352	三系杂交早籼稻	2010	粤审稻2010038		414

（续）

品种名	英文（拼音）名	类型	审定（育成）年份	审定编号	品种权号	页码
天优290	Tianyou 290	三系杂交早籼稻	2005	粤审稻2005026 国审稻2006001		415
天优308	Tianyou 308	三系杂交早籼稻	2006	粤审稻2006019		416
天优312	Tianyou 312	三系杂交早籼稻	2008	粤审稻2008010		417
天优3618	Tianyou 3618	三系杂交早籼稻	2009	粤审稻2009004		418
天优363	Tianyou 363	三系杂交早籼稻	2009	粤审稻2009012		419
天优368	Tianyou 368	三系杂交早籼稻	2005	粤审稻2005025		420
天优382	Tianyou 382	三系杂交早籼稻	2008	粤审稻2008049		421
天优390	Tianyou 390	三系杂交早籼稻	2006	粤审稻2006057		422
天优4118	Tianyou 4118	三系杂交早籼稻	2006	粤审稻2006063		423
天优4133	Tianyou 4133	三系杂交早籼稻	2010	粤审稻2010010		424
天优428	Tianyou 428	三系杂交早籼稻	2006	粤审稻2006022		425
天优450	Tianyou 450	三系杂交早籼稻	2006	粤审稻2006056		426
天优528	Tianyou 528	三系杂交早籼稻	2009	粤审稻2009002		427
天优55	Tianyou 55	三系杂交晚籼稻	2006	粤审稻2006041		428
天优578	Tianyou 578	三系杂交早籼稻	2008	粤审稻2008015 国审稻2009002		429
天优6号	Tianyou 6	三系杂交早籼稻	2008	粤审稻2008046	CNA20140026.0	430
天优615	Tianyou 615	三系杂交早籼稻	2009	粤审稻2009036		431
天优652	Tianyou 652	三系杂交早籼稻	2008	粤审稻2008045		432
天优688	Tianyou 688	三系杂交早籼稻	2008	粤审稻2008012		433
天优697	Tianyou 697	三系杂交早籼稻	2008	粤审稻2008021		434
天优806	Tianyou 806	三系杂交早籼稻	2006	粤审稻2006039 琼审稻2008014		435
天优826	Tianyou 826	三系杂交籼稻	2010	琼审稻2010020		578
天优838	Tianyou 838	三系杂交早籼稻	2006	粤审稻2006064		436
天优9918	Tianyou 9918	三系杂交早籼稻	2009	粤审稻2009035		437
天优998	Tianyou 998	三系杂交早籼稻	2004	粤审稻2004008 赣审稻2005041 国审稻2006052		438
天优航七	Tianyouhangqi	三系杂交早籼稻	2010	粤审稻2010033		439
铁大糯	Tiedanuo	常规早籼稻	1978	粤审稻1978010		210
晚华矮1号	Wanhua’ai 1	常规晚籼稻	1986	粤审稻1986007 GS01007-1990		211

（续）

品种名	英文（拼音）名	类型	审定（育成）年份	审定编号	品种权号	页码
万金优133	Wanjinyou 133	三系杂交晚籼稻	2006	粤审稻2006038		440
万金优15	Wanjinyou 15	三系杂交晚籼稻	2009	琼审稻2009003		579
万金优2008	Wanjinyou 2008	三系杂交晚籼稻	2008	粤审稻2008043		441
万金优322	Wanjinyou 322	三系杂交晚籼稻	2008	粤审稻2008033		442
万金优802	Wanjinyou 802	三系杂交晚籼稻	2010	琼审稻2010010		580
五丰优128	Wufengyou 128	三系杂交早籼稻	2006	粤审稻2006062		443
五丰优189	Wufengyou 189	三系杂交早籼稻	2009	粤审稻2009006		444
五丰优2168	Wufengyou 2168	三系杂交早籼稻	2008	粤审稻2008048		445
五丰优316	Wufengyou 316	三系杂交早籼稻	2006	粤审稻2006030		446
五丰优998	Wufengyou 998	三系杂交早籼稻	2004	粤审稻2004006		447
五山化稻	Wushanhuadao	常规早籼稻	2010	粤审稻2010024		212
五山丝苗	Wushansimiao	常规早籼稻	2009	粤审稻2009031	CNA20090831.2	213
五山油占	Wushanyouzhan	常规早籼稻	2006	粤审稻2006004		214
五优308	Wuyou 308	三系杂交早籼稻	2006	粤审稻2006059 国审稻2008014		448
溪野占10	Xiyezhan 10	常规早籼稻	2001	粤审稻200102		215
籼小占	Xianxiaozhan	常规早籼稻	1995	粤审稻1995003		216
籼油占	Xianyouzhan	常规早籼稻	2006	粤审稻2006002		217
象牙香占	Xiangyaxiangzhan	常规早籼稻	2006	粤审稻2006044		218
小粒香占	Xiaolixiangzhan	常规早籼稻	2010	粤审稻2010027		219
协优3550	Xieyou 3550	三系杂交晚籼稻	1992	粤审稻1992001		449
协作69	Xiezuo 69	常规早籼稻	1978	粤审稻1978015		220
新丰占	Xinfengzhan	常规早籼稻	2010	粤审稻2010020		221
新青矮	Xinqing'ai	常规早籼稻	1978	粤审稻1978009		222
新山软占	Xinshanruanzhan	常规早籼稻	2006	粤审稻2006073		223
新铁大	Xintieda	常规早籼稻	1978	粤审稻1978011		224
秀丰占5号	Xiufengzhan 5	常规籼稻	2005	琼审稻2005014		503
野丰占	Yefengzhan	常规早籼稻	2010	粤审稻2010004		225
野黄占	Yehuangzhan	常规早籼稻	2004	粤审稻2004002		226
野丝占	Yesizhan	常规早籼稻	2005	粤审稻2005008		227

（续）

品种名	英文（拼音）名	类型	审定（育成）年份	审定编号	品种权号	页码
野籼占6号	Yexianzhan 6	常规早籼稻	2002	粤审稻2002001		228
野籼占8号	Yexianzhan 8	常规早籼稻	2005	粤审稻2005003		229
宜香3003	Yixiang 3003	三系杂交早籼稻	2006	粤审稻2006053		450
宜优673	Yiyou 673	三系杂交早籼稻	2009	粤审稻2009041		451
银花占2号	Yinhuazhan 2	常规早籼稻	2005	粤审稻2005014 琼审稻2005004		230
银晶软占	Yinjingruanzhan	常规早籼稻	2006	粤审稻2006010		231
优优122	Youyou 122	三系杂交早籼稻	1998	粤审稻1998006 国审稻2001022		452
优优128	Youyou 128	三系杂交早籼稻	1999	粤审稻1999001 国审稻990007		453
优优308	Youyou 308	三系杂交早籼稻	2005	粤审稻2005016		454
优优316	Youyou 316	三系杂交早籼稻	2006	粤审稻2006032		455
优优3550	Youyou 3550	三系杂交晚籼稻	1999	粤审稻1999004		456
优优4480	Youyou 4480	三系杂交早籼稻	1997	粤审稻1997008		457
优优998	Youyou 998	三系杂交早籼稻	2003	粤审稻2003009 国审稻2003034		458
优优晚3	Youyouwan 3	三系杂交早籼稻	1999	粤审稻1999003		459
玉晶占	Yujingzhan	常规籼稻	2008	琼审稻2008023		504
玉两优16	Yuliangyou 16	两系杂交早籼稻	2008	粤审稻2008017		460
玉两优28	Yuliangyou 28	两系杂交早籼稻	2010	粤审稻2010011		461
玉香油占	Yuxiangyouzhan	常规早籼稻	2005	粤审稻2005013 琼审稻2007015	CNA20110880.8	232
源丰占	Yuanfengzhan	常规早籼稻	2010	粤审稻2010019		233
粤二占	Yue'erzhan	常规早籼稻	2005	粤审稻2005009		234
粤丰占	Yuefengzhan	常规早籼稻	2001	粤审稻200107 国审稻2003002		235
粤广丝苗	Yueguangsimiao	常规早籼稻	2008	粤审稻2008005		236
粤桂146	Yuegui 146	常规早籼稻	1991	粤审稻1991003		237
粤航1号	Yuehang 1	常规早籼稻	2005	粤审稻2005004		238
粤合占	Yuehezhan	常规早籼稻	2005	粤审稻2005005		239
粤华丝苗	Yuehuasimiao	常规早籼稻	2010	粤审稻2010026	CNA20110729.3	240
粤惠占	Yuehuizhan	常规早籼稻	2005	粤审稻2005012		241
粤晶丝苗	Yuejingsimiao	常规早籼稻	2006	粤审稻2006045		242

品种名	英文（拼音）名	类型	审定（育成）年份	审定编号	品种权号	页码
粤晶丝苗2号	Yuejingsimiao 2	常规早籼稻	2006	粤审稻2006067 琼审稻2010025	CNA20090983.8	243
粤两优26	Yueliangyou 26	两系杂交早籼稻	2009	粤审稻2009008		462
粤农占	Yue'nongzhan	常规早籼稻	2003	粤审稻2003002		244
粤奇丝苗	Yueqisimiao	常规早籼稻	2008	粤审稻2008038		245
粤泰丝苗	Yuetaisimiao	常规早籼稻	2006	粤审稻2006069		246
粤籼18	Yuexian 18	常规早籼稻	2006	粤审稻2006005		247
粤香占	Yuexiangzhan	常规早籼稻	1998	粤审稻1998001 国审稻2000005		248
粤秀占	Yuexiuzhan	常规早籼稻	2006	粤审稻2006008		249
粤野占26	Yueyezhan 26	常规早籼稻	2001	粤审稻200101		250
粤优239	Yueyou 239	三系杂交早籼稻	2003	粤审稻2003007		463
粤优589	Yueyou 589	三系杂交籼稻	2009	琼审稻2009020		581
粤优8号	Yueyou 8	三系杂交早籼稻	2001	粤审稻200120		464
粤杂122	Yueza 122	两系杂交早籼稻	2001	粤审稻200115		465
粤杂2004	Yueza 2004	两系杂交早籼稻	2004	粤审稻2004015		466
粤杂510	Yueza 510	两系杂交早籼稻	2006	粤审稻2006058		467
粤杂583	Yueza 583	两系杂交早籼稻	2008	粤审稻2008009		468
粤杂763	Yueza 763	两系杂交早籼稻	2008	粤审稻2008011		469
粤杂8763	Yueza 8763	两系杂交早籼稻	2008	粤审稻2008030 桂审稻2009006		470
粤杂889	Yueza 889	两系杂交早籼稻	2004	粤审稻2004010		471
粤综占	Yuezongzhan	常规早籼稻	2009	粤审稻2009032	CNA20110696.2	251
早广二	Zaoguang'er	常规早籼稻	1978	粤审稻1978019		252
早花占	Zaohuazhan	常规早籼稻	2010	粤审稻2010021		253
早金凤5号	Zaojinfeng 5	常规早籼稻	1964			254
早两优336	Zaoliangyou 336	两系杂交早籼稻	2006	粤审稻2006049		472
窄叶青8号	Zhaiyeqing 8	常规早籼稻	1978	粤审稻1978007		255
湛优226	Zhanyou 226	三系杂交早籼稻	2006	粤审稻2006027		473
珍桂矮1号	Zhengui'ai 1	常规早籼稻	1990	粤审稻1990003 GS01003-1994		256
珍桂占	Zhenguizhan	常规籼稻	1999	琼审稻1999003		505

品种名	英文（拼音）名	类型	审定（育成）年份	审定编号	品种权号	页码
珍珠矮11	Zhengzhu'ai 11	常规早籼稻	1962			257
振优1993	Zhenyou 1993	三系杂交晚籼稻	2010	粤审稻2010030		474
振优290	Zhenyou 290	三系杂交晚籼稻	2006	粤审稻2006042 桂审稻2006055		475
振优368	Zhenyou 368	三系杂交晚籼稻	2009	粤审稻2009039		476
振优998	Zhenyou 998	三系杂交晚籼稻	2004	粤审稻2004007 国审稻2006007		477
正优283	Zhengyou 283	三系杂交晚籼稻	2009	粤审稻2009047		478
中9优115	Zhong 9 you 115	三系杂交早籼稻	2008	粤审稻2008055		479
中9优207	Zhong 9 you 207	三系杂交早籼稻	2003	粤审稻2003005		480
中9优601	Zhong 9 you 601	三系杂交早籼稻	2008	粤审稻2008053		481
中二软占	Zhong'erruanzhan	常规早籼稻	2001	粤审稻200104		258
中海香1号	Zhonghaixiang 1	常规籼稻	2003	琼审稻2003002		506
中科黑糯1号	Zhongkeheinuo 1	常规籼糯稻	2010	琼审稻2010026		507
中优117	Zhongyou 117	三系杂交早籼稻	2009	粤审稻2009015		482
中优223	Zhongyou 223	三系杂交早籼稻	2001	粤审稻200110		483
中优229	Zhongyou 229	三系杂交早籼稻	2002	粤审稻2002004		484
中优238	Zhongyou 238	三系杂交早籼稻	2004	粤审稻2004017		485
中优523	Zhongyou 523	三系杂交早籼稻	2004	粤审稻2004012		486
竹优61	Zhuyou 61	三系杂交早籼稻	1996	粤审稻1996002		487

图书在版编目（CIP）数据

中国水稻品种志．广东海南卷／万建民总主编；潘大建，王效宁主编．—北京：中国农业出版社，2018.12

ISBN 978-7-109-25020-8

Ⅰ．①中…　Ⅱ．①万…②潘…③王…Ⅲ．①水稻－品种－广东　Ⅳ．①S511.037

中国版本图书馆CIP数据核字（2018）第284417号

中国水稻品种志·广东海南卷

ZHONGGUO SHUIDAO PINZHONGZHI · GUANGDONG HAINAN JUAN

中国农业出版社

地址：北京市朝阳区麦子店街18号楼

邮编：100125

策划编辑：舒　薇　贺志清

责任编辑：王琦瑢　国　圆　赵晓红

装帧设计：贾利霞

版式设计：胡至幸　韩小丽

责任校对：刘丽香

责任印制：王　宏　刘继超

印刷：北京通州皇家印刷厂

版次：2018年12月第1版

印次：2018年12月北京第1次印刷

发行：新华书店北京发行所

开本：787mm×1092mm　1/16

印张：39.75

字数：945千字

定价：380.00元